DOCT[R] J. B. L. DECÈS

SCIENCE ET VÉRITÉ

PRÉCÉDÉ D'UN SOMMAIRE

ET SUIVI D'UNE TABLE ANALYTIQUE

PARIS

E. PLON ET Cie, IMPRIMEURS-ÉDITEURS

RUE GARANCIÈRE, 10

1881

Tous droits réservés

SCIENCE ET VÉRITÉ

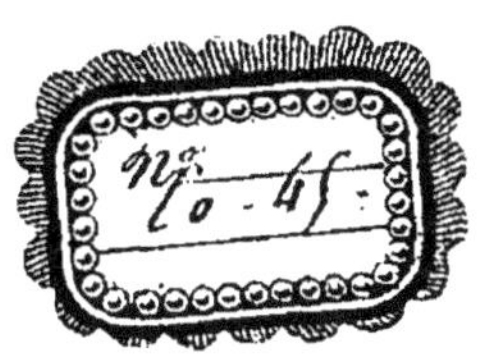

L'auteur et les éditeurs déclarent réserver leurs droits de traduction et de reproduction à l'étranger.

Cet ouvrage a été déposé au ministère de l'intérieur (section de la librairie) en mars 1881.

PARIS. — TYPOGRAPHIE DE E. PLON ET Cie, RUE GARANCIÈRE, 8.

Dans ces entretiens, l'auteur cherche à découvrir par la méthode expérimentale la vérité, le principe de causalité et]la cause première, sans recourir à aucune hypothèse.

A l'aide de cette méthode, il recueille successivement dans le grand livre de la nature les principaux phénomènes de la gravité, de la vie, de l'instinct et de la nature elle-même.

Une fois colligée, chaque série de faits semblables est résolue en une résultante, et celle-ci formulée en loi qui exprime ses composants. Ces lois, considérées alors comme de simples agglomérations de faits ou d'effets, lui montrent les causes secondes qui les ont produits, car « l'identité des effets con-« clut à l'identité de la cause », a dit Newton; enfin, ces causes secondes elles-mêmes, le conduisent à découvrir la cause première dans leur principe.

Après avoir démontré l'existence de la cause première, il cherche à la connaître à l'aide du principe de causalité et de la vérité.

Il établit le principe de causalité d'après les faits de l'expérience, qui sont ensuite formulés eux-mêmes en lois. L'une de ces lois démontre que l'effet montre la cause. Grâce à cette loi, il peut transporter dans la cause ce qu'il découvre dans l'effet, et arriver ainsi par l'œuvre à connaître l'ouvrier.

Il cherche ensuite à connaître cette cause par la vérité. Il démontre que la science peut découvrir cette vérité chez tous les êtres, dans des signes sensibles, réels, immuables et perpétuels; signes qui, pouvant être vus et vérifiés, constituent une sorte d'idéographie qui exprime les idées, les notions et les perfections de la cause, c'est-à-dire, de la pensée qui les a conçues avant de les réaliser en eux. C'est ainsi que par ces signes et par les vérités qu'ils expriment, il peut connaître ce qu'il y a de plus intime et de plus caché dans la cause qui les a formés, c'est-à-dire, dans la cause première elle-même.

Enfin, ces vérités une fois dégagées par la science, il les compare aux vérités révélées, et constate que les unes et les autres ont une même origine et une même nature. Il compare ensuite la Cause première au Dieu de la Révélation, et constate encore que tous deux ont la même essence et les mêmes attributs. C'est alors qu'il est conduit à admettre que la science et la foi sont deux sœurs, nées du même Père, qui parlent la même langue, et proclament les mêmes vérités.

C'est ainsi que l'auteur s'est efforcé de faire sortir de l'observation directe : phénomènes, lois, causes secondes et Cause première; puis de s'élever, à l'aide du principe de causalité et de la vérité, jusqu'à la connaissance de la Cause des causes, et qu'il a pu, après avoir comparé la Cause première au Dieu de la Révélation, conclure que le Dieu et la vérité de la foi sont les mêmes que le Dieu et la vérité de la science.

SCIENCE ET VÉRITÉ

CHAPITRE PREMIER.

OBJET ET MÉTHODE.

La vérité est l'objet et le but de la science.

Trois amis qu'une liaison intime avait réunis, se promenaient par une belle journée de printemps dans les allées d'un jardin, tout en conversant des souvenirs du jeune âge. Tout à coup, l'un d'eux, le docteur, se prit à faire l'éloge de la demeure où il avait accueilli ses amis d'enfance, et à leur raconter pourquoi ce petit coin de terre lui souriait plus que le reste du monde. Il leur faisait remarquer que de son habitation, élevée au centre du jardin, on voyait le ciel de tous côtés, qu'on y respirait un air embaumé par les rosiers et les jasmins qui l'entourent ; il leur expliquait comment, gaie, agréable et salubre, elle lui attirait souvent la visite de quelques amis. C'est une maison amie, ajoutait-il, *domus amica, domus optima,* où l'on jouit du calme de la solitude, où l'on mange son pain dans la joie et où l'on boit son vin dans l'allégresse, en rêvant aux douceurs de la sainte médiocrité.

Ariste, le philosophe, admirait quelques grands arbres fleuris qui encadrent et ombragent le fond de ses allées, les beaux massifs de fleurs qui attirent le regard à chacun de leurs détours, les bourgeons de lilas près d'éclater au souffle du printemps, la

1

fraîche verdure du gazon déjà émaillée de violettes, de pâquerettes et de printanières; il écoutait le murmure de la rivière et du ruisseau voisin mêlé aux chants du rossignol et de la fauvette, et disait qu'ainsi entouré, il était facile de pratiquer les vertus aimables que le poëte recommandait à ses amis : « Se trouver bien où l'on est, se contenter de son sort, n'avoir que des goûts modérés, borner ses désirs pour éviter les mécomptes, s'accommoder des personnes que l'on fréquente, tourner les choses du meilleur côté, prendre les gens pour ce qu'ils sont et le temps comme il vient »; car, disait-il, il voyait ce qu'il y a de meilleur dans cette morale, passé dans les mœurs de ses habitants.

L'abbé, qui l'écoutait en cheminant près de lui, admirait surtout les beaux bouquets de fleurs qui couronnaient la tête des pruniers, des pommiers et des poiriers, et considérait avec attention les jeunes pousses de la vigne qui semblaient annoncer une abondante récolte pour l'arrière-saison. Mais il admirait par-dessus tout la flèche d'une église qu'on entrevoyait dans le lointain, et faisait remarquer à Ariste que son sommet élancé dans la nue semblait unir le ciel à la terre, comme pour élever l'esprit de ses habitants vers les hauteurs de l'infini qu'elle leur montrait.

Ils allaient ainsi, devisant et méditant sur tout ce qu'ils remarquaient de nouveau, quand, arrivés au détour d'une allée, ils s'arrêtent et considèrent leur ami demeuré en arrière. Celui-ci, en effet, avait la tête inclinée et le corps comme cloué au sol.

Ariste. — Quoi, docteur! seriez-vous souffrant?

Docteur. — Non, Ariste, lui répond celui-ci, comme en s'arrachant avec peine à une profonde rêverie.

L'Abbé et Ariste. — Qu'avez-vous donc? disent ensemble ses amis en s'approchant de lui avec sollicitude.

Docteur. — Je songeais, mes amis; j'étais même plongé dans une profonde méditation au moment où vous m'avez adressé la parole.

L'Abbé. — Qui pouvait donc vous préoccuper ainsi?

Docteur. — Je me demandais si je ne devrais pas profiter de la présence du bon abbé, pour lui ouvrir mon cœur et pour chercher dans les lumières de sa charité quelque remède au doute qui m'accable.

Ariste. — Allons, docteur, profitez d'une bonne inspiration. Je me retire et vous laisse à vos confidences.

DOCTEUR. — Restez, Ariste, car vous-même pourrez peut-être m'aider à le dissiper.

ARISTE. — De quoi s'agit-il donc?

DOCTEUR. — Il s'agit d'un problème qui depuis longtemps me préoccupe, et dont la solution un instant entrevue, puis remplacée l'instant d'après par une déception, m'a plongé dans l'état où vous m'avez vu.

ARISTE. — Quel est donc ce problème, docteur?

DOCTEUR. — Il est grave, Ariste, et je suis persuadé qu'il a dû vous préoccuper plus d'une fois vous-même. Cependant, bien que vous ayez enseigné longtemps la philosophie dans les chaires de l'Université, je doute que vous soyez parvenu à le résoudre.

ARISTE. — Vous excitez ma cusiosité, docteur; de quoi s'agit-il donc?

DOCTEUR. — D'un mot, Ariste.

ARISTE. — Et ce mot est?

DOCTEUR. — La vérité!

ARISTE. — Quoi, docteur, vous qui avez enseigné la science, vous ignorez ce qu'est la vérité?

DOCTEUR. — Je le confesse, Ariste. Il y a plus de trente ans que je consacre mes recherches, mes méditations et mes veilles à sa découverte, et je n'ai pu y parvenir. Vous citer tous les faits que j'ai recueillis sur elle, comment je les ai pesés et supputés, en cherchant toujours pour chaque phénomène un phénomène plus général pour l'expliquer, gravissant ainsi tous les échelons de la science pour en découvrir le principe, me serait impossible! Eh bien, malgré tant d'efforts, je ne sais encore à quoi m'arrêter. Enfin, chose triste à dire, les recherches de la science m'ont desséché le cœur, et je n'ai trouvé en elles que des affirmations pleines de doute sans aucune étincelle pour éclairer ma voie!

Ne serait-il pas sage, me disais-je il n'y a qu'un instant, de rompre avec cette vaine curiosité et de m'endormir sur l'oreiller du bon Michel Montaigne? J'en étais là de mes réflexions, quand votre appel m'a fait sortir de l'accablement où elles m'avaient plongé. Cependant je ne regretterais pas cette humiliante confession, cher Ariste, si elle pouvait me procurer la connaissance de la vérité; car, quoi que je fasse, cette connaissance est devenue l'objet de mes plus vives aspirations, et je suis convaincu qu'il ne peut exister pour moi ni repos ni paix, ni bonheur sans sa possession.

ARISTE. — Comment vous faire connaître d'un mot ce qu'est la vérité? Si vous vouliez vous contenter d'une simple définition, je vous dirais qu'elle est l'accord de nos idées avec les idées divines, ce qui est évident puisque les idées de Dieu sont la vérité même.

DOCTEUR. — Soit, Ariste; mais comment le vérifier?

ARISTE. — Par la science elle-même, docteur.

DOCTEUR. — Hélas! j'en doute, car elle est restée muette à l'appel de toutes les questions que je lui ai adressées. Je m'adresserais volontiers au cher abbé lui-même, si je ne savais que le Sauveur a laissé sans réponse, il y a plus de dix-huit siècles, la même question que lui adressait Pilate (JEAN, XVIII, 38). Douter qu'il puisse y répondre, ce n'est donc pas l'offenser.

L'ABBÉ. — Rappelez-vous, docteur, que si le Sauveur laissa sans réponse la question de Pilate, c'est parce qu'elle ne lui était adressée que pour satisfaire une vaine curiosité. Car Celui qui a enseigné la vérité aux hommes connaissait toutes choses et toutes les vérités.

DOCTEUR. — Qui vous porte à l'affirmer, cher abbé?

L'ABBÉ. — Scrutez les Écritures, docteur, et vous y trouverez ces sublimes paroles : « *Ego sum qui sum* » (*Exod.*, III, 14), et même celles-ci plus explicites encore : « *Ego sum veritas* » (JEAN, XIV, 6). A leur défaut, cherchez-les dans les belles pages du livre de la création; car c'est en elles que « ce qu'il y a d'invisible en Dieu, les créatures qu'il a faites nous le font connaître ». (*Rom.*, I, 20)

DOCTEUR. — Convenez, cher abbé, qu'il faut avoir une foi aussi puissante que la vôtre, pour découvrir la vérité dans ces paroles ou dans les êtres, les plantes et les insectes qui gisent devant nous! Comment de telles citations pourraient-elles dissiper mes doutes et faire cesser ma perplexité?

L'ABBÉ. — Je compatis à cette perplexité, cher docteur, car elle est celle d'un honnête homme qui, dans les choses graves, ne veut rien admettre sans mûr examen. Mais combien je regrette votre manque de foi! D'un premier élan, elle vous eût transporté au sein de la vérité! Oui, docteur, la foi illumine à l'instant l'esprit, et lui assure aussitôt ces convictions, ce repos, cette paix et ce bonheur que vous avez cherchés en vain dans la science, car nulle science séparée d'elle ne peut les donner. N'est-il pas évident, en effet, qu'il ne peut exister deux vérités contraires? Pourquoi rejeter celle qui brille d'un si vif éclat dans les divines Écritures quand la science est impuissante à vous la procurer? Assurément toutes les paroles de l'Évangile sont autant de vérités, et en y croyant, vous possédez la source d'où toutes les autres découlent.

DOCTEUR. — Cela me paraît bien difficile à admettre, cher abbé.

L'ABBÉ. — Veuillez m'accorder un instant d'attention, docteur. Est-ce que dans ces sublimes paroles : « *Ego sum qui sum* », « Je suis celui qui suis! » vous pouvez méconnaître le principe de tout ce qui est? Qui eût pu dire : *Ego sum, « Je suis »*, sinon la cause de tout ce qui est, de toute existence et de toute réalité? Quel autre que Dieu eût pu prononcer ces mémorables paroles : « Je suis! » moi seul « suis »! — « Je suis » « ce qui existe « toujours sans être jamais né » (*Timée*), car je suis l'Éternel! « Je suis non ce qui se forme, mais ce qui est; ce qui s'engendre « et se corrompt; ce qui se montre et passe aussitôt, ce qui se « fait et se défait, mais ce qui subsiste éternellement. » (Bossuet, *Logiq*, l. I, ch. XXVII.) Contemplez tout ce qui vous entoure, tout commence et finit; seul, JE SUIS! « Tout ce qui naît procède « nécessairement de quelque cause » (*Timée*); Je suis cette cause; tout être naît, vit et meurt; cet être n'est donc pas, à propre-ment parler, puisqu'il ne fait que passer. *Ego sum*, seul Je suis; seul, Je suis le principe de tout ce qui est réellement, et par conséquent, de toute vérité.

DOCTEUR. — Vous avez sans doute raison, cher abbé; mais vous l'avouerai-je? habitué au langage de la science, celui de la théologie m'effraye! Je préférerais m'adresser à Ariste, s'il con-sentait à me démontrer la vérité d'après les procédés et le lan-gage de la méthode expérimentale. Je fais donc un appel tout particulier à sa science, à son dévouement et à sa bonne volonté.

ARISTE. — Si vous n'osez vous confier à la foi, c'est le cas de vous adresser à la science qui n'impose à nos convictions, elle, que ce qui peut se démontrer.

DOCTEUR. — Si vous vous sentez ce courage, Ariste, vous me permettrez, avant tout, de vous imposer une condition, celle de me démontrer la vérité d'après toute la rigueur des procédés de la science, je veux dire, de la faire sortir des faits les plus nom-breux et les plus convaincants. Autrement, autant vaudrait

demeurer dans le doute et le devenir d'Héraclite et de Pyrrhon ;
puisque, vous l'avouerai-je ? je n'ai rien pu trouver de plus satis-
faisant dans mes recherches que ce que ce dernier affirmait il
y a deux mille ans, c'est que « rien n'est plutôt vrai que faux,
beau plutôt que laid, bien plutôt que mal », puisque « tout est
relatif ».

ARISTE. — Non, docteur, tout n'est ni relatif, ni contenu dans
le devenir d'Héraclite et de Pyrrhon ! Croyez-m'en, abandonnons ces fantaisies aux beaux esprits du jour qui, n'ayant pu
découvrir la vérité et ne pouvant s'en passer, se bornent à nous
donner en ses lieu et place le chiffre des flots qui passent, ou
le nombre des mouvements de la feuille qui tourne en tombant.
Il existe une autre science que celle qui s'arrête à énumérer les
chiffres et les mouvements ! La vraie science ne se borne pas à
compter ce qui passe, elle s'élève à ce qui est réellement.

DOCTEUR. — Je serais heureux, Ariste, de gravir avec vous
ces hauteurs de la science pourvu qu'elles me conduisent à la
vérité. Mais, permettez-moi de vous le rappeler, ce serait à la
condition de les parcourir toujours appuyé sur les faits de l'observation et à l'aide des procédés de la méthode expérimentale ;
car si vous deviez y allier les concepts, les entités et les hypothèses de la métaphysique, je ne pourrais me défendre d'une
crainte invincible, celle de croire que vous me tendez quelque
piége pour me surprendre.

ARISTE. — Qu'exigez-vous donc d'une démonstration, docteur ?

DOCTEUR. — Je lui demande avant tout des faits qui forcent
la conviction, des preuves péremptoires qui commandent à la
raison et qui montrent la vérité avec tant d'évidence, que nulle
intelligence ne puisse y refuser son adhésion ; en d'autres termes,
je lui demande de prendre l'expérience pour guide, de n'avancer
que du connu à l'inconnu, de n'employer que des faits bien
observés, bien comptés, bien pesés, faciles à vérifier et à contrôler.

ARISTE. — J'accepte ces conditions, docteur, sauf à escalader
quelques barrières fort peu scientifiques, selon moi, que vous y
avez surajoutées.

DOCTEUR. — Comment, Ariste, vous admettriez que la science
peut s'élever au-dessus de l'observation et de l'expérience ?

ARISTE. — Non-seulement je l'admets, mais je suis convaincu
que seules, elles sont impuissantes à nous faire connaître tout

ce qui est. Elles sont sans doute la base de la méthode expérimentale, mais cette base appelle un couronnement, et elles ne peuvent le lui donner.

DOCTEUR. — Pour admettre cette énormité, j'aurais besoin, Ariste, d'autre chose que d'une simple affirmation.

ARISTE. — J'admets pour un instant, avec vous, que l'observation nous a fait constater tout ce qui est ; que l'expérience elle-même vous a appris tout ce qui a été jusque-là ; sont-ce ces deux moyens de connaissance qui vous diront pourquoi cela est tel que vous le voyez, et non autrement ?

DOCTEUR. — C'est affaire de conjecture, Ariste, que l'explication des pourquoi et des comment. La science n'a rien à tirer de ces vaines curiosités.

ARISTE. — Écartons de la science toute hypothèse et toute conjecture, je le veux bien, docteur ; car, pas plus que vous, je n'en aperçois l'utilité, mais ne repoussons aucun des moyens qui peuvent aider à la solution d'un problème. Tout ce qui nous fait avancer vers le but a son utilité.

DOCTEUR. — Comment donc l'atteindre ?

ARISTE. — L'astronomie est une science exacte et presque complète, vous le savez ; or, elle n'a acquis cette gloire qu'à l'aide d'une méthode simple et bien déterminée ; demandons-lui donc le secret de ses succès, en lui empruntant cette méthode qui l'a conduite au haut degré de perfection qu'elle présente.

DOCTEUR. — En quoi consiste donc cette méthode.

ARISTE. — Elle la doit à trois grands hommes qui s'en sont successivement occupés et qui, sans entente, l'ont créée telle qu'elle est : elle doit enfin cette méthode à Tycho-Brahé, à Kepler et à Newton.

Elle la doit d'abord à Tycho, qui fut un grand observateur des faits célestes, qu'il recueillit et nota avec tant d'exactitude qu'on les consulte encore aujourd'hui avec grand profit. Mais croyez-vous que l'astronomie serait une science aussi avancée si elle s'était arrêtée aux observations de Tycho, et si elle n'eût franchi les limites que cet homme célèbre voulait lui imposer ? Non ; car il est évident qu'elle serait demeurée au-dessous du niveau des sciences physiques actuelles. En tout cas, elle ne posséderait pas les lois de Kepler. Or, qu'est-ce que ces lois ? Un simple résumé condensé de toutes les observations de Tycho et de Kepler lui-même qui, sous un petit nombre de formules,

les embrasse toutes. De telle sorte que connaître une de ces lois, c'est donc autant que connaître mille faits semblables, puisque chacune d'elles exprime une série de faits semblables ou analogues. Toutefois, comme chaque loi ne peut embrasser que des faits semblables, et qu'il en existait d'ordres différents, Kepler fut conduit à les grouper en trois séries distinctes, desquelles sont sorties les trois grandes lois qui ont immortalisé son nom. Il fit plus encore; une fois formulées, il appliqua ces lois à étudier la marche des autres planètes et fut amené par elles à assigner à chacune l'orbite qu'elle parcourt.

DOCTEUR. — Cependant, Ariste, ce qui me paraît évident, c'est que Kepler n'eût pu formuler ses lois sans les observations de Tycho.

ARISTE. — Je vous l'accorde, docteur; mais dites-moi, à votre tour, quelle place accorderez-vous à Newton?

DOCTEUR. — Newton fut assurément un homme d'un génie exceptionnel, et je conviendrai même que je n'oserais contester sa supériorité sur les deux autres.

ARISTE. — Fort bien; mais pourquoi ne pouvez-vous contester cette supériorité? N'est-ce pas parce que, de même que Kepler avait démontré que tous les faits recueillis par Tycho pouvaient, après une analyse, se résumer en trois lois distinctes, Newton démontra à son tour que les trois lois de Kepler dérivaient d'un même principe, et pouvaient, par suite, se ramener à une seule et même loi, la loi de l'attraction universelle? Or, il convient maintenant de vous le faire remarquer, qu'est-ce que ce principe découvert par Newton, sinon la cause de tous les phénomènes observés par Tycho et des trois lois de Kepler? Ce n'est donc, en résumé, que parce que Newton a découvert ce principe ou la cause qui explique tous les phénomènes et les lois célestes, qu'il s'est élevé plus haut que ses deux savants prédécesseurs.

Je ne voudrais nullement vous blesser, docteur, mais il importe au succès de la thèse que je défends, de vous faire remarquer que ce n'est que parce qu'il a franchi les barrières que vous vouliez dicter à la science en lui imposant l'obligation de s'arrêter à ce qui se voit, se touche, se compte et se pèse, que Newton s'est élevé jusqu'à la notion de la cause des phénomènes et des lois, et qu'il lui a été donné de faire avancer la science plus loin que Tycho et que Kepler, plus loin que nul homme avant lui, et de la faire pénétrer jusque dans les secrets de la mécanique céleste. C'est donc parce qu'il a dédaigné vos barrières, qu'il lui a été donné de fonder l'astronomie, en la dotant d'un principe qui lui a assigné le rang élevé qu'elle occupe parmi les sciences exactes et positives.

DOCTEUR. — N'est-ce pas montrer une grande sévérité pour Tycho et pour Kepler, Ariste? Sans eux, Newton eût-il pu formuler sa grande loi de l'attraction?

ARISTE. — Tout se lie et s'enchaîne, sans doute, dans la science, docteur; mais convenez vous-même que si Newton a réussi, c'est surtout parce qu'il a démontré mathématiquement la réalité du principe des faits et des lois découverts par ses prédécesseurs. et parce qu'il a usé de tout autres moyens pour l'atteindre. Or, qu'a-t-il fait en formulant sa grande loi de l'attraction universelle? A-t-il fait autre chose que formuler la loi d'une *force,* c'est-à-dire de *ce je ne sais quoi* qui ne se voit, ni ne se pèse, ni ne se compte? En d'autres termes, n'est-ce pas en introduisant dans la science un facteur que vous voulez en proscrire?

DOCTEUR. — Permettez, Ariste; Galilée, pas plus que Kepler, en formulant les lois de la chute des corps, n'ont songé à formuler les lois d'une force nue; pour tous deux sans doute, il s'agit surtout de corps qui se rapprochent l'un de l'autre; mais ainsi comprise, une simple induction pouvait conduire Newton à admettre une force pour expliquer le mécanisme de ces phénomènes?

ARISTE. — Newton a été au delà, docteur; Galilée avait formulé les lois de la chute des corps terrestres, Newton l'a démontrée, expérimentalement et mathématiquement pour celle des corps célestes; cela n'est contesté par personne aujourd'hui.

DOCTEUR. — Soit, Ariste.

ARISTE. — Mais, docteur, nous bornerons-nous à constater les magnifiques résultats que ces trois grands hommes ont rendus à l'astronomie, sans en tirer nous-mêmes quelque profit pour la science et pour la vérité? Ne sommes-nous pas appelés comme eux à résoudre un grand problème, celui de découvrir la vérité d'après la méthode expérimentale? Or, si cette méthode leur a réussi, pourquoi négliger ses applications possibles à la solution du problème qui nous préoccupe si vivement?

DOCTEUR. — Ce rapprochement peut être utile, Ariste; mais comment appliquer cette méthode à un objet si différent?

ARISTE. — Je pense que nous pourrons y parvenir en recueillant avec soin, comme Tycho, toutes les observations sur un objet donné ; puis en groupant ensuite tous les faits observés, comme Kepler, par séries semblables pour en formuler autant de lois distinctes ; et enfin en cherchant, comme Newton, dans chacune de ces lois la cause des faits qu'elles embrassent. Il ne resterait plus ensuite qu'à découvrir le principe de toutes les causes qui nous auraient été montrées par les lois.

DOCTEUR. — Comment donc tirer la vérité de cette longue suite d'opérations ?

ARISTE. — En arrivant comme Tycho à recueillir des observations sérieuses et exactes, nous obtiendrons déjà des *quarts de vérité,* pardonnez-moi cette expression ; en formulant des lois expérimentales comme Kepler, nous obtiendrons des *demi-vérités ;* et enfin, en découvrant des causes secondes comme l'a fait Newton, nous obtiendrons des *trois quarts de vérité,* ce qui nous conduira bien près de la vérité même. Il ne nous resterait plus qu'à découvrir le principe de ces causes secondes pour atteindre la cause des causes elle-même, c'est-à-dire la source de toutes les vérités.

DOCTEUR. — J'aurais de graves objections à opposer à vos *quasi-vérités,* Ariste ; mais, pour l'instant, je me bornerai à vous demander pourquoi admettre dans la science des causes qu'on ne voit pas.

ARISTE. — C'est parce qu'elles sont, parce qu'elles existent réellement, docteur, et que la science ne peut exclure de son domaine *ce qui est,* sous peine de déchoir du rang où les magnifiques travaux de Newton l'ont élevée. Car, remarquez-le, la physique ne peut pas plus se passer du magnétisme, la chimie des affinités, la biologie de la vie, que l'astronomie de la gravité ; nulle science, en un mot, ne peut rejeter ses principes, parce qu'elle ne peut nier que des effets semblables sont produits par des causes semblables. D'ailleurs, quoique cette cause soit invisible par elle-même, nous pouvons toujours la découvrir dans ses effets, et c'est surtout pour en avoir nié l'existence, que la science moderne ne fait que conspirer contre la vérité.

DOCTEUR. — Qu'entendez-vous donc par le mot vérité, Ariste ?

ARISTE. — J'appelle vérité tout ce qui est réel, immuable et perpétuel.

DOCTEUR. — Je me demande ce que pourra devenir le progrès en présence de cette immutabilité.

ARISTE. — Je pourrais vous répondre qu'il consistera par-dessus tout à la conquérir; mais avant tout, dites-nous donc ce que vous entendez vous-même par le mot progrès.

Docteur. — J'appelle progrès toute acquisition nouvelle de l'intelligence, de la science, des arts, de l'industrie, de l'économie sociale, politique, etc., qui a pour but de conduire l'homme et la société vers un état meilleur.

Ariste. — Ces acquisitions pourraient-elles s'accomplir par l'homme si celui-ci n'était perfectible?

Docteur. — Non, sans doute.

Ariste. — Alors le mot perfectionnement ne rendrait-il pas plus exactement votre pensée? Car qui dit progrès dit mouvement, avancement seulement; or, ces mots ne disent pas dans quelle voie il faut avancer pour le réaliser, ni le but qu'il faut atteindre. On avancera sans doute, mais sera-ce vers le bien ou vers le mal? On s'efforcera d'avancer vers le mieux, au nom du progrès, je le veux bien; mais qui guidera vers ce terme et empêchera de s'égarer vers le pire? Ce mot est donc impuissant à nous guider.

Docteur. — Mais par quel autre mot le remplacer?

Ariste. — Par celui de perfectionnement, qui détermine avec plus de précision le but qu'il faut atteindre. Qu'est-ce, en effet, que cette tendance qui sollicite tous les courages et qui anime tous les esprits à faire progresser incessamment les sciences, les arts et l'industrie? A-t-elle un autre moteur que celui de leur faire acquérir quelques-unes des perfections qui leur manquent? Pourquoi ce progrès sur nous-mêmes si ce n'est pour conquérir quelques-unes des perfections qui nous manquent? Et, remarquez-le, en suivant cette voie, nous ne pouvons nous égarer, parce qu'avant de nous y engager, il nous aura fallu constater avant tout que telle ou telle perfection nous manque ou manque à l'œuvre que nous voulons faire progresser. Or, ayant une fois nettement distingué la perfection qu'il s'agit de réaliser, celle-ci nous servira de norme et nous tracera sûrement la voie en nous indiquant les moyens de l'atteindre sans nous égarer.

Docteur. — Cependant, Ariste, l'immutabilité de la vérité ne crie-t-elle pas au progrès : Tu n'iras pas plus loin?

Ariste. — Comment aller au delà de la vérité et de la perfection? Qu'en pensez-vous, cher abbé?

— L'Abbé. Je pense, mes amis, que le terme le plus noble et

le plus élevé qu'on puisse assigner aux efforts du progrès, c'est l'acquisition de la vérité et des perfections en toutes choses. Toutefois, en vous écoutant discuter sur des objets si pleins d'attrait et de grandeur, je me demandais s'il pouvait vous être donné de vous entendre sur chacun d'eux.

DOCTEUR. — Pourquoi donc, cher abbé?

L'ABBÉ. — C'est parce qu'il est impossible de méconnaitre que chacun de vous cède à des impulsions diverses qui vous engagent dans des courants contraires, et qu'en les poursuivant il vous sera bien difficile de vous rencontrer, et surtout d'atteindre le même but.

DOCTEUR. — Vous oubliez, cher abbé, que notre amour est égal pour acquérir la vérité par la science?

L'ABBÉ — Je n'en doute pas, mes amis; mais ce que je sais mieux encore, c'est que toute science séparée a cessé de recevoir la séve qui donne la vie et la vérité.

DOCTEUR. — Cependant la science seule peut nous apprendr ce qui est; et puisque la vérité est elle-même ce qui est, quel meilleur moyen pourrions-nous employer pour la découvrir?

L'ABBÉ. — La science est une, mais les savants suivent des voies bien différentes pour la conquérir.

DOCTEUR. — De quelles voies voulez-vous donc parler?

L'ABBÉ. — Je n'en connais qu'une qui y conduise sûrement, c'est celle de la foi, et je doute que celle-ci ait vos préférences. Or, tout en professant une haute estime pour la science, et en particulier pour la philosophie et pour la médecine que vous cultivez, je ne puis me défendre, en vous voyant poursuivre vos recherches sans appui, de redouter qu'elles ne vous conduisent à l'erreur.

ARISTE. — Je ne puis comprendre vos appréhensions, cher abbé, quand vous nous voyez décidés l'un et l'autre à rechercher la vérité par la science, et que vous nous savez armés d'une méthode expérimentale qui a fait ses preuves. Qui peut donc vous inspirer ces craintes?

L'ABBÉ. — Vous vous souvenez des ouvriers de l'ancienne tour de Babel, et de la cause qui les a forcés d'abandonner l'œuvre?

DOCTEUR. — Mais nous, nous parlons la même langue.

L'ABBÉ. — En apparence, peut-être; mais en réalité, votre langage comme vos idées et vos convictions diffèrent tellement, que je doute que vous puissiez vous accorder.

Comment s'en étonner d'ailleurs? Vos nourrices parlaient-elles
la même langue? Vous, docteur, par exemple, n'avez-vous pas
sucé votre premier lait à la Faculté de médecine de Paris où l'on
ne vous a entretenu que de l'organisme et du jeu de cet instrument; et vous, Ariste, n'avez-vous pas pris le vôtre à la Faculté
des lettres, où l'on ne parle que de l'âme et de ses facultés?

Docteur. — Pourquoi ces deux langues ne pourraient-elles
s'éclairer et s'entr'aider l'une l'autre?

L'Abbé. — C'est parce que l'une ne connaît que l'instrument
et les phénomènes qu'il produit, tandis que l'autre ne s'occupe
que de la cause qui pense et veut, que de l'âme, en un mot. Or,
quand les études du docteur le conduisent presque fatalement à
demeurer organicien et matérialiste, celles du philosophe l'obligent à embrasser le spiritualisme ou même l'idéalisme.

Docteur. — Quel inconvénient y voyez-vous?

L'Abbé. — Celui-ci, en particulier, c'est de ne vous occuper
l'un et l'autre que d'une abstraction qui vous impose à chacun la
nécessité de combattre dans un camp opposé.

Docteur. — Comment, cher abbé, moi qui ai tant d'horreur
des abstractions, je n'aurais fait autre chose jusqu'ici que d'y
consacrer mes études en m'occupant de l'organisme?

L'Abbé. — Ne vous en défendez pas, docteur, ce que je vous
en dis est parfaitement exact.

Docteur. — Mais expliquez-vous donc, cher abbé.

L'Abbé. — Réfléchissez-y un instant, docteur, et il vous sera
facile de vous en convaincre. L'homme n'est ni un corps seulement, ni une âme seulement; il ne constitue réellement qu'un
seul et même tout : C'est l'*ego animus,* l'homme-esprit, comme
l'appelait si judicieusement saint Augustin. De telle sorte que ne
s'occuper que de l'un de ses deux éléments constituants, c'est
donc ne s'occuper en réalité que d'une abstraction, et chercher
la vérité dans celle-ci, c'est s'adresser à ce qui ne peut la donner.

Ariste. — Je crois que vous avez quelque peu exagéré l'opposition de nos convictions, cher abbé; toutefois, je vous promets
de tenir un compte sérieux de votre avertissement. J'espère
même tirer de nos communes lumières un concours heureux
pour arriver à conquérir la vérité.

L'Abbé. — Ne vous offensez pas, mes amis, de mes observations; elles m'ont été dictées par ma sollicitude pour vous et
pour votre entreprise. Mon plus vif désir, je vous l'atteste, est

de vous voir découvrir la vérité par la science, et c'est surtout lui qui me porte à adresser une dernière question à Ariste, celle de nous faire connaître la source où il compte la puiser.

ARISTE. — Dans le grand livre de la nature, cher abbé. C'est en lui que j'espère pouvoir lire, à l'aide de l'idéographie, les idées invisibles que le Créateur a imprimées dans tous les êtres lors de la création, et découvrir en elles la vérité elle-même.

L'ABBÉ. — Tant mieux, Ariste; je vous approuve et m'en réjouis. En effet, « Dieu, comme un excellent maître, a pris soin « de nous laisser deux écrits parfaits, afin que notre éducation « ne laisse rien à désirer : car, dit l'Apôtre, tout ce qui est écrit « est écrit pour notre enseignement. Ces deux livres divins sont « la Création et l'Écriture sainte. Le premier ouvrage a autant de « chapitres excellents qu'il y a de créatures, et il nous enseigne « la vérité sans mensonge. Aussi, quelqu'un ayant demandé à « Aristote où il avait appris tant de si belles choses, il répon- « dit : Dans les choses, car elles ne savent pas mentir. » (Saint Thomas, Serm. II, *De adv.*, édit. de Venise.)

Entrez donc avec confiance dans cette voie, mes amis; et permettez-moi, avant de vous quitter, d'invoquer l'Auteur de toutes choses sur vos travaux pour qu'il les bénisse — « *emitte lucem tuam et veritatem tuam* » — et pour qu'il couronne par le succès des découvertes dignes du plus grand intérêt. Soyez assurés, en tout cas, que j'y prendrai toute la part possible, en assistant autant que je le pourrai à vos entretiens.

CHAPITRE II.

QU'EST-CE QUE LA VÉRITÉ ?

« Voilà la pensée abandonnée à ses propres incertitudes, condamnée à pour-
« suivre sans fin un but qui fuit toujours, ne trouvant nulle part ni points de
« repère, ni points d'arrêt, rien de fixe où prendre son appui dans le vertige qui
« l'entraîne. Il n'y a plus que des points mouvants. » (E. CARO.)

DOCTEUR. — Avant de nous occuper de la vérité, ne conviendrait-il pas, Ariste, que vous nous disiez ce que vous entendez par ce mot?

ARISTE. — Comme vous, docteur, je le crois d'autant plus utile que c'est en vain qu'on en cherche la signification dans les ouvrages modernes de philosophie, et jusque dans ceux-là mêmes qui s'en occupent spécialement ; les encyclopédies les plus récentes l'ont même passé sous silence. Tous les auteurs parlent de la vérité, sans doute, mais chacun donne à ce nom une valeur si diverse, qu'une même notion est traitée de vérité par l'un, et d'erreur par l'autre : nul terme n'offre peut-être autant de confusion.

DOCTEUR. — Ce mot n'aurait-il donc aucune valeur réelle?

ARISTE. — Loin de là! mais autant son nom est commun, autant sa signification laisse à désirer. C'est assez vous dire que la vérité attend encore sa définition.

DOCTEUR. — Raison de plus pour nous la donner.

ARISTE. — Il est sage, en effet, quand il s'agit d'aller à Rome, de s'assurer avant tout que Rome existe, et ensuite du chemin qui y conduit le plus sûrement.

DOCTEUR. — La vérité existe-t-elle?

ARISTE. — L'affirmation unanime du genre humain ne permet pas d'en douter.

DOCTEUR. — Où nous adresser pour la découvrir?

ARISTE. — A tout ce qui est réel; car la vérité ne peut sortir de rien sous peine de ne représenter rien, et de ne pouvoir être vérifiée ni contrôlée. Il faut donc la chercher dans un objet ou dans un être réel.

Mais ces objets et ces êtres nous offrent des phénomènes variables et changeants, qui n'ont rien de fixe ni de déterminé. Si nous cherchions la vérité dans ce qui varie, « dans ce qui naît « toujours sans jamais exister », comme l'a dit Platon (*Timée*), elle serait elle-même variable et changeante, vraie seulement à un instant donné, pour cesser de l'être l'instant d'après. Nous lui assignerons donc pour second caractère d'être fixe et immuable; car elle ne peut varier. Telle elle *a été,* telle *elle est,* et telle *elle sera* toujours.

Lui demanderons-nous « d'exister toujours sans être jamais « née »? (*Timée.*) Mais si nous la cherchons dans les êtres de la nature qui ont commencé, comment lui assigner ce caractère? Il faudra donc, à défaut de l'éternité, qu'ils ne peuvent posséder et lui communiquer, leur demander seulement la perpétuité, troisième caractère qui se rencontre dans les générations qui se sont succédé depuis les premiers-nés.

Ainsi il ne suffira pas pour nous qu'une chose soit réellement pour dire qu'elle est une vérité, car tout ce que nous voyons et touchons serait autant de vérités, et il n'en saurait être ainsi, puisqu'elle doit être immuable. Nous ne pouvons dire, en effet, que les plantes et les arbres que nous voyons et touchons soient des vérités, car ils poussent et perdent leurs feuilles, leurs fleurs et leurs graines chaque année; et ce qui change ne peut être considéré comme immuable. Ils sont : voilà tout ce que nous pouvons en dire. Cependant, parmi ces êtres, on peut encore découvrir des vérités; mais celles-ci exigent une certaine attention pour être mises en évidence. En effet, parmi ce qui change, parfois même parmi ce qui est éphémère, on peut observer les trois caractères que nous avons assignés à la vérité, caractères qui, en se montrant toujours les mêmes bien qu'à un moment donné seulement, réunissent les conditions exigées. Telles sont en particulier l'individualité, l'espèce, la sexualité, etc. Or ces caractères, quand ils se trouvent simultanément réunis, constituent pour nous autant de vérités, puisqu'ils sont réels, immuables et perpétuels. Mais bornons-nous, quant à présent, à les signaler et à les présenter comme une norme qui doit nous servir à les caractériser.

Nous ne chercherons donc pas la vérité dans un mot, dans une idée, dans un chiffre, car chacun d'eux n'a d'autre existence que celle de l'esprit qui l'a conçu ; aucun ne possède par lui-même une existence réelle.

L'Abbé. — Permettez-moi, Ariste, de faire des réserves sur cette partie de votre définition.

Ariste. — Faites, cher abbé.

Docteur. — En attendant, je voudrais qu'Ariste nous dît comment on peut faire connaître une vérité sans se servir de mots pour l'exprimer, parfois de chiffres pour la représenter, et même d'hypothèses, quand celles-ci dérivent ou s'appliquent à des réalités.

Ariste. — Considérez, docteur, que nul mot en tant que mot, que nul chiffre, que nulle hypothèse n'ont de réalité hors de l'esprit qui les conçoit et les exprime ; enfin que quoi qu'on fasse, il est impossible de découvrir les plus faibles traces d'existence réelle dans une abstraction chiffrée ou figurée.

Un chiffre peut sans doute s'appliquer à une réalité, mais il n'est pas cette réalité elle-même, car nulle idéographie ne possède l'être. N'en est-il pas ainsi de toutes les abstractions, des mathématiques et de la géométrie elles-mêmes? Qu'importe à la réalité que les trois angles d'un triangle soient égaux à deux angles droits, que chaque nombre soit ou puisse être la somme de deux nombres premiers, que chaque équation d'un degré impair doive avoir une racine réelle? Toutes ces idées sont de pures conceptions de l'esprit humain ; mais nous avons beau les creuser en tous sens, il est impossible de leur trouver une existence réelle et objective. Tout au plus pourrions-nous convenir avec Descartes que « ce sont des vérités qui ne sont rien en « dehors de notre pensée » (*OEuvres phil.*, t. I, p. 252, édit. de A. Garnier), ou en d'autres termes que ces vérités ne sont pas des vérités puisqu'elles ne représentent aucune existence objective.

Selon Kepler, il faudrait faire une exception pour la géométrie, car il affirme que « la géométrie réelle est en Dieu, et qu'elle « est Dieu même » ! En soutenant cette opinion, Kepler ne faisait d'ailleurs que reproduire celle que saint Augustin avait déjà émise dans ses *Soliloques ;* mais il a été au delà, car il dit : « La « géométrie antérieure au monde, coéternelle à l'intelligence

« de Dieu, est Dieu lui-même ! » Il dit encore : « Tout ce qui est
« en Dieu est Dieu. » — La géométrie a donné à Dieu les formes
« de la création, et a passé dans l'homme avec l'image de Dieu. »
(*Harm. mundi*, l. IV, c. i.) L'enthousiasme de Kepler le porte
jusqu'à soutenir que c'est cette science elle-même qui « a donné
« à Dieu les formes de la création », et à l'homme « l'image de
« Dieu » même ! Convenez qu'il est plus facile d'émettre un
pareil paradoxe que de le démontrer, et qu'il serait plus exact
de convenir avec Vico que « nous démontrons les vérités géo-
« métriques parce que nous les faisons », que de prouver que
les mathématiques ont une existence réelle et indépendante de
l'esprit qui les conçoit.

L'Abbé. — Je suis loin d'accepter tout ce que vous venez de
nous dire sur la vérité, Ariste, mais tout particulièrement sur
les vérités mathématiques et géométriques. Car, même en
admettant votre définition, ces sciences auraient un objectif
réel dans le monde, puisque les savants qui les ont instituées
connaissaient avant elles les êtres de la nature dont ils avaient
pu distinguer les nombres, les masses et l'étendue. Quoi de plus
simple alors que d'en faire dériver l'arithmétique, les mathématiques et la géométrie ?

Ariste. — S'il en est ainsi, ce que je n'ose contester, ces
sciences seraient des vérités puisqu'elles rentrent dans la définition que j'en ai donnée. Mais enfin qu'appelez-vous donc vérité,
vous-même, cher abbé ?

L'Abbé. — Avant tout, je vous ferai remarquer que la définition que vous donnez du mot abstrait *vérité*, ou de son concret
vrai, est incomplète, car vous lui donnez un sens beaucoup trop
restreint et même contraire à la manière de penser et de parler
de tous les hommes. L'usage, d'accord avec la raison, attribue,
en effet, la qualité de vrai, d'abord aux choses qui sont en nous,
telles que nos concepts, nos idées, nos jugements et nos simples
affirmations ; ensuite, aux choses elles-mêmes qui sont hors de
nous. Ainsi, tout le monde dit : Ce concept est vrai, cette idée
est vraie, ce jugement est vrai, etc.

S'il s'agit du vrai ontologique, le mot *vrai*, ajouté au sujet
qu'il modifie, par exemple : vraie vertu, vrai ami, vrai or, etc.,
n'est pas inutile, car il ne signifie pas seulement l'existence
réelle d'une chose, mais il ajoute à cela un rapport certain, réel
et intrinsèque, avec une intelligence qui connaît cette chose ou

qui peut la connaître, rapport qui existe toujours, puisque, à défaut de l'intelligence humaine, il y a toujours au moins l'intelligence divine qui connait ces choses.

Si le sens que vous attribuez au vrai ontologique est faux, il est encore bien plus faux dans le cas du vrai logique, car ici l'expérience universelle est là pour affirmer qu'on dit très-bien : « Cette proposition énonce une vérité. » Supprimer ces vérités ce serait contredire l'humanité tout entière.

D'où il suit qu'il y a beaucoup plus de vérités que celles aux quelles vous réservez ce nom, qui ne s'applique qu'à la plus petite partie des vérités. En lui attribuant un sens beaucoup trop restreint, vous vous exposez à n'être pas compris par le plus grand nombre qui, en vous voyant joindre à l'existence réelle la perpétuité, diront que vous n'admettez que ce qui existe en dehors de l'esprit et peut se perpétuer. Or, les faits historiques sont des faits passagers ; les vérités mathématiques n'existent que dans l'esprit, etc. ; donc il vous faut rejeter les vérités mathématiques, historiques, expérimentales, etc., celles qui ont été démontrées par Platon, par Aristote, par saint Augustin, par saint Thomas, etc., et troubler, par conséquent, toutes les notions reçues et admises par la théologie et la philosophie ; circonstance d'autant plus regrettable qu'elle vous met en opposition avec l'Encyclique de Léon XIII, du 4 août 1879.

Ariste. — Voilà de bien grosses objections, cher abbé ; mais sont-elles toutes bien fondées? Souvenez-vous que les vérités mathématiques, d'après votre observation, viennent se placer tout naturellement dans ma définition qui, en définitive. n'exclurait que celles que vous appelez ontologiques, logiques, historiques et quelques autres fort secondaires, mais qui, à part cet inconvénient, bien loin de restreindre le champ des vérités, en admettrait beaucoup d'autres qui semblent exclues elles-mêmes de toutes vos classifications. C'est ainsi qu'en s'adressant « à tous les objets de la nature », parce qu'ils ne savent pas mentir, comme le dit saint Thomas, elle pourra embrasser toutes les idées, et toutes les notions exprimées par eux ; qu'elle pourra en trouver d'inscrites dans tous les faits bien caractérisés, dans tous les traits d'intelligence, de science, d'art, d'inventions, de sagesse, de prévoyance, et dans toutes les perfections imprimées chez tous les êtres de la nature, etc., auxquels vos définitions abstraites ne peuvent s'appliquer.

Je respecte 'l'usage d'ailleurs, et admets qu'il faut toujours faire un grand cas du sens commun, qui est une lumière dont la nature elle-même a éclairé l'intelligence de tous les hommes; j'admettrai même, si vous y tenez, toutes les vérités dont vous voudrez conserver l'usage; mais je vous demanderai, avant tout, la permission de vous dire pourquoi je ne puis les adopter : c'est, en premier lieu, parce qu'un mot plus exact peut remplacer le plus souvent celui de vérité que vous employez; en second lieu, parce que vos vérités sont la source de nombreuses erreurs; en troisième lieu, enfin, parce que je ne pourrais trouver en elles l'appui nécessaire pour m'élever jusqu'à l'objet principal auquel tendent toutes mes recherches, celui de faire connaître ce qui est réel et immuable.

Je n'ai donc pas la prétention de réformer le langage usité, cher abbé; mais j'ai l'espoir de vous convaincre qu'un grand nombre de vos vérités, et notamment vos vérités ontologiques, telles que les concepts, les idées, les jugements et les simples affirmations, sont non-seulement inutiles et inexactes, mais encore fort nuisibles et. dangereuses, et qu'on ne peut les accepter légèrement. Car c'est en effet d'elles que dérivent, comme de leur source naturelle, le panthéisme, le matérialisme, l'athéisme et cette multitude d'erreurs qui ont jeté la confusion dans tous les esprits.

L'Abbé. — J'admets, Ariste, que, s'il en était ainsi, ce motif mériterait la plus sérieuse attention; mais je ne puis comprendre qu'il justifie l'espèce d'ostracisme qui vous fait exclure du nombre des vérités toutes celles qui ont été soutenues et développées successivement par Platon et Aristote, par saint Augustin et saint Thomas, par saint Anselme et Malebranche, par Descartes et Bossuet; permettez-moi donc de douter que tous les grands hommes de l'ancienne Grèce et des temps modernes, dont le génie s'impose à l'admiration des siècles, méritent de tels reproches.

Ariste. — Permettez-moi, à mon tour, de signaler successivement toutes leurs erreurs à votre attention, en vous rapportant tout ce qu'ils ont écrit de plus important sur la vérité; j'arriverai peut-être à vous convaincre ainsi du peu de fond qu'il y a à faire sur des opinions que vous décorez du nom de vérités.

Pour y parvenir plus sûrement, je reprendrai, avec Aristote, les « opinions de ceux qui, avant nous, se sont appliqués à l'étude

« de l'être, et ont philosophé sur la vérité ». (*Métaphysiq.*, trad.
de MM. Pierron et Zévort, l. I, c. III.) Or, il est une première
remarque sur laquelle il convient d'abord d'insister, c'est que
nul auteur ancien n'a dit ce qu'il entendait par le mot vérité.
Rien d'étonnant, par conséquent, de lui voir confondre sous ce
nom les choses les plus diverses : concepts, idées, affirmations,
science, etc., tout ce qui lui paraît être est pour lui également
vérité. « Connaître et savoir, tel est par excellence le caractère
« de la science », dit Aristote (*Mét.*, l. I, ch. II) ; mais si « connaître
et savoir » sont des moyens précieux d'acquérir la vérité, on ne
peut les confondre avec elle, car un moyen n'est pas une fin.

Parmi ceux qui se sont occupés de sa recherche, Parménide, le
célèbre philosophe éléate, crut d'abord l'avoir mise hors de toute
contestation, en consultant la déesse sur l'être et le non-être.
« Apprends, lui avait-elle dit, quelles sont les deux voies du
« savoir : l'une part de ce principe que l'Être seul existe, que le
« Néant n'est pas ; là est la certitude, la vérité. L'autre part de
« ce principe que l'Être n'est pas, que le Néant est nécessaire.
« Je te le dis, cette voie-là marche en sens contraire de la raison ;
« car tu ne peux ni connaître, ni atteindre, ni expliquer ce qui
« n'est pas. Nécessairement, dire et penser, portent sur l'Être.
« L'Être est, le Néant n'est pas. » (*Essai sur Parménide,* par
Riaux, p. 209.) Une déesse peut sans doute *affirmer* ce qu'est la
vérité, l'Être et le Néant ; mais les successeurs de Parménide
sont loin d'avoir tous cru à sa parole.

Selon Démocrite, le père célèbre des atomes, « tout ce qui
« paraît aux sens est nécessairement la vérité » (*Mét.*, l. IV, ch. v) ;
de là une première erreur, car paraître et être ne sont pas des
vérités. Ainsi, essayant « de se rendre compte de la nature à
« l'aide des sens, elle lui apparut comme un fleuve rapide qui
entraîne tout », dit Platon (*Théétète*) : de là une seconde erreur
dans laquelle il *juge* que tout change et varie. Ne voyant que
de la matière en mouvement, il *conçoit* que le mouvement est
essentiel à la matière, et *affirme* comme une vérité qu'il lui est
inhérent : de là une troisième et une quatrième erreur dont la
gravité ne peut échapper, puisqu'elles ont engendré le matérialisme et l'athéisme.

Voulant un jour expliquer l'origine du monde, il *conçoit* qu'on
pourrait y réussir par le plein et le vide. Ce plein, selon sa
théorie, serait constitué par des atomes jouissant d'un mouve-

ment éternel; le vide, par l'espace où ils se meuvent. De telle
sorte que, pour expliquer l'origine de tous les corps et de tous
les êtres de la nature, il suffisait d'admettre qu'ils se sont
formés par la rencontre des premiers poussés les uns vers les
autres en vertu du mouvement qui leur est essentiel.

Il admettait encore qu'il y a des mondes à l'infini, qui ont eu
un commencement et qui sont sujets à corruption; que rien ne
se fait de rien ni ne s'anéantit; que les atomes sont infinis par
rapport à la grandeur et au nombre; qu'ils se meuvent en tourbillon, et que de là proviennent toutes les concrétions, le feu,
l'eau, l'air et la terre, toutes ces matières n'étant constituées que
par des assemblages d'atomes; que leur solidité les rend impénétrables et fait qu'ils ne peuvent être détruits; que le soleil et
la lune sont formés par des mouvements et des circuits, et que
ces masses se sont grossies en s'agitant en tourbillon ; que,
l'âme, qui est la même chose que l'esprit, consiste en atomes
libres, lisses, ronds comme ceux du feu; que ce sont les plus
mobiles de tous les atomes et qu'ils pénètrent le corps entier;
que l'intuition se fait par des objets qui tombent sous son
action; enfin, que tout provient d'un mouvement de tourbillon
qui est le principe de toute génération et qu'il appelle nécessité.

Telles sont les principales *idées conçues* par Démocrite, pour
formuler sa théorie du monde et des êtres; aucune, comme on
le voit, n'est puisée dans la réalité. Cependant Démocrite était
un savant fort remarquable pour son époque. « Il entendait la
« physique, la morale, les humanités, les mathématiques, et
« avait beaucoup d'expérience dans les arts », dit Diogène
Laërce. « Démétrius et Antisthènes disent même qu'il alla
« en Égypte trouver les prêtres de ce pays, qu'il apprit d'eux
« la géométrie, qu'il se rendit en Perse auprès des philosophes
« chaldéens et pénétra jusqu'à la mer Rouge. Il y en a qui
« assurent qu'il passa dans les Indes, qu'il conversa avec les
« gymnosophistes et fit un voyage en Éthiopie. » (*Ibid.*) Ce qui
semble bien manifeste toutefois, c'est que le philosophe d'Ab-
dère possédait de grandes connaissances et avait acquis une
expérience fort remarquable, comme semble l'attester en particulier le fait suivant: « Hippocrate étant allé voir Démocrite,
« selon le dire d'Apollodore, celui-ci envoya querir du lait, et,
« après l'avoir regardé, il dit que c'était du lait d'une chèvre
« noire qui avait porté pour la première fois; ce qui donna de

« lui une haute idée à Hippocrate, qui s'était fait accompagner
« par une jeune fille. Démocrite la remarqua. « Bonjour, ma fille »,
« lui dit-il. Mais l'ayant revue le lendemain, il la salua par ces
« mots : « Bonjour, femme. » Effectivement, elle l'était devenue
« dès la nuit dernière. » (*Ibid.*)

Tel fut l'auteur et telle est l'origine du système atomique. Inventé d'abord par Leucippe, développé par Démocrite, soutenu par Épicure et propagé plus tard par Lucrèce, ce système, imaginé sans doute en présence d'un tourbillon de poussière qui les avait aveuglés, était tombé depuis longtemps dans l'oubli, quand un savant physicien anglais crut devoir le ressusciter de nos jours. Croirait-on que John Tyndall, qui a une réputation faite et qui s'impose à l'estime publique, ait osé l'exhumer dans une solennité publique (*Discours de Belfast*) et qu'il ait consacré sa riche imagination à soutenir qu'il n'existe rien en dehors de la matière et des forces cosmiques; que bien que les atomes de Démocrite soient privés de sentiment, ils se combinent suivant des lois mécaniques pour produire les formes organiques, et que les phénomènes de la sensation et de la pensée sont des résultats de leurs combinaisons? (*Ibid.*)

Est-il possible, je vous le demande, de découvrir dans ces concepts, dans ces idées, dans ces théories atomiques, le moindre élément de réalité, et par conséquent, de vérité? Qui a vu en effet un atome? qui a constaté l'existence des forces cosmiques? Personne, assurément. Et c'est cependant sur de tels préjugés qu'on fonde les théories des sciences modernes, renouvelées ainsi, comme on le voit, des Grecs et des Romains! Et cela, pourquoi? Pour avoir la gloire d'en faire dériver le matérialisme et l'athéisme qu'on enseigne en leur nom! Pourquoi ne pas se souvenir que « le seul moyen de prévenir ces écarts consiste à sup-
« primer ou au moins à simplifier autant que possible le raison-
« nement, qui est de nous et qui seul peut nous égarer; à le
« mettre continuellement à l'épreuve de l'expérience; à ne con-
« server que les faits qui ne sont que les données de la nature,
« et qui ne peuvent nous tromper », comme le recommandait avec tant de bon sens Lavoisier? (*Prélim. du Traité de chimie.*)

Si l'on peut ainsi, avec une grande vraisemblance, attribuer l'origine du matérialisme à Démocrite et à ses concepts sur les atomes, c'est avec non moins de fondement qu'on peut faire remonter celle du spiritualisme à Anaxagore. Il fut, en effet, le

premier des philosophes qui conçut Dieu comme distinct de la
matière. « Il joignit un esprit à la matière, dit Diogène Laërce.
« Il commence ainsi son élégant et bel ouvrage : « Tout n'était
« autrefois qu'une masse informe, lorsque l'esprit survint et
« mit les choses en ordre. » De là vint qu'il fut surnommé
« Esprit. Timon convient de cette vérité... dans ses poésies
« satiriques : « Où dit-on qu'est à présent Anaxagore, cet excel-
« lent héros, qu'on appela Esprit, parce que, selon lui, il y eut
« un esprit qui, rassemblant subitement toutes choses, en arran-
« gea l'amas auparavant confus ? » Quelqu'un lui ayant repro-
« ché qu'il ne se souciait point de sa patrie, il lui répondit, en
« montrant le ciel : « Ayez meilleure opinion de moi, je m'in-
« téresse beaucoup à ma patrie. » (Diogène Laërce.)

On lui attribue aussi d'être le premier qui se soit fait une idée
juste de la cause du mouvement de l'univers. C'est lui, en effet,
qui, au lieu d'attribuer au hasard l'ordre et la beauté du monde,
dit qu'ils ont été établis par une intelligence (νοῦς), cause de
l'arrangement qu'on y voit. Il considérait même cette intelligence comme le principe de tous les êtres. Cette idée féconde
fut, comme le dit Aristote, l'apparition de la raison elle-même.
« Quand un homme, dit-il, vint dire qu'il y avait dans la
« nature, comme dans les animaux, une intelligence qui est la
« cause de l'arrangement et de l'ordre de l'univers, cet homme
« parut avoir conservé sa raison au milieu des folies de ses
« devanciers. » (Mét., l. I, ch. IV.) Cependant il ne tira pas, selon
Aristote lui-même, tout le parti possible de cette grande idée.
Ainsi, tandis qu'il admettait deux éléments : l'un, l'intelligence
et l'unité ; l'autre, l'indéterminé, substance sans forme ni qualité,
mais organisée par l'intelligence, il se servait de celle-ci comme
d'une sorte de machine : « Anaxagore, dit Aristote, se sert de
« l'intelligence comme d'une machine, pour la formation du
« monde ; et, quand il est embarrassé d'expliquer pour quelle
« cause ceci ou cela est nécessaire, alors il produit l'intelligence
« sur la scène ; mais partout ailleurs c'est à tout autre chose
« plutôt qu'à l'intelligence qu'il attribue la production des phé-
« nomènes. » (Mét., l. I, ch. IV.) Il imagina encore l'homœomérie qui
supposait que l'univers était formé d'éléments divers aussi nombreux qu'il remarquait de substances d'apparence diverse, et
qui avaient été créés et rassemblés par l'intelligence pour constituer les corps qui tombent sous nos sens.

Comment apprécier la théorie d'Anaxagore au point de vue de la vérité? Fondée sur de simples vues de l'esprit, sur des concepts, il est manifeste que, malgré ses idées élevées sur l'esprit et sur l'intelligence, il n'a pas démontré une seule vérité qui ait pu lui survivre. Aussi, puisant toujours à la même source, nous le voyons descendre lui-même jusqu'à soutenir que « toutes les « choses sont une même chose » ! Proposition à laquelle Aristote réplique en disant que si « toutes les choses sont même chose, « toutes ces choses seraient alors une seule chose ; comme nous « l'avons déjà dit, entre un homme, Dieu et une galère, et les « contraires de tout cela, il y aurait identité ». (*Mét.*, l. III, ch. IV.)

Cependant, il est juste de le reconnaître, sa conception de l'esprit renfermait un germe précieux qui, plus tard, fécondé par les intelligences de Socrate et de Platon, devait produire des fruits utiles. Mais avant d'en arriver là, combien d'idées et de vues contraires ne devaient-elles pas encore se produire?

Nous rencontrons d'abord sur la scène les partisans de Leucippe et de Démocrite, qui soutiennent qu'il n'y a d'autres causes de nos connaissances que les images qui nous viennent des corps ; puis apparaît Héraclite qui affirme que la nature sensible est dans un perpétuel mouvement, que tout passe, que rien ne demeure, que l'univers n'offre d'autre image que celle d'un torrent où chaque goutte d'eau coule avec les autres, et passe sans que le torrent semble changer ; que tout *devient* sans jamais être. Pendant ce temps, Cratyle, son disciple, renchérissant encore sur son maître, soutient qu'il n'y a que la première impression qu'on puisse appeler vraie, car quelque courte qu'elle soit, l'objet a changé pendant qu'elle durait ; qu'on ne peut rien dire, rien affirmer, et qu'il faut se contenter de remuer le doigt, parce que le geste peut seul désigner ce qui est : « Telle « est la doctrine des philosophes qui se disent de l'école d'Héra- « clite, telle est celle de Cratyle qui allait jusqu'à penser qu'il « ne faut rien dire : il se contentait de remuer le doigt. » (*Mét.*, l. III, ch. IV.)

Mais ces *idées* ne devaient pas s'arrêter là. Chacun alors avait la sienne. Ainsi Gorgias, dans son livre de la *Nature*, essaye de prouver « 1° que rien n'existe ; 2° que supposé que quelque « chose existe, nous ne pouvons en rien savoir ; 3° qu'enfin, lors « même que nous pourrions en savoir quelque chose, nous n'en « pouvons transmettre la connaissance ». (Hegel, *OEuvr.*, t. XIV,

p. 33.) Héraclite *affirme* que « l'Être et le Néant sont même
« chose ». (*Ibid.*, p. 305.) — « Évidemment, dit Aristote, l'opi-
« nion de ces hommes ne mérite pas un examen sérieux. Car de
« fait ils ne disent rien. Ils ne disent pas que les choses sont
« ainsi, ou qu'elles ne sont pas ainsi, mais qu'elles sont et ne
« sont pas ainsi en même temps. Puis après, vient encore la
« négation de ces deux assertions, et ils disent qu'il n'en est ni
« ainsi ni pas ainsi, mais qu'il en est ainsi et pas ainsi. » (*Mét.*, l. III,
ch. IV.)

Épicure *affirme* lui-même que le oui et le non sont une même
chose. « L'épicurien, dit Cicéron, résiste impudemment à l'évi-
« dence ; c'est ce que fait Épicure au sujet du oui et du non,
« dont on affirme, quand on pose la disjonction, que l'un des
« deux est vrai. Épicure a craint qu'en accordant une proposi-
« tion comme celle-ci : ou Épicure vivra demain, ou il ne vivra
« pas, l'une des deux ne fût nécessaire ; et il s'est résolu à nier
« la nécessité du dilemme. Y a-t-il une stupidité comparable à
« celle-là ? » (*De nat. deor.*, l. I, c. XXV.)

Enfin Protagoras alla jusqu'à soutenir que les contraires
sont identiques ! Cependant, ainsi que le remarque Aristote,
« si l'on part de la proposition de Protagoras d'où résulte que
« les contradictoires sont vrais en même temps, on arrive à
« l'identité du tout ». (*Mét.*, l. III, ch. IV.)

Il était évidemment impossible d'outre-passer ces visées,
et de faire descendre plus bas des *concepts* que les sophistes considéraient comme autant de vérités. Aussi, Socrate, révolté de
ces scandales contre la raison, s'insurgea contre eux ! Il était
sculpteur ; l'indignation en fit le plus grand des philosophes.

Jusque-là, Socrate s'était livré à l'étude des sciences, mais il
n'avait cultivé ni la géométrie, ni les mathématiques, ni la
physique. Son grand sens le dirigea alors vers la morale que nul
n'avait encore enseignée. Ses succès furent si grands, qu'il finit
par leur devoir d'être le premier philosophe condamné à mourir pour ses convictions.

Il puisa celles-ci dans l'étude de la réalité, dans celle de
l'homme et dans celle de sa conscience. C'est en les analysant
avec soin, qu'il acquit la conviction que l'homme est composé de
deux substances distinctes ; qu'il s'éleva jusqu'à la connaissance de
son origine ; distingua l'existence de l'âme, sa spiritualité et son
immortalité ; découvrit la Providence, les principes de la loi

naturelle, du bien et du mal, de la justice et toutes ses conséquences sur les peines et les récompenses d'une autre vie. C'est ainsi qu'il arriva par ses observations, ses méditations et son enseignement à faire, comme on l'a dit, descendre la Sagesse du ciel sur la terre, pour la faire converser avec les hommes.

Ce fut alors seulement, en effet, qu'il se mit à enseigner sur les places publiques afin de faire pénétrer sa morale dans les affaires de chacun et dans les mœurs de tous ; en un mot, dans la vie publique comme dans la vie privée. Il obtint bientôt un premier succès, ce fut de détourner les esprits des philosophes de leurs spéculations oiseuses, en engageant l'homme à s'occuper de morale. Il répétait sans cesse : « *Connais-toi toi-même* » ; et afin de combattre plus sûrement les sophistes qui discouraient sur tout, et prétendaient ne rien ignorer, il leur disait que pour lui « tout ce qu'il savait, c'est qu'il ne savait rien ». — « Socrate « voyant que la physique n'intéresse pas beaucoup les hommes, « dit Diogène Laërce, commença à raisonner sur la morale, « exhortant chacun à penser à ce qu'il y a de bon et de mauvais « chez lui ; souvent il s'animait en parlant jusqu'à se frapper lui- « même et à se tirer les cheveux : cela faisait qu'on se moquait « de lui ; mais il souffrait le mépris et la raillerie jusque-là, que, « comme le rapporte Démétrius, quelqu'un lui ayant donné un « coup de pied, il dit à ceux qui admiraient sa patience : « Si un « âne m'avait donné une ruade, irais-je lui faire un procès? »

Ce fut alors que l'oracle de Delphes répondit à Chéréphon : « Sophocle est sage, Euripide plus sage ; mais Socrate est le plus « sage de tous les hommes. »

C'était à l'aide de la dialectique et des définitions qu'il combattait avec le plus de succès les sophistes de son temps. « C'est « le premier qui eut la pensée de donner des définitions », dit Aristote. (*Mét.*, l. I, ch. VI.) « Il disait que le mot dialectique venait « de ce que les hommes s'étant rassemblés délibéraient en dis- « tinguant les choses par genres. » (*Mét.*, l. IV.) « Il distinguait « dans l'âme les sens et la raison. » (Xénophon, *Mémor.*, l. III.) Il entendait que les sens nous font voir les choses particulières, et que par la raison nous nous souvenons du passé et prévoyons l'avenir ; la raison était donc pour Socrate l'ensemble des actes de la conscience, de la mémoire et de la prévision de l'avenir (*Mémor.*, l. III) ; probablement il rapportait à la raison la connaissance des lois naturelles (*Mémor.*, l. IV), ainsi que la croyance en

Dieu dont il faisait un privilége de l'homme. « Ne te semble-t-il
« pas, dit Socrate à Aristodème le Petit, que celui qui dès l'ori-
« gine a fait les hommes leur a donné dans un but d'utilité
« chacun des organes au moyen desquels ils éprouvent des sen-
« sations : des yeux pour voir, des oreilles pour entendre, des
« narines pour odorer, une langue pour goûter, des mains pour
« toucher et sentir les formes, la consistance et la température
« des objets? » (*Mém.*, l. IV.)

Qu'était-ce que le bon, pour Socrate? Voici comment il le
détermine : « Il faut donc, Euthydème, chercher aussi ce qui est
« bon? — Comment cela? — Te paraît-il que la même chose
« soit utile à tous? — Non pas. — Ce qui est utile à l'un n'est-il
« pas quelquefois nuisible à l'autre? — Certainement. — Penses-tu
« donc que le bon soit autre chose que l'utile? — Cela me semble
« ainsi. » (*Mém.*, IV.) Aristippe lui demanda un jour s'il connaissait quelque chose de bon, afin que si Socrate indiquait un breu-
vage, des aliments, la richesse, la santé, la force, l'intrépidité,
Aristippe pût lui montrer que cela était quelquefois mauvais;
mais Socrate ne s'y laissa pas prendre : — « Me demandes-tu
« quelque chose de bon pour la fièvre? répondit-il. — Non. —
« Pour l'ophthalmie? — Non. — Pour la faim? — Non. — Si
« tu me demandes quelque chose de bon qui ne soit bon à rien,
« je ne connais pas cela, et ne me soucie pas de le connaître. »
(*Mém.*, IV, VIII.) « La terre, dit-il ailleurs, n'est un bien que
« pour qui sait la cultiver; une flûte n'est bonne que pour qui sait
« s'en servir. » (Xénophon, *Économiq.*, ch. I.)

Socrate possédait « une force d'esprit qui l'aidait à se mettre
au-dessus de ceux qui le blâmaient; il faisait profession de se
contenter de peu de nourriture, et n'exigeait aucune récompense
de ses services. Il disait qu'un homme qui mange avec appétit
sait se passer d'apprêt, et que celui qui boit avec plaisir prend
la première boisson qu'il trouve; qu'on approche d'autant plus
des dieux qu'on a besoin de moins de choses... Il possédait au
même degré le talent de persuader et de dissuader; jusque-là
que Platon dit que, dans un discours qu'il prononça sur la
science, il changea Théétète, qui était présent, et en fit un
homme extraordinaire... Il prétendait que la science seule est un
bien et l'ignorance un mal; que les richesses et les grandeurs ne
renferment rien de recommandable, mais qu'au contraire elles
sont les sources de tous les malheurs qui arrivent... Il disait

qu'un génie lui annonçait l'avenir... qu'il mangeait pour vivre
au lieu que d'autres ne vivaient que pour manger... Une fois
Xantippe, non contente de l'avoir accablé d'injures, lui jeta de
l'eau sale sur le corps. « J'ai bien cru, lui dit-il, qu'un si grand
orage ne se passerait pas sans pluie. » Alcibiade lui parlant de
cette humeur insupportable de sa femme, Socrate lui dit : « Je
suis accoutumé à ces vacarmes comme on se fait à entendre le
bruit d'une poulie... » Quand on vint lui dire que les Athéniens
avaient prononcé sa sentence de mort : « Ils sont dans le même
cas, dit-il, la nature a prononcé la leur. » (Diogène Laërce.)

Au reste, tous ses disciples et tous ses contemporains s'accordent à attester qu'il pratiquait ce qu'il disait. « C'est par mes
« actes que je mets en évidence (le juste), disait-il ; et ne trouves-tu
« pas que l'action est plus convaincante que la parole ? »
(*Mém.*, IV.) Il fut tempérant, prudent, fort et juste ; recommanda
la pratique du bien comme le meilleur moyen d'arriver au bonheur pour les citoyens comme pour les nations. Il était religieux
et pieux. « On ne doit rien omettre pour honorer les dieux selon
« son pouvoir, disait-il. Ce serait folie, en effet, d'attendre plus
« de tout autre que de ceux qui ont le plus de puissance pour
« nous servir. Or, comment peut-on le mieux leur plaire qu'en
« leur obéissant sans réserve ? » (*Mém.*, IV, III.)

Malheureusement Socrate n'a rien écrit, et la postérité qui
désire connaître ses idées et sa doctrine sur la vérité, est obligée
de s'adresser aux œuvres de ses disciples. Encore, parmi ceux-ci,
le plus célèbre lui a prêté un grand nombre de ses propres idées.
« On dit que Socrate, ayant entendu le *Lysis* de Platon, s'écria :
« Que de choses ce jeune homme me prête ! » (Diogène Laërce.)
On accorde une plus grande confiance à Xénophon, qui fut aussi
l'un de ses disciples. On raconte qu'un jour Socrate, le rencontrant dans une rue étroite, lui barra le passage avec son bâton,
et lui demanda où les hommes se formaient à la vertu. Comme
Xénophon hésitait : « Suis-moi, lui dit-il, et je te l'apprendrai. »
A partir de ce jour, il devint l'un de ses auditeurs les plus
assidus. Pendant la bataille de Délium, Xénophon perdit son
cheval et fut blessé. Socrate, en le découvrant au milieu de la
déroute, le prend sur ses épaules et le porte pendant plusieurs
stades, jusqu'à ce qu'il soit hors d'atteinte des ennemis. Il sauva
ainsi la vie à son élève dont la reconnaissance s'est manifestée
en nous traçant un immortel portrait de son maître.

D'après Diogène Laërce, Xénophon a reproduit les pensées de Socrate dans ses *Mémorables,* en rédigeant ceux-ci sur des notes soigneusement recueillies, et en faisant passer dans ses *Dialogues socratiques* tout l'atticisme du maître. Leur fidélité rappelle, avec élégance et familiarité, le bon sens allié avec goût à une grande aménité de ton, qui reproduit ses entretiens avec beaucoup de sincérité. Ce sera donc d'après les écrits de Xénophon que nous chercherons à apprécier les services que Socrate a rendus à la vérité.

Ce fut en cherchant à se connaître lui-même, en interrogeant sa conscience, que Socrate fut conduit à reconnaître deux éléments dans l'homme, le corps et l'âme. Les dieux ont « donné « aux hommes des sens appropriés aux différentes perceptions, « dit-il, et au moyen desquels nous jouissons de tous biens ». (*Mém.,* IV, III.) « Il n'a pas suffi à la divinité de s'occuper du corps « de l'homme, mais, ce qui est le point capital, elle a mis en lui « l'âme la plus parfaite. En effet, quel est l'autre animal dont « l'âme soit capable de reconnaître l'existence des dieux qui ont « ordonné cet ensemble de corps immenses et splendides? de se « prémunir contre la faim, la soif, le froid, le chaud; de guérir « les maladies, de développer la force par l'exercice, de tra- « vailler pour acquérir la science, de se rappeler ce qu'elle a vu, « entendu ou appris? » (*Mém.,* I, IV.) Socrate a donc nettement distingué l'âme du corps. Selon lui, « l'âme humaine, plus que « tout ce qui est dans l'homme, participe de la divinité. » (*Mém.,* IV, III.) Comment participerait-elle de la divinité, si elle n'était spirituelle et immortelle comme elle?

Mais parmi les faits de cette haute et belle intelligence, l'un des plus remarquables, c'est d'avoir su découvrir quelques vérités dans le livre de la nature et, par elles, de s'être élevé jusqu'à la notion de la cause des causes! Ainsi, après avoir montré « les « yeux qui nous ont été donnés pour voir ce qui est visible, les « oreilles pour entendre ce qui peut être entendu », etc., aussi- tôt il s'élève de l'idée incarnée dans l'instrument jusqu'à l'ouvrier qui l'y a imprimée, « jusqu'à celui qui dès l'origine a fait les « hommes, leur a donné dans une vue d'utilité chacun des « organes au moyen desquels ils éprouvent des sensations ». (*Mém.,* I, IV.) Puis, transportant dans la cause ce qu'il découvre dans l'effet, il attribue à l'ouvrier tout ce qu'il voit dans l'œu- vre : « Ce Dieu, dit-il, se manifeste dans l'accomplissement de

« ses œuvres les plus sublimes, tandis qu'il reste inaperçu dans
« le gouvernement du reste. » (*Mém.*, IV, III.) Veut-il nous donner
une idée de cette cause? il la compare à l'âme de l'homme :
« Ton âme enfermée dans ton corps, dit-il, le gouverne comme
« il lui plaît. Il faut donc croire que l'intelligence qui réside
« dans l'univers dispose tout à son gré. » (*Mém.*, I, IV.)

Sa démonstration de la Providence, qu'il découvre en s'élevant
de l'effet à la cause et en transportant en elle ce qu'il a vu dans
cet effet, est la plus admirable que nous ait transmise l'histoire
de la philosophie. « Dis-moi, Euthidème, dit-il, t'est-il jamais
« arrivé de réfléchir avec quel soin les dieux procurent aux
« hommes ce dont ils ont besoin? » Alors il énumère successivement tous ces biens : la lumière pour voir, le soleil pour
mûrir les fruits et les moissons, les aliments, l'eau, le feu, les
animaux qui lui procurent du lait et des toisons. Il lui rappelle
les sens qu'ils lui ont donnés pour jouir de tous ces biens, l'intelligence, la mémoire, la raison, la parole, etc., et finit par lui
dire : « Ne t'attends pas que les dieux se montrent à toi sous
« une forme réelle, mais... c'est ainsi que les dieux se mani-
« festent. » (*Mém.*, IV, III.) « C'est ainsi que les dieux se manifestent! » Ils ont prévu tous tes besoins, ils y ont pourvu abondamment et de la manière la plus parfaite : « c'est ainsi que se
« manifeste » la Providence; c'est par ses œuvres qu'elle te
révèle ce qu'elle est. « Ce Dieu se manifeste », dit-il plus loin,
« dans l'accomplissement de ses œuvres les plus sublimes, tandis
« qu'il reste inaperçu dans le gouvernement du reste. »
(*Mém*, IV, III.)

Tel fut Socrate, telle fut cette haute et noble intelligence qui,
à la distance où nous sommes d'elle, nous semble planer dans des
régions de beaucoup supérieures, non-seulement à celle de ses
prédécesseurs et de ses contemporains, mais encore à celle de
tous les philosophes qui lui ont succédé. Platon et Aristote
avaient des connaissances plus étendues, mais nul ne l'a égalé
en élévation et en profondeur, dans la recherche de la vérité.

On raconte qu'un jour Socrate ayant songé qu'il tenait sur ses
genoux un jeune cygne à qui il vint tout à coup des ailes, et qui
s'envola avec un doux ramage, Ariston vint le lendemain lui
recommander Platon, sur quoi Socrate dit au père que son fils
était le cygne dont il avait rêvé la nuit.

Cependant Platon avait déjà reçu les leçons de Cratyle. Ce

premier maître lui avait enseigné la doctrine d'Héraclite qui admet que tous les objets sensibles sont dans un écoulement continuel, et qu'il n'y a pas de science à établir sur eux. « Plus « tard, dit Aristote, il conserva cette même opinion. D'un autre « côté, disciple de Socrate, dont les travaux, il est vrai, n'embras- « saient que la morale, et nullement l'ensemble de la nature, « mais qui toutefois s'était proposé dans la morale le général « comme but de ses recherches, et le premier avait eu la pensée « de donner des définitions, Platon, héritier de sa doctrine, « habitué à la recherche du général, pensa que ses définitions « devaient porter sur des êtres autres que les êtres sensibles; « car, comment donner une définition commune des objets sen- « sibles, qui changent continuellement? Ces êtres, il les appela « *idées,* ajoutant que les objets sensibles sont placés en dehors « des idées et reçoivent d'elles leur nom » (*Mét.*, I, ch. VI.)

Mais ce qu'Aristote ne dit pas, c'est que, peu après la mort de Socrate, Platon se mit à voyager pendant dix ans, pour compléter son instruction. Il se rendit d'abord dans la Grande-Grèce, où il s'entretint avec les disciples de Pythagore qui, eux aussi, négligeaient les indications des sens, mais dans un autre but que Cratyle; car, nourris dans l'étude des mathématiques, ils comptaient s'élever plus sûrement par elles aux notions rationnelles de l'ordre et de l'harmonie. Frappés, en effet, des rapports qui existent entre les nombres et l'harmonie du monde, ils en étaient arrivés à faire du nombre le principe de tous les êtres; car, selon eux, le nombre est principe à double titre : il est d'abord la matière, l'élément intégrant des objets; ensuite, il en est l'exemplaire, la forme, et enfin il est la cause de leurs modifications et de leurs divers états. Cependant ils ne plaçaient pas les nombres en dehors des êtres, comme fait Platon pour ses idées; ils en faisaient, au contraire, la substance inséparable. Ainsi, ils faisaient de l'unité le principe de toutes choses; et cette unité, selon eux, contient elle-même deux principes : le pair ou l'infini, l'indéterminé; et l'impair ou le fini. Ils considéraient l'infini comme la cause substantielle des êtres, et le fini comme la forme, comme la cause de leur indétermination. De ce point de vue, les contraires devenaient les principes des êtres. Mais en s'élevant à l'unité, conception qui est tout ensemble finie et infinie, ils prétendaient que toute contrariété venait « seconcilier et disparaître en elle. » « Les pythagoriciens, dit

« Aristote... croyaient apercevoir dans les nombres plutôt que
« dans le feu, la terre et l'eau, une foule d'analogies avec ce qui
« est et se produit. Telle combinaison de nombre, par exemple,
« leur semblait être la justice, telle autre l'âme et l'intelligence,
« telle autre l'à-propos. Et ainsi à peu près de tout le reste.
« Enfin, ils voyaient dans les nombres les combinaisons de la
« musique et de ses accords. Toutes choses leur ayant donc
« paru formées à la ressemblance des nombres, et les nombres
« étant d'ailleurs antérieurs à toutes choses, ils pensèrent que
« les éléments des nombres sont les éléments de tous les êtres,
« et que le ciel dans son ensemble est une harmonie et un
« nombre. » (*Mét.*, I, v.)

On comprend comment Platon, encore tout imprégné de cette
théorie, et rencontrant dans les nombres des idées antérieures
et indépendantes des êtres auxquels elles servaient de modèle, a
été conduit à les imiter et à concevoir ses *idées*. Cratyle lui avait
appris à se défier des êtres sensibles, qui n'ont rien d'immuable,
qui changent et se modifient sans cesse ; il devait donc chercher
un principe en dehors d'eux, qui fût fixe et immuable ; mais ne
voulant pas copier les nombres des pythagoriciens, il en retint
l'idée mère qui lui servit à concevoir ses idées supérieures et
indépendantes des choses. L'imitation l'avait engagé dans cette
voie, son imagination fit le reste. De telle sorte que « les nom-
« bres de Pythagore, dit Aristote, ce sont les *idées* de Platon..
« seulement ceux-ci disent que les choses sont à l'*imitation* des
« nombres ; Platon, qu'elles sont en *participation* avec eux ; le
« nom seul est changé ». (*Mét.*, I, vi.)

Platon ne se borna pas à puiser ce principe chez les pythagoriciens ; peu après, il se rendit en Égypte. Là, il fréquenta les
prêtres et se fit initier aux mystères d'Hermès. Thoth, ou le
Mercure des Égyptiens, était considéré par eux comme le père
des sciences, le législateur et le bienfaiteur des hommes. C'est
lui qui aurait inventé, selon eux, le langage, les lettres de l'alphabet, l'arithmétique, la musique et les sciences exactes. Ils le considéraient même comme le symbole de l'intelligence divine et lui
attribuaient le *Pimander*, dialogues apocryphes sur la puissance et
la sagesse divines, la nature des choses et la création du monde. Ce
n'est donc pas sans une grande vraisemblance qu'on considère le
Logos de Platon comme un résumé des principes essentiels du dieu
Thoth qu'il a puisés dans l'enseignement des prêtres égyptiens.

Si l'on peut s'en rapporter à Clément d'Alexandrie, pendant ce voyage, Platon aurait acquis d'autres connaissances encore, soit chez les Égyptiens, soit chez les peuples voisins. « Tu as « beau cacher le nom de tes maîtres, lui dit-il en l'apostro- « phant, nous savons quels furent tes instituteurs. Tu as appris « la géométrie de la bouche de l'Égypte ; tu as demandé à Baby- « lone les secrets de l'astronomie ; la Thrace t'a livré ses magi- « ques évocations ; l'Assyrie t'a enseigné beaucoup d'autres « connaissances. Mais ta science des lois, dans ce qu'elle a de « conforme à la raison, tes sentiments sur la Divinité, tu les dois « au peuple hébreu. » (*Disc. aux Gentils.*)

Quoi qu'il en soit, c'est seulement après avoir acquis toutes ces notions, après avoir recueilli toutes les idées des maîtres étrangers et celles des Ioniens, des Éléates et des pythagoriciens, que, comme ces abeilles dont parle Montaigne, qui « pillotent « de çà de là les fleurs, mais par après en font le miel qui est « tout leur », que Platon fondit ces nombreux matériaux dans le creuset de sa brillante imagination pour élever son monument qui, selon l'usage du temps, s'appuyait sur une cause suprême et des principes fondamentaux à l'aide desquels il pouvait expli- quer tous les phénomènes connus.

Platon construisit donc son système avec les matériaux puisés chez ses principaux maîtres. L'éternité de la matière lui a été fournie par Cratyle d'après Héraclite ; l'existence de Dieu et de la Providence, par Socrate ; le *Logos,* par les Égyptiens ; ses *idées,* par les nombres des pythagoriciens ; et peut-être ses notions sur les lois et sur la Divinité, par le peuple hébreu. Toutefois, il importe avant tout de le remarquer, tous ces principes étaient considérés par Platon comme autant de vérités.

Cependant, une fois ses principes arrêtés dans sa pensée, Platon revint à Athènes et se mit à enseigner à l'Académie. Là, sa parole élégante, souvent magnifique et toute nourrie des poëtes, lui attira promptement un grand nombre de disciples ; et bientôt il fonda cette brillante école dont la réputation a sur- vécu aux siècles.

Mais Platon n'a pas borné son enseignement à celui de l'Aca- démie, il a encore publié un certain nombre d'ouvrages qui, sous la forme attrayante de Dialogues, soulèvent et résolvent les pro- blèmes les plus élevés de la philosophie. Parmi ceux-ci, il en est deux surtout qui, étudiés au point de vue de la vérité, méritent plus particulièrement d'attirer notre attention. Ce sont la *Répu-blique* et le *Timée.*

Veut-on comprendre ce que Platon entendait par le mot Vérité ? Un seul exemple tiré de sa *République* va nous l'expliquer : c'est à la raison qu'il s'adresse pour connaître sa réalité. Il nous la montre sous des images saisissantes dans sa *Caverne* (l. VIII). Là, il nous fait remonter de l'idée à l'objet, des apparences aux choses, des phénomènes à la réalité relative ou absolue. Il sup-pose des prisonniers enfermés dans cette caverne où, enchaînés, ils tournent le dos à la pâle lumière qui les éclaire de loin. Des figures de marionnettes passent et repassent devant l'ouverture en projetant leurs ombres devant les prisonniers, et les fan-tômes de ces simulacres de bois ou de pierre deviennent la source unique des idées qu'ils peuvent se faire des choses. Mais quelle distance entre le fantôme et le simulacre, et entre celui-ci et la réalité ! Quelles précautions infinies ne sont-elles pas néces-saires, dit-il, pour accoutumer successivement ces yeux débiles à supporter d'abord le feu de la caverne, puis la lumière réfléchie du soleil, et enfin le soleil lui-même ! L'image est partout d'une justesse frappante pour nous familiariser avec les objets de la connaissance et nous faire atteindre sinon la vérité elle-même, du moins la vérité telle que Platon la concevait.

Voilà certes un charmant et célèbre tableau. Mais qui ne voit que des yeux affaiblis, une pâle lumière, des fantômes et des simulacres, n'ont rien à faire avec la réalité ? Pourquoi s'adresser à la seule raison pour connaître la réalité en négligeant les sens appelés à remplir le premier rôle ? Comment avec des données aussi fantaisistes qu'elles sont brillantes, découvrir la vérité, c'est-à-dire ce qui est réel, immuable et éternel ?

La vérité, il est vrai, a pour lui des nuances ; il distingue l'opinion de la réalité. Veut-il nous faire comprendre leur diffé-rence ? « Imagine-toi, fait-il dire à l'un des interlocuteurs, que
« le bien et le soleil sont deux rois, l'un du monde intelligible,
« l'autre du monde visible ;... voilà, par conséquent, deux espèces
« d'êtres, les uns visibles, les autres intelligibles. — Fort bien. —
« Soit, par exemple, une ligne coupée en deux parties égales :
« coupe encore en deux chaque partie, c'est-à-dire le monde
« visible et le monde invisible, et tu auras d'un côté la partie
« claire, de l'autre la partie obscure de chacun d'eux. Une des
« sections de l'espèce visible te donnera les images : j'entends

« par images, premièrement, les ombres; ensuite, les fantômes
« représentés dans les eaux et sur la surface des corps opaques,
« polis et brillants. Tu comprends ma pensée? — Oui. — L'autre
« section te donnera les objets que ces images représentent, je
« veux dire les animaux, les plantes, et tous les ouvrages de la
« nature et de l'art. — Je conçois cela. — Serais-tu d'avis
« qu'appliquant cette division au vrai et au faux, on fît cette
« proposition : ce que les apparences sont aux choses qu'elles
« représentent, l'opinion l'est à la connaissance?—J'y consens.
« — Voyons à présent comment il faut diviser le monde intelli-
« gible. — Comment?—En deux parties, de façon qu'une partie
« renferme des figures visibles, des choses intelligibles, qui
« obligent l'âme, lorsqu'elle s'en sert comme d'images, de pro-
« céder dans ses recherches en partant de certaines hypothèses,
« non pour remonter à ces principes, mais pour descendre aux
« conclusions les plus éloignées; et que l'autre partie nous pré-
« sente les idées les plus pures, au moyen desquelles l'âme, sans
« le concours d'aucune image, partant d'une hypothèse, remonte
« par le raisonnement jusqu'à un principe indépendant de toute
« hypothèse. — Je ne comprends pas bien ce que tu viens de
« dire. — Tu le comprendras tout à l'heure; tout cela va
« s'éclaircir. Tu n'ignores pas, je pense, que les géomètres... les
« emploient (les figures) comme autant d'images qui leur servent
« à connaître les vraies figures qu'on ne peut connaître que par
« la pensée. — Tu dis vrai. — Voilà la première classe des choses
« intelligibles. L'âme, pour parvenir à les connaître, est contrainte
« de se servir de suppositions, non pour aller jusqu'à un premier
« principe, parce qu'elle ne peut monter au delà des supposi-
« tions qu'elle a faites; mais, employant les images terrestres et
« sensibles, qu'elle ne connaît que par l'opinion, et supposant
« qu'elles sont claires et évidentes, elle s'en aide pour la con-
« naissance des vraies figures... — Conçois à présent ce que je
« conçois par la seconde classe des choses intelligibles. Ce sont
« celles que l'âme saisit immédiatement par la voie du raisonne-
« ment, en faisant quelques hypothèses qu'elle ne regarde pas
« comme des principes, mais comme de simples suppositions, et
« qui lui servent de degrés et de point d'appui pour s'élever
« jusqu'à un premier principe indépendant de toute hypothèse.
« Elle saisit ce principe, et s'attachant à toutes les conclusions
« qui en dépendent, elle descend de là jusqu'à la dernière con-

« clusion, sans s'étayer de rien de sensible, et s'appuyant tou-
« jours sur des idées pures par lesquelles sa démonstration
« commence, procède et se termine.

« Applique maintenant à ces quatre classes d'objets sensibles
« et intelligibles quatre différentes opérations de l'âme, savoir:
« à la première classe, la pure intelligence ; à la seconde, la
« connaissance raisonnée ; à la troisième, la foi ; à la quatrième,
« la conjecture ; et donne à chacune de ces manières de con-
« naître, plus ou moins d'évidence, selon que les objets parti-
« cipent plus ou moins à la vérité. » (*Républiq.*, l. VI, sur la fin.)

DOCTEUR. — En voyant Platon dérouler cette multitude d'idées,
de concepts, de suppositions, de conjectures et d'hypothèses,
je me demande comment il a pu donner quelque évidence à ses
vérités.

ARISTE. — Ayant rapporté la méthode fort compliquée, en
effet, qu'il emploie pour les atteindre, je me bornerai à vous les
résumer. Selon Platon, Dieu ou l'idée du bon, Dieu a fait deux
mondes, l'un sur le modèle de l'autre. Le premier contient les
essences qui sont unes chacune en son espèce, qui sont immuables, et de plus, qui sont les exemplaires de tout ce qui existe dans
le second. Les êtres matériels ne sont pas de vrais êtres, parce
qu'étant sujets à la génération et à la corruption, ils s'altèrent
et périssent. Le nom d'être ne convient qu'aux essences ou *idées,*
et il y en a deux sortes : les unes, pures et dont le concept est
sans aucun mélange d'image ; telles sont les idées du bon, du
juste, du beau, etc. Il y a aussi deux sortes d'êtres matériels, les
corps ou les images, ou les ombres de ces corps. A ces quatre
espèces différentes d'objets, correspondent quatre espèces de
connaissances : la première renferme l'intelligence et la connaissance des idées pures ; la seconde, la connaissance raisonnée des
idées mixtes ; la troisième, la foi ou la connaissance des corps et
de tout ce qui appartient aux corps ; enfin la dernière comprend
la conjecture et s'applique à la connaissance des images ou des
ombres des corps. Les deux premières méritent seules le nom
de science, les deux dernières constituent l'opinion. (*République,*
fin du VIe livre.)

DOCTEUR. — Quelles sont donc en réalité les idées de Platon?

ARISTE. — Selon Aristote, elles ne sont autre chose que les
nombres des pythagoriciens, c'est-à-dire des concepts ou *idées*
puisées au-dessus de la nature phénoménale. Comme Cratyle,

ne trouvant rien d'immuable dans les êtres sensibles, Platon s'est adressé au monde intelligible, ou en d'autres termes, à son imagination, qui lui a fourni ce dont il avait besoin. « Ce monde,
« dit-il en parlant du monde intelligible, est le domaine de la
« raison, comme la nature phénoménale est le domaine des
« sens; de là dans la raison un ordre de notions qui correspond
« à ce monde supérieur, qui nous met en rapport avec lui : c'est
« celui des *idées.* » En effet, selon Platon, « les idées qui éclairent
« la raison humaine appartiennent à l'intelligence divine; elles
« ont servi de *modèle* à l'ordonnateur suprême pour l'exécution
« de ses ouvrages; il les a réalisées sur l'immense théâtre de
« l'univers; les idées sont les modèles, les formes éternelles de
« tout ce qui existe; c'est pourquoi elles ont reçu le nom d'*ar-*
« *chétypes;* la nature tout entière est renfermée dans ces essences
« éternelles; chacune d'elles préside à un *genre,* c'est l'unité
« source du multiple. Ces idées n'ont donc pu se former dans
« l'esprit humain par une déduction tirée des perceptions; elles
« sont *innées,* c'est-à-dire émanent de l'entendement divin;
« Dieu lui-même les a placées dans notre âme pour servir de
« principes à nos connaissances; et voilà pourquoi tout ce que
« nous paraissons apprendre n'est au fond que réminiscence.
« C'est donc de sa participation à l'essence divine que l'âme tire
« la lumière qui la guide. » (*Philèbe.*)

DOCTEUR. — Peut-on assigner une autre paternité à ces idées que celle de l'imagination de Platon? Comment les considérer comme autant de vérités, alors qu'elles n'ont d'autre valeur, selon M. Ravaisson, que celle « d'entités inertes et inanimées »?

ARISTE. — On en est étonné, de la part d'une aussi belle intelligence; mais cependant cela s'explique.

DOCTEUR. — Comment?

ARISTE. — Platon comprenait fort bien que la vérité doit, avant tout, être immuable, et n'ayant pu découvrir ce caractère dans les êtres, il dut s'adresser à la raison pour lui demander ce qu'elle pouvait considérer comme tel. Il dit en effet : « A-t-on
« jamais vu par les yeux ou par quelque autre sens corporel
« le juste, le beau, le bon et même la grandeur, la santé, la
« force, l'essence qui caractérise chaque chose? Tout cela se
« connaît-il par le corps ou par la pensée? » (*Phédon.*) Il ne s'agit réellement ici que d'une question mal posée et plus mal résolue encore.

C'est à cette grave erreur de sa théorie que Platon dut de refuser aux sens le droit de nous montrer ce qui est, et de s'adresser à sa raison pour lui demander quelque « entité inerte et inanimée », afin de remplacer ce qu'il n'avait pu découvrir dans les œuvres de la nature par les concepts de sa pensée.

Cependant Platon a parfois méconnu les exigences de sa théorie en invoquant l'expérience elle-même, au moins dans de certaines limites. C'est ainsi qu'en parlant de la beauté, il dit que « le droit chemin de l'amour, qu'on le suive de soi-même « ou qu'on y soit guidé par un autre, c'est de commencer par « les beautés d'ici-bas et de s'élever jusqu'à la beauté suprême, « en passant, pour ainsi dire, d'un seul beau à deux, de deux à « tous les autres, des beaux corps aux belles occupations, des « belles occupations aux belles sciences, jusqu'à ce que de science « en science on parvienne à la science par excellence, qui n'est « autre que la science du beau lui-même, et qu'on finisse par le « connaître tel qu'il est en soi ». (*Banquet.*) Ce procédé pour découvrir la beauté nous explique comment un certain nombre de ses idées enchâssent encore assez de réalité, pour être arrivées, surtout ornées par son style enchanteur, à s'imposer à l'admiration des siècles.

Demandons maintenant à son *Timée* ce qui lui a valu l'admiration de la postérité. S'il n'a pas beaucoup mieux caractérisé la vérité dans ce célèbre ouvrage que dans sa *République*, il y signale, du moins, des idées d'un ordre si élevé, qu'elles méritent d'attirer toute notre attention.

« Dieu est bon, dit-il, exempt d'envie, et tout ce qu'il a fait, « il l'a fait le mieux possible. » (*Timée.*) Il avait dit ailleurs : « Disons pour quel motif l'ordonnateur de tout cet univers l'a « ordonné. Il est bon, et celui qui est bon ne saurait éprouver « aucune espèce d'envie. Exempt de ce sentiment, il a voulu que « toutes choses fussent le plus possible semblables à lui-même. « Quiconque, instruit par des hommes sages, admettrait que c'est « la principale raison de la formation du monde, admettrait la « vérité. » (*Dialog. dogmat.*)

En dépouillant la pensée divine de ses idées pour en faire autant d'êtres indépendants d'elle, il n'a pas toutefois méconnu sa puissance, puisqu'il admet que « tout ce qui naît procède « nécessairement de quelque cause »; il entend bien que cette cause est Dieu lui-même, puisqu'il s'écrie aussitôt : « Quel est

« donc l'auteur et le père de cet univers? » (*Timée.*) « D'après
« quel modèle l'architecte de l'univers l'a-t-il construit? Est-ce
« d'après le modèle immuable et toujours le même? est-ce d'après
« le modèle qui a commencé d'être? Si le monde est beau, si
« son auteur est excellent, il est évident qu'il a eu les yeux fixés
« sur le modèle éternel; s'ils sont, au contraire, ce qu'on n'ose-
« rait dire, c'est le modèle périssable qui a été imité. Le monde,
« en effet, est la plus belle des choses produites; son auteur,
« la meilleure des causes. L'univers ainsi engendré a donc été
« formé sur le modèle de la raison, de la sagesse et de l'essence
« immuable, d'où l'on voit par une conséquence nécessaire que
« l'univers est une copie ». (*Timée.*)

Plus loin, il parle encore en termes magnifiques de l'auteur
du monde : « Lorsque le Père et l'auteur du monde, dit-il, vit
« se mouvoir et s'animer cette image des dieux (*des idées*) qu'il
« avait produite, il fut ravi de son œuvre, et, dans sa satisfaction,
« il voulut la rendre encore plus semblable à son modèle. Ce
« modèle était un animal éternel; il s'efforça de donner autant
« que possible à l'univers le même genre de perfection. Or, cette
« nature éternelle de l'animal intelligible, il n'y avait pas moyen
« de la conférer à ce qui est engendré. Dieu résolut donc de
« créer une mobile image de l'éternité; en ordonnant le ciel, il
« fit à l'imitation de l'éternité, qui demeure dans l'unité, cette
« image de l'éternité qui s'avance suivant le nombre, que nous
« avons appelé le temps. Les jours et les nuits, les mois, les
« années n'existaient pas auparavant; et c'est en introdui-
« sant l'ordre dans le ciel que Dieu les fit naître. Ce sont là des
« parties du temps; et comme il fuit, le futur et le passé en sont
« les formes que dans notre ignorance nous transportons à
« l'Être éternel fort mal à propos. Nous disons de lui : il a été,
« il est, il sera; *Il est,* voilà tout ce qu'on peut dire de vrai. Les
« expressions il a été, il est, il sera, ne conviennent qu'à la géné-
« ration qui s'écoule dans le temps. Elles représentent des mou-
« vements; or, l'Être éternel, immuable, immobile, ne saurait
« être ni plus vieux ni plus jeune; il n'est pas, il n'a pas été, il
« ne sera pas dans le temps; en un mot, il n'est sujet à aucun
« des accidents que la génération met dans les choses qui se
« meuvent et tombent sous les sens; ce sont là des formes du
« temps qui imitent l'éternité, en accomplissant ses révolutions
« mesurées par le nombre. » (*Timée.*)

DOCTEUR. — Je trouverais ces pensées sublimes si elles n'étaient alliées à quelques idées inconvenantes.

ARISTE. — Lesquelles, docteur?

DOCTEUR. — Comparer Dieu à un animal intelligible, et le faire penser et agir comme s'il eût assisté à ses conseils, c'est à coup sûr dépasser de beaucoup toutes convenances.

ARISTE. — Cela tient, sans doute, à ce qu'il n'avait pas conservé intactes les sublimes idées de Socrate sur Dieu ; en voulant y joindre ses propres vues, ses propres idées dans le but d'en rehausser la grandeur et la majesté, il y a ajouté quelques-unes des erreurs qui flottaient confusément dans son esprit.

DOCTEUR. — En somme, Platon, il me semble, à part sa riche imagination, son brillant langage, n'a rien ajouté à ce que lui avait enseigné son maître Socrate, sur l'existence de Dieu et sur la vérité?

ARISTE. — Il est, au contraire, moins clair et moins complet que lui sur l'une et sur l'autre. Toutefois, il est juste de le reconnaître, il a ajouté à nos connaissances quelques vues utiles et plus complètes sur la vérité, et sur l'âme en particulier. Ainsi, il dit en parlant de la vérité : « Or, cette vérité universelle, où est-elle ? « Elle apparaît dans nos esprits, mais elle en est indépendante ; « elle éclate dans toute la nature, mais elle la domine et la sur- « passe infiniment. Elle ne peut exister toutefois d'une manière « abstraite. Qu'est-elle donc, sinon la splendeur d'un principe « plus caché? en sorte qu'au-dessus de la vérité même si sainte « et si auguste qu'elle soit, il y a quelque chose de plus auguste « et de plus saint, c'est l'Être des êtres, l'Idée des idées, le Bien « en soi, Dieu. » (*Républiq*, I, VII.) Malgré le vague de ses expressions, malgré la confusion qui règne dans son langage sur la vérité, on ne peut méconnaître sa pensée : la vérité, selon Platon, n'est pas Dieu lui-même, mais bien l'idée qui nous permet d'entrevoir le *Logos*, parole et raison supérieures, qui seul est Dieu.

Sur l'âme, il nous fournit aussi des notions plus complètes que celles de Socrate. Selon lui, l'âme est une : « les perceptions « viennent se réunir dans un centre, un foyer commun, dit-il, « d'où résulte l'unité de conscience » (*Phédon*) ; elle est simple et par conséquent immortelle : « l'âme est simple, dit-il, et par « conséquent indissoluble et immortelle » (*Phédon*) ; c'est elle qui donne la vie : « elle apporte la vie, partout où elle entre »

(*Phédon*); c'est « une activité qui se meut elle-même », qui « possède et dirige la nature de tout le corps, de façon à le « faire vivre et durer » (*Cratyle*); — « l'homme est une âme se « servant d'un corps » (*Timée*). L'âme est encore raisonnable, pour Platon; elle survit au corps avec le souvenir du passé, elle est heureuse ou malheureuse, selon la destinée qu'elle s'est faite à elle-même; quand elle n'a pas mérité une félicité sans fin, Dieu lui ménage une nouvelle épreuve de la vie corporelle sans souvenir de l'existence antérieure. Platon admet donc la métempsycose, mais seulement chez l'homme.

Mais ses idées sur Dieu sont beaucoup moins nettes que celles de Socrate. Celui-ci, en s'élevant de l'effet à la cause, et en transportant dans celle-ci ce qu'il découvrait dans l'effet, l'avait compris d'une manière tout à la fois claire et élevée. Platon, au contraire, en distinguant ses idées archétypes de Dieu, en en faisant des êtres réels et indépendants, réduisait Dieu à s'en servir comme ferait un architecte d'un plan composé par un autre. Il leur donnait d'ailleurs une importance excessive, puisque tous les êtres, selon lui, n'en sont que l'ombre et la copie; les idées de notre esprit, que des reflets, et l'existence des espèces, qu'une participation.

Cependant sa théorie s'appliquait aussi à l'art, à la morale et à la politique. Dans l'art, il faut que l'artiste ait sans cesse présent l'idéal du beau; la morale doit réaliser l'idéal du bien qui est Dieu même, et par là lui ressembler; la politique n'est que la morale transportée dans l'État et devient ainsi la règle du gouvernement par la justice et la raison.

Malgré les brillantes qualités de son auteur, la théorie de Platon ne pouvait atteindre la vérité. Admettant l'éternité de la matière, elle favorisait le matérialisme contraire à ses principes, qui étaient fondés sur l'éternité et la spiritualité de Dieu, dont il n'a pu toutefois démontrer l'existence. Son système philosophique n'avait donc qu'une base chancelante. Son *Logos* lui-même lui donnait plus d'éclat que de solidité. Cependant, en dehors de ses écarts, nul auteur n'eut des idées d'un ordre aussi élevé; nul non plus n'égala son éloquence, son beau langage, la magnificence de ses pensées et leur élévation auxquelles il dut le surnom de *Divin*. Cicéron lui-même le regardait comme son maître et son Dieu! et allait jusqu'à dire qu'il aimait mieux se tromper avec lui que de penser juste avec les autres.

Mais ce fut surtout à son spiritualisme qu'il dut la gloire de devenir le chef de cette grande école qui a traversé les siècles avec les néoplatoniciens d'Alexandrie, avec saint Augustin, plusieurs autres Pères de l'Église, saint Anselme, et d'arriver par Descartes, Malebranche, Bossuet, Fénelon, Leibnitz, Th. Reid, jusqu'à V. Cousin, et par ce dernier, jusqu'au plus grand nombre des professeurs actuels de nos Facultés.

Quand on se souvient que Platon cultivait la géométrie, les mathématiques et les nombres des pythagoriciens en particulier, on s'explique comment il a été conduit à puiser ses principes en dehors de la réalité; mais quand on sait qu'Aristote était un grand observateur de la nature et un grand naturaliste, on ne comprend pas qu'il ait été puiser les siens dans les subtilités les plus abstruses de la métaphysique. Serait-ce parce qu'ayant inventé le syllogisme, il a voulu montrer sa puissance en l'appliquant à la démonstration des vérités premières; ou seulement afin d'éluder les reproches d'Alexandre lui disant que, contrairement à sa promesse, il divulguait les sublimités de la science? Je ne sais. Seulement, ce dont il est facile de se convaincre, en lisant sa *Métaphysique,* c'est qu'il a pu lui répondre avec exactitude : « Je les ai divulguées sans les divulguer. » On ne peut disconvenir, en effet, que ce livre célèbre, dans lequel il aborde et cherche à résoudre les plus hauts problèmes de la philosophie, lui a justement valu le surnom de Ténébreux.

Cependant, malgré l'obscurité de plusieurs de ses ouvrages, le célèbre disciple de Platon devint bientôt son rival, fonda une école qui se propagea parallèlement à celle de son maître, où il enseigna le sensualisme qui se partage encore de nos jours avec le spiritualisme, les convictions d'un grand nombre d'esprits distingués.

Bien que son enseignement soit syllogistique par-dessus tout, il n'a pas méconnu toutefois la méthode expérimentale, dont il nous fait connaître plusieurs procédés qui méritent d'être remarqués. Le premier exemple qu'il en fournit se rencontre dans l'attaque qu'il a dirigée contre les idées de Platon. « Les genres sont des abstractions », dit-il. (*Mét.,* I, ch. VII.)

« Dire que les genres sont des modèles, c'est forger des méta-
« phores poétiques. A-t-on jamais fait quelque chose en con-
« templant les genres comme modèles? Il peut naître un Socrate
« sans qu'il y ait auparavant un Socrate éternel. Une même chose

« serait d'ailleurs copiée sur plusieurs modèles différents; par
« exemple, un homme serait copié sur l'animal, le bipède,
« l'homme en soi, etc. S'il y a plusieurs genres, ils forment une
« classe, et pour expliquer leur ressemblance, il faut qu'ils parti-
« cipent à un genre supérieur qui sera le genre des genres. Les
« genres ne seront pas seulement des modèles, mais des copies.
« Quelles seraient les conséquences de l'opinion qui regarde les
« nombres comme des êtres séparés et comme des causes pre-
« mières des réalités individuelles? Si la dyade existe à part,
« et l'unité à part, jamais la dyade ne sera l'addition de deux
« unités. De plus, le nombre dix ne se formera jamais de deux
« fois cinq, ni de huit plus deux; ou bien si l'on y admet tous ces
« nombres séparés, le total sera plus fort que dix. » (*Mét.*, I, VII.)
Il est impossible de mieux démontrer l'inanité des idées de
Platon.

Celui-ci admettait encore que, dans une existence antérieure,
nous avions connu des genres qui nous revenaient par réminiscence, et que les principes des sciences sont pour ainsi dire
écrits dans notre intelligence, où la réflexion peut en retrouver
la trace. Aristote n'admet pas cette science infuse : « Si la science
« des principes nous est innée, dit-il, il est étonnant que nous
« possédions à notre insu la plus excellente des sciences. »
(*Mét.*, l. I, ch. VII.)

Aristote nous a encore signalé plusieurs procédés de la méthode
expérimentale qui méritent aussi d'être cités : « Les principes,
« dit-il, ne sont pas en nous, car nous aurions, sans le savoir, des
« principes plus clairs que la question qui nous embarrasse. D'un
« autre côté, ils ne nous viennent pas comme dans un être vide
« et sans disposition antérieure. Il faut que nous ayons une cer-
« taine faculté qui ne soit pas la connaissance exacte des prin-
« cipes, mais seulement le pouvoir de les connaître; or, cette
« puissance est accordée à tous les animaux : ils ont une faculté
« innée de juger, qu'on appelle le sens. Chez les uns, il y a trace
« de la sensation après qu'elle a eu lieu; chez les autres, cette
« trace n'existe pas. Pour ces derniers, la connaissance manque
« ou entièrement ou relativement aux choses dont la sensation
« ne laisse pas de trace, excepté pendant que la sensation sub-
« siste... De la sensation vient le souvenir; du souvenir répété,
« l'expérience; de l'expérience, c'est-à-dire de la notion géné-
« rale qui s'est déposée dans l'âme, une à travers la multiplicité,

« identique à travers toutes les diversités, se forme le principe de
« l'art et de la science : de l'art, s'il s'agit de la pratique ; de la
« science, s'il s'agit de la théorie. Les principes généraux ne sont
« pas dans l'esprit tout déterminés. Ils n'y viennent pas d'autres
« principes plus clairs, mais des sens. De même que dans une
« déroute après le combat, si l'un s'arrête, un autre en fait autant,
« puis un troisième ; de même dans l'âme, si de plusieurs souvenirs
« semblables l'un s'arrête, c'est le commencement de la notion
« générale. On sent le particulier, mais l'objet de la notion,
« c'est l'homme, et non Callias. On revient donc sur les objets
« particuliers jusqu'à ce que les choses simples et générales
« s'arrêtent dans l'âme ; par exemple, sur tel ou tel animal par-
« ticulier, jusqu'à ce que se fixe dans notre esprit l'animal en
« général, et ainsi de suite. Il est donc clair que c'est par induc-
« tion qu'il nous faut connaître les premiers principes, et c'est
« ainsi que les sens forment l'universel. » (*Dernière Analytiq.*,
l. II, ch. XII, § 4, 5 et 6.)

On lui attribue encore la démonstration par l'expérience, de
l'existence des quatre éléments d'Empédocle. La combustion du
bois la lui aurait fournie. Cette combustion fournit, en effet,
de la flamme (feu), de la fumée (air), un liquide (eau), et des
cendres (terre), qui représentent ces éléments. Quoi qu'il en
soit, cette expérience, mais surtout son *Histoire des animaux,*
semblent bien autoriser Cuvier à le considérer comme le pro-
moteur de l'observation directe, et par conséquent de la méthode
expérimentale.

Mais s'ensuit-il qu'il ait bien nettement connu la vérité ? Je
pense qu'il y a lieu d'en douter, autant du moins qu'on admettra que celle-ci, pour être réelle, doit être immuable et perpétuelle. Ainsi, d'après lui, c'est notre esprit qui la fait : « Le vrai,
« dit-il, c'est l'affirmation de la convenance du sujet et de
« l'attribut, la négation de leur disconvenance... Le faux ni le
« vrai ne sont point dans les choses, comme, par exemple, si le
« bien était le vrai, et le mal, le faux. Ils n'existent que dans la
« pensée. » (*Mét.,* l. VI, ch. III.) « Ce n'est pas parce que nous
« pensons que tu es blanc, dit-il plus loin, que tu es blanc en
« effet ; c'est parce qu'en effet tu es blanc, qu'en disant que tu
« l'es nous disons la vérité ». (*Mét.,* l. IX, ch. X.) Comme on le
voit par ces deux exemples, l'affirmation de ce qui est lui suffit
pour caractériser la vérité.

Ailleurs, il confond encore la science avec la vérité : « La
« science, dit-il, a pour objet la vérité. » (*Mét.*, l. XI, ch. 1.)
Plus loin, il dira même : « Ce que chacun ajoute à la connais-
« sance de la vérité n'est rien sans doute ou n'est que peu de
« chose ; mais la réunion de toutes les idées présente d'impor-
« tants résultats. Mais l'impossibilité d'une possession complète
« de la vérité dans son ensemble et dans ses parties montre
« tout ce qu'il y a de difficile dans la recherche dont il s'agit.
« Toutefois, elle a peut-être sa cause non pas dans les choses,
« mais dans nous-mêmes. En effet, de même que les yeux des
« chauves-souris sont offusqués par la lumière du jour, de même
« l'intelligence de notre âme est offusquée par les choses qui
« portent en elles la plus éclatante lumière. » (*Mét.*, l. II, ch. 1.)
Bien qu'il ajoute un peu plus loin que « nous ne savons pas le
« vrai, si nous ne savons la cause » (*Mét.*, l. II, ch. 1), il n'en
est pas moins manifeste que cette cause n'apparaît ici que comme
moyen de compléter la science. Assurément la science est un
précieux moyen d'acquérir la vérité, mais elle n'est pas la vérité
elle-même, et, en ce qui la concerne, Aristote a pris un moyen
pour une fin.

Aristote n'a pas même soupçonné que la vérité et la cause
première peuvent se découvrir dans les œuvres de la nature et
se démontrer par elles. Il recourt au procédé syllogistique et à
la raison seule pour y parvenir. Ainsi, il commence par *affirmer*
qu'il y a une cause première, un être des êtres, principe de tout
ce qui est, et il en *déduit* ensuite par voie de syllogisme toutes
les conséquences qui doivent, selon lui, en résulter. Or, comme
cette démonstration a son principe dans la seule raison, elle ne
peut nous donner autre chose que cette raison elle-même, mais
non la vérité ni la cause première.

Cependant sa démonstration de la cause première par l'axiome
de causalité est à coup sûr ce que la raison humaine a produit
de plus élevé, et mérite d'être citée. « Tout mouvement, dit-il,
« suppose un moteur ; et comme il ne peut y avoir une série
« infinie de principes, il faut nécessairement s'arrêter à une
« cause première qui communique le mouvement sans l'avoir
« reçu, et qui a en elle-même la raison de son existence. » (*Phy-
sic., ausc.*, l. VIII.) Il traite le même sujet dans sa *Métaphysique,*
d'une manière supérieure, disent les philosophes, mais, à mon
avis, avec beaucoup moins de netteté et de clarté que dans sa

Physique. « Il y a quelque chose qui meut éternellement, dit-il ;
« comme il n'y a que trois sortes d'êtres, ce qui est mû, ce qui
« meut, et le moyen terme entre ce qui est mû et ce qui meut,
» c'est un être qui meut sans être mû, être éternel, essence pure,
« et actualité pure. Or, voici comment il meut. Le désirable et
« l'intelligible meuvent sans être mus ; et le premier désirable
« est identique au premier intelligible, car l'objet du désir, c'est
« ce qui paraît beau, et l'objet premier de la volonté, c'est ce
« qui est beau. Nous désirons une chose parce qu'elle nous
« semble bonne, plutôt qu'elle ne nous semble telle, parce que
« nous la désirons : le principe ici, c'est la pensée. Or, la pensée
« est mise en mouvement par l'intelligible, et l'ordre du dési-
« rable est intelligible en soi et pour soi ; et dans cet ordre,
« l'essence est au premier rang ; et, entre les essences, la pre-
« mière est l'essence simple et actuelle. Mais l'un et le simple
« ne sont pas la même chose : l'un désigne une mesure com-
« mune à plusieurs êtres ; le simple est une propriété du même
« être.

« Ainsi le beau en soi et le désirable en soi rentrent l'un et
« l'autre dans l'ordre de l'intelligible ; et ce qui est premier est
« toujours excellent, soit absolument, soit relativement. La véri-
« table cause finale réside dans les êtres immobiles ; c'est ce que
« montre la distinction établie entre les causes finales ; car il y
« a la cause finale absolue et celle qui n'est pas absolue. L'être
« immobile meut comme l'objet de l'amour, et ce qu'il meut
« imprime le mouvement à tout le reste.

« Le moteur immobile est donc un être nécessaire ; et, en tant
« que nécessaire, il est le bien, et, par conséquent, un principe. »
(*Mét.*, l. XII, ch. vii.)

Docteur. — Voilà une kyrielle de suppositions, de propositions
et d'affirmations dans lesquelles on trouvera à coup sûr tout ce
qu'on voudra y mettre, sauf la vérité et une démonstration de
la cause première. Comme vous, je trouve aussi sa première
démonstration meilleure, autant que la seule raison puisse
l'atteindre.

Ariste. — Je me demande aussi comment des hommes sérieux
ont pu considérer cette suite d'*affirmations* et d'*idées* abstraites
comme une démonstration. Ne serait-ce pas plutôt un simple
énoncé de principes connus et développés antérieurement? Ce
qui semblerait rendre supposable cette manière de l'apprécier,

c'est non-seulement sa réponse à Alexandre, mais encore ce qu'il dit ailleurs dans son livre *Du monde,* où il est plus clair et plus explicite. On a contesté l'authenticité de cet ouvrage, il est vrai, mais sans preuves positives. Nous pouvons donc l'invoquer pour éclaircir certaines questions qu'il aborde dans sa *Métaphysique,* et en particulier ce qu'il dit de la cause première : « Il « nous reste à parler sommairement, dit-il, de la cause première « qui contient et gouverne l'ensemble Une antique tradition, « répandue par nos pères dans toute l'humanité, nous apprend « que toute chose vient de Dieu et par Dieu, qu'aucune nature « ne se suffit et ne subsiste que par son secours... Dieu est, en « effet, conservateur et Père de tout ce qui est dans le monde, « et il opère en tout ce qui s'opère, non comme un ouvrier qui « travaille et se fatigue, mais comme une vertu toute-puissante « qui agit. » Il ajoute plus loin : « Il faut savoir de Dieu que sa « force est irrésistible, sa beauté accomplie, sa vie immortelle, « sa vertu souveraine, et qu'invisible à toute nature mortelle, il « est visible par ses œuvres. Et certes, tous les mouvements et « tous les êtres qui sont dans l'air, sur la terre, dans les eaux, « sont réellement les œuvres de Dieu qui contient l'univers. » (*De mundo,* l. I, ch. VI.)

DOCTEUR. — Bien qu'il ne s'agisse ici que d'une profession de foi, plutôt que d'une démonstration, je la préfère infiniment à tout ce qu'il dit dans sa *Métaphysique.* Elle nous fait souvenir, du moins, des belles démonstrations de Socrate.

ARISTE. — Disciple de Platon, il a pu connaître par lui les travaux de Socrate, et par les *Mémorables* de Xénophon, toutes ses pensées. Toutefois, quelles que soient la forme et l'obscurité de certains ouvrages d'Aristote, on ne peut contester qu'il ait ajouté plusieurs notions à celles qui étaient connues de ses devanciers, sinon sur la vérité elle-même, du moins sur Dieu et sur l'âme.

Il a mieux démontré l'existence de Dieu que Platon, en prouvant par le mouvement « qu'il existe un premier moteur », duquel il dit : « nous l'appelons Dieu » ; il affirme ensuite qu'il est un principe : « il faut, dit-il, qu'il y ait un principe tel que « son essence soit l'acte même » (*Mét.,* l. XII, ch. VI); il conclut que ce principe est éternel, essence pure, car « un être qui meut « sans être mû est éternel, est essence pure, acte pur » (*Mét,* l. XII, ch. VII); qu'il est infini : « rien de fini, dit-il, ne saurait « avoir une force infinie; il y a une substance éternelle, immo-

« bile, infinie et indivisible » (*Mét.*, l. XII, ch. VII); qu'il est
distinct de la nature : « il est évident, d'après ce que nous venons
« de dire, qu'il y a une essence éternelle, immobile, et distincte
« des objets sensibles. Il est démontré aussi que cette essence ne
« peut avoir aucune étendue, qu'elle est sans parties et indivi-
« sible. Elle meut, en effet, durant un temps infini. Or, rien de
« fini ne saurait avoir une puissance infinie. » (*Mét.*, l. XII, ch. VI.)
Que c'est une pensée : « or, la pensée en soi est la pensée de ce
« qui est en soi le meilleur, et la pensée par excellence est la
« pensée de ce qui est le bien par excellence. L'intelligence se
« pense elle-même en saisissant l'intelligible ; car elle devient elle-
« même intelligible à ce contact, à ce penser. Il y a donc identité
« entre l'intelligence et l'intelligible ; car la faculté de percevoir
« l'intelligible et l'essence, voilà l'intelligence ; et l'activité de
« l'intelligence, c'est la possession de l'intelligible. Ce caractère
« divin, ce semble, de l'intelligence se trouve au plus haut degré
« dans l'intelligence divine ; et la contemplation est la jouissance
« suprême et le souverain bonheur. » (*Mét.*, l. XII, ch. VII.)
Enfin, il dit que Dieu est parfait : « si Dieu jouit éternellement
« de cette félicité que nous ne connaissons que par instants, il
« est digne de notre admiration ; il en est plus digne encore si
« son bonheur est plus grand. Or, son bonheur est plus grand
« en effet. La vie est en lui, car l'action de l'intelligence est une
« vie, et Dieu est l'actualité même de l'intelligence ; cette actua-
« lité prise en soi, telle est sa vie parfaite et éternelle. Aussi
« appelons-nous Dieu un animal éternel, parfait. La vie et la
« durée continue et éternelle appartiennent donc à Dieu ; car
« cela même c'est Dieu. » (*Mét.*, l. XII, ch. VII.)

DOCTEUR. — Ce que j'entrevois de plus clair dans cette suite
d'idées, de concepts et d'affirmations sur Dieu, c'est que la raison l'a conduit à en admettre l'existence ; mais en réalité il ne
s'agit encore ici que d'une notion et non d'une démonstration.
Que dit-il de l'âme?

ARISTE. — Le *Traité de l'âme* d'Aristote est un chef-d'œuvre
qui demanderait plutôt à être médité qu'analysé. Il en démontre
fort bien l'existence. Selon lui, l'âme, c'est la vie, et tout ce qui
vit, depuis la plante jusqu'à l'homme, possède une âme.

Quant à la vérité, du moins à la vérité telle que nous l'avons
caractérisée, cet homme célèbre ne l'a pas connue. Il a pris une
simple « affirmation » pour elle ; il l'a confondue avec « la

science », prenant ainsi un moyen pour une fin; enfin, en s'adressant au syllogisme et à la métaphysique pour découvrir « ce qui est réellement », il a usé d'un procédé qui ne pouvait lui donner que les idées de son esprit et non la réalité. Car qu'est-ce en effet qu'un syllogisme, sinon l'enfant d'un concept? Et quelles lumières peut-il répandre sur la vérité, quand il se borne à servir de gymnastique à l'esprit pour s'habituer à manier avec adresse et habileté une suite de mots à l'aide desquels il descend du général au particulier, en parcourant, sans s'égarer, un chemin qui le ramène à son point de départ!

Cependant Aristote fut un grand savant; et l'aphorisme qu'on lui attribue : *Nisi est intellectu quin prius fuerit in sensu,* eût dû, s'il l'eût mis en pratique, le défendre contre les écarts de sa subtile imagination, tandis qu'il n'a eu d'autre avantage que celui de lui valoir le titre de chef de l'école sensualiste, bien que toute sa métaphysique proteste contre ce titre.

DOCTEUR. — Comment un si grand observateur de la nature s'est-il engagé avec tant d'abandon dans le labyrinthe de la métaphysique, dans les hiérarchies de catégories, de genres et d'espèces et dans tous les êtres fantastiques de l'ontologie? Quand je vois ce grand homme évoluer avec l'adresse d'un prestidigitateur avec ses arguments et ses syllogismes, il me semble l'entrevoir comme suspendu à un fil au-dessus de l'abîme. On dirait que cet esprit si agile se promène à travers les vides que laissent entre eux les fils d'une toile d'araignée, et quand il « se retourne « sur lui-même, comme l'araignée tissant sa toile, son action « est vague, dit Bacon, et produit une doctrine dont les tissus « sont admirables par la finesse du fil et du travail, mais frivoles « et vains quant à l'usage ». (*De aug. et dignit. scient.,* édit. Bouillet, l. I, § 31.)

ARISTE. — Mais quittons Aristote, et voyons dans quelle mesure ses disciples et ceux de Platon ont plus ou moins connu la vérité. Qu'en pensez-vous, cher abbé?

L'ABBÉ. — Je pense, mes amis, que vous avez été injustes envers Aristote et que vous avez méconnu un grand nombre des vérités qu'il a très-clairement exprimées.

DOCTEUR. — Pardon, cher abbé; je crois, en ce qui me concerne, avec le philosophe saint Justin, qu'il est impossible d'exclure Aristote du jugement sévère que ce grand saint a porté sur tous les philosophes de la Grèce. « En somme, dit-il, la phi-

« losophie des sages de la Grèce n'est qu'un chaos informe
« d'opinions discordantes, et le principal mérite qu'un homme
« de bon sens puisse reconnaitre à ces philosophes, c'est qu'ils
« prouvent à merveille, les uns contre les autres, qu'ils se trom—
« pent et ne disent point la vérité. » (*Réfutat. des Grecs.*)

L'Abbé. — Il serait injuste, en tout cas, de confondre avec
eux des auteurs de l'importance de saint Augustin, de saint
Thomas d'Aquin, de saint Anselme, de Bossuet, de Malebranche
et d'un grand nombre d'autres hommes justement célèbres, et
de leur opposer les vues toutes personnelles d'Ariste sur la
vérité.

Ariste. — Dites-moi, cher abbé, croyez-vous que ce qu'ils
appellent vérité ait une existence réelle, distincte, et un objet
en dehors de l'esprit?

L'Abbé. — Cette notion de la vérité vous est toute personnelle, Ariste; et malheureusement elle vous conduit à rejeter
les vérités ontologiques que tout le monde admet et vous expose,
par conséquent, à semer la confusion dans les esprits. Vous êtes
libre, sans doute, de restreindre la définition du mot *vérité* et
de lui donner tel ou tel sens particulier, mais à une condition, c'est de ne pas vous écarter d'une manière absolue du sens
adopté par le grand nombre.

Ariste. — Je ne demande pas mieux que d'adopter la manière
de voir de tout le monde, cher abbé, mais à une condition,
cependant, c'est que tout le monde ait raison. Vous me permettrez bien, je l'espère, de différer de sentiment avec ceux qui
disent que le soleil tourne autour de la terre?

L'Abbé. — Voyons, Ariste, connaissez-vous une définition
plus simple, plus naturelle et plus généralement admise que la
définition ontologique de saint Augustin : *Id quod est (Soliloques),
est veritas;* une qui soit plus logique que celle de saint Thomas,
qui dit qu'elle est « la conformité de la chose et de l'entendement » (*Sum. theolog., quæst.* XVI, 1) ; ou bien qu'elle consiste en
« une simple équation entre l'affirmation et son objet » : *Veritas
intellectus est adæquatio intellectus rei secundum quod intellectus dicit
esse quod est, vel non esse quod non est (Adv. Gent.,* l. XL, ch. IX,
n° 1); voire même celle de saint Anselme, qui la définit « ce qui
est comme cela doit être » : *Rectitudo id est quod debet esse (De
veritate,* ch. XII)?

Ariste. — Pourquoi, tandis que vous vous en occupez, ne pas

4.

nous donner les définitions de Locke, qui admettait que « la vérité est dans la convenance des choses naturelles », *cum intellectu nostro;* celle de Wolf, pour qui elle consiste dans « la conformité de l'être avec ses principes »; celle de Littré, qui dit que « la vérité est la qualité par laquelle les choses nous apparaissent telles quelles sont » (*Dict.,* art. *Vérité*); de Malebranche, qui a dit : « la vérité, c'est Dieu, et Dieu seul est la vérité »; d'E. Saisset, qui pense aussi que « la vérité qui demeure, et la « vérité toujours vivante, c'est Dieu. » (*Ess. de philosoph. relig.,* 3ᵉ édit., t. II, p. 40); de Bossuet, pour qui « les vérités éternelles « sont quelque chose de Dieu, ou plutôt sont Dieu même » (*Conn. de Dieu,* etc., ch. VI, § 5); et enfin, celle de M. Schérer, qui, après avoir analysé toutes ces définitions sans doute, se venge des déceptions qu'elles lui ont données en affirmant que « la vérité « n'est autre chose que l'*évolution de l'intelligence* humaine. Le « *vrai n'est pas le vrai* en soi... Le vrai, le beau, le juste *se font* « *perpétuellement,* parce qu'ils *ne sont autre chose que l'esprit humain* « qui, en *se développant, se retrouve et se reconnaît* » (*Rev. des Deux Mondes* du 15 février 1861, *Hegel et l'hégélianisme.*)

L'Abbé. — Il y a beaucoup à critiquer sur ces vues et sur ces définitions de la vérité, j'en conviens; tandis que celles de saint Augustin et de saint Thomas prédominent sur toutes les autres et méritent la plus haute estime.

Ariste. — En les envisageant d'une manière générale, cela paraît être; mais en les soumettant à l'analyse, elles sont loin elles-mêmes de répondre à toutes les exigences de la critique.

Ainsi, en nous disant avec saint Augustin : « Tout ce qui est est vérité », *id quod est, est veritas,* n'est-ce pas confondre sous un seul et même nom les choses les plus dissemblables? Quoi, le simple concept qui gît encore dans l'esprit, l'idée à peine formée, le jugement à peine prononcé, tout cela est une même chose avec une affirmation? Pourquoi des noms différents s'ils sont une même chose; et pourquoi d'ailleurs appeler du nom de vérité *ce qui est* tout simplement? Quand vous avez dit : « ce concept *est* nouveau, cette idée *est* heureuse, ce jugement *est* juste, cette affirmation *est* exacte », n'avez-vous pas dit sur eux tout ce que la raison vous autorise à prononcer? En les qualifiant de *vrais,* vous subtituez à « ce qui est » le mot *vérité* qui a une signification distincte, et vous établissez ainsi la confusion dans le langage.

N'avons-nous pas constaté déjà maintes fois les graves inconvénients qu'il y a de confondre les concepts, les idées, les jugements avec les vérités? Que peuvent nous apprendre « ces vérités » subjectives sur le monde extérieur? N'ont-elles pas conduit des hommes et des savants d'une grande valeur à commettre les plus graves erreurs? Cela est tellement évident, qu'il est impossible, en considérant leur funeste influence sur les esprits qui les ont acceptées comme des vérités, de disconvenir qu'elles soient pour le moins inexactes et inutiles, et même presque toujours nuisibles et dangereuses.

L'Abbé. — Je ne puis croire, Ariste, qu'il vous soit possible de démontrer la réalité de ces graves accusations.

Ariste. — Je crois pouvoir vous en convaincre, cher abbé. J'ai dit, en premier lieu, qu'elles étaient *inutiles*. Pourquoi dire, par exemple, « une *vraie* vertu, un *vrai* ami, du *vrai* or »? *C'est* une vertu, *c'est* un ami, *c'est* de l'or; voilà tout ce qu'on peut affirmer, quand on en a constaté l'existence. Qu'ajoutez-vous de plus à cette affirmation en disant de l'or : « ce métal est du *vrai* or », qu'en disant tout simplement : « ce métal *est* de l'or »? Serait-ce pour le distinguer du *similor?* mais celui-ci n'est pas du « *faux or* », c'est un composé de cuivre et de zinc, et vous m'apprendriez quelque chose de plus sur lui en me faisant connaître sa composition, qu'en le désignant sous le nom de « *faux or* ». J'en dirai autant de la « *vraie* vertu », du « *vrai* ami », etc. Ces expressions sont, en outre, *inexactes,* puisqu'elles emploient le mot « vérité » à la place du verbe *être*. Or, comme l'a dit Newton, « il ne faut point, en philosophie, admettre le plus, quand le moins suffit à l'explication ».

Que dire de plus des concepts qui rentrent dans votre première catégorie de vérités? Vous avez pu en constater les graves conséquences en parcourant les erreurs des anciens philosophes de la Grèce, et de Démocrite en particulier. J'en dirai autant des *idées* de Platon, et même de celles de Fénelon. Ainsi, quand celui-ci nous dit : « Tout ce qui est vérité universelle et abstraite est « une *idée,* et tout ce qui est idée est Dieu même » (*OEuv. philosoph.,* p. 12), ne va-t-il pas être conduit à considérer comme Dieu les idées abstraites suivantes : « Il est impossible d'être et de n'être pas »; — « le tout est plus grand que la partie »; — « une ligne parfaitement circulaire n'a aucune partie droite »; — « entre deux points donnés, la ligne droite est la plus courte », etc.?

« Est-il possible de concevoir la vérité ou Dieu comme l'ensemble de toutes ces propositions, dit avec raison A. Garnier, dont plusieurs ne sont que des tautologies, ou au moins faut-il concevoir Dieu comme les objets qu'elles représentent? Nous est-il possible de concevoir Dieu comme une ligne parfaitement circulaire, qui n'a aucune partie droite, ou comme un triangle équilatéral qui n'a aucun angle obtus? » (*Trait. des facult. de l'âme*, t. III, p. 275.) Ces exemples ne prouvent-ils pas l'abus de confondre le mot *vérité* avec de simples *idées* sans réalité objective?

Toute affirmation, dit-on encore, est elle-même une vérité. Car la vérité n'est ni une chose ni un être; c'est, dit M. de Margerie, la simple affirmation de ce qui est : « Qu'est-ce, en « effet, que la vérité? dit-il. Est-ce une chose, un être? La langue « ne permet point de le dire, ni le bon sens non plus. Ce livre, « qui est là sous mes yeux, et qui serait là quand je ne le verrais « point, n'est pas une vérité; mais quand *j'affirme* que ce livre « existe, ou que la vertu est aimable, ou que le tout est plus « grand que la partie, je dis et je pense des vérités... *La vérité* « *est donc un acte de l'esprit :* elle ne subsiste pas par elle-même, « comme une substance; *elle ne subsiste que dans l'esprit qui la* « *conçoit.* » (*Théodic.*, 3ᵉ édit. in-12, t. I, p. 260.) Ainsi, selon M. de Margerie, c'est l'esprit qui *conçoit,* qui *crée,* qui *affirme* la vérité. Mais c'est aussi l'esprit qui conçoit, qui crée et qui affirme l'erreur; or, comment distinguer une vérité réelle et immuable, d'une erreur variable et passagère?

Non-seulement ces vérités de mots sont inutiles et inexactes, mais elles sont souvent nuisibles. En voici une preuve convaincante. Qu'y avait-il de plus vraisemblable, en voyant le soleil se lever et se coucher chaque jour, par exemple, que d'avoir l'*idée* qu'il se comportait comme nous? Puis, en y réfléchissant, de *concevoir* qu'il tournait autour de la terre, et en voyant la suite des saisons qui varient avec son élévation, de *juger* qu'il en était la cause; enfin, en tenant compte de cette *idée,* de ce *concept* et de ce *jugement,* d'*affirmer* que le soleil tourne autour de la terre? Or, ces quatre *vérités ontologiques* ont trompé tout le monde pendant bien des siècles, puisqu'elles ne sont en réalité que quatre erreurs.

Citons-en encore un exemple. N'est-il pas constant que chaque fois que nous sommes convoqués pour résoudre une question particulière nous y réfléchissons d'avance? Chacun *conçoit* des

idées sur elle, forme des *jugements,* et la question une fois enga-
gée, les *affirme* comme autant de *vérités.* Mais, *quot capita, tot
sensus.* Chacun oppose ses *concepts* et *ses idées,* comme autant de
vérités, aux *jugements* et aux *affirmations* de ses adversaires. Le
combat s'engage entre des *vérités* et des *vérités,* et chacun est
convaincu qu'il soutient les *vraies vérités,* parce qu'il les a déduites
des axiomes de la philosophie. Il ne reste pour en décider que
l'appel au nombre, c'est-à-dire à la force, car comment distinguer
autrement l'erreur de la vérité? Souvenez-vous du fameux colloque de Poissy, des conférences de Fontainebleau qui eurent
lieu en présence de la cour, de celles de saint François de Sales
et de Théodore de Bèze, ainsi que des célèbres discussions de
Bossuet et de Leibnitz. N'est-ce pas ainsi que les choses se sont
passées et qu'elles se passent encore chaque jour dans toutes les
discussions philosophiques, civiles ou politiques?

Mais cette divergence d'opinion ne s'arrête pas toujours aux
simples vérités de mots, elle pénètre aussi dans les convictions
et dans la pratique : de là, ses *dangers;* car après avoir égaré la
raison, elle fausse les principes de la philosophie et dénature
ceux de la science elle-même. Examinons-la maintenant dans
ces funestes conséquences.

Un simple coup d'œil jeté sur l'histoire de la philosophie ne
suffit-il pas pour se convaincre que les plus graves erreurs de
l'esprit humain dérivent toutes de ces « vérités » ontologiques?
Qu'est-ce, en effet, que ces *concepts,* ces *idées,* ces *jugements* et
ces *affirmations* proférés successivement par Héraclite, par Gorgias et par Protagoras anciennement, et de nos jours, par Hegel,
par MM. Vacherot et Schérer? Un jour, Héraclite *conçoit* que
« l'Être et le Néant sont même chose », et le proclame comme
une vérité! Une autre fois, Gorgias *juge* que « rien n'existe » et
l'*affirme* comme une vérité; une autre fois encore, c'est Protagoras qui *juge* que « les contradictoires sont *vrais* en même temps,
« et qu'on arrive à l'identité du tout »; c'est Épicure qui affirme
que « le oui et le non » sont une même chose! Eussent-ils pu
égarer autant d'esprits si la philosophie n'eût affirmé que tout
concept, tout *jugement* et toute *affirmation* sont autant de *vérités?*

Examinons maintenant jusqu'où ces tristes convictions ont
conduit, de nos jours, les esprits les plus distingués. Naguère,
voulant faire du nouveau, Hegel ressuscite les *concepts* et les
idées d'Héraclite, et s'en vient gravement *affirmer* que « la

« lumière pure, c'est la nuit pure » (*OEuv.*, t. XIV, p. 305); que
« l'Absolu, c'est l'Être... ce qui revient à cette définition que
« Dieu est la plénitude de toute réalité : *conception* qu'on obtient
« en ôtant les limites que renferme toute réalité; et l'on en
« abstrait Dieu, en disant qu'il est le réel en toute réalité. Or,
« ajoute-t-il, cette *conception* est de toutes la plus naïve, la plus
« absurde et la plus pauvre. » (*Ibid.*, t. VI, p. 166.) Puis il finit
par *affirmer* que « l'Être en tant qu'il n'est rien de fixe ni de défi-
« nitif, mais un *terme* que la dialectique *pousse à son contraire,*
« lequel, considéré dans sa nature immédiate, *est le Néant* »
(*ibid.*, p. 168); enfin il ajoute : « Oui, l'*Être pur* est une *pure abstrac-*
« *tion,* c'est l'*Absolu négatif,* qui, considéré dans sa nature immé-
« diate, *est le Néant!* » (*Ibid.*, t. VI, p. 169, citées dans la *Logique*
du P. Gratry.)

Purs sophismes, direz-vous? Sans doute. Mais Hegel eût-il pu
se jouer avec des vérités réelles et immuables, comme il s'est
joué avec ses *concepts,* avec ses *idées* ou ses « *termes* », comme
il les désigne encore? Non, assurément; car on ne plaisante pas
avec la réalité comme avec des « *termes* » imaginaires.

Cependant Hegel a encore ses partisans de nos jours, et nous
voyons l'un d'eux, M. Schérer, affirmer qu' « aujourd'hui, *rien*
« *n'est plus parmi nous vérité ni erreur.* Il faut inventer d'autres
« mots, dit-il; nous ne voyons plus partout que *degrés et nuances,*
« *nous admettons jusqu'à l'identité des contraires!* » (*Rev. des Deux
Mondes — Hegel et l'hégélianisme.*)

Enfin, un autre de ses disciples, M. Vacherot, résume cette
théorie dans les termes suivants : « Cette dialectique, dit-il...
« procède par opposition et par harmonie, par différence et par
« identité, par antithèse et par synthèse. *La pensée pose, oppose*
« *et concilie; affirme nie et rétablit son affirmation ; produit, détruit*
« *et reproduit; unit, divise et réunit; et cela, elle le fait toujours et*
« *partout.* » (*La Métaphysiq. et la Science,* édit. de 1863, t. III, p. 16.)

Il est manifeste que pour ces auteurs la vérité n'est autre chose
qu'un pur enfant de l'esprit : c'est lui qui la crée en la pensant.
Or, ce que l'esprit produit, il peut le modifier et le détruire. De
là, toutes ces idées flottantes sur la vérité; de là, toutes ces
débauches d'esprit qui, n'apercevant devant lui que des idées
sans réalité, se croit le droit de se jouer d'elles et de les nier,
parce qu'ainsi conçues, les vérités n'ont rien de réel, d'immuable
ni de déterminé.

Voyons maintenant ce que peuvent produire ces pauvres enfants de l'esprit quand on les applique aux principes de la Science elle-même; et examinons quels fruits ils peuvent lui faire porter.

Démocrite, à l'aide des atomes doués de mouvements spontanés et du vide, avait enfanté une science purement imaginaire. Dans ces derniers temps, l'un de ses enfants naturels, Moleschott, crut pouvoir l'appuyer sur les données de la science moderne, et vint *affirmer* à son tour que « la force est une propriété de la « matière, et qu'elle en est inséparable ». « En effet, dit-il, il vous « est impossible de vous représenter une matière sans force, par « exemple, sans une force d'attraction ou de répulsion, de cohé- « sion ou d'affinité, puisque l'idée même de la matière disparait, « attendu qu'il lui serait impossible alors d'être dans un état quel- « conque déterminé. Réciproquement, qu'est-ce qu'une force « sans matière, l'électricité sans particules électrisées, l'attrac- « tion sans molécules qui s'attirent? » Donc, « pas de force sans « matière, pas de matière sans force », car « la force qui plane « au-dessus de la matière est une idée absurde ». (Moleschott et L. Büchner.) Cette *adæqualio rei et intellectus,* sortie de Démocrite et développée par les modernes, est ainsi devenue une *vérité* pour tous les matérialistes de nos jours.

Voici un second rejeton de ces pseudo-vérités : « La matière « et la force sont inséparables, et l'une et l'autre existent de « toute éternité... Car, dit Büchner, l'immortalité de la matière, « soupçonnée depuis longtemps par la science, est devenue une « *vérilé positive* depuis qu'en brûlant un morceau de bois, la « chimie a constaté, la balance à la main, qu'on retrouvait exac- « tement dans les produits de cette combustion un poids égal « ou supérieur au bois détruit par elle. La matière ne périt donc « pas, elle est dans un mouvement perpétuel; ses matériaux « circulent, changent d'état, mais se retrouvent toujours sous « une nouvelle forme; car *rien ne vient du néant ni ne retourne au* « *néant.* » Tel est le *jugement* par lequel Büchner *affirme* l'éternité de la matière et de la force!

Enfin, voici encore un fils sorti de ces *vérités* sans réalité : « Nous conclurons donc que la matière et la force n'ont pas été « créées, dit Büchner, car ce qui ne peut être anéanti ne peut « être créé. Réciproquement, tout ce qui commence doit finir. « Par conséquent, plus la science fait de progrès, plus l'idée

« d'une force créatrice surnaturelle, providentielle, est refoulée
« dans les cieux; nous ne voyons plus aujourd'hui qu'une loi
« mécanique, mathématique, loi résultant de la nature même de
« la matière, et qui explique tous les phénomènes résultant de
« la nature même de la matière, et qui implique tous les phéno-
« mènes conformément aux principes de la géométrie et de la
« mécanique. » C'est ainsi que cet auteur *juge* que l'athéisme
est la seule *vérité* que puisse désormais admettre la science!

Répondez-moi maintenant, cher abbé, est-ce de vérités
réelles, immuables et perpétuelles que l'esprit pourrait se jouer
ainsi?

L'Abbé. — Rien n'est plus facile que de les réfuter, Ariste.

Ariste. — Les prévenir ne serait-il pas mieux?

L'Abbé. — Et le moyen, Ariste?

Ariste. — Ne suffirait-il pas d'imposer à chacun l'obligation,
comme le recommande saint Thomas, de chercher la vérité là
où elle se trouve seulement, dans le beau livre de la nature, car
tout ce qu'on y découvre de réel, d'immuable et de perpétuel,
constitue autant de vérités?

L'Abbé. — Mais qui nous enseignera le moyen d'arriver sûrement à les découvrir?

Ariste. — Avant de vous répondre, cher abbé, veuillez me
dire quelles sont les vérités que vous estimez le plus.

L'Abbé. — Ce sont, avant tout, les vérités révélées.

Ariste. — Pourquoi?

L'Abbé. — Parce qu'elles viennent de Dieu.

Ariste. — Examinez maintenant d'où viennent les vérités
ontologiques et logiques, vos concepts, vos idées, vos jugements
et vos affirmations en particulier. Toutes ces choses, que vous
considérez comme autant de vérités, ont-elles une autre origine
que celle de l'esprit de l'homme?

L'Abbé. — Mais où en découvrir une autre, Ariste?

Ariste. — Saint Thomas d'Aquin nous invite lui-même à la
chercher dans le livre de la nature, parce qu'ainsi qu'il le dit:
« les choses ne savent pas mentir ». Or ce livre, étant l'œuvre
de l'imagination divine, nous fournira des vérités qui non-
seulement ont une même origine que celles de la révélation,
mais encore qui, ayant leur source en Dieu, nous manifes-
teront quelque chose de sa réalité, de son immutabilité et de
son éternité. Comparez-les un instant avec les idées sorties de

l'esprit de l'homme, qui toutes sont mobiles, variables, changeantes, et ne peuvent nous ramener qu'à l'homme. Les premières n'ont-elles pas une valeur plus élevée? Ce sera donc à elles que je consacrerai exclusivement mes recherches, abandonnant les autres aux disputes des hommes, *disputationi eorum*.

L'Abbé. — Mais comment découvrir ces vérités?

Ariste. — En suivant les préceptes du grand philosophe de la nature, de Newton.

L'Abbé. — Quels sont-ils?

Ariste. — Avant de vous les indiquer, je dois vous faire remarquer cependant que F. Bacon semble en avoir eu la première idée, et qu'il l'a exprimée en disant qu'on ne peut les découvrir qu'en se faisant « le ministre et l'interprète de la nature », *homo naturæ minister et interpres* (*Nov. Organ.*). Mais il nous a prouvé toutefois qu'il y a loin du conseil à son application! car il a beau repousser « les mystiques fantômes de l'imagination », les « écarts de la subtilité grecque de la controverse scolas- « tique », pour se prémunir contre les causes d'erreur et d'illusion, il a beau faire appel « à l'observation, à l'expérience, « à l'analogie et à l'induction », pour atteindre la vérité, tout cela s'évanouit dans l'application; et ses conseils ne l'ont pas préservé de nombreuses erreurs. De telle sorte que s'il convient de rappeler ses préceptes, il faut bien vite ajouter qu'il ne peut servir de modèle. Cette gloire revient tout entière, au contraire, à Newton. Ce grand homme a su joindre l'exemple au précepte, et la vérité autant que la science lui sont redevables de leurs plus mémorables succès.

Étudions donc avec soin la méthode qu'il recommande et qu'il a employée pour obtenir ces grands résultats. C'est par elle qu'il est arrivé à la conquête de ses grandes découvertes; et, bien que celles-ci n'aient pas eu toujours pour but la seule vérité, elles nous tracent du moins la route la plus sûre pour y arriver.

Comme tous les vrais savants, Newton recommande la méthode expérimentale. Il recueille d'abord tous les phénomènes; ensuite il résout chaque série de faits semblables en une résultante, et celle-ci est formulée en loi qui exprime ses composants. Il ajoute que « tous les effets semblables ont une cause semblable », et que « de l'identité des effets on peut conclure l'identité de la « cause ». La loi qui exprime tous ces faits ou effets révèle donc une même cause qui, le plus souvent, se montre comme d'elle-même dans l'un quelconque ou dans tous les effets.

Il proscrit avec rigueur toute hypothèse, de la science. « Tout « ce qui n'est pas tiré des phénomènes, dit-il, doit être réputé « hypothèse, et les hypothèses de quelque nature qu'elles soient, « n'ont aucune valeur en philosophie naturelle. » (*Princip. mathém.* Scol. génér.)

Il tire les lois de ce qu'il y a de constant dans les phénomènes. « Dans cette philosophie, dit-il, on tire les propositions des « phénomènes, on les rend ensuite générales par induction. « C'est ainsi que l'impénétrabilité, la mobilité, la force des « corps, les lois du mouvement et celle de la gravité ont été « connues. » (*Ibid.*)

Une fois ces lois obtenues, il s'en sert pour expliquer tous les phénomènes : « Il suffit que la gravité existe, dit-il, qu'elle agisse « selon les lois que nous avons exposées, et qu'elle puisse expli- « quer tous les mouvements des corps célestes et ceux de la « mer. » (*Ibid.* Scol. génér.)

Pour découvrir les forces, il recommande de les chercher dans les phénomènes naturels qu'elles produisent. « Toute la « difficulté de la philosophie, dit-il, parait consister à trouver « les forces qu'emploie la nature par les phénomènes du mou- « vement, et à démontrer ensuite, par là, les autres phéno- « mènes. » (Préface des *Princip. mathémat.*)

L'un de ses plus précieux préceptes consiste à déduire les causes des effets. « Le grand but qu'on doit se proposer dans « les phénomènes de la nature, c'est de raisonner sur les phé- « nomènes sans le secours d'aucune hypothèse ; de déduire les « causes des effets jusqu'à ce qu'on soit parvenu à la *Cause pre- « mière*. » (*Optiq.*, quest. XXVIII.)

Ce n'est pas toutefois sans les plus grandes précautions qu'il s'élève de l'effet à la cause, car il recommande de n'y arriver que par l'emploi successif de la méthode analytique et de la synthèse. « En physique aussi bien qu'en mathématique, dit-il, « l'investigation des problèmes par l'analyse doit toujours pré- « céder la synthèse. L'analyse consiste à s'appuyer d'abord sur « l'expérience, à observer les phénomènes ; puis, par le raison- « nement, elle va du composé au simple, et conclut des mouve- « ments aux forces et des effets aux causes, et puis des causes « particulières aux causes plus générales. La synthèse, au con-

« traire, prend pour principes les causes trouvées, explique par
« elles les phénomènes qui en dérivent, et démontre ces expli-
« cations. » (*Optiq.*, quest. XXXI, vers la fin.)

Enfin, dit Arago, « ce grand homme avait introduit dans la
philosophie cette règle sévère et juste : *Ne tenez pour certain que
ce qui est démontré* ». (*Notice sur les principales découvertes astronomiques de Laplace. Annuaire* pour 1844, p. 287.)

Telle est cette grande et simple méthode dont la science est
redevable à Newton, et dont elle est loin encore d'avoir su tirer
tous les fruits. Elle en avait fourni de bien beaux cependant à
Newton lui-même, car c'est à elle qu'il dut de pénétrer beaucoup
plus avant que ses prédécesseurs dans le secret des choses
célestes, de ramener les lois à leur principe générateur et de
démontrer mathématiquement la cause unique d'où résulte
l'équilibre des mondes.

Mais parmi ses résultats, il en est un surtout qui réjouissait
profondément Newton, c'était d'avoir dirigé et assuré sa marche
vers la connaissance de la cause des causes. « A mesure que
« nous avançons dans la science, disait-il, chaque pas nous rap-
« proche de plus en plus de la connaissance d'une PREMIÈRE
« CAUSE : ce qui fait assez sentir le prix de cette manière de
« philosopher. » (*Optiq.*, quest. XXVIII.)

Préoccupé sans cesse de la recherche de cette cause première,
Newton s'élève incessamment vers elle, mais avec mesure et
sagesse; ainsi il n'y parvient qu'après avoir étudié successivement les phénomènes et les lois, dégagé les causes secondes de
celles-ci, pour atteindre la cause des causes dans le principe de
ces dernières. Veut-il démontrer, par exemple, que la lune
tombe incessamment sur la terre, comme fait une pierre non
suspendue? il commence par recueillir tous les phénomènes
qui attestent cette chute, et il en tire la loi. Il compare ensuite
celle-ci avec les lois de Galilée, et après avoir reconnu leur identité, il conclut de « l'identité des effets à l'identité de la cause »,
et formule une loi qui leur est commune, celle de l'attraction
universelle. Puis, observant deux autres séries de faits dans les
phénomènes du mouvement des astres, ceux de rotation et de
circomduction, il en déduit deux autres lois qui lui montrent
deux autres causes que l'analyse réduit à une seule, la cause qui
a donné l'impulsion. Enfin, remarquant dans celle-ci des phénomènes qui attestent qu'elle agit avec intelligence, il arrive à la

considérer comme la cause des causes, comme la cause première.

Cependant Newton s'éleva plus haut encore! Après avoir constaté qu'il y a non-seulement de l'intelligence dans tous les effets de cette cause, mais encore de la science, de l'art, de la prévoyance, etc., il transporta dans cette cause, à l'exemple de Socrate, ce qu'il voyait dans ses effets, et put ainsi par l'œuvre connaître l'ouvrier. Ainsi, en rencontrant de l'intelligence dans les mouvements, il conclut que le moteur qui les produit est intelligent lui-même; en y observant la science « du géomètre « le plus habile et du mécanicien le plus consommé », il conclut qu'il est savant; en constatant l'art et l'industrie admirables avec lesquels le soleil est disposé au centre des planètes pour les éclairer et les échauffer, il conclut qu'il est sage; enfin, il conclut des perfections, de la beauté et de l'excellence qu'il trouve dans l'œuvre, à la perfection de l'ouvrier, et de la puissance de l'effort nécessaire pour donner le branle à tous les mondes, à sa puissance infinie.

Il existe toutefois un troisième moyen de connaître la cause première, c'est celui qui, sous des formes sensibles, nous montre les idées et les volontés que cette cause a imprimées chez tous les êtres de la nature; mais Newton ne l'a pas abordé.

Docteur. — Quelles sont donc les vérités découvertes par Newton, Ariste? Est-ce sa grande loi de l'attraction, ou la cause première?

Ariste. — Non, docteur; la vérité est autre chose encore.

Docteur. — Cependant cette cause est réelle, immuable et éternelle?

Ariste. — Elle possède évidemment ces trois caractères de la vérité, mais on ne peut la confondre avec elle.

Docteur. — Pourquoi, Ariste?

Ariste. — La raison, d'accord en cela avec le langage, établit une différence notable entre la cause première et la vérité. La cause première est, sans doute, la source de toutes les vérités; mais découvrir une vérité, ce n'est pas la découvrir tout entière elle-même, c'est seulement la saisir sous l'un de ses aspects, mais non dans sa plénitude.

Docteur. — Quelles sont donc les vérités découvertes par Newton?

Ariste. — En découvrant les signes d'intelligence qui brillent dans la disposition des astres, Newton découvrait une vérité, car cette intelligence est un rayon de sa pensée; en y voyant éclater la science, la vérité lui montrait un autre rayon de cette pensée; en y admirant l'art, l'industrie, la beauté, la sagesse et la prévoyance qui reluisent en eux, la vérité lui découvrait autant d'autres rayons de cette sublime pensée, car tous procèdent d'elle, ou plutôt sont les signes visibles qu'elle a imprimés en eux sous autant d'aspects différents. La vérité ne nous découvre donc cette cause première que sous des aspects partiels seulement. Notre esprit, en effet, est trop limité pour en saisir l'infinité, notre science trop bornée pour comprendre la science même, notre faiblesse trop grande pour mesurer sa puissance, notre durée trop courte pour embrasser son éternité.

Telle est la méthode expérimentale que nous a enseignée Newton; telle est la voie qu'il nous a tracée pour découvrir la vérité. Elle consiste principalement, comme vous le voyez, à substituer aux hypothèses de Platon et aux entités d'Aristote qui ne donnent que l'œuvre de l'imagination humaine, l'observation directe de la nature qui nous montre l'œuvre de l'imagination divine, et à puiser dans celle-ci des modèles qui ne peuvent nous tromper. Imitons donc Newton, en nous astreignant comme lui à rechercher les idées et les vérités qui sont imprimées chez tous les êtres de la nature; comme lui aussi, rassemblons tous les phénomènes qu'elle nous fournit; groupons-les par séries semblables ou analogues, pour en déduire les lois; demandons ensuite à chaque loi la cause des phénomènes qu'elle embrasse; puis, à toutes les causes secondes qu'elles nous auront montrées, la cause première qui en est le principe. Ce sera pour nous une entreprise longue et laborieuse, mais c'est la seule qui puisse conduire la science à la vérité, et, quelque témérité qu'il y ait à nous à l'entreprendre, nous la signalerons du moins aux intelligences mieux préparées, afin de leur ménager la gloire de la réaliser.

Docteur. — Plût à Dieu que vous pussiez y suffire, Ariste; c'est mon souhait le plus ardent.

L'Abbé. — Malgré mon désir de vous voir acquérir toutes ces vérités, je ne pourrai suivre exactement tous les travaux qu'il vous faudra leur consacrer, mais je les partagerai du moins aussi souvent que je le pourrai en assistant à vos entretiens.

Ariste. — Bien que j'aie peu d'espoir d'y réussir, vos encouragements me conduiront du moins à la tenter.

CHAPITRE III

LA MATIÈRE ET LA FORCE, LEURS PHÉNOMÈNES ET LEURS LOIS.

« Le plus grand déréglement de l'esprit, c'est de croire les choses parce qu'on veut qu'elles soient. » (BOSSUET.)

« Ce n'est pas seulement dans le domaine de la foi, c'est encore dans celui de « la science, que l'homme poursuit avec le plus grand fanatisme la croyance « qui a le plus d'analogie avec la sienne. » (MOLESCHOTT.)

« Ne tenez pour certain que ce qui est démontré. » (NEWTON.)

DOCTEUR. — Après ce que vous nous avez dit de la vérité, Ariste, rien de plus facile, ce semble, que de la découvrir.

ARISTE. — Je serais enchanté, docteur, que vous puissiez m'en donner la preuve.

DOCTEUR. — Quoi de plus facile que de distinguer ce qui est réellement de ce qui n'en a que l'apparence ; de constater ce qui est immuable de ce qui ne fait que changer, et ce qui est perpétuel de ce qui ne fait que passer ?

ARISTE. — Quelques précautions y sont cependant fort nécessaires.

DOCTEUR. — Lesquelles, Ariste ?

ARISTE. — Vous semblerait-il indifférent de puiser vos faits dans l'imagination au lieu de les chercher dans la nature, de les observer avec attention ou légèrement, enfin d'user des procédés de la méthode expérimentale ou non ?

DOCTEUR. — Mais, Ariste, l'homme ne peut tout voir et tout observer par lui-même ; pourquoi ne puiserait-il pas ces faits dans les recueils des savants qui savent, sans doute, observer et dont toute la vie a été consacrée à l'étude de la nature ?

ARISTE. — Quels sont donc les auteurs qui, selon vous, jouissent de ces rares priviléges ?

DOCTEUR. — Certes, vous ne les contesterez pas chez des savants de la valeur des J. Moleschott, des L. Büchner, des

Charles Vogt, des Huxley, des John Tyndall, des Du Bois-Reymond, des Hæckel, des Darwin, des Charles Robin, des Littré et de tant d'autres qui se sont fait, chacun, un grand nom dans la science?

ARISTE. — Je serais curieux de connaître les vérités qu'ils ont découvertes.

DOCTEUR. — Je les ai notées et puis facilement vous satisfaire, Ariste. Ainsi, Moleschott le premier a dit : « Pas de matière sans force, mais aussi pas de force sans matière » (*la Circulation et la vie*, trad. par E. Cazelles, 2 vol. in-18, Paris, Germer-Baillière, p. 100); et L. Büchner a répété après lui : « Point de « force sans matière, point de matière sans force. » (*Force et matière*, trad. par A. Gros-Claude, p. 2.)

ARISTE. — Il s'agit d'une affirmation et non d'une vérité, docteur. Sur quoi l'appuient-ils d'ailleurs?

DOCTEUR. — Moleschott l'appuie sur des motifs les plus sérieux ; comme il le remarque fort exactement, « la force n'est pas un « Dieu qui pousse, ce n'est pas une essence des choses séparée « du principe matériel, dit-il. Elle est une propriété inséparable « de la matière, inhérente de toute éternité à la matière. » (*Ibid.*, p. 130.)

ARISTE. — Il ne s'agit encore que d'une nouvelle affirmation qui prouve tout au plus qu'il croit à la première.

DOCTEUR. — Ces deux auteurs, s'appuient non sans raison, sur le savant Du Bois-Reymond qui dit lui-même que « la matière « ne peut pas être comparée à une voiture devant laquelle sont « placées les forces comme des chevaux qu'on peut atteler ou « dételer à volonté. Une molécule reste positivement la même « chose, soit que dans la pierre météorique elle traverse la « sphère céleste, soit que dans la roue d'un vagon de chemin « de fer elle roule avec fracas sur les rails, soit enfin que dans « un globule de sang elle coule à travers les tempes d'un poëte. » (*Cité* par L. Büchner, qui ajoute : « Ces propriétés sont de toute « éternité; elles ne peuvent être aliénées ni transmises. »)

ARISTE. — Il s'agit encore ici d'une troisième affirmation sans preuve. Non que je conteste à Du Bois-Reymond le droit d'affirmer que le fer est toujours le même sous ses formes diverses, puisque la chimie l'a prouvé; mais ce que je conteste, c'est qu'il ait le droit d'affirmer que « ces propriétés sont de « toute éternité! » car la science qui date d'hier ne peut le prouver. Ici le savant a donc fait encore acte de foi en l'affirmant, puisqu'il ne peut invoquer les preuves positives de l'expérience pour l'établir. En tout cas, il n'avait pas le droit d'invoquer l'immutabilité des propriétés des corps simples, pour prouver l'éternité des forces : cette confusion est peu scientifique.

DOCTEUR. — Cependant, Ariste, Büchner démontre fort bien que « la matière est éternelle, indestructible, et que nul grain de « poussière, si petit qu'il soit, ne peut se perdre dans l'univers, « que nul ne peut s'y ajouter ». (*Ibid.,* p. 8.)

ARISTE. — Comment le prouve-t-il?

DOCTEUR. — En effet, dit-il, « nous brûlons un morceau de bois, et il semble au premier abord que les parties dont il se composait ont été consumées par le feu et par la fumée. La balance du chimiste, au contraire, prouve que non-seulement ce morceau de bois n'a rien perdu de son poids, mais que ce dernier a encore augmenté; elle montre que les produits recueillis et pesés contiennent non-seulement exactement toutes les matières dont le bois se composait, mais qu'ils contiennent encore des matières attirées de l'air par la combustion. En un mot, le bois n'a pas perdu de son poids; ce poids a été augmenté. » (*Ibid.,* p. 9.)

ARISTE. — Je me bornerai à vous faire remarquer pour l'instant, docteur, que Lavoisier qui, le premier, a établi ce fait par l'expérience, en tirait des conclusions tout autres.

DOCTEUR. — L. Büchner affirme encore que la matière est infinie, que la force est éternelle et que des lois immuables régissent tous les corps.

ARISTE. — Récitez-moi donc sans interruption le *Credo* de ces grands croyants du dix-neuvième siècle.

DOCTEUR. — Je prends mes notes et je lis : « Non-seulement la matière est éternelle, mais elle est infinie, car si nous n'avons pu trouver de limites à la matière dans les plus petites choses, nous sommes encore moins capables d'en trouver dans les plus grandes; nous la déclarons infinie dans les deux sens, indépendante de l'espace et du temps. » (L. Büchner, *ibid.,* p. 26.)

« La force elle-même ne peut être ni créée ni anéantie, et il en résulte que la force est immortelle, et qu'il est impossible qu'elle ait un commencement et une fin. La conséquence de cette vérité naturelle est la même que celle de l'immortalité de la matière, et toutes deux produisent de toute éternité l'ensemble des phénomènes que nous appelons le monde. » (L. Büchner, *ibid.*, p. 21.)

« Les lois elles-mêmes, qui déterminent l'activité de la nature, dit-il encore, qui règlent les mouvements de la matière... sont éternelles et immuables » (p. 33); car « les lois de la nature, comme le dit Vogt, sont des forces barbares, inflexibles; elles ne connaissent ni morale, ni bienveillance » (p. 35); aussi « nous avons le droit de dire avec la plus grande certitude scientifique qu'il n'y a point de miracle, que tout ce qui arrive, est arrivé, et arrivera, n'arrive, n'est arrivé et n'arrivera que d'une manière naturelle, c'est-à-dire d'une manière qui n'a de condition que l'occurrence nécessaire ou la rencontre des substances existant de toute éternité et des forces physiques qui lui sont inhérentes ». (*Ibid.,* p. 34.) Ainsi « les lois de la gravitation, c'est-à-dire les lois du mouvement et de l'attraction, sont invariablement les mêmes partout où nous nous transportons à l'aide du télescope et du calcul. Les mouvements de tous les globes même les plus éloignés, sont subordonnés aux lois qui régissent le mouvement des corps de notre terre, qui font tomber une pierre, et osciller le balancier d'un pendule. » (*Ibid.,* p. 45.)

ARISTE. — Que concluez-vous de toutes ces citations, docteur?

DOCTEUR. — Je conclus, Ariste, que ces lois étant réelles, immuables et éternelles, on doit les considérer comme autant de vérités.

ARISTE. — Vous conviendrez cependant que Galilée, Kepler et Newton, eux, n'ont établi leurs lois que sur une multitude de faits, tandis que vous, vous n'avez invoqué qu'un seul fait pour établir un grand nombre de lois.

DOCTEUR. — J'en conviens, Ariste; mais ces lois sont si évidentes aux yeux de la raison, qu'à moins de dénier à celle-ci toute autorité, il faut bien les considérer comme autant de vérités.

ARISTE. — Vous admettez donc que la raison suffit seule pour établir des lois?

DOCTEUR. — Sans doute, pourvu que ces lois s'appliquent à un grand nombre de faits.

ARISTE. — Ont-ils eux-mêmes invoqué un grand nombre de faits pour les établir?

DOCTEUR. — Je ne le crois pas.

ARISTE. — Vous conviendrez, en tout cas, qu'ils ont procédé

tout autrement que Galilée, Kepler et Newton, et que leurs lois sont loin d'avoir l'autorité de celles qui ont été formulées par ces hommes célèbres ? Comment les contrôler et les vérifier sans faits d'ailleurs ; comment s'assurer qu'elles sont autre chose que de simples hypothèses ?

Docteur. — Vous m'étonnez, Ariste. Émanées d'hommes instruits et savants, je ne puis m'expliquer qu'on mette en doute des affirmations aussi formelles.

Ariste. — De deux choses l'une, ou ils ont voulu établir des lois, et ils devaient les établir d'après les procédés de la méthode expérimentale ; ou ils voulaient émettre de simples conjectures, et ils n'avaient pas le droit d'appeler celles-ci du nom des lois ; dans l'un et l'autre cas, leurs opinions, pesées dans les balances de la science, n'offrent aucune valeur et doivent être rejetées de son domaine. Si vous les admettez parce que ces auteurs vous inspirent la plus grande confiance, libre à vous. Mais en cela, vous faites acte de foi et non de science. Ne suffirait-il pas d'ailleurs de remarquer que ces lois dérivent d'un procédé purement métaphysique, puisque c'est au nom de la raison seule qu'ils les affirment, pour vous tenir en défiance contre elles ?

Docteur. — Mais, Ariste, tous proscrivent la métaphysique de la science ; comment auraient-ils pu l'employer ?

Ariste. — C'est se montrer quelque peu naïf, docteur ; mais en tout cas, ils ont fait, non de la prose, comme M. Jourdain, mais de la métaphysique sans le savoir. Que signifie réellement cette proposition : « Il n'y a pas de matière sans force, ni de force sans matière »? Serait-elle à vos yeux autre chose qu'une thèse exhumée de l'ancienne scolastique? Ne l'exposent-ils pas sous la forme d'une simple affirmation et ne la résolvent-ils pas par les seuls arguments de la raison? Est-ce ainsi que procède la science expérimentale ?

Docteur. — Vous me faites entrevoir le vice de leur méthode, Ariste.

Ariste. — Si vous pouviez en douter, docteur, je vous dirais : examinons un instant la valeur de leurs différentes affirmations. Qu'entendent-ils d'abord par une force inhérente, immanente de la matière, sinon une force qui en est inséparable?, Et cependant, qu'y a-t-il de plus ordinaire que de voir la force prendre et quitter successivement la matière, qu'un même corps devenir successivement chaud et froid, électrisé ou non, lumineux ou obscur, sonore ou muet, être mû ou rester immobile? Que voyez-vous donc d'inhérent dans ces forces?

Ils affirment surtout que la pesanteur est une propriété inhérente à l'atome, à la molécule et à toute matière. Mais sur quels faits s'appuient-ils donc pour soutenir une telle affirmation? Ils n'en citent aucun. Aussi, quant à présent, je me bornerai à vous faire remarquer que telle n'est pas la conviction des vrais savants. Non-seulement Newton, Euler, Biot et tant d'autres le nient, mais Arago lui-même va jusqu'à dire que cette opinion est une absurdité « qui ne peut être soutenue que par des ignorants ».

Ils affirment encore que la matière et les forces sont éternelles; que la matière est infinie et divisible à l'infini! Qu'en savent-ils? Quelles preuves en fournissent-ils? aucune; mais ils l'affirment! La science sait ou ignore : elle sait ce que l'observation et l'expérience lui ont appris; mais nul n'a droit de prononcer en son nom, en dehors des faits qu'elle possède.

Ils vous affirment aussi que « les lois déterminent l'activité de la nature », qu'elles « règlent les mouvements de la matière », qu'elles « sont des forces barbares » ! Ils se doutent si peu de ce qu'est une loi, qu'ils ont pris le Pirée pour un nom d'homme! Qu'est donc une loi, en réalité, sinon un fait ou un effet répété? Or, la formule qui exprime une série d'effets semblables est loin de posséder une puissance quelconque, puisqu'elle n'a d'autre valeur que celle du mot qui la représente.

Enfin, ils affirment que les lois de la nature « sont des forces « barbares, inflexibles, qui ne connaissent ni morale, ni bien- « veillance, qu'il n'y a point de miracle » (Vogt); car « rien ne peut suspendre, rien ne peut enfreindre la puissance et l'immutabilité d'une loi »; ils ajoutent même avec L. Fuerbach que « la suspension d'une loi de la nature les suspend toutes! » (L. Büchner, *ibid.*, p. 44.) Enfin, Locke lui-même affirme aussi que « les lois sacrées de la gravitation doivent être exécutées dans l'univers ». (*Essai sur l'entend. hum.*, II, XXIX, 9.)

Voulez-vous savoir ce que valent toutes ces affirmations sur « ces forces barbares », sur « l'impossibilité absolue des miracles », sur « leur immutabilité » et sur la « suspension de toutes par celle d'une seule »? Contemplez un instant ce bon Allemand, tenant d'une main sa pipe allumée, et portant de l'autre une chope de bière à la bouche ! Le voyez-vous élevant ses regards vers le nuage de fumée qui couronne sa tête, en proférant lui-même ces paroles : « Il ne peut y avoir de miracle, puisque rien ne peut enfreindre les lois immuables de la nature! » Pauvre savant, il ne soupçonne même pas qu'il accomplit lui-même un double miracle en prononçant ces paroles! Que seraient devenues sa pipe et sa chope, si elles eussent obéi aux « lois immuables de la pesanteur »? Elles se seraient précipitées vers le centre de la terre et brisées, si l'effort de son bras n'eût été plus puissant qu'elles pour les soutenir. Supposez maintenant une puissance supérieure à celle du bras, et même à celle de toutes les forces de la nature, pouvez-vous douter qu'elle puisse elle-même suspendre l'action de toutes les forces et de toutes les lois?

Docteur. — A quoi donc attribuer l'origine de toutes ces erreurs chez des savants dont plusieurs possèdent réellement une science remarquable?

Ariste. — Elles dérivent d'une même source : tous ont confondu les propriétés des corps avec les forces physiques, et celles-ci, comme les propriétés elles-mêmes, avec les lois. Comme s'il y avait parité entre les propriétés des corps simples et les forces qui s'en emparent et les quittent successivement; comme s'il y avait parité entre les propriétés et les phénomènes qu'elles produisent, ou entre ces propriétés, qui sont la cause des phénomènes, et les lois, qui ne sont que des effets groupés par séries semblables pour les former.

Qu'on puisse soutenir avec vérité qu'une parcelle de fer est toujours la même, soit qu'elle sillonne l'espace dans un aérolithe, soit qu'elle batte avec le sang dans la tempe d'un poëte, soit; car le fer comme tous les corps simples conserve ses propriétés sous toutes les formes qu'il peut revêtir; mais qu'on aille jusqu'à confondre ces propriétés avec les forces naturelles, c'est assimiler les choses les plus disparates. Qu'est-ce, en effet, que la force ou les forces naturelles? D'après la théorie moderne, elles ne sont constituées que par un simple mouvement de la matière des corps, produit par l'action de cette substance impondérable, impalpable, incoercible, de l'éther, en un mot, répandu partout et qui les pénètre tous. Or, cet éther lui-même n'est nullement inhérent aux corps qu'il pénètre, puisqu'on le voit s'y accumuler ou s'en retirer, comme dans le barreau de fer qu'on soumet successivement à l'action d'un foyer ardent ou à celle de la glace, au contact d'un aimant ou à un courant électrique; dans chacun de ces cas, ce barreau s'empare du calorique, du magnétisme ou de l'électricité, ou les quitte en changeant de rapports; tandis que les propriétés du fer, comme celles de tous les corps simples, ne les quittent jamais; toujours on les rencontre chez eux, elles coexistent avec eux, et il est impossible de supposer qu'elles disparaissent entièrement, sans que ces corps cessent eux-mêmes d'exister.

Pourquoi soutenir d'une manière absolue encore que « la « matière et ses lois sont immuables et éternelles »; que « si « les lois changeaient, la matière changerait de propriétés, ou « qu'elle prendrait des propriétés contraires à son essence : ce « qui est impossible »!

Sans insister de nouveau sur la confusion qu'ils ont faite en confondant les propriétés avec les lois, c'est-à-dire les causes avec les effets, remarquons seulement qu'ils montrent une grande légèreté, du moins dans cette appréciation : seraient-ils donc assez peu familiarisés avec les expériences de laboratoire pour n'avoir tenu aucun compte de l'action du chalumeau ou d'un courant électrique sur le premier fragment de matière venu? n'auraient-ils pas remarqué que l'action de ces agents arrive promptement à faire perdre à la matière sa cohésion et ses affinités; qu'ils la liquéfient et la volatilisent même souvent? Comment soutenir, en présence de cette simple expérience qui se répète si souvent, que « la matière est immuable »! Ne s'est-elle pas liquéfiée et volatilisée? Comment dire encore que « si les lois changeaient, la matière changerait de propriétés... ce qui est impossible »? Ne suffit-il pas de remarquer que sa propriété de cohésion a dû non-seulement changer, mais disparaître, pour lui permettre de se liquéfier; que ses affinités moléculaires ont dû cesser elles-mêmes pour qu'elle arrive à se volatiliser[1]?

Cette théorie leur était nécessaire pour pouvoir tout expliquer,

---

[1] « A mesure que nous nous élevons de l'état solide à l'état liquide, dit Faraday, les propriétés physiques de la matière diminuent en nombre et en variété; dans chacun de ces états, on voit se perdre quelques-uns des caractères que possédait l'état précédent. Lorsque les corps solides sont liquéfiés, tous leurs différents degrés de dureté et de mollesse s'effacent nécessairement. Leur structure cristalline et leurs formes diverses disparaissent. L'opacité et la couleur font souvent place à une transparence incolore; et la mobilité est acquise à toutes les particules.

« Plus haut, dans l'état gazeux, un plus grand nombre encore de caractères évidents sont anéantis. Les différences énormes qu'on remarquait entre leurs poids ont presque disparu; les teintes propres qu'ils avaient conservées se perdent. La transparence devient universelle. Ils ne forment plus qu'une série de substances où les différences de densité, de dureté, d'opacité, de couleur, d'élasticité et de forme, qui rendent le nombre des solides et des liquides presque infini, sont remplacées par quelques faibles différences de poids et par quelques teintes propres sans importance, etc. « (*Life and Letters of Faraday,* vol. I, p. 308, trad. par le R. P. Thirion. *Rev. des quest. scientif.,* t. VII, p. 13-14.)

et ils l'ont imaginée. Mais n'est-ce pas le cas de se rappeler cette parole de Bossuet : « Le plus grand déréglement de l'esprit, c'est de croire les choses parce qu'on veut qu'elles soient », et de convenir avec J. Moleschott lui-même que « ce n'est pas « seulement dans le domaine de la foi, c'est dans celui de la « science, dit-il, que l'homme poursuit avec le plus grand fana- « tisme la croyance qui a le plus d'analogie avec la sienne »? (*La Circulat. et la vie,* t. II, p. 100.)

DOCTEUR. — D'où proviennent donc toutes ces erreurs, Ariste?

ARISTE. — De ce qu'ils adorent des idoles qu'ils se sont faites de leurs mains.

DOCTEUR. — Mais qui les a portés à les fabriquer?

ARISTE. — La foi.

DOCTEUR. — Cependant ils ne croient ni à Dieu ni au diable; ils ne croient qu'à la matière et à l'immutabilité de ses lois?

ARISTE. — Ils croient encore à autre chose, docteur; ils croient à l'invisible et à l'inconnu!

DOCTEUR. — Vous avez soutenu vous-même que la science devait admettre les causes; pourquoi n'admettrait-elle pas alors les propriétés des corps simples aussi invisibles qu'elles?

ARISTE. — Ces propriétés sont aussi invisibles que les causes, sans doute, puisque ce sont des causes elles-mêmes; mais les effets des unes et des autres sont connus et suffisent pour en attester l'existence.

DOCTEUR. — Cependant, en parlant de ces propriétés, il est un côté, Ariste, qui vous a échappé, et sur lequel je désire appeler votre attention.

ARISTE. — Lequel, docteur?

DOCTEUR. — Les auteurs que vous avez combattus ont confondu sans doute ces propriétés avec les forces et les lois, j'en conviens; mais si nous voulions les étudier en elles-mêmes, n'y pourrions-nous découvrir l'origine d'une multitude de phéno- mènes de la plus haute importance, et qui dérivent directe- ment de leur action?

ARISTE. — A quels phénomènes faites-vous allusion, docteur?

DOCTEUR. — Cette matière, étudiée en masse jusqu'ici, ne se compose-t-elle pas de soixante-quatre ou soixante-cinq élé- ments distincts qui entrent dans sa constitution; et si, au lieu de l'examiner d'une manière vague et générale, comme on le fait ordinairement, on étudiait chacun de ces corps simples, n'y découvrirait-on pas autant de propriétés distinctes, par conséquent l'origine d'autant d'effets spéciaux d'où dérivent leurs rapports nécessaires, et par cela même les lois immuables qui les régissent et qui président à leurs combinaisons?

ARISTE. — Cela me paraît incontestable, docteur; mais vous admettrez vous-même que ces propriétés diffèrent essentiellement des forces naturelles avec lesquelles on les a confondues.

DOCTEUR.—Je l'admets, Ariste. Cependant ces éléments jouissent dans leurs rapports avec les autres êtres de la nature d'une action qui vous a échappé, et que voici : c'est que, composant exclusivement les végétaux et les animaux, c'est par eux, par leurs propriétés et celles de la matière qu'ils constituent, qu'ils ont dû concourir à former ces nouveaux venus, et en sont la principale cause.

ARISTE. — C'est leur attribuer un grand rôle, docteur; mais est-il fondé?

DOCTEUR. — Vous admettez que quand les corps organisés ont paru sur la terre, ils y avaient été précédés par les corps simples, doués alors, comme aujourd'hui, de leurs propriétés spéciales?

ARISTE. — Je l'admets.

DOCTEUR. — Vous admettez encore, non-seulement que tous ces corps simples les ont précédés, mais aussi toutes les forces naturelles?

ARISTE. — Oui.

DOCTEUR. — Tout l'atteste, en effet; mais il y a plus : c'est que tous les êtres organisés se résolvent eux-mêmes, en dernière analyse, en corps simples qui sont *identiquement* les mêmes que les corps simples qui ont concouru à les former.

ARISTE. — Où voulez-vous donc en venir, docteur?

DOCTEUR. — A vous prouver ceci : c'est que non-seulement tous les êtres organisés tirent leur origine des corps simples qui les constituent, mais encore que les propriétés et les forces naturelles qui existaient avant leur apparition suffisent pour expliquer celle-ci; en d'autres termes, que les plantes et les animaux, quelques diverses que soient leurs formes, sont le produit et les résultantes des combinaisons de tous les corps simples et de l'action combinée et simultanée des forces naturelles.

ARISTE. — Quoi, docteur, vous attribueriez l'origine et la naissance de cette fraîche et gracieuse marguerite, de ses belles formes et de ses riches couleurs, à la matière et aux forces seulement?

DOCTEUR. — Je le pense et crois pouvoir vous le prouver, Ariste.

ARISTE. — Cette opinion me paraît aussi difficile à démontrer que celle de l'immutabilité de la matière et de ses lois.

DOCTEUR. — Cependant, Ariste, elle est admise par le plus grand nombre des savants de nos jours.

ARISTE. — Comment donc l'expliquent-ils?

DOCTEUR. — Remarquez, Ariste, que cette fleur n'était pas l'an passé : elle n'était pas même il y a quelques semaines. Une petite graine déposée en terre a suffi pour la produire, et si, comme à moi, il vous avait été donné d'assister à toutes les phases de son développement, vous seriez ravi des merveilles que celui-ci a offertes pendant sa durée.

ARISTE. — Qui vous empêcherait de m'y faire assister en les racontant?

DOCTEUR. — Volontiers, Ariste. Sous l'influence de la chaleur, de l'air et de l'humidité du printemps, cette graine endormie jusque-là s'est tout à coup éveillée et a germé. L'eau l'a renflée, son épiderme s'est brisé en ouvrant des passages à l'oxygène de l'air. Celui-ci, en s'unissant à l'amidon qu'elle contenait, a produit de la chaleur, et sous son influence cet amidon a été transformé en dextrine et en sucre. Ce premier aliment a fait alors croître la graine. Sa gemmule s'est accrue, ses radicelles ont poussé en s'enfonçant dans le sol, tandis que sa tigelle faible et chancelante s'élevait en haut en écartant les parcelles de terre qui la couvraient. Puis, peu à peu, elle a poussé un bourgeon sur son sommet qui a fourni la fleur qui la couronne aujourd'hui. Sous l'influence des rayons lumineux et calorifiques du soleil, cette fleur s'est nuancée de pourpre et d'argent et a fini par se transformer en véritable diadème. Pendant ce temps, des feuilles poussaient elles-mêmes autour de sa base et s'étalaient en cercle près du sol, comme pour éloigner de la vue l'œuvre utile et modeste qu'elles accomplissent. Ce sont elles, en effet, qui, par leurs stomates et leurs trachées, absorbent les vapeurs aqueuses et l'acide carbonique de l'air, qu'elles soumettent dans leur sein à l'action bienfaisante du soleil pour les réduire en carbone, en oxygène et en hydrogène, gaz qu'elles livrent ainsi à leur état naissant au liquide qui leur vient des racines pour le transformer en séve qui va la compléter. Mais une scène charmante entre toutes, chez cette belle fille de l'air, est celle de ses chastes amours.

Ariste. — Racontez-la, docteur.

Docteur. — Bien peu, en effet, en ont été les heureux témoins, parce que pour les découvrir il faut la guetter dès les premières clartés de l'aurore. Mais en la visitant alors au moment de son plein épanouissement, on voit sa corolle fermée jusque-là, pour protéger ses nombreux fleurons pendant leur sommeil de la nuit, s'ouvrir tout à coup, sous les premiers rayons du soleil, et, dans son empressement à les fêter, elle secoue ses nombreux habitants comme pour leur donner le signal du réveil. Aussitôt, en effet, tous s'animent et s'agitent : chaque fleuron s'entr'ouvre, pour recevoir sa part de soleil et pour réchauffer ses étamines rangées en cercle autour du pistil comme des courtisans autour d'une reine. Alors, au milieu des perles de la rosée, des senteurs et des parfums qui embaument l'atmosphère du matin, au chant des oiseaux qui célèbrent l'arrivée d'un beau jour par un hymne qui se mêle au concert de tous les êtres de la nature; alors, cette charmante fleur revêtue de tout l'éclat de sa beauté, couverte de son beau tapis d'or et parée de ses plus riches tentures de lis et de rose, s'apprête à remplir le rôle qui lui est assigné. Ne dirait-on pas que Flore elle-même a présidé à cette fête en décorant le palais nuptial et en conviant tous les joyeux habitants d'alentour? Mais contemplez un instant la scène où s'accomplissent les mystères de ses amours, et examinez le rôle qu'y remplissent ses heureux acteurs. Ne semble-t-il pas que quelque sentiment les anime? Voyez! Voici les étamines qui s'inclinent vers le pistil et semblent s'en approcher. Mais à peine l'ont-ils couvert de leur ombre, que soudain leurs anthères éclatent en projetant un nuage de poussière fécondante sur la fiancée. Quelle fête! Comme tout s'anime et s'agite! Mais, hélas! il en est d'elle comme de toutes les joies de ce monde : c'est l'affaire d'un instant! Si dans quelques jours vous revoyez ce temple du plaisir, vous n'y découvrirez plus que quelques vestiges de la fiancée déjà toute dépouillée elle-même de ses attraits. Encore un peu, et ce temple flétri s'écroulera, et l'insecte insouciant passera sans s'y arrêter.

Cependant, quand cette union a été si courte, combien intéressantes sont ses suites observées à l'aide d'un instrument grossissant! Déjà au moment où les anthères lançaient le pollen sur le stigmate, celui-ci, lubréfié, fixait et retenait leur poussière staminale, gonflait et rompait chacun de leurs granules. A travers cette rupture, s'échappait un petit tube rempli d'une liqueur appelée *fovilla,* au milieu de laquelle se voient un grand nombre de granules fort petits animés d'un mouvement qu'on croyait spontané avant Robert Brown. Peu à peu ces petits tubes pénètrent dans les pores du stigmate, s'avancent dans son tissu, cheminent dans toute la longueur du style pour arriver jusqu'à l'ovaire lui-même. Une fois là, ils pénètrent les jeunes ovules, s'unissent aux vésicules embryonnaires et se fusionnent avec elles, en se fondant dans la graine pour constituer le nouvel être né de cette union, et le mystère est accompli.

ARISTE. — Je vous ai écouté avec intérêt, docteur; mais jusqu'ici je n'ai rien rencontré dans ces faits qui puisse témoigner que cette marguerite ait été produite par les propriétés ou par les forces de la matière.

DOCTEUR. — J'en conviens, Ariste. J'ai cédé au plaisir de vous raconter les amours de cette charmante fleur, sans me souvenir de la promesse que je vous avais faite, celle de vous parler de son origine. Mais j'y reviens, si vous le permettez?

ARISTE. — Je vous écoute.

DOCTEUR. — Remarquez avant tout, Ariste, que cette marguerite n'a rien qui lui soit propre : son eau lui vient du sol, les sels de ses cendres ont une même origine; elle a puisé dans l'air le carbone, l'hydrogène et l'oxygène qui composent ses tissus. Comment un être aussi éphémère, qui ne possède qu'à titre d'emprunt tout ce qu'il renferme, peut-il être autre chose qu'un composé plus ou moins complexe de ses éléments constituants? D'autre part, toutes ses fonctions sont des actions purement physico-chimiques : l'absorption qu'elle effectue est un fait d'endosmose et de capillarité; sa respiration, un fait de décomposition chimique; son exhalation, un fait d'équilibre physique. Tous ses actes sont chimiques ou physiques. Or, comme l'ensemble de ses fonctions constitue la vie, cette vie elle-même n'est donc qu'une résultante, et par conséquent un anneau de la physique et de la chimie.

Remarquez encore deux choses, Ariste : cette plante n'était pas l'an passé, puisqu'elle date de deux mois à peine; et elle est sortie de terre. Elle a donc commencé. Or, quelle est la cause qui a pu la produire et la faire naître? Sa graine? Elle y a sans doute contribué, mais elle est devenue mille fois plus grosse qu'elle! D'autres causes ont donc concouru à la développer. Et c'est principalement de ces causes que je dois vous parler. Or, ces causes sont évidemment actives, puisqu'elles l'ont produite et qu'elle en contient le produit en même temps que les effets. Quelle peut donc être la nature de ces causes? Seraient-elles surnaturelles? Mais pourquoi invoquer celles-ci quand nous ne découvrons rien de semblable dans le milieu où elle est née et où elle a vécu, et surtout quand nous ne rencontrons en elle que le jeu régulier des forces naturelles? Qu'avons-nous observé, en effet, pendant sa germination? Elle s'est imprégnée d'un liquide ambiant, par un acte d'imbibition; sa pellicule s'est brisée par un acte mécanique; l'oxygène de l'air qui l'entourait de tous côtés a pénétré dans son sein, affaire d'équilibre; la chaleur produite par son absorption est un acte physique; la transformation de sa fécule en dextrine, puis en sucre, un acte tout chimique. Nous ne découvrons donc rien en elle qui ne soit dû à des causes naturelles, et c'est évidemment sous l'influence de leur action que se sont accomplis les actes purement physiques, mécaniques ou chimiques que nous avons observés. Le bon sens, d'accord ici avec l'observation, ne nous atteste-t-il pas que cet être n'étant composé que des éléments qu'il a trouvés autour de lui, et n'offrant aucun acte étranger aux forces naturelles du milieu qu'il habite, ne peut être autre que ce milieu, et que ces forces transformées en lui; en un mot, que ce composé ne peut différer de ses composants?

Cette conclusion peut se vérifier d'ailleurs par une expérience des plus simples. Ainsi, si nous soumettons ce composé à la calcination, que va-t-il en sortir? Celle-ci va lui faire rejeter son eau sous forme de fumée; et si nous soumettons à l'analyse les gaz qui s'en échappent en même temps, nous y rencontrerons le carbone et l'hydrogène qu'il a puisés dans l'air, ainsi que les matériaux du sol qui se retrouvent dans ses cendres.

Mais quelle est la force, me demanderez-vous peut-être, qui a rassemblé tous ces composants pour en faire une marguerite? La science nous répond que cette force est uniquement constituée par les rayons lumineux et calorifiques du soleil. C'est le soleil, en effet, qui décompose et réduit les gaz et les vapeurs qu'elle a respirés, et qui agit dans ce cas comme fait l'électricité dans une simple machine. En résumé, cette belle marguerite est une vraie fille de l'air qui a pour père le soleil.

ARISTE. — Voilà une singulière paternité, docteur !

DOCTEUR. — Rien n'est plus facile à démontrer, Ariste. Une simple expérience suffit. Placez successivement un thermomètre au-dessus d'elle et au-dessus de l'allée de sable voisine, par exemple ; et observez-le dans l'une et l'autre position. Au-dessus de l'allée, il monte rapidement, car bien que le soleil échauffe le sable qui s'y trouve, celui-ci rayonne finalement toute la chaleur qu'il en a reçue. Au-dessus de cette plante comme au-dessus des plantes et des arbustes voisins, les choses se passent tout différemment. Le thermomètre nous montre bientôt que la chaleur qu'ils rayonnent est notablement moindre, car il monte moins haut que dans le premier cas. Que devient donc la chaleur tombée sur les végétaux ? Elle est évidemment dépensée pour opérer la réduction de l'acide carbonique et des vapeurs aqueuses qu'ils ont absorbés et pour opérer leur réduction afin de les rendre assimilables. Et ce qui le prouve, c'est que cette dépense est exactement équivalente au travail moléculaire effectué.

« C'est ainsi que se sont formés les plantes et les arbres, dit John Tyndall ; c'est ainsi qu'est né le coton que je tiens dans mes doigts. J'y mets le feu, il s'enflamme, l'oxgène s'unit de nouveau à son cher charbon ; et la combustion fait naître une quantité de chaleur égale à celle que le soleil avait perdue pour le faire végéter. » (*La Force,* trad. par l'abbé Moigno, p. 39.)

Comme vous le voyez, Ariste, c'est réellement du soleil qu'il faut faire dériver la force qui a rassemblé et combiné les éléments constituants de notre marguerite ; car c'est par lui, dit J. Tyndall, que « les arbres croissent, ainsi que font l'homme et les animaux, et nous avons ici un nouveau pouvoir incessamment introduit sur la terre ;... la source de ce pouvoir est le soleil... C'est le soleil qui sépare l'oxygène du carbone dans l'acide carbonique et qui rend ainsi possibles de nouvelles combinaisons de carbone et d'oxygène. Que ces combinaisons s'opèrent dans le fourneau d'une machine à vapeur ou dans le corps de l'homme, l'origine de la force qui le produit est la même. Mais, ainsi que le remarque Helmholtz, nous devons être contents de partager notre extraction céleste avec les derniers êtres doués de la vie. La grenouille et le crapaud, le singe et le gorille tirent leur force

de la même source que l'homme. » (*La Matière et la force*, trad.
par l'abbé Moigno, in-18, p. 20.)

ARISTE. — Votre science semble bien nous expliquer l'action du
soleil sur le développement de la plante, docteur; mais elle ne
nous apprend rien sur sa forme.

DOCTEUR. — La cause de cette forme est en effet toute différente.

ARISTE. — Quelle est-elle, docteur?

DOCTEUR. — Permettez-moi, pour vous l'expliquer, de recourir
encore aux expériences que cite J. Tyndall à cette occasion.
Voici un vase rempli d'eau, par exemple, et cette eau est à l'état
liquide. Qui la maintient dans cet état? La science répond que
c'est la chaleur produite par le mouvement de ses molécules.
Dès que cette chaleur disparaît, en effet, il n'y a plus d'obstacle
à l'union de ces molécules, et il se forme entre elles de nouvelles
combinaisons. Comme l'aimant, ces molécules possèdent des
pôles attractifs et répulsifs, et elles prennent entre elles des
arrangements qui résultent de leurs attractions et de leurs répulsions. C'est ainsi que se forment dans l'eau solide ces cristaux
auxquels on a donné le nom de glace, qui, s'il ne survient pas de
cause perturbatrice pendant sa formation, forment des cristal-
lisations régulières et parfaites. Cette cristallisation révèle donc
un *pouvoir structural* propre et que rien ne pouvait faire soupçonner. Les molécules se superposent aux molécules, dans un
ordre régulier, en suivant des lois déterminées avec une précision que nul génie humain ne saurait atteindre. Il s'agit donc
dans ce cas d'une force distincte de toute autre, et cette force
se manifeste dans l'eau. La matière ici revêt d'elle-même des
formes spéciales.

Examinons maintenant ce qui va se produire dans un liquide
différent, dans une solution de sel en train de s'évaporer. Pendant cette évaporation l'eau s'échappe et le sel reste. Que va-t-il
ensuite arriver? A un certain degré de concentration, ce sel ne
peut plus conserver sa forme liquide, et ses molécules finissent
par se déposer sous forme de solides excessivement petits; et
à mesure que l'évaporation continue, la solidification augmente,
et l'on voit ses innombrables molécules former une masse cristal-
lisée qui présente des formes nettement définies. Comment
expliquer ce phénomène? Il n'existe ici aucune intervention
étrangère qui puisse le produire; il faut donc conclure que c'est

la matière qui a tout fait, et que c'est par suite des attractions et des répulsions de ses molécules que chacune est venue se placer d'elle-même au lieu qu'elle occupe et a donné au sel formé la forme pyramidale qu'il présente.

Beaucoup d'autres faits peuvent d'ailleurs nous montrer cette énergie structurale produisant des formes plus merveilleuses encore. Faites passer un courant électrique à travers une solution de nitrate d'argent, par exemple; aussitôt l'argent se sépare de l'acide nitrique, et ses molécules mises en liberté vont se grouper et former, à partir de l'un des fils, un *arbre d'argent* dont les branches se ramifient et les rameaux se couvrent de feuilles. Si vous soumettez à la même épreuve une solution d'acétate de plomb, elle vous fournira un *arbre de plomb* affectant les belles formes d'une fougère et dont les sommets finissent par tomber au fond du vase à mesure qu'ils deviennent trop pesants.

Ces expériences, il me semble, répondent d'une manière fort précise à la question que vous m'adressiez et expliquent parfaitement la forme de cette marguerite. Chez elle, comme dans les autres produits, dès que les éléments de la matière rencontrent des conditions où leurs forces et leurs propriétés peuvent agir librement, aussitôt ils se groupent et prennent des configurations déterminées. Dans un cas comme dans l'autre, la matière obéit aux forces naturelles qui la mettent en mouvement, et les formes et la structure que nous voyons apparaître sont les résultantes nécessaires de la nature de la matière et des divers modes d'action de ses propriétés. Toujours ces forces, en agissant sur les molécules et les atomes comme de petits aimants, les attirent ou les repoussent, pour leur donner, selon leur nature, des formes diverses, sans doute, mais qui en sont la dernière expression. Il n'y a donc rien autre dans la production d'une marguerite que dans celle des arbres de plomb ou d'argent. Dans ce dernier cas, la matière solide qui devait les former était cachée dans un liquide, comme la matière qui doit former la plante ou le bois est cachée dans un gaz transparent mêlé en petite quantité à l'atmosphère. Et de même qu'il a fallu l'action d'un courant électrique pour séparer le métal du liquide où il était dissous, il faut ici l'action des rayons solaires pour détruire l'union de l'oxygène et du carbone de l'acide carbonique; c'est par la puissance d'une force analogue que tous deux sont séparés et mis en liberté. Enfin, de même que les attractions moléculaires de l'argent et du plomb trouvent leur expression dans les belles ramifications produites par elles, les attractions moléculaires du carbone et de l'hydrogène devenus libres trouvent aussi leur expression dans la forme et la structure des plantes et des arbres. Il y a sans doute des espèces cristallines et des espèces vivantes, mais chacune d'elles trouve sa raison dans les propriétés spéciales des molécules composantes, qui semblent agir comme si elles obéissaient à l'idée d'un plan et d'un type préexistant.

ARISTE. — Comme à vous, docteur, la vérité m'inspire autant d'admiration que d'amour; comment se fait-il donc qu'en écoutant vos explications, au lieu d'éprouver la pure jouissance qu'elles auraient dû me procurer, elles ne sont entrées dans mon esprit qu'en blessant mes convictions les plus intimes? Croyez-m'en, il n'est donné qu'à l'erreur de produire de tels froissements!

DOCTEUR. — Je vous ai donné les explications de J. Tyndall et d'un grand nombre de savants modernes, cher Ariste; elles m'ont paru dériver si naturellement des faits qu'ils citent que je les ai crues fondées, et ce motif seul me les a fait adopter. Seraient-elles réellement erronées comme vous semblez le croire? Je le regretterais; mais comme avant tout je tiens à la vérité, j'espère que vous voudrez bien me démontrer en quoi elles s'en écartent.

ARISTE. — Vous nous avez cité des faits intéressants : c'est fort bien; mais pourquoi cette fureur de tout expliquer? pourquoi faire intervenir les qualités occultes de la scolastique pour expliquer le *pouvoir structural* de la matière, invoquer des puissances mystérieuses comme sont vos *pôles attractifs et répulsifs des atomes et des molécules?* Qui a vu, dites-moi, un seul atome? qui a constaté l'existence d'une molécule? qui a observé surtout des pôles attractifs et répulsifs dans les uns et dans les autres?

DOCTEUR. — Personne, j'en conviens.

ARISTE. — N'est-ce pas ainsi qu'à l'aide d'explications imaginaires on transforme la science en roman? Comment des hommes sérieux, qu'on dit savants, ont-ils pu profaner l'autorité de la science en la faisant servir à l'explication de telles fantaisies et en allant même jusqu'à prétendre expliquer l'origine des êtres et du monde, à l'aide de « *ces invisibles fantômes* », comme les appelait déjà de son temps le bon la Fontaine (l. VIII, fable 29)[1]?

Socrate proclamait bien haut que ce qu'il savait le mieux, « c'est qu'il ne savait rien »; eux, au contraire, affirment qu'ils savent tout, et à force de le répéter, ils semblent même le croire. Pourquoi substituer ainsi la foi à la science? N'est-ce pas vouloir détruire ses propres fondements? La science sait qu'elle sait, ou elle sait qu'elle ignore; mais elle ne peut, sans perdre sa dignité, combler par la foi le vide de l'ignorance.

Pourquoi d'ailleurs, quand il s'agit d'étudier la matière et ses propriétés, s'adresser aux infiniment petits qu'on ne voit pas, au lieu de s'adresser aux infiniment grands si faciles à observer et à connaître? La matière et ses propriétés différeraient-elles dans les uns et dans les autres? Ils savent bien le contraire. Or, je vous le demande, qui a constaté des pôles attractifs et répulsifs dans les globes célestes? Et, s'ils manquent dans les uns, pourquoi les supposer dans les autres? Pourquoi s'adresser surtout aux atomes et aux molécules que l'observation ne peut atteindre à l'aide des plus forts grossissements, quand il est si facile de voir la matière dans ses masses? Ne serait-ce pas parce qu'ils avaient besoin de l'inconnu pour construire leurs théories imaginaires qu'ils y ont eu recours? N'eût-il pas été plus sage, en fait de science surtout, d'imiter saint Thomas qui a cru du moins, lui, parce qu'il a vu; tandis qu'eux ne croient qu'à l'invisible et à l'inconu?

DOCTEUR. — Je ne puis admettre, Ariste, qu'en m'occupant de la science, je n'ai fait que céder à l'entraînement de la foi seulement?

ARISTE. — Tiendriez-vous à ce que je vous cite des exemples de cette insatiable crédulité?

DOCTEUR. — Certes!

ARISTE. — Qu'est-ce que ces arbres d'argent et de plomb que vous avez cités comme des preuves évidentes du pouvoir structural de la matière? Un fait de cristallisation, et voilà tout. Qu'y a-t-il de comparable, dites-moi, entre ces corps simples, cristallisables et inertes, et une plante réelle et vivante? Une forme grossière, peut-être; quelques apparences d'un arbre ou

---

[1] « Si j'en étais le maître, dit M. Dumas, j'effacerais le mot *atome* de la science, persuadé qu'il va plus loin que l'expérience. » (*Leç. sur la philosoph. chimiq.* recueillies par M. Bineau, 2e édit. 1878, VIe leçon.)

d'une fougère analogues à celles qui se voient dans les nuages ou le marbre, et puis c'est tout. Mais si nous comparons cet arbre d'argent ou cette fougère avec votre belle marguerite, quelles différences! Tandis que votre arbre d'argent, une fois formé, demeure et reste toujours le même, la plante, elle, naît, croit, végète, se nourrit, circule, respire et se reproduit; quand la loupe suffit pour se convaincre qu'il n'y a dans le premier ni arbre, ni tronc, ni branches, ni feuilles, ni rameaux, mais une simple cristallisation, vous rencontrez réellement toutes ces choses dans la seconde, et de plus, des cellules, des vaisseaux, des stomates, des trachées, une véritable organisation, une structure fort complexe, et tout cela animé par la vie! N'est-ce pas le fait d'une grande crédulité que d'identifier des choses aussi disparates?

Ne faut-il pas une foi bien robuste pour affirmer que la matière et ses forces étant données, elles suffiront à tout? qu'elles vont produire la matière organique? que celle-ci à son tour formera les êtres organisés, et que la vie ne sera elle-même que la résultante des actions et des réactions du jeu de ces propriétés que ces forces vont accomplir en eux? Pourriez-vous citer un seul fait qui atteste que de la matière organisée se soit produite spontanément et par les seules forces de la matière?

DOCTEUR. — Spontanément, non, Ariste; mais la science du chimiste, et notamment celle de M. Berthelot, a pu en fabriquer.

ARISTE. — Soit, docteur. Mais ne trouvez-vous pas qu'il y a quelque différence entre l'intelligence de l'homme et les forces de la matière? Et s'il a fallu l'intelligence du savant et les efforts de bien des siècles pour arriver, en plaçant des corps connus dans des conditions déterminées, à mettre en jeu les activités de certains corps, afin d'arriver par la synthèse chimique à produire quelques substances organiques telles que de la dextrine, du sucre, de l'alcool, de l'éther, etc., substances plus ou moins semblables à celles qu'on rencontre chez les êtres vivants, vous conviendrez du moins que jamais chimiste n'a pu former de la substance organisée qui échappe complétement à la synthèse chimique, et à plus forte raison à celle de l'action de la matière elle-même. Jamais l'intelligence du savant n'a pu produire, je ne dis pas un organe, un tissu, mais un liquide, ni même une simple cellule! Tout cela est au-dessus de la puissance de la science, et à plus forte raison des forces de la matière, parce que tout cela est l'œuvre de la vie.

Il y a plus. On peut affirmer que les végétaux seuls produisent la véritable matière organique, et que sans eux on ne pourrait en rencontrer sur le globe. C'est à eux qu'il a été donné de puiser dans l'air, dans l'eau et dans le règne minéral, les matériaux nécessaires à sa production. C'est ce qu'ont fort bien démontré MM. Dumas et Boussingault, et quelques autres savants modernes, en faisant germer des graines dans un sol complétement dépouillé de matière organique, comme du sable bien lavé et calciné, ou du verre pilé, par exemple. Or si, dans ce cas, la graine n'en a pas moins germé et s'est développée en un végétal plus ou moins complet, en produisant comme les autres de la matière organique pendant sa végétation, bien que le sol où elle a poussé fût stérile, il est évident qu'elle n'a pu puiser les matériaux de sa substance que dans l'air ou dans l'eau dont on l'a arrosée.

De là, le grand rôle que remplissent les végétaux parmi les êtres organisés. Car si l'on a pu dire avec vérité que tous les animaux sont directement ou indirectement herbivores, on peut affirmer avec non moins de certitude que tous les végétaux sont minéralivores. C'est ce qu'a fait remarquer avec raison M. A. Béchampt. « Il y a opposition complète entre les deux règnes vivants, dit-il ; les végétaux sont des appareils de synthèse, dans lesquels la matière organique est formée à l'aide des éléments minéraux de l'air, de l'eau et de la terre ; les animaux sont des appareils d'analyse, dans lesquels la matière organique est ramenée par une véritable combustion à l'état de matière minérale. Les animaux se nourrissent de végétaux ; les végétaux se nourrissent de matière minérale. » (*Disc. d'ouverture prononcé à la Faculté de méd. de l'Université de Lille,* 1877.) Ces faits nous conduisent donc à envisager les deux grands règnes des êtres organisés d'une manière différente de la science actuelle. En effet, « ce n'est pas seulement pour purifier l'air que les animaux respirent, dit M. Dumas, et que les végétaux sont nécessaires aux animaux ; c'est pour leur fournir surtout incessamment de la matière organique toute prête à l'assimilation... Il y a donc là un service nécessaire sans doute, mais si éloigné, que notre reconnaissance en est bien petite, que les végétaux nous rendent en purifiant l'air que nous respirons. Il en est un autre tellement prochain, que si pendant une seule année il nous faisait défaut, la terre en serait dépeuplée : c'est celui que ces mêmes végétaux nous rendent en préparant notre nourriture et celle de tout le règne animal. C'est en cela surtout que réside cet enchaînement des deux règnes. » (*Statist. chimiq. des êtres organisés*, 1841.)

Tous ces fais ne nous attestent-ils pas bien haut que la foi ne peut se substituer aux démonstrations de la science, et qu'il ne suffit pas d'affirmer que la matière et les forces suffisent à tout et expliquent tout, quand on ne peut invoquer que quelques faits de synthèse chimique où l'intelligence humaine joue le grand rôle, tandis que celui de la matière et des forces se réduit à presque rien?

Comment admettre d'ailleurs qu'une matière inerte, des forces aveugles ou des propriétés qui agissent fatalement et toujours de même, aient pu former plus de cent mille espèces de plantes toutes fort distinctes les unes des autres? Cette matière et ces forces savent-elles penser d'ailleurs, pour avoir pu concevoir les idées que nous voyons imprimées en elles; pour imaginer les formes et les types qu'elles présentent? Sont-elles assez prévoyantes pour avoir non-seulement conçu, mais pour avoir pu exprimer les noms de mâle et de femelle que nous voyons inscrits dans le disque floral qui couronne votre belle marguerite? Seraient-ce elles qui auraient songé à éterniser sa race éphémère en la faisant se propager? Qui leur aurait appris à fabriquer les cellules et à composer avec elles tous ses instruments? Sont-ce elles qui auraient pu lui donner les instincts si sûrs qui la poussent à faire à propos tout ce qu'il faut pour se conserver, se propager et entretenir un commerce utile avec tous les êtres qui l'entourent? Possèdent-elles la vie pour avoir pu la lui donner?

Vous dotez le soleil de toutes ces vertus! Mais possède-t-il la vie et l'instinct pour les donner? Est-ce lui qui pousse les radicelles de cette plante dans le sol, qui attire sa tigelle vers le ciel; qui lui a appris à absorber, à exhaler, à circuler, à se nourrir, à entretenir sa forme, à réparer ses pertes, et qui a songé à en faire une marguerite plutôt qu'un chêne ou un roseau?

Docteur. — A quelle cause alors attribuez-vous donc toutes ces merveilles?

Ariste. — A celle qui l'a faite marguerite plutôt qu'insecte ou oiseau.

Docteur. — C'est à sa graine, par conséquent?

ARISTE. — Sans doute ; mais qui a produit cette graine?

DOCTEUR. — Une marguerite de l'an passé.

ARISTE. — Et celle-ci, et toutes celles qui l'ont précédée? N'êtes-vous pas forcé de traverser une longue suite de générations pour arriver à une première marguerite, ancêtre de toutes celles qui lui ont succédé? Et cette première ancêtre, d'où venait-elle? Oseriez-vous soutenir que ce sont des causes ignorantes, aveugles et nécessaires qui ont pu la doter des idées qu'elle exprime, de la beauté et des perfections que nous admirons en elle?

DOCTEUR. — Cependant, Ariste, s'il nous est impossible de découvrir la vérité dans les infiniment petits parce qu'ils sont invisibles, comme vous le disiez il y a un instant, pourquoi ne pas la chercher dans les corps infiniment grands : dans la terre, dans la mer et dans les astres du ciel par exemple? Tout se voit et tout peut se constater dans ces masses; leurs propriétés et leurs forces agglomérées ne peuvent manquer de s'exprimer dans un langage évident et facile à interpréter.

ARISTE. — Peut-être, docteur. Cependant nous ne pouvons découvrir la vérité que dans ce qui est réel et immuable : pourrons-nous la rencontrer dans ces masses elles-mêmes?

DOCTEUR. — Où trouver ces conditions réunies à un degré plus manifeste que dans la terre, la mer et les astres?

ARISTE. — Ne vous y trompez pas, docteur, la terre et la mer ont commencé comme votre marguerite, et, pour être moins évidentes et moins rapides que chez elle, leurs métamorphoses ne laissent pas d'être nombreuses aussi.

DOCTEUR. — Comment! elles ne seraient pas immuables?

ARISTE. — Souvenez-vous donc de ce qu'était la terre à ses débuts. Selon la science moderne, c'était un nuage enflammé circulant dans l'espace, une masse lumineuse et brûlante qui, par la suite des temps, s'est peu à peu refroidie en passant de l'état gazeux à l'état liquide pour finir par se condenser avec les siècles. L'air, l'eau, les métalloïdes et les métaux tenus longtemps en suspension autour d'elle, ont fini par se précipiter à sa surface en se combinant diversement, et en formant, selon leur pesanteur relative, l'atmosphère qui l'enveloppe, les mers qui la couvrent et cette couche solide qu'on rencontre partout. « Désormais, dit M. de Jouvenel, la planète incandescente, revêtue à l'extérieur d'une triple enveloppe solide, liquide, gazeuse, pouvait devenir le théâtre de la vie. » (*Les Commencements du monde*, p. 37.) « Des végétaux, des animaux rudimentaires, dit M. É. Reclus, naissaient dans les eaux et sur la terre émergée, et finalement, dès que la température de la surface du globe, devenue inférieure à 50 degrés, eut permis à l'albumine de se liquéfier et au sang de couler dans les veines, se développèrent la flore et la faune dont les débris se retrouvent dans les premières couches fossiles. A l'âge du chaos succédait celui de l'harmonie vitale; mais dans l'immense série des temps, la vie qui fait son apparition sur la planète refroidie n'est autre chose « qu'une moisissure d'un jour » (*Daubrée*). (É. RECLUS, *la Terre*, t. I, p. 25.)

Quoi qu'il en soit de ces métamorphoses, et à ne la considérer que dans sa condition présente, la terre est loin d'offrir un état immuable. « Emportée dans le tourbillon de la vie universelle, elle se meut sans repos, en décrivant dans l'éther une série de spirales elliptiques d'une telle complication que les astronomes n'ont encore pu en calculer dans leur ensemble les courbes diverses. Tout en pirouettant sur elle-même, la terre décrit une ellipse autour du soleil et se laisse traîner de ciel en ciel à la remorque de cet astre vers des constellations lointaines. Puis elle oscille, se balance sur son axe et se détourne plus ou moins de sa route pour saluer tous les corps planétaires qui viennent à sa rencontre. Il est probable qu'elle ne passe jamais deux fois dans les mêmes régions de l'éther; cependant si elle devait parcourir de nouveau la spirale d'ellipses qu'elle a parcourue déjà, ce serait après un cycle de tant de milliards d'années, qu'elle-même, complétement transformée, ne serait plus le même astre. La nature, immuable dans ses lois, mais éternellement changeante dans ses phénomènes, ne se répète jamais. » (É. RECLUS, *ouvrage cité*, t. I, p. 5.)

Jetez maintenant un regard sur sa surface, et remarquez quelle diversité d'aspects elle offre; creusez son écorce, combien de couches y rencontre-t-on? Ici, ce sont des terrains de transport et d'alluvion; là, un humus qui provient du débris des plantes et des animaux qui l'ont habitée; plus bas, des couches de craie d'une grande puissance, formées par les squelettes d'animalcules marins qui ont fini par combler la mer qu'ils occupaient et par en faire une terre aujourd'hui habitée par l'homme. Creusez cette couche de craie elle-même, et après l'avoir traversée, vous rencontrerez sur plusieurs des points qu'elle circonscrit, des bancs de houille, derniers vestiges de la riche végétation tropicale qui l'a couverte autrefois ; creusez encore ces couches anthraxifères, et vous arriverez à découvrir de plus anciens terrains jadis habités par des plantes et des animaux marins, par des trilobites, des mollusques, etc., dont les dépouilles fossiles attestent qu'ils ont vécu au sein d'une mer encore plus ancienne qu'eux. Pénétrez même plus profondément encore, et vous finirez par mettre à nu un terrain primitif qui n'offre nul vestige d'être organisé, car il est constitué par une couche morte et purement minérale, par des roches de granit, de gneiss et de porphyre qu'on retrouve sur tous les points du globe. Ces roches, toujours et partout les mêmes, vous offriront çà et là de nombreuses inégalités : ici, des saillies qui semblent émerger de ses profondeurs ; là, des enfoncements qui les sillonnent et les séparent par des vallées intermédiaires, saillies et enfoncements qui constituent par plans ces montagnes primitives, visibles à la vue, ou la surface même du sol, comme cela se voit en Sibérie et dans l'Amérique du Nord.

Vous le voyez, ce serait donc à ce sol primitif seulement qu'il faudrait vous adresser pour trouver quelque chose d'immuable dans la terre. Mais les faits ne permettent guère de le considérer ainsi. Quand on le rencontre toujours et partout le même plus ou moins superficiellement ou profondément placé, et qu'au premier aspect il semble n'avoir jamais varié, une observation plus attentive fait bientôt tomber cette illusion. D'où proviendraient, en effet, les couches épaisses des terrains qui couvrent sa surface ? La science, qui a analysé ces couches, nous atteste qu'elles proviennent uniquement de son émiettement. Il est impossible de découvrir quelque chose de stable et d'immuable, non-seulement dans les terrains qui le recouvrent, mais encore dans ce sol primitif lui-même. Tout varie et tout change donc dans le globe terrestre. L'eau qui l'entoure, comme l'océan atmosphérique « où s'alimente la vie des animaux et des plantes, où circule le tourbillon continuel des vents soufflant du pôle à l'équateur vers tous les points de l'horizon », tout s'agite, se meut et change. « Dans l'océan des eaux, chaque goutte voyage aussi de mer en mer, de vague en vague et de névés aux fleuves. Non moins mobile que l'atmosphère et l'eau, la partie dite solide de la planète est seulement plus lente à déplacer ses molécules, et parfois, lorsque dans un court intervalle de jours, d'années ou de siècles, l'homme n'a pas encore vu de vastes modifications s'accomplir, il est tenté de dire que la terre est immuable. » (É. RECLUS, *ouvrage cité* t. I, p. 49.)

DOCTEUR. — Cependant, Ariste, la mer n'a pu subir d'aussi notables changements?

ARISTE. — Comme la terre, la mer aussi a beaucoup changé. Les débris marins qu'on rencontre jusque sur les plus hautes montagnes attestent que la mer couvrait d'abord presque toute la surface de la terre. Depuis cette époque, elle se rétrécit sans cesse. Quand elle semble envahir quelques points de ses rives, elle abandonne toujours des surfaces plus étendues, conséquence forcée, en quelque sorte, des masses de terre, de sable et de graviers que lui apportent incessamment les fleuves qui débouchent dans son sein. Ne voit-on pas souvent même des îles surgir du milieu de ses eaux? Ces îles produites parfois par la multiplication et la rapide croissance de simples bancs de polypes qui naissent dans ses profondeurs et s'élèvent peu à peu au-dessus de sa surface, en forment un grand nombre[1]; dans d'autres circonstances, on les voit apparaître par suite d'éruptions de volcans sous-marins qui, après avoir soulevé son sol, le projettent au-dessus de son niveau pour en faire de hautes montagnes souvent séparées elles-mêmes par de profondes vallées. L'observation a même recueilli des faits qui témoignent que son sol est miné lui-même par d'immenses courants souterrains qui l'usent et le dégradent en ramenant à sa surface de nombreux débris, ou en y faisant sourdre des fontaines d'eau douce soit dans les îles qu'elle circonscrit de toutes parts, soit dans quelques points de sa vaste étendue. Et, chose étonnante, on voit alors ces sources alimenter, en pleine mer, des poissons d'eau douce!

Surface, sous-sol et profondeurs, tout change donc incessamment sur le globe que nous habitons : sa surface surtout, par l'action de l'eau, du froid, de la neige et même par la simple évaporation qui s'y produit, par les courants des fleuves et des torrents qui la ravinent, et même par l'action beaucoup plus faible en apparence, mais non moins puissante, du soleil et de la lune qui ajoutent incessamment leur action destructive à celle

---

[1] « D'après le voyageur américain Dana, le nombre des grandes îles coralligènes de l'océan Pacifique s'élève aujourd'hui à 290 ; et leur ensemble atteint une superficie de 50,000 kilomètres carrés. Énorme travail, qui équivaut peut être à la huitième partie de la surface des autres îles de cette vaste mer. » (POUCHET, *Univers,* p. 66.)

des autres agents arrivant souvent, en un petit nombre d'années, à abaisser ses montagnes et à combler ses vallées dans des proportions fort sensibles.

Cependant il existe une cause de destruction peut-être plus puissante encore : c'est celle de l'homme. Sous son action incessante, la terre se métamorphose presque à vue d'œil. Qui a détruit, en effet, les vastes forêts qui la couvraient, les nombreux animaux qui la peuplaient? N'est-ce pas de leur disparition que datent le tarissement des fleuves et celle des poissons et des amphibies qui les peuplaient? N'est-ce pas encore à elle qu'on doit de voir l'eau des orages qui s'y emmagasinait, couler maintenant en torrents qui ravinent ses flancs pour aller grossir instantanément les rivières au point de les faire déborder et d'inonder ainsi leurs bassins? N'est-ce pas l'homme encore qui donne incessamment la chasse à tous les grands animaux de la terre et qui, après avoir détruit ceux des forêts et des rivières, les poursuit maintenant jusqu'aux extrémités des mers, où déjà la baleine et le cachalot commencent à manquer?

DOCTEUR. — Il paraît manifeste que de grands changements ont modifié la terre et la mer, mais vous ne pouvez contester du moins qu'au ciel tout y est fixe et stable?

ARISTE. — Tout le paraît, il est vrai, docteur ; mais en réalité tout s'y meut et tout change aussi. Voyez le soleil, il tourne sur son axe et, comme les simples planètes qu'il entraîne avec lui, il circule lui-même autour d'un axe inconnu. La lune tourne autour de la terre, tous les satellites autour de leurs planètes, les comètes autour du soleil après avoir circulé dans les profondeurs des cieux. Non-seulement tout se meut, mais tout change aussi. Si la courte durée de la vie de l'homme ne peut saisir ces lentes dégradations, l'observation des siècles est là pour l'attester. Ne vous souvient-il pas de la fameuse étoile observée par Tycho en 1572, qui, après avoir jeté un éclat extraordinaire pendant deux ans, finit par s'éteindre et disparaître comme ont fait depuis les étoiles du Cygne, du Serpentaire et de la Couronne? Celle-ci, après avoir brillé elle-même d'un éclat extraordinaire le 12 mai 1866, s'éteignit bientôt, et sa lumière analysée à l'aide du spectroscope, pendant qu'elle brillait encore, fit voir les traits éclatants et caractéristiques de l'hydrogène enflammé. Cette étoile a donc été envahie par un incendie ; c'était de l'hydrogène qui brûlait à sa surface! Qui nous assure que notre soleil tardera longtemps lui-même à disparaître comme ces étoiles, ou que notre esquif, la terre, sur laquelle nous voguons à travers l'espace, n'ira pas se heurter contre quelque autre corps céleste, comme aurait fait, selon Olbers, une ancienne planète qui circulait jadis entre Mars et Jupiter, pour éclater comme elle en quelques centaines de fragments et produire des planètes secondaires qui forment aujourd'hui celles de Cérès, Pallas, Junon, Vesta, etc., qui promènent dans autant d'orbites séparés bien que peu distants l'un de l'autre, les débris inanimés de ce grand naufrage du passé!

Tout change. Le soleil lui-même continuera-t-il à nous fournir encore longtemps ses rayons vivifiants, et s'il vient à s'éteindre, qu'adviendra-t-il alors à la terre et à ses habitants? M. Faye, qui nous prédit ce grand cataclysme, nous en trace un tableau des plus effrayants. « Quand la circulation interne qui alimente la photosphère, dit-il, et régularise sa radiation en y faisant participer l'énorme masse du soleil presque entière, viendra à se ralentir, puis à cesser, la vie végétale et animale qui aura commencé depuis longtemps à se resserrer vers l'équateur, disparaîtra entièrement de notre globe. Réduit aux faibles radiations stellaires, il sera envahi par le froid et les ténèbres de l'espace; les mouvements continuels de l'atmosphère feront place à un calme complet; les derniers nuages auront répandu sur la terre leurs dernières pluies; les ruisseaux, les rivières et les fleuves cesseront de ramener à la mer les eaux que la radiation solaire lui enlevait incessamment. La mer elle-même, entièrement gelée, cessera d'obéir au mouvement des marées; la terre n'aura plus d'autre lumière propre que celle des étoiles filantes qui continueront à pénétrer dans l'atmosphère et à s'y enflammer. Peut-être les alternatives qu'on observe dans les étoiles au commencement de leur phase d'extinction se produiront-elles dans le soleil; peut-être le développement de chaleur dû à quelque affaissement de la masse solaire rendra-t-il un instant à cet astre sa splendeur première; mais il ne tardera pas à s'affaiblir et à s'éteindre une seconde fois... Quant au reste de notre petit monde, planètes et comètes partageront le sort de la terre, tout en continuant à circuler suivant les mêmes lois autour du soleil éteint; seulement la force répulsive du soleil ayant disparu, les comètes n'auront plus de queues. » (*Notice scientifique sur la constitution physique du soleil. — Annuaire du Bureau des longitudes* de 1873, p. 532.)

Comme vous le voyez, docteur, tout change, et tous les savants sont d'accord avec l'observation des siècles, pour proclamer les grands changements qu'ont subis tous les corps de la création ; aucun d'eux n'admet leur immutabilité. « Bien loin d'être immuables, dit M. A. Guillemin, le ciel et les corps qui le peuplent sont dans un état de changement perpétuel qui se révèle à nous, à la distance où nous sommes, par des modifications dans la lumière, dans les couleurs, par des apparitions, disparitions ou réapparitions tantôt subites et irrégulières, tantôt lentes. » (*Les Mondes,* 4ᵉ édit., p. 43.)

Docteur. — Mais, Ariste, en admettant comme fondées les présomptions de la science qui prédisent au soleil la destinée de la terre, et à celle-ci le sort de la lune, ce tableau est-il autre chose qu'une hypothèse ? N'est-il pas possible d'échapper aux conséquences qu'il nous fait entrevoir ?

Ariste. — Permettez-moi d'invoquer le témoignage d'un autre savant, de M. de Lapparent, et de vous répondre avec lui : « Non, cela n'est pas possible, car ici intervient un principe fondamental, l'une des plus récentes et peut-être la plus merveilleuse conquête de la science : nous voulons parler de l'équivalence du travail et de la chaleur.

« On sait aujourd'hui que toute l'activité de la matière peut se résumer dans une notion simple, la notion de ce qu'on a appelé l'énergie des corps. Dans un milieu fini, comme l'est nécessairement l'univers, l'énergie totale est constante, ainsi qu'il est aisé de le démontrer. Seules, les manifestations de cette énergie peuvent varier : tantôt elle se traduit d'une manière sensible par des travaux mécaniques, tantôt elle s'emmagasine dans la matière sous la forme de chaleur. L'énergie dynamique peut toujours se transformer en énergie calorifique ; mais, et c'est là le point essentiel, la transformation inverse n'est pas toujours possible : ainsi, dans le cas si fréquent des chocs et des frottements, la chaleur dégagée par ces phénomènes n'est plus apte à engendrer aucun travail. Dès lors, il est permis de dire que, par la force des choses, l'univers est comme placé sur une pente naturelle où l'énergie calorifique augmente sans cesse aux dépens de l'énergie visible. Or, la chaleur jouit de cette propriété fondamentale de se communiquer au milieu ambiant, jusqu'à ce qu'il y ait équilibre de température entre les corps situés dans ce milieu. Donc, en vertu du principe que nous avons énoncé, il y a, dans l'univers, une tendance manifeste à l'uniformité de température. Ainsi le monde matériel s'achemine vers un état-limite; plus il s'en approche, plus les occasions de nouveaux changements disparaissent ; si cet état se réalisait enfin, aucun nouveau changement n'aurait plus lieu, et l'univers se trouverait dans un état de mort permanente. (*Clausius.*)

« En résumé, d'une part, la science moderne a réduit tous les phénomènes matériels à des mouvements, c'est-à-dire à des déplacements de la masse et de l'énergie des corps. De l'autre, elle est forcée de conclure qu'un jour viendra où ces mouvements, par lesquels seuls la matière se manifeste à nous, seront condamnés à s'arrêter. Peut-on rêver une démonstration plus péremptoire de ce principe : que la matière ne renferme en elle-même rien d'immuable, qu'elle ne tourne pas dans un cycle fermé, mais que, partie d'une certaine origine, elle s'achemine vers une fin déterminée?

« Ainsi la science nous a fourni la notion de l'ordre ; elle vient d'y ajouter celle d'une origine et d'une fin. » (M. DE LAPPARENT, *les Enseignements philosophiques de la science. Discours prononcé dans la séance de clôture du Congrès bibliographique international, le 4 juillet* 1878, p. 11.)

En résumé, quel que soit l'objet de la nature que nous considérions, nous n'en voyons aucun qui soit réellement immuable : tous se modifient et s'altèrent. Ce n'est donc qu'en cédant à une vue bien incomplète de l'état des choses, que les savants de nos jours ont été conduits à affirmer l'immutabilité et l'éternité de la matière, des forces et de leurs lois. Tout annonce, au contraire, que tout ce que nous voyons a commencé, car tout est soumis aux lois du changement et de la dégradation. Tout change : plantes, animaux, terre, mer, ciel ; tout se métamorphose et tout démontre, par conséquent, l'inanité de leurs affirmations.

Je crois donc, en terminant cet entretien, pouvoir formuler les lois suivantes qui me paraissent résumer les faits successivement énoncés :

Première loi. — La science ne possède aucune donnée certaine sur l'origine, sur la nature et sur la fin de la matière, ni sur celles des forces qui l'animent; mais les mutations et les transformations qu'elles subissent l'une et les autres portent à admettre que, parties d'une certaine origine, elles s'acheminent vers une fin déterminée.

Les atomes et les molécules qui constituent la matière, dit-on, sont des êtres de raison dont personne n'a constaté l'existence ni la réalité.

Deuxième loi. — La matière que connaît l'expérience est une substance inerte, passive, tangible, poreuse, étendue, divisible, mobile et impénétrable.

Cette matière est constituée par des éléments ou corps simples au nombre de soixante-quatre ou soixante-cinq, qu'on rencontre isolés ou combinés entre eux, et qui forment tous les corps connus.

Troisième loi. — Chaque élément ou corps simple est pondérable, autonome et indestructible par les moyens connus.

Quatrième loi. — Chacun de ces éléments possède des propriétés spéciales qui le poussent à s'unir avec d'autres éléments pour former des combinaisons binaires, ternaires, quaternaires. Ce sont ces combinaisons qui constituent les corps bruts, les végétaux et les animaux.

Cinquième loi. — Ces combinaisons sont favorisées ou détruites par les forces physiques; mais celles-ci ne leur sont pas inhérentes, puisqu'on les voit successivement s'en emparer et les quitter.

Sixième loi. — La matière organique est constituée par ces éléments combinés entre eux deux à deux, trois à trois, quatre à quatre; elle est spécialement composée de carbone, d'hydrogène, d'oxygène et d'azote.

Septième loi. — Les végétaux produisent naturellement la matière organique par une opération de synthèse qui leur est spéciale et exclusive.

Les animaux se nourrissent de cette matière organique qu'ils ramènent, par une véritable combustion, à l'état de matière minérale.

Huitième loi. — La matière organique ne s'organise que sous l'action de la vie.

CHAPITRE IV.

LES CORPS ET LA GRAVITÉ.

PHÉNOMÈNES, LOIS ET CAUSES.

> « Newton a pu dévoiler le système du monde parce qu'il a réussi à découvrir
> « la force dont les lois de Kepler sont la conséquence nécessaire et qui devait
> « être en rapport avec les phénomènes comme ces lois mêmes qui, en don-
> « nant la formule des faits, annonçaient à l'avance le principe universel d'où
> « elles découlent. » (BESSEL.)

DOCTEUR. — Je me demande en vain, Ariste, quel est le fruit de notre dernier entretien sur la recherche de la vérité.

ARISTE. — Quel fruit tirer de simples hypothèses puisées dans l'invisible et dans l'inconnu?

DOCTEUR. — Pourquoi ne pas choisir un objet mieux connu et qui ne puisse s'évanouir quand on veut l'embrasser?

ARISTE. — Je crois comme vous, docteur, que si l'astronomie a pu fournir d'aussi grands résultats à la science, c'est non-seulement grâce aux grands hommes qui l'ont cultivée, mais encore aux objets eux-mêmes qu'ils ont étudiés. Leur exemple me paraît donc digne d'être imité.

DOCTEUR. — Comment les imiter en nous occupant des infiniment petits qui nous ont donné tant de déceptions? Ne serait-ce pas le cas de nous adresser, comme eux, aux infiniment grands?

ARISTE. — C'est évidemment le plus sûr moyen de découvrir la vérité pourvu que nous suivions leur méthode. C'est, en effet, « le riche fonds d'observations précises fournies par Tycho, dit « A. de Humboldt, qui a servi à faire découvrir les lois éter- « nelles du système planétaire qui ont répandu plus tard sur le « nom de Kepler un éclat impérissable, et qui, interprétées par « Newton, ont été transportées dans la sphère lumineuse de la

« pensée, et ont fondé la connaissance rationnelle de la nature ».
(*Cosmos,* trad. par M. Faye, t. II, p. 375.)

DOCTEUR. — Leur exemple ne vous semble-t-il pas digne d'être
imité et propre plus que tout autre à nous conduire à la vérité?

ARISTE. — Mais, docteur, pour s'occuper des grands corps
célestes, il faudrait des connaissances plus grandes que celles
que je possède. S'il ne s'agissait que de la lune ou de la terre
encore, je pourrais peut-être...

DOCTEUR. — J'opte pour la terre, Ariste; c'est notre *alma
parens.*

ARISTE. — Comme Laplace, vous semblez aimer ces « hautes
connaissances qu'il appelait les délices des êtres pensants ». Eh
bien, soit; je l'aborderai, ne fût-ce que pour vous être agréable.

Mais, avant tout, il me faut limiter l'objet de ces études sur
elle; car je ne puis m'engager à vous citer tout ce qu'on en a
dit. Il faut donc m'arrêter à ne vous signaler que ses principaux phénomènes, ensuite à les grouper par séries de faits
semblables, afin d'en établir les lois; puis à demander à celles-ci
de nous montrer les causes qui engendrent les faits et par suite
les lois elles-mêmes, afin de pouvoir nous élever à l'aide de ces
causes jusqu'à la cause des causes, principe de toutes les vérités.
Même renfermé dans ces limites, ce problème conserve encore
une étendue et une importance qui ne laissent pas d'effrayer
on insuffisance.

Il y a longtemps déjà que Plutarque affirmait avec « Thales
« et les stoïques, et ceux de leur escole..., que la terre est ronde
« comme une boule ». (*De la forme de la terre. Opinions philosoph.,*
l. III, 10, trad. d'Amyot.)

Commençons donc par rechercher si les faits connus viennent
confirmer l'opinion de Plutarque. Mais remarquons d'abord que
Plutarque s'est trompé en attribuant cette parole au chef de
l'école ionienne : il confondait avec la terre ce que Thalès a dit
du monde qu'il compare en effet à un globe creux. Il parait
établi toutefois que la sphéricité de la terre a été réellement
enseignée par Pythagore, par ses disciples et par Philolaüs, en
particulier. Mais ce qui parait mieux démontré, c'est que Parménide a tenté le premier d'en donner des preuves mathématiques, qu'Archimède a appliquées plus tard à la surface
des eaux, et démontrant qu'elles doivent prendre la forme
arrondie (*de iis quæ in humido feruntur.*) Toutefois, c'est surtout

à Ptolémée qu'on doit d'avoir mis cette rotondité hors de doute, ce qu'il fit en signalant les phénomènes qu'offre un vaisseau qui s'approche de la terre, et dont on aperçoit d'abord, dit-il, la partie supérieure des mâts et plus tard seulement le corps. (*Almagest.*, in princip.)

Cette opinion de quelques savants est demeurée toutefois pendant longtemps dans la spéculation avant de pénétrer dans les masses. Il fallait des preuves plus saisissantes pour la faire admettre par elles. Signalons donc les motifs qui ont fini par la faire accepter de tous.

L'analogie que la terre présente avec les planètes a d'abord frappé les esprits : celles-ci en effet, sont évidemment sphériques, puisque, de quelque côté qu'on les considère, leur surface est toujours terminée par une courbe; en outre, de quelque côté qu'on regarde les horizons, en parcourant sa surface, ceux-ci sont toujours circulaires; chaque lever de soleil commence par éclairer le sommet des montagnes avant leur base; par une nuit sans nuages, à la simple vue, les étoiles, bien qu'immobiles, paraissent s'élever ou s'abaisser selon la direction où l'on avance; le niveau pris avec soin sur un lac gelé et parfaitement uni, permet de constater une différence de onze centimètres entre deux points donnés par chaque kilomètre; enfin il existe deux preuves plus frappantes encore : la première consiste dans les voyages circulaires maintes fois réalisés depuis Magellan, qui, en permettant d'explorer la terre en tous sens, ont fait remarquer en chaque lieu les phénomènes que nous venons d'indiquer; la seconde concerne un fait des plus curieux cité par J. Herschell, celui d'un double coucher de soleil observé par un aéronaute de Dublin. « Sudler, dit-il, partit de Dublin dans son aérostat, descendit presque à la surface de la mer en approchant de la côte du pays de Galles, lorsque le soleil venait de se coucher; il jeta du lest et remonta. Il vit alors le soleil reparaître à l'horizon, comme si l'astre se levait à l'ouest; descendant de nouveau, il fut témoin d'un second coucher de soleil. »

La terre toutefois n'est pas parfaitement ronde. Ainsi, les mouvements du pendule sont plus rapides près des pôles qu'à l'équateur ou sur les hautes montagnes : or, comme tous les corps sont attirés vers le centre de la terre avec une intensité qui diminue à mesure qu'on s'en éloigne, cette expérience a permis de calculer qu'elle forme réellement un sphéroïde aplati aux pôles et renflé à l'équateur. Mais cette différence n'est pas considérable : à l'équateur, son volume n'est accru que dans une proportion de 1/300ᵉ de son diamètre, ou d'environ 10 kilomètres seulement.

Dès que l'expérience a prouvé que la terre est sphérique, elle démontre en même temps qu'elle est isolée dans l'espace. Un petit nombre de preuves suffit d'ailleurs pour l'attester. Citons seulement parmi celles-ci la plus convaincante rapportée par Aristote le premier : « C'est l'ombre circulaire qu'elle projette « sur la lune au moment d'une éclipse. » (*De cœlo,* II, 14.) « Quand « elle est au plein directement opposée au soleil, dit Plutarque, « et qu'elle vient à tomber dedans l'ombre de la terre. » (*De Isis et Osiris,* XXXVIII, trad. d'Amyot.) Or, cette ombre circulaire prouve évidemment deux choses : la première, c'est « qu'elle est ronde comme une boule », ainsi que l'a dit Plutarque ; la seconde, c'est qu'elle est parfaitement isolée.

Nous allons maintenant signaler une nouvelle série de phénomènes qui prouvent que la terre est pesante ; mais en raison de leur importance, nous devrons leur consacrer une étendue plus grande qu'aux précédents.

Prenez l'un des éléments quelconques qui entrent dans la composition de la terre, et placez-le sur l'un des plateaux d'une balance en équilibre, à l'instant celui-ci se précipitera perpendiculairement vers le centre de la terre. Or, dès que chacun de ses éléments constituants est pesant, la terre, qui est formée de leur réunion, est pesante elle-même. Cette pesanteur, dit Newton, pénètre ses particules les plus ténues, et leur action combinée se révèle par l'attraction de sa masse. Cette attraction est attestée, en effet, par la tendance de tous les corps isolés vers son centre, et même par leur déviation sensible vers les montagnes voisines. Ce dernier fait, d'abord soupçonné par Newton, a été démontré par les expériences directes faites en 1738 par Bouguer et La Condamine au Pérou, à l'aide d'un fil à plomb placé dans leur voisinage, et dont la déviation vers elles était manifeste.

Tous les corps suspendus au-dessus de la terre se précipitent en effet vers son centre, dès qu'ils sont mis en liberté. Mais d'après les recherches et les expériences de Toricelli, et surtout d'après celles de Galilée, leur chute ne s'effectue pas avec une égale rapidité. Ceux qui ont une grande densité, comme le plomb, tombent avec plus de vitesse que ceux qui, comme le duvet, en ont très-peu ; ce qui, d'après Galilée, tiendrait uniquement à la résistance de l'air. C'est ce qu'il a démontré, d'ailleurs, en comprimant ces derniers entre les doigts de manière à en faire de petites boules, et en réduisant le plomb en feuilles minces. Car, dans ce cas, il peut arriver que le duvet tombe plus rapidement que le plomb, la résistance de l'air étant d'autant plus grande qu'ils présentent sous une même masse une surface plus étendue. Cette condition explique fort bien pourquoi, après avoir fabriqué de petites boules de mêmes dimensions, avec des substances de densité diverse, Galilée venant à les lâcher, en même temps, du haut de la tour de Pise, les vit toucher le sol presque simultanément. La résistance de l'air peut donc être atténuée en assimilant les conditions de la chute ; c'est ce que démontre péremptoirement d'ailleurs la chute des corps les plus divers dans un tube où le vide a été fait, puisque alors, légers ou lourds, tous tombent avec une égale rapidité. Cette expérience explique fort bien d'ailleurs le peu de durée des oscillations du pendule en plein air, tandis qu'elles durent plusieurs jours dans le vide.

Mais non-seulement la terre est ronde, isolée et pesante, mais encore elle se meut dans l'espace. Le plus grand nombre des anciens cependant la croyaient immobile. Les uns la considéraient comme la base des cieux ; « les autres, dit Plutarque, « tiennent que la terre ne bouge pas, mais Philolaüs, pythago- « ricien, tient qu'elle se meut en rond par le cercle oblique, « ne « plus ne moins que le soleil et la lune ». Héraclite de Pont « et Ecphantus, pythagoricien, remuent bien la terre ; mais « non pas qu'elle passe dans un lieu dans un autre, étant enve- « loppée comme une roue, de bandes, depuis l'Orient jusqu'à « l'Occident, à l'entour de son propre centre. » — Archimède aussi « suppose le soleil immobile, ainsi que les étoiles, et pense « que la terre tourne autour du soleil comme centre. » (*Arénaire,* au début.) Ptolémée considérait lui-même la rotation de la terre comme l'explication la plus naturelle des phénomènes de l'univers, mais il se refusait à l'admettre, parce que « si la terre « tournait en vingt-quatre heures autour de son axe, dit-il, les « points de sa surface seraient animés d'une vitesse immense, « et de leur rotation naîtrait une force de projection capable « d'arracher de leurs fondements les édifices les plus solides, en « faisant voler leurs débris dans les airs ». Comme on le voit, c'est à tort que Voltaire considérait Copernic comme l'inventeur de la rotation diurne de notre globe et de son mouvement annuel autour du soleil.

Depuis ces anciennes opinions sur le double mouvement de la terre, la science a enregistré des faits précis qui le démontrent clairement. Notons d'abord ceux qui attestent son mouvement de translation autour du soleil.

Chaque nuit, et surtout à quelque temps d'intervalle, le ciel varie; les douze constellations apparaissent et disparaissent successivement à l'horizon, jusqu'à ce que chacune d'elles ait passé sous les yeux de l'observateur, et qu'une révolution annuelle se soit accomplie. Au pôle, on voit un demi-hémisphère tourner à l'horizon; à l'équateur, le ciel entier y est visible. Dans les latitudes intermédiaires, on découvre plus d'un hémisphère, mais moins de la sphère entière. Tous ces phénomènes présupposent la circulation de la terre et ne pourraient s'expliquer sans sa translation.

Cependant, au nombre des preuves qui attestent son déplacement, il en est une plus directe et plus convaincante encore, c'est le phénomène de l'aberration. Celle-ci, en effet, nous fait voir le soleil et les étoiles dans un lieu différent de celui qu'ils occupent réellement. Due à la vitesse de la terre et à la vitesse de la lumière qui cheminent à l'encontre l'une de l'autre, cette aberration tient à ce que, bien que la lumière marche avec une extrême vitesse, la terre ne laisse pas cependant de franchir une partie de l'espace en s'avançant vers elle, et par suite, de nous faire voir le soleil, par exemple, à vingt secondes de sa véritable position. Quoique minime, cette différence, bien constatée, constitue une preuve certaine du mouvement de la terre autour du soleil.

Il est difficile toutefois de comprendre ce mouvement, contre lequel tout ce qui nous entoure semble protester. On arrive cependant à se l'expliquer, en se souvenant de l'illusion que nous font éprouver la descente d'un fleuve en bateau, ou la circulation autour d'un lac ou des rives de la mer, car alors, tout en sentant ce bateau se remuer sous nous, on ne voit pas moins les rives, les sites et les villages voisins sembler marcher eux-mêmes dans un sens opposé à celui que nous parcourons. Combien cette illusion ne doit-elle pas paraître plus naturelle encore quand c'est la terre qui nous transporte? Alors, en effet, nous ne pouvons ni sentir ni découvrir ses mouvements ; toujours les mêmes horizons s'offrent à notre vue, et nulle sensation ne peut nous avertir de ses déplacements. Cependant les calculs les plus exacts démontrent que sa vitesse moyenne est de près de trente kilomètres par seconde ! ·

Qu'arriverait-il d'ailleurs si la terre était réellement immobile ? Ne faudrait-il pas admettre que ce sont tous les corps célestes qui évoluent autour d'elle, et qu'elle, si petite quand on la compare aux autres astres, est douée d'une puissance capable de commander au soleil et aux étoiles situés à des distances si prodigieuses d'elle ? Il faudrait encore admettre que loin de s'affaiblir avec l'éloignement, sa puissance, au contraire, s'accroîtrait avec lui pour leur imposer le mouvement uniforme qu'ils accomplissent autour d'elle, fait unique et contradictoire avec les lois les mieux connues de la nature. Tandis que tout s'explique de la manière la plus simple par son double mouvement.

Je dis double, parce qu'en effet la terre non-seulement circule autour du soleil d'occident en orient, mais encore parce qu'elle tourne sur son axe dans la même direction. Nous venons de citer les phénomènes qui prouvent son mouvement de translation ; parlons maintenant de ceux qui attestent sa rotation Toutes les planètes et le soleil lui-même opèrent ce mouvement ; l'analogie porte donc à penser que la terre doit l'effectuer elle-même. Nous avons constaté d'autre part, en parlant de sa forme, son aplatissement aux pôles et son renflement à l'équateur qui sont la conséquence directe de cette rotation. Mais on a recueilli des faits plus évidents encore qui en témoignent directement. Ainsi quand on lâche simultanément deux corps pesants placés à des hauteurs différentes au-dessus de sa surface, le premier à un mètre, par exemple, le second à cent, on remarque que le plus rapproché de son centre tombe perpendiculairement, tandis que l'autre s'écarte un peu à l'est d'une quantité qu'on peut observer quoiqu'elle soit fort petite. Cette expérience réitérée un grand nombre de fois, soit en laissant tomber des corps du haut d'une tour, soit en les lâchant dans le puits d'une mine profonde en prenant les précautions nécessaires, a toujours présenté cette déviation vers l'est, ou plutôt, ainsi que l'avaient prévu Hooke et Newton, vers l'est-sud-est, en raison de l'obliquité de l'axe de rotation de la terre, ce qui atteste que celle-ci a tourné dans un sens opposé pendant la durée de la chute.

Mais cette rotation est attestée par une expérience plus évidente encore, c'est celle qu'a imaginée L. Foucault. Cet auteur
suspendit un pendule en haut de la voûte élevée de l'église
Sainte-Geneviève ; puis, l'écartant de sa position d'équilibre, il
l'abandonna à lui-même sans lui imprimer de vitesse. Ce pendule
se balança aussitôt avec lenteur en raison de la longueur de son
fil de suspension. Muni d'une pointe saillante en dessous, celle-ci
alla écorner un petit mur de sable disposé au bout de chaque
limite de son va-et-vient, et chaque déplacement produit par ses
oscillations rendit saisissant le mouvement diurne de la terre,
par une suite d'encoches qui apparaissaient en sens contraire,
c'est-à-dire dans le sens est, sud, ouest et nord.

Cet ingénieux observateur a encore démontré cette rotation
à l'aide du *gyroscope*. Cet instrument conserve toujours l'orien-
tation qui lui a été une fois donnée par une impulsion initiale,
quand même on le transporte d'un lieu à l'autre ou qu'on le fait
pivoter sur son axe. Or cette invariabilité de mouvement permet
de constater, comme celle du pendule, le sens de la rotation de
la terre. Enfin, citons encore l'exemple du boulet de canon qui,
lancé du nord au sud, subit toujours une déviation vers l'ouest,
région qui vient à lui pendant la durée de son trajet.

Ces cinq séries de faits analogues ou semblables vont maintenant nous fournir cinq lois distinctes.

La première établit que la terre est ronde ; la seconde, qu'elle
est isolée dans l'espace ; la troisième, qu'elle est pesante ; la quatrième, qu'elle circule autour du soleil ; la cinquième enfin,
qu'elle tourne sur son axe et que ses mouvements ont lieu d'occident en orient.

Recherchons maintenant quelles sont les causes qui se déga-
gent de ces lois. Celle que nous montre sa forme est évidemment
une cause générale, puisque celle-ci ressemble à celle de tous les
corps célestes : tous, en effet, sont sphéroïdes comme la terre. Or
cette forme leur étant commune, nous n'avons pas à insister en
particulier sur elle. Nous n'irons pas avec Kepler jusqu'à la considérer comme un symbole et dire « qu'il n'y a qu'une loi dans
le ciel, et que cette loi est le cercle » ; que dès lors tous les corps
célestes sont des globes, que tous leurs mouvements se font en
cercle, parce que tout doit ressembler à Dieu, et que la forme
ronde est le plus parfait symbole de l'unité, de l'uniformité, de
la régularité, de la simplicité dans la pluralité, de l'harmonie la

plus parfaite, en un mot, la plus haute expression de la loi, (*Harmon.*, l. IV, c. 1); nous nous bornerons à constater que cette loi nous montre une cause qui a su adapter leur forme aux mouvements de circomduction et de rotation auxquels tous les astres sont assujettis.

La seconde loi, celle de son isolement, nous montre une cause semblable à la précédente. Nul astre n'eût pu tourner sur lui-même et autour d'un autre, sans offrir cette condition.

Quant à la troisième, qui concerne sa pesanteur, elle nous obligera, avant d'en chercher la cause, d'entrer dans quelques détails préalables pour compléter ce que nous avons omis d'exposer sur les lois de Galilée. « Concevant que la connaissance des lois du mouvement est la base de toute étude solide de la nature, dit Biot, il (Galilée) entreprit de les établir, non par des raisonnements hypothétiques, mais par des expériences réelles. Il démontre ainsi que tous les corps, quelle que soit leur nature, sont également sollicités par la pesanteur, et que s'il y a des différences entre les espaces qu'ils parcourent dans leur chute en temps égaux, cela tient à l'inégale résistance que l'air leur oppose selon leurs différents volumes. Il complète cette importante proposition, longtemps après, dans un ouvrage intitulé : *Dialoghi della scienze nuove*, où il acheva d'établir la véritable théorie du mouvement uniformément accéléré. » (*Biographie universelle.*)

Rappelons, avant d'aller plus loin, quelles sont les principales lois formulées par Galilée : — La pesanteur agit sur tous les corps en raison de leur masse. — Les corps tombent également vite, et posés sur une surface, ils la pressent proportionnellement à leur masse. — Les corps décrivent des espaces égaux en des temps égaux quand ils ne sont pas arrêtés par la résistance de l'air. — Pour imprimer la même vitesse à deux corps, l'un double de l'autre, il faut appliquer au premier une force double de celle qu'on applique au second. — Le chemin parcouru par un corps qui tombe, croît comme les nombres impairs 1, 3, 5, 7; en sorte qu'il suffit de connaître le chemin parcouru pendant la première seconde, pour en déduire ceux qui le seront dans les secondes suivantes, et connaître le chemin total fait par un corps dans un temps quelconque. — Une pierre lancée et mue dans une parabole ne quitte la ligne droite que par la force de la pesanteur qui l'anime. Or l'expérience a appris que l'espace parcouru par un corps qui tombe est de 4^m,9044 à Paris ou de près de 5 mètres pour la première seconde.

Cherchons maintenant quelle est la cause que nous montrent les lois de Galilée. Cet illustre auteur a constaté : 1° que tous les corps pressent les surfaces sur lesquelles ils sont placés proportionnellement à leur masse; 2° que, lorsqu'ils sont abandonnés, ils tombent d'un mouvement accéléré et tendent vers le centre de la terre. Or, depuis Aristote et Kepler, tous les philosophes ont attribué ces phénomènes de pression et de chute à la pesanteur, et depuis Newton, à la gravité; toutes ces lois nous montrent donc une même cause, la gravité, qui bientôt elle-même trouvera sa formule dans la grande loi de l'attraction qui en exprime tout ensemble le principe et les phénomènes.

La quatrième série de phénomènes, qui a trouvé sa loi dans la circomduction de la terre autour du soleil, nous montre elle-même une cause motrice qui l'a poussée en avant.

La cinquième série, qui embrasse tous les faits de rotation, nous atteste elle-même les effets d'une force qui l'a fait tourner sur son axe. Toutefois, comme une seule impulsion appliquée sur un point excentrique de la terre a pu produire simultanément son impulsion et sa rotation, nous admettrons avec Newton que les mouvements de projection et de rotation ont été produits par la même cause.

En résumé, ces cinq lois ne nous montrent donc que deux causes spéciales et distinctes : la première est la pesanteur ou gravité; la seconde, est une cause qui a projeté la terre en avant en la faisant tourner sur son axe. Une fois dégagées, voyons maintenant quel est le rôle de chacune de ces deux causes dans la mécanique terrestre.

Dès que la pesanteur agit sur tous les corps terrestres connus, pourquoi, s'est-on demandé, n'agirait-elle pas de même sur les corps célestes? Ceux-ci, en effet, sont étendus, impénétrables et mobiles comme les premiers; et, en les comparant aux aérolithes qui tombent du ciel sur la surface de la terre, ils jouissent des mêmes propriétés. Or, dès que nous savons que c'est la pesanteur qui meut les premiers, n'est-il pas naturel d'admettre que c'est elle aussi qui meut les autres? N'est-ce pas un axiome de la science, qu' « un même effet ne peut être produit par des causes différentes », comme l'a dit Newton?

Ce rapprochement avait déjà été pressenti et même annoncé

depuis longtemps. Plutarque lui-même avait comparé le mouvement de la lune, suspendue au-dessus de la terre, à celui d'une pierre qui circule dans une fronde autour de la main. (*De facie in orbe lunæ*.) Plus tard, Copernic, croyant au plus simple et au meilleur arrangement possible du monde, plaçait « le flambeau « du monde, ce soleil qui gouverne toute la famille des astres « dans leurs évolutions, sur un trône royal, au centre du temple « de la nature » (Biot, *Biograph. univ.*); Kepler, « frappé de la vraisemblance et de la justesse de cette idée, consacre vingt ans d'observations et de recherches à vérifier ce sublime pressentiment. Il avait demandé à Dieu, dans son enthousiasme pour le système de Copernic, dit Delambre (*Biograph. univ.*), de faire une découverte qui pût être la confirmation du mouvement de la terre, et sa prière était accompagnée du vœu de faire imprimer sans délai l'ouvrage où il exposerait une nouvelle preuve de la sagesse du Créateur... Ce ne fut cependant que vingt-trois ans après l'avoir entrevue, après l'avoir appuyée d'arguments inexacts et incomplets d'abord, puis à force de revenir sur les résultats, qu'il pût formuler sa règle qui est une découverte réelle aussi : que les carrés des révolutions sont comme les cubes des distances... C'est par les observations de Mars qu'il arriva à déterminer la figure de l'orbite de la terre. Il parvint à démontrer cette *bissection* de l'excentricité qu'il avait déjà prouvée par l'observation des diamètres... Il trouve un moyen neuf pour calculer les distances de Mars au soleil; démontre qu'elles sont inégales, et conclut que la courbe n'est pas un cercle, puisqu'elle est une figure moins large que longue; enfin, il croit cette courbe ovale. Il se trompe, y revient à diverses reprises, aperçoit la cause de son erreur, et le voilà en possession de la seconde loi : les orbites planétaires sont des ellipses... Sachons-lui gré de cette opiniâtreté qui ne lui permettait pas d'abandonner tout à fait une idée qui lui avait souri; elle le forçait au moins de la retourner de toutes les manières, et finit ainsi par le conduire à la découverte des lois qui sont le fondement de l'astronomie moderne. »

Ce fut alors qu'apparut Newton qui « a pu dévoiler le système « du monde, parce qu'il a réussi à découvrir la force dont les lois « de Kepler sont la conséquence, et qui devait être en rapport « avec les phénomènes comme ces lois mêmes qui, en donnant « la formule des faits, annonçaient à l'avance le principe uni-

« versel d'où elles découlent ». (BESSEL, *Jahrbach de Scheimacher,* 1843, p. 32.)

L'œuvre de Newton fut si considérable au double point de vue de la méthode qu'il a employée pour l'accomplir, et de la vérité dont il s'est si fort approché, qu'il nous semble justifier le soin de faire connaître la voie qu'il a suivie et les résultats qu'il a obtenus, en les signalant, ceux-ci et celle-là, avec quelques détails.

« Ce n'est pas sans raison, dit d'Alembert, que les philosophes s'étonnent de voir tomber une pierre, et que le peuple qui rit de leur étonnement, le partage bientôt lui-même, pour peu qu'il réfléchisse. » (*Encyclopédie.*) Mais n'aurait-il pas lieu de s'étonner bien plus encore, si on lui démontrait que la principale cause qui retient les planètes autour du soleil n'est autre chose que la force qui fait tomber les pierres? « De sorte que, dit M. A. Guillemin, la même force qui précipite à la surface de la terre les corps non soutenus, et qui cause la pression exercée par chacun d'eux, qu'on nomme leur poids, est la même qui retient les planètes dans leurs orbites. » (*Les Mondes,* 2° édit., p. 188.) Mais à l'époque de Newton, l'action de cette cause sur les planètes était entièrement ignorée, et ce fut son principal titre de gloire d'en révéler l'existence et d'en faire connaître les lois.

Tel fut le grand problème que Newton agita un jour dans son esprit et qu'il arriva à résoudre à l'occasion d'un événement des plus ordinaires.

DOCTEUR. — Quel est donc cet événement, Ariste?

ARISTE. — Voici ce qu'en rapporte Biot dans la notice qu'il lui a consacrée dans la *Biographie universelle :* « Assis un jour sous un pommier que l'on montre encore, dit-il, une pomme tomba devant lui. En présence de ce fait, il se demanda ce qui serait arrivé si, au lieu d'être à quelques mètres du sol, cet arbre eût été élevé à la hauteur de la lune. Cette pomme serait-elle également tombée? Et dans ce cas, pourquoi la lune ne tombait-elle pas? Après avoir agité un grand nombre de problèmes, il conçut que dès qu'elle circule autour de la terre, c'est qu'elle est poussée dans ce sens par une autre force qui agit à la manière de la poudre sur la bombe, en la forçant de circuler au-dessus de nos têtes sans tomber verticalement en bas. Puis réfléchissant sur cette singulière puissance qui sollicite la bombe comme tous les corps vers le centre de la terre, les y précipite avec une vitesse progressivement accélérée, et s'exerce encore sans affaiblissement notable sur les tours et les montagnes les plus élevées, un nouveau trait de lumière s'offrit à son esprit : « Pourquoi, « se demanda-t-il, ce pouvoir ne s'étendrait-il pas jusqu'à la « lune même? Que faudrait-il de plus pour la retenir dans son « orbite autour de la terre? » Ce n'était encore qu'une conjecture, mais quelle hardiesse de pensée ne fallait-il pas pour la déduire d'un si petit événement! On juge bien que Newton s'appliqua tout entier à la vérifier. »

Newton venait d'entrevoir, du premier jet, les deux forces nécessaires pour opérer le mouvement circulaire des astres : la pesanteur et la projection ; et ce fut la trajectoire décrite par une bombe qui les lui avait fournies. Cependant cette bombe finit toujours par tomber sur la terre, et la lune n'y tombe pas. Il y a donc quelque différence dans le degré d'intensité des forces qui les meuvent l'une et l'autre? C'est ce qu'il fallait démontrer. Que faudrait-il de plus à la bombe élevée à la hauteur de la lune, se demanda-t-il, pour qu'elle pût circuler comme elle? Il faudrait évidemment qu'elle fût animée d'une force de projection assez puissante pour contre-balancer sa propre pesanteur, mais sans la diminuer ni l'empêcher d'agir concurremment avec elle. Mais il fallait démontrer avant tout que la pesanteur agit réellement sur la lune. Tel fut le premier problème qu'il tenta de résoudre ; et voici comment il s'y prit.

Connaissant l'orbe de la lune, et par conséquent l'arc qu'elle parcourt en une minute ; connaissant de plus l'arc décrit en un temps donné par un corps qui tourne d'un mouvement uniforme et avec une force centripète donnée dans un cercle, et qui est moyen proportionnel entre le diamètre de ce cercle et la ligne dont ce corps descend vers le centre en même temps ; connaissant enfin la distance qui sépare le centre de la terre de la lune, et qui est en moyenne de soixante demi-diamètres de la terre, il possédait les trois données nécessaires pour résoudre ce grand problème.

Si la lune, se dit-il, à la distance où elle est du centre de la terre, tombe vers elle avec la même rapidité que la pierre qui tombe à sa surface, celle-ci n'étant qu'à un demi-diamètre de son centre, et la lune en étant soixante fois plus éloignée, d'après la progression établie par Galilée, la lune devra parcourir trois mille six cents fois moins d'espace que la pierre en une seconde, et il lui faudra soixante secondes ou une minute pour parcourir le même trajet. Or, d'après l'expérience des pendules d'Huyghens alors connue, les corps qui tombent sur la surface de la terre parcourent quinze pieds environ par seconde. Ces données bien déterminées, il ne s'agissait plus que d'établir une simple équation pour vérifier si la lune obéit à la même force que la pierre, et c'est ce qu'il démontra de la manière la plus évidente, par l'accord du résultat théorique avec l'observation directe, accord qui ne laissait subsister aucun doute. C'était bien le même effort de la pesanteur à la surface de la terre, tel qu'il a été établi par Galilée, qui, étant appliqué à la lune avec un affaiblissemeut proportionnel au carré des distances au centre de la terre, opérait sur la lune comme elle fait sur une pierre qui tombe librement, et cet effort se trouvait presque identiquement égaler la force centrifuge de la lune établie d'après sa vitesse de circulation et sa distance connue.

Newton avait résolu le problème. Il avait démontré que la lune tombe sur la terre, et que c'est la gravité qui la retire continuellement du mouvement rectiligne et la retient dans son orbite. En d'autres termes, il avait démontré que la lune obéit aux mêmes lois que celles qui font tomber les corps à la surface de la terre, et par conséquent qu'elles sont dues à une seule et même cause, la gravité.

Ce ne fut pas du premier coup, toutefois, que Newton parvint à résoudre ce grand problème; ce ne fut même qu'après bien des années d'alternatives de confiance et de crainte, après bien des retours sur ses premiers calculs qui n'avaient pu lui en fournir la démonstration, puisqu'ils partaient d'une mesure erronée de la terre; ce ne fut enfin qu'après 1682, où une nouvelle mesure d'un degré terrestre vint lui fournir la mesure exacte du demi-diamètre de la terre, donnée qui lui manquait, qu'il put enfin revenir sur ses calculs avec la précision nécessaire; puis, une fois ce problème résolu pour la lune, qu'il put l'appliquer aux planètes et à leurs satellites. C'est ce qu'il fit bientôt, en effet, pour la terre, pour Jupiter, pour Saturne, etc., et même pour les comètes. Il put enfin conclure, avec toute certitude, que tous les corps planétaires sont soumis à la force qui retient la lune dans son orbite et à la loi du carré des distances ; par conséquent, que c'est la même force qui agit sur les corps terrestres et sur les corps célestes.

Tel fut le premier des grands résultats obtenus par Newton. Cependant il est juste de le reconnaître, de même qu'un architecte ne pourrait construire un édifice sans matériaux, de même Newton ne parvint à élever le sien qu'à l'aide de ceux qui lui avaient été préparés par ses prédécesseurs. Il est évident que sans la connaissance des lois de Galilée sur la chute des corps terrestres, il n'eût pu démontrer que la lune et les planètes leur obéissent comme la pierre ; sans les expériences d'Huyghens sur l'espace qu'ils parcourent en un temps donné, il n'eût pu vérifier que ceux de la lune sont les mêmes proportionnellement aux carrés des distances ; sans les lois et les calculs de Kepler sur les distances de Mars au Soleil, et sur la bissection de son orbite, il n'eût pu appliquer ses propres calculs à la lune ni aux planètes. Newton leur dut donc les principaux matériaux qu'il a employés pour résoudre son problème. Mais hâtons-nous d'ajouter qu'il ne fallait rien moins que la puissance de son grand génie pour les employer, et pour transporter dans les cieux des notions toutes terrestres.

Cependant si les corps célestes n'obéissaient, comme la pierre, qu'à la pesanteur, depuis longtemps déjà la lune serait tombée sur la terre, toutes les planètes sur le soleil et celui-ci sur l'un des astres de la constellation d'Hercule : tous les globes seraient réunis et confondus en une masse commune composée des débris de tous les mondes. Heureusement, il n'en est pas ainsi.

Quand nous voyons tous les corps terrestres tomber dans chaque lieu, en se dirigeant vers le centre de la terre, et que nous savons que tous les corps célestes sont composés d'éléments semblables, qu'ils sont doués par conséquent des mêmes propriétés et qu'ils obéissent aux mêmes lois, nous ne pouvons nous expliquer pourquoi leurs masses continuent à planer au-dessus de nos têtes ; et nous nous demandons quelle est la puissance qui retient ces astres et les empêche de tomber. Cette simple observation nous conduit invinciblement à conclure que c'est parce qu'ils sont soumis à l'action d'une autre cause et à d'autres lois que celles qui font tomber la pierre.

Cette autre cause ne ressemblerait-elle pas à celle qui retient la pierre autour de la main, quand le bras la fait circuler dans une fronde? Telle était l'idée de Plutarque. Mais sa conjecture est-elle fondée? Examinons dans quelle mesure l'expérience peut elle-même la confirmer.

Nous n'avons aperçu jusqu'ici que la gravité qui les retient vers leur centre de révolution ; mais dès que les astres n'y tombent pas, il est évident que c'est parce qu'ils obéissent à une autre force qui les pousse dans une direction différente. Tous, en effet, avancent dans l'orbe qu'ils parcourent ; or, ils ne peuvent poursuivre cette direction qu'à la condition, ou de s'y porter d'eux-mêmes, ou d'y être poussés par une force étrangère. Mais, dès que nous savons que la matière qui les compose est inerte elle-même, et privée par conséquent de toute spontanéité, nous sommes conduit à conclure que ce mouvement en avant leur a été imprimé par une force de projection à laquelle ils continuent d'obéir. Le mouvement circulaire des astres nous permet donc de saisir facilement l'action simultanée de deux forces distinctes : la première, qui les attire vers leur centre de révolution, comme la pierre vers le centre de la terre ; la seconde, qui les pousse en avant. Ces deux forces ont reçu les noms de force centripète et de force centrifuge.

C'est ce qu'avait déjà pressenti Plutarque en comparant le mouvement circulaire de la lune autour de la terre, à celui de la pierre qui tourne dans une fronde autour de la main ; c'est ce qu'a tenté d'expliquer Huyghens dans sa théorie des forces centrales, en distinguant les forces centrifuge et centripète ; mais c'est surtout ce qu'a parfaitement démontré Newton, en établissant que les planètes ne peuvent décrire une courbe ou section conique de second ordre, circulaire, elliptique ou parabolique, qu'en obéissant simultanément à deux forces motrices distinctes dont elle est la résultante. L'observation prouve, en effet, que pendant que les planètes décrivent leur trajectoire, elles sont continuellement détournées des tangentes à chaque point de leur courbe, par l'action simultanée de deux forces toujours agissantes, et que tandis que l'impulsion les lance en ligne droite, la gravité les retire incessamment du mouvement rectiligne pour les contenir dans leur orbite.

Envisageant ensuite l'action distincte de ces deux forces, Newton remarque que la force de projection qui agit sur toutes les planètes les a poussées dans une même direction, puisque toutes, en effet, circulent presque sur le même plan d'occident en orient; il remarque ensuite qu'en supposant que la résistance du milieu qu'elles parcourent soit nulle, on comprend la continuité de leur mouvement après une seule impulsion initiale; il remarque enfin que la cause qui fait tourner tous ces corps autour du soleil est la masse de celui-ci, qui est six cents fois plus considérable que celle des planètes, de leurs satellites, des astéroïdes et des comètes, dont l'ensemble compose le système solaire.

Après avoir résolu successivement tous ces problèmes, Newton peut enfin aborder et formuler ces deux grandes lois qui sont la gloire de son nom : celle de l'attraction et celle de la projection.

Il dut sans doute, pour les formuler, recourir encore aux travaux de ses prédécesseurs; il dut les soumettre à une profonde analyse; mais cette œuvre préliminaire une fois accomplie, il condense tous ces travaux, les complète et les transforme, en leur communiquant aussitôt l'empreinte de son cachet particulier où se découvre le motif secret qui les a inspirés. Ce motif se manifeste par l'intervention du principe générateur des phénomènes et des lois.

Ainsi, tandis que Galilée n'a formulé dans ses lois que les phénomènes de chute des corps terrestres, Newton les complète en y [ajoutant ceux de chute des corps célestes; tandis que Kepler n'a formulé dans les siennes que les phénomènes de mouvement des corps célestes dans les termes suivants : « Les « planètes décrivent autour du soleil des ellipses dont cet astre « occupe l'un des foyers » (*première loi*); « les aires décrites par « le rayon vecteur de la planète sont proportionnelles aux temps « employés à les parcourir » (*deuxième loi*); « les carrés des « temps des révolutions des planètes autour du soleil sont pro- « portionnels aux cubes des grands axes de leurs orbites » (*troisième loi*), Newton résume toutes ces lois en une seule loi, en y faisant intervenir leur principe générateur qui explique à la fois tous les phénomènes de mouvement des corps et toutes les lois de Galilée et de Kepler. C'est ainsi qu'il ramène leur ensemble à sa grande loi de l'attraction universelle : « *Tous les* « *corps s'attirent en raison directe de leurs masses, et en raison inverse* « *du carré de leurs distances.* »

L'idée directrice qui inspire les travaux de Newton ne le quitte jamais. C'est ainsi qu'on en retrouve encore des traces dans la formule de sa seconde loi, celle de la projection. Quand Huyghens, par exemple, n'aperçoit dans les mouvements d'un corps qui tourne autour d'un point fixe que l'action de deux forces nues, l'une qui retient le corps et qu'il appelle centripète, l'autre qui le projette et qu'il appelle centrifuge, Newton va plus loin, et signale leurs conditions dans les termes suivants : « *Un corps* « *sollicité par deux forces tendant constamment vers deux points* « *fixes, décrira par les lignes tirées de ces deux points des solides* « *égaux, autour de la ligne joignant ces deux points.* »

C'est ainsi que Newton est arrivé à formuler l'action des deux grandes forces mouvantes qui agissent sur toutes les planètes, sur leurs satellites et probablement sur tous les autres corps célestes. C'est parce qu'il les a bien comprises, qu'il a pu déterminer avec précision la précession des équinoxes, la nutation de l'axe de la terre, le flux et le reflux des marées, les mouvements de la lune en libration, ainsi que toutes les perturbations ou irrégularités périodiques et séculaires des planètes qui, soumises à l'analyse, viennent trouver leur explication naturelle dans la théorie de l'attraction universelle.

Toutefois, bien que l'explication de la mécanique du monde dérive de ces deux grandes lois, il ne fut pas donné à Newton de le vérifier. De son temps, en effet, la composition des corps célestes était inconnue, et l'on ne pouvait affirmer qu'ils sont constitués par des éléments semblables à ceux qui entrent dans la composition de la terre. Signalons donc en quelques mots les faits qui viennent l'attester et qui semblent attester qu'ils doivent être soumis aux mêmes lois qu'elle.

C'est à John Herschell que revient la première idée qui a permis de connaître la composition des corps célestes. Comparant un jour le spectre solaire avec celui fourni par une flamme dans laquelle il avait projeté quelques parcelles de sels connus, il y découvrit des différences qu'il s'empressa de signaler. Les résultats inattendus de cette observation frappèrent MM. Bunsen et Kerchhoff, qui répétèrent ces expériences et en obtinrent les résultats les plus remarquables. Chaque élément fournissant en effet une raie spéciale dans le spectre, ils ont pu démontrer par sa présence la composition presque semblable du soleil et de la terre. Ils étendirent bientôt cette analyse aux étoiles, aux planètes et même aux nébuleuses, ce qui leur permit de s'assurer de l'unité matérielle des mondes, à quelques variétés près.

Ce grand fait explique pourquoi les corps célestes doivent être soumis aux mêmes forces et aux mêmes lois que les planètes, comme Newton le croyait. C'est en effet ce que l'observation directe est venue confirmer pour un petit nombre d'entre eux. Ainsi, en examinant le mouvement propre de Sirius et de Procyon, Bessel y rencontra d'abord des irrégularités périodiques qu'il ne pouvait expliquer que par l'influence d'une étoile obscure qui agirait par attraction sur chacun d'eux. M. Peters trouva ensuite que cette étoile devait tracer, en un demi-siècle, une orbite très-allongée autour d'un centre de gravité accusant l'existence d'un astre invisible dont le mouvement serait lié à celui de l'étoile brillante par les lois de l'attraction universelle. Enfin, en 1862, M. Alvan Clark aperçut pour la première fois ce compagnon de Sirius, et démontra ainsi que les étoiles obéissent à l'attraction et qu'elles sont soumises aux mêmes lois que les astres de notre système planétaire.

Cette précieuse observation est donc venue confirmer le pressentiment de Newton, et nous attester que ses grandes lois régissent tous les astres connus.

C'est ainsi que la vue de la chute d'une pomme conduisit Newton à atteindre la troisième étape de l'astronomie. Tycho et Torricelli avaient atteint la première en l'approvisionnant de tous les faits de chute des corps terrestres et célestes; Galilée et Kepler, en en tirant les lois expérimentales, mais en laissant à Newton la gloire de les ramener toutes à leur principe, qui explique à la fois tous les phénomènes et les lois elles-mêmes. Toutefois ce principe, en nous ouvrant la porte du temple, ne nous a pas encore conduit jusqu'à son sanctuaire; il nous a fait connaître une cause seconde, mais non la cause des causes telle que la cherchait Newton.

Cependant pour atteindre plus sûrement celle-ci, et avant de l'aborder, interrogeons d'abord cette cause seconde, la gravité; demandons-lui ce qu'elle est en elle-même et si elle est réellement distincte des corps qu'elle meut.

DOCTEUR. — J'éprouve la plus grande répugnance, Ariste, à considérer la gravité comme une force distincte de la matière.

ARISTE. — Vous vous souvenez cependant, docteur, que la matière est inerte, et par conséquent incapable de se donner le moindre mouvement?

Docteur. — Je crois au contraire, comme je vous l'ai déjà dit, que cette force est inhérente à la matière.

Ariste. — Je m'en souviens, docteur, et vous ai promis de combattre cette opinion, qui est erronée. Qui vous porte donc à croire qu'il en est ainsi?

Docteur. — Mettez deux molécules en présence, et considérez ce qui va se passer : l'une attire l'autre, et si rien ne les arrête, elles s'unissent. L'attraction est donc inhérente à chaque molécule, et constitue chez elle le principe du mouvement attractif. Ce principe ne leur vient pas du dehors; il ne leur est pas communiqué; il est dans la matière elle-même. Il est donc évident que le premier moteur de l'univers est l'univers lui-même. Pourquoi alors faire intervenir une cause étrangère, une cause première, pour expliquer ses mouvements?

Ariste. — D'où la matière tire-t-elle cette force?

Docteur. — D'elle-même, puisqu'elle lui est inhérente.

Ariste. — Réfléchissez-y un instant, docteur. Qui a jamais vu une molécule et a pu constater comment elle s'unit à une autre molécule? Votre affirmation ne s'appuie donc encore ici que sur l'invisible et l'inconnu. C'est une pure hypothèse, et l'assentiment que vous lui donnez, un acte de foi. Encore cette hypothèse est-elle en pleine contradiction avec les faits les mieux constatés, et je dirai même, avec la raison.

Si cette force était inhérente à la matière, celle-ci ne pourrait s'en séparer. Comment pouvait-elle agir dans la terre à ses débuts, par exemple, alors qu'elle était, comme vous le dites, un nuage enflammé, dont toutes les molécules flottaient en liberté? Que devient-elle dans un fragment de terre soumis à un courant électrique dont vous voyez toutes les molécules se dissocier, se fondre et se vaporiser? Une propriété inhérente pourrait-elle s'évanouir et disparaître ainsi? Pourrait-elle varier, s'affaiblir et même s'annihiler?

Docteur. — Cependant, Ariste, cette force est si évidente dans les corps célestes, qu'aucun savant ne met en doute qu'elle est la cause de leur attraction.

Ariste. — Pardon, docteur, les plus grands savants combattent cette opinion; consultez Newton, et il vous dira lui-même qu' « on ne peut comprendre que la matière brute et inanimée puisse, sans la médiation de quelque autre chose qui ne soit point matière, agir sur une autre matière et affecter celle-ci sans mutuel contact ». Il va même jusqu'à dire qu' « admettre qu'elle soit inhérente à la matière, de sorte qu'un corps puisse agir sur un autre corps à travers le vide et la distance qui les sépare, sans le secours d'un agent par qui l'action et la force de ces corps soient transmises de l'un à l'autre, est à mes yeux la plus grande absurdité ». (*Troisième lettre au docteur Bentley.*)

Consultez Euler lui-même, il n'est pas moins explicite sur cette force occulte de la matière. « Supposons, dit-il, qu'avant la création du monde Dieu n'ait créé que deux corps éloignés l'un de l'autre ; qu'il n'existât hors d'eux absolument rien, et que ces corps fussent en repos ; serait-il bien possible que l'un s'approchât de l'autre, ou qu'ils eussent un penchant à s'approcher ? Comment l'un sentirait-il l'autre dans l'éloignement ? Comment pourrait-il avoir un désir de s'en approcher ? Ce sont des idées qui révoltent ; mais dès qu'on suppose que l'espace entre les corps est rempli d'une matière subtile, on comprend d'abord que si cette matière peut agir sur les corps en les poussant, l'effet serait le même que s'ils s'attiraient mutuellement. Puisque nous savons donc que tout l'espace entre les corps célestes est rempli d'une matière subtile qu'on nomme éther, il semble plus raisonnable d'attribuer l'action mutuelle des corps à une action que cet éther y exerce, quoique la manière nous soit inconnue, qu'à une qualité inintelligible. » (*Lettre* LXVIII, *à une princ. d'All.*)

Non-seulement Newton et Euler rejettent cette opinion, mais les savants modernes la repoussent avec dédain. « On ne peut dire que la gravitation soit une qualité propre à la matière, dit Biot, car ce pourrait n'être qu'un effet contingent résultant de causes mécaniques agissant sur elle et étrangères à son essence : alors on aurait à chercher la cause des causes, et ainsi ultérieurement, de proche en proche, en suivant une chaîne dont le bout est caché dans l'infini. » (*Mat.,* I, p. 10 et 11.) Arago va même plus loin encore, car il dit que « depuis Newton et Euler, on relègue dans la classe des ignorants ceux qui considèrent l'attraction comme une propriété essentielle de la matière, comme l'indice mystérieux d'une sorte de charme... qui ont supposé que deux corps peuvent agir l'un sur l'autre sans l'intervention d'un troisième corps ». (*Notices scientifiques,* t. III, p. 500.) En effet, « qu'est-ce qui propagerait cette force de l'un à l'autre « à si grande distance à travers le vide ? dit Newton. Cette sup-

« position est pour moi d'une si grande absurdité que je ne
« crois pas qu'un homme qui jouit d'une faculté ordinaire de
« méditer sur les objets physiques puisse l'admettre. » (*Troisième
lettre au docteur Bentley.*)

Vous le voyez, docteur, cette opinion est donc condamnée
sans appel par les maîtres de la science. D'ailleurs, comment
expliquer par elle tous les mouvements des corps célestes et
ceux de la terre en particulier? Supposez pour un instant
celle-ci immobile et placée sur son centre d'équilibre, dans
quelque lieu du plan de son orbite; est-ce l'attraction qui lui
imprimera le mouvement de rotation qu'elle effectue sur son
axe et qui la lancera dans le plan qu'elle poursuit pour circuler
autour du soleil? Évidemment non. Il existe donc un autre
moteur qui a dû intervenir pour produire ces mouvements, puisque l'attraction ne peut les expliquer.

DOCTEUR. — Pourquoi faire intervenir l'action d'un moteur
inconnu, quand la théorie de Laplace explique si naturellement
tous ces mouvements? Ne suffit-il pas d'admettre avec cet homme
célèbre qu'une immense nébuleuse a été l'origine commune de
notre système solaire, pour s'expliquer tous les mouvements des
planètes qui ne sont que la continuation de ceux dont elle était
animée?

ARISTE. — Je n'oublie pas non plus que je vous ai promis de
combattre cette brillante hypothèse.

DOCTEUR. — Soit, Ariste. Cependant quelle vraisemblance
n'acquiert-elle pas quand on l'explique par les principes admis?
Ainsi admettez qu'au sein de cette masse cosmique primitive,
deux atomes se soient rencontrés et joints; aussitôt ils forment
une masse supérieure à celle de chacun des autres, et la loi de
gravitation entre en acte. Ce petit groupe attire les atomes voisins qui, en s'unissant à son noyau, en font bientôt une masse;
et une fois commencé, ce mouvement ne s'arrêtera plus, son
centre d'attraction croissant incessamment en puissance avec sa
masse progressante. De plus, par l'effet de cette multitude de
petits chocs répétés sur tous les points de la sphère en formation,
celle-ci cédera à un mouvement giratoire sur elle-même; elle
tournera sur son axe, en continuant à attirer à sa surface les
atomes épars dans l'éther, et vers son centre les atomes de sa
surface; de telle sorte que sa densité ira croissant de sa surface
au centre, en même temps que son volume.

En se poursuivant et s'accélérant pendant des milliers de siècles, ces phénomènes produiront une sphère d'un volume immense. Puis arrivera un moment où cette sphère se détendra en grandissant en diamètre; alors apparaîtra l'effet de la force centrifuge qui tend à jeter au loin les parties les plus éloignées de son axe de rotation. Elle s'aplatira aux pôles en s'accroissant à l'équateur, en passant de la forme sphéroïdale à la forme elliptique. Enfin, par suite de l'accélération de son mouvement giratoire, arrivera un moment où la force centripète qui tend à précipiter les atomes et les molécules vers le centre sera vaincue par la force centrifuge qui domine à sa circonférence. Un anneau se détachera alors de l'ellipsoïde, qui se trouvera ainsi ramené à la forme sphéroïdale. Cet anneau, bien que séparé de la masse principale dont il est issu, continuera son mouvement en tournant autour du sphéroïde qui l'a engendré; mais pour peu que son volume et sa densité ne soient pas égaux dans toutes ses parties, qu'il présente un peu d'amincissement dans l'un de ses points, ce point se brisera, et la masse de cet anneau ira s'amasser et se concentrer du côté opposé. Cet anneau devenu croissant, ses cornes tendront sans cesse à se rapprocher du renflement auquel elles finiront par imprimer un mouvement de rotation sur lui-même.

En ce sphéroïde secondaire, les choses se passeront de la même manière qu'en la sphère primitive, bien qu'en un temps plus court en raison de la faiblesse de sa masse. Après des myriades de siècles, le sphéroïde générateur, se condensant toujours, abandonnera un deuxième anneau, puis un troisième, et ainsi de suite. Chacun de ces anneaux, en devenant un sphéroïde, abandonnera lui-même des anneaux qui s'échapperont de son équateur pour se créer ainsi un ou plusieurs satellites.

C'est ainsi que s'est formé notre système solaire; c'est ainsi que se produisent encore aujourd'hui ces milliers d'astres semés dans les cieux. Le télescope des astronomes découvre incessamment dans les plus inaccessibles profondeurs de l'infini des nébuleuses de toutes les dimensions et de toutes les formes, à tous les degrés de développement, depuis la simple nuée cosmique, diaphane, homogène, à peine distincte, jusqu'aux magnifiques amas d'étoiles; et entre ces termes extrêmes, toute une série d'états intermédiaires.

Ariste. — Quel avantage trouvez-vous donc, docteur, à

substituer toutes ces hypothèses aux faits de l'observation directe?

DOCTEUR. — Mais, Ariste, cette théorie nous explique très-naturellement l'origine de tous les astres de notre système solaire; elle nous dit pourquoi toutes les planètes circulent autour du soleil et dans le même plan; pourquoi ce plan de circulation générale est précisément celui de l'équateur du soleil lui-même; pourquoi ces planètes décrivent des cercles elliptiques; pourquoi leurs mouvements de translation et de rotation ont lieu dans le même sens, et pourquoi enfin les circonstances observées dans la marche des planètes autour du soleil se retrouvent dans la circulation des satellites autour des planètes.

ARISTE. — Ces faits sont exacts, en partie du moins; mais ils ne peuvent donner à cette théorie la valeur d'une démonstration, et elle n'en reste pas moins une pure hypothèse.

DOCTEUR. — Je crois, Ariste, que si vous examiniez avec attention tous les faits recueillis sur les nébuleuses, vous changeriez d'avis à cet égard.

ARISTE. — Quels faits pourriez-vous donc invoquer?

DOCTEUR. — Ceux qui ont été fournis en particulier par Herschell. Ainsi ce grand observateur trouva que la nébuleuse d'Orion avait sensiblement changé de forme et d'étendue, en comparant ses observations de 1780 à celles de 1811.

« C'était, dit Arago, suivant l'expression de Fontenelle, avoir pris la nature sur le fait. » (*Astronom. popul.*, t. I, p. 524.) Ainsi « Herschell aperçoit en 1785 une étoile brillante entourée d'une nébulosité qui s'affaiblit graduellement : « Voilà, dit-il, un « indice non douteux de la connexion de l'étoile avec la nébulo-« sité. » En 1785, il en aperçoit une autre presque dans les mêmes conditions. En 1787, il en distingue une troisième plus petite, et en 1790, une quatrième à peu près semblable. » (Arago, *ibid.*, p. 530, 531.)

« Aucune personne raisonnable, dit Arago, ne pourra refuser de s'associer aux idées d'Herschell; et chacun demeurera convaincu qu'il existe réellement des étoiles brillantes, entourées d'atmosphères immenses, lumineuses par elles-mêmes; et la supposition qu'en se condensant graduellement ces atmosphères peuvent à la longue se réunir aux étoiles centrales et accroître leur éclat deviendra très-plausible... Il semble presque évident pour tout astronome que ces condensations cosmiques sont comme un état de la matière lumineuse, intermédiaire entre celui des nébuleuses également brillantes dans toute leur étendue et l'état des étoiles nébuleuses proprement dites; comme la seconde phase à distinguer dans chaque groupe de cette matière pendant son passage de la période uniformément diffuse à l'état d'étoile ordinaire. Ces vues grandioses d'Herschell ne tendent à rien moins qu'à vous faire supposer qu'il se forme sans cesse des étoiles, que nous assistons à la naissance lente, progressive, de nouveaux soleils. » (Arago, *ibid.*, p. 531, 532.)

Telle est encore l'opinion de de Humboldt, qui dit lui-même : « On ne s'est point borné à constater dans les nébuleuses diverses phases de formation par les degrés de leur condensation plus ou moins marquée vers le centre; on a cru aussi pouvoir déduire immédiatement d'observations faites à différentes époques, qu'il s'est opéré des changements effectifs dans la nébuleuse d'Andromède, puis dans celle du navire d'Argo » (*Cosmos*, t. I, p. 89, trad. de Faye, Gide, 1846); et Humboldt finit par conclure que « le monde des formations célestes doit être accepté comme un « fait, comme une donnée naturelle qui se dérobe aux spécula- « tions de l'esprit par l'absence de tout enchaînement visible de « cause à effet ». (*Ibid.*, p. 102.)

ARISTE. — Voilà un bien petit nombre de faits pour en tirer des conclusions aussi graves, quand on sait surtout qu'ils ont été observés à des distances incommensurables.

DOCTEUR. — Souvenez-vous cependant, Ariste, de l'ingénieuse expérience de M. Plateau, qui, à l'aide d'une simple goutte d'huile projetée dans un mélange d'eau et d'alcool, nous fournit un simulacre des plus frappants de l'origine des mondes. Ne suffit-il pas d'introduire dans le centre de cette goutte une aiguille, et de lui donner un mouvement régulier de rotation, pour faire tourner cette sphère huileuse sur son axe et la voir s'aplatir aux pôles en se renflant à l'équateur? Bientôt même, si l'expérience est bien conduite, on voit s'échapper du renflement de cet équateur une sorte d'anneau qui se rompt en globules dont chacun tourne à son tour autour de la masse centrale! Cette curieuse expérience ne semble-t-elle pas nous faire assister, ainsi qu'on l'a dit, à la naissance des mondes dans un verre d'eau?

ARISTE. — Cette expérience est fort curieuse, à coup sûr; mais c'est en vain que je lui demande la preuve de la théorie de

Laplace. Pas plus que vos hypothèses et vos conjectures, elle ne prouve sa réalité.

DOCTEUR. — Vous êtes bien difficile, Ariste : que pouvez-vous donc lui reprocher?

ARISTE. — Deux choses seulement, docteur : la première, c'est de ne reposer que sur une simple hypothèse ; la seconde, c'est d'être en contradiction avec les faits.

Considérez d'abord ce que nous a valu cette brillante « hypothèse », comme l'appelait Laplace lui-même : un monde purement imaginaire au lieu du monde réel, au lieu du monde tel que la nature nous le fait observer. Or cette hypothèse, en faisant accroire au savant qu'il sait, l'empêche de chercher ce qu'il ignore, et l'oblige à plier les faits contradictoires au service de ses convictions.

Cette théorie aurait-elle d'ailleurs la valeur d'un fait scientifiquement établi? Loin de là ; il ne semble pas même qu'elle puisse résister aux graves objections qu'on peut lui opposer. Constatons d'abord un fait, c'est que Laplace ne l'a présentée lui-même qu'avec « défiance » (*Expos. du syst. du monde,* t. II, p. 450); il convenait que cette « hypothèse » n'explique pas la présence des comètes qui circulent dans toutes les directions autour du soleil, et qui d'après elle restent « étrangères au système solaire ». (*Ibid.,* p. 475.) Remarquez d'ailleurs que quoi que vous en ayez dit, elle est en contradiction avec les mouvements rétrogrades des satellites d'Uranus et du satellite de Neptune ; avec le mouvement de l'un des satellites de Mars, Phobos, qui fait le tour de la planète en trois fois moins de temps qu'il n'en faut à celle-ci pour faire le tour de son axe, et, d'après la théorie de Laplace, ce temps devrait être plus grand. Une partie des anneaux de Saturne tourne aussi plus vite que la planète elle-même.

Si l'atmosphère du soleil, imaginée par Laplace, se décompose en anneaux tournant tout d'une pièce, dès qu'il admet que ces anneaux se sont concentrés en planètes, celles-ci devraient toutes avoir une rotation directe. Et cette hypothèse ne s'est pas réalisée.

DOCTEUR. — Mais, Ariste, ne pourrait-on imaginer avec M. Faye qu'à l'origine, la matière de notre système était disséminée dans un espace globulaire cent fois plus grand que celui de Neptune, qu'il y avait tourbillonnement de la masse entière autour d'un certain axe, comme on l'a observé pour certaines nébuleuses actuelles, et que ce tourbillonnement a donné lieu à la formation d'anneaux dans le plan de l'équateur perpendiculaire à l'axe, anneaux tournant à peu près d'une pièce; qu'en même temps, l'influence de la gravité a occasionné une concentration de la matière de la nébuleuse vers le centre de celle-ci, et que cette concentration a pu produire une division de la nébuleuse en deux régions, l'une extérieure, où les anneaux ont pu donner naissance à des planètes à rotation rétrograde, l'autre intérieure, où les planètes seront à rotation directe?

ARISTE. — J'admire plus que personne, docteur, le génie de M. Faye qui a su réparer les brèches faites par l'observation directe à l'hypothèse de Laplace; mais remarquez-le, ce n'est qu'à l'aide d'une autre hypothèse qu'il a « imaginée », qu'il a tenté de combler les vides creusés par la science actuelle, impuissante à expliquer la théorie de Laplace.

DOCTEUR. — Mais enfin, Ariste, ce mouvement rétrograde ne pourrait-il lui-même s'expliquer encore par l'action directe de Neptune, ou par la rencontre de quelque comète?

ARISTE. — Non, docteur; car Neptune est dix fois plus éloigné d'Uranus que Jupiter de Mars et de la Terre; or, bien que Jupiter soit beaucoup plus puissant que Neptune, il n'a produit aucun effet appréciable sur les satellites de Mars et de la Terre. Il ne s'agit donc que d'une supposition purement gratuite. En serait-il autrement de la rencontre d'une comète? Mais on a vu celle de Lexelle passer en 1767 et en 1769 fort près de Jupiter et de ses satellites, sans altérer en aucune façon le mouvement de ces corps; la comète de Gambart elle-même a failli rencontrer la Terre en 1832, et a effectué très-probablement cette rencontre, tout au moins partiellement en 1872, en se bornant à nous fournir une magnifique pluie d'étoiles filantes, aussi splendide qu'inoffensive!

D'ailleurs, en admettant cette origine de la terre et des planètes, resterait toujours à expliquer la cause qui a imprimé le mouvement primitif à ce nuage enflammé. *Qui* ou *quoi* l'a fait tourner sur son axe? Existe-t-il une force naturelle connue qui puisse l'expliquer? Vous invoquez la chute des atomes sur sa masse primitive; mais n'est-il pas évident, en admettant même cette supposition, qu'en se précipitant de toutes parts sur cette masse, ils se seraient fait équilibre et n'auraient pu l'entraîner?

« J'avouerai néanmoins, dit Hœckel, grand partisan de cette
« théorie, qu'il y a dans la cosmogonie grandiose de Kant un
« côté faible qui ne nous permet pas de l'accepter sans restric-
« tion... Il y a des difficultés à admettre l'idée d'un chaos gazeux
« primitif, remplissant l'univers; mais une difficulté plus grande
« et plus insoluble encore, c'est que la théorie cosmologique
« des gaz ne nous explique en rien la première impulsion qui
« imprima un mouvement rotatoire à la masse gazeuse remplis-
« sant l'univers. En cherchant cette impulsion première, nous
« sommes involontairement conduit à songer à *un premier com-*
« *mencement.* » (Hœckel, *Hist. de la créat. natur.,* etc., p. 386.)

Je me borne à ce résumé condensé des principales objections
qu'on peut opposer à la théorie de Kant, théorie que J. Herschell
a tirée de l'oubli en lui donnant quelque apparence de réalité, et
que Laplace a fait accepter du grand nombre, en lui donnant la
célébrité de son nom. Mais avant d'en finir avec elle, ne serait-il
pas convenable de l'aborder par un côté trop négligé jusqu'ici,
celui de savoir ce que sont les nébuleuses elles-mêmes d'où on
l'a tirée?

A la simple vue, la voie lactée est une nébuleuse aussi, où se
découvre un certain nombre d'étoiles. Elle est donc formée par
une nébuleuse réductible en partie. Mais « si votre système pla-
« nétaire, dit de Humboldt, se trouvait situé à une grande dis-
« tance de cet amas d'étoiles, la voie lactée offrirait l'apparence
« d'un anneau; à une distance encore plus forte, elle apparaî-
« trait dans un télescope comme une nébuleuse irréductible
« terminée par un contour circulaire ». (*Cosmos,* t. I, p. 96.)
Ce qui est arrivé pour la voie lactée, dans laquelle Galilée a
observé les premières étoiles à l'aide de sa longue-vue, qui lui
a permis de la réduire en partie, ne nous offrirait-il pas un
exemple de ce qui doit arriver pour les nébuleuses observées aux
distances immenses du lieu où nous les voyons? Examinons ce
que vont répondre les faits à cette question.

Herschell, muni d'un télescope beaucoup plus puissant que celui
de Galilée, a découvert un grand nombre de nébuleuses qui
avaient échappé à celui-ci. Parmi celles-ci, il a pu en résoudre un
certain nombre en soleils distincts; mais beaucoup d'autres se
sont montrées réfractaires. De ce nombre étaient en particulier
les nébuleuses d'Andromède et celle de l'Hydre. Or voici ce qui
est arrivé pour elles. La nébuleuse d'Andromède fut découverte

par Simon Marius, le 15 novembre 1612, qui dit à son occasion :
« Elle est à la ceinture d'Andromède... Lorsqu'on la regarde à la
« lunette, on n'y voit point briller plusieurs petites étoiles... Elle
« m'a paru avoir l'apparence de la flamme d'une chandelle qu'on
« verrait dans la nuit, à travers de la corne transparente. »
(Cité par Mairan.) Voici maintenant ce qu'en dit Herschell qui l'a
étudiée près de deux siècles après Marius, mais avec un instrument plus puissant : « Sa forme telle qu'on la voit dans un
« télescope ordinaire, est un ovale assez allongé dont l'éclat
« croît d'abord par degrés insensibles, puis à la fin très-rapide-
« ment jusqu'au point central... Ce point, bien que beaucoup
« plus brillant que le reste, *n'est certainement pas stellaire,* mais,
« ainsi que le tout, une nébuleuse dans un état extrême de con-
« densation. » L'étudiant postérieurement, avec un réflecteur de
dix-huit pouces d'ouverture, il conclut de nouveau que rien
« n'excite le soupçon qu'elle soit composée d'étoiles ». Malgré
cette double négation, G. P. Bond, directeur de l'observatoire
de Cambridge (États-Unis), à l'aide de la fameuse lunette de
32 centimètres de cet établissement, a décomposé en 1848 cette
nébuleuse jusque-là irréductible, et il a pu y compter jusqu'à
quinze cents étoiles : le noyau seul a résisté à sa décomposition,
« mais il n'est pas douteux, dit M. Guillemin, que la nébuleuse
« d'Andromède tout entière soit un amas d'étoiles ». (*Le Ciel,*
5ᵉ édit., in-8, p. 824 et 825.)

Le P. Secchi examine à son tour une autre nébuleuse irréductible, celle de l'Hydre, et voici le résultat de ses observations
sur elle : « C'est l'objet le plus intéressant que j'aie vu jusqu'ici,
« dit-il; elle fut déjà découverte par W. Herschell en 1785, et
« décrite comme un beau globe de lumière uniforme. Avec le
« grossissement de cent trente-cinq fois, elle scintille légère-
« ment à la partie centrale qui est d'un bel azur, formant un
« contraste admirable avec la couleur rouge des fils micrométri-
« ques. Avec le grossissement de trois cents fois, elle est distincte
« en un anneau brillant obscur au centre, de forme semblable à
« celle d'une oreille humaine et très-scintillante. Au grossisse-
« ment de mille, elle se résout en un anneau magnifique d'étoiles
« complétement distinctes, aussi net et aussi précis que ce que
« j'ai pu voir dans d'autres nébuleuses. » (*Memorie,* etc., trad.
dans la *Rev. des quest. scientifiq.,* octobre 1878, p. 371, par le
R. P. Van Tricht.)

N'est-ce pas le cas de remarquer avec M. Guillemin que « l'hypothèse d'une matière diffuse et nébuleuse semble reculer au fur et à mesure des progrès de l'observation » (*le Ciel*, etc., p. 863), et de conclure avec la science moderne « qu'à « mesure que la puissance des lunettes augmente, le nombre des « nébuleuses irréductibles diminue dans une proportion rapide, « sans toutefois pouvoir jamais être épuisé? Car quand s'accroît « la puissance des télescopes, le dernier venu résout ce que « n'avait pu résoudre le précédent; mais en même temps, ce « télescope, pénétrant plus avant dans l'espace, fait découvrir « des nébuleuses qu'on n'avait pas encore aperçues. Ainsi, réso- « lution des anciennes nébuleuses et découverte de nébuleuses « nouvelles qui exigent à leur tour un nouvel accroissement de « puissance optique, tel est le cercle dans lequel la science est « renfermée à cet égard. » (*Dict. gén. des scienc. théor. et appliq.*, art. *Nébuleuses.*)

Tel nous paraît être le dernier mot de la science sur les nébuleuses. Il semble appuyer fortement les doutes que nous avons émis sur « l'hypothèse » de Laplace, et il est de nature à faire évanouir des explications beaucoup plus séduisantes que solides sur l'origine de la terre et des planètes de notre système solaire. D'ailleurs, comme l'observe avec raison M. Jean d'Estienne, « la géogénie, c'est-à-dire la science de la formation de la terre, est encore dans un état voisin de l'enfance; chaque jour voit une découverte nouvelle remettre en question, sinon faire évanouir cette théorie généralement admise la veille, et les bases, les fondements premiers de la science sont eux-mêmes contestés ». (*Rev. des quest. scientif.*, t. II, p. 47.)

Tels sont les motifs qui nous engagent à repousser « l'hypothèse » de Laplace, et à revenir à la méthode du grand philosophe de la nature, à celle de Newton, dont la « réputation, loin « de s'affaiblir par le temps, s'augmente par les vains efforts de « ceux qui cherchent à l'égaler », dit Laplace lui-même. (*Ibid.*, t. II, p. 483.) Suivons donc les préceptes de ce grand homme, et rappelons-nous sans cesse que « le grand but qu'on doit se pro- « poser dans les phénomènes de la nature, c'est de raisonner sur « les phénomènes sans le secours d'aucune hypothèse; de déduire « les causes des effets, jusqu'à ce qu'on soit parvenu à la cause « première. » Mais revenons à la question au point où nous l'avions abandonnée, pour nous occuper de l'hypothèse de Laplace.

Ainsi que nous l'avons constaté avec Newton, tous les faits de mouvement de la terre peuvent être formulés en deux lois distinctes : la première résume tous les faits d'*attraction ;* la seconde, tous ceux de *projection.* Ces deux lois, ainsi que nous l'avons constaté, nous montrent deux causes distinctes : l'attraction nous montre la *gravité ;* la projection, l'action d'un *moteur* spécial. Examinons en quelques mots maintenant quels sont les caractères de ces deux forces mouvantes.

La gravité agit dans tous les corps de la nature, en les attirant les uns vers les autres ; et cette attraction se produit toujours de même « en raison des masses », c'est-à-dire que les plus petits sont attirés d'une manière plus sensible par les plus grands, quoique ceux-ci le soient en même temps eux-mêmes par les plus petits. C'est ce que démontre d'une manière évidente l'expérience de Cavendish par l'action réciproque de deux sphères métalliques d'inégale grosseur dont le rapprochement s'effectue selon leur masse proportionnelle. En outre, la gravité agit toujours de même dans des conditions semblables. L'attraction qu'elle produit entre tous les corps pesants est si régulière, que Galilée a pu la formuler dans des lois invariables pour les corps terrestres, Kepler pour les corps célestes, et Newton les résumer en une seule loi qui les embrasse toutes. Ces lois attestent que la gravité est une force active, puisqu'elle agit sans cesse, mais une force aveugle, puisqu'elle agit toujours de même. Son caractère essentiel est donc d'être constituée par une force nécessaire, aveugle et fatale, caractère qui la classe par conséquent parmi les *causes secondes.*

Découvrirons-nous ces caractères dans le moteur qui produit la projection? Pour le savoir, consultons ses faits ou ses effets, comme nous venons de le faire pour la gravité : c'est à eux de résoudre le problème. Quand nous voyons une pierre tourner dans une fronde autour de la main, comme fait la terre autour du soleil, nous saisissons fort bien l'action de deux forces dont sa circulation est la résultante : c'est la main qui la retient et le bras qui la pousse. Mais dans la circulation de la terre, nous ne connaissons que l'une d'elles, la gravité qui l'attire vers le soleil ; nous ignorons quel est le bras qui l'a lancée dans l'orbite qu'elle parcourt. Cherchons du moins à le caractériser par ses effets. Le premier des effets de ce moteur inconnu a été de joindre la terre ; le second, de s'unir à la gravité qui la précipitait sur le soleil ; le troisième, de lutter contre elle pour l'enrayer et la conduire dans une autre direction ; le quatrième, de s'équilibrer avec elle ; le cinquième, de produire la rotation de la terre en la dirigeant dans le sens de son autre mouvement ; le sixième enfin, d'harmoniser celui-ci avec les mouvements des autres pla-- nètes, de la lune, des comètes, et avec l'ensemble de ceux de tous les astres.

Quelle peut donc être une cause motrice capable de produire de tels effets, de s'associer à l'action d'une cause aveugle et nécessaire, de coordonner son action avec la sienne, de se lier et de s'unir à elle pour la diriger et la faire converger vers un but commun, sinon une cause intelligente, puissante, sage et prévoyante, une cause supérieure enfin, puisqu'elle conduit elle-même et dirige une cause aveugle et nécessaire ?

Mais arrêtons-nous, pour l'instant, à ce dernier caractère qui suffit pour nous faire entrevoir sa nature. D'autres recherches sont encore nécessaires pour nous permettre de la connaitre plus complétement. D'ailleurs, notre but est atteint, puisqu'il se bornait à mettre en évidence la gravité seulement, qui nous a été révélée comme une cause seconde fatale et nécessaire.

DOCTEUR. — Cependant, Ariste, vous ne nous avez encore rien dit de la vérité. Serait-elle donc constituée par les phénomènes qui démontrent que la terre est ronde, isolée, pesante, et qu'elle tourne autour du soleil ?

ARISTE. — Non, docteur. La vérité ne peut se rencontrer dans les phénomènes.

DOCTEUR. — Cependant, Ariste, ces phénomènes sont réels, immuables, et durent depuis bien des siècles.

ARISTE. — Cela atteste qu'ils sont, mais non qu'ils constituent des vérités. Tant que la science n'aura pas démontré que la terre a toujours été ronde, isolée, pesante, et qu'elle a toujours tourné autour du soleil, nous ne pourrons considérer ces phénomènes comme immuables, et affirmer, par conséquent, qu'ils constituent autant de vérités.

DOCTEUR. — Vous ne contesterez pas du moins que les lois de Galilée, de Kepler et de Newton, soient autant de vérités, puisqu'elles sont réelles, immuables et perpétuelles ?

ARISTE. — Si, docteur, car il leur manque un caractère essentiel : c'est d'être réellement.

DOCTEUR. — Comment! ce qui commande, régit et gouverne, n'aurait pas une existence réelle?

ARISTE. — Souvenez-vous, docteur, qu'une loi n'est qu'un fait répété, et la formule qui l'exprime, qu'un mot. Mais puisque vous insistez de nouveau sur les lois, éclaircissons cette question pour n'avoir plus à y revenir. Quand tous les phénomènes de chute ont conduit Newton à les formuler dans sa grande loi, en disant : *Tous les corps s'attirent en raison de leurs masses,* sont-ce les mots de cette formule qui les attirent? Évidemment non ; c'est la propriété de ces corps, c'est la *gravité,* dont la loi ne fait autre chose que d'exprimer les *effets.* Or, une formule qui est exprimée par des mots n'a nulle existence distincte et réelle, et par cela même ne peut constituer une vérité.

DOCTEUR. — Alors cette vérité se rencontre donc dans les deux causes qui meuvent la terre?

ARISTE. — Dans l'une d'elles seulement, dans la gravité. Celle-ci, en effet, est réellement, puisqu'elle agit sans cesse ; elle est immuable, puisqu'elle agit toujours et partout de même ; enfin, elle est perpétuelle, puisqu'on peut en constater les effets depuis qu'il existe des corps pesants. Pour la seconde, c'est tout différent. Nous en avons déjà dit quelques mots d'ailleurs, mais il sera plus opportun de n'y revenir que dans l'un de nos entretiens suivants.

Quant à présent, je vous propose de terminer celui-ci en formulant les lois de la terre et de ses mouvements, et en demandant à ces lois quelles sont les causes qu'elles nous montrent.

— I. Lois de la terre et de ses mouvements :

Première loi. — La terre est ronde.

Deuxième loi. — La terre est isolée.

Troisième loi. — La terre tombe incessamment sur le soleil.

Quatrième loi. — La terre circule autour du soleil.

Cinquième loi. — La terre tourne sur son axe.

— II. Causes montrées par ses lois :

Première cause : La forme sphéroïdale et l'isolement de la terre sont des conditions communes à tous les corps célestes, et ne montrent comme elles qu'une cause commune et intelligente qui a adapté cette forme et cet isolement aux fonctions qu'elle devait remplir.

Deuxième cause : La chute incessante de la terre sur le soleil montre l'action de la gravité, gravité qui se manifeste de telle sorte que « tous les corps s'attirent en raison de leurs masses ».

Troisième cause : La circomduction de la terre autour du soleil montre l'action d'une force d'impulsion qui l'a poussée en avant; sa rotation, l'effet d'une force qui l'a fait tourner sur son axe. Toutefois, comme une seule impulsion appliquée sur un point excentrique de la terre a pu produire ce double mouvement, on peut admettre avec Newton qu'une seule impulsion a produit simultanément sa projection et sa rotation, et que ces deux mouvements montrent l'action d'une seule et même cause.

En résumé, ces lois ne nous montrent donc que deux causes spéciales et distinctes : la gravité et l'impulsion.

CHAPITRE V.

LES ÊTRES ORGANISÉS ET LA VIE.

I

L'ORGANISME, SES PHÉNOMÈNES ET SES LOIS.

La mécanique céleste est admirable, mais celle de l'homme la surpasse infiniment.

DOCTEUR. — Vous nous avez fait entrevoir quelques vérités, en parlant des phénomènes et des lois de la matière, Ariste; pourquoi n'en chercheriez-vous pas de nouvelles maintenant dans les phénomènes et les lois des êtres organisés?

ARISTE. — Ces phénomènes et ces lois sont communs à un grand nombre d'êtres, docteur, aux plantes et aux animaux comme à l'homme; comment les embrasser tous à la fois?

DOCTEUR. — En les étudiant les uns après les autres.

ARISTE. — Mais à mesure qu'on les étudie sur des individus plus élevés dans l'échelle des êtres, chacun d'eux présente de nouvelles perfections; ce que je dirais des uns ne pourrait s'appliquer à tous.

DOCTEUR. — Il n'y a pas de vie sans organisme; la connaissance de celui-ci pourrait y suffire.

ARISTE. — Mais la vie a sa réalité aussi, docteur?

DOCTEUR. — La vie est invisible, Ariste; force pour quelques-uns, résultante pour le plus grand nombre, elle est pour tous un problème insoluble. Comment faire jaillir quelque vérité de ce je ne sais quoi, qui est enveloppé de tant de nuages et de mystères?

ARISTE. — Cependant son étude m'a convaincu que la vie préexiste à l'organisme, que c'est elle qui le forme, l'entretient,

le répare, et par conséquent qu'elle en est distincte; car ce qui
précède et forme, diffère évidemment de ce qui suit et est formé.

Docteur. — Pourquoi s'occuper d'une hypothèse, quand l'action de l'organisme peut expliquer tous les phénomènes de ce
que vous appelez la vie?

Ariste. — Croiriez-vous connaître un voyageur, si vous ignoriez d'où il vient, ce qu'il est et où il va? Demandons donc aussi
à la vie, passagère comme lui, ce qu'elle est, et quelles sont sa
nature et ses lois.

Docteur. — Fort bien, Ariste; mais tandis que le voyageur
répondra à vos questions, la vie restera muette. Qui vous
répondra pour elle?

Ariste. — Ses actes et ses manifestations, docteur.

Docteur. — Les paroles d'un voyageur sont plus faciles à
comprendre que des actes et des manifestations.

Ariste. — C'est l'affaire de la science de les traduire en
paroles. Qu'importe qu'un artiste décrive son œuvre ou qu'il la
montre en action? L'œuvre parle et explique elle-même les
idées qu'elle renferme.

Cependant, docteur, si vous croyez pouvoir expliquer tous
les phénomènes de la vie par le jeu de l'organisme, tentez-le!
Si vous réussissez, j'applaudirai à votre succès; dans le cas contraire, je suppléerai à vos omissions, du moins en ce qui concerne la vie, dont je me suis beaucoup occupé. Si vous vous
bornez à me montrer le jeu des aiguilles, je ferai mon possible
pour découvrir le ressort qui les meut. Cherchons donc à
résoudre ce grand problème de compte à demi : à vous l'organisme, à moi la vie!

Docteur. — Merci, Ariste, de la part que vous m'octroyez
dans cette joute commune. J'espère bien ne vous laisser d'autre
soin que celui de dégager la vérité des phénomènes et des lois
de l'organisme, que je vais successivement vous signaler.

Je commence.

Je voudrais vous éviter une leçon d'anatomie, de cette science
toujours sèche et aride; mais je ne puis cependant me dispenser
d'entrer dans quelques détails nécessaires, pour vous faire comprendre quels sont les principaux caractères d'un organisme,
afin de vous mettre à même de saisir le rôle qu'il est appelé à
jouer dans le mécanisme de la vie.

Qu'est-ce d'abord qu'un organisme? On désigne sous ce

nom tout corps jouissant d'une existence séparée, et doué de certaines propriétés spéciales qui lui permettent de vivre, de se développer et de se propager. Mais parmi les organismes il en est de simples, d'autres sont composés, d'autres encore sont plus ou moins compliqués. Pour vous en donner une idée suffisante, j'aborderai en premier lieu les organismes les plus simples, qui vous mettront à même de comprendre ce qu'est la vie réduite à sa plus simple expression. Nous nous occuperons ensuite des organismes composés, en terminant par ceux qui sont compliqués.

Examinons d'abord ce que c'est qu'un organisme simple. La théorie cellulaire nous a initié depuis quelque temps aux mystères répandus jusqu'à elle sur ces êtres souvent si ténus, qu'ils sont invisibles à la vue simple, et qu'il faut recourir aux instruments grossissants pour les apercevoir.

ARISTE. — Comment s'assurer, dans de telles conditions, de leur organisation et de leurs fonctions?

DOCTEUR. — Le microscope y suffit.

ARISTE. — L'étude des infiniment petits expose à bien des illusions.

DOCTEUR. — Qu'y a-t-il de plus facile à voir, à l'aide d'un microscope solaire, que ces milliers d'êtres qui nagent dans une goutte d'eau, comme les poissons dans un étang?

ARISTE. — Qu'enseigne donc la théorie cellulaire sur ces êtres?

DOCTEUR. — Comme la science générale, elle nous montre que tout être commence par un œuf : *omne vivum ex ovo,* a dit Harvey. Or, qu'est-ce qu'un organisme réduit à son plus grand degré de simplicité, sinon une cellule, cellule qui n'est autre chose elle-même qu'un œuf? Depuis Schleiden et Schwann, on a pu s'assurer que tous les végétaux et tous les animaux naissent d'une cellule, et qu'ils se réduisent en dernière analyse en cellules. Or, étudier cette cellule qui, elle, vit, absorbe, exhale, respire, se nourrit et se multiplie, c'est étudier un organisme à son plus grand degré de simplicité, puisqu'il vit d'une vie séparée, se développe et se propage. C'est donc par l'organisme de la cellule que je vais commencer.

ARISTE. — Avant de commencer, dites-moi pourquoi vous faites honneur à Schleiden et à Schwann de cette théorie.

DOCTEUR. — Tous les auteurs modernes s'accordent à la leur attribuer.

ARISTE. — C'est une erreur et une injustice, docteur; cette

théorie est toute française; elle a été formulée avant les travaux de ces auteurs par le célèbre botaniste de Mirbel. « Ce végétal, « a-t-il dit, est dans l'origine formé essentiellement d'un simple « *tissu cellulaire* qui subit des modifications diverses par l'effet « du développement. » (*Mémoire sur l'origine, le développement et l'organisation du liber du bois.*) Il ajoute même que « les tubes et « les vaisseaux ne sont que des cellules très-allongées ». (*Exposit. de la théorie de l'organisme végétal,* Paris, 1809.) Il parle également ment de la génération des cellules, et en admet trois variétés : une génération intra-utriculaire (endogène); une superutriculaire (exogène ou gemmation), et une interutriculaire (formation libre). « Ce n'est pas, dit-il, par l'alliance d'utricules d'abord « libres que le tissu cellulaire des plantes se produit, mais par la « force génératrice du premier utricule, qui en engendre d'autres « doués de la même propriété. » — « Les cellules, dit-il encore, « sont autant d'individus vivants, jouissant chacun de la pro- « priété de croître, de se multiplier, de se modifier dans cer- « taines limites, et qui sont les matériaux constituants des plantes. « La plante est donc un être collectif. » (*Cours complet d'agriculture.* Textes cités par M. Ch. Robin, p. 563 de son *Anat. et physiol. cellulaires*).

Comme vous le voyez par ce texte, toute la théorie cellulaire est là. Plus tard, nous voyons Turpin la développer aussi dans son *Organographie microscopique* (*Mém. du Muséum d'hist. nat.,* 1826, t. XVIII, p. 16), et Dutrochet affirmer lui-même, dès 1824, que « tout dérive de la cellule dans le tissu organique des « végétaux, et que l'observation vient nous prouver qu'*il en est* « *de même chez les animaux* ». (*Recherche sur la structure intime des animaux et des végétaux.* Paris, 1824.)

Pardon, docteur, de cette interruption; elle n'avait d'autre but que de protester contre une erreur de lèse-nationalité. Veuillez maintenant me dire ce que Schleiden et Schwann ont ajouté aux connaissances de leurs prédécesseurs.

Docteur. — Merci, Ariste, de cette revendication. Il est évident que la théorie cellulaire était connue quand Robert Brown découvrit en 1831 seulement le noyau qui se voit dans les asclépiadées et les orchidées, et surtout quand Schleiden vint vers 1838 désigner ce noyau sous le nom de cytoblaste. Selon lui, autour du nucléole ou petit noyau, il se développerait une vésicule transparente qui représente un petit segment de sphère aplati, analogue à un verre de montre appliqué sur sa sertissure.

Mais il n'est pas moins manifeste cependant que Schleiden a ajouté quelques détails à ceux qui étaient connus, en analysant cette cellule et en en formulant la théorie. Selon lui, en effet, le nucléole apparaît d'abord; il est formé de petites granulations; puis un amas granuleux se dépose autour de lui pour produire le noyau; enfin apparaît la membrane cellulaire qui les enveloppe de tous côtés. Ces petits organismes se nourrissent, dit-il, par absorption endosmotique, et se multiplient par segmentation ou par scission.

Tandis que, comme de Mirbel, Schleiden avait limité ses recherches aux cellules des végétaux, Schwann, à l'imitation de Dutrochet, les étendit à celles des animaux. Les travaux de Coste et de de Baer sur l'œuf des animaux le conduisirent à considérer cet œuf comme une simple cellule, et par suite à assimiler sa tache primitive au nucléole, sa vésicule germinative au noyau vitellin, et sa membrane à la paroi de la cellule. Il attribuait l'origine de cette cellule à la substance amorphe du milieu où elle se produit, et la désignait sous le nom de cystoblaste. « La formation des cellules, dit-il, est à la nature organique ce « que la cristallisation est à la nature inorganique. » Selon lui, tous les tissus proviennent de cellules transformées. De telle sorte qu'en s'aidant des données de cette théorie, Du Bois-Raymond a pu en donner la théorie générale suivante : « Pour « nous, dit-il, chaque organisme est une agrégation d'individus « plus ou moins nombreux, dont les propriétés particulières « reproduisent en petit les propriétés du tout organique qu'elles « constituent, qui se nourrissent, se transforment et se propa- « gent d'une manière indépendante, et qui, par la somme de leurs « modifications normales, effectuent la modification de l'orga- « nisme lui-même. » Bien que cette théorie soit encore fort conjecturale, je dois ajouter cependant que l'un des hommes les plus sérieux de la science moderne, M. Milne-Edwards, semble la considérer comme très-vraisemblable. (*Rapport sur le progrès de la zoologie au dix-neuvième siècle.*)

ARISTE. — Cette science est encore bien nouvelle pour s'imposer à toutes les convictions. Considérez d'ailleurs qu'elle n'a recueilli ses faits qu'à l'aide du microscope; qu'elle est loin d'avoir constaté tout ce qu'elle annonce, et qu'en osant considérer toutes les cellules comme autant d'individualités autonomes, elle arrive évidemment à se heurter contre le sens commun. Kölliker convient lui-même que l'histologie « nou-seulement ne « possède pas une seule loi, mais encore, dit-il, les matériaux « d'où elle les pourrait déduire sont trop pauvres pour qu'on « puisse en tirer avec certitude un nombre suffisant de principes « généraux ». (*Éléments d'histologie humaine,* trad. par J. Béclard et Sée, in-8, 1856, p. 4.) Si donc vous voulez m'en croire, nous nous occuperons d'êtres un peu moins hypothétiques et plus faciles à observer.

Docteur. — Vous vous montrez bien rigoureux envers les infiniment petits, Ariste ; j'espère cependant qu'il n'en sera pas de même pour ceux qui me restent à vous signaler.

Ariste. — Quels sont donc ces simples organismes, docteur ?

Docteur. — Pour vous les présenter selon leur degré de simplicité et leur gradation je me propose de vous parler successivement des plasmodies, des rhizopodes, des monères, des amibes et des éponges.

On peut affirmer sans crainte que les plasmodies sont les organismes les plus rudimentaires de tous ceux qui sont connus, car ils ne sont constitués que par un seul des trois éléments qui entrent dans la composition de la cellule elle-même, par le protoplasma. On hésite même à classer dans le règne animal les mycomycètes, qui en font partie. On découvre les spores de cette sorte de champignons, d'après Bary, sur les feuilles, le bois ou le tan fleuri. Cependant, après plusieurs transformations, ces spores donnent naissance à des masses protoplasmatiques qui se réunissent pour constituer des plasmodies, sortes d'êtres granuleux dans lesquels une observation attentive parvient à découvrir une animation et quelques mouvements spontanés à l'aide desquels ils s'avancent vers la lumière et la chaleur. Un sentiment obscur, des mouvements confus, bien que manifestes, et leur constitution plasmatique, sont d'ailleurs les seuls liens qui les rattachent à l'animalité.

Les rhizopodes, signalés pour la première fois par Desjardins, sont encore des êtres fort élémentaires, qui sont aussi essentiellement constitués par le protoplasma appelé du nom de *sarcode* par Dejardins lui-même. Les mouvements de ces petits organismes sont toutefois plus manifestes que ceux des plasmodies, bien qu'on ne découvre chez eux nulle fibre musculaire pour les produire. Ils ne possèdent non plus aucune membrane d'enveloppe, et si n'était l'obscur sentiment et les mouvements spontanés qui les animent, on pourrait les considérer comme une simple cellule réduite à son protoplasma et privée de noyau et de membrane d'enveloppe.

La troisième variété est constituée par les monères aquatiques fort bien décrites par Hæckel.

ARISTE. — N'est-ce pas cette célèbre monère découverte dans le *Bathibius Hæckelii,* si bien décrite par Hæckel et par deux ou trois autres célébrités allemandes?

DOCTEUR. — Non, Ariste; il en existe plusieurs autres variétés, mais qui n'offrent pas de caractères sensiblement plus élevés que ceux des amibes, dont elles ne diffèrent d'ailleurs que par leur séjour et leur extrême petitesse.

ARISTE. — A la bonne heure! car après le *De profundis* chanté sur elle par M. de Lapparent, il me semble qu'il y aurait peu de convenance à revenir sur ce vulgaire précipité minéral que l'imagination d'Hæckel a fait sortir du sulfate de chaux dissous dans l'alcool! (Voyez *Revue des questions scientifiques,* janvier 1880, p. 56.)

DOCTEUR. — Puisqu'il en est ainsi, je me bornerai à vous parler des amibes et des éponges, dont l'existence et l'organisation, quoique fort simples encore, sont toutefois mieux connues.

Cependant l'amibe occupe à peine un degré supérieur aux êtres précédents. C'est Schultz qui l'a découverte le premier dans les eaux stagnantes, où elle vit suspendue et flottante. C'est par millions toutefois qu'on rencontre ces protées unicellulaires, changeant à chaque instant de forme et revêtant les aspects les plus étonnants. On les voit tantôt ronds et globuleux, puis l'instant d'après sous forme d'une étoile, aspects dus à ce que chaque point de leur surface peut fournir un allongement qui s'étend ou se rétracte. Max Schultz, qui a étudié avec soin la cause de ces phénomènes, a cru devoir les attribuer à l'action spéciale de la sarcode de Desjardins, et les a désignés sous le nom de mouvements amiboïdes. Selon Cienkowsky, ces petits êtres exécutent des mouvements réels de progression à l'aide d'une sorte de reptation. Il ajoute qu'ils absorbent des grains d'amidon, et qu'après les avoir entourés, ils les digèrent, et finissent par en expulser les restes non assimilables.

J'en ai fini avec les infiniment petits, sur lesquels il nous reste encore beaucoup à apprendre. Constituent-ils réellement des organismes à leur plus grand degré de simplicité? On peut en douter, puisqu'ils n'offrent ni organes ni appareils spéciaux pour concourir à effectuer une même fonction; ils ne sont réellement constitués que par une substance homogène, par la sarcode ou protoplasma. Cependant tous sont animés, semblent doués d'un sentiment obscur qui les met à même de distinguer leurs aliments; tout possèdent les mouvements nécessaires pour rechercher ou fuir ce qui leur est nuisible ou agréable; tous aussi naissent, se développent et se multiplient par scission. Ils possèdent en tout cas, bien qu'à un faible degré, les deux caractères principaux de l'animalité : le sentiment et le mouvement.

Bien que nous en ayons fini avec les infiniment petits, nous n'avons pas encore terminé l'histoire des organismes inférieurs : l'un d'eux surtout va nous fournir un exemple remarquable du contraste que présente une organisation des plus simples avec les fonctions multiples qu'elle remplit : je veux parler de ce corps spongieux qu'on rencontre dans tous les cabinets de toilette, de l'éponge, en un mot.

Longtemps on a hésité à classer cet être extraordinaire parmi les animaux; plusieurs le rangent encore aujourd'hui parmi les zoophytes; mais à l'exemple de Cuvier et du plus grand nombre des naturalistes modernes, nous le considérerons, malgré la simplicité de son organisation, comme un véritable animal. Bien qu'au premier aspect cet organisme ressemble plus à un produit qu'à un être organisé, quand on l'observe pendant toutes les phases de sa vie, on en saisit une au moins, où il présente les caractères les mieux dessinés de l'animalité, c'est celle qui succède à sa naissance. Alors, en effet, cet être bizarre ressemble à certains infusoires; sa surface se garnit de cils vibratiles à l'aide desquels il se meut, chemine et erre dans l'eau. Toutefois, au bout de deux ou trois jours, il se rend sur quelque corps submergé, s'y fixe et s'y immobilise pour le reste de sa durée.

Alors son corps se développe et se compose de deux substances distinctes : l'une, glaireuse, qui s'échappe de ses mailles en le comprimant; l'autre, solide et résistante. Ces deux substances, creusées d'ouvertures et de canaux en tous sens, sont elles-mêmes traversées incessamment par l'eau et les corps étrangers qu'elle tient en suspension. Or, c'est cette eau agitée sans cesse par les flots qui lui apporte tout à la fois l'oxygène qui y est suspendu et qui sert à sa respiration, et toutes les substances nutritives qu'il absorbe, digère, transforme et s'assimile. Ses deux substances constituantes s'accroissent, se développent, produisent une multitude de filaments qui s'entre-croisent et se feutrent entre eux, pour former sa charpente solide et résistante. Une fois leur développement achevé, vienne la belle saison, et bientôt elles vont produire des œufs, sortes de graines arrondies et jaunâtres, ou bien, chez quelques espèces, des gemmes ou bourgeons mobiles, qui peu à peu se détachent des diverses parties de l'intérieur, tombent dans ses canaux d'où ils sont entraînés au dehors par le courant qui les traverse, pour arriver, une fois dehors, à former ces larves ou corps producteurs qu'on voit bientôt s'animer de mouvements spontanés et arriver à constituer une nouvelle génération d'êtres qui ressemblent à leurs parents.

ARISTE. — Quels sont donc les caractères de l'animalité chez ces êtres?

DOCTEUR. — Jeunes, ils se meuvent spontanément ; plus tard, leurs cellules se contractent lentement, et enfin on les voit doués d'un faible degré de sensibilité. En outre, ils digèrent tous les aliments que leur apportent les flots, les transforment et se les assimilent en s'accroissant de leurs produits ; ils absorbent l'oxygène de l'eau, se reproduisent par des œufs ou des gemmes, vivent pendant un temps limité et meurent comme tous les animaux.

ARISTE. — En quoi diffèrent-ils des êtres les plus simples, tels que les amibes et les monères, et de ceux des classes plus élevées?

DOCTEUR. — Ils ne diffèrent des premiers que par leur origine. Ainsi, tandis que ceux-ci naissent d'une scission ou division de la masse mère, les éponges naissent d'un œuf ou d'une gemme. C'est là leur principale différence, car leur organisation diffère à peine ; tandis qu'ils diffèrent d'une manière plus notable des êtres placés au-dessus d'eux. Alors, en effet, que l'éponge absorbe, respire, digère, se meut et se reproduit à l'aide d'un seul et même tissu, les animaux supérieurs sont pourvus d'organes et même d'appareils distincts, pour exercer chacune de ces fonctions.

ARISTE. — Chaque perfectionnement va donc se caractériser, dans les différents degrés de l'échelle des animaux, par l'addition de nouveaux instruments qui manquent à ceux d'un degré inférieur; et selon qu'ils vivent dans l'eau, sur la terre ou dans les airs, ils seront pourvus d'organes différents pour respirer, se nourrir et se reproduire? Ainsi, il en faudra de spéciaux pour nager, fouir, marcher et voler; d'autres encore, pour découvrir et saisir une proie ou pour fuir l'ennemi. De là, la nécessité des sens, des organes du sentiment et du mouvement; de là, des instincts spéciaux, des armes de protection, d'attaque, de défense, etc., pour s'adapter aux besoins et aux conditions de chacun d'eux. N'est-ce pas ainsi qu'on peut s'expliquer le nombre plus ou moins considérable des organes de perfectionnement surajoutés à lui que possède l'éponge, qui, immobile sur son rocher, reçoit tout des flots, tandis que les autres sont obligés d'aller le chercher?

DOCTEUR. — Cela peut être, Ariste; mais pourquoi nous engager dans les causes finales et chercher à tout expliquer par elles? C'est assez de constater les principaux perfectionnements qu'on rencontre chez les êtres, et de découvrir par quels étages ils semblent successivement s'élever au sommet de l'échelle; je vous propose donc de nous y borner.

ARISTE. — Volontiers, docteur.

DOCTEUR. — A un degré immédiatement au-dessus de l'éponge, on rencontre les polypes d'eau douce. Bien que ces êtres soient encore fort petits, on les découvre cependant à la vue simple. Ils vivent aussi dans l'eau, mais libres, et ils vont et viennent pour se procurer leurs aliments. Ils sont eux-mêmes constitués par un tissu homogène sarcodique; mais déjà nous les voyons munis de trois organes distincts : de tentacules, d'une bouche et d'un estomac. C'est à l'aide de ces trois instruments et de leur élément sarcodique qu'ils accomplissent toutes leurs fonctions. Veulent-elles saisir une proie, leurs tentacules placés autour de la bouche se développent et s'allongent en tous sens pour saisir cette proie animale qui s'agite autour d'elles. Leur tact est assez délicat pour distinguer instantanément leur aliment de prédilection de toute substance végétale, des individus de leur espèce, et pour s'emparer de l'un et rejeter les autres. On les voit même, tant leur instinct est carnassier et vorace, se livrer entre elles des combats acharnés pour la possession de la moindre proie. Aussitôt saisie par ses tentacules, l'hydre amène celle-ci dans sa bouche qui la reçoit, puis la rejette dès que son estomac l'a digérée.

Ces hydres, tenues dans un verre d'eau à l'abri de toute agitation, se meuvent d'une manière manifeste, et quand on vient à les piquer, elles se rétractent à l'instant en se pelotonnant. Le calme reparu, on les voit se diriger vers la lumière. Mais ce qu'il y a de plus intéressant à remarquer chez elles, c'est qu'elles semblent voir sans yeux, sentir sans nerfs, se mouvoir sans muscles, absorber sans vaisseaux, digérer avec une simple cavité, respirer sans poumons et se multiplier sans organes reproducteurs. Une simple excroissance qui se produit sur un point quelconque de leur surface suffit, en se développant, pour engendrer une hydre semblable à son parent; ou, même divisée en morceaux, comme le faisait Trembley, chacun de ceux-ci pour reproduire un nouvel individu.

Mais à mesure qu'on s'élève dans l'échelle des êtres, cet organisme, si simple dans les êtres inférieurs, se complique de plus en plus, et l'on voit apparaître en même temps, soit de nouveaux tissus, soit de nouveaux instruments : double addition qui ajoute autant de perfectionnements, non parce que ces tissus ou ces instruments augmentent le nombre de leurs fonctions, mais bien parce qu'alors celles-ci s'accomplissent avec plus de précision. Au lieu de la simple ouverture buccale de l'hydre, par exemple, on rencontre une double ouverture chez quelques-uns, une bouche et un anus. Chez d'autres, plus parfaits encore, la bouche se garnit d'organes de trituration, de gustation, de sécrétion, etc., à l'aide desquels l'animal peut goûter, broyer ou diluer ses aliments. Aux simples surfaces qui suffisaient aux êtres inférieurs pour absorber l'oxygène, on voit se substituer chez les insectes des trachées qui le pénétrent dans toutes les directions; chez les poissons, ce sont des branchies; chez les mammifères, de véritables poumons auxquels se surajoutent des instruments inspirateurs et expirateurs.

Tandis que la sarcode suffit au polype pour se mouvoir et nager, chez les êtres plus élevés, le protoplasme se réunit en fibres distinctes qui se disposent en membranes ou qui se réunissent en faisceaux pour constituer des muscles isolés. A ces muscles se surajoutent le plus souvent des leviers solides et mobiles, qu'ils meuvent dans des sens déterminés; à ces leviers et à ces muscles eux-mêmes s'ajoutent encore telles dispositions qui les constituent en un véritable appareil locomoteur. Quand un

simple étranglement de sa masse suffisait à la monère pour se
diviser et se multiplier, ou qu'une simple excroissance de
sa surface suffisait au polype pour se reproduire, on voit
s'ajouter chez les êtres plus élevés deux appareils distincts
pour accomplir cette grande fonction. Parfois ces appareils
sont cantonnés sur deux points plus ou moins voisins du même
individu et versent leurs produits dans une cavité commune
où ils se fusionnent pour engendrer un nouvel être; mais le
plus souvent ils sont disposés sur deux individus distincts de
la même espèce, et impriment à chacun d'eux le cachet spécial
d'un sexe différent.

Cependant, sous peine de faire perdre à chaque être son individualité, par des additions sans cesse croissantes d'organes et
d'appareils différents, on comprend qu'il devenait nécessaire de
relier ceux-ci entre eux. Tant que l'individu, comme l'hydre par
exemple, est constitué par un tissu homogène, ou par un agrégat de cellules de même nature, on s'explique que l'unité de
l'être se trouve assurée par l'unité de fonction de chacun de
ses éléments, puisque tous également absorbent, respirent,
digèrent et se reproduisent indistinctement : il y a en effet chez
lui multiplicité plutôt que diversité; c'est une république dont
tous les membres obéissent aux mêmes lois.

Mais cette république verra bientôt s'affaiblir son unité chez
les êtres composés, et elle disparaîtrait immanquablement chez
ceux qui sont compliqués, si un moyen puissant d'union ne venait
relier ses instruments entre eux. Ainsi, chez des êtres inférieurs
encore, on observe déjà plusieurs éléments distincts par leur
composition, mais qui se répètent d'anneau en anneau ou à
quelques anneaux de distance ; et cette unité s'affaiblit d'une
manière notable chez certains êtres composés comme l'annélide,
le ver de terre ou le myriapode, qui offrent chez le même individu plusieurs espèces d'organes distincts, et par suite plusieurs
républiques qui ne peuvent obéir à la même loi, puisque chaque
espèce d'instrument a sa structure et un rôle différent. Comment
ramener alors ces êtres à l'unité? Voici le procédé qu'y emploie
la nature : chez les zoonites de Dugès, par exemple, dont les
éléments semblables se répètent à certaine distance l'un de
l'autre, depuis la tête jusqu'à la queue; ou bien chez les sangsues, où les mêmes parties se répètent de cinq en cinq anneaux,
un seul monarque ne pourrait suffire pour commander à des

républiques aussi diverses et pour y établir l'unité d'ensemble d'après les lois de l'unité de fonction.

C'est alors que ce monarque apparaît et trône dans le système nerveux! c'est celui-ci en effet qui unit tout, centralise tout et régit tout. C'est lui qui, par autant de nerfs distincts, recueille les impressions de chaque instrument, les transmet à un ganglion central, qui lui-même est chargé de distribuer par d'autres nerfs, dans tous les cantons de cette république les déterminations et les impulsions nécessaires pour assurer le salut de chacun et la conservation de tous. C'est donc par lui qu'est établie l'unité au sein de cette diversité.

Cette action spéciale du système nerveux, bien que nous ne l'ayons encore entrevue que chez des êtres très-secondaires, ne laisse pas de nous aider à comprendre la grande importance et la haute mission qui lui sont dévolues, surtout quand nous savons que chaque organe distinct émet un filet nerveux sensible s'il s'agit d'un organe de sentiment, ou en reçoit un du ganglion central s'il s'agit d'un organe de mouvement. De telle sorte que la simple connaissance de la distribution et de la disposition de ses trois éléments constituants suffit pour faire comprendre et pour expliquer toutes les fonctions de chaque organisme, puisque seul il unit ses instruments, les gouverne et commande à tous.

Ne pouvant aborder dans cette étude sommaire de l'organisme qu'une partie des éléments qui entrent dans sa constitution, le grand rôle qu'y joue le système nerveux dans ses fonctions d'ensemble nous porte donc à l'étudier plus particulièrement, afin d'en avoir une idée suffisante. Comment comprendre sans lui en effet ce *consensus unus,* cette *conspiratio una,* qui avaient déjà si vivement frappé Hippocrate (lib. *De aliment.*), et surtout cette solidarité si remarquable qui se voit entre chaque organe appelé à travailler pour tous, et de tous à leur tour, qui travaillent pour chacun, tout en concourant à une même fin?

Mais avant de nous occuper en particulier du système nerveux, examinons d'abord quels sont les rapports qui l'unissent à l'organisme, et quel rôle il est appelé à remplir dans ses principales fonctions.

Constatons avant tout qu'on n'en découvre aucune trace sensible dans les plantes ni dans les êtres les plus inférieurs qui, comme les éponges, les infusoires et les hydres, sont constitués par un seul élément. Quelques physiologistes sont portés à croire cependant qu'en raison de quelques indices de sentiment et de mouvement qui leur sont départis, la substance nerveuse peut être disséminée chez eux parmi leurs éléments ; mais nul œil de micrographe n'a pu en constater la présence réelle jusqu'ici. Presque tous les physiologistes le considèrent donc, avec M. Vulpian, comme un appareil de perfectionnement, ou, avec C. Bernard, comme « un harmonisateur général, nécessaire « seulement dans les organismes compliqués, pour obtenir des « effets d'ensemble ». (*Leçons sur le système nerveux,* onzième leçon.)

Examinons un instant quels sont ses rapports principaux avec les organes. Dès qu'on aperçoit un instrument spécial, tel qu'un organe des sens ou du mouvement, on peut être certain d'y rencontrer un filet nerveux. De chaque organe, ce filet émerge et va se rendre dans un petit renflement appelé ganglion nerveux, situé chez les êtres inférieurs dans la région céphalique. Chez les plumatelles et les alcyonelles, tous ces filets se rendent à un centre commun, le ganglion cérébroïde. Dans quelques espèces où plusieurs êtres sont unis et vivent en communauté, M. Fritz Müller a fait connaître une disposition fort curieuse : ces êtres possèdent un système nerveux commun à toute la colonie, à tout le polypier, qui est constitué par une sorte de plexus qui met en communication les nerfs de chaque individu avec ceux de tous les autres. Grâce à cette heureuse disposition, la colonie entière peut se mouvoir simultanément, puisqu'une excitation qui agit sur un seul de ses membres se communique en même temps à toute l'agrégation.

Je vous ai parlé d'une disposition fort remarquable chez les annelés, dans laquelle chaque être semble composé de plusieurs individus réunis. Par suite de cette disposition, le système nerveux devait subir une modification pour y établir l'unité. En effet, chez ces êtres, « chaque ganglion correspond à un segment du corps formé lui-même de plusieurs anneaux, comme chez les sangsues, dont toutes les parties se répètent de cinq en cinq anneaux, dit M. Vulpian. Chaque segment possède aussi, outre ce ganglion, une portion semblable des principaux appareils, même parfois des appareils des sens. Il en est ainsi du polyophthalme en particulier, chez lequel, comme l'a montré

M. de Quatrefages, chaque segment est muni de deux yeux rudimentaires qui reçoivent chacun du ganglion correspondant un filet nerveux, véritable nerf optique. Ces segments séparés ont été nommés zoonites par M. Moquin-Tandon. Ce professeur considérait les animaux de cet embranchement comme formés chacun de plusieurs animaux élémentaires placés à la suite les uns des autres », — « idée très-ingénieuse et très-vraie », dit M. Vulpian. (*Physiologie du système nerveux*, p. 782.) Cette disposition nous explique fort bien pourquoi un ver de terre coupé en deux exécute des mouvements dans chaque tronçon, comme s'ils étaient dirigés chacun par une volonté indépendante ; elle nous montre aussi comment certains insectes continuent à marcher et à voler après l'enlèvement de leur tête.

Dugès a rapporté une expérience célèbre qui prouve clairement cette indépendance relative. « J'enlève rapidement, dit-il, avec des ciseaux, le protothorax ou *protodère* de la *mantis religiosa ;* le tronçon postérieur reste appuyé sur ses quatre pattes, résiste aux impulsions par lesquelles on cherche à le renverser, se relève et reprend son équilibre si on force cette résistance, et témoigne en même temps, par la trépidation des ailes et des élytres, d'un vif sentiment de colère, comme il le faisait pendant son intégrité, quand on l'agaçait par des attouchements ou des menaces. Mais ce tronçon postérieur contient une bonne partie de la chaîne des ganglions. On peut poursuivre l'expérience d'une manière plus parlante encore : son long corselet qu'on a détaché des autres segments contient un ganglion bilobé qui envoie des nerfs aux bras ou pattes antérieures armées de crochets puissants (pattes ravisseuses) ; qu'on en détache encore la tête, et ce segment isolé vivra près d'une heure avec son seul ganglion ; il agitera ses longs bras et saura fort bien les tourner contre les doigts de l'expérimentateur qui tient le tronçon, et y imprimer douloureusement leur crochet. Donc, ce seul ganglion thoracique ou *dérique* sent les doigts qui pressent le segment auquel il appartient, *reconnaît* le point par lequel il est serré, *veut* s'en débarrasser et y *dirige* les membres qu'il anime. » (DUGÈS, *Physiologie comparée,* t. I, p. 337.) Reimarus cite un autre cas non moins remarquable : « Boerhaave rapporte, dit-il, qu'il coupa la tête à un coq pendant que l'animal courait de toute sa vitesse vers sa nourriture, et il n'en vit pas moins le tronc poursuivre sa course pendant quelques instants. » (*Obser-*

vations physiques et morales sur l'instinct des animaux. Amsterdam, 1770, t. II, p. 150 et suiv.) Tout se passe alors comme s'il y avait autant de volontés que de ganglions distincts.

Les crustacés possèdent aussi des ganglions cérébroïdes qui fournissent des filets nerveux aux organes des sens et à plusieurs appendices céphaliques, et sont pourvus en outre d'une double chaîne de ganglions qui se prolonge dans toute la longueur de leur corps; tous sont reliés entre eux par une double commissure transversale et longitudinale, disposition assortie aux muscles nombreux qu'ils possèdent.

Ainsi le nombre des ganglions nerveux est donc en rapport avec la division du travail et toujours proportionné à la complication des organes. Cette loi peut même se vérifier chez les insectes pendant leurs métamorphoses : la chenille, par exemple, possède d'abord autant de renflements ganglionnaires qu'elle offre de segments, tandis que chez le papillon qui lui succède, ils diminuent au fur et à mesure que leur nombre décroît; alors ces centres se rapprochent par une sorte de coalescence qui donne d'autant plus d'unité au nouvel individu.

C'est ainsi qu'à mesure qu'on s'élève dans l'échelle du règne animal, on voit s'accroître parallèlement la division du système nerveux en même temps que la concentration de ses principaux centres. « Faible chez les poissons, cette concentration augmente chez les reptiles, dit Leuret; elle augmente encore chez les oiseaux, pour acquérir son plus haut degré chez les mammifères et enfin chez l'homme. » (*Anatomie du système nerveux,* t. I, p. 138.) « Ces degrés de concentration, dit M. Blanchard, nous donnent la mesure précise de l'état de développement, ou mieux de l'état de perfectionnement organique auquel l'espèce est parvenue. » (*Revue des cours scientifiques,* 1er juin 1867.)

Examinons succinctement comment s'opère cette concentration ou plutôt cette centralisation remarquable. Chez les êtres inférieurs, on ne rencontre qu'un seul ganglion nerveux sur la ligne médiane ; dans une classe un peu au-dessus, on en rencontre deux, l'un d'un côté, l'autre de l'autre ; chez les crustacés, on en trouve deux rangées, qui se prolongent dans toute la longueur de leur corps ; enfin chez les vertébrés, on aperçoit une modification profonde : leur système nerveux n'est plus constitué par de simples ganglions isolés, il est remplacé par une véritable colonne nerveuse, par la moelle épinière, qui s'élève jusque dans le crâne où elle se renfle pour former le cerveau ; il semble que tous les ganglions nerveux qui parcouraient la région moyenne du corps des crustacés, par exemple, se soient rapprochés et soudés entre eux pour la constituer.

Au-dessous de ce grand appareil nerveux centralisé, on en rencontre un second chez les vertébrés, dont on a pu déjà découvrir quelques traces chez les crustacés : c'est le grand sympathique, qui s'étend d'une extrémité du corps à l'autre. Ce second appareil nerveux est constitué par une suite de ganglions et par une sorte de réseau nerveux, partout continu, qui dans son trajet communique avec les nerfs cérébro-spinaux et semble se terminer en projetant de nombreux filets sur les vaisseaux, dans les glandes et les muscles internes, qui tous sont soumis à sa direction.

Cherchons maintenant à dégager quelques données utiles de ces arides descriptions. La première qui se distingue clairement, c'est qu'alors que ces ganglions nerveux sont isolés ou solitaires, comme cela a lieu chez les êtres les plus simples, chacun d'eux est doué d'une puissance autonome sur tous les organes avec lesquels il correspond ; il leur commande et les dirige à l'aide d'une volonté indépendante et souveraine, ce qui explique parfaitement les mouvements des tronçons de quelques annélides et du ver de terre en particulier. La seconde, c'est qu'alors que tous ces ganglions sont réunis et soudés entre eux pour constituer l'axe cérébro-spinal, cette autonomie est remplacée par une sorte de solidarité commune. Toutefois, cette solidarité ne va pas jusqu'à effacer entièrement leur indépendance relative, comme le prouveront bientôt un certain nombre de faits qui viendront attester le contraire.

Ajoutons encore que les deux principaux caractères de l'animalité, le sentiment et le mouvement, dérivent du système nerveux, et sont le résultat de la disposition et de l'action de ses éléments constituants. En effet, de chaque point de la périphérie du corps (sens, peau, muqueuses), partent des nerfs impressionnables appelés nerfs du sentiment, qui tous convergent vers le centre cérébro-spinal, tandis que de celui-ci sortent d'autres nerfs désignés sous le nom de nerfs du mouvement, qui vont se rendre aux muscles le plus souvent, et quelquefois aux glandes et aux vaisseaux. Il résulte donc de cette disposition générale qui s'observe chez tous les animaux supérieurs, que ce système est composé de trois éléments distincts : le premier, qui émerge de tous les organes sensibles; le second, qui est central et constitué par la moelle épinière ou le cerveau; et le troisième, par des filets nerveux dit moteurs. Or, il résulte de cette disposition, comme le disait dès 1743 Senac, qu' « une excitation venant à « frapper les colonnes du cerveau, s'y réfléchit comme un rayon « de lumière qui rencontre une surface polie »; explication inexacte, sans doute, car cette surface, au lieu de réfléchir un rayon semblable à celui qui l'a frappée, en réfléchit un autre tout différent; elle reçoit une impression sensible et réfléchit une excitation motrice.

Toutefois il résulte évidemment de cette disposition que chaque nerf centripète ou de sentiment va aboutir à une cellule nerveuse centrale, et que de celle-ci part un nerf centrifuge ou de mouvement; or ces trois éléments sont tellement unis entre eux, qu'on peut les considérer comme formant un tout continu et solidaire, un véritable arc nerveux non interrompu depuis son origine extérieure jusqu'à sa terminaison musculaire; mais ce qui n'est pas moins important à remarquer, c'est que ces arcs nerveux se succèdent régulièrement à tous les étages de l'organisme, et que par l'étude spéciale de l'un d'eux, il est possible de connaître les fonctions de chacun des autres qui sont tous établis sur le même modèle [1].

Pour bien comprendre l'importance de cette disposition, étudions donc d'abord avec quelque soin le rôle spécial des trois éléments qui entrent dans la composition d'un seul arc nerveux. Une expérience aussi simple qu'ingénieuse de Legallois lui a permis de résoudre ce problème. Cet expérimentateur distingué isola par deux sections transversales un petit tronçon de la moelle épinière, où venaient aboutir les racines d'un nerf du sentiment, et duquel émergeaient les racines d'un nerf du mouvement. L'arc ainsi isolé, il excita les nerfs du sentiment,

---

[1] M. Landry a fait plusieurs expériences importantes qui prouvent l'autonomie de plusieurs centres de la moelle épinière. « On peut diviser la moelle perpendiculairement à son axe en deux, trois, quatre ou en un plus grand nombre de segments, dit-il, sans apporter de modifications dans les phénomènes auxquels elle participe... chaque segment de la moelle est un véritable centre d'innervation... ainsi on peut considérer le cordon médullaire comme constitué par une série de centres nouveaux, à propriétés identiques, mais pourtant affectés à des fonctions différentes suivant les organes auxquels se rendent les nerfs qui en proviennent... Cela serait d'accord avec l'anatomie comparée qui montre la moelle se segmentant peu à peu à mesure qu'on descend des mammifères aux poissons, et de ceux-ci aux animaux plus inférieurs encore, les crustacés par exemple... » (*Paralys.*, p. 47.)

et vit à l'instant des contractions musculaires se produire dans les muscles qui recevaient les nerfs qui émergent de ce tronçon; ce qui atteste qu'il y a solidarité entre les trois éléments de l'arc nerveux. Mais cette expérience démontre encore un fait non moins remarquable, c'est que tandis qu'il commence par une sensation, c'est un mouvement qui le termine.

A quoi attribuer cette métamorphose, et quelle en peut être la cause? Voici ce qu'il fit pour résoudre ce nouveau problème : il interrogea l'un après l'autre chacun des trois éléments qui avaient concouru à le produire. Ayant isolé un arc nerveux, comme dans l'expérience précédente, il commença par diviser le nerf sensible avant son entrée dans la moelle, et constata aussitôt que tout sentiment était aboli dans les parties d'où il sortait : nulle impression par conséquent n'était plus transmise à la moelle, et par suite nulle excitation ne produisait le mouvement. Ce nerf était donc l'agent qui transmettait l'excitation à la moelle, et une fois celui-ci divisé, il était paralysé et devenu incapable de toute transmission. Il fit ensuite une autre expérience chez un sujet également préparé. Dans celle-ci, laissant intacts le nerf du sentiment et la moelle, il divisa le nerf du mouvement, entre la moelle et les muscles. Il observa alors que tandis que l'animal continue à sentir les impressions, tout mouvement cesse de se produire dans les muscles. Enfin, dans une dernière expérience, laissant intacts les nerfs moteurs et sensibles, il détruit la cellule nerveuse grise intermédiaire du tronçon de la moelle, et peut s'assurer que tandis que l'animal sent encore, tout mouvement cesse de s'effectuer. Il put alors résoudre le problème posé et affirmer que c'est le nerf sensible qui transmet l'impression à la moelle, que celle-ci transforme cette impression en excitation motrice, et enfin que c'est le nerf moteur qui transmet cette excitation de la moelle au muscle, pour produire sa contraction. C'est ainsi que fut résolue l'une des questions les plus intéressantes de la physiologie du système nerveux.

Cependant, dans les conditions naturelles, cet arc nerveux n'est jamais isolé, tous les ganglions nerveux de la moelle sont, au contraire, soudés entre eux ; par conséquent les phénomènes produits par une excitation quelconque ne s'offriront pas toujours avec la même régularité. Examinons donc ce qui va se produire dans ces nouvelles conditions.

Chaque fois qu'on produit une légère excitation chez un sujet sain, les effets en sont les mêmes, mais ils varient selon que cette excitation a été faible ou plus forte. Faible, elle retentit seulement dans le nerf moteur conjugué; plus forte, elle peut s'étendre jusqu'au membre opposé, et plus énergique encore, elle se propage dans tous les arcs nerveux superposés, et retentit jusqu'aux étages les plus élevés.

Quelle est donc la cause de ce curieux phénomène? Dans l'état normal, tous les arcs nerveux sont agglomérés et réunis entre eux par la substance grise de la moelle. Leur nombre est si considérable qu'ils forment deux colonnes centrales qui se prolongent dans toute la longueur de la moelle, et qu'on les voit partout intimement unis entre eux. C'est sur les parties latérales de ces colonnes qu'aboutissent, en arrière, tous les nerfs du sentiment, et en avant, tous les nerfs moteurs. Ces deux colonnes sont elles-mêmes entourées de fibres blanches transversales et longitudinales qui les font communiquer entre elles, et avec toutes celles qui les précèdent ou leur succèdent. Ces fibres blanches sont principalement destinées à établir les communications des différents étages de la colonne; elles montent ensuite parallèlement entre elles, s'entre-croisent dans la commissure du bulbe, et vont de là s'épanouir dans le cervelet et le cerveau, ramenant ainsi à l'unité toutes les diverses parties de ce grand système. Remarquons toutefois que, par suite de leur décussation bulbaire, les sensations et les volontés sont transmises par elles au côté opposé à leur origine.

Ce sont donc ces fibres nerveuses blanches qui donnent à l'ensemble du système son unité et sa solidarité. Toutefois cette solidarité n'est pas absolue : loin de là, car la moelle épinière présente elle-même plusieurs centres distincts, dont l'action rappelle dans une certaine mesure l'autonomie des ganglions isolés observée chez les espèces inférieures.

Plusieurs de ces centres ont été rencontrés dans la longueur de la moelle épinière, et selon quelques physiologistes, jusque dans le cerveau lui-même. Mais avant de les signaler en particulier, rappelons d'abord ce qu'on entend as un *centre d'action spécial.* De même qu'en excitant un ganglion nerveux chez les espèces inférieures, on provoque l'activité de tous les organes animés par ses filets nerveux, en excitant certains points de la moelle épinière, on provoque aussi certains mouvements bien déterminés. Or, quand ces mouvements se reproduisent toujours les mêmes après avoir irrité directement les mêmes points de la moelle, ou bien après avoir excité les nerfs sensibles qui s'y rendent, on considère chacun de ces points comme autant de centres particuliers.

Examinons donc quels sont les principaux centres qu'on a pu déterminer ainsi le long de la moelle épinière, en les parcourant de bas en haut successivement. Budge, après avoir mis à découvert l'extrémité inférieure de la moelle, l'irrita en différents points, et put constater que celui qui correspond à la quatrième vertèbre lombaire provoquait constamment la contraction de l'extrémité inférieure du rectum, en même temps que celle de la vessie et des canaux déférents chez le mâle, ou celle de la matrice chez la femelle. Gianazzi en a découvert un second, en excitant un point un peu supérieur qui correspond à la troisième vertèbre lombaire, qui, lui, provoque seulement la contraction de la vessie et de son col. Masius en a signalé un troisième, au niveau de la septième et de la sixième vertèbre dorsale, qui détermine instantanément la contraction du sphincter de l'anus, ce qu'il a constaté par la compression du doigt introduit préalablement dans le rectum d'un chien, et il lui a donné le nom de centre ano-spinal.

Selon Masius et Von Lair, il en existerait un quatrième chez les grenouilles, un peu en avant de la septième racine des paires dorsales jusqu'en arrière de la dixième, qui serait le centre des mouvements des membres postérieurs, et un cinquième pour les membres antérieurs, situé à un millimètre en avant de la deuxième racine et se prolongeant dans une étendue de trois millimètres en arrière. Mais les expériences de C. Bernard n'en ayant pas confirmé l'existence, il convient d'attendre de nouvelles expériences avant de les admettre. Cependant l'analogie semble conduire à les considérer comme réels, ainsi que ceux de plusieurs autres qui seraient préposés à la contraction des muscles respiratoires et abdominaux. Toutefois, Brédy et Valler en ont découvert un situé plus haut encore et qu'ils désignent sous le nom de ciliospinal ; celui-ci correspond à la quatrième paire dorsale, et son excitation produit toujours des mouvements fort remarquables dans les fibres radiées de l'iris.

Mais dans une région supérieure de la moelle épinière, dans le bulbe médullaire lui-même, on en a signalé plusieurs qui ont réellement une importance capitale. Le bulbe est non-seulement la région messagère de toutes les impressions du corps qui se rendent au cerveau et de toutes les volontés qui en partent, mais encore c'est en elle que résident les centres qui président à la respiration, à la phonation, à la déglutition, à l'expression de la physionomie, etc. Son rôle est donc l'un des plus essentiels et mérite toute notre attention.

Le premier, par son importance, est sans contredit le *centre respiratoire*. Il a été découvert par Flourens, qui l'a appelé *nœud vital*. Ce centre est situé près de la pointe du V du *calamus scriptorius* du quatrième ventricule, où il occupe à peine une étendue de deux à trois millimètres. Malgré ses minimes proportions, ce centre ne peut être lésé ou enlevé sans abolir instantanément la vie par suite de l'arrêt immédiat de la respiration. Flourens a précisé et déterminé ses fonctions par les trois expériences suivantes : par la première, il divisa le bulbe immédiatement au-dessous du point qu'il occupe. Alors, bien que tous les mouvements volontaires des membres inférieurs et de la poitrine fussent abolis, la respiration n'en continua pas moins à s'effectuer. Dans la seconde, il divisa le bulbe immédiatement au-dessus, et vit cesser les mouvements dits respiratoires de la face, mais sans interrompre la respiration ; enfin, dans la troisième, il divisa ou retrancha le nœud vital lui-même, et la respiration fut arrêtée instantanément.

Le bulbe renferme encore un centre que M. Vulpian a désigné sous le nom de *centre de phonation*. Ayant enlevé tout l'encéphale en respectant le bulbe, il entendit l'animal continuer à articuler des sons d'un caractère particulier. Il cite un rat ainsi préparé, qui continuait à crier, bien qu'il ne souffrît plus, et dit en l'expérimentant : « Je pince sa patte ; vous entendez un petit cri bref. Je recommence, nouveau cri semblable. Je blesse maintenant profondément le bulbe rachidien ; je pince de nouveau le membre postérieur, il y a des mouvements réflexes, mais il n'y a plus de cri. » (*Leçons sur la physiologie du système nerveux*, in-8, p. 496-510.) Le bulbe possède aussi le *centre de la déglutition*. Ainsi, à la suite de l'expérience précédente, l'animal pouvait non-seulement crier, mais encore avaler des aliments. (VULPIAN.) C'est lui aussi qui préside au jeu de la physionomie et de l'expression faciale, par le *centre de l'expression faciale* situé près de l'origine du nerf du même nom. On ne peut léser ce centre, sans arrêter aussitôt le jeu de la physionomie. Ces derniers centres se rencontrent chacun près de l'origine des nerfs hypoglosse, glosso-pharyngien, facial et trijumeau, qui concourent avec eux aux fonctions supprimées. Il en existe encore une autre tout près du nœud vital et du pneumo-gastrique, c'est celui qu'on a désigné sous le nom de *centre d'arrêt du cœur,* parce qu'une simple excitation pratiquée sur lui suffit pour arrêter les mouvements de cet organe. Enfin on en a signalé encore un autre sur le plancher du quatrième ventricule, sous le nom de *centre glycosurique,* parce qu'on ne peut piquer ce point sans déterminer un diabète passager. (C. BERNARD.)

Un peu au-dessus du bulbe, quand la moelle pénètre dans le crâne, mais avant de s'y épanouir pour former l'encéphale, elle offre à son étage le plus élevé une sorte de renflement qui semble la couronner et qu'on appelle la protubérance cérébrale. Là encore se rencontrent plusieurs centres qui méritent d'être signalés.

Cette protubérance, excitée dans sa masse, se comporte comme un grand *centre de sensibilité et de mouvement :* sa galvanisation détermine instantanément des cris, des crampes et des convulsions générales, toutefois quand, comme Longet, on l'isole complétement de la masse encéphalique en la respectant : « Des chiens et des lapins ainsi préparés, dit M. Vulpian, témoignent par une agitation violente et par des cris plaintifs, de la douleur qu'ils éprouvaient lorsqu'on pinçait le nerf trijumeau dans le crâne ou qu'on soumettait l'animal à de vives excitations extérieures. Et si on lésait profondément la protubérance, il n'y avait plus ni cris ni agitation sous l'influence des pincements les plus violents. » (*Ouvrage cité,* p. 541.) Cette expérience témoigne que la protubérance est un centre de sentiment et de mouvement. Mais elle renferme aussi un *centre de sensations tactiles.* Ainsi M. Vulpian, chez un lapin ainsi préparé (comme le précédent), dit : « Je pince fortement sa queue, une oreille, une lèvre : même agitation, mêmes cris... c'est un *cri prolongé,* indubitablement plaintif, et, pour une seule excitation, l'animal pousse plusieurs cris successifs, exactement semblables aux cris de douleur que jette le lapin encore intact lorsqu'il est soumis à une vive excitation. »

On peut encore y constater un centre qui préside au *sens de l'ouïe.* Ainsi, chez un jeune rat préparé comme les précédents, « il suffisait, dit M. Vulpian, de faire un certain *bruit d'appel* ou souffle brusque imitant celui des chats en colère, pour produire une vive émotion chez lui; et, à chaque nouveau bruit, l'animal faisait un soubresaut offrant le caractère de celui qu'il fait dans l'état normal ». On y trouva aussi *le centre du goût*. Ainsi, chez de jeunes chats privés d'encéphale, comme les précédents, Longet s'est assuré qu'il suffit de verser dans leur gueule une décoction concentrée de coloquinte, pour qu'ils exécutent aussitôt de brusques mouvements de mastication en faisant une grimace avec les lèvres, comme s'ils cherchaient à se débarrasser d'une sensation désagréable, à la manière d'un animal sain qui a avalé la même décoction. (*Traité de physiologie*, 3ᵉ édit., t. II, p. 243.) Plusieurs physiologistes considèrent encore cette protubérance comme étant l'origine des nerfs vaso-moteurs; d'autres le contestent. Mais il est un fait mieux démontré et qui a lui-même son importance : c'est que lorsqu'on l'excite directement avec l'acide carbonique, ou bien que, par suite d'un certain degré d'asphyxie, le sang qui lui arrive en est imprégné, aussitôt l'animal fait de grands efforts d'inspiration. Il semble donc que c'est à cette propriété remarquable que l'enfant qui vient de naitre doit d'effectuer ses premières inspirations. Alors, en effet, son sang ayant cessé d'être oxygéné par son mélange avec celui de sa mère, par suite du décollement du placenta, il se trouve carbonisé au point de devenir l'excitant naturel de cette importante fonction.

Cependant d'autres physiologistes y font concourir l'action directe du sang lui-même sur les poumons. En effet, à l'instant où le sang cesse de passer par le cordon ombilical, il afflue vers le poumon, y excite une impression de malaise qui, transmise par le pneumo-gastrique au bulbe, se transforme dans sa substance grise en excitation motrice qui s'irradie dans les nerfs respirateurs, spinal, phrénique, intercostaux, etc., et détermine les mouvements inspirateurs qui appellent l'air dans cette cavité, pour se continuer ensuite d'une manière automatique pendant toute la durée de la vie.

Tels sont, Ariste, les principaux centres spéciaux qu'on a découverts dans la moelle. Cependant, outre leurs fonctions autonomes et particulières, que j'ai dû seules vous signaler jusqu'ici, la moelle possède encore d'autres fonctions qui, bien que leur siége n'ait pu être déterminé, ne laissent pas d'avoir leur importance. Considérons-la donc maintenant dans les fonctions qui dérivent de son ensemble.

Parmi les faits qu'on lui attribue, j'appellerai tout particuliè-rement votre attention sur les expériences de MM. Pflüger et Vulpian, qui en ont fait connaître un certain nombre qu'on ne peut rattacher aux précédents.

« Pincez légèrement l'orteil d'un des membres postérieurs d'une grenouille dont la moelle a été coupée en arrière des membres brachiaux, dit M. Vulpian, aussitôt un mouvement réflexe, une flexion des divers segments du membre se produit; puis le membre revient à peu près à son attitude primitive, tan-dis que l'autre membre reste immobile. Excitez cet orteil plus vivement, il se produit alors un brusque mouvement de rétrac-tion dans les deux membres à la fois, comme si l'animal voulait fuir. L'animal ne soustrait plus seulement la partie lésée à l'in-strument, mais alors il se soustrait lui-même par un mouvement de fuite, comme celui qu'il exécuterait dans son état normal. » (*Dict. des sciences médic.*, art. *Moelle épinière*.)

M. Pflüger place une goutte d'acide acétique sur le haut de la cuisse d'une grenouille décapitée, et voit aussitôt le membre correspondant se fléchir de telle façon, que le pied vient frotter le point irrité. Il ampute le pied avant de renouveler l'irrita-tion : l'animal recommence à faire des mouvements semblables aux précédents, mais le membre privé de pied ne peut atteindre l'endroit irrité; « l'animal, après quelques mouvements d'agita-tion, comme s'il cherchait, dit M. Pflüger, un nouveau moyen d'accomplir son dessein, fléchit l'autre membre et réussit avec celui-ci ».

« Quant la moelle est divisée près du bulbe, près de l'extré-mité du *calamus scriptorius*, et qu'on pique l'un des doigts du membre antérieur, un mouvement porte celui-ci dans l'adduc-tion, de façon à le cacher sous l'abdomen. Si l'on irrite les parties latérales du tronc, il se produit une contraction des muscles de la région avec retrait de la paroi vers l'intérieur. » (VULPIAN.) Enfin si l'on pince la peau d'une des parois latérales et posté-rieures du tronc d'une grenouille dont la moelle est divisée en arrière des nerfs brachiaux, les muscles de la région corres-pondante se contractent et dépriment la paroi pour l'éloigner; le corps se courbe brusquement, de façon à devenir fortement concave et à s'éloigner autant que possible de l'agent irritant; puis la patte fait un mouvement, vient frotter le point irrité et repousse l'instrument s'il y est encore appliqué... S'il s'agit d'un acide déposé, il exécute deux ou trois mouvements énergiques et le frotte comme pour l'enlever... s'il s'agit d'une gouttelette d'acide déposée près de l'anus sur la ligne médiane, les deux membres se fléchissent de façon à l'atteindre et à le frotter. » (VULPIAN.)

Ne croyez pas d'ailleurs que ces mouvements de défense et de fuite ne s'observent que chez les grenouilles ; « ils se produisent chez tous les vertébrés... ils sont analogues chez l'homme, mais moins bien dessinés ». (VULPIAN.)

ARISTE. — Ces expériences sont fort intéressantes, docteur ; mais quelles conséquences peut-on en tirer?

DOCTEUR. — Il en est deux surtout qui me paraissent dignes de la plus grande attention. La première, c'est que tous les mouvements que nous venons de constater sont d'ordre purement organique et automatique ; car il est évident que l'intelligence et la volonté n'ont pu intervenir dans leur production, puisque le cerveau était isolé de la moelle ou totalement enlevé. Or, dans tous ces cas, le ressort qui les a produits ne pouvait se rencontrer ailleurs que dans la moelle ou dans les nerfs qui y aboutissent. La seconde, c'est que bien que non commandés ni dirigés, ces mouvements « ne sont pas des contractions musculaires isolées, irrégulières et inefficaces qui se produisent ; ce sont des combinaisons de contractions de certains muscles déterminant des mouvements énergiques, réguliers, de telle ou telle partie du corps. Et ces mouvements semblent tendre vers un but déterminé. » (VULPIAN.) « Nous avons vu que ce but semble être la soustraction de la partie excitée à la cause irritante, soit par le retrait de cette partie, soit par des efforts dirigés contre la cause irritante elle-même pour l'éloigner du point irrité. » (VULPIAN.)

J'ajoute que ces faits ne sont pas spéciaux à l'appareil locomoteur. Spallanzani a observé un fait qui atteste qu'ils peuvent se rencontrer jusque dans la fonction de la fécondation. Ainsi, dans un cas remarquable, cet expérimentateur coupa les têtes de deux grenouilles mâle et femelle, pendant que le mâle fécondait les œufs que la femelle pondait ; et ni la ponte ni la fécondation ne furent interrompues par la décapitation des deux individus ; le mâle ne détacha ses bras de la femelle qu'après que celle-ci eut achevé sa ponte. (*Expériences sur la génération,* p. 289.)

Ariste. — Comment explique-t-on ces singuliers phénomènes, docteur?

Docteur. — Aristote, qui avait déjà observé des faits analogues, les attribuait à une âme distincte. « Lorsque certains « insectes ont été coupés, dit-il, chaque partie conserve la sen- « sation et le mouvement; s'ils conservent la sensation, ils con- « servent aussi la conception et le désir. Quant à l'intelligence « et à la faculté contemplative, nous n'avons encore rien de « clair, mais il semble que ce soit un autre genre d'âme. C'est « cela seulement qui peut se séparer du corps, comme une « chose immortelle d'une chose périssable. » (*De l'âme,* l. II, ch. II, § 9 et 10.)

Les modernes n'ont pas ajouté beaucoup au sentiment d'Aristote. « Ces caractères si remarquables de réactions réflexes qui ont lieu par l'intermédiaire de la moelle, dit M. Vulpian, ont vivement frappé les physiologistes dès que leur attention s'est fixée sur les phénomènes de cet ordre; aussi a-t-on depuis longtemps déjà cherché à en découvrir une explication. Robert Wythe... admettait que ces réactions adaptées, appropriées, sont sous l'influence de l'âme;... Prochaska pense qu'ils se produisent sous l'influence d'un principe sensitif, le *sensorium commune* se prolongeant, selon lui, jusque dans la moelle. » Pour ces physiologistes, « la condition générale qui domine la réflexion des impressions sensorielles sur les nerfs moteurs, c'est l'instinct de conservation individuelle ». D'autres auteurs, M. G. Patou, M. Pflüger, pour se rendre compte de ces phénomènes, « supposent dans la moelle épinière l'existence d'un pouvoir perceptif, d'un pouvoir psychique ». (Vulpian.)

Ariste. — Est-ce qu'une disposition organique adaptée ne suffirait pas pour expliquer tous ces mouvements instinctifs de défense?

Docteur. — M. Vulpian pense « qu'il est impossible d'admettre que la moelle séparée dans la région dorsale de l'encéphale soit douée de volonté, en laissant à ce mot le sens qu'il a d'ordinaire... que tous ces phénomènes... ont des caractères de nécessité, de fatalité. Ils se produisent constamment, dit-il, et sont toujours les mêmes dans les mêmes circonstances, pour une même excitation donnée. Si l'on recommence trois, quatre fois, à exciter de la même façon le même point de la peau, en laissant un certain intervalle entre les excitations successives, les membres de l'animal, si l'excitation a la même intensité, exécutent chaque fois les mêmes mouvements de défense. Il n'y a pas de variété de moyens ni la liberté d'agir qu'implique la volonté, telle qu'on l'admet comme faculté cérébrale. » (VULPIAN.)

« A-t-elle un pouvoir physique? Le mécanisme des principes nous est inconnu. A-t-elle un pouvoir perceptif? C'est une aptitude fonctionnelle de la moelle. Elle a une sorte de sensibilité que Van Deen appelle sensibilité de réflexion... qui, sous l'influence d'une excitation des nerfs centripètes, a lieu dans la moelle sans que l'encéphale en soit nécessairement averti, et par suite de laquelle se produisent des mouvements réflexes plus ou moins compliqués, plus ou moins adaptés et appropriés à la défense du point irrité... Mais il n'y a pas perception dans le sens ordinaire du mot, il n'y a pas sensation perçue; c'est là une grande différence... Il y a analogie avec les phénomènes de l'instinct : même innéité, même fatalité, résultat semblable à ceux de l'instinct : défense individuelle, mais il en diffère. La tenue, la persévérance, la variété, la complication des phénomènes instinctifs, ces efforts si bien appropriés pour la réalisation des désirs impérieux, qui s'éveillent chez l'animal à certaines périodes de son existence, tout cet ensemble de mouvements qui semblent avoir pour excitants principaux et pour mobiles des sensations spéciales, des sortes de besoins viscéraux, diffère certainement à un degré considérable des mouvements adaptés que la moelle suscite, sous l'influence d'une irritation périphérique. » (VULPIAN.)

ARISTE. — Ne trouvez-vous pas ces différences entre l'instinct et les mouvements réflexes un peu subtiles? L'instinct n'aurait-il qu'un seul mode de manifestation? Qu'il en fasse un ordre à part, cela se conçoit; mais qu'il en fasse une classe distincte, cela me surprend de la part d'un esprit si clairvoyant. Mais réservons cette question.

En attendant, je vous ferai remarquer que vous ne nous avez parlé jusqu'ici que des phénomènes réflexes chez les animaux : l'homme y resterait-il étranger?

DOCTEUR. — Ils sont sans doute moins accentués chez l'homme que chez les animaux, mais on ne les observe pas moins souvent chez lui. Examinez, en effet, ce qui se passe chez un homme profondément endormi. Approchez le doigt de la plante de son pied et chatouillez-le doucement, aussitôt vous verrez ce pied se rétracter sous l'influence d'un mouvement réflexe. Qu'une mouche vienne à se poser sur son visage, sa main va s'élever comme pour la chasser. Or, dans l'un et dans l'autre cas, son sommeil pourra ne subir aucune interruption : sa volonté n'est donc pas intervenue dans la production de ses mouvements, qui sont entièrement automatiques et réflexes. Si vous conserviez quelques doutes à cet égard, je vous engagerais de répéter la même expérience sur le pied d'un paralytique privé de sentiment et de mouvement; alors il vous arrivera très-souvent de voir le pied paralysé se rétracter lui-même sous l'influence d'un léger chatouillement; et cela, sans que le sentiment ait pu l'avertir et que sa volonté impuissante ait pu opérer le moindre mouvement.

Combien d'autres phénomènes d'ailleurs n'ont-ils pas une semblable origine, et ne se produisent-ils pas même quand la volonté lutte avec le plus d'énergie pour les réprimer! Qui n'a remarqué l'effet d'une vive lumière sur la vue, le clignement des paupières et le resserrement instantané de la pupille qu'elle produit? Qui n'a éprouvé la sensation d'un grain de tabac dans les narines, vu ses larmes couler et éprouvé un violent éternument pour l'expulser? Qu'une goutte d'eau entre dans la glotte, une toux suffocante éclate immédiatement; qu'on titille la luette avec les barbes d'une plume, aussitôt l'estomac se soulève et provoque le vomissement; que des vers picotent l'intestin, et l'on voit éclater des convulsions générales; ou bien, dans une autre circonstance, que la vessie, l'intestin ou les vésicules séminales soient distendus, et cette distension va exciter la moelle, qui réagit et provoque des contractions énergiques de leurs parois et des muscles environnants pour les exonérer; n'est-ce pas à une cause semblable qu'il faut attribuer le travail de l'accouchement? Arrivée aux dernières limites de sa distension, la matrice souffre, et son impression est transmise au centre génito-spinal de la moelle qui la transforme en excitation motrice qu'il transmet aux parties contractiles de cet organe, afin d'expulser l'excitant qui l'a irrité : c'est la répétition sous une autre forme du grain de tabac rejeté par l'éternument, et de la goutte de liquide dans la glotte expulsée par des quintes de toux.

J'en ai fini avec les centres autonomes des étages inférieurs de l'appareil cérébro-spinal. En existe-t-il d'autres encore placés au-dessus d'eux, dans le cerveau lui-même? L'analogie de structure du cerveau et de la moelle semblerait l'annoncer ; mais c'est aux faits seuls qu'il appartient de prononcer.

ARISTE. — N'oubliez pas, docteur, que depuis Platon, Aristote et les Pères de l'Église, jusqu'à Descartes et Buffon, tout le monde admet l'*homo duplex,* et que nul n'a confondu la vie de la bête que vous nous avez fait connaître seulement jusqu'ici, avec la vie de l'esprit.

DOCTEUR. — Je ne veux pas le contester, Ariste ; mais cette distinction est-elle fondée? Si vous y consentez, je vais invoquer les faits qui seuls peuvent résoudre ce grand problème.

Mais avant, permettez-moi quelques mots sur sa structure et ses fonctions. Quand nous voyons les fibres d'un muscle, nous comprenons qu'il puisse se contracter; quand nous voyons un filet nerveux sortir de la peau et se rendre à la moelle ou au cerveau, nous comprenons qu'il puisse transmettre une impression; quand nous voyons la transparence de l'œil, nous comprenons que la lumière puisse y pénétrer; quand nous voyons une image se dessiner sur sa rétine, nous comprenons qu'elle puisse être transmise au cerveau par le nerf optique. Mais quand nous voyons le cerveau, que nous voyons sa forme, sa structure et sa composition, ses hémisphères, ses lobes, ses couches optiques, ses corps striés, sa voûte à trois piliers, ses ventricules et le cervelet, la curiosité a beau interroger toutes ces choses, la science reste muette en face de toutes nos questions. En voyant toutes ses parties communiquer entre elles, nous comprenons, dans une certaine mesure, qu'elles peuvent constituer une sorte d'unité; en découvrant les rapports qui l'unissent à la protubérance, au bulbe et à la moelle, nous nous expliquons que toutes les impressions peuvent lui être communiquées et que ses volitions peuvent elles-mêmes être transmises à tous les organes; nous nous expliquons même que ces volitions et ces impressions subissent un effet croisé en raison de la décussation des fibres qui parcourent le bulbe. Mais ni sa forme ni sa texture ne peuvent nous rendre compte du rôle qu'on lui attribue dans la perception, dans la formation des idées, de la volonté, de la conscience ou du moi personnel. La machine et ses rouages ne nous apprennent rien sur ses fonctions.

Il nous faudra donc nous borner, comme je l'ai fait pour la moelle épinière, à demander à la science actuelle si elle possède des faits suffisants pour nous convaincre que le cerveau possède lui-même des centres distincts chargés de fonctions spéciales. Convenons avant tout que bien que par son volume, son étendue, sa position relativement plus superficielle que la moelle, le cerveau soit plus accessible à l'expérimentation, il est cependant moins bien connu que celle-ci, en ce qui concerne ses fonctions; et si ce n'était l'importance de celles-ci et l'attrait de curiosité qui nous pousse à connaître tout ce qui les concerne, je passerais volontiers sous silence cet objet si rempli encore d'obscurité et de mystère.

Examinons donc succinctement quels sont les centres qu'on a signalés dans l'encéphale lui-même, c'est-à-dire dans les tubercules quadrijumeaux, les couches optiques, les corps striés et la couche cellulaire corticale de cet important instrument.

Le premier qu'on découvre, en l'explorant de bas en haut et d'arrière en avant, est constitué par les tubercules quadrijumeaux. Ceux-ci, placés un peu en avant de la protubérance, semblent faire partie du cerveau lui-même. Malgré leur petit volume, on dit y avoir découvert plusieurs centres distincts. Tous ont rapport à la vision. Le premier provoquerait les mouvements du globe de l'œil; le second, ceux de la pupille, et le troisième présiderait aux excitations visuelles. M. Vulpian cite une expérience d'un pigeon qui, ayant les lobes cérébraux enlevés, a gardé les tubercules quadrijumeaux, et dit : « Lorsque j'approche brusquement « le poing, il fait un léger mouvement de tête comme pour « éviter le danger qui le menace », et il ajoute : « La vue n'est « donc pas abolie. » (*Leçons de physiologie, etc.*, p. 310.) En enlevant ces tubercules, on détermine une cécité complète, ainsi que l'a constaté Flourens. Ces tubercules renfermeraient donc un *centre de la vision*.

Les couches optiques constitueraient, selon M. Luys, l'un des centres les plus importants du cerveau. Recevant de la moelle épinière tous les nerfs tactiles, optique, acoustique, olfactif, gustatif, génitaux et viscéraux, dans ses amas de substance grise, chaque nerf sensoriel en particulier mettrait en jeu les cellules spécifiques de ce centre, qui, « entrant aussitôt elles-mêmes en « vibration, arriveraient par les fibres rayonnantes qui en « partent à se transmettre aux cellules sensitives partenaires « (du *sensorium commune*), et leur communiqueraient toutes les « impressions qu'elles ont reçues, après les avoir modifiées ».

(*Le Cerveau et ses fonctions*, in-8, Paris, 1876 p. 47[1].) Selon M. E. Fournié, au contraire, la perception des impressions s'effectuerait, non dans les couches corticales des hémisphères, mais dans les couches optiques elles-mêmes, et le mouvement serait propre aux corps striés. L'association des sensations ainsi que la mémoire auraient lieu dans les circonvolutions du cerveau. (*Essai de psychologie*, Paris, 1877, p. 35.)

Enfin, selon M. Taine, « quelle que soit la portion que l'on « observe dans le système nerveux, on n'y voit jamais que des « *actions réflexes;* elles peuvent être plus ou moins compliquées, « mais elles sont *toujours de même espèce.* Un cordon blanc con- « ducteur apporte une excitation à un noyau central de sub- « stance grise ; dans cette substance naît alors un mouvement « moléculaire ; par suite, une excitation est emportée jusqu'aux « muscles par un autre cordon blanc conducteur. Ces trois mou- « vements ainsi liés constituent l'action réflexe. Moelle épinière, « protubérance, *lobes cérébraux,* partout la substance grise agit « de la même façon. » (*De l'intelligence,* in-8, t. I, p. 344.)

Rien de plus simple et de plus naturel, selon ces auteurs, que d'expliquer tous les mouvements, surtout depuis que nous savons que les forces peuvent se transformer l'une dans l'autre. Et l'*intelligence* nous apparait alors dans la plus évidente clarté! En effet, le cerveau, étant le rendez-vous commun de toutes les impressions, transforme celles-ci en actions réflexes plus ou moins automatiques qui en sont la suite. Ainsi le parfum d'un mets savoureux a-t-il incité la sensibilité cérébrale, aussitôt les narines s'ouvrent largement pour le flairer, l'œil scintille de

[1] M. Luys est un anatomiste fort distingué. Ses travaux sur le cerveau ont été couronnés successivement par la Faculté de médecine, par l'Académie de médecine et par l'Institut. Aussi n'est-on pas peu surpris de le voir céder avec tant d'abandon au désir d'expliquer le mécanisme des impressions, des idées, de la pensée, de la volonté, de la mémoire, de la personnalité humaine, etc. Ses explications attestent sans doute beaucoup d'imagination, mais elles sont tellement fantaisistes qu'on se demande comment un homme sérieux a pu céder à un tel entraînement.

Qu'on en juge par les extraits suivants : comment M. Luys a-t-il constaté, par exemple, que « les *impressions physiques* sont *animalisées* et *spiritualisées* dans les couches optiques » (p. 39); puis, « *condensées* et mises *en dépôt, travaillées* par une *action métabolique* (p. 33); comment elles en *émergent* ensuite pour être *dardées* dans le *sensorium commune* » (p. 33); où elles sont « *transformées, quintessenciées* en idées »; comment ces idées, « *s'anastomosent* entre elles, *s'incarnent* dans les cellules où, grâce à leur *phosphorescence,* elles se *transforment en souvenirs* » (p. 89); comment « la *mémoire* n'est en réalité qu'une *propriété* des cellules » (p. 111); comment toutes ces métamorphoses s'accomplissent *motu proprio,* et comment dans « la *volonté* tout se « fait d'une *manière irrésistible, fatale, inconsciente* au nom de *l'activité automatique,* seule « *force* qui *régente* et *commande* la *série* des *opérations* de *l'intelligence* »; comment il se fait que « *j'obéis alors que je crois commander* »; que « tout se passe dans le cerveau d'une *façon* « *inconsciente...* comme s'il s'agissait d'un *corps étranger,* d'une *substance toxique* introduite « dans l'estomac qui *opère fatalement son parcours* » (p. 241); etc., etc.?

convoitise, la salive afflue dans la bouche, et le corps se meut vers l'objet qui a éveillé tous ces mouvements. Vient-on à entendre quelque chant saccadé et animé, aussitôt nos muscles s'agitent comme les cordes d'un instrument de musique et se mettent à exécuter une série de mouvements rhythmés et coordonnés comme un clavier animé par un doigté exercé. Un émotion triste et pénible vient-elle à l'ébranler, à l'instant les traits de la face se concentrent sur la ligne médiane avec une intensité en rapport avec l'acuité de l'angoisse, et tous les gestes ainsi que l'attitude générale s'harmonisent avec eux ; parfois même, des mouvements automatiques de la poitrine viennent s'y surajouter : des gémissements, des plaintes, des sanglots s'unissent aux larmes et accentuent l'émotion éprouvée. D'autres fois ce sont, au contraire, des impressions joyeuses transportées de diverses régions sensitives aux cellules cérébrales qui viennent les ébranler; celles-ci les transforment, vont animer les traits de la face qu'ils épanouissent pour les mettre à l'unisson de la joie intime ; les muscles respirateurs entrent un jeu, et bientôt leurs mouvements saccadés provoquent ces sons explosifs du rire dont la tonalité, le rhythme et l'éclat sont autant de notes du sentiment qui les excite.

ARISTE. — Je voudrais bien savoir quelles étaient les cellules qui vibraient chez le pauvre *âne de Buridan,* quand, mourant de faim et de soif, il fut enfin placé entre une botte de foin et un seau d'eau. Il avait au moins deux cellules également impressionnées, l'une par la faim, l'autre par la soif. Quels mouvements ces deux cellules vont-elles provoquer? Va-t-il satisfaire sa soif? Mais il mourra de faim. Va-t-il satisfaire sa faim? Mais il mourra de soif. Cependant ces deux ordres de mouvements sont également sollicités : il a également faim, il a également soif. Il ne peut donc choisir l'un ou l'autre, et il est également poussé à droite vers le foin et à gauche vers l'eau! J'ai bien peur qu'entre ces deux impulsions d'égale puissance, il ne défaille et tombe, le gosier desséché et les entrailles creusées par la faim !

DOCTEUR. — Votre question est difficile à résoudre, Ariste.

ARISTE. — Croiriez-vous donc qu'un instrument peut se jouer soi-même?

DOCTEUR. — Non, il faut un artiste.

ARISTE. — Quel sera donc celui qui pourra faire jouer les cellules de l'âne?

DOCTEUR. — Les impressions de la faim et de la soif.

ARISTE. — Un corps inerte tombe du côté où il penche ; mais encore faut-il qu'il penche ; si vos excitations le font pencher des deux côtés à la fois, il ne pourra tomber qu'entre eux. Dans la cellule, il y a aussi la vie qui l'anime, et cette vie, c'est l'âme. Vous ne nous avez montré que les conditions du mouvement, mais non le moteur qui les met en activité, comme en témoigne le cadavre de la pauvre bête qui a dû succomber pendant votre explication.

Si vous teniez à vous convaincre d'ailleurs du peu de fonds qu'on peut faire sur toutes les explications fantaisistes de M. Luys, je vous ferais remarquer que Flourens a pu détruire une grande partie de ces cellules sans voir l'intelligence notablement affaiblie ; que Longet a pu désorganiser les couches optiques sans abolir le sens de la vision ; que MM. Rendu et Gombault, dans leurs expériences sur les localisations cérébrales, ont pu exciter ces couches, sans « provoquer aucun phéno-« mène de mouvement ni aucune manifestation douloureuse », et que leur « destruction n'entraine à sa suite ni paralysie « motrice ni perte de sensibilité » (faits cités par M. le professeur Masoin, *Revue des questions scientifiques,* t. I, p. 69) ; que selon M. Vulpian, « les lésions expérimentales des couches « optiques n'affaiblissent point la sensibilité, et qu'elle survit « même à l'ablation de ces renflements » (*Clinique médical*) ; qu'enfin, en ce qui concerne les cellules corticales elles-mêmes, auxquelles MM. Luys et Taine accordent une si haute importance, M. Vulpian dit en parlant d'elles : « Cette classification « des cellules (imaginée par M. Jacobowilech) n'a aucune base « physiologique, et elle est entièrement hypothétique », attendu que « la fonction n'est pas nécessairement liée à la forme de « l'élément anatomique ».

DOCTEUR. — Je conviens avec vous, Ariste, et d'accord avec les faits, qu'il n'y a rien de plus vague que tout ce qu'on a dit sur la couche corticale ou cellulaire du cerveau. Ainsi MM. Hitzig et Ferrier, qui croyaient avoir mis en évidence plusieurs centres moteurs chez le singe, à l'aide de courants galvaniques, ont été démentis par les faits recueillis par MM. Vulpian et Rochefontaine qui ont constaté que ces courants se diffusent à travers la couche corticale, et vont exciter simultanément la substance blanche sous-jacente, « au point d'exciter non-seulement

« des membres, mais encore différents appareils de la vie orga-
« nique (vaisseaux, iris, rate, vessie, glandes salivaires, etc.) ».
(*Comptes rendus de l'Académie des sciences,* 17 juillet 1876.) Mais il
y a plus encore, M. Onimus, après l'enlèvement total des lobes
cérébraux et leur remplacement par une couche de sang, « a
« constaté qu'en électrisant cette masse sanguine on obtenait
« les mêmes effets qu'en électrisant les lobes cérébraux ».
(*Société de biologie,* 10 février 1877.)

Pourquoi alors nous étendre plus longuement sur les centres
cérébraux? Il est manifeste que la science jusqu'ici n'a rien
acquis de sérieux sur eux, et que tout ce qu'on en a dit ne
repose que sur des hypothèses et des conjectures. Tout au plus
pourrions-nous rapporter ce qu'on a dit sur le *centre du langage
articulé.* Celui-ci, signalé d'abord par M. Bouillaud comme
existant dans les lobes antérieurs du cerveau, localisé avec plus
de précision par M. Dax dans le lobe de l'*insula,* a été déterminé
par M. Broca qui le fixe dans la troisième circonvolution fron-
tale gauche. Son existence, longtemps contestée, « est aujour-
« d'hui définitivement admise », dit M. Bouillaud qui a été
jusqu'à mettre tous les observateurs au défi de citer un fait contraire! (*Séance de l'Académie de médecine* du 15 mai 1877.) Comment ce défi n'a-t-il pas éveillé le souvenir de quelque membre
de cette savante société, pour lui rappeler le fait de Bérard,
celui du broiement des deux lobes antérieurs du cerveau, « avec
« conservation de la raison, de la sensibilité et des mouvements
« volontaires »? (Rapporté par M. Vulpian, *Leçons de physiologie
du système nerveux,* p. 711.)

ARISTE. — La physiologie ne peut-elle donc nous apprendre
rien de plus positif sur les fonctions de ce mystérieux instrument, docteur?

DOCTEUR. — Si, Ariste. Ne suffit-il pas, dites-moi, de considérer le volume du cerveau, sa position et ses rapports, pour se
convaincre qu'il remplit réellement l'un des rôles les plus importants de l'organisme? Placé au-dessus de tous les centres actifs
de la moelle doués chacun d'une sorte de volonté inconsciente,
communiquant par les faisceaux nerveux qu'elle lui envoie et par
les nerfs sensoriels avec le monde extérieur, et avec tous les
organes internes, le cerveau paraît bien être l'aboutissant naturel
de toutes les impressions, le surveillant de tous les centres actifs
et de toutes les volontés isolées. Il semble donc préposé pour

commander à toutes, s'il n'abdique sa mission pour demeurer leur serviteur.

Afin de vous en donner une idée aussi exacte et aussi simple que possible, je vais grouper des faits selon qu'ils attestent qu'il est le rendez-vous commun de toutes les impressions sensibles et sensorielles, le point de départ de toutes les impulsions volon taires, et l'instrument direct de la pensée.

Je négligerai à dessein de vous entretenir des fonctions du cervelet, parce que le peu qu'on en sait se réduit à donner lieu de penser qu'il est le coordonnateur des mouvements de la marche et que son rôle principal se borne à agir comme un *centre d'équilibre*. En tout cas, il ne concourt nullement aux opérations intellectuelles, ni à celles des sens et de la sensibilité générale, puisqu'on peut l'enlever sans altérer ces fonctions.

ARISTE. — Je vois avec plaisir, docteur, que vous considérez le cerveau comme l'instrument de la pensée, de l'intelligence, et comme le point de départ des mouvements volontaires; car en cela du moins, vous êtes d'accord avec le sentiment commun de tous les peuples de l'antiquité qui, tous, lui attribuaient ce grand rôle. Qui pourrait le prouver plus clairement, en effet, que cette ingénieuse allégorie de la Fable qui fait sortir Minerve du cerveau de Jupiter? Or, il convient de le remarquer, Minerve était considérée par tous les peuples anciens comme la déesse de la sagesse, des sciences et des arts; c'est cette déesse qui devint par suite sous le nom Pallas la grande idole des Troyens, des Grecs et des Romains. N'en saisit-on pas encore un témoignage évident, en voyant Prométhée s'adresser à elle pour animer l'homme qu'il venait lui-même de former d'un peu de limon?

DOCTEUR. — Ce qui me semble plus incontestable encore, Ariste, c'est qu'Hippocrate l'enseignait déjà lui-même, il y a plus de vingt-trois siècles! C'est ce grand homme qui a dit en effet que « c'est par le cerveau... que nous comprenons, voyons, « entendons, connaissons le laid et le beau, le mal et le bien, « l'agréable et le désagréable ». (*OEuvres complètes, Maladie sacrée*, traduit par Littré). Or, ces paroles fort explicites, émanées d'un si grand homme, ont plus de valeur que toutes les fables anciennes et modernes.

ARISTE. — Permettez-moi d'ajouter cependant qu'Aristote et Platon partageaient ses convictions. Platon, en particulier, les a exposées d'une manière fort intéressante : « Une partie, dit-il,

« en parlant de la moelle épinière, une partie, comme un champ
« fertile, devait enfermer la semence divine; il l'arrondit de
« toutes parts, et donna à cette portion de la moelle le nom
« d'encéphale, parce que dans l'animal achevé la tête devait
« être le vase qui la contiendrait. L'autre partie de la moelle,
« destinée à servir de siége à l'âme mortelle, fut partagée en
« des formes rondes et allongées, et retint le nom de moelle
« dans toute son étendue : il y attacha comme à des ancres les
« liens de l'âme et construisit tout le corps autour de la moelle,
« après toutefois qu'il l'eût mise à l'abri dans une enveloppe
« osseuse. » (*Timée.*)

Cette foi générale de l'antiquité en faveur de l'opinion qui
considère le cerveau comme le siége de l'intelligence et de la
pensée, me paraît donc constituer un argument important en
faveur de sa réalité.

Docteur. — Sans doute, Ariste; mais la science moderne
a recueilli sur son rôle des faits plus convaincants encore. Ainsi,
dans une étude qui embrasse la généralité des animaux, elle a
pu s'assurer que le cerveau n'existe que chez ceux qui sont doués
d'intelligence, à un degré plus ou moins prononcé; elle a constaté que son volume s'accroît parallèlement au développement de celle-ci, et qu'à mesure qu'on s'élève dans l'échelle
zoologique, sa surface s'étend plus encore que son volume, par
des renflements et des anfractuosités qui la plissent et qu'on
nomme circonvolutions. (Broca, *Sur le volume et la formation du
cerveau suivant les individus et suivant les races,* Paris, 1861.) Ces
conditions ne conduisent-elles pas à admettre qu'il y a des rapport intimes entre l'existence et le volume du cerveau, et celle
de l'intelligence elle-même?

Ces rapports, sans doute, ne sont pas absolus, puisqu'on s'est
assuré que le cerveau de la baleine et de l'éléphant ont un poids
supérieur à celui de l'homme, bien que l'intelligence de ces animaux soit loin d'égaler la sienne. Mais l'excédant de volume du
cerveau chez ces êtres s'explique par le développement des sens
et des masses musculaires beaucoup plus considérables, et dont
les nerfs vont s'épanouir et se centraliser en lui. Il leur est proportionnel, voilà tout. En effet, le cerveau s'accroît ou s'atrophie selon l'état des nerfs qui viennent y aboutir. C'est ce qu'on
constate dans la cécité ancienne, dans la paralysie partielle
comme celle de certains déments (M. Marcé); ce qui se voit

notamment dans la paralysie infantile qui coïncide non-seulement avec l'atrophie correspondante des nerfs, mais encore avec celle des hémisphères cérébraux du côté opposé. On a même constaté cette atrophie limitée à certaines circonvolutions cérébrales seulement, après l'amputation des membres. (DUGUET, *Gazette des Hôpitaux,* 14 novembre 1876.) En résumé, on peut donc affirmer que, sauf chez ces deux animaux doués eux-mêmes d'appareils sensoriels et musculaires extrêmement développés, l'homme possède le cerveau le plus développé et le plus volumineux de tous les êtres connus.

C'est déjà ce qu'avait remarqué Aristote, qui dit que, « relative-« ment à sa grandeur, il (l'homme) a un cerveau plus humide et « plus gros que le reste des animaux ». (*De la sensation,* c. v 11.) On a même observé qu'en général la puissance des facultés intellectuelles était proportionnelle à son étendue. Mais ce qu'il y a de certain, c'est que son trop peu de volume ou son atrophie, quand elle descend au-dessous d'un certain degré, est toujours accompagnée d'idiotisme ou d'imbécillité.

Ces observations montrent déjà qu'il existe un certain rapport entre le cerveau et la pensée ; mais il en existe des preuves plus sûres encore. En effet, qui n'a pu observer sur lui-même que chaque travail de l'esprit, pour peu qu'il soit actif et soutenu, est toujours accompagné d'un plus grand afflux de sang vers la tête ? Qui n'a éprouvé une véritable fatigue du cerveau, après tout travail contentieux de l'esprit ? On a pu s'assurer d'ailleurs par des observations directes que la tête devenait en pareille circonstance manifestement plus chaude elle-même. Ainsi R. Heidenheim a pu se convaincre que le cerveau acquérait une température plus élevée alors que celle du sang ; J. S. Lombard, dans ses recherches sur la température extérieure de la tête chez l'homme, est arrivé au même résultat. Schiff s'en est convaincu aussi, de la manière la plus positive, à l'aide d'un procédé des plus ingénieux. Tandis qu'il soumettait à l'expérimentation des animaux, en excitant successivement chacun des sens ou la sensibilité générale, les aiguilles d'un galvanomètre lui montraient toutes les variations de température des parties plus ou moins profondes du cerveau dans lesquelles il avait enfoncé des aiguilles thermo-électriques. Et il a pu constater ainsi que chaque excitation élevait la température du cerveau, notamment vers la zone médiane de chaque hémisphère, en même temps que celle-ci était le siége d'un éréthisme et d'une turgescence prononcée. (*Archives de physiologie normale et pathologique*, 1870.)

Qui ne sait d'ailleurs quels désordres les affections morales et les passions violentes entraînent à leur suite dans la texture du cerveau? L'ambition non satisfaite, les joies trop vives, les peines profondes, etc., suscitent de grandes perturbations dans ses fonctions, et souvent même la folie qui produit son ramollissement et la paralysie générale! L'inflammation de ses méninges donne le délire; ses blessures, les épanchements qui le compriment, toutes ses lésions physiques, en un mot, troublent, pervertissent ou abolissent les facultés intellectuelles. D'autre part, tout ce qui réagit sur lui en affaiblissant l'organisme, comme la saignée, les hémorrhagies, la fièvre typhoïde, etc., diminue leur activité; tandis que tout ce qui le surexcite, comme le vin, le café, le haschich, accroit leur énergie. Tout nous porte donc à conclure avec Müller que « toutes les opérations qui dépassent la sensation pure, non-seulement celles qui sont communes à l'homme et aux animaux, mais encore celles qui sont particulières à l'homme, ont pour condition suffisante et nécessaire une action des lobes cérébraux; qu'elles sont attachées à cette action ; qu'elles naissent, périssent, s'altèrent, s'accélèrent, se transforment avec elle, et que la pathologie est d'accord avec les vivisections ». (*Man. de physiologie*, t. I, p. 762.)

Mais outre ces données générales, la science possède encore un ordre de faits qui attestent d'une manière plus directe l'action du cerveau sur la pensée. Citons-en maintenant quelques-uns où cette action a été, en quelque sorte, prise sur le fait. Blumenbach et Pierquin en rapportent chacun un, qui l'atteste d'une manière convaincante. Le premier a vu, dans un cas de perte des os du crâne, le cerveau congestionné par des rêves survenus pendant le sommeil. Pierquin a recueilli un autre fait des plus remarquables. « Une femme, dit-il, avait perdu par suite d'une affection syphilitique une large portion du cuir chevelu, des os du crâne et de la dure-mère. La portion correspondante du cerveau se voyait à nu. Quand le sommeil n'avait pas de songes, le cerveau était immobile et demeurait dans sa boîte osseuse. Mais lorsqu'il était agité par des rêves, le cerveau turgescent faisait saillie hors du crâne. Cette turgescence, ajoute-t-il, était évidemment dans ce cas le résultat d'une excitation vasculaire. » Dans l'un et l'autre cas, l'action de l'intelligence enfante des rêves et agit manifestement sur le cerveau pour y déterminer de l'éréthisme et une congestion sanguine, comme dans les expériences de Schiff.

Non-seulement l'intelligence, les passions et les affections morales agissent sur le cerveau, mais celui-ci concourt directement lui-même à la production de la pensée, de la volonté, des mouvements et de la sensibilité générale. Voici des faits qui me paraissent le démontrer manifestement.

A la suite d'une violence qui avait enfoncé une portion de son coronal dans le crâne, un jeune homme avait perdu le sentiment, la connaissance et le mouvement. J'enlevai le fragment osseux qui comprimait le cerveau, et il les recouvra aussitôt. Profitant alors de cette fenêtre ouverte sur l'organe de la pensée, j'y introduisis le doigt et le comprimai doucement. Cette compression lui fit perdre de nouveau la parole, la connaissance et le mouvement. Je la cessai, et il les recouvra à l'instant. J'y revins à plusieurs reprises en présence des élèves qui m'assistaient, et chaque nouvelle compression du cerveau produisait les mêmes effets. Parmi ces expériences, il en est une surtout sur laquelle je tiens à appeler spécialement votre attention. Une fois, entre autres, je comprimai le cerveau au milieu d'une phrase commencée; celle-ci fut interrompue; mais lorsque je cessai cette compression qui avait duré une vingtaine de secondes, il l'acheva aussitôt, en reprenant la série de ses idées, juste au point où elle avait été interrompue.

Comment expliquer cette interruption et ce retour de la parole et de la pensée? Pour ceux qui croient que celle-ci est l'effet de la vibration des fibres de l'encéphale, rien de plus simple que son interruption. Il s'agit d'un instrument en vibration, dont la compression arrête instantanément les sons, et alors le cerveau, comme la corde, cesse de vibrer dès que le doigt pèse sur lui. Mais s'il en eût été ainsi chez ce jeune homme, ces vibrations une fois arrêtées, il eût fallu un nouveau coup d'archet pour les faire résonner. Qui ou quoi l'a donné? Qui l'a tiré de ce profond sommeil en lui rendant le souvenir, la pensée, la parole, la connaissance et le mouvement? Quel est l'artiste qui lui a fait reprendre, continuer et achever la phrase commencée?

Quoi qu'il en soit de l'explication de ce curieux phénomène, ce fait prouve avec la plus grande évidence que le cerveau produit ou concourt à produire directement le sentiment, la pensée, la parole et les mouvements volontaires. Et, quoi qu'on fasse, il nous semble bien difficile d'attribuer ces hautes fonctions à un instrument matériel dénué de toute spontanéité. Mais en nous en tenant rigoureusement à ses conséquences naturelles, ce fait n'en prouve pas moins manifestement que cet instrument est le siége de la pensée, de la parole et des mouvements volontaires.

Possède-t-il aussi une action directe sur la sensibilité générale? Plusieurs faits semblent le démontrer clairement, et en particulier une expérience directe de Dalton. Cet expérimentateur, ayant ouvert le crâne, exerça une pression sur le cerveau comme dans le fait précédent, et constata non-seulement la perte de tout sentiment, mais encore une anesthésie complète chez l'animal. MM. Rochefontaine et C. Bernard, en reproduisant cette expérience, se sont assuré de la réalité de ce fait important, en prolongeant cette compression pendant un quart d'heure, et même pendant deux heures consécutives. Après l'avoir cessée, ils ont vu l'animal reprendre aussitôt toutes ses facultés. (*Communication à la Société de biologie,* séance du 16 mai 1877.)

En résumé, nous pouvons donc conclure maintenant que la science a démontré que le cerveau est l'instrument de la sensibilité générale, des sens, de la pensée, de la parole et des mouvements volontaires.

Cependant, comme ces fonctions ont une grande importance, il ne vous paraîtra pas superflu de les voir corroborées par des faits d'un tout autre ordre, et qui les confirment d'ailleurs avec la plus grande précision; je veux parler des vivisections, et en particulier de l'enlèvement complet du cerveau lui-même. L'instrument enlevé, son action est abolie, et cette abolition doit être plus convaincante encore qu'une suspension temporaire.

Bien qu'en général les animaux des classes élevées succombent à la suite de cette grande mutilation, on en a rencontré plusieurs qui y ont survécu pendant un temps assez prolongé pour permettre de constater les altérations profondes qu'elle occasionne dans l'exercice du sentiment, de l'intelligence et des mouvements volontaires. Or, ce sont ces faits que je vais maintenant vous exposer, pour vous mettre à même d'apprécier les désordres qu'entraîne à sa suite la disparition de ce grand instrument.

Flourens a rapporté l'histoire d'une poule qui survécut dix mois à l'extirpation complète du cerveau, et qui, au bout de cinq, dit-il, était grosse, forte et saine, mais chez laquelle les instincts, la mémoire et toute prévision étaient abolis. « Je l'ai « laissée jeûner à plusieurs reprises jusqu'à trois jours entiers, « dit-il; puis j'ai porté de la nourriture sous ses narines, j'ai « enfoncé son bec dans le grain, j'ai mis du grain dans le bout « de son bec, j'ai plongé son bec; dans l'eau, je l'ai placée sur « un tas de grain. Elle n'a point odoré, elle n'a point avalé, elle « n'a point bu, elle est restée immobile sur ce tas de blé et y « serait assurément morte de faim, si je n'eusse pris le parti de « la faire manger moi-même. Vingt fois au lieu de grain j'ai « mis des cailloux dans son bec; elle a avalé les cailloux comme « elle eût avalé le grain. Enfin, quand cette poule rencontre un « obstacle sur ses pas, elle se heurte, et ce choc l'arrête et « l'ébranle. Mais choquer un corps n'est pas le toucher; jamais « la poule ne palpe, ne tâtonne, n'hésite dans sa marche... Elle « ne se remise plus, à quelque intempérie qu'on l'expose; jamais « elle ne se défend contre les autres poules: elle ne sait plus ni « fuir ni combattre; les caresses du mâle lui sont indifférentes, « ou inaperçues... elle ne becquète plus. » (*Recherches expérimentales sur les propriétés et les fonctions du système nerveux*, 2ᵉ éd., p. 24.) Un pigeon ainsi préparé par M. Vulpian se tenait très-bien debout, dit-il, volait quand on le jetait en l'air, marchait quand on le poussait; l'iris était mobile; cependant il ne voyait pas, ne se mouvait jamais spontanément et affectait presque toujours les allures d'un animal endormi ou assoupi; quand on l'irritait dans cette espèce de léthargie, il prenait les allures d'un animal qui se réveille. « Figurez-vous, en un mot, un animal « condamné à un sommeil perpétuel qui serait privé de la faculté « de rêver en dormant », ajoute-t-il.

Ne croyez pas toutefois que cette abolition des facultés intellectuelles et des mouvements volontaires soit propre aux gallinacés; on l'a observée aussi sur plusieurs autres espèces d'animaux. Ainsi, privés de leur encéphale, la taupe ne fouit plus, le chat reste calme quand on l'irrite, la grenouille n'avale plus la mouche qu'on met dans son bec. (VULPIAN.)

Vous le voyez, l'enlèvement de l'encéphale produit des effets analogues à ceux qu'occasionne sa simple compression. Toutefois ces effets varient selon que cette extirpation a été plus ou moins complète. A-t-on respecté les tubercules quadrijumeaux, il continue à voir ; la protubérance cérébrale est-elle demeurée intacte, comme chez le rat, le pigeon, le chien et le chat cités précédemment, il conserve le sentiment de la douleur, les sensations tactiles, celles du son et des saveurs ; a-t-on poussé l'enlèvement plus loin, en ne laissant subsister que le bulbe médullaire, il pourra encore survivre à cette mutilation, en continuant à respirer, à digérer, à absorber, à se nourrir, en un mot à accomplir les principales fonctions de la vie organique. C'est ainsi qu'on a pu voir des anencéphales se remuer, s'agiter, respirer, crier, sucer le doigt placé entre les lèvres et avaler au moment de leur naissance.

Mais, en réalité, tous les animaux qui survivent à ces mutilations sont également privés de la faculté de percevoir toutes les sensations, de celle de vouloir et d'exercer des mouvements volontaires. Ainsi, tout en conservant le sentiment général, celui de la lumière, du son, des saveurs et des odeurs, toutes ces sensations restent brutes, isolées, passagères et sans souvenir chez eux ; l'animal ne sait plus toucher, regarder, odorer, goûter ni écouter. Il ne se meut que parce qu'on le pousse, mais il n'effectue plus aucun mouvement volontaire ; l'oiseau vole encore quand on le jette en l'air, mais ce vol est purement mécanique et non dirigé. Livré à une somnolence continuelle, il n'exprime plus aucune volonté : il a cessé de penser, il ne pense plus à chercher sa nourriture ni sa boisson ; il ne pense plus à se remiser, ni à se défendre, ni à combattre, ni à fuir. Rien n'éveille son émotion, ses désirs ni ses passions. Il a donc perdu, avec son cerveau, l'activité des sens, la pensée, la mémoire, l'intelligence, les mouvements volontaires, la prévision du danger et jusqu'au sentiment de sa conservation. Les seules sensations et les seuls mouvements qui lui restent sont ceux sur lesquels la volonté n'a aucune prise, parce que leur point de départ ne réside pas dans le cerveau, mais seulement dans la protubérance, le bulbe ou dans la moelle épinière, quand ils ont été conservés.

Ainsi se trouve confirmé le rôle du cerveau dans la production de la perception des sensations, de la pensée et des mouvements volontaires. Mais est-ce à dire que les deux hémisphères de l'encéphale concourent également à cette production, ou même que leur intégrité complète soit absolument indispensable à leur accomplissement? Les faits semblent contraires à cette opinion. Ainsi Flourens a pu retrancher soit par devant, soit par derrière, soit par en haut, soit par en bas, une portion assez étendue des lobes cérébraux, sans que ces fonctions aient été suspendues. Une portion restreinte d'un lobe suffit, dit-il, à l'exercice de leurs fonctions. Toutefois, à mesure que ce retranchement est opéré, toutes les fonctions s'affaiblissent et s'éteignent graduellement, et passé certaines limites elles sont tout à fait éteintes. Dès qu'une perception est éteinte, toutes le sont; dès qu'une faculté disparait, toutes disparaissent. (*Ouvrage cité,* p. 99.) Il ajoute plus loin : « Dès qu'une perception revient (après des retranchements limités), toutes reviennent; dès qu'une faculté reparait, toutes reparaissent. » (*Ouvrage cité,* p. 102.)

Ici, je dois vous le faire remarquer, l'expérimentation est d'accord avec l'expérience pratique. Celle-ci, en effet, a constaté plusieurs lésions profondes du cerveau sur le cadavre, sans que l'intelligence ait été altérée pendant la vie. Cruveilhier a cité notamment « le cas d'un homme de quarante-deux ans, en pleine jouissance de son esprit, dont le lobe gauche du cerveau fut trouvé atrophié en entier » (fait rapporté par Muller , *Manuel de physiologie,* t. I, p. 780); Longet a rencontré « une absence pour ainsi dire complète d'un hémisphère cérébral, chez un homme qui continua, dit-il, à jouir de toutes ses facultés intellectuelles, et même de tous ses sens » (*Anatomie et physiologie du système nerveux,* t. I, p. 666); M. Vulpian a constaté lui-même la permanence de ces facultés chez un pigeon auquel il avait enlevé un hémisphère (*Ouvrage cité,* p. 707). Il est manifeste que dans chacun de ces cas, un seul hémisphère a suffi pour produire le libre exercice de toutes les facultés intellectuelles, motrices et volontaires.

D'autre part, j'ai déjà signalé le fait du broiement des deux lobes antérieurs du cerveau observé par Bérard, « avec conservation de la raison, de la sensibilité et des mouvements volontaires ». (Cité par M. Vulpian, *Ouvrage cité,* p. 711.)

Ces nouveaux faits nous conduisent donc aussi à admettre les conclusions suivantes déjà en partie formulées par Flourens :

1° « Les lobes cérébraux sont le siége exclusif des perceptions « et des volitions.

2° « Toutes ces perceptions, toutes ces volitions occupent le « même siége dans ces organes; la faculté de percevoir, de con-

« cevoir, de vouloir, ne constitue donc qu'une faculté essentiel-
« lement une. » (Flourens, *Ouvrage cité*, p. 109 et 110.)

3° « Un hémisphère peut suppléer l'autre. » (LONGET et VULPIAN.)

4° « Une province quelconque des hémisphères du cerveau,
« pourvu qu'elle soit assez étendue, peut les suppléer toutes. »
(FLOURENS.)

5° « Chacune d'elles peut manquer en particulier, sans qu'au-
« cune des facultés de l'esprit fasse défaut. » (LONGET, *Ouvrage
cité*, p. 669.)

ARISTE. — Cette dernière conclusion est consolante pour les
pauvres soldats exposés sur les champs de bataille à perdre quelque portion de leur cerveau, mais vous conviendrez toutefois
que toutes ces recherches ont peu ajouté aux connaissances
qu'Hippocrate possédait sur ses fonctions.

DOCTEUR. — Pardon, Ariste ; elles déterminent expérimentalement et avec précision la part de l'ensemble et celle de chacune de ses parties ; elles nous font connaître, en outre, l'action
spéciale de chacun des centres de la moelle épinière, celle des
centres du bulbe, de la protubérance et des tubercules quadrijumeaux ; elles nous donnent encore des notions précises sur
les mouvements réflexes, toutes choses qu'Hippocrate ignorait ;
enfin elles nous ont fait acquérir quelques données sur l'action
distincte des approches du cerveau et sur celle de cet organe
lui-même. « C'est une notion d'une importance physiologique et
philosophique capitale, dit M. Vulpian, qu'il y a dans toute
sensation complète deux phénomènes tout à fait distincts du
système nerveux. L'un est la sensation proprement dite, qui a
l'isthme de l'encéphale et en partie la protubérance annulaire
pour siége. L'autre est l'élaboration intellectuelle de la sensation, qui se fait dans le cerveau proprement dit. » (*Physiologie
du système nerveux*, p. 681.)

J'ai fini, Ariste ; cependant, avant de terminer, je voudrais vous
résumer dans une sorte de tableau les principales notions que
nous avons acquises sur les centres nerveux ; une simple expérience d'éthérisation peut nous en offrir le moyen, parce qu'elle
éteint successivement sous nos yeux les fonctions spéciales du
cerveau, puis celles de la protubérance et enfin celles du bulbe
lui-même. Dans le premier temps qui succède à l'inhalation, on
voit disparaître, l'une après l'autre, la perception, l'intelligence
et la volonté : c'est donc le cerveau le premier qui est soumis à

son action ; dans une seconde phase, on voit s'éteindre peu à peu la sensibilité générale, les sensations brutes et tout mouvement : c'est le tour de la protubérance ; enfin, dans une troisième période, la respiration, qui avait persévéré jusque-là, s'arrête à son tour et annonce que le bulbe est envahi lui-même. Rien de plus naturel que cette progression : l'éther ou le chloroforme absorbé se mêle au sang, est transmis par lui simultanément à ces trois grands centres ; mais comme le cerveau en reçoit proportionnellement à son volume une quantité plus considérable, c'est lui qui en est imprégné le premier ; la protubérance, qui en reçoit beaucoup aussi, est prise la seconde, tandis que le bulbe, qui n'en reçoit que fort peu relativement, est envahi plus tardivement et alors seulement que toute l'économie en est saturée. Il est inutile de vous faire remarquer que le vin et les spiritueux produisent des effets, sinon aussi rapides, du moins tout à fait semblables.

Je me suis étendu bien longuement sur le système nerveux ; son importance seule justifie ces détails. Cependant ce que j'ai fait pour lui, il eût fallu, pour être complet, le répéter pour chacun des autres appareils qui entrent dans la composition de l'organisme. Mais tandis que le système nerveux constitue à lui seul le grand ressort de la vie, qu'il résume et embrasse tous les autres, ceux-ci, à vrai dire, ne jouent qu'un rôle relativement secondaire, et limité le plus souvent à des actions physiques, chimiques ou mécaniques. Nous pouvons donc les omettre quand il ne s'agit que d'atteindre le but que nous poursuivons.

Je termine, ainsi que j'en ai pris l'engagement, en formulant les lois de la vie.

Lois de l'organisme et de la vie :

Première loi. — L'organisme est constitué par une cellule ou par un agrégat de cellules.

Deuxième loi. — La cellule, ou l'unité vivante, est constituée par une agglomération de substance homogène, semi-liquide, connue sous le nom de protoplasma.

Troisième loi. — Chaque cellule est douée d'une vie propre et autonome, et d'une énergie spontanée qui se manifeste par ses propriétés. Ces propriétés consistent à absorber des matériaux, à les transformer en sa propre substance et à se les assimiler ; de là, son accroissement, sa multiplication et sa mort comme dernier terme de sa durée.

Quatrième loi. — La vie est une propriété inhérente à la matière organisée, qui « ne peut être ramenée par l'analyse à aucune des propriétés des corps bruts ». (Ch. Robin.)

Cinquième loi. — Dans les organismes inférieurs, le protoplasma possède toutes les propriétés essentielles de la vie et en exerce les principales fonctions.

Sixième loi. — Chez les êtres plus élevés, on rencontre plusieurs éléments et plusieurs organes distincts ; chacun de ces éléments a sa vie propre et autonome, et chaque organe a sa fonction spéciale.

Septième loi. — Dans les êtres supérieurs, la vie est la résultante des vies spéciales de chaque cellule, de chaque organe et des fonctions de l'organisme.

Huitième loi. — Dans les organismes perfectionnés, chaque fonction a son organe spécial ; de là, un ensemble composé d'un grand nombre d'ouvriers dont chacun a des attributions distinctes et déterminées, mais qui tous sont soumis au principe de corrélation ; car l'organisme ne peut agir et durer qu'autant que chaque partie s'accorde avec les autres ; que toutes se prêtent un mutuel appui, et que l'ensemble lui-même s'harmonise avec les conditions extérieures.

Neuvième loi. — Selon que l'animal est appelé à vivre dans l'eau, sur la terre ou dans l'air ; selon qu'il se nourrit d'aliments liquides, d'herbe, de graine ou de chair crue, l'organisme subit des modifications adaptées à chacune de ces conditions d'existence, souvent légères ; il se transforme parfois, et en reçoit de nouvelles pour satisfaire à chaque besoin spécial.

Dixième loi. — Chaque organe isolé est relié aux autres par le système nerveux, et la multiplicité se trouve par lui ramenée à l'unité.

Onzième loi. — Le système nerveux est constitué par trois éléments distincts : le premier est formé par des filets nerveux sensibles qui reçoivent les impressions du dehors et les transmettent à l'axe cérébro-spinal ; le second, par un ganglion nerveux de substance grise qui reçoit cette impression et la transforme en excitation motrice ; le troisième, par un nerf moteur qui reçoit cette excitation et la transmet au muscle qui se contracte sous son incitation.

Douzième loi. — Chaque nerf a une fonction spéciale : les nerfs sensibles chargés de recueillir et de transmettre les impressions tactiles, visuelles, auditives, olfactives et gustatives, sont doués chacun d'une propriété distincte ; les nerfs moteurs ont aussi chacun la leur, selon qu'ils se rendent aux muscles, aux glandes ou aux vaisseaux.

Treizième loi. — Les ganglions nerveux centraux forment des groupes étagés à tous les degrés de l'axe cérébro-spinal, où ils constituent autant de centres d'action distincte qui président, selon leur siége, aux fonctions organiques, motrices, sensorielles, intellectuelles et volontaires.

Quatorzième loi. — Tous les animaux naissent d'une cellule ou d'un œuf, *omne vivum ex ovo ;* tous les œufs, quand ils proviennent d'un même type fondamental, se ressemblent au début et pendant un certain temps de la vie embryonnaire ; puis ils dévient de la route commune et acquièrent chacun un caractère propre. Par suite, l'état transitoire ou embryonnaire d'un animal supérieur ressemble à celui d'un animal moins élevé de la même série. Cependant aucun animal supérieur ne passe par la série des formes inférieures pour arriver à sa forme définitive. L'homme ne prend pas les formes d'un ver, d'un mollusque ou d'un poisson avant de revêtir celles de son espèce. Il n'est donc ni un poisson ni un mammifère perfectionné. Il n'y a pas de transmutation des espèces. (MILNE-EDWARDS.)

J'ai fini de vous signaler les phénomènes et les lois de l'organisme, Ariste ; à vous maintenant d'en dégager la vérité.

ARISTE. — L'organisme n'est qu'un instrument, docteur ; pour découvrir la vérité qu'il exprime, il faut s'élever jusqu'à la cause qui l'a produit ; sans sa notion, il est impossible de donner l'explication des phénomènes et des lois, et par conséquent d'atteindre la vérité. Ce sera, si vous y consentez, l'objet de notre prochain entretien.

CHAPITRE V.

LES ÊTRES ORGANISÉS ET LA VIE (*suite*).

II

LA VIE : PHÉNOMÈNES, LOIS ET CAUSES

« Dans son antique matérialisme, le poëte latin (Lucrèce) s'écrie : Il ne se réveillera plus celui qui s'est endormi dans la mort ; nous n'avons que l'usufruit de la vie, sans en avoir la propriété. Quand le corps périt, il faut que l'âme elle-même se décompose ; elle se dissout dans les membres. L'âme meurt tout entière avec le corps, et c'est en vain que, dans un tumulte effroyable, la terre se confondrait avec la mer, la mer avec le ciel ; rien ! rien ne pourrait la réveiller ! » (DUMAS, *Éloge de La Rive*.)

« Si je ne suis qu'un corps analogue à ceux qui m'entourent, dit Platon, j'aurai le sort de la fourmi que j'écrase, de l'herbe que je foule aux pieds. Fils de la terre, en lui rendant mes os, je lui rendrai tout ce que je suis. Si, au contraire, il y a en moi un principe indépendant du corps, les sages ont en raison de dire que l'homme n'est pas une plante de la terre, mais une plante du ciel. » (*Timée*.)

« Le νοῦς... est un principe divin et immortel, dit Aristote ;... il est séparable du corps ; seul il peut survivre à la dissolution de l'ensemble, et, une fois séparé, il pense éternellement. » (*De l'âme*, l. II, c. II.)

ARISTE. — Je vous ai écouté avec intérêt, docteur, mais non cependant sans me rappeler souvent les vers du bon la Fontaine :

« Je vois l'outil
Obéir à la main ; mais la main, qui la meut ? » (L. X, fable 1.)

Vous m'avez fort bien décrit tous les gestes de l'automate, mais vous n'avez rien dit du ressort qui le meut ; vous m'avez montré l'organisme animé, se développant, se nourrissant, se multipliant, sans paraître soupçonner qu'après tout, cet organisme est un simple agrégat dont tous les matériaux ont été puisés dans le monde extérieur. Ces matériaux ont été modifiés, ont été tranformés sans doute, pour le produire ; mais par quoi ? Examinons-le un instant du dehors seulement ; qu'y voyons-nous ? D'une part, des formes enveloppant des organes composés chacun d'une multitude de cellules ; d'autre part, quelque chose d'invisible sans doute, mais qui n'en est pas moins sensible dans

ses effets ; de quelque chose cependant qui relie et unit tous ces
éléments, et que la mort met en évidence, en assignant à chacun
d'eux un rôle bien différent.

Voici un fait qui me paraît résoudre ce problème d'une manière
frappante. Ce fait a été cité par Cuvier, pour démontrer que ces
deux éléments ne pouvaient se réduire l'un à l'autre.

Il concerne une femme morte subitement dans tout l'éclat de
la jeunesse et de la beauté. « Voyez ces formes arrondies et
voluptueuses, dit-il, cette souplesse gracieuse des mouvements,
cette douce chaleur, ces joues teintes de rose, ces yeux brillants
de l'étincelle de l'amour, cette physionomie égayée par les saillies de l'esprit ou animée par le feu des passions ; tout semble
se réunir pour en faire un être enchanteur. Un instant suffit
pour détruire tout ce prestige ; souvent, sans cause apparente,
le mouvement et le sentiment viennent à cesser, le corps perd
sa chaleur, les muscles s'affaissent et laissent paraître les saillies
anguleuses des os, les yeux deviennent ternes, les joues et les
lèvres livides. Ce ne sont là que les préludes de changements
plus horribles : les chairs passent au bleu, au vert, au noir ;
elles attirent l'humidité, et pendant qu'une portion s'évapore
en émanations infectes, une autre s'écoule en sanie putride qui
ne tarde pas à se dissiper aussi ; en un mot, au bout d'un petit
nombre de jours, il ne reste plus que quelques principes terreux
et salins ; les autres éléments se sont dispersés dans les airs et
dans les eaux pour entrer dans d'autres combinaisons. »

« Il est clair, ajoute Cuvier, que cette séparation est l'effet
naturel de l'action de l'air, de l'humidité, de la chaleur, en un
mot de tous les agents extérieurs sur le corps mort, et qu'elle
a sa cause dans l'attraction élective de divers agents pour les éléments qui le composaient. Cependant ce corps en était également entouré pendant la vie ; leurs affinités pour les molécules
étaient les mêmes, et celles-ci y eussent cédé également, si elles
n'avaient pas été retenues par une force supérieure à ces affinités, qui n'a cessé d'agir sur elles qu'à l'instant de la mort. »
(Cité par C. Bernard, dans sa *Définition de la vie : Revue des Deux
Mondes*, n° de mai 1875, p. 332.)

Convenez, docteur, qu'il serait difficile de mieux faire saisir
cette « force supérieure aux affinités naturelles », qui protégeait
l'organisme contre leur action incessante. Cependant, pour la
découvrir d'une manière plus évidente encore, jetons un coup

d'œil sur cet organisme réduit lui-même à l'état de *cadavre*; et demandons-lui en quoi il diffère maintenant de ce qu'il était naguère. Dans son premier état, il était plein de mouvement et d'activité; dans le second, il est devenu inerte et inanimé. En quoi ces deux états diffèrent-ils donc l'un de l'autre? L'organisme est-il changé? Non; car, dans les premiers instants, du moins, il subsiste dans son intégrité. Mais si ce n'est pas lui qui a changé, que lui manque-t-il pour continuer d'agir et de se mouvoir? Il possédait donc un principe d'activité qui s'en est retiré, qui a disparu de la scène et dont le rôle est brisé.

Cependant d'où vient cet organisme lui-même? D'un germe? Mais ce germe, qui l'a produit? La vie y serait-elle étrangère? Il n'était d'abord qu'une pulpe informe et homogène; qui en a fait sortir cette multitude de cellules, de tissus et d'organes aux formes si belles et si animées? Ce germe lui-même, avant son évolution, a souvent été exposé à l'action destructive des agents extérieurs; qui l'a préservé de leur funeste influence? Dans ses minimes proportions, il semblait le même chez un grand nombre d'espèces; qui a fait sortir de l'un un poisson, d'un autre un oiseau, d'un troisième un mammifère?

Pour répondre à ces questions, interrogeons d'abord la vie dans tous les états où se montrent quelques-unes de ses manifestations, et écoutons ses réponses; c'est à elles de nous dire dans quelle mesure nous pouvons entrevoir une cause à travers ses effets, et à nous apprendre si, comme le disait Lélut, cette vie attend pour venir que la maison soit faite, ou si c'est elle qui fait cette maison; si elle précède le germe ou si celui-ci la produit; si elle préexiste à l'embryon, ou si c'est celui-ci qui l'engendre; si elle demeure dans l'organisme comme le passager dans une hôtellerie, ou si elle ne serait pas l'architecte qui le construit; enfin, si c'est elle qui anime et vivifie le temple qu'elle habite.

Outre les graves questions qui dérivent directement de ces problèmes, il en est d'autres encore qu'il nous faudra aborder : D'où vient la vie? Quels sont sa nature et son rôle? N'est-elle qu'une force dérivée des forces naturelles? n'est-elle qu'une résultante, ou bien est-elle constituée par une activité spéciale, un principe ou une substance distincte? Est-ce elle qui sent, meut, perçoit, forme les idées, en conserve le souvenir, pense, conçoit, choisit ses actes et s'élève même jusqu'au moi personnel qui se connaît, et connaît le monde extérieur?

Voilà bien des questions afférentes à la vie, que vous n'ave
ni touchées ni résolues, docteur, en nous parlant de l'organisme;
cependant chacune d'elles s'impose à notre examen et veut être
résolue. Autant que vous, d'ailleurs, j'ai horreur du vague et de
l'à-peu-près, et je tiens, dans la mesure de mes forces, non à
vous fournir des explications hypothétiques sur elles, mais de
sérieuses démonstrations.

Or, remarquez-le, non-seulement chacune d'elles a son importance, mais nul homme sérieux, quoi qu'il fasse, ne peut les
éluder. Une fois entrevues, chacune s'impose à sa pensée, devient
le texte de ses plus intimes méditations et le terme de ses efforts
les plus soutenus. Il lui suffit d'en saisir la portée, en effet, pour
comprendre que de leur solution dans un sens ou dans un autre
doivent sortir les principes qui, comme autant de maîtres implacables, vont s'imposer désormais à tous ses actes, et commander
à sa destinée.

Mais en voilà assez sur les questions que soulève la vie; cherchons maintenant à les résoudre en commençant par demander
aux faits d'où vient la vie, à quelle date on peut observer ses
premières manifestations et à quels caractères on peut les reconnaître.

Docteur. — L'origine de la vie est une question fort délicate,
Ariste.

Ariste. — Aussi ne l'aborderai-je, quant à présent, que dans
le germe et dans ses éléments constituants.

Docteur. — Dans ces limites, vous pourrez rencontrer des
faits connus; car qui ne sait que la vie naît de la vie et que
chacun des facteurs du germe la possédait avant leur fusion;
que l'ovule, parfois avant son isolement de l'ovaire ou pendant
son trajet à travers la trompe et la matrice, en fournit déjà des
indices fort remarquables, puisqu'on l'a vu dans chacun des
points de ce trajet se segmenter, produire des sphères organiques, de véritables cellules blastodermiques, premières ébauches
du futur embryon? Qui n'a vu encore dans les spermatozoïdes,
même isolés, des phénomènes de vitalité non moins manisfestes?
Tous sont animés de mouvements spontanés, se dirigent en tous
sens au sein du liquide où ils nagent, comme des têtards dans
un étang. Il est donc impossible de méconnaître dans chacun
de ces actes autant de preuves évidentes de vitalité.

Ariste. — Ces faits sont réels, docteur, mais que prouvent-ils?

Docteur. — Que la vie naît de la vie et qu'elle est communiquée par les parents.

Ariste. — Cette question ne peut se résoudre d'une manière aussi absolue que vous le faites, docteur. Chacun de ces facteurs possède sans doute une étincelle de vie qui lui a été communiquée par son parent avec la parcelle de matière organique qui la recèle ; mais est-ce bien là la vie réelle? Non, car elle n'est que temporaire et disparaît promptement. Appelons-la donc vie communiquée, si vous voulez, mais non vie réelle, puisqu'elle est impuissante à former un être quelconque ni à durer. Car, ainsi que l'a fort bien constaté Longet, « le sperme et l'œuf « abandonnés isolément perdent toute aptitude à vivre, se « désorganisent et se décomposent; s'ils sont réunis, on voit « redoubler dans le composé résultant de leur fusion, l'activité « qui animait l'un et l'autre, et tout devenir en peu de temps un « nouvel être qui tient matériellement des deux individus dont « il participe ». (*Physiologie,* 2ᵉ édition, in-8, t. III, p. 803.)

Nous pouvons donc conclure de ces deux ordres de faits que la vie réelle, la vie organisatrice, ne date que de la fusion des germes, c'est-à-dire de la fécondation.

Docteur. — Ces faits ne seraient-ils pas propres aux animaux seulement?

Ariste. — Non, docteur; on les a constatés aussi dans les graines, qui ne sont, à vrai dire, que les œufs des végétaux. Parmi les faits nombreux qui en témoignent, je me bornerai à vous citer le suivant : « Il y a des algues marines, dit A. Boscowitz, telles que les fucacées de la Méditerranée, qui, au moment de leurs amours, présentent des phénomènes non moins extraordinaires. De la plante mère se détachent simultanément deux espèces distinctes de corpuscules : aux uns on a consacré le nom de zoospores, aux autres on a donné celui d'anthérozoïdes. Si, au moment où ils apparaissent, on dépose séparément dans un peu d'eau de mer les anthérozoïdes et les zoospores, on les voit tournoyer convulsivement, puis, après quelques heures, mourir et se décomposer. Mais si, au lieu de les séparer, on les dépose dans la même eau, on voit les anthérozoïdes nager vivement autour des zoospores, s'attacher à elles, les couvrir entièrement, et de l'union des anthérozoïdes et des zoospores naître des êtres semblables à la plante mère. » (*L'Ame de la plante,* in-18, Paris, Ducrocq, 1867, p. 203.)

Vous le voyez, dans les plantes, comme dans les animaux, les phénomènes d'animation qu'on observe dans chacun des facteurs isolés ne peuvent être confondus avec la vie réelle, puisqu'ils les livrent prochainement à une complète dissolution, tandis qu'une fois réunis et fusionnés, les phénomènes de la vie apparaissent plus ou moins promptement selon le milieu où ils se trouvent. Concluons donc que la vie ne date que de la fusion des germes.

Interrogeons maintenant ce premier monument de la vie, et demandons au germe qui succède à la fusion de ses facteurs, s'il loge ou non un hôte. Nous connaissons les deux architectes qui l'ont édifié, voyons s'ils ont engendré la vie, et si celle-ci continue à l'habiter. Convenons cependant qu'il pourrait bien en être d'elle comme de l'oiseau qui chante dans la feuillée ; quand la vue ne pourra la découvrir, nous écouterons ses chants, et ceux-ci viendront nous attester sa réalité et sa présence. Mais quels peuvent bien être les chants de la vie dans un germe ? Nous l'avons vu, c'était sous forme de mouvements que cette activité s'est révélée isolément dans chacun des facteurs avant et pendant leur fusion ; cherchons donc avec attention si quelques indices d'une activité analogue a survécu dans le germe lui-même, auquel cas nous pourrions considérer celle-ci comme une manifestation de la vie elle-même.

Quand, aussitôt la fécondation, ce germe, graine ou œuf, rencontre des conditions favorables telles que la chaleur, l'air et l'humidité, il entre en évolution, et les phénomènes les plus évidents de la vie tardent peu à s'y manifester. Mais il n'en est pas toujours ainsi. Quand ces germes sont produits à l'arrière-saison, le froid et l'absence de conditions favorables les engourdissent et les plongent dans une sorte de sommeil que les Anglais appellent *vie dormante,* et qui a reçu chez nous le nom de *vie latente.* Le germe n'offre ni croissance ni décroissance ; les échanges moléculaires, les oxydations et les mues organiques sont entravés, et il revêt alors toutes les apparences de la mort.

Mais est-ce à dire que même dans cet état une observation attentive ne puisse y recueillir quelques témoignages de vitalité ? Ils ne peuvent être que bien obscurs sans doute, mais cependant, même alors, ils peuvent suffire encore pour attester la présence de la vie chez eux.

Sans insister sur ces milliards d'êtres ressuscitants tels que les rotifères, les tardigrades, les anguillules, les kolpodes, qui renaissent au contact d'une goutte d'eau, et qui peuvent ensuite se mouvoir, sentir, agir, se multiplier, vieillir et mourir comme les autres ; ni sur celle des végétaux, des nymphes, des chrysalides et des animaux hibernants que le froid endort temporairement, l'expérience nous en fait connaître d'autres qui conservent leurs formes et leurs propriétés germinatives, tout en résistant à l'action dissolvante des agents physiques pendant longtemps, ce qui suffit pour attester que la vie réelle a dû lutter chez eux contre l'action de ces agents.

Parmi les faits qui le démontrent, je vous citerai les suivants. En 1774, le glacier de Vazaletta dans le Tyrol envahit tout à coup de vastes pâturages et des terres récemment ensemencées. On affirme nonobstant qu'après vingt ans qu'il mit à fondre, les habitants récoltèrent la moisson qu'ils y avaient semée, bien qu'elle fût demeurée sous la glace pendant ce long espace de temps. Élie de Beaumont soumit un jour des grains de blé, d'avoine, de pourpier, etc., à une température de 110° au-dessous de zéro, pendant plus de vingt minutes, et n'en a pas moins constaté que toutes ces graines avaient conservé leur intégrité et qu'elles ont ensuite parfaitement germé. Duhamel a vu le stramonium reparaître dans un fossé déblayé, vingt-cinq ans après qu'il avait été comblé ; des haricots provenant de l'herbier de Tournefort ont parfaitement germé, après avoir été semés au Jardin des plantes de Paris, plus d'un siècle après avoir été recueillis ; M. Ch. Desmoulins, de Bordeaux, a vu lui-même des graines d'héliotrope et de lupulin trouvées dans des tombeaux romains qui dataient du troisième et peut-être même du deuxième siècle de notre ère, germer et fructifier ; tout récemment, le professeur Von Hendrich, après avoir fait enlever les scories provenant d'une ancienne mine d'argent, accumulées depuis plus de quinze cents ans sur le sol du Laurium en Grèce, a vu croître et fleurir sur le lieu qu'elles occupaient, une papavéracée du genre glaucium, dont les corolles jaunes étaient complétement inconnues de la flore moderne ; et il lui fallut pour en découvrir l'indication, recourir aux ouvrages de Pline et de Dioscoride.

On cite même des faits plus extraordinaires encore. Après le bombardement de Copenhague, en 1807, le *senecio viscosus* qu'on découvre à peine dans cette contrée, couvrit littéralement de sa verdure les ruines amoncelées de cette ville ! Qui ne connaît d'ailleurs les suites de ces incendies immenses des forêts vierges de l'Amérique, dont le feu a à peine dévoré les arbres de sapins et de bouleaux, dit Mackensie, qu'on y voit croître des peupliers, bien qu'avant on n'y vît aucun arbre de cette espèce? Qui ne sait aussi que des grains de froment recueillis dans des tombeaux de momies égyptiennes, semés après plusieurs milliers d'années d'enfouissement, ont fourni des chaumes magnifiques couronnés d'épis à trois bifurcations, dont plusieurs donnèrent de mille à onze cents grains pour un, comme si la vie s'y fût exaltée avec le temps?

Or, qui a pu conserver leur vertu germinative à ces graines? qui leur a permis de sommeiller pendant des siècles sans mourir ni végéter? qui les a défendues contre le froid et les intempéries des saisons? Une force ou une activité réelle n'était-elle pas nécessaire pour lutter contre la léthalité de toutes ces influences dissolvantes? Ces faits nous conduisent donc à admettre que la vie seule a pu lutter contre elles et les préserver.

Docteur. — Mais comment constater cette activité dans les œufs et chez les êtres organisés?

Ariste. — Je ne vous parlerai que des œufs fécondés et doués par conséquent de la vie réelle, car les autres sont livrés à une prompte dissolution.

Docteur. — Connaissez-vous des faits qui attestent cette activité?

Ariste. — La science n'en possède qu'un petit nombre, bien qu'elle tienne le fait pour constant. M. de Quatrefages, par exemple, dit qu' « après la ponte, chez la kermelle et le taret, l'œuf, qu'il soit ou non fécondé, devient le siége de mouvements intérieurs qui n'altèrent en rien sa forme générale, et dont on ne peut juger que par sa transparence. Une force mystérieuse agite le jaune, en accumule les granulations tantôt sur un point, tantôt sur un autre, et dessine ainsi dans la masse des ombres dont l'apparence change à chaque instant. Si l'œuf n'a pas été fécondé, ajoute-t-il, ces mouvements s'accélèrent et deviennent de plus en plus irréguliers. L'œuf se décolore d'abord et se décompose ensuite. Ainsi disparaissent aussi sans doute les œufs non fécondés des mammifères. » (*Métamorphoses de l'homme et des animaux,* in-18, Paris, 1862, p. 10 et 18.) Déjà J. Hunter avait placé simultanément sous une même couveuse des œufs fécondés et d'autres qui ne l'étaient pas, et avait noté que tandis que les œufs fécondés élevaient le thermomètre à $+ 37°,22$ c., les autres ne le faisaient monter qu'à 36°,11 seulement, et qu'ils s'altéraient et se putréfiaient plus ou moins rapidement.

DOCTEUR. — Mais comment s'assurer que les œufs fécondés et vivants résistent plus que les autres à l'action des agents physiques ?

ARISTE. — Voici comment ce célèbre physiologiste est arrivé à le démontrer. John Hunter plongea simultanément deux œufs de poule dans un mélange réfrigérant à — 9°,44 c., l'un déjà gelé une première fois, l'autre frais, et vit l'œuf dégelé, et mort par conséquent, descendre rapidement à zéro et geler aussitôt, tandis que l'autre frais et vivant ne gela que vingt-cinq minutes après. Dans une autre expérience, un œuf frais mit une demi-heure pour geler dans un mélange réfrigérant à — 8°,33 c., tandis que le second, après dégel, soumis à une température notablement moins froide, à — 3°,88 c. seulement, fut gelé en un quart d'heure. Ces faits ne conduisent-ils pas à conclure, avec cet homme célèbre, que la vie donne à l'œuf la propriété de résister au froid, et « que cette résistance cesse après une première congélation » ? (*OEuvres,* traduites par Richelot, t. I, p. 258; t. III, p. 129.)

Or, qu'est-ce qui a pu lutter contre le froid dans ces expériences, sinon une activité qui a résisté à la température, et qui, pour y parvenir, a dû déployer une force en sens contraire? La vie se manifeste donc encore dans ce cas, non par des mouvements sensibles, mais par une résistance manifeste.

DOCTEUR. — Je conviens, Ariste, que ces expériences sont très-probantes, mais elles sont trop peu nombreuses pour les admettre comme une loi générale.

ARISTE. — Elles sont loin d'être les seules que l'expérience puisse invoquer, docteur. Ne suffit-il pas, en effet, d'ouvrir le premier ouvrage d'histoire naturelle venu, pour s'assurer qu'il y a des milliers d'insectes qui ne pondent leurs œufs qu'à l'arrière-saison, et que ces œufs qui n'éclosent qu'aux premiers jours du printemps, ont dû résister pendant cet intervalle à toutes les rigueurs de l'hiver? Boerhaave, par exemple, rapporte avoir vu des œufs d'insectes déposés sur des branches d'arbres dans des lieux découverts, qui sont restés féconds malgré les froids rigoureux de l'hiver de 1709; Spallanzani, voulant contrôler l'exactitude de cette observation, soumit lui-même les œufs du ver à soie et du papillon de l'orme à une température de — 30°, et put se convaincre qu'ils étaient restés féconds. (*Opuscule de physiologie animale*, t. I, p. 82 et 85.) M. Bonafous a soumis aussi des œufs de vers à soie, en 1837, à une température de — 25°, et malgré la durée prolongée pendant laquelle ils y ont été exposés, leur éclosion n'a pas été moins heureuse que celle de ceux qui avaient été conservés à une température au-dessus de zéro. (*Bibliothèque universelle de Genève*, 1828, t. XVII, p. 200.)

Ces faits n'attestent-ils pas que l'activité de la vie est intervenue pour faire résister ces œufs contre les rigueurs d'une telle température et pour conserver leur fécondité?

Vous me permettrez donc de conclure, docteur, que bien qu'obscure et latente dans les œufs et dans les graines, l'activité de la vie s'y est manifestée en opposant sa résistance à l'action destructrice des agents physiques, et que ces faits, comme tous ceux qui précèdent, démontrent qu'on peut admettre avec Palmer « l'existence de la vie avant toute organisation, et qu'ils permettent de la constater avant toute action visible » (*OEuvres de J. Hunter*, t. III, p. 152), et même de la considérer comme un agent de protection et de conservation, ce qui nous autorise à lui donner le nom de *force préservatrice*.

DOCTEUR. — Qu'arriverait-il, Ariste, si, au lieu de sommeiller comme dans ces œufs, la vie était en pleine activité?

ARISTE. — Certes, cette activité se manifesterait d'une manière plus évidente encore, en défendant non-seulement les êtres contre l'intensité du froid, mais même contre des températures très-élevées. Aussi n'est-il pas rare de voir sur le versant des Alpes ou des montagnes élevées du blé germé, ou déjà levé et même prêt à fleurir, enfoui tout à coup sous une avalanche. Alors, sans doute, toute végétation s'arrête; mais, l'avalanche fondue, plus d'un an après parfois, la plante se développe comme s'il ne lui était rien arrivé.

La vie ne lutte pas avec moins d'efficacité contre la chaleur élevée. Dans nos guerres d'Égypte et d'Algérie, par exemple, nos soldats ont eu souvent à supporter une température excessive; ils en furent incommodés sans doute, mais le plus grand nombre y résista sans inconvénient notable. Adanson lui-même, pendant un voyage au Sénégal en 1758, et Halles, à la même date en Géorgie, affirment qu'ils purent supporter sans accident les chaleurs torrides qui y régnaient. Mais le fait le plus frappant peut-être qu'on puisse citer, est celui qu'ont rapporté

Tillet et Duhamel. Pendant le séjour qu'ils firent en 1760 à Larochefoucault en Angoumois, ils virent une fille de boulanger entrer en leur présence dans un four chauffé dont ils évaluent la température à 111° R., ce qui équivaut à 128°, 75 c., au moins. Elle passa, disent-ils, environ douze minutes dans cette chaleur excessive sans en être fort incommodée. Cette expérience, ajoutent-ils, fut réitérée plusieurs fois après leur départ, par une autre fille, avec le même succès. (*Mémoires de l'Académie des sciences*, 1764, p. 185.) Ce fait extraordinaire éveilla l'attention des savants de l'époque, et suscita une suite d'expériences, soit en Angleterre par Fordyce, Banks, Blagden et autres en 1775, soit quelque temps après en France par Delaroche et Berger en 1806, puis enfin par W. F. Edwards en 1822. C'est surtout à ce dernier auteur que la science est redevable de la théorie généralement admise aujourd'hui. Il constata, en effet, que tous les êtres qui peuvent suer abondamment, arrivent, à la manière des *alcarazas*, à supporter sans danger l'action de très-hautes températures. (*Influence des agents physiques*, p. 368-378.)

Non-seulement la vie protége l'organisme contre les hautes températures, mais elle le défend aussi contre les froids les plus rigoureux. Ainsi, malgré leur intensité près des pôles, on la voit préserver celle du chien, du renard, du renne, de l'ours blanc, etc., qui vivent dans ces régions. Dans un voyage au pôle arctique, le capitaine Parry et le chirurgien en second affirment qu'ils ont supporté une température de 46°,11 au-dessous de zéro, sans en être notablement incommodés. Ils ajoutent toutefois qu'ils en ont souffert quand, au lieu d'être calme, l'air était agité par une forte bise, même quand le thermomètre ne descendait qu'à 17°,77. (W. F. Edwards, *Ouvrage cité*, p. 393.)

Ainsi, gelés ou rôtis, telle eût été notre destinée, si la vie ne nous eût protégés contre ces extrêmes températures.

DOCTEUR. — Je ne sais si nous aurions pu vivre, Ariste, si nous n'avions possédé en même temps dans les profondeurs de l'organisme un milieu constant et identique.

ARISTE. — A quelle cause la science attribue-t-elle cet état aussi précieux que remarquable?

DOCTEUR. — Elle attribue le maintien constant de cet équilibre de température stable à deux causes : la première, aux provisions en réserve; la seconde, à l'intervention des nerfs régulateurs connus sous le nom de vaso-moteurs. Le jeu de ces nerfs thermiques est aussi simple qu'efficace : doivent-ils nous défendre contre la chaleur, ils resserrent les vaisseaux, et expulsent l'excédant de celle-ci par la sueur ; ont-ils à nous défendre contre le froid, ils relâchent ces vaisseaux, et cela suffit pour activer la circulation et la production de la chaleur vitale.

ARISTE. — Cet artifice est simple et efficace, je le reconnais ; mais vous conviendrez vous-même que si leur activité n'était provoquée par la vie, ces nerfs seraient impuissants à l'effectuer. Car ils existent encore sur le cadavre qui, sous l'influence de ces causes, n'en est pas moins cuit ou gelé. C'est donc à l'activité de la vie qu'il faut en définitive attribuer ce grand résultat.

Jusqu'ici, nous n'avons étudié la vie et ses manifestations que dans le germe avant toute organisation, et dans la résistance qu'elle oppose à l'action désorganisatrice des agents physiques dans quelques conditions exceptionnelles. Étudions-la maintenant pendant la genèse, pendant l'évolution de l'œuf et de la graine.

DOCTEUR. — Qui atteste qu'il s'agit alors de la même activité?

ARISTE. — Où en découvrir une autre?

DOCTEUR. — Dans les agents physiques eux-mêmes.

ARISTE. — Cette action est réelle sans doute ; mais qui produit la réaction ? Ces agents ne nous ont révélé leur action jusqu'ici que comme une cause destructive de la vie ; comment pourraient-ils la remplacer pendant l'évolution ? Leur action est manifeste, il est vrai, puisqu'on ne peut nier que la chaleur, l'humidité, l'air ou l'oxygène sont indispensables pour la mettre en activité dans la graine ou l'œuf ; mais peut-on leur attribuer la genèse qui lui succède ? Non, assurément. Leur rôle consiste à éveiller la vie latente ; car, quand ils agissent sur un œuf qui en est privé, ils ne font qu'en hâter la dissolution. Toute leur action se borne donc à agir sur le ressort de la vie, à en presser la détente, pour exciter le mouvement qui va désormais s'accomplir par elle. Leur concours sera sans doute encore utile à l'action de la vie ; mais ce concours n'est que secondaire. C'est la vie une fois éveillée qui agit sur le germe, le fait absorber l'oxygène, exhaler l'acide carbonique, former de l'eau et de la chaleur ; qui lui fait, en un mot, accomplir les actes essentiels de la respiration sans organes respiratoires.

Nulle autre activité que la vie latente éveillée n'est là pour accomplir ces fonctions, puisque l'action des agents physiques ne pourrait que dissoudre le germe sans son intervention. C'est donc à la vie qu'il faut attribuer le principal rôle dans ces premiers actes de la genèse. D'ailleurs, comme l'a dit Burdach, « nulle formation d'embryon ne peut être conçue sans le mouve- « ment ; le mouvement est une activité, et l'activité doit dépendre « d'une cause intérieure. Par conséquent, l'activité existe avant « le corps qui naît, et la cause intérieure de l'activité ou la force « est la cause de sa naissance. » (*Physiol.*, trad. franç., t. IV, p. 125.) Or, quelque attention que nous y apportions, il est impossible de saisir une activité réelle qui se soit interposée entre l'activité primordiale du germe et cette nouvelle activité qui va le transformer en embryon.

DOCTEUR. — Ces deux activités sont loin cependant de remplir le même rôle.

ARISTE. — Sans doute, docteur ; mais leur nature est la même. Seulement, au lieu de lutter contre les forces étrangères, c'est contre l'inertie de la matière du germe qu'elle va agir pour le mettre en mouvement. Ainsi, le premier acte de cette activité, chez les animaux du moins, c'est d'opérer la segmentation du vitellus, qu'elle étrangle en méridien et partage en deux masses semblables. De ces deux cellules secondaires, elle fait de chacune deux autres cellules, et continue cette segmentation, selon les lois de la dichotomie, jusqu'à ce que tout le vitellus soit transformé en cellules.

Or, que voyons-nous dans ce premier acte de l'organisation ? La division de la masse homogène du vitellus, sa subdivision presque à l'infini, et la formation de cellules avec ses matériaux. Mais diviser et former, c'est agir ; or agir est l'acte d'une activité.

Poursuivons. Dans un second acte, toutes ces cellules sont rassemblées pour former trois feuillets distincts. Rassembler et former, c'est encore agir.

Enfin, dans un troisième acte, nous voyons ces feuillets transformés successivement en liquides, en tissus, en organes, en appareils, pour finir par constituer l'organisme lui-même. Mais former, transformer et produire, c'est toujours agir.

Du début à la fin de ces trois grands actes de la genèse, nous voyons donc sans cesse cette activité en action. Et ce qu'il est impossible d'exprimer, c'est l'animation, c'est la rapidité des mouvements qu'elle opère dans tous ces éléments ! Puis, malgré l'instabilité de plusieurs de ses formations dont quelques-unes sont temporaires, c'est l'ordre manifeste avec lequel elle opère; ce sont les formes admirables qui apparaissent sans agent visible pour les façonner ; c'est enfin l'établissement d'un monument des plus admirables qu'on voit paraître sans architecte pour l'élever!

Comment s'expliquer cet insondable mystère? Comment comprendre que d'une gangue commune et inerte, sorte un être animé? Comment saisir le jeu de ces deux éléments dont l'un forme et l'autre est formé, dont l'un agit et l'autre est agi, dont l'un produit et l'autre est produit? On voit l'œuvre, mais non l'ouvrier qui « prend la matière, la conforme et s'annonce en se « peignant à sa surface par ses effets, qui se signifie et s'inter- « prète par les qualités qu'il impose à la matière ». (Jouffroy, *Éthiq.*, in-12, p. 132.) Mais attendons encore d'autres faits pour expliquer quel peut être l'artiste qui produit ce chef-d'œuvre.

Voici cependant cet organisme formé. Il agit et dépense; quelle sera l'activité qui va réparer ses pertes, ou le restaurer s'il vient à être altéré?

Il agit et dépense, disions-nous : une expérience des plus simples suffit pour le prouver. Placez, en effet, un organisme vivant quelconque, végétal ou animal, sur l'un des plateaux d'une balance, et cherchez à l'équilibrer avec un poids égal : que va-t-il se passer? Ainsi qu'il est arrivé à Sanctorius lui-même, cet équilibre est à peine obtenu qu'il est brisé. Le plateau chargé de l'être vivant s'élève, l'autre s'abaisse. Rétablissez-le : un instant suffira pour le rompre de nouveau. A chaque moment de leur durée, les êtres vivants perdent donc quelque chose de leur propre substance; et ces pertes, sous peine de mort, doivent être réparées. C'est la nutrition qui accomplit cette œuvre. Ses actes s'accomplissent dans les profondeurs de l'organisme et sont, par cela même, fort difficiles à observer. Mais ce que la vue ne peut atteindre directement, la balance le constate et l'analyse chimique des produits rejetés l'établit.

Ce sera donc à l'aide de deux courants contraires que va s'opérer la nutrition : l'un qui enlève sans cesse, molécule à molécule, les matériaux oxydés par l'action; l'autre, comme le dit fort bien M. de Quatrefages, qui répare au fur et à mesure des brèches qui, trop élargies, entraîneraient la mort. Il y a ainsi un renouvellement incessant de la matière organique. Et, fait digne de remarque, ce renouvellement de tous les instants s'opère sans modifier ni altérer dans une proportion appréciable la forme, la structure et la composition élémentaire de l'organisme. De telle sorte que, quand tout s'use chez lui, la nutrition répare tout ; quand tout subit une mutation continuelle, elle préside au départ et à l'apport des nouveaux matériaux ; et quand ceux-ci changent sans cesse et ne font que le traverser, elle le conserve dans l'unité de sa forme et de sa composition.

Quoi qu'il en soit, il est manifeste que l'activité qui accomplit cette grande fonction agit sans cesse. Elle agit pour absorber et pour expulser les matériaux usés, pour opérer, en d'autres termes, la désassimilation ; elle agit pour opérer l'apport de nouveaux matériaux et pour présider à l'assimilation ; elle agit pour conserver la forme de l'organisme, pour conserver sa structure et sa composition élémentaire ; elle agit, en un mot, sans cesse et sans fin pendant toute la durée de la vie, car dès qu'elle s'arrête, la mort survient. Alors la synthèse organique cesse, et soudainement apparaissent des actes de fermentation, de putréfaction, de combustion lente, qui opèrent la destruction de toute la matière organisée.

Nous voyons encore cette activité déployer une industrie merveilleuse quand il s'agit de réparer des pertes causées par la maladie, de rétablir les formes des organes altérées et même de restaurer des os brisés. Comme vous le savez, quand un des grands os du squelette a été fracturé, si ses fragments sont convenablement rapprochés, ils se réunissent bientôt, malgré le gonflement et la difformité qui altèrent plus ou moins sa forme normale. Examinons comment cette activité se manifeste pendant sa restauration. A certaine époque de sa durée, les molécules osseuses surabondent autour des fragments brisés et forment des masses irrégulières. Plus tard, leur résorption s'opère : d'abord sur quelques points limités, en faisant disparaitre molécule à molécule celles qui sont en excès, et arrivant graduellement, ainsi que le remarque M. Vulpian, à reproduire la forme normale par une sorte de modelage ; enlevant ici des molécules qui constituaient une saillie anormale ; comblant là des dépressions accidentelles ; évidant ailleurs un canal dans les points où il doit être élargi ; travaillant partout, en un mot, de la façon la plus précise, pour restituer à l'os sa forme typique. Mais ce qui ne mérite pas moins d'être noté avec M. Vulpian, « c'est que ce travail si remarquable et si régulièrement pro-

« gressif s'arrête à point nommé, à une époqué fixe et déter-
« minée pour chaque espèce ». (*Physiologie du système nerveux,*
p. 304.) Or, ce que nous observons dans cette restauration
osseuse se rencontre également dans toutes les maladies des
parties molles. Toutes, en effet, altèrent également la forme
des organes lésés, et exigent un travail analogue pour restaurer
leurs formes normales.

Quoi qu'il en soit du mécanisme de cette nouvelle mission, la
vie ne s'y révèle pas avec une moindre activité que dans les cas
précédents. Il lui faut agir, en effet, pour enlever les molécules
qui surabondent, pour combler les vides, évider les canaux et
réparer les formes altérées. A peine le travail désorganisateur
est-il enrayé, qu'on la voit aussitôt à l'œuvre pour réparer tout
ce qui est altéré. Mais enlever, combler, évider et réparer, c'est
évidemment agir, et agir est encore ici l'acte d'une activité.

Sans cesse la vie agit. Examinez ses actes chez le végétal qui
puise tous ses matériaux dans le règne minéral, chez l'herbivore
qui tire les siens du règne végétal, ou chez le carnivore qui se
repaît de l'herbivore; toujours vous la verrez agir pour transformer et modifier chacun de ces matériaux. Vous la verrez
élever à la vie l'air, l'eau et les sels minéraux, à mesure qu'ils
s'intègrent dans un organisme végétal; les vitaliser de plus en
plus à mesure qu'ils traversent les herbivores et les carnivores;
puis, après les avoir élevés au plus haut degré, les abandonner
tout à coup en les restituant à la matière brute d'où elle les avait
tirés. A peine a-t-elle terminé son œuvre de synthèse organique,
que par une nouvelle action en sens opposé, elle s'empare de la
matière pour en désagréger les éléments et les rendre au monde
minéral. « Ainsi se fait et se défait cette toile de Pénélope, dit
Littré, trame toujours sur le métier et ne subsistant qu'à condition d'avoir toujours ses fils incessamment renouvelés. » C'est
ainsi, ajoute Longet, « que tout se lie, tout s'enchaîne, tout se
continue, que la vie entretient la vie et que la mort sert à la
renouveler ».

Cependant la vie se manifeste par une activité plus évidente
encore, je veux parler de son *activité motrice.* L'être le plus
infime, comme l'animal de l'ordre le plus élevé, est également
doué de mouvement spontané. Parmi les premiers, je vous en ai
cité deux exemples remarquables recueillis chez les zoospores et
les anthropozoïdes, ces deux facteurs du germe des fucacées;

mais en cherchant les faits qui attestent son existence, rien n'est plus facile que d'en obserer des traces dans tous les êtres, et même dans la circulation de la moindre cellule, comme dans la migration de ses cellules elles-mêmes, et jusque dans le polymorphisme des êtres les plus minimes, qui est dû à cette activité.

La science s'est préoccupée de rechercher la cause qui produisait un phénomène aussi général, et voici ce qu'elle nous a appris sur son agent spécial : c'est, d'après elle, le *protoplasma*. Cet élément entre, en effet, dans la constitution des végétaux et des animaux, et ses propriétés spéciales expliquent très-naturellement tous les mouvements spontanés qu'on rencontre chez les êtres. Ainsi l'on a rencontré le protoplasma non-seulement dans les tissus et les cellules des végétaux, mais encore dans les cellules microscopiques des animaux, comme dans les amibes, les animalcules sarcodiques et les myxomycètes, êtres qui n'offrent aucune apparence d'organisation, bien qu'ils exécutent des mouvements manifestes. Kühn, dans le but de s'assurer de sa contractilité, a recueilli cette substance, l'a introduite dans un intestin d'hydrophile, et a pu s'assurer à l'aide d'un courant électrique qu'elle possède réellement cette propriété. C'est d'ailleurs à Desjardins qu'on doit d'avoir signalé le premier cette contractilité. Il l'a rencontrée dans la sarcode de certains infusoires et notamment « chez les paramécies, les leucophores, les vorticelles, etc. ». (*Histoire naturelle des infusoires,* in-8, Roret, 1841, p. 35.)

Cette activité spontanée de la vie étant générale, et se rencontrant chez tous les êtres pourvus de protoplasma, nous pouvons donc la considérer comme constituant l'un des caractères essentiels de la vie.

Cependant, la vie possède une autre *activité* plus merveilleuse encore, c'est la *sensibilité.* « Vivre, c'est sentir », a dit Cabanis. Mais cette activité spéciale est parfois fort obscure, surtout chez les êtres qui occupent le dernier échelon de l'animalité. Toutefois, avec une attention suffisante, on peut encore la constater chez eux. Ainsi, on voit l'infusoire microscopique se détourner de l'obstacle qu'il vient à rencontrer, fuir ce qui lui nuit, choisir sa nourriture et, privé d'yeux, rechercher ou fuir la lumière. Or toutes ces circonstances attestent qu'il sent à un certain degré. Les polypes de Trembley ne sentent pas, sans doute, comme les jeunes filles; mais comment saisiraient-ils leur nourriture et la distingueraient-ils des autres polypes qui les entourent, sans quelque sentiment? Comment ce polype, par exemple, après avoir saisi une mouche avec ses tentacules, et l'avoir introduite dans son estomac ouvert artificiellement à ses deux extrémités, après qu'elle s'est échappée par l'anus accidentel, se mettrait-il en quête de la ressaisir, de l'avaler de nouveau, et de l'assujettir dans son estomac jusqu'à ce qu'elle soit digérée, s'il n'était doué de quelque sentiment? Il n'a pas de nerfs, il est vrai, si l'on s'en rapporte au microscope, mais il n'a pas de muscles non plus, et il est aussi manifeste qu'il sent sans eux, qu'il est évident qu'il se meut sans agents spéciaux de mouvement. Il nous faut donc admettre que les muscles ne sont pas plus nécessaires au mouvement chez lui, que les nerfs ne sont essentiels au sentiment lui-même. Et, comme il possède ces deux activités pendant toute la durée de sa vie, nous sommes conduit à les considérer comme constituant deux attributs de celle-ci, puisque son organisation ne peut les expliquer.

Dans les animaux d'un ordre plus élevé, il est vrai, la sensibilité s'exerce par des nerfs que l'on considère, avec raison, comme ses agents spéciaux; mais les exemples cités plus haut démontrent qu'ils n'en sont pas les organes exclusifs. Toutefois, il est juste de le reconnaître, la sensibilité est d'autant plus manifeste chez les animaux qu'ils sont eux-mêmes pourvus de nerfs plus nombreux. Chez ces derniers, la pointe la plus fine d'une aiguille, le moindre rayon de chaleur, le plus faible courant électrique, ne peuvent atteindre leur surface, sans produire un mouvement qui atteste qu'ils ont été sentis. Mais pour être plus confuse et moins manifeste chez les autres, elle n'en est pas moins évidente; il ne s'agit donc en réalité que d'une question de degré, et non d'une différence essentielle.

La sensibilité, bien qu'inconnue dans sa nature et dans son essence, n'en constitue pas moins un grand fait dans le règne animal; et comme elle ne peut être ramenée à aucune force ni à aucune propriété connue, nous devons la considérer comme un caractère essentiel, non-seulement de l'animalité, mais encore de la vie.

Cependant, à côté et au-dessus de ces deux premières activités de la vie, on en distingue encore une autre d'un ordre plus élevé, c'est l'*activité sentante*. Il existe une différence notable, en effet, entre le simple sentiment ou la *sensibilité* qui reçoit les impressions du monde extérieur et cette *activité sentante* qui distingue ces impressions, les perçoit et les transforme en idées ; qui, une fois ces idées formées, les recueille, les emmagasine pour nous les représenter quand nous invoquons leur souvenir ; qui associe et combine ces idées pour en former de nouvelles ; qui pense, veut et se distingue elle-même de tout ce qui lui est étranger ; qui se nomme *moi* personnel et enfante des actes libres. Or, c'est à cette activité supérieure, qui n'acquiert son complet développement que chez l'homme, qu'on a donné le nom d'*activité psychique.*

Cependant, plusieurs conditions sont nécessaires à l'accomplissement de cette faculté. La première, c'est que les nerfs sensibles qui s'épanouissent par milliards de petits renflements dans tous les points de la périphérie, ou sur les viscères internes ou dans les sens, soient dans un complet état d'intégrité ; la seconde, c'est que tous les filets nerveux qui en naissent, s'unissent entre eux pour se rendre aux faisceaux postérieurs de la moelle épinière, en côtoyant leurs voisins sans jamais se confondre avec eux, afin de s'élever plus ou moins parallèlement jusqu'au centre du cerveau où ils s'épanouissent en fibres radiantes connues sous le nom de *sensorium commune ;* la troisième, c'est que ce *sensorium* où gît l'activité sentante, reçoive toutes les fibres nerveuses sensibles, dans un ordre semblable à celui où elles sont nées, de telle sorte que cette activité puisse recueillir sur le lieu où elles s'épanouissent, les impressions de chacune des fibres affectées : chacune résonnant à sa place lorsqu'une impression a agité sa touche. Le *sensorium* devient donc ainsi le seul point sentant, bien qu'il soit insensible lui-même. La quatrième, enfin, c'est que ce *sensorium* entre en activité, qu'il soit attentif, afin de saisir chacune des impressions qui lui parviennent. Car, s'il sommeille ou s'il est distrait, ces impressions passent inaperçues et demeurent comme nulles et non avenues pour lui. C'est ce qui a lieu chez ceux qui voient sans regarder, ou qui entendent sans écouter.

Mais il en est tout autrement quand la vie qui anime le sensorium entre en pleine activité, quand elle déploie une attention incessante pour sentir chacune desimpressions qui s'y succèdent. Alors, elle saisit chacune d'elles, en discerne l'origine et la nature, et les transforme instantanément en véritables *idées,* en leur donnant des caractères arrêtés et déterminés. Telle est l'origine des idées dites sensibles, qui, ainsi qu'on le voit, succèdent à l'impression d'un point senti par un point sentant : le premier reçoit l'impression et la sent automatiquement; le second la perçoit activement en la transformant en idée pour en fournir la notion distincte à l'esprit.

Ces idées, considérées en elles-mêmes, sont dites *simples* quand elles succèdent à une seule impression, comme est celle d'un objet unique, par exemple; *composées* quand l'attention en recueille plusieurs sur un même objet. Quand on examine une orange, par exemple, la vue découvre sa forme et sa couleur; l'odorat, son parfum; le goût, sa saveur; la main, sa température et sa consistance; enfin l'oreille peut même entendre le bruit qui résulte de son froissement ou de sa chute. Voilà donc cinq sensations simples et diverses qui, lorsque l'activité sentante les rattache chacune à l'objet senti, à l'orange considérée comme un seul être, les lui rappelle toutes simultanément et en font alors une idée composée.

Toutefois, qu'elle soit simple ou composée, chaque idée n'en exige pas moins l'intervention de l'activité sentante pour être formée. C'est donc à tort que Condillac, faisant sentir une rose à sa statue, dit que celle-ci devient, par rapport à elle-même, tout odeur de rose et rien de plus. Car en admettant qu'un automate soit doué de l'odorat qui lui permettrait de recevoir l'impression de l'odeur de la rose, comment pourrait-il dire qu'il est tout odeur de rose, s'il est privé de l'activité sentante qui seule pourrait lui en faire percevoir la sensation et lui donner cette notion?

Il existe un troisième ordre d'idées qui diffèrent notablement des idées simples et des idées composées : ce sont les *idées abstraites*. Mais ces idées ne peuvent s'acquérir qu'à l'aide d'une activité de la vie psychique beaucoup plus grande encore. Il suffit, en effet, d'y réfléchir un instant pour le comprendre. Ainsi pour acquérir l'idée abstraite de la couleur orange, par exemple, il ne faut pas seulement se borner à recueillir par la vue la couleur du fruit qui l'offre au regard, il faut encore la rechercher dans tous les fruits, dans tous les pétales, dans certaines feuilles, dans tous les objets, en un mot, qui offrent une couleur semblable ou affine. Il faut non-seulement la chercher, mais l'isoler de toutes les autres impressions qui affluent avec elle; et ce n'est qu'une fois abstraite de tout ce qui n'est pas elle, que cette activité peut la caractériser sous le nom d'idée abstraite.

Enfin, on admet encore une quatrième espèce d'idées, qu'on désigne sous le nom d'*idées générales*. Cette espèce ressemble beaucoup à la précédente, quant à son origine et à sa nature ; et elle n'en diffère en réalité que par ses applications. Cette espèce comprend une idée commune à tout un genre, et se tire des qualités et des propriétés communes à chacun des êtres qu'elle embrasse. Aussi, pour l'obtenir, l'activité sentante doit-elle déployer un grand effort d'attention, ce qui se comprend aisément, puisqu'il lui faut d'abord rechercher avec soin, chez tous les êtres, la qualité ou la propriété qui leur est commune ; ensuite, abstraire cette idée de toutes celles qui lui sont étrangères ; enfin, la concevoir avec ses caractères distincts qui lui sont communs et s'appliquent également à tous les êtres d'un genre ou d'une espèce. L'idée générale est donc difficile à découvrir ; mais une fois obtenue, on arrive à formuler par elle les lois et les principes des sciences, et l'on comprend son importance, en tant qu'elle suffit pour donner la notion de tout ce qu'il y a de commun et de semblable dans une espèce, dans un ordre, dans une classe, etc., et qu'elle caractérise tous les phénomènes qu'elle embrasse.

En résumé, bien que l'activité psychique soit également nécessaire pour percevoir et transformer en idées toutes les impressions qui en sont l'origine, il n'en existe pas moins une grande différence entre les idées simples et les idées abstraites ou générales. Autant les premières lui coûtent peu, autant les secondes exigent d'efforts soutenus et réels, et d'attention incessante pour les enfanter.

Il fallait cependant, sous peine de les voir disparaître à jamais, que l'activité psychique recueillît en outre ces idées à mesure qu'elles étaient formées, et qu'elle les emmagasinât en quelque sorte, pour les représenter à chaque instant à l'esprit. C'est la mémoire qui intervient alors pour accomplir cette œuvre.

Beaucoup croient que la mémoire est une simple capacité : c'est une grande erreur. Cette éminente faculté réclame aussi les efforts de l'activité psychique pour chercher, découvrir et représenter en temps utile tous les souvenirs qu'elle embrasse. Chaque impression, en effet, a quelque durée, et s'il est permis de le dire, une certaine longueur ; la plus courte n'est pas instantanée : elle a des moments représentés par des variations d'intensité et de qualité. Si cette suite de moments demeurait isolée dans l'esprit comme elle l'est dans le temps, l'idée qu'ils concourent à former ne pourrait se produire. Il faut donc une certaine activité pour les colliger, les unir et les représenter comme un tout continu et en faire de véritables notions. Oui, certes, il faut une certaine activité pour caser avec ordre toutes ces idées et toutes ces notions, pour les assembler et les représenter à volonté ; pour agréger à une idée récente toutes les idées affines anciennes ; pour les choisir et les associer afin de leur donner un degré supérieur d'intensité à toutes les composantes, ce qu'elle ne peut faire sans une attention vive et soutenue, attention toujours nécessaire pour les représenter et les faire revivre sous l'œil de l'esprit.

Mais s'il est « nécessaire, comme le dit Platon, que les percep-
« tions viennent se réunir dans un centre, un foyer commun,
« parce que de là résulte l'unité de conscience, puisque chaque
« sens, en effet, ne nous transmet qu'une classe particulière
« d'impressions : la vue, les couleurs ; l'ouïe, les sons, etc., cepen-
« dant nous avons le pouvoir de comparer ces diverses classes
« d'impressions, de juger ce qu'elles ont d'analogue et de dis-.
« tinct. Or, ajoute-t-il, quel peut être l'organe de cette compa-
« raison ? Ce ne peut être ni l'un ni l'autre sens ; elle a donc sa
« source dans l'âme. » (*Phédon.*) Mais où découvrir cet agent unique qui procède aux comparaisons et aux jugements, qui s'exerce sur des idées simples comme sur des idées abstraites, qui opère des combinaisons, enfante des concepts, etc., sinon dans cette unité, dans cette activité psychique elle-même ? Et comment cette activité accomplirait-elle toutes ces opérations sans déployer une grande attention et des efforts soutenus ?

Cette activité psychique se manifeste encore sous un aspect tout différent dans maintes circonstances. Ainsi, soit qu'elle conçoive et enfante des idées sans modèle, soit qu'elle résolve des problèmes à l'aide d'idées abstraites, soit qu'elle prévoie ou prédise l'avenir, etc., il lui est impossible d'effectuer chacune de ces opérations intellectuelles sans déployer un mode d'action tout nouveau, celui d'une activité spontanée. Dans ces différents cas, en effet, c'est d'elle-même qu'elle se porte à l'action, c'est dans son propre fonds qu'elle puise ses matériaux, et il est évident qu'alors cette activité s'affirme sous un aspect nouveau.

Il est une circonstance cependant où sa spontanéité se montre d'une manière plus manifeste encore : c'est quand elle se distingue elle-même de tout ce qui lui est étranger, ou quand elle conçoit les idées d'espace, de temps et de durée. Examinons-la un instant dans l'œuvre qu'elle accomplit pour acquérir ces notions.

Lorsqu'un jeune enfant est arrivé peu à peu à diriger ses membres comme de simples instruments, et que ses deux mains viennent à se rencontrer, leur simple contact lui fournit aussitôt deux sensations distinctes : celle d'une main qui sent et celle d'une main qui est sentie. Maître des mouvements de chacune, il peut commander la résistance ou la suspendre à volonté. Or, que va-t-il arriver dans ce cas, pour peu qu'il puisse réfléchir sur ses impressions? Une main sent, l'autre est sentie, sa personne seule est en jeu, c'est elle qui remplit les deux rôles; il ne pourra donc acquérir d'autre idée que celle de sa personnalité.

Mais que cette main aille se heurter contre un objet extérieur, il va recueillir une tout autre idée, celle d'un être qui sent et celle d'un corps qui est senti, et qui n'est pas lui : de là, deux impressions distinctes, et, selon son degré d'intelligence, deux notions diverses, celle du moi personnel, et celle du non-moi, qui lui est étrangère. L'opposition de son propre corps contre un objet du monde extérieur va donc éclairer sa conscience et lui permettre de se distinguer de ce qui lui est étranger. De là, l'origine des notions du moi et du non-moi.

Plus tard, lorsque son intelligence sera plus développée, ce même sens lui fournira d'autres notions encore. Qu'il pose cette main sur un meuble, par exemple, et qu'il la promène en différentes directions autour de lui. Les impressions qu'il en recueillera lui fourniront la notion d'un corps qui remplit une certaine étendue de l'espace; qu'il suppute ensuite la succession des mouvements qu'il a effectués pour sentir chacun de ses contours, et cette opération intellectuelle va lui fournir les premiers éléments des notions de l'espace et du temps.

Je dis les premiers matériaux de ces notions seulement, parce qu'en effet, il est évident que le sens employé, les mouvements effectués par la main, et toutes les sensations recueillies, n'ont rien qui représente les notions d'espace et de temps. Il n'est pas moins évident que l'activité psychique doit intervenir activement pour féconder ces sensations et les transformer en véritables notions. Il lui faut user d'une grande attention et d'efforts soutenus, pour tirer de la sensation brute d'un corps limité en tous sens celle de l'espace qu'il occupe, et de celle-ci, l'idée abstraite d'*espace;* pour extraire de la succession des mouvements employés pour le circonscrire, la notion de durée, et de celle-ci, l'idée abstraite de *temps.* Comme je le disais, la sensation ne lui fournira donc que les éléments bruts de ces notions seulement; c'est à l'activité psychique d'intervenir alors pour transformer ces notions abstraites d'espace et de temps en notions idéales dont le seul nom lui retracera toutes les sensations réelles qui les ont fournies.

Mais cette activité et cette spontanéité se manifestent d'une manière plus frappante encore, quand l'esprit arrive à se contempler lui-même et parvient à se différencier de ses œuvres et de ses propres conceptions. Dans le premier cas, il acquiert la notion de sa conscience elle-même et de son unité. Il s'élève jusqu'à « cette active unité du moi, de l'homme-esprit », *ago unus, ego animus,* comme l'appelait saint Augustin (*Conf.,* l. X, c. viii); jusqu'à ce moi personnel, centre de toutes nos sensations, de toutes nos idées, de notre raison et de notre volonté ; jusqu'à *ce je ne sais quoi* qui s'observe, se distingue et se connaît ; qui, alors que tout change et se renouvelle autour de lui, se sait un, simple, identique et toujours le même ; qui existe depuis que nous existons, pense depuis que nous pensons, veut depuis que nous voulons; qui se commande à lui-même, comme il commande à tout ce qui l'entoure ; qui résiste à ses besoins comme aux attraits du plaisir; qui commande à ses instincts et à leurs exigences, et même, comme Turenne, qui commande à sa *carcasse* tremblante de se dévouer et de se sacrifier au nom du devoir et de l'honneur !

Ne serait-ce pas fermer les yeux à l'évidence que de confondre cette grande unité et toutes ses nobles facultés avec des produits et des impulsions organiques? Est-il même possible de méconnaître dans l'exercice de ses facultés la spontanéité de cette activité psychique sur laquelle je viens d'insister?

Docteur. — Vous m'aviez promis de me parler de la vie, Ariste ; et vous voilà lancé à pleines voiles dans l'idéologie, les abstractions et la psychologie.

ARISTE. — Comment vous faire connaître la vie sans vous parler de ses manifestations psychiques?

DOCTEUR. — Je constate une chose, c'est qu'au lieu de biologie, vous n'avez fait que discuter sur des questions métaphysiques.

ARISTE. — Pourquoi ne pas restituer à la biologie ce que les philosophes ont emprunté d'elle, et par conséquent ce qui appartient à la vie elle-même?

DOCTEUR. — Qu'entendez-vous donc par le mot vie?

ARISTE. — Je n'ai fait que vous parler d'elle et de ses manifestations jusqu'ici ; et ce que je vous en ai dit vous l'a montrée, ce me semble, sous un aspect tout autre que celui d'une abstraction, d'une hypothèse ou d'une simple résultante, ainsi que vous l'envisagiez au début. Je pense vous avoir convaincu que la vie est quelque chose de réel, puisqu'elle produit des effets ; quelque chose d'actif, puisqu'elle agit sans cesse; et même quelque chose de spontané, puisqu'elle se porte d'elle-même à l'action.

DOCTEUR. — Cette opinion sur la vie me semble exceptionnelle, Ariste.

ARISTE. — Pardon, docteur, je vous assure qu'elle concorde parfaitement avec celle d'Hippocrate qui, selon moi, en a conçu l'une des notions les plus nettes. « La cause de la vie, « dit-il, se manifeste durant le cours de l'existence de l'homme « par les effets des facultés. Elle est le principe de l'économie « animale. C'est elle qui fait que dans les corps toutes les parties « concourent, conspirent ensemble, ont des affinités entre elles, « compatissent réciproquement aux maux qu'elles souffrent. Sa « manière d'agir dans l'agrégat consiste à attirer ce qui est bon, « à le retenir, à le préparer, à le changer, à rejeter ce qui est « superflu ou nuisible après l'avoir séparé de ce qui est utile. » (Cité par D. Leclère, *in Hist. de la méd.*, 1re part., l. III, c. II.) Comme vous le voyez, Hippocrate considère la vie comme une cause réelle, comme une véritable activité, et la définit aussi dans son ensemble, d'après ses manifestations.

DOCTEUR. — Je vous demanderai, Ariste, comment Hippocrate a pu connaître la vie à une époque aussi reculée.

ARISTE. — Comme tous les hommes de génie, Hippocrate l'a étudiée de haut et par le fond. C'est pourquoi il a pu en saisir les principaux traits et la connaître longtemps avant que les faits aient prononcé. En présence de l'unité de l'homme, du *consensus* de tous ses actes et de l'harmonie admirable qu'il découvrait dans son ensemble, il a sinon vu, du moins deviné, la cause réelle de tout ce qu'il voyait ; il lui a même assigné un nom qui atteste qu'il l'a parfaitement comprise. Car pour lui, la vie est un véritable *énormon,* c'est-à-dire un principe qui agit sur l'organisme et le meut. Ce mot a été accepté par Platon et par Aristote, sous le nom d'âme.

DOCTEUR. — Mais enfin, Ariste, qu'est-ce donc que la vie pour vous ?

ARISTE. — Tous ses effets conduisent à la considérer comme une puissance réelle.

DOCTEUR. — Quels sont les faits qui vous portent à la considérer comme telle ?

ARISTE. — Contesterez-vous que la marche des aiguilles d'une montre soit un fait, et que ce fait soit lui-même un effet de la détente du ressort qui les meut ?

DOCTEUR. — Non, sans doute ; mais vous admettrez bien vous-même qu'il y a quelque différence entre le mouvement des aiguilles d'une montre et celui de la vie ?

ARISTE. — Je n'en vois qu'une seule, docteur ; c'est que tandis que nous pouvons constater l'existence du ressort qui les produit dans la montre, nous ne pouvons découvrir celui qui les produit dans l'organisme.

DOCTEUR. — Pourquoi alors affirmer son existence ?

ARISTE. — Pas plus que l'astronomie, que la physique, que la chimie, la biologie n'a le droit de rejeter une force de son domaine, parce que toute force est invisible.

DOCTEUR. — Mais par quels caractères, du moins, peut-on s'assurer qu'il s'agit d'une force réelle ?

ARISTE. — Par les effets manifestes qu'elle produit pendant toute sa durée. Ainsi, dès l'apparition de la vie dans le germe, nous avons constaté l'existence d'une force qui le défendait contre l'action dissolvante des agents physiques ; nous l'avons saisie dans ses effets pendant l'évolution de ce germe ; nous avons pu constater l'existence d'un principe qui l'animait, qui dirigeait ses actes, en poursuivant un dessein et un plan assujettis à des lois régulières ; qui plus tard présidait à la nutrition de l'organisme ; qui ensuite produisait ses mouvements, son sentiment et son activité psychique. Comment, en présence de tous ces effets, de toutes ces manifestations, méconnaître l'action soutenue et tous les caractères d'une force réelle, d'une énergie évidente qui les suscite, et d'une activité spontanée qui commence, continue et poursuit son œuvre en présidant à tout?

DOCTEUR. — Quelle est donc la nature de cette activité merveilleuse?

ARISTE. — Il est impossible de méconnaître en elle l'existence d'une substance, puisqu'elle subsiste sans interruption, depuis le commencement de la vie jusqu'à la fin. Je dirai même plus, les effets de la vie permettent d'en caractériser parfaitement la nature et d'affirmer qu'elle est constituée par une substance réelle, si l'on doit entendre par ce mot un être qui meut et est mû, qui modifie et peut être modifié, qui reçoit et donne sans cesse d'exister et sans perdre de son être.

DOCTEUR. — Qu'est-ce donc qu'une substance, Ariste?

ARISTE. — La substance qui constitue la vie est un être réel, doué d'une énergie spontanée qui est intimement unie à l'organisme. Cette substance, comme les propriétés naturelles de tous les corps simples, est la cause invisible de tous les phénomènes visibles qui se produisent en lui. Toutefois, elle diffère essentiellement des forces physiques, en ce que celles-ci ne sont que des modes particuliers de mouvement communiqué aux corps par une cause étrangère, tandis que la vie a son origine dans le germe, possède une nature propre, suit des lois spéciales et poursuit des fins entièrement étrangères aux forces naturelles.

DOCTEUR. — Quels sont les motifs qui vous portent à considérer la vie comme une substance réelle?

ARISTE. — Ceux qui ont décidé les savants et les philosophes de tous les temps à appeler de ce nom toute activité spontanée qui subsiste pendant toute la durée de certains phénomènes qui en dérivent directement. D'ailleurs, comme l'a dit Leibnitz, « l'idée de substance est le principe et la base de toute science « réelle ». Quel autre mot pourrait, en effet, caractériser aussi nettement « cette énergie qui contient ou enveloppe l'effort, « *conatum involvit,* et qui se porte d'elle-même à agir sans pro- « vocation extérieure »? Ne sont-ce pas là les caractères que nous avons rencontrés dans la cause de toutes les manifestations de la vie, que ce grand philosophe considérait lui-même comme une véritable substance? Selon lui, en effet, « toute substance « est complétement et essentiellement active, tout être simple « est en lui-même le principe de tous ses changements », parce

que « toute substance est force en soi, et toute force ou être
« simple est substance ». (*Princip. philosoph.*, p. 374.)

Docteur. — Quoi qu'il en soit, Ariste, le mot substance me
semblerait mieux adapté aux spéculations de la métaphysique
qu'aux sciences positives.

Ariste. — Mais alors, par quoi remplacer le mot de substance
qui caractérise si exactement l'énergie spontanée de la vie? Ne
vous y trompez pas, docteur, ce mot a son utilité, je dirai même
sa nécessité dans la science biologique; et, sous peine de rester
incomplète, celle-ci doit le conserver, car elle ne peut pas plus
s'en passer que l'astronomie de la gravité. Comme l'a dit Buchez,
ce mot me paraît nécessaire : « Quant à l'idée de substance », dit
cet auteur, « elle est engendrée par celle de cause, jointe à celle
« qui constitue l'être; car par substance, on n'entend rien de
« plus qu'une cause douée d'une existence propre. » (*Traité compl.
de philosoph.*, t. III, p. 461.) Ce mot, d'ailleurs, est loin de constituer une innovation dans la science biologique, comme vous
semblez le croire, puisque Cabanis lui-même l'a employé dans le
sens que je lui ai donné.

Docteur. — Comment! Cabanis considère la vie comme une
substance?

Ariste. — Sans nul doute. Toutefois, il est juste de le remarquer, ce ne fut pas pendant la durée des illusions de sa jeunesse,
ni même pendant qu'il composait son fameux ouvrage des *Rapports du physique et du moral de l'homme*. Alors en effet, il était
trop imbu des opinions puisées dans la société d'Arcueil pour
avoir des idées propres et arrêtées. Alors, il outre-passait même
celles des maîtres de l'époque, en soutenant que le cerveau « fait
organiquement la sécrétion de la pensée »! (*Rapp. du phys. et du
mor. de l'homme*, 8ᵉ édit., par L. Peisse, in-8°, Paris, 1844, p. 138.)
Toujours sous l'empire des idées régnantes, il abordait les plus
grands problèmes qu'il résolvait avec la présomption de la jeunesse. Mais une fois arrivé à l'âge de la pleine maturité, quand
l'heure de la réflexion et de la sagesse eut sonné, il fit les plus
louables efforts pour connaître la vérité. Il soumit donc de nouveau ce problème aux témoignages de l'expérience et de la raison;
il le creusa dans toutes ses profondeurs; et ce nouveau travail finit
par le convaincre que le principe de la vie est une substance
réelle. Je cite d'ailleurs ses propres paroles : « Toutes les consi-
« dérations ci-dessus réunies, dit-il, nous conduisent naturelle-

« ment à regarder le *principe vital* ou l'ensemble systématique
« de la sensibilité dont est animé le corps vivant, *non* comme le
« *résultat* de l'action des parties, ou comme une *propriété* parti-
« culière attachée à la combinaison animale, mais comme une
« *substance, un être réel* qui, par sa présence, imprime aux organes
« tous les mouvements dont se composent leurs fonctions, qui
« retient liés entre eux les divers éléments employés par la
« nature dans leur composition régulière, et les laisse livrés à la
« décomposition, du moment qu'il s'en est séparé définitivement
« et sans retour. » (*Lettre sur les causes premières, in Rapp., etc.,*
p. 653.)

DOCTEUR. — Vous m'étonnez, Ariste !

ARISTE. — Pourquoi, docteur? N'est-ce pas une nécessité pour
le savant, comme pour la science, de propager toutes les opinions régnantes, avant que l'expérience ait prononcé? Cabanis
commença donc par céder au flot qui entraînait tous les esprits
de son temps. Mais une fois qu'il put mesurer l'œuvre du grand
Newton, connaître et apprécier sa méthode, il arriva, comme
lui, à raisonner sur les phénomènes de la nature sans le secours
d'aucune hypothèse, à déduire les causes des effets et, en appliquant cette méthode à l'étude de la vie, à considérer celle-ci
comme une cause et une vraie substance, et même à comprendre
ce qu'est l'âme elle-même.

DOCTEUR. — Quelle différence établissez-vous donc entre
l'âme et la vie?

ARISTE. — Je crois, avec Socrate et Platon, qu'elles sont une
même chose. « Qui fait, dit Socrate, que le corps est vivant? —
« C'est l'âme, répond Cébès. — Et en est-il toujours ainsi? —
« Comment en serait-il autrement? — L'âme apporte donc avec
« elle la vie partout où elle entre? — Cela est certain. » (*Phédon.*)
Platon l'affirme encore ailleurs avec non moins de netteté. « Je
« pense, dit-il, que ceux qui ont donné à l'âme le nom de Ψυχή
« ont par là voulu signifier quelque chose qui, lorsqu'il est pré-
« sent, est cause de la vie du corps, lui donne le souffle et l'ani-
« mation. Quelle autre chose que l'âme, ajoute-t-il, paraît pos-
« séder et diriger la nature de tout le corps, de façon à le faire
« vivre et à le mouvoir? » (*Cratyle.*)
Telle était aussi l'opinion de son disciple Aristote, qui va
même beaucoup plus loin que son maître. Selon Platon, l'âme
n'est en réalité que le sujet du moi et le principe moteur de

l'homme, tandis que pour Aristote « ceux-là sont doués de vie,
« qui se nourrissent, croissent et dépérissent par l'effet d'un
« principe interne » (*Traité de l'âme,* l. II, c. 1); et cette vie est
bien l'âme, car selon lui « l'âme est l'entéléchie (principe) pre-
« mière d'un corps naturel organisé ayant la vie en puissance »
(l. II, c. 1); elle est encore une véritable cause : « L'âme est
« une cause, dit-il, non pas seulement une cause finale, comme
« on l'a dit, mais suivant les trois modes déterminés de la cause,
« comme principe d'où vient le mouvement, comme essence et
« comme fin. » (L. II, c. iv.) Ainsi, selon Aristote, l'âme est le
principe de vie de tous les êtres, depuis la plante jusqu'à l'animal,
et depuis l'animal jusqu'à l'homme. Elle est aussi une substance ;
mais « à quel titre, dit M. F. Bouillier dans son analyse du
Traité de l'âme d'Aristote, à quel titre l'âme est-elle une substance? Évidemment, le corps est la matière, la forme est l'âme.
C'est en qualité de forme que l'âme est substance ; l'âme est donc
une substance formelle. » (*Principe vital,* 2ᵉ édit., in-12, Paris,
Didier, 1873, p. 101.) Aristote, d'ailleurs, ne sépare pas le principe de la vie du principe de la pensée : « L'âme, dit-il, est ce
« par quoi nous vivons, nous sentons, nous nous mouvons et
« nous connaissons » (*OEuv. cit.,* l. II, c. ii), définition qui
s'applique à l'âme humaine seulement ; car la vie végétative est
la seule que possèdent les plantes : la sensibilité est commune à
tous les animaux, et la connaissance seule est propre à l'homme.
(L. II, c. iv.) L'homme lui-même ne possède pas d'abord toutes
ces facultés, dit-il ; ainsi, dans le sein de sa mère, il vit d'une
vie toute végétative. Une fois né à la lumière, il sent et se meut ;
et ce n'est que quand il est devenu homme qu'il connait, pense
et devient libre. « Voilà comment, dit M. Bouillier, Aristote
attribue à un seul et même principe la vie et la pensée, comment
il fait de l'âme la forme du corps, comment, aux fonctions inférieures de la vie, il associe, dans la même âme, les opérations
de l'intelligence. » (*OEuv. cit.,* p. 110.)

Telle est l'exposition la plus simple et la plus élevée de l'âme
et de la vie, qui ait été formulée, et qui, après avoir traversé les
siècles, a été recueillie et professée par le plus grand des théologiens du moyen âge, par saint Thomas d'Aquin lui-même,
qui, grâce à la précision et à la netteté qu'il lui a données, a été
admise depuis par l'Église et par les théologiens modernes.
Comme Aristote, en effet, saint Thomas définit l'âme, « le prin-

cipe de vie dans les êtres animés » : *Anima dicitur esse primum principium vitæ in his quæ vivunt.* (*Somm. theolog.*, p. I, quest. 75, art. 1.)

Vous le voyez, docteur, en considérant la vie comme une substance, comme un « être réel », je suis donc d'accord non-seulement avec Cabanis, mais encore avec Aristote, Platon, saint Thomas, toute l'Église et tous les théologiens modernes. C'est cette substance qui protége le germe, qui l'informe avant d'agir et de fonctionner avec l'organisme ; qui forme le cerveau avant de vouloir et de penser par lui ; qui traduit à la vue, à travers les mouvements de la physionomie, toutes les émotions qui l'agitent ; qui montre à travers le regard ou les gestes ses pensées les plus intimes ; qui peint sur chaque point du corps qu'elle anime ses qualités comme ses défauts, ses vices comme ses vertus qui, tour à tour, viennent rayonner sur les traits qu'ils transfigurent, en quelque sorte, en leur communiquant ses plus secrètes pensées.

Docteur. — Mais, Ariste, que devient donc cette substance ou cette âme dans la léthargie, l'asphyxie, l'hibernation, la congélation et la dessiccation de certains êtres ressuscitants?

Ariste. — Elle est alors à l'état de *vitalité dormante;* comme disent les Anglais.

Docteur. — Comment admettre l'existence d'une force qui n'agit pas, d'une activité qui ne se manifeste par aucun signe apparent?

Ariste. — Comme dans les germes qu'elle anime, elle les protége et les conserve. Ne montre-t-elle donc pas encore alors une certaine activité en conservant leur intégrité et en les défendant contre l'action dissolvante des agents qui tendent incessamment à les décomposer?

Docteur. — Je comprends qu'elle doive déployer une certaine activité pour protéger les graines, les œufs ou les plantes enfouis sous terre ou sous une avalanche; mais dans les états que je viens de citer, je n'aperçois aucune trace d'activité.

Ariste. — Comme dans la graine et l'œuf, la vie sommeille sans doute ; car elle ne produit aucun mouvement sensible; mais de même que la pierre que je soutiens en l'air n'a pas perdu sa pesanteur pour y demeurer tant qu'elle y trouve un appui suffisant pour lui résister, car elle tombe et se précipite vers la terre dès que je cesse de la soutenir, de même certains états morbides suspendent les actes de la vie. L'homme en état de léthargie ou d'asphyxie, l'animal hibernant, le poisson ou la grenouille congelés, ne sont pas plus morts que les insectes desséchés, puisque la vie continue à se manifester chez eux en conservant leur forme, leur structure et leur composition élémentaire ; pas plus que la pesanteur, la vie n'a cessé d'agir, bien qu'elle ait cessé de produire des manifestations sensibles.

DOCTEUR. — A quel signe reconnaissez-vous donc la mort réelle des individus ?

ARISTE. — A l'altération de leur forme, de leur structure et de leur composition élémentaire qui se traduit d'une manière visible par leur dissolution et leur putréfaction ; non que celles-ci doivent être générales au début, cela n'est pas nécessaire ; il suffit qu'elles aient envahi un seul point, et qu'elles y soient bien caractérisées, pour être certain que la vie a quitté l'organisme, puisque seule elle le faisait résister.

DOCTEUR. — Que devient donc la vie chez les anguillules, les tardigrades et les rotifères qui, pendant des mois, offrent toutes les apparences de la mort, tout en finissant par ressusciter ?

ARISTE. — Elle sommeille comme dans la graine enfouie, docteur.

DOCTEUR. — Qui peut vous assurer qu'elle subsiste chez ces animaux desséchés ?

ARISTE. — La permanence de leur forme, de leur structure et de leur composition élémentaire.

DOCTEUR. — Ne serait-il pas plus exact d'admettre avec Barthez « que le principe de vie n'existe plus dans ces animalcules lorsque leur desséchement les réduit en atomes... et que ce principe leur est rendu lorsque l'affusion d'une goutte d'eau vient à développer convenablement ces organismes » ? Pourquoi alors attribuer leur résurrection à la vie plutôt qu'à l'hydratation et à la température ?

ARISTE. — Pourquoi, docteur ? Mais si la vie les eût quittés un seul instant, leur dissolution en eût été la conséquence immédiate et infaillible ! Dès qu'on a pu les reconnaitre et expérimenter sur eux, c'est évidemment parce qu'ils avaient conservé leur forme et leur structure, conditions qui ne peuvent être dues qu'à la conservation de la vie. Et, dans ce cas, n'est-il pas manifeste que c'est à l'activité de celle-ci qu'il faut attribuer, non leur résurrection, comme vous le dites, mais leur revivification, ce qui est bien différent ? « Il ne ressuscite, dit Erenberger, que les ani-

« maux qui ne sont pas morts. » C'est ce qu'ont parfaitement démontré d'ailleurs MM. F. A. Pouchet, Tinel et le docteur Pennetier, dans une suite d'expériences fort intéressantes. M. Pennetier a démontré par elles l'inanité des résurrections, en général, et de celles des anguillules, en particulier (*Mém. sur les anguillules des toits*, Soc. de biologie 1859); M. Tinel l'a prouvée pour les tardigrades, et M. Pouchet pour les rotifères. (*Compte rendu de l'Acad. des sciences*, 1859.)

DOCTEUR. — Ne pourrait-il se faire, Ariste, tout en considérant le principe de la vie comme une substance, que ce principe soit inhérent à la matière organique elle-même?

ARISTE. — A quelle opinion faites-vous donc allusion?

DOCTEUR. — Aux *propriétés immanentes* de Littré (*Conserv.*, XXVI), qui, selon lui, sont aussi des forces et par conséquent des causes. « L'*immanence*, dit-il, c'est la science expliquant l'univers par les « causes qui sont en lui. » (*Paroles de philos. positive*, p. 34.) Ce sont ces mêmes forces qui ont été admises par Ch. Robin sous le nom de « *propriétés consubstantielles* des éléments » ; qui, d'après J. Tyndall, donnent à la matière son « *pouvoir structural* ». (*Lec. sur la matière et la force.*) Qu'est-il besoin, avec ces propriétés, de recourir à une substance étrangère à l'organisme? N'est-il pas plus simple d'admettre avec Ch. Robin que chacune de nos particules « a en soi son principe d'action et de direction, exactement comme les molécules minérales qui forment des cristaux », et de conclure avec lui « qu'il n'y a pas plus de principe vital que de principe minéral »; que « dans l'un et l'autre cas, la forme extérieure, c'est-à-dire le contour des êtres, de même que la forme intérieure, c'est-à-dire l'organisation elle-même, sont toutes deux la conséquence des principes d'énergie propres aux particules ultimes de la vie » ?

ARISTE. — Qui a constaté ces propriétés immanentes et ce pouvoir structural, dites-le-moi, docteur?

DOCTEUR. — Je ne puis le dire, Ariste.

ARISTE. Cela en vaudrait la peine, cependant. Eh quoi! voilà des puissances assez merveilleuses pour former tous les êtres animés, le ciel, la terre et tout l'univers, et l'on ne sait ce qu'elles sont ni d'où elles viennent? Mais si! nous connaissons leurs pères; ce sont certains esprits déterminés à tout expliquer par de simples hypothèses, par des fantômes qu'ils forgent, ou plutôt qu'ils tirent des infiniment petits, parce qu'on ne peut les voir ni vérifier leur réalité. De quoi la vie serait-elle donc la résultante ici? Des molécules et des atomes qui constituent l'organisme, sans doute? Or que sont ces molécules et ces atomes eux-mêmes? du carbone, de l'hydrogène, de l'oxygène, de l'azote, de la soude, du soufre, du phosphore et du fer. Cependant, si leurs propriétés étaient immanentes, elles ne seraient autres que celles de ses éléments, et il n'en est pas ainsi. Peut-être allez-vous répondre que ces propriétés sont produites elles-mêmes par leurs combinaisons, et que celles-ci suffisent pour enfanter la vie? Mais vous oublieriez que ces combinaisons usées et rejetées de l'organisme vont aussitôt rendre à chacun de ces éléments leurs propriétés premières, et par conséquent qu'elles n'ont rien d'immanent, puisqu'elles ne s'y montrent que temporairement.

Qu'est-ce encore que ce pouvoir structural, sinon un effet pris pour une cause, ou l'explication d'un fait par le fait même? Croyez-moi, docteur, abandonnons toutes ces visées ontologiques, bonnes tout au plus pour amuser la jeunesse qui trône sur les bancs de l'école; c'est à la foi qu'elles s'adressent, non à l'expérience ni à la raison.

Docteur. — Il est cependant un fait incontestable, Ariste, c'est que la vie ne peut être connue qu'à travers l'organisme en action; pourquoi ne serait-elle pas la résultante de cette action elle-même?

Ariste. — Vous oubliez deux faits essentiels, docteur : le premier, c'est que la vie précède l'organisme; le second, c'est qu'elle finit quand celui-ci est encore parfois en pleine activité. De quoi serait-elle la résultante dans le premier cas, et pourquoi ne continue-t-elle pas dans le second? Il n'y a pas encore d'organisme dans l'œuf, et pourtant l'œuf vit; cet organisme était lui-même en pleine activité chez Sylla, quand il mourut d'un accès de colère!

Docteur. — Cependant les activités histologiques sont autant d'attributs de la vie; comment affirmer que la vie avait cessé chez Sylla, quand tout annonce qu'elles persévéraient encore? N'est-ce pas ce qu'ont démontré MM. Gavarret, chez son chien décapité, Legallois, Astley Cooper et Brown-Séquard en ranimant toutes leurs activités par une injection de sang chaud défibriné, alors que la vie semblait complétement éteinte?

Ariste. — Avant de vous répondre, dites-moi, docteur, si un

homme expérimenté peut reconnaître, pendant l'hiver, un arbre vivant et le distinguer d'un arbre mort.

Docteur. — Il le peut, Ariste, bien qu'alors cet arbre diffère notablement de ce qu'il est pendant l'été.

Ariste. — En quoi diffère-t-il?

Docteur. — En ce que l'arbre vivant de l'hiver est dépouillé de ses feuilles, de ses fleurs et de ses fruits.

Ariste. — Vous ne pouvez donc considérer l'organisation et les fonctions de ces feuilles, de ces fleurs et de ces fruits comme de véritables attributs de la vie?

Docteur — Non, sans doute, puisqu'elle peut subsister sans elles, et qu'au contraire, c'est la vie qui les produit.

Ariste. — C'est évident, puisqu'un arbre mort n'en produit plus. Quelles différences essentielles pourriez-vous donc signaler entre les fonctions des feuilles qui exhalent, qui absorbent, qui réduisent les gaz et les vapeurs aqueuses dans leur parenchyme pour se les assimiler, par exemple, et la contraction d'un muscle ou la conductibilité d'un nerf?

Docteur. — Il s'agit dans l'un et l'autre cas d'une véritable fonction exercée par l'organisation spéciale de chacun d'eux.

Ariste. — Qui a produit la feuille de l'arbre, le muscle et le nerf de l'animal?

Docteur. — La vie.

Ariste. — Nous rencontrons donc dans la feuille comme dans le muscle de véritables produits de la vie, dont les fonctions s'opèrent par de simples actions organiques engendrées par leur texture spéciale et distincte. Or, si c'est la vie qui les a produits l'un et l'autre, et si cette vie peut exister sans eux, comme cela se voit dans l'arbre d'hiver et dans l'œuf avant l'apparition du muscle, comment considérer les actions organiques de tous deux comme des attributs de la vie? N'est-ce pas, dans ce cas, confondre une simple fonction avec un attribut?

N'est-ce pas à leur organisation que l'os doit sa résistance et sa solidité, le ligament jaune son élasticité? En serait-il autrement de la transmissibilité du nerf ou de la contractilité du muscle? Dans l'un et l'autre cas, c'est à sa structure que l'instrument doit sa fonction, et puisque c'est la vie qui les produit, ces fonctions ne peuvent être considérées comme ses attributs.

Docteur. — Je cesse d'insister sur les propriétés immanentes et consubstantielles, sur le pouvoir structural et sur les attributs de la vie ; j'admets même que celle-ci est constituée par une activité réelle ; mais enfin il me reste un dernier doute, et je voudrais vous l'exposer.

La vie est-elle bien une force spéciale et distincte de toutes les forces connues, ou ne serait-elle en réalité qu'une *modalité des forces générales* de la nature ? « En d'autres termes, vous « dirai-je avec C. Bernard, existe-t-il dans les êtres vivants une « force spéciale distincte des forces physiques, chimiques et mé- « caniques ? » (*Rev. des Deux Mondes* du 15 mai 1875 : *Définit. de la vie*, p. 346.)

ARISTE. — Pourquoi cette nouvelle question, docteur, et qui peut la motiver ?

DOCTEUR. — Lavoisier et Laplace n'ont-ils pas démontré qu'il n'y a pas deux physiques ni deux chimies, l'une pour les corps bruts et l'autre pour les êtres vivants ? N'ont-ils pas démontré aussi que la respiration et la production de la chaleur, par exemple, ont lieu dans le corps de l'homme et des animaux d'une manière identique avec celle que produit la calcination des métaux ? Comment s'expliquer, en effet, que l'organisation et la vie, qui n'ont commencé qu'après l'apparition des corps simples et des forces naturelles, aient pu se produire sans leur emprunter leur propre substance et leur activité, surtout quand on sait que les corps vivants sont entièrement composés des mêmes éléments, et ne présentent aucune substance qui ne puisse se ramener à l'un d'eux ? Il est donc manifeste que tous les organismes tirent leur origine de cette matière première.

Pourquoi en serait-il autrement des forces qui les animent ? Les organismes ne sont-ils pas modifiés incessamment par les forces naturelles ? La chaleur, l'électricité, le magnétisme, les attractions moléculaires, les affinités chimiques et la gravité elle-même, n'agissent-ils pas sur eux comme sur tous les autres corps de la nature ? En présence de ce double fait complétement démontré, ne pouvons-nous pas affirmer que les êtres organisés étant exclusivement composés des éléments du monde extérieur, et modifiés par les mêmes forces, il y a tout lieu d'admettre que c'est à celles-ci que revient le rôle principal de la vie ?

Souvenez-vous encore qu'il ne se produit aucune modification dans l'organisme sans dégagement de chaleur et d'électricité, aucune réaction chimique sans qu'on en découvre des traces sensibles; que chaque action des filets nerveux, chaque contraction des fibres musculaires sont accompagnées d'un courant électrique qui rayonne de leur surface vers leur centre, ce qui semble résulter de leur oxydation; que le physicien anglais Joule a démontré que toute violence mécanique qui les atteint se comporte exactement comme dans les corps inertes; qu'il en est de même du frottement, des chocs, etc., et que dans chacun de ces cas, comme chez eux, il se produit un degré d'échauffement proportionnel à la quantité de travail dépensé, c'est-à-dire que le mouvement de totalité qui a ébranlé la masse s'est transformé aussi en vibrations moléculaires calorifiques.

La nutrition qui s'accomplit dans la machine animale n'est elle-même qu'une action purement chimique dont l'oxydation et la combustion sont la base. D'où vient la chaleur animale, sinon des combinaisons chimiques et du mouvement musculaire, qui, lui-même, correspond à une augmentation de la consommation d'oxygène proportionnelle à la dépense de la force? Or, dans ce cas, cette consommation d'oxygène donnée, la chaleur développée et le travail musculaire produit, sont en raison inverse l'un de l'autre; car la force dépensée en chaleur ne peut se retrouver pour le travail mécanique et *vice versa* (Hirn). Nous pouvons donc conclure avec J. Tyndall que, de même que dans le monde physique, chaque antécédent a un conséquent équivalent, « ainsi le monde végétal, quoique tirant presque toute sa nourriture de sources invisibles, a été démontré incompétent à engendrer de nouveau, soit de la matière, soit de la force; sa matière est pour la plus grande partie de l'air transformé, et sa force, de la force solaire transformée; — le monde animal est également dépourvu de la faculté créatrice, et toutes ses énergies motrices se ramènent à la combustion...; l'activité de chaque animal, prise dans son ensemble, se compose des activités de ses molécules... les muscles sont des entrepôts de force mécanique; cette force reste potentielle jusqu'à ce que les nerfs lui donnent l'essor, puis alors elle se métamorphose en contraction musculaire. » (*Disc. prononcé au Congrès de Belfast. Rev. scientifiq.,* 1874.)

De toutes ces considérations, je conclus donc, avec C. Bernard, que la vie n'est qu'une modalité des forces générales de la nature, et que « les forces mécaniques, physiques et chimiques

« sont seules les agents effectifs de l'organisme vivant ». (*Ouvr. cité*, p. 349.)

ARISTE. — Avez-vous bien pesé chacun de ces faits avant d'en tirer cette conclusion, docteur?

DOCTEUR. — Je le crois, Ariste.

ARISTE. — J'en doute, car, pour mon compte, je n'en ai découvert aucun qui démontre que la vie soit une modalité des forces naturelles! Qu'ils prouvent que des phénomènes physiques, chimiques et mécaniques se produisent dans les êtres vivants, cela est incontestable; mais qu'ils démontrent que ces forces aveugles, fatales et nécessaires, se soient transformées pour constituer la vie, pour devenir cette activité spontanée qui agit toujours selon un plan et des lois opposées aux leurs, qui travaille toujours avec choix, en vue d'un but prédéterminé et selon des fins sages, c'est non-seulement ce que je conteste, mais ce que je nie absolument.

DOCTEUR. — C. Bernard n'a pas nié qu'il n'y eût dans « la propriété évolutive » un *quid proprium* de la vie.

ARISTE. — Il est vrai. Mais après l'avoir analysé d'après ses vues, il l'a réduit à une « *conception métaphysique* » (p. 349), en ajoutant que « cette *force métaphysique* n'est pas active à la façon « d'une force physique », et que « cette conception ne sort pas « du domaine intellectuel pour venir agir sur les phénomènes » (p. 349). Il est évident que cette grande et belle intelligence, à force de s'adonner aux phénomènes physiques, a méconnu la vie et a fini par sombrer dans le matérialisme contemporain.

A force de considérer la machine animale et ses éléments physiques, il est arrivé à perdre de vue la vie qui l'a formée, qui la conserve et qui l'anime. Pour lui, les matières albuminoïdes venant de la digestion se rendent dans le foie et s'y transforment directement en matière glycosurique, laquelle se transforme à son tour dans le sang et s'y brûle; un peu de soufre ôté à l'albumine la convertit en amidon, un peu de phosphore ajouté en fait de la fibrine; toutes ces transformations s'accomplissent selon les lois de la chimie, et puis c'est tout. Il ne s'est pas demandé si, en dehors de la vie, ces phénomènes pourraient également s'accomplir. Cependant il y a bien quelque différence, car autant les lois des actions matérielles sont précises dans un laboratoire, autant elles sont variables chez les êtres vivants. A quoi cela tient-il, sinon aux conditions qui les déterminent seulement? Oui, il y a une cause qui explique mieux cette variabilité : c'est la vie. « Certainement l'albuminose se change en matière glycogène dans le foie, dit le docteur F. Frédault, en perdant son soufre, qu'elle cède à d'autres substances : voilà l'action commune. Mais cette action se peut modifier à l'infini selon l'état de l'être, selon les actes qu'il détermine ; il se fera un peu plus de sucre chez l'un, un peu moins chez l'autre ; il ne s'en fera pas du tout chez un troisième, ou il se fera tout autre chose chez un autre, et cela selon l'état de la personne, selon les actes de cette personne. Un peu de fer augmente l'hématine du sang ; mais, chez cette jeune fille, vous aurez beau donner du fer, le sang n'en prendra pas, et perdra même une partie de celui qu'il possède. Pourquoi l'action n'est-elle pas la même? Parce que les actes de la personne modifient les actions qui se font sans doute en raison des éléments physico-chimiques, mais aussi selon que ces éléments sont menés dans leurs actions par les actes qui les ordonnent. » (*Forme et matière,* p. 215.)

Vous le voyez, il y a donc autre chose qu'un concept et qu'une « force métaphysique » qui agit ici. Comment un concept, d'ailleurs, eût-il pu lutter dans la graine et dans l'œuf contre l'action destructrice des forces physiques? comment eût-il pu préserver la plante et l'homme des intempéries des saisons ; revivifier les animaux asphyxiés et congelés? Comment eût-il lutté contre les forces physiques elles-mêmes, en élevant contre les lois de la pesanteur les sels de silice et de chaux dans les tiges des graminées pour les consolider, dans la cime du cèdre lui-même pour lui donner sa résistance, et dans les os du crâne pour leur faire acquérir leur solidité?

Non, ce n'est pas une « force métaphysique » que cette force qui a pu modifier aussi profondément de vastes étendues de la surface du globe lui-même! Considérez ses œuvres et voyez jusqu'où la puissance de la vie s'est élevée! Depuis de longs siècles, des roches de carbonate et de phosphate de chaux couvraient sa surface, couronnaient ses montagnes, ou gisaient dans ses couches profondes, sans que les forces physiques qui avaient sans cesse agi sur elles aient pu les altérer. La vie apparait enfin sur la terre, et voyez ce qu'elle en a fait ! A peine s'en est-elle emparée, qu'elle a transformé ce carbonate calcaire en corail chez les polypes, en écailles dans l'huître, en carapace chez la

tortue, en coquilles chez les mollusques et dans les œufs des
oiseaux, en croûtes terreuses chez les madrépores, etc. De
ce phosphate de chaux inaltérable à l'action de ces mêmes
forces qui l'avaient en vain assailli depuis les temps primitifs,
la vie d'un poisson en a fait des épines; celle de l'oiseau, du
quadrupède et de l'homme, des squelettes! Comment traiter « de concept » une puissance qui a comblé les abimes de
l'Océan avec les masses de corail, de coquilles et de carapaces
qu'elle a produites, au point d'en faire surgir des îles aujour-
d'hui habitées; qui a rempli des mers et produit notamment
cette mer de craie, que nous cultivons dans une vaste étendue
du nord de la France et qui forme une partie de la blanche
Albion!

Docteur. — Vous m'étonnez, Ariste; j'étais loin de soupçonner
à la vie une telle puissance. Enfin que devient donc l'âme après
la mort?

Ariste. — D'après la science moderne, rien ne se perd absolument dans la nature. Les éléments de la matière entrent dans
de nouvelles combinaisons, et les forces se transforment sans
pouvoir être annihilées ; donc l'âme qui existe comme la matière
et les forces ne peut périr. Mais, en outre, l'âme étant constituée
par une substance une et simple, comme le témoigne l'unité de
la conscience et du moi, ne peut être atteinte par la dissolution
du corps; elle est donc inaltérable et par conséquent immortelle.

Docteur. — La théorie thermo-dynamique démontre, en
effet, qu'aucune force vive ne peut se perdre, mais elle prouve
en même temps que ces forces se transforment en forces moléculaires. Or, cette transformation serait presque la même
chose pour elle que sa destruction.

Ariste. — Vous oubliez que l'âme étant simple, une, toujours
identique avec elle-même, ne peut être passible de ces transformations.

Docteur. — Mais quel est donc le rôle qui revient à l'organisme pendant la vie?

Ariste. — Je ne veux pas méconnaître le rôle de l'organisme,
docteur ; je sais, comme vous, qu'à côté de ce qui veut et pense,
il y a aussi ce qui respire, digère et se meut automatiquement.
Mais comment ne pas accorder la première place à ce quelque
chose de si excellent, que Platon lui attribuait une origine
céleste, qu'Aristote considérait comme un « principe divin et

« immortel, indépendant par nature de l'action du corps, qui
« n'est attaché à aucun organe..., qui est séparable du corps...,
« survit à sa dissolution..., et une fois séparé, pense éternelle-
« ment »? (*Traité de l'âme*, l. II, c. ii.) Ce rôle n'est-il pas infiniment au-dessus de celui de l'organisme?

DOCTEUR. — Ce quelque chose pourrait-il penser et vouloir
sans le cerveau, Ariste?

ARISTE. — Comment le cerveau, organe matériel, pourrait-il
produire la pensée immatérielle?

DOCTEUR. — Je vous répondrai avec Broussais que nous ne
savons comment le cerveau pense, comment le soleil attire la
terre. Tout ce que nous pouvons, c'est de constater leurs rapports constants. Or, c'est un rapport constant, établi par l'expérience, que toute pensée est liée au cerveau, que toutes les
modifications de la pensée se lient aux changements d'état du
cerveau. D'ailleurs, savez-vous vous-même comment l'âme
pense, et êtes-vous plus éclairé sur ce comment, en admettant
un substratum occulte dont nul ne se fait une idée?

ARISTE. — Je répondrai à cet habile subterfuge de Broussais,
avec le duc de Broglie, qu' « il ne s'agit point de savoir *comment*
« on pense, mais *qui est-ce qui pense;* ce n'est pas la question
« du *quomodo,* c'est la question du *quid* ». « Sans doute, nous ne
« savons pas le comment de la pensée, dit M. P. Janet, mais
« nous savons, de toute certitude, qu'il ne peut y avoir une con-
« tradiction explicite entre la pensée et son sujet. La pensée, qui
« a pour caractère fondamental l'unité, ne peut être l'attribut
« d'un sujet composé, pas plus qu'un cercle ne peut être carré. »
(*Le Cerveau et la pensée*, p. 170.)

DOCTEUR. — Évidemment, Ariste, vous accordez une importance exagérée à l'âme.

ARISTE. — En quoi, docteur?

DOCTEUR. — Selon vous, ce serait l'âme qui fait tout, qui est
la maîtresse et la gouvernante, et l'organisme, presque rien;
comme si tout n'attestait pas que, dans le plus grand nombre
de ses actes, l'âme n'est que la servante et la vassale de celui-ci!

ARISTE. — Montrez-moi dans l'organisme un seul point qui
puisse sentir, choisir et vouloir; qui puisse s'isoler de toutes
choses, au point de s'absorber dans la contemplation d'une idée,
ou de résoudre un problème de mathématiques qui n'a rien de
commun avec la réalité; qui puisse s'élancer dans l'avenir, pré-

voir les événements futurs, traverser les voiles de la nature pour découvrir les secrets qu'elle cache aux sens, et arriver jusqu'à formuler ses lois; qui puisse remonter des effets aux causes et des causes secondes à la cause des causes; qui aille jusqu'à concevoir des idées sans objets sensibles. Cela vous est impossible, docteur. Souvenez-vous donc de vous-même. Ne vous êtes-vous pas laissé surprendre un jour, nouvel Archimède, dans la contemplation d'une simple idée, celle de la vérité? ne voyant rien, ne sentant rien, n'entendant rien, agissant sans vous douter que vous agissiez; et cela, tandis que votre organisme respirait, que votre cœur battait, que vos jambes vous soutenaient et vous promenaient sans vous en apercevoir, tant vous étiez absorbé dans cette idée!

Docteur. — Je m'en souviens, Ariste.

Ariste. — Il y a donc en vous quelque chose qui pense et qui n'est pas ce qui respire, boit, mange, remue et accomplit l'œuvre de la bête!

Docteur. — Soit, Ariste; mais cependant.....

Ariste. — Il y a quelque chose en vous qui enfante des idées, résout des problèmes et peut atteindre la vérité; il y a un moi personnel qui n'est pas l'organisme. Le logerez-vous dans le cerveau? soit. Mais ce cerveau est soumis aux lois du changement, et ce moi ne change pas. Ce cerveau se renouvelle incessamment; il n'est pas le même chez l'enfant, chez l'adulte et chez le vieillard; sa couleur, son volume, son poids et sa composition varient à chaque âge; qu'offre-t-il donc d'adéquat à ce moi toujours un et toujours identique avec lui-même? Comment expliquer par ce qui change, l'immutabilité de la mémoire elle-même qui, souvent après un grand nombre d'années, nous retrace avec tant de fraîcheur et de netteté les souvenirs du jeune âge? Ne suppose-t-elle pas un lien continu entre le moi du passé et le moi du présent? Des molécules nouvelles interposées entre les molécules avoisinantes, quand même elles vibreraient à l'unisson, expliqueraient-elles le moi de l'enfant, le moi de l'adolescent, le moi de l'adulte et celui du vieillard, toujours identique avec lui-même? Ne serait-ce pas vouloir faire sortir l'immuable de ce qui change, l'un, du multiple?

Non, docteur, l'organisme ne peut expliquer ces actes. L'homme n'est ni un instrument qui rend un même son avec une nouvelle corde, fût-elle semblable à celle qu'elle remplace, ni

un automate dont un nouveau ressort peut remplacer celui qui
est brisé ; car ce qui varie et change ne peut produire l'identité.
Et il me semble beaucoup plus rationnel de convenir avec Platon,
pour expliquer ces choses, que c'est l'âme « qui se sert des
organes » (*Timée*); ou même avec de Bonald, que nous possédons « une intelligence servie par des organes », que d'attribuer l'origine de celle-ci à l'organisme lui-même, qui ne fait en
définitive que lui obéir comme la girouette au vent.

DOCTEUR. — Quoi que vous en disiez, Ariste, s'il est un fait
incontestable et parfaitement démontré, c'est la coïncidence
entre la production de la pensée et l'élévation de la température
du cerveau, et par conséquent les rapports intimes qui existent
entre la pensée et l'activité histologique de cet organe. Sans
admettre avec M. Gavarret « que la marche si rapidement ascendante de la biologie fera disparaître un jour les obscurités de
la science et permettra de saisir le rapport du travail cérébral
et de la manifestation psychique »; ni « que la conversion des
forces s'étendra même aux phénomènes intellectuels et moraux
de l'intelligence humaine », nous pouvons du moins, en nous
en tenant aux faits les mieux établis, affirmer que son concours
est nécessaire à leur production ; ou, en d'autres termes, que
l'âme n'agit pas seule et qu'elle est loin de jouir de l'indépendance
que vous semblez lui accorder. Tout prouve, au contraire, que
loin d'agir selon son bon plaisir, ses caprices ou ses volontés,
comme faisaient, par exemple, les dieux d'Homère, elle ne peut
rien sans l'assistance et la coopération du cerveau. Il y a donc
une relation nécessaire sinon causale, instrumentale du moins,
entre l'activité matérielle du cerveau et l'exercice de la pensée.
Qui a jamais méconnu, d'ailleurs, l'influence du physique sur le
moral? Un air vivifiant, un bon repas, le vin, le café, ne revi-
gorent-ils pas l'âme autant que l'organisme? Une bonne nouvelle,
un désir satisfait, ne réconfortent-ils pas l'organisme autant
qu'ils réjouissent l'âme? Personne ne peut préciser, il est vrai, la
part d'influence du physique sur le moral, et réciproquement;
mais personne non plus ne peut la nier. Leur action est donc
réciproque, comme le témoigne d'une manière éclatante le fait
d'Érasistrate soignant le jeune Antiochus. Sans vouloir insister
sur la grande sagacité que déploya ce médecin pour découvrir
la cause du mal qui conduisait ce jeune prince à la mort, ni sur
le remède moral qu'il employa pour le ramener à la vie, sa gué-

rison presque subite démontre jusqu'à l'évidence cette réelle et puissante influence.

D'ailleurs, avant qu'une excitation du monde extérieur aille retentir dans l'âme, ne faut-il pas qu'elle parcoure un certain cycle physique, qu'elle marche du sens impressionné jusqu'au sensorium où s'accomplit la sensation? Ne faut-il pas qu'elle suive la chaîne matérielle des nerfs, des fibres de la moelle et du cerveau, avant d'atteindre la cellule nerveuse? Admettrez-vous qu'elle va se terminer brusquement aux limites matérielles de celle-ci? qu'alors, l'activité psychique l'appréhende, la perçoit, la transforme en idée, la compare et la juge? Mais après? Il lui faudra communiquer le résultat de son opération, à travers l'hiatus qui les sépare, à une autre fibre, pour produire la réaction correspondante à l'action première qui l'a provoquée. Telle serait cependant la conséquence de la condition où vous placez votre activité psychique! Son isolement de l'organisme est donc impossible; et si un terme moyen pouvait y suffire, j'admettrais leur union intime pour les faire agir de concert. Mais ce que j'affirme par-dessus tout, c'est l'action incessante du corps sur l'esprit et la toute-puissance de ses besoins, de ses désirs et de ses intérêts sur ses déterminations.

Au reste, voici l'abbé; si vous y consentez, Ariste, nous lui soumettrons la question qui nous divise.

ARISTE. — Volontiers, docteur.

L'ABBÉ. — Qu'est-ce, mes amis?

DOCTEUR. — Je soutenais, cher abbé, que le rôle le plus important dans la production des actes de la vie incombait à l'organisme.

L'ABBÉ. — Et vous, Ariste?

ARISTE. — Et moi, qu'il dérivait de l'âme, son hôte impérissable.

L'ABBÉ. — Je voudrais réunir vos esprits dans un commun sentiment, mes amis; mais quelque effort que je fasse pour y parvenir, je ne puis m'écarter des dogmes que la théologie nous enseigne à cet égard. Je vous dirai donc que cette science divine considère l'homme comme un seul tout, composé d'âme et de corps; non pas d'âme seulement, non pas de corps seulement, mais d'âme et de corps intimement unis. N'étudier que le rôle de l'un des deux exclusivement, c'est donc se condamner à l'étude d'une abstraction, puisque les deux forment un seul tout; c'est faire d'une réalité magnifique deux riens dont aucun ne peut expliquer ce grand chef-d'œuvre. Un examen des plus sommaires ne suffit-il pas d'ailleurs pour s'en convaincre? Toujours ils agissent ensemble, et jamais l'un sans l'autre, et toujours ils concourent simultanément à la même fin. Quand l'un des deux semble agir plus spécialement, comme cela se voit dans les actes purement intellectuels, ou bien dans les mouvements purement organiques, il est encore impossible, dans l'un et l'autre cas, soit d'isoler les actes intellectuels de l'action organique, soit les mouvements automatiques de la vie elle-même. Ces deux substances sont donc tellement unies entre elles pendant toute la durée de la vie, qu'il est impossible de les considérer comme deux choses distinctes et d'en indiquer les limites. Dans tous les actes de la vie, leur concours est si intimement associé, que l'analyse la plus subtile ne peut assigner avec certitude la part qui revient à l'un des deux. Ce qu'il est possible de constater seulement, c'est que la vie ne peut rien sans son instrument, et [que cet instrument lui-même ne peut plus rien dès que la vie l'a quitté.

C'est donc avec raison que saint Thomas a condamné la célèbre définition de l'homme de Platon, qui dit que « l'homme « est une âme se servant d'un corps », puisque l'âme ne constitue pas essentiellement l'homme, qui est composé d'âme et de corps dont la mission est une. « Le corps, dit saint Thomas, n'est pas « la prison de l'âme, ce n'est pas un lourd fardeau que l'âme est « condamnée à traîner; c'est, au contraire, son allié indispen- « sable, son auxiliaire providentiel, même pour l'accomplisse- « ment de son opération propre, qui est de connaître. Il est « contre nature qu'une âme soit sans corps; l'âme est unie au « corps, non pour son mal et son châtiment, mais pour son « bien. » (*Contr. Gentil.*, l. IV, c. VIII.) C'était aussi l'opinion de Descartes, qui, dans son grand ouvrage *le Monde,* se proposait de démontrer, dit M. Lemoine, « qu'il est besoin que l'âme « soit jointe et unie étroitement avec le corps, pour avoir des « sentiments et des appétits semblables aux nôtres, et ainsi com- « poser un *vrai homme* » (*l'Ame et le corps,* in-12, p. 316); c'était encore celle de Bossuet, qui nous en fait saisir les motifs avec la plus grande netteté. « Il y a pourtant une extrême différence, « dit-il, entre les instruments ordinaires et le corps. Qu'on brise « le pinceau du peintre ou le ciseau du sculpteur, il ne sent

« point les coups dont ils ont été frappés : mais l'âme sent tous
« ceux qui blessent le corps; et, au contraire, elle a du plaisir
« quand on lui donne ce qu'il faut pour s'entretenir. Le corps
« n'est donc pas un simple instrument appliqué par le dehors,
« ni un vaisseau que l'âme gouverne à la manière d'un pilote. Il
« en serait ainsi si elle était simplement intellectuelle; mais
« parce qu'elle est sensitive, elle est forcée de s'intéresser d'une
« façon plus particulière à ce qui la touche, et de le gouverner
« non comme une chose étrangère, mais comme une chose natu-
« relle et intimement unie. En un mot, l'âme et le corps ne font
« ensemble qu'un tout naturel, et il y a entre les parties une
« parfaite et nécessaire communication. » (*Connaiss. de Dieu,* etc.,
c. III, § 20.)

ARISTE. — C'est à croire, cher abbé, que vous n'admettez
aucune différence entre l'âme et le corps.

L'ABBÉ. — Pardon, Ariste; mais quand ils agissent ensemble,
on les voit si bien liés et si intimement unis, qu'il semble comme
impossible de méconnaître leur tout harmonieux. Cependant,
quand on les analyse dans leurs actes intimes, on arrive bientôt
à se convaincre que l'esprit et le cerps sont deux substances
distinctes. En effet, quand on a pu s'assurer que le corps est
composé de parties semblables à celles du monde extérieur, qu'il
forme un tout, sans doute, mais un tout étendu, pesant, divisible, et qui est en outre assujetti, à la naissance, au développement et par conséquent au changement pendant toute sa durée,
pour peu que la vue de la raison pénètre au sein de cet agrégat,
elle comprend bientôt que tous les éléments qui le composent
doivent être reliés entre eux, et maintenus dans une forme
déterminée, par une substance qui leur est étrangère; puis,
quand elle découvre au sein de cet agrégat quelque chose qui
sent, pense, veut, se meut et se connaît, et qu'elle considère
que ce quelque chose peut s'en séparer en le livrant à une prochaine dissolution, elle est conduite à admettre deux éléments
dans l'homme, l'un composé d'un grand nombre de parties et
qui forme le corps, l'autre qui les unit et qui forme l'esprit. Et
elle pense avec Aristote que « l'âme n'est pas le corps, pas même
« le corps le plus subtil et le plus délié, puisque le corps est
« matière, tandis que l'âme est forme; le corps est visible et
« sensible, l'âme ne l'est pas; le corps est multiple, sujet à la
« décomposition, l'âme est sensible et indivisible; le corps est

« sujet au mouvement, l'âme est le principe du mouvement, mais
« n'admet point le mouvement en elle-même ». (L. II, c. II.)
Leibnitz, après avoir établi un parallélisme parfait entre ce qui
se passe dans l'âme et ce qui a lieu dans la matière, arrive lui-
même aussi à démontrer l'existence de ces deux substances différentes, et finit, comme Aristote, par conclure que « l'âme avec
ses fonctions est quelque chose de distinct de la matière »; puis
il ajoute : « Cependant elle est toujours accompagnée des organes
« qui lui doivent répondre, et cela est réciproque et le sera tou-
« jours. » (*OEuv. philosoph.*, Ladrange, t. II, p. 592.)

Docteur. — Après les merveilles que vous nous avez racontées
sur l'union de l'âme et du corps, je me demande, cher abbé,
quelle est la part que vous réservez à ce dernier?

L'Abbé. — Je dois insister avant tout sur un point capital,
docteur, c'est que c'est l'âme qui informe le corps. La sagesse
de l'Église l'a ainsi décidé.

Docteur. — Pourquoi l'Église est-elle intervenue dans une
question tout expérimentale?

L'Abbé. — C'est parce que l'Église a pour mission de nous
enseigner toutes les grandes vérités, et que celle-ci est du nombre.

Docteur. — Je ne m'en explique pas bien la portée.

L'Abbé. — Une simple réflexion suffira pour vous en faire
mesurer l'importance. Il fut un temps où l'homme, pour éviter
les charges et les devoirs de la paternité, détruisait l'homme
dès son origine; cette sinistre coutume fut longtemps pratiquée chez les anciens, et notamment chez les Romains.
L'Église, en proclamant que c'est l'âme qui forme le corps,
d'accord d'ailleurs en cela avec la science la plus avancée,
a décidé du même coup que détruire ce germe, c'est commettre un homicide, et a sauvegardé en même temps, par le
baptême, la vie éternelle de l'enfant. « Un enfant d'un jour,
comme le dit Bossuet, n'est pas moins homme que son père :
il est un homme moins formé, moins parfait; mais pour moins
homme, cela ne se peut, et les essences ne peuvent se diviser
ainsi. » (*Élévations*, 2ᵉ serm., 1ʳᵉ élév.)

J'ajoute que cette doctrine a toujours été enseignée par
l'Église. Nous la trouvons même proclamée par plusieurs conciles œcuméniques, dans des brefs et jusque dans le catéchisme.
Ainsi le concile œcuménique de Vienne en Dauphiné, tenu en
1311 et 1312, a décidé qu'il fallait croire que l'âme rationnelle

15

est véritablement par elle-même la forme du corps : *Forma corporis humani per se et essentialiter.* Cette décision fut confirmée en 1513, par le concile œcuménique de Latran, qui la proclama de nouveau : « L'âme humaine est vraiment par elle-même et « essentiellement la forme du corps. » (*Histoire des conciles œcuméniques,* par l'abbé Patrice Chauvière, Paris, 1869, p. 464.) Saint Thomas l'enseignait lui-même. « *Quæ tradidit angelicus Doctor S. Thomas Aquinas de anima intellectivæ unione cum corpore humano.* » (*Diplôme de l'Académie de philosophie médicale,* de saint Thomas d'Aquin.) Ch. J. Colbert, dans le célèbre catéchisme de Montpellier, dit, en parlant de l'âme humaine : « Dieu forma « son corps de terre, et il donna la vie à ce corps en l'unissant à « une âme raisonnable. Car l'âme raisonnable est le principe de « la vie du corps. » (Ch. II.) Enfin, le saint-père Pie IX lui aussi, dans ses lettres à l'archevêque de Cologne et à l'évêque de Breslau, insista de nouveau sur cette décision, pour redresser des opinions qui s'en écartaient. Il dit notamment : « Ces docu- « ments, en effet, ont uniquement pour objet d'enseigner l'*unité* « *substantielle de la nature humaine* (*unitatem substantialem humanæ* « *naturæ*), constituée par deux substances partielles. à savoir, le « corps et l'âme raisonnable. » Pie IX dit encore dans un autre bref, en parlant des erreurs du chanoine Guntler : « Ces livres, « dit le Saint-Père, portent atteinte au dogme et à la doctrine « catholique sur l'homme, qui se résume à un corps et une âme, « de telle sorte que celle-ci, l'âme raisonnable, est par elle- « même la forme véritable et immédiate du corps : *Sit vera per se,* « *atque immediata corporis formæ.* » (*Bref au cardinal-archevêque de Cologne;* 1857.) Ces principes sont tellement absolus aux yeux de l'Église, qu'ils ont porté le Saint-Père à condamner le duo-dynamisme lui-même, professé par l'abbé Baltzer : « Il a été « remarqué en outre, dit le Saint-Père, que Baltzer, dans son « ouvrage, après avoir réduit toute la controverse à ce point : « Existe-t-il pour le corps un principe vital réellement distinct « de l'âme raisonnable (*sit ne corpori vitæ principium proprium* « *ab animæ rationali reipsa discretum*), avait poussé la témérité jus- « qu'à déclarer hérétique la doctrine opposée, ce que nous ne « pouvons que fortement désapprouver (*vehementer improbare*), « considérant que la doctrine qui met dans l'homme un seul « principe vital, savoir l'âme raisonnable de laquelle le corps « reçoit à la fois le mouvement et la vie tout entière et le senti-

« ment, est très-commune dans l'Église de Dieu. » (*Bref à l'évê-que de Breslau*, du 30 avril 1860.) Tels sont les principes adoptés par l'Église sur l'âme et le corps de l'homme, principes fort bien résumés dans une lettre de Mgr Czacki, du 30 juin 1877, adressée à Mgr de Hautcœur, recteur de l'Université de Lille, où il dit que la doctrine catholique sur l'homme « se résume en « un corps et une âme, de telle sorte que celle-ci, l'âme raison-« nable, est par elle-même la forme véritable et immédiate du « corps (*sit vera per se, atque immediata corporis formœ*) ». (*Revue des questions scientifiques*, Bruxelles, n° d'octobre 1877, p. 379.)

Docteur. — J'en demande pardon au Saint-Père, aux conciles, à saint Thomas et à Aristote lui-même, cher abbé, mais je ne puis comprendre que l'âme soit la forme du corps.

L'Abbé. — Pourquoi, docteur?

Docteur. — Parce que, premièrement, l'âme étant le principe de la vie, cette âme existe dans le germe, ainsi que l'a démontré Ariste, avant que ce germe offre aucune apparence des formes que doit revêtir le corps ultérieurement; deuxièmement, à la mort, l'âme quitte le corps, et cependant celui-ci conserve encore quelque temps sa forme; enfin, si l'âme et la forme étaient une même chose, quand celle-ci se dissout, l'âme devrait donc s'anéantir avec elle? D'où il me semble que D. Scott, en admettant deux substances dans l'homme, deux êtres distincts, avait mieux apprécié cette difficulté, et la résolvait plus rationnellement en convenant que « le corps, qui est la partie restante de « l'être sans l'âme, a, par conséquent, une forme propre distincte « de l'âme. Et ainsi cette forme est nécessairement autre que « l'âme : *Et illa forma necessario est alia ab anima.* » (Dist. XI, q 3.)

L'Abbé. — Vous venez de soulever une des questions les plus délicates et encore des plus grandement controversées, docteur; je ne veux pas, pour l'instant, vous suivre sur ce terrain; mais une chose à laquelle je tiens beaucoup, c'est de dissiper la confusion que les termes employés ont pu faire naître dans votre esprit. L'Église, en disant que l'âme est la forme du corps, sous-entend un mot, le mot *informans : forma informans.* Cette simple addition suffit pour dissiper toutes les difficultés.

Docteur. — Si vous admettez que l'âme informe le corps, je n'ai plus d'objection à élever; je vous ferai remarquer seulement qu'elle est l'équivalent du *nisus formativus* de Blumenbach, de la force formatrice de Müller, de la force morphologique, etc., d'un grand nombre de physiologistes; j'ajoute toutefois qu'elle est incorrecte et qu'elle laisse à désirer.

Comment expliquez-vous, cependant, que l'âme immatérielle puisse mouvoir le corps et lui commander?

L'ABBÉ. — Ce comment est un mystère, docteur. A quoi bon vous citer les hypothèses qui ont été imaginées pour l'expliquer? Qu'est-ce que la raison peut tirer de l'influx de l'âme sur le corps, des causes occasionnelles de Descartes ou de l'harmonie préétablie de Leibnitz? N'est-il pas plus simple de convenir avec Euler que « de quelque manière qu'on envisage cette étroite union « entre l'âme et le corps... elle demeure toujours un mystère « impénétrable »? (*Lett. à une princ. d'Allemagne*, art. 2, lett XIV.) C'est d'ailleurs ce qu'a exprimé d'une manière charmante le bon la Fontaine dans les vers suivants :

> « Un esprit vit en nous et meut tous nos ressorts;
> « L'impression se fait; le moyen, je l'ignore;
> « On ne l'apprend qu'au sein de la divinité;
> « Et s'il faut en parler avec sincérité,
>   « Descartes l'ignorait encore ».
>
> (*Fables*, liv. X, fable 1.)

DOCTEUR. — Vous nous avez dit des choses merveilleuses sur l'âme, cher abbé, mais vous n'avez nullement répondu à ma question sur le rôle de l'organisme.

L'ABBÉ. — Ce que je puis vous en dire de plus exact, docteur, c'est que c'est une œuvre admirable et qui, mieux que les cieux, raconte la gloire de son auteur! (*Ps.* XVIII.) On est tenté de croire que c'est surtout après l'avoir contemplée, que le Prophète a dû s'écrier : « Que vos œuvres sont belles! Vous avez tout fait avec sagesse! » (*Ps.* CIII.) Il n'est pas un seul de ses instruments, pas la plus minime de ses parties où l'on ne découvre quelques reflets de la pensée divine, et c'est sans doute par cette raison que saint Thomas disait que toute créature est sacrée! Sacrée, en effet, car chacune exprime une idée divine et brille d'un éclat qu'on ne peut comparer à nulle autre beauté! Oh! oui, chaque instrument fait rayonner l'intelligence de son auteur, et chante à sa manière, comme le disait Galien, la gloire de Celui qui l'a fait.

DOCTEUR. — C'est bien parler, cher abbé; mais je vous louerais davantage, si vous aviez mieux caractérisé la grande part qui revient à l'organisme dans les actes de la vie. Pourquoi ne pas rappeler ce que les Pères de l'Église et les saints en ont dit?

Pourquoi taire ce qu'en pensaient les philosophes, les moralistes, les poëtes, les théologiens eux-mêmes, et après eux, Buffon, dans son *Homo duplex?* La dualité de l'être n'est-elle pas suffisamment accentuée dans ce que dit Platon du bon et du mauvais coursier, dans le bon et le mauvais ange de certains théologiens, dans le vieil homme et l'homme nouveau, dans l'esprit et la chair, dans la raison et les sens, dans l'âme et l'*autre* de Xavier de Maistre? Ne l'est-elle pas surtout dans ces cris inénarrables du grand apôtre qui marque en traits de feu « les tentations, les séductions, les entrainements, les déchirements, les passions multiples et les tentations de la chair »? Cette dualité physiologique et psychologique aurait-elle passé inaperçue sous vos regards? Ces deux êtres qui se font la guerre au dedans de nous, qui se disputent la prééminence et dont les combats se terminent souvent par la défaite de la vertu, ne vous auraient-ils jamais frappé? Oh, certes! l'autocratie du corps sur la volonté de l'âme atteste d'une manière trop évidente sa réalité pour être contestée.

L'Abbé — Hélas! cher docteur, cette duplicité, j'en conviens, est réelle et incontestable. Elle me rappelle même ces mots échappés à Louis XIV : « Que je connais bien ces deux hommes! » disait-il en écoutant les vers du grand poëte :

> « Je veux ; mais, ô misère extrême!
> « Je ne fais pas le bien que j'aime,
> « Et je fais le mal que je hais! »

Docteur. — J'avais donc raison d'insister sur son importance et sur sa réalité?

L'Abbé. — N'oubliez pas toutefois, docteur, que toutes ces impulsions dérivent du même principe : c'est l'âme qui anime tout : c'est l'âme qui pense, veut et raisonne. Quand elle le veut, elle demeure toujours la maîtresse et la souveraine. Cependant les actes de cette âme s'agencent avec tant d'harmonie avec ceux du corps, qu'ils marchent le plus souvent à l'unisson et forment un concert admirable.

Docteur. — Peut-être, cher abbé, mais à condition qu'on ne leur prête pas une oreille trop attentive, car parmi leurs accords, on pourrait saisir plus d'une note discordante.

L'Abbé. — N'outre-passons rien, docteur. Stahl et Perrault ont sans doute exagéré la prépondérance de l'âme; mais, à leur tour, Maine de Biran et Jouffroy ont eu tort de soustraire à son acti vité tout le domaine de la vie organique; car, en réalité, une seule puissance dirige tous les actes de l'organisme.

Docteur — Cette proposition me semble difficile à démontrer, cher abbé.

L'Abbé. — En voulez-vous une preuve manifeste?

Docteur. — Assurément, car elle seule pourrait me réconcilier avec vos vues et avec celles d'Ariste.

L'Abbé. — Je vais vous en citer un exemple convaincant. Examinez attentivement un chef d'orchestre pendant qu'il dirige un concert. Contemplez-le tandis qu'il surveille et accompagne les autres artistes, et dites-moi s'il est possible de découvrir en lui autre chose qu'une seule et même activité. Voyez! le voici qui emploie ses doigts sur le violon, ses pieds pour marquer la mesure, ses yeux pour lire la note, ses oreilles pour écouter les accords, sa langue pour dire son mot à chacun, pour redresser les fautes et pour tout animer; son intelligence est sans cesse occupée d'adapter l'expression à l'idée, d'assortir entre eux les instruments les plus dissonants, pour les combiner et en faire sortir une symphonie harmonieuse.

Est-ce que pendant ce temps-là son activité organique cesse un seul instant de concourir à l'œuvre de son esprit? Loin de là! elle y concourt avec la plus grande activité. Car, tandis qu'il pense à tout, qu'il s'occupe de tout et qu'il joue lui-même, il ne cesse de respirer, son cœur de battre, son estomac de digérer, son foie et ses reins de sécréter. Tout est simultané. Et comment cette simultanéité pourrait-elle dériver de deux activités distinctes? Cela est physiquement impossible. Car c'est bien le même être qui écoute, pense, joue, chante, respire, digère et sécrète; tous ses actes s'accomplissent avec la plus complète harmonie. Or, comment attribuer une partie de ceux-ci à un acteur, et l'autre à un autre? Cela est impossible, et l'unité concordante qu'ils présentent, atteste qu'ils jaillissent tous d'une seule et même source.

Docteur. — J'aime mieux admettre, cher abbé, que votre organiste constitue une belle unité, que d'altérer l'harmonie que vous avez rétablie entre nous.

L'Abbé. — Alors mon but est atteint; permettez-moi maintenant de vous serrer la main et de me retirer.

Docteur. — Cependant, Ariste, tout n'est pas fini pour vous. Vous m'avez promis de me faire connaître la vérité, et je compte qu'avant de terminer cet entretien, vous tiendrez votre promesse.

ARISTE. — Je n'ai pu vous signaler, docteur, que les principales manifestations de la vie, et avant d'aborder cette importante question, il me resterait encore à établir ce qu'est la vie en elle-même, quelle est sa nature, son rôle, et dans quelle mesure elle remplit toutes les fonctions qui lui sont attribuées.

DOCTEUR. — Je vous écoute, Ariste.

ARISTE. — La vie est-elle la cause réelle de tous les phénomènes qu'on lui attribue, ou, en d'autres termes, de tout ce que nous savons de ses manifestations? Pouvons-nous la considérer comme le principe de tous les actes que nous avons observés pendant le développement de l'organisme?

DOCTEUR. — Quoi donc vous porterait à en douter?

ARISTE. — Vous vous souvenez, docteur, que tous les faits que nous avons recueillis sur elle nous ont conduits à la considérer comme une énergie substantielle distincte de toutes les forces connues, et par conséquent comme étant constituée par une force active d'une nature tout à fait spéciale?

DOCTEUR. — Je m'en souviens

ARISTE. — Nous avons constaté, en outre, qu'elle date de la fusion de ses deux facteurs qui, considérés isolément, sont impuissants à produire aucun phénomène d'organisation et à former un véritable germe.

DOCTEUR. — Les faits l'ont démontré.

ARISTE. — Vous vous rappelez encore que plusieurs de ces germes, sous forme de graine ou d'œuf, peuvent subsister fort longtemps, avant de rencontrer les conditions favorables à leur évolution et à la genèse du nouvel être qu'ils doivent enfanter; que dans cet état de vie latente, c'est celle-ci cependant qui les protége réellement contre l'action des agents extérieurs qui tendent chacun à les décomposer; que c'est encore elle qui, une fois les conditions nécessaires réunies, éveille ces germes et leur fait parcourir les premières phases de leur évolution; que celles-ci interrompues accidentellement par la chute d'une avalanche, par exemple, c'est encore elle qui ranime la végétation et achève leur développement; que c'est toujours elle qui les protége contre les rigueurs et les intempéries des saisons; vous vous en souvenez, sans doute? Mais il est une question que nous n'avons ni posée ni résolue à leur occasion : c'est celle d'apprécier comment elle a pu agir pour conserver ces germes, les développer et les protéger.

DOCTEUR. — Dès que la vie est une force, Ariste, elle a pu agir, lutter et produire tous les phénomènes observés.

ARISTE. — Sans doute, docteur; mais comment l'a-t-elle fait? Chez l'homme muni de tous ses instruments, nous nous expliquons fort bien cette lutte, ce travail et cette production ; mais dans le germe qui ne possède ni nerfs, ni muscles, ni cerveau pour sentir, agir ou penser, elle n'a pu l'accomplir avec l'intelligence et la raison qui n'ont pu, encore se produire en lui. De telle sorte que chez lui, tous ses actes ne peuvent être choisis par l'intelligence, accomplis par la science, ni prévus par la prévoyance , puisque la vie manque de ces perfections, qu'elle est aveugle, ignorante et nécessaire, comme toutes les forces privées de raison.

DOCTEUR. — Quels sont donc les faits qui vous portent à la considérer ainsi?

ARISTE. — C'est que, dans certains cas, nous pouvons comprendre ses actes, que dans d'autres, ils sont absolument incompréhensibles. Ainsi, quand elle préserve les graines et les œufs contre les intempéries, nous comprenons fort bien qu'étant une force active, elle lutte et résiste contre l'action des autres forces; comment? nous l'ignorons ; mais étant une force douée de propriétés déterminées, nous comprenons qu'elle puisse réagir contre d'autres forces, soit, par exemple, en surélevant la production de la chaleur normale pour en produire une quantité équivalente à celle qui a été soustraite; soit, dans d'autres circon tances, en accélérant l'activité des sudoripares pour produire une évaporation suffisante afin de dissiper le calorique en excès. Nous comprenons même que dans certains états morbides, tels que la léthargie, l'asphyxie, la congélation ou la dessiccation, son activité, bien que latente, puisse agir pour conserver la forme, la texture et la composition élémentaire des êtres, parce qu'étant une activité, elle peut être le principe de tels effets que nous constatons sans les expliquer.

Mais si nous venons à la considérer comme une force formatrice chargée de présider à l'évolution, en sera-t-il encore de même? Pour bien comprendre sa mission, dans ce cas, examinons les conditions auxquelles elle doit satisfaire. Pendant la première période, nous voyons le vitellus fractionné en cellules; dans la seconde, ces cellules se réunissent pour former trois membranes emboîtées l'une dans l'autre, et dans la troisième, ces membranes se transforment successivement en liquides, en tissus et en un grand nombre d'organes distincts. Quelle peut être la part de cette activité dans cette suite d'opérations? S'agit-il de la segmentation, nulle difficulté. La force qui a produit du calorique dans le germe peut le diviser en cellules. Admettons même qu'elle peut transformer ces cellules en liquides en leur faisant subir une nouvelle segmentation. Allons même plus loin; admettons qu'elle peut transmuter ces cellules en matière organique ou en quelque tissu élémentaire! Cela n'est guère probable, mais du moins nous lui aurons concédé tout ce qu'elle peut opérer dans les deux premières phases du développement de l'organisme.

Mais en sera-t-il encore de même pendant la troisième phase du développement de cet organisme, alors qu'on voit apparaître successivement une multitude d'organes distincts, ayant chacun leur position, leur forme et leurs rapports nécessaires; alors que chacun d'eux concourt à produire un individu doté du type de son espèce?

Convenons cependant, avant de résoudre ce problème, que la vie est la seule activité dont on puisse constater l'existence pendant le développement de ce jeune être, qu'il semble bien difficile de lui refuser une part active dans sa production, et qu'il faudrait de graves motifs pour la dépouiller de ce noble privilége.

Cependant plaçons-nous en présence de l'œuvre et demandons à l'ouvrier s'il possède le principe des connaissances et des beautés que nous observons en elle. Nous voyons dans cette œuvre un organe succéder à un autre organe; une forme plus parfaite à celle qui l'a précédée; puis peu à peu elle s'édifie et s'achève au point de nous montrer un chef-d'œuvre où rien ne manque ni n'excède!

La vie, ne l'oublions pas, est née de la veille. Où aurait-elle appris toutes les sciences qui éclatent dans cet organisme? Comment aurait-elle connu le premier modèle pour l'imiter avec tant de fidélité? Née dans la solitude, qui lui aurait enseigné ce qui se produit ici, là et partout, pour y conformer l'exemplaire qu'on lui attribue? Qui lui aurait montré le plan qu'elle suit, le dessein qu'elle exécute? Qui lui aurait appris les lois qu'elle observe avec tant de ponctualité pendant chacune des phases de ces opérations, où tout apparaît à son heure, à son tour et selon un ordre réglé ; où tout commence, s'accroît et s'achève avec la plus grande régularité? Qui donc aurait pu lui enseigner toutes ces choses? Ses parents? mais ils les ignorent. Les aurait-elle inventées? mais elle ne possède encore elle-même aucun des instruments nécessaires à l'exercice de la pensée.

Nous ne découvrons donc pour elle ni voie, ni moyen d'acquérir des connaissances, quand nous voyons dans l'œuvre qu'on lui attribue une multitude d'effets qui attestent la possession de la science la plus élevée, un art admirable, une sagesse et une prévoyance infinies! Où aurait-elle donc puisé ces notions de physique, de chimie, de mécanique, qui se voient dans la construction des organes des sens et des appareils de locomotion, qui sont si étendues que la science humaine n'a pu encore les embrasser?

Et que serait-ce si, au lieu d'arrêter nos regards sur un seul organisme, nous les portions sur tout ce que la vie est appelée à édifier? si nous considérions celle-ci aux prises avec la production de toutes les espèces, de tous les ordres, de toutes les classes, établis chacun sur autant de modèles différents? L'esprit ne reste-t-il pas confondu en présence des inventions et de l'industrie merveilleuse qu'il découvre dans ces myriades de machines animées?

En présence de l'infinie diversité de toutes ces œuvres, et des connaissances immenses que chacune d'elles révèle, un soupçon peut-il manquer de traverser l'esprit, et n'est-on pas invinciblement conduit à se demander quel est réellement l'ouvrier de ces œuvres? S'il nous était donné d'interroger la vie sur ces questions, que pourrait-elle répondre, sinon que née pendant la conception, elle n'a pu connaître la forme de ses ancêtres; que n'ayant rien appris, ce n'est pas d'elle que viennent la science, l'art, les inventions et toutes les merveilles que nous admirons dans ses œuvres; qu'alors même que nous la voyons seule à l'œuvre, elle est dirigée par un architecte invisible, et qu'il faut nous adresser au-dessus d'elle pour découvrir le véritable ouvrier de son œuvre; qu'elle n'est, elle, qu'une cause seconde?

Mais arrêtons-nous aujourd'hui à ces réflexions, et bornons-nous, quant à présent, à formuler les lois qui résument les principaux faits de la vie.

Lois et causes de la vie.

I. — Lois de la vie :

Première loi. — La vie date de la fécondation.

Deuxième loi. — La vie commande aux forces et aux affinités naturelles.

Troisième loi. — La vie précède l'organisme, concourt à le former, l'entretient, le répare, le reproduit en se communiquant à un nouveau germe et demeure intimement unie à lui.

Quatrième loi. — Chez l'homme, c'est la vie qui, avec le concours de l'organisme, sent, meut, perçoit les impressions et en forme les idées, se souvient, pense, conçoit, se sait une, toujours la même, et enfante des actes libres ; elle est, en d'autres termes, ce par quoi nous vivons, nous sentons, nous nous mouvons et nous connaissons.

Cinquième loi. — La vie qui commence à la fécondation subsiste jusqu'à la mort ; elle subsiste pendant la léthargie, l'asphyxie, etc., et s'éteint parfois subitement tandis que l'organisme est en pleine activité.

Sixième loi. — Elle est soi-mouvante, et se porte spontanément d'elle-même à l'action.

Septième loi. — La vie se manifeste successivement sous trois formes distinctes :

La première, sous l'aspect d'une force qui préserve le germe, puis le segmente en cellules qu'elle transforme ensuite en liquides et en matière organique ;

La seconde, comme une activité ordonnatrice qui emploie ces premiers matériaux pour informer l'organisme et lui communiquer toutes ses perfections ;

Une fois cet organisme achevé et séparé, la troisième nous le montre sous l'aspect d'un individu qui, n'ayant rien appris, ne sait rien, s'ignore soi-même et ignore toutes choses, mais qui, pourvu des facultés qu'elle lui a communiquées, acquiert peu à peu, quoique lentement, l'intelligence, la connaissance et la science.

II. — Causes montrées par les lois de la vie :

Première cause. — Le commencement de la vie montre l'intervention d'une cause productrice.

Deuxième cause. — La vie, commandant aux forces et aux affinités naturelles, ne peut en dériver.

Troisième cause. — Malgré son intime union avec l'organisme, le précédant, l'informant et cessant avant lui, elle n'en est pas la résultante.

Quatrième cause. — Son activité incessante pour produire le sentiment, le mouvement, la pensée et les actes libres, montre qu'elle est une force active.

Cinquième cause. — Datant de la fécondation et subsistant jusqu'à la mort, ses effets continus montrent que cette force active est une substance.

Sixième cause. — Agissant sans cesse et se portant d'elle-même à l'action, ses effets réels attestent que cette substance est elle-même un être réel aussi. Or cet être étant invisible, intangible et incoercible, cela atteste qu'il est immatériel; enfin, la cessation parfois subite de ses effets, avant toute altération de l'organisme, témoigne que cet être en est distinct.

Septième cause. — Les trois manifestations successives de la vie révèlent deux ordres d'effets qui montrent deux ordres de causes essentiellement distinctes :

Dans la première, ces effets, toujours semblables, toujours les mêmes et des plus simples, au point d'avoir pu être formulés en lois, montrent dans l'agent qui les produit une cause fatale et nécessaire.

Dans la seconde, ces effets attestent un ordre admirable, un plan magnifique, une intelligence, une science et des perfections infinies, qui montrent dans leur cause une cause de l'ordre le plus élevé.

Dans la troisième, les actes de l'individu séparé et distinct attestent, surtout à leur début, les effets d'une cause ignorante qui n'arrive que peu à peu et très-lentement à acquérir elle-même l'intelligence, la connaissance et la science, ce qui montre par conséquent qu'elle n'a pu, dès son origine, communiquer à l'organisme les perfections qu'il présente.

Ces trois manifestations successives de la vie révèlent donc dans la production de l'organisme l'action de deux ordres de causes essentiellement distinctes : la première et la troisième montrent dans leurs effets les produits d'une cause réelle et autonome, sans doute, mais ignorante, aveugle et nécessaire ; tandis que ceux de la seconde montrent une cause intelligente, sciente, pleine d'art et de prévoyance ; une cause, en un mot, de l'ordre le plus élevé.

En résumé, cette loi montre que l'organisme est produit par deux causes : par une *cause seconde* et par une *cause supérieure*

CHAPITRE VIII

LES ÊTRES ORGANISÉS ET LA VIE (*suite*).

III

L'INSTINCT : PHÉNOMÈNES, LOIS ET CAUSES.

« La nature sans être instruite, et sans avoir rien appris, fait tout ce qui convient. »
(HIPPOCRATE, *OEuvres,* trad. par Littré. *Épid.,* t. VI, § I, IV, p. 314.)

ARISTE. — J'ai été récemment témoin d'un fait qui m'a vivement intéressé.

DOCTEUR. — Lequel, Ariste?

ARISTE. — Il s'agit d'un animal ou plutôt d'un insecte, qui fit avec un à-propos remarquable ce qu'il fallait pour parer aux nécessités d'une position des plus difficiles.

DOCTEUR. — Certes, les bêtes aussi ont de l'esprit, Ariste.

ARISTE. — Quant à celle-ci, elle a montré une prévoyance qui m'a vraiment émerveillé. Il ne s'agit cependant que d'une mouche dont les formes et l'élégance ressemblent à celles des guêpes, mais douée de vives allures et d'une agilité des plus remarquables. Croiriez-vous que ce petit être a attaqué et terrassé en ma présence, il y a quelques jours, un grillon beaucoup plus gros et plus fort que lui! Étonné de son audace, j'examinai la scène et vis, non sans surprise, ce sphex, car c'en était un, renverser le colosse sur le dos, chercher le défaut de sa cuirasse thoracique et y enfoncer avec une rare adresse son dard empoisonné! Aussitôt la pauvre victime se débattit convulsivement, puis tomba peu à peu dans un état de complète léthargie. Le sphex, qui s'en était éloigné d'abord, s'en rapprocha alors, la saisit et l'entraîna avec de grands efforts près de son nid, puis succomba lui-même à l'épuisement occasionné par cette lutte. Mais, ainsi

que j'ai pu m'en assurer, son but était atteint ; ses petits étaient
pourvus d'aliments pour le moment de leur éclosion.

La vue de ce spectacle bien simple et fort commun suscita
dans mon esprit une foule de réflexions. Qui a poussé cet insecte
à attaquer un animal plus fort que lui? qui l'a conduit à choisir
le seul point où sa victime pouvait être atteinte par son dard
vénéneux? qui a dirigé celui-ci vers le ganglion nerveux céphalo-
œsophagien qui anime tout son être? qui lui a appris que cette
piqûre allait le plonger dans un état de léthargie qui, sans le
faire mourir, devait assurer du même coup son immobilité, sa
conservation et une nourriture fraîche à ses petits qui n'éclo-
raient qu'une douzaine de jours après? enfin, qui a suscité cet
acte de prévoyance chez cet insecte, envers des enfants qu'il ne
verra pas, et le choix d'une nourriture animale pour eux, quand
lui-même ne se nourrit que du suc des fleurs?

Est-ce de lui-même qu'il a choisi cette victime, trouvé ce
procédé, accompli cet acte de prévoyance? Si ce n'est pas de
lui-même, ce serait donc son instinct? Mais alors qu'est-ce donc
que cette puissance mystérieuse qui pousse les êtres à accomplir
des actes où éclate tant d'intelligence, de science, d'art, de
sagesse et de prévoyance? Est-il donné à la science actuelle d'en
connaitre l'origine, la nature et la cause?

DOCTEUR. — Je le crois, Ariste ; l'intelligence de l'animal
explique un grand nombre de phénomènes, les autres sont produits par des réactions organiques suscitées par les excitations
du monde extérieur.

ARISTE. — L'intelligence ne se rencontre que chez un petit
nombre d'êtres, docteur, tandis que l'instinct est commun à
tous. D'ailleurs, l'intelligence et l'instinct sont deux principes
essentiellement distincts l'un de l'autre.

DOCTEUR. — Comment, Ariste, vous admettriez que l'instinct
existe chez tous les êtres organisés, même chez les plantes et les
arbres que nous voyons autour de nous?

ARISTE. — Vous êtes-vous demandé, docteur, ce que seraient
devenus ces jeunes plantes et ces jeunes animaux, ces milliers
de graines dispersées dans toutes les positions, le ver et le polype
privés de la vue, cette multitude d'insectes éclos après la mort
de leurs parents ou loin d'eux, si quelque puissance ne veillait
sur eux, ne pourvoyait à leur subsistance ou ne suscitait les
actes nécessaires pour mettre chacun d'eux à même de se con-

server; si même elle ne les assistait et ne les poussait à faire à propos tout ce qu'il faut ? Mais croyez-m'en, n'abordons pas encore la cause et la nature de l'instinct : les faits nous manqueraient pour éclairer ces graves questions.

Docteur. — Soit, Ariste, pourvu qu'il soit bien entendu qu'elles seront abordées et résolues.

Ariste. — Ne vous semble-t-il pas plus naturel de procéder, comme nous avons fait jusqu'ici, en recueillant d'abord tous les faits et tous les phénomènes de l'instinct, en les groupant par séries analogues pour en déduire les lois, puis celles-ci une fois formulées, en leur demandant dans quelle mesure elles peuvent nous indiquer leur cause ?

Docteur. — Cette méthode aura sûrement l'avantage d'écarter toute discussion prématurée.

Ariste. — Un simple coup d'œil jeté sur un être organisé quelconque ne suffit-il pas pour nous convaincre que cet être ne vit que parce qu'il est doué de tous les instruments nécessaires pour faire tout ce qui peut le conserver ; que son espèce ne dure que parce qu'il la propage, et qu'il ne pourrait atteindre ce double but, sans entretenir des rapports incessants avec les autres êtres de la nature et en particulier avec ceux de son espèce ?

Docteur. — Cela me paraît incontestable.

Ariste. — Partons donc de cette vue générale pour réunir successivement les faits qui dérivent de la conservation de chaque individu, ceux qui se rattachent à la conservation de chaque espèce, et enfin ceux qui concernent les rapports qu'ils ont avec les autres êtres.

Docteur. — Cette division me semble naturelle et vous permettra, je pense, de classer tous les faits de l'instinct par voie d'affinité.

Ariste. — Cependant, avant de rassembler ces faits, vous me permettrez, j'espère, de vous signaler les principaux caractères qu'ils doivent offrir pour entrer dans chacune de ces classes ; car, devant me borner à recueillir les faits de l'instinct, il faut bien, sans en discuter la nature, préciser du moins les caractères qu'ils doivent présenter pour y être classés.

« L'idée de l'instinct... est celle d'une force, d'une faculté particulière, dit F. Cuvier, cause immédiate des actions auxquelles les animaux sont aveuglément et nécessairement portés. »

(Art. *Instinct* du *Dict. des sciences naturelles*.) Comme F. Cuvier, je n'admettrai donc parmi les faits de l'instinct que ceux qui sont irréfléchis, nécessaires, irrésistibles, spontanés dans une certaine mesure, et qui, bien que réussis d'emblée, sont produits sans connaissance des motifs ni du but. « Il n'y a jamais eu de contestation fondée sur les actions antérieures à toute expérience, dit F. Cuvier : simples ou complexes, elles ont toujours été considérées par les naturalistes comme instinctives; et en effet, il faut bien qu'une force aveugle et nécessaire les ait fait naître, puisqu'aucune expérience n'avait pu mettre en jeu les facultés de l'être qui les manifestait. » (*Ouvr. cité.*)

Ceci une fois déterminé, passons aux faits de conservation de l'individu.

Parmi ceux-ci, on en rencontre de deux ordres bien distincts. Les premiers leur ont été communiqués; les autres dérivent seuls, à vrai dire, de l'instinct. Cependant il est impossible de méconnaître que tous deux concourent également, quelle que soit leur origine, à les protéger efficacement. Ainsi, un grand nombre d'animaux ont reçu des vêtements de peaux plus ou moins protégés eux-mêmes par de longs poils; d'autres par des écailles, des tèts, des cuirasses, des carapaces, etc., qui leur permettent de résister aux attaques de leurs ennemis; d'autres encore sont armés d'instruments défensifs, de pinces, de dards, d'aiguillons, de tarières, etc., qui, selon les circonstances, leur servent d'arme de défense, de protection, d'attaque ou de combat. La peau des animaux qui habitent les climats froids est recouverte de chaudes fourrures ou de duvet; tandis que celle de ceux qui vivent sous les tropiques n'est garnie que de poils rares et isolés entre lesquels l'air peut librement circuler. Les teintes de ces poils revêtent parfois les couleurs du milieu, comme pour concourir à les défendre contre la vue de leurs ennemis : plusieurs espèces de lièvres et de perdrix, celles qui habitent notamment les Alpes, blanchissent pendant la durée des neiges et deviennent fauves pendant les chaleurs de l'été, etc. Tous ces moyens, sans doute, sont étrangers à l'instinct, mais on ne peut méconnaître qu'ils préservent ces êtres en les dissimulant à la vue de leurs ennemis, en même temps qu'ils les protègent contre leurs attaques et contre les intempéries des saissons.

Il en est d'autres qui, tout en offrant une certaine analogie avec les précédents, en diffèrent déjà notablement par les moyens qu'y associe l'instinct pour les faire valoir et les utiliser. Ainsi, la chenille arpenteuse a reçu, elle aussi, une couleur semblable à celle des arbrisseaux sur lesquels elle vit; mais douée, en outre, d'une puissance musculaire incomparable, elle s'en sert pour prendre des poses analogues à celles des tiges voisines, poses par lesquelles elle dissimule le plus souvent sa présence à l'ennemi. Craint-elle le danger, elle conserve pendant des heures entières la même position. C'est ce qui se voit également dans la chenille du sphinx qui, par ses attitudes et son immobilité absolue, par la pose dressée et inclinée de sa tête, aurait servi de modèle, dit-on, aux anciens sculpteurs de Thèbes, pour représenter ces monstres fabuleux qui jettent aux passants leur terrible énigme!

Chez d'autres encore, l'instinct s'accentue d'une manière plus manifeste. La larve de la crinière du lis des jardins, par exemple, qui n'est dotée que de téguments minces et sans consistance, recourt à un stratagème des plus ingénieux pour se protéger et se dissimuler : elle recouvre son corps de ses déjections comme d'un vêtement artificiel, en les projetant sur son dos par un orifice anal placé dans une direction appropriée. L'aphrophore écumante use elle-même d'un stratagème analogue. Si vous tenez à vous en assurer, visitez les feuilles d'un saule ou d'un osier, et vous tarderez peu à y découvrir de petits amas d'une sorte de mousse au centre desquels vous trouverez une nymphe d'aphrophore masquée par cette sécrétion. Citons encore le réduve, que ses ruses ont rendu célèbre. Pour se cacher et se dissimuler, il va jusqu'à se déguiser en se revêtant d'une enveloppe des plus insidieuses. Il se cache dans une toile d'araignée couverte de poussière et semble ne faire qu'un avec elle. C'est là qu'il vit retiré pour guetter sa proie et l'atteindre au passage.

Enfin, chez quelques-uns, l'instinct de conservation se dessine plus franchement encore. Il nous suffira de citer parmi les plus habiles Bernard l'ermite. Ce crustacé commence par dévorer le mollusque qui habite certaine coquille, puis une fois satisfait, il fait son habitation de son toit. C'est là que désormais il va s'abriter lui-même contre ses ennemis en s'y enfonçant comme un soldat dans sa guérite. En fait de soldat, citons encore le sirex géant qui, moins habile peut-être, n'en est pas moins remarquable par la demeure qu'il se creuse dans une balle de plomb. Après la guerre de Crimée, on en a découvert un certain nombre dans les balles qui gisaient sur les champs de bataille. C'est au maréchal Vaillant qu'on doit d'en avoir fait connaître plusieurs exemples à l'Académie des sciences.

Il est des objets qu'on ne pourrait épuiser, et, à coup sûr, les moyens de protection et de défense qu'offrent chaque individu et chaque espèce en font partie. Il faut donc me borner à vous signaler le plus petit nombre d'entre eux. Qui ne connaît, par exemple, le brachinète canonnier? Cet insecte se retire en troupes plus ou moins nombreuses sous les pierres où il séjourne habituellement; quand vient un importun le troubler dans sa demeure, il s'agite et cherche aussitôt à se dérober en lançant, en même temps que tous ses compagnons, une décharge bruyante. « On dirait une suite de coups de feu, dit M. Blanchard. Ces carabides ont dans l'abdomen une glande rameuse dont les branches aboutissent à un conduit commun qui sécrète un liquide extrèmement volatil. En se mettant en défense, l'insecte projette ce liquide par la contraction de ses muscles abdominaux, et, une fois au contact de l'air, ce liquide se volatilise avec tant de rapidité qu'il produit une véritable explosion. » (*Métamorphoses, mœurs et inst. des insectes,* p. 520.) Qui ne connaît aussi les ruses de la sèche, qui, inquiétée, lance sa sépia dans l'eau et, masquée par sa teinte noire, se dérobe ainsi à la vue de son ennemi; les violentes décharges électriques du gymnote et de la torpille qui paralysent leur proie ou stupéfient leur ennemi? Qui n'a admiré encore les moyens de défense de la faible abeille contre l'imprudente limace ou le gros escargot qui ont envahi sa ruche? Ne pouvant les rejeter dehors, elle tue la première à coups d'aiguillon, et l'embaume ensuite avec du propolis pour se préserver de ses émanations; mais, ne pouvant atteindre le second, retiré dans sa coquille, elle fixe celle-ci au plancher et l'entoure de tous côtés; celui-ci ainsi emprisonné meurt bientôt sans pouvoir l'incommoder.

Je ne puis cependant finir sans vous signaler parmi les moyens de protection employés par ces êtres, l'un des plus gracieux et des plus délicats. C'est celui qu'emploient la chenille et l'araignée. Sans cesse exposés à être renversés par un coup de vent qui les culbute à l'improviste des arbres plus ou moins élevés qu'ils habitent, ces insectes usent du fil qu'ils sécrètent pour s'attacher à chacun des points qu'ils parcourent, et vienne alors quelque souffle qui les enlève, ils cèdent sans danger, toujours attachés qu'ils sont, et peuvent se balancer en descendant lentement, sans risque de se blesser. Tout danger passé, ils grimpent le long de leur corde, sans perdre de temps

Cependant, comment se protéger sans agir? Or, agir, c'est dépenser, et sous peine de mort, il faut réparer ses pertes; il leur faut donc user d'aliments. Quelle diversité d'instruments, de ruses, de suggestions, pour arriver à satisfaire cet impérieux besoin de conservation! Chacun de ceux-ci varie selon qu'ils vivent dans l'air, dans l'eau, sur la terre, ou qu'ils sont appelés à fouir celle-ci. Le milieu impose à chacun ses exigences, qui varient avec l'espèce d'aliment qu'ils doivent s'y procurer; car tout autres sont les instruments et les ruses, selon qu'ils se nourrissent de chairs vives, de poisson, d'insectes, de graines, d'herbe ou du suc des fleurs; et les moyens nécessaires pour se les procurer sont si nombreux, qu'il est impossible de les signaler tous. Bornons-nous donc à en indiquer quelques-uns, pour en donner une idée suffisante.

S'agit-il d'animaux carnassiers chasseurs? tout chez eux est disposé pour la course, pour saisir et dévorer une proie. Leur odorat est fortement développé, pour en suivre la piste. Le loup, le renard, le chien, possèdent chacun des ruses spéciales pour guetter et atteindre leur proie; le chat pour saisir et croquer les souris; le fourmilier a sa langue gluante, qu'il sait introduire dans les galeries souterraines des fourmilières, et un tact qui l'avertit quand il peut retirer ce piége animé, alors seulement qu'il est tout couvert d'insectes; le fourmilion sait creuser un trou en forme d'entonnoir dans le sable le plus sec et le plus fin; puis, retiré au fond de son piége, d'où il ne montre que ses larges mandibules, vienne alors à passer une fourmi sur les bords de ses glacis, elle trébuche sur son sable mouvant et fait d'inutiles efforts pour éviter sa chute dans le précipice; mais si elle lutte trop longtemps, la larve lui lance quelques pelletées de sable qui la font rouler au fond où il la saisit et la suce. La punaise aussi a ses ruses. Éloignez-vous le lit de l'alcôve pour vous soustraire à ses visites trop intimes, elle monte au plafond, se laisse tomber au-dessus du dormeur, et son but est bientôt atteint. Mais nul être, peut-être, ne montre autant d'habileté que l'araignée! Soit qu'elle tisse la toile dont les filets presque invisibles doivent arrêter sa proie, soit par les ruses et les stratagèmes qu'elle déploie pour la surprendre, soit surtout par l'adresse qu'elle met à enlancer ses liens autour d'elle pour la

garrotter quand elle cherche à se défendre, toujours on voit ses
manœuvres couronnées de succès. Il en existe toutefois deux
espèces beaucoup plus redoutables : l'araignée aviculaire qui se
cache près du nid de l'oiseau-mouche, le guette, le surprend et
l'égorge, et l'araignée aux poulets, qui atteint presque la grosseur du poing, et qui est assez commune à la Colombie, où elle se
jette sur les poulets et les pigeons, les prend à la gorge et les
tue presque instantanément pour s'abreuver de leur sang.

Les oiseaux carnassiers eux-mêmes emploient les moyens les
plus divers pour découvrir une proie abandonnée sur quelque
champ de bataille ou pour la fasciner du haut des airs avant de
fondre sur elle; le cormoran, en particulier, montre une rare
adresse pour s'emparer du poisson qu'il convoite, et une habileté
merveilleuse pour le lancer en l'air et l'attraper par la tête, afin
de l'avaler plus facilement.

Mais signalons en particulier plusieurs espèces qui, plus prévoyantes que les autres, font leurs provisions d'hiver pendant
la belle saison. L'écureuil et le hamster construisent même des
magasins pour les renfermer et demeurent près d'eux pour s'en
assurer la possession; d'autres émigrent et font de longs trajets
pour se procurer un climat plus doux et une nourriture plus
abondante.

Cependant la nourriture ne suffit pas pour assurer leur conservation; beaucoup ont besoin en outre d'un gîte pour s'y retirer,
s'y reposer, y dormir en paix et pour y élever leur famille. De
là, d'autres efforts, d'autres industries pour se construire des
logements appropriés. Rien de plus admirable que l'art déployé
par un grand nombre d'animaux dans ces constructions!

Tous n'excellent pas, sans doute, dans l'établissement de leurs
demeures. Ainsi, le lapin se borne à creuser un terrier profond
des plus simples. Cependant il ne laisse pas de s'y ménager plusieurs issues pour se procurer une retraite en cas de danger. On
dit même qu'il l'abandonne dès qu'elle menace ruine. Une
demeure plus simple encore suffit aux animaux hibernants :
quelques-uns se bornent à se retirer dans quelque lieu isolé et
abrité des vents à l'approche de la mauvaise saison. Toutefois
la marmotte se creuse une galerie suffisante pour y caser toute
une famille, ou se ménage un grand travail, en choisissant une
ancienne demeure dont elle se borne à fermer l'entrée en la dissimulant. Il y a certes une grande distance entre ces trous et

la cabane du castor, qui, selon les circonstances, sait élever une
hutte de deux ou trois étages, en usant de toutes les ressources
de l'art de l'architecte et de l'industrie la plus avancée!

Il existe un certain nombre d'oiseaux qui ne se montrent
guère moins habiles que le castor dans la construction de leurs
nids, bien qu'on observe de grandes différences dans la confection
de chacun de ceux-ci. Ainsi l'hirondelle, oiseau-maçon, se borne
à l'établir sous les corniches de nos fenêtres, avec la terre qu'elle
recueille becquée par becquée sur la rive du fleuve voisin, mais
à laquelle elle donne une grande solidité en la délayant avec son
suc; d'autres variétés, comme les anciens Germains, se bornent
à l'établir avec de la terre ou de l'argile gâchée avec quelques
parcelles de végétaux; les hirondelles salanganes de la Chine le
construisent, non pas avec du frai de poisson, comme on l'a cru
pendant longtemps, mais avec diverses plantes marines recueillies sur les flots, qu'elles avalent et dégorgent ensuite, mêlées à
leurs sucs digestifs, pour les rendre glutineuses. C'est cette
composition les Chinois sont si friands et qu'ils emploient dans
leurs potages en place de riz ou de tapioca. D'autres oiseaux
font leur nid à l'aide d'herbes enchevêtrées d'une manière fort
serrée : ce sont les oiseaux-tisserands qui remplacent la laine et
le coton par des fibres végétales. Ils n'ont cependant d'autre
outil que leur bec pour entre-croiser ces tiges; mais à force de
les passer et de les repasser avec une adresse incroyable les uns
sous les autres, ils arrivent à en faire un canevas des plus résis-
tants. Toutefois ce n'est pas seulement pour s'y reposer que
l'oiseau tresse avec tant d'industrie et d'amour ces charmantes
demeures, c'est aussi pour servir de berceau à ses enfants. Aussi,
rien de plus admirable souvent que ces élégantes corbeilles, de
formes et de confection si variées et le plus souvent garnies à
l'intérieur des matières les plus molles et les plus chaudes!

Ce genre d'industrie si utile à la conservation des parents et
de leurs petits n'est pas spécial toutefois aux mammifères et aux
oiseaux, car on cite des poissons qui y réussissent eux-mêmes.
Mais parmi les animaux qui y excellent, il est impossible d'oublier
la classe des insectes. Ainsi les abeilles construisent des cellules
qui défient la science du géomètre; la guêpe cartonnière de
Réaumur attache son nid aux branches d'un arbre par une sorte
d'anneau. Ce nid lui-même est formé par une espèce de carton
blanchâtre des plus fins. « Ce ne serait pas assez dire que cet

« objet paraît du carton, dit Réaumur; il en est réellement. » On en montra un échantillon à un fabricant, ajoute-t-il, qui, après s'être extasié sur sa belle qualité, déclara qu'aucune maison de Paris n'était capable d'en faire de pareil! Mais l'un des plus curieux produits de cet instinct de construction est sans contredit le réduit de la mygale pionnière. « L'animal perce un puits profond, cylindrique, un peu évasé en haut, dit M. Blanchard, dans lequel elle pourra monter et descendre à l'aise, et cela, en enlevant grain à grain la terre qui l'occupait; elle consolide ses parois avec une matière soyeuse plus douce que le satin, établit une porte pour la fermer avec de la terre liée par une matière soyeuse, en élargissant ce disque de bas en haut, tout en lui conservant au dehors l'aspect du sol environnant et en l'emboîtant exactement. Mais il faut l'ouvrir et la fermer : une charnière et une serrure sont donc indispensables. La charnière est construite par une petite masse de soie épaisse et résistante; du côté opposé, la serrure est représentée par un cercle de petits trous. La mygale est dans son terrier; entendant qu'on rôde près de sa demeure, que peut-être on cherche à y pénétrer, enfonçant ses griffes dans les petits trous, se roidissant contre les parois, elle s'efforce d'empêcher toute violation de son domicile. La nuit, pour sortir et aller à la chasse, il lui suffit, comme aux habitants des caves, de soulever sa porte et de la laisser retomber; au retour, elle la retire avec ses griffes et se glisse dans son réduit. » (*Ouvr. cité*, p. 678.) L'instinct constructeur de l'araignée argironète n'est pas moins curieux que celui de la mygale. Cet insecte vit dans l'eau, bien qu'il ne puisse respirer que l'air; pour concilier ses besoins avec son habitation, il construit une véritable cloche à plongeur, qu'il fixe par des cordages aux plantes et aux pierres voisines. Ce domicile une fois établi, l'animal l'emplit d'air à l'aide de ses poils soyeux, dans les intervalles desquels il a soin de l'emprisonner pour le transporter sous sa cloche; puis il s'y blottit pour guetter les insectes au passage.

Comment oublier, parmi ces architectes merveilleux, la fourmi *charpentière*, qui construit sa demeure avec de petits morceaux de bois, des feuilles linéaires de sapin, des brins de chaume, etc.; la fourmi *maçonne* ou *mineuse*, qui emploie la terre seulement; la fourmi *menuisière* ou *sculpteuse*, qui se creuse dans un tronc d'arbre une multitude de chambres étagées et adossées; la

fourmi jaune, commune dans les Alpes, où elle forme un nid
régulièrement allongé, si bien disposé pour résister aux accidents, et toujours dirigé de l'est à l'ouest avec tant de précision,
que les montagnards, dit-on, le consultent pendant la nuit ou
au milieu des brumes épaisses, pour s'orienter? Rien de plus
intéressant non plus que la manière dont les fourmis construisent
ces simples monticules qu'on rencontre dans les champs. « La
première qui conçoit un plan d'une exécution facile, dit Huber,
en trace aussitôt l'esquisse ; les autres n'ont plus qu'à continuer
ce qu'elle a commencé : celles-ci jugent par l'inspection des
premiers travaux de ceux qu'elles doivent entreprendre ; elles
savent toutes ébaucher, continuer, polir ou retrancher leur
ouvrage, selon l'occasion ; l'eau fournit le ciment dont elles ont
besoin ; le soleil et l'air durcissent la matière de leurs édifices ;
elles n'ont d'autres ciseaux que leurs dents, d'autre compas que
leurs antennes, d'autre truelle que leurs pattes de devant, dont
elles se servent d'une manière admirable pour appuyer et consolider la terre mouillée. » C'est avec ces simples instruments
qu'elles élèvent des monuments qui mériteraient le nom de
chefs-d'œuvre, s'ils étaient mieux connus.

Il existe cependant un autre insecte qui construit mieux
encore : c'est le termite lucifuge. Non que ses œuvres soient
également louables ; car on sait, en effet, que c'est sous les
efforts incessants de ces mineurs invisibles que nos charpentes
se creusent à l'intérieur comme par enchantement, perdent
toute solidité, et laissent écrouler des constructions parfois
encore récentes. Mais il en existe une autre variété qui, au lieu
de se loger dans le cœur de nos bois, construit de véritables
monuments. Ses édifices, qu'on rencontre, d'après Smeathmann,
dans quelques contrées d'Afrique, sont composés de cônes
agglomérés formant une masse de trois à quatre mètres de
hauteur, et auxquels ils savent donner une rare solidité, bien
qu'ils n'emploient que la terre pour les construire. Tout creux
qu'ils sont, ils supportent facilement le poids d'un homme et
même celui d'un buffle. M. de Quatrefages, comparant ces
monuments à ceux dont l'homme s'enorgueillit le plus, en tenant
compte de la taille de l'homme et de celle de l'insecte (4 mm.),
remarque que la pyramide de Chéops, qui s'élevait à cent qua-
rante-six mètres au-dessus du sol au moment où elle fut édifiée,
devrait atteindre mille six cents mètres, pour être proportion-

nellement aussi haute que celle de ces termitières! (*Souvenir d'un naturaliste*, t. II, p. 387.)

Enfin, parmi les moyens de conservation des animaux, il nous reste encore à signaler une industrie qui, bien que moins générale que les autres, n'en est pas moins fort importante : je veux parler de celle qui consiste à se construire des vêtements, temporaires le plus souvent, mais toujours nécessaires. Rien de plus curieux que le travail de la larve et de la chenille, qui se tissent un hamac pour achever de parcourir, à l'abri de toute interruption ou des froids, toutes les phases de leurs métamorphoses. Le bombyx et la teigne en construisent également. La teigne des tapissières sait construire, et modifier avec une rare habileté surtout, son fourreau avec de petits brins de laine. Elle l'allonge à mesure qu'elle grandit, l'élargit, au besoin, en le coupant dans toute sa longueur, quitte à lui adapter ensuite une pièce de même étendue pour le proportionner à son développement Chacun de ces êtres, il est vrai, est muni d'une quantité de matière soyeuse suffisante et des filières nécessaires pour le confectionner; de telle sorte qu'en le tissant, il semble ne céder qu'au besoin naturel de dégorger le trop-plein de sa provision ; dans quelques cas, cependant, il sait aussi le réparer à propos, comme s'il en sentait l'importance. On cite des larves d'ichneumons, écloses dans le corps des chenilles, qui ne s'en tissent pas moins de petits cocons, bien qu'elles profitent de celui de la chenille. Celles auxquelles on a enlevé une partie de cette enveloppe, du jour au lendemain referment le trou. Mais quand on a recommencé cette manœuvre une seconde ou une troisième fois, la dernière fenêtre reste béante, la soie venant à lui manquer, et l'insecte meurt.

Pourrions-nous mieux résumer toutes les merveilles suscitées par l'intérêt de conservation, qu'en empruntant les paroles du professeur Harting d'Utrech, qui a écrit un livre charmant sur leurs diverses industries? « La plupart des métiers sont parfaitement connus dans le règne animal, dit-il. On trouve parmi eux des mineurs, des maçons, des charpentiers, des fabricants de papier, des tisserands, et l'on pourrait même dire des dentellières, qui tous travaillent pour eux d'abord, pour leur progéniture ensuite. Il y en a qui creusent le sol, étançonnent les voûtes, déblayent les terrains inutiles et consolident les travaux, comme les mineurs; d'autres bâtissent des huttes ou des palais selon toutes les règles de l'architecture ; d'autres encore connaissent d'emblée tous les secrets du fabricant de papier, de carton, de toiles ou de dentelles, et leurs produits n'ont généralement rien à craindre de la comparaison avec le point de Malines ou de Bruxelles. » (P. J. VAN BENEDEN. *les Commensaux et les Parasites*, in-8°, Paris, Germer-Baillière, 1875, p. 3.)

Ne vous paraît-il pas manifeste maintenant, docteur, que, malgré leur diversité, tous les faits que je viens de signaler concourent à un même but, à la conservation des individus? Or, comme chacun d'eux est suscité par une impulsion spontanée, aveugle et nécessaire, cette impulsion est évidemment instinctive ; et nous pouvons rapprocher tous les faits qui en dérivent et les formuler sous une même loi : c'est que tous les animaux sont soumis à la loi de conservation des individus.

DOCTEUR Tous, en effet, quels que soient les moyens employés, convergent directement vers ce but.

ARISTE. A côté des faits qui attestent que les animaux sont invinciblement poussés à se nourrir, à se vêtir, à se loger, etc., on en découvre d'une tout autre nature et de non moins impérieux, qui les poussent à se propager et à assurer l'existence de leur progéniture. Examinons les principaux d'entre eux.

A peine les animaux ont-ils achevé leur développement, qu'on voit s'éveiller en eux une nouvelle aptitude et des besoins nouveaux suscités par l'instinct de propagation. Alors :

Omne adeo genus in terris hominumque ferarumque
Et genus æquoreum, pecudes, pictæque volucres,
In furias ignemque ruunt : amor omnibus idem.
(Georg., l. III, v. 212-214.)

« Tout ce qui vit au monde, et l'homme et les troupeaux,
« La bête des forêts, les poissons, les oiseaux,
« Tout ressent de l'amour la dévorante ivresse. »
(Hipp. COURNOL.)

Cette dévorante ivresse est loin toutefois de se manifester chez tous avec la même intensité. Ainsi, chez les êtres qui occupent les derniers échelons de l'échelle animale, elle consiste dans la formation d'un simple bourgeon ou d'une petite excroissance qui s'accroît sur un point quelconque du parent et s'en détache ensuite pour former un nouvel être ; chez d'autres, tout s'accomplit à l'aide d'un double appareil sécréteur, dont les produits sont versés dans un réservoir commun où ils se fusionnent pour engendrer un être semblable à ses parents. Rien n'atteste donc que, dans ces cas, l'instinct diffère d'une simple fonction.

Toutefois, quand les êtres occupent un rang supérieur, ces deux appareils, d'abord confondus chez les premiers, voisins seulement chez le même individu, apparaissent dans le second cas chez deux êtres distincts dont le concours et l'union deviennent nécessaires pour accomplir la propagation. Aussi, dans ce cas, se montre une suite de phénomènes qui atteste que chacun d'eux se sent attiré vers l'autre, et que tous deux obéissent à une même impulsion et à un même attrait. Un même besoin éveille le même désir, sollicite les mêmes passions et met en jeu l'instinct de propagation, qui porte les individus d'un sexe à s'unir à ceux d'un sexe différent de la même espèce.

Cependant, après la satisfaction de ce besoin, en surgit un autre qui semble plus spécialement départi aux femelles : c'est l'instinct de la maternité, non moins impérieux et non moins vif que le premier. Il s'annonce bientôt chez les mères, en les conduisant à choisir, pour leur ponte, le lieu le plus favorable à l'éclosion de leurs petits, et en leur préparant des demeures convenables ; puis, une fois nés, en les pourvoyant des premiers aliments et en veillant sur eux avec un dévouement qui va souvent jusqu'au sacrifice de leur propre vie. Réunissons donc maintenant les principaux faits qui attestent l'existence de ces deux grands instincts.

Pour s'unir, il faut aux animaux des signes et un langage. Les oiseaux revêtent alors leurs plus vives couleurs ; les mâles portent un plumage brillant et des ornements particuliers, que Linné a poétiquement nommés leur *parure de noce*, et ils chantent leurs plus beaux chants. Quelques insectes brillent comme des étoiles ; ils projettent une lumière qui s'échappe d'une petite masse de matière épaisse située sur les côtés de l'abdomen, chez les lampyres ; sur le thorax, chez les pyrophores ; ou même sur une sorte de prolongement de la tête, chez les fulgores, qui deviennent tout à coup lumineux pendant la nuit, sans qu'on rencontre nulle trace de phosphore dans ces petites masses. Bien qu'il nous soit inconnu, on ne peut douter que chaque individu ait aussi son langage. C'est ainsi qu'une seule abeille qui vient à découvrir un champ fleuri ignoré des autres, une fois de retour à la ruche, entraîne tout l'essaim vers lui ; que des mâles sont attirés à d'énormes distances par les femelles, comme l'atteste, entre autres, le fait qu'en rapporte M. Jules Verreaux. Il lui arriva un jour, en Australie, de saisir la femelle d'une petite espèce de bombyx, et de l'emprisonner dans une boite. La boite mise dans sa poche, il continua son excursion ; des mâles de la même espèce ne cessèrent de voltiger autour de lui, et quand il rentra dans sa demeure, deux cents papillons l'y suivaient. (BLANCHARD, *Ouv. cité*, p. 225.)

Cependant le mariage est, en général, funeste aux petites espèces. La femelle du papillon meurt aussitôt sa ponte, et le mâle l'a déjà précédée. Leur durée semble limitée par la reproduction de leur postérité ; mais, chose remarquable, quand une cause accidentelle, comme une saison froide prématurée, vient à en retarder l'accomplissement, leur vie, toujours si courte, se prolonge pour atteindre ce but. Ainsi, quand l'hiver arrive avant qu'ils aient pu se livrer à leurs amours, on les voit se retirer sous quelque abri, traverser toute la mauvaise saison, et, grâce à cette virginité accidentelle, prolonger leur vie jusqu'au printemps suivant

Mais un fait qu'il est impossible de contempler sans un profond sentiment d'admiration, ce sont les soins et les précautions infinies d'un grand nombre de mères pour leurs petits! Ainsi, la femelle du papillon hâtif dépose ses œufs près d'un bourgeon qui n'éclora qu'en même temps qu'eux et pourra leur fournir leur première nourriture ; le nécrophore fossoyeur va à la recherche lointaine du cadavre d'une taupe ou de quelque musaraigne, non pour s'en repaître, mais pour y déposer ses œufs, et, de crainte que ce cadavre ne soit dévoré avec sa progéniture par quelque animal carnassier, cette mère prévoyante creuse le sol sous lui et le couvre de terre pour dissimuler son trésor auquel elle assure ainsi son premier aliment ; les femelles du brochet, de la carpe et de la tanche, qui frayent au printemps, vont déposer leurs œufs sur des plantes aquatiques qui, en dégageant un gaz vivifiant sous l'action des rayons du soleil, assurent ainsi leur éclosion ; la truite et le saumon remontent les grands fleuves, traversent les courants rapides, franchissent les écluses et sautent par-dessus les cataractes pour atteindre un lieu près de la source où il y ait peu d'eau, quelques petits monceaux de sable et un mélange d'air et d'eau nécessaire à leur éclosion. L'ichneumon, lui, vole à la recherche des chenilles, et, doué d'une vivacité et d'une agilité presque sans égales, guette sa victime, la pique de sa tarière et, sans désemparer, introduit son œuf dans son corps. Mais, fait plus remarquable encore, mû sans doute par son instinct prévoyant,

il ne dépose qu'un seul œuf dans le corps de chaque victime;
deux ou plus les feraient périr, en effet, avant leur éclosion.
Toutefois l'ichneumon n'est pas le seul insecticide; et quand
celui-ci est petit et la victime de fortes dimensions, l'insecte introduit dans son corps deux ou trois œufs; et quand lui-même est
d'une taille exiguë, il y fait même sa ponte entière « Ne dirait-
« on pas, dit M Blanchard, que l'hyménoptère parasite est en
« état d'apprécier, de calculer, d'après le volume de sa victime,
« combien ce le-ci pourra nourrir de larves de son espèce? »
(*Ouvr. cité*, p. 333.)

Cependant on rencontre aussi quelques mères privées des instruments nécessaires pour pourvoir aux soins de leur postérité, et
dans ce cas on les voit user d'un stratagème des plus surprenants; elles déposent leur ponte dans un nid étranger où ils pourront trouver une subsistance et des soins assurés. Les chrysides
sont dans ce cas, et déposent leurs œufs dans les nids des hymé-
noptères fouisseurs et mellifères, violant ainsi le domicile des
espèces travailleuses pour assurer l'existence de leur progéniture.
Elles ont même le soin de fixer leurs œufs sur les provisions amas-
sées pour d'autres enfants, afin de mieux assurer leur développement D'autres espèces les déposent sous l'épiderme des végétaux,
au moment où ceux-ci sont en pleine végétation. Le cynips, par
exemple, confie les siens aux jeunes pousses du chêne. On voit
la femelle, armée de tarières, ouvrir l'épiderme d'une feuille ou
d'une jeune tige, y introduire son œuf avec précaution et le fixer
dans la feute à l'aide d'une liqueur agglutinative. Ainsi fixé, sa
présence provoque l'afflux des liquides, une noix de galle se produit, et, chose merveilleuse, ses parois s'emplissent d'amidon, son
centre se creuse de ce lules aériennes, tandis que son écorce durcit
et s'imprègne d'une substance fort amère, ce qui assure au petit
ver, une fois l'œuf éclos, un gîte pour s'abriter, des aliments pour
se nourrir, de l'air pour respirer et une enveloppe pour le défendre et le protéger!

L'œstre du cheval constitue lui-même un parasite des plus
curieux. Sa mère, qui ne doit point survivre à sa ponte et ne peut
elle-même pourvoir aux besoins de sa postérité, va déposer ses
œufs sur la partie interne des jambes ou sur le poitrail des chevaux, en fixant chacun d'eux à l'aide d'une substance agglutinative. Une fois les larves écloses, elles produisent une démangeaison
qui excite le cheval à les lécher et à les avaler. Arrivées dans son

estomac, ces larves se fixent sur sa muqueuse par des mandibules en crochets, se nourrissent de son suc, et une fois développées, se détachent et sont entraînées avec les détritus des aliments au milieu desquels elles séjournent jusqu'à ce qu'elles aient subi leur métamorphose en pupe et en mouche.

D'autres mères nous offrent l'exemple d'un dévouement qui va jusqu'au sacrifice de leur propre existence. Certains papillons, pour abriter leur progéniture, s'arrachent tous les poils du corps, et expirent aussitôt. C'est ce que fait, en particulier, l'un des fléaux de nos bois de sapins, le bombice dissemblable, en composant son nid d'un double abri : d'un fin duvet sur lequel il dépose ses œufs, et d'une couche extérieure qu'il forme à l'aide de ses poils, qu'il serre et imbrique au point d'en faire une toile imperméable qui les protége contre les froids rigoureux de l'hiver et contre les pluies qui pourraient les détruire. D'autres insectes, comme les cochenilles, nous offrent l'exemple d'un dévouement plus héroïque encore. A mesure que l'insecte, monstrueusement distendu, expulse ses œufs, ceux-ci sont entassés par lui en un petit monceau. Quand le corps s'en est totalement vidé et ne ressemble plus qu'à une vessie flasque, la femelle en recouvre sa lignée, attache ses bords autour d'elle, et meurt immédiatement après, en lui formant ainsi un toit convexe solide, dont l'imperméabilité garantit sa ponte contre les injures de l'air et des orages. La mère a payé de la vie son enfantement, et c'est à l'abri de son cadavre momifié que naissent ses petits. (F. A. POUCHET, *Univers,* p. 141.)

Cependant, une fois la ponte terminée, plusieurs mères lui survivent. C'est ce qui se voit notamment quand les nymphes naissent faibles, désarmées, et par cela même incapables de se suffire à elles-mêmes. Dans ces conditions, l'amour maternel revêt les formes les plus charmantes : chaque mère se fait la pourvoyeuse et la nourrice de ses petits. Telle araignée qui a entouré ses œufs d'un tissu moelleux et résistant avant leur éclosion, transporte partout son précieux fardeau avec elle, et fera mieux encore quand ils seront nés. Faibles, elle les porte tous sur son dos et va en chasse toujours chargée de sa chère famille. S'offre-t-il quelque danger, cette mère, ordinairement si craintive, montre une vaillance sans égale pour protéger et défendre ses enfants. La crainte de voir sa progéniture enlevée lui donne le courage du désespoir. (E BLANCHARD, *Ouv. cité,* p. 6)

Les puces elles-mêmes, bien qu'elles soient loin de les égaler, offrent cependant un trait de ressemblance avec l'araignée qui mérite d'être signalé. Elles se bornent à déposer leurs œufs dans quelques interstices des carreaux ou des planches, les cachant de leur mieux parmi les parcelles de poussière. Mais, une fois leurs larves écloses, celles-ci sont privées de pattes, condamnées par conséquent à se développer où elles sont nées, et périraient si leur mère les abandonnait. Voulant savoir comment elles arrivent à les sauver, un observateur recueillit un jour des œufs de puce dans une boîte ouverte en les entourant d'un peu de poussière, et put ainsi s'assurer des manœuvres de leur mère. Celle-ci, après s'être gorgée de sang, se rendit près de ses petits, et il la vit dégorger dans la bouche de chacun d'eux une partie du sang qu'elle avait puisé sur lui. Au terme de leur croissance, ces larves se tissent une petite coque soyeuse où elles demeurent enfermées jusqu'à ce qu'elles aient subi leur métamorphose, qui leur procure les instruments qui leur manquaient pour se suffire à elles-mêmes.

Mais nul être vivant, peut-être, ne nous offre l'exemple de nourrices plus attentives, plus vigilantes et plus dévouées que la fourmi ouvrière. Et cependant il ne s'agit pour elle que de neveux et non d'enfants ! Après s'être montrées architectes habiles pour leur construire un logement spacieux et commode, elles leur prodiguent encore les soins les plus attentifs pendant tout leur jeune âge, et leur sollicitude ne finit que quand elles sont en état de se suffire à elles-mêmes. Ainsi, l'œuf qui doit les produire est à peine pondu, qu'elles s'en emparent, le nettoient et le brossent avec leurs palpes, puis le montent aux étages supérieurs du nid, dans la matinée, pour lui faire éprouver la chaleur bienfaisante que le soleil y fait pénétrer; elles le descendent s'il devient trop ardent et, pour accomplir ces manœuvres, le saisissent avec leurs dures mandibules sans jamais l'entamer, car jamais on n'a constaté le moindre accident sur ces larves qui ait pu être attribué à une pression exagérée, ou à quelque choc contre les parois des chambres ou des corridors qu'il leur faut traverser. Toutefois la petite larve à peine éclose ne peut se déplacer; elle a juste l'instinct de redresser la tête et d'écarter ses petites pièces buccales pour recevoir l'aliment de sa nourrice. « On n'eût jamais deviné, dit Huber, que les fourmis fussent des peuples pasteurs ! » Il est certain cependant que plusieurs savent se créer un bétail qu'elles vont traire pour alimenter leurs larves et pour se régaler elles-mêmes Elles sont même très-friandes de la liqueur sucrée qui s'échappe de deux petits appendices que portent les pucerons à l'extrémité de leur corps, et recherchent beaucoup ces animaux que Linné a appelés *vaches des fourmis*, pour en faire la traite. Huber les a vues caresser doucement avec leurs antennes ces extrémités, et a constaté qu'aussitôt un liquide sucré en découle. A peine échappé, la fourmi le saisit avec ses antennes, le porte à sa bouche et va le dégorger ensuite dans celle de ses petits. On en a même vu élever, pour cet usage, de véritables étables à pucerons, soit dans le voisinage de la fourmilière, soit dans la fourmilière elle-même. Cependant ces nymphes bien logées et bien emmaillottées dans une coque soyeuse, y subissent leur transformation ; mais trop faibles pour briser la résistance de ce tissu, elles eussent péri si un secours étranger ne leur fût venu en aide. Leurs vigilantes nourrices, toujours attentives près d'elles, s'apercevant à quelques faibles mouvements qu'il va leur naître une compagne, s'empressent d'ouvrir cette coque et de les délivrer. C'est à partir de ce moment que, trop faibles pour se procurer leur nourriture, leurs nourrices viennent la leur présenter. Mais bientôt elles les accompagnent dans les différentes parties de l'habitation, comme pour les initier à leur vie nouvelle ; cette éducation marche vite, d'ailleurs, car au bout de peu de temps les jeunes individus sont en état de partager les travaux des anciens. (E. BLANCHARD, *Ouv. cité*, p. 360.)

Chez d'autres espèces cependant, les choses se passent tout autrement. Ainsi, le jeune poulet est muni avant sa naissance d'un bec durci avec lequel il frappe à coups redoublés sa coquille, et fait si bien qu'il la brise lui-même pour éclore à la lumière ; les lapyres du pin sortent seuls de leur loge, après avoir tranché régulièrement toute la partie supérieure de leur coque, qui se détache comme un couvercle pour leur livrer passage ; les vers des fruits tracent la galerie qui doit les délivrer ; le ver de la noix de galle, muni de solides mandibules, perforé sa loge et s'en échappe ; chez d'autres encore, la coquille de l'œuf est dure et résistante, et ne pourrait céder aux mandibules de la jeune larve ; mais cet œuf, semblable à un petit barillet, est muni d'un couvercle peu adhérent, et il suffit à la larve de le presser pour en effectuer la déhiscence et s'en échapper.

Bien qu'en général, une fois les petits nés, ils soient en état de pourvoir eux-mêmes à leur subsistance, il est loin d'en être ainsi chez tous. C'est en pareil cas que l'amour maternel opère des merveilles, sans que .e père intervienne et s'en occupe directement. Toutefois on cite quelques exceptions qui méritent d'être signalées. Quand rien n'est plus commun que de voir la mère des mammifères allaiter ses enfants, il est quelques cas cependant où le père, comme la mère, est appelé à exercer cette mission.-Mais ce n'est pas chez les mammifères que cela se rencontre, c'est chez quelques espèces d'oiseaux, et notamment chez les tourterelles et les pigeons. Pendant les derniers jours de la couvaison, il se produit chez ces espèces une sorte de sécrétion 'actescente dans le jabot du père et de la mère, et dès que les petits sont éclos, on les voit l'un et l'autre dégorger dans leur bec ce premier et délicat aliment. Ces communs rapports seraient-ils l'origine de l'amour conjugal qui se dément si rarement entre eux? On cite toutefois quelques faits analogues qui ont été observés chez d'autres espèces et qui ne semblent pas en dériver. C'est ainsi que Bonnet en rapporte un exemple qu'il observa dans un couple de *psittacus pollarius,* connu sous le nom d'*inséparables.* Il les nourrissait depuis quatre ans, sans avoir jamais rencontré autre chose que la plus grande tendresse de l'un pour l'autre. Le mâle et la femelle se tenaient côte à côte et se regardaient souvent, mangeaient ensemble, et quand ils se trouvaient séparés quelque temps, ils se caressaient à l'euvi. Au bout de quatre ans, la femelle, affaiblie par l'âge, ne put plus se rendre à son auge ; le mâle eut soin alors de la nourrir; mais sa faiblesse faisant toujours des progrès, il lui devint impossible de se tenir perchée. Alors le mâle fit tous les efforts imaginables pour la soulever. Lorsqu'elle mourut, celui-ci se mit à courir çà et là dans une grande agitation, essayant de lui donner des aliments, s'arrêtant quelquefois pour la contempler, en jetant un cri plaintif. Au bout de quelques mois, il succomba. On prétend aussi que le mâle et la femelle du *palamedea cornuta* ne se séparent jamais; qu'après la mort de l'un, l'autre erre tristement dans les alentours et qu'il ne tarde pas à périr. (BURDACH, *Traité de physiologie,* t. II, p. 60.) Quoi qu'il en soit de l'amour conjugal de quelques animaux, il n'en faut pas moins convenir qu'il est fort rare chez eux et qu'il constitue une exception à la règle générale.

En résumé, bien que nous n'ayons recueilli sur cette seconde série de faits qu'un nombre relativement fort restreint, il n'en résulte pas moins que tous les animaux, à quelque classe qu'ils appartiennent, sont également assujettis à l'instinct de propagation, et que nous sommes autorisé à établir comme loi générale que cet instinct dirige toutes les espèces et tous les indi-vidus.

Jusqu'ici, nous n'avons considéré l'instinct que comme une force primordiale qui pousse les animaux à se conserver et à se propager. Cependant il suffit d'un simple coup d'œil jeté sur toutes ses manifestations, pour remarquer bientôt qu'il est loin d'agir toujours seul et spontanément, à la manière d'un cocher qui conduit un attelage. Dans certains cas, ce sont les dispositions ou les besoins de l'organisme qui sollicitent ses actes et les favorisent ; dans d'autres, ce sont les êtres qui l'entourent ou le milieu, qui lui imposent des conditions ; enfin dans d'autres encore, c'est une cause étrangère qui semble intervenir pour les susciter et les commander. De là, certains rapports plus ou moins intimes de l'instinct avec l'organisme, avec les autres êtres, avec le milieu et avec cette cause étrangère qui parfois semblent l'inspirer et la diriger. Mais recourons aux faits, afin de mettre en évidence chacun de ces rapports trop souvent méconnus dans les influences qui agissent sur l'instinct.

Le fait le plus frappant qu'on rencontre dans les rapports de l'instinct avec l'organisme est une relation intime qui les associe à une même fin. « Tout être organisé, dit Cuvier, forme un ensemble, un système unique et clos, dont les parties se correspondent mutuellement, et concourent à la même action définitive par une réaction réciproque. Aucune de ces parties ne peut changer sans que les autres ne changent aussi, et par conséquent chacune d'elles prise séparément indique et donne toutes les autres. » (*Recherches sur les ossements fossiles. — Discours sur les révolutions du globe*, 4ᵉ édit. in-8°. Paris, 1834, t. I, p. 178.)

Or, Cuvier démontre que cette relation est générale et l'appuie sur des faits évidents. « Si les intestins d'un animal sont orga-nisés de manière à ne digérer que de la chair, et de la chair récente, dit-il, il faut aussi que ses mâchoires soient construites pour dévorer une proie ; ses griffes, pour la saisir et la déchirer ; ses dents, pour la couper et la déchirer ; le système entier de ses organes de mouvement, pour la poursuivre et pour l'atteindre ; ses organes des sens, pour l'apercevoir de loin ; il faut même que la nature ait placé dans son cerveau l'instinct nécessaire pour savoir se cacher et tendre des piéges à ses victimes. » (*Ouv. cité*, p. 98.) S'agit-il, au contraire, d'un herbivore ? « Nous voyons bien, par exemple, que les animaux à sabots doivent être herbivores, dit-il, puisqu'ils n'ont aucun moyen de saisir une proie ; nous voyons bien encore que, n'ayant d'autre usage à faire de leurs pieds de devant que de soutenir leur corps, ils n'ont pas besoin d'une épaule aussi vigoureusement organisée, d'où résulte l'absence de clavicule et d'acromion, l'étroitesse de l'omoplate ; n'ayant pas besoin non plus de tourner leur avant-bras, leur radius sera soudé au cubitus, ou du moins articulé par ginglyme, et non par arthrodie avec l'humérus. Leur régime herbivore exigera des dents à couronne plate pour broyer les semences et les herbages ; il faudra que cette couronne soit inégale et, pour cet effet, que les parties d'émail y alternent avec les parties osseuses ; cette sorte de couronne nécessitant des mouvements horizontaux pour la trituration, le condyle de la mâchoire ne pourra être un gond aussi serré que dans les carnassiers. » (*Ouv. cité*, p. 182.) L'illustre savant était si convaincu des rapports intimes qui existent entre l'organisme et l'instinct, qu'il n'hésite pas à affirmer que « la moindre facette d'os, la moindre apophyse, ont un caractère déterminé, relatif à la classe, à l'ordre, au genre et à l'espèce auxquels elles appartiennent » (*Ouv. cité*, p. 187) ; et qu' « en un mot, la forme de la dent entraine la forme du condyle ; celle de l'omoplate, celle des ongles ; tout comme l'équation d'une courbe entraine toutes ses propriétés ; et de même, ajoute-t-il, qu'en prenant chaque propriété séparément pour base d'une équation particulière, on retrouverait l'équation ordinaire de toutes les autres propriétés quelconques, de même l'ongle, l'omoplate, le condyle, le fémur et tous les autres os pris séparément donnent la dent, ou se donnent réciproquement ; et en commençant par chacun d'eux, celui qui posséderait rationnellement les lois de l'économie organique pourrait refaire tout l'animal ». (*Ouv. cité*, p. 181.) C'est à la connaissance de ces rapports intimes que Cuvier a dû, à l'aide de quelques os fossiles, ou même de quelques fragments seulement, de pouvoir ressusciter devant nos yeux les premiers êtres de la création et de les faire revivre dans leurs formes primitives, avec leurs mœurs et leurs instincts.

Nous admettons donc avec lui qu'il existe des rapports intimes entre l'organisme et l'instinct, que l'un implique l'autre, comme deux idées relatives conçues par une même pensée.

Cependant il existe un autre ordre de rapports qui, bien que moins intimes que ceux que nous venons de voir établis entre l'instinct et l'organisme, n'en sont pas moins manifestes : je veux parler des rapports de l'instinct avec le milieu, c'est-à-dire avec l'eau, l'air, la lumière, la température, la terre et les aliments. Toutefois, et il importe avant tout de le faire remarquer, chaque modification de l'instinct est accompagnée d'une modification parallèle de l'organisme lui-même, conséquence nécessaire, en quelque sorte, d'une même adaptation.

Qui pourrait méconnaître que le poisson ne soit merveilleusement disposé pour la natation, et l'oiseau pour le vol? Le premier, mobile et inconstant comme l'élément qu'il habite, est pourvu d'une vessie natatoire remplie de gaz qu'il dilate ou resserre à volonté, pour s'élever ou descendre; d'une queue qui se détend comme un ressort, frappe alternativement le liquide ambiant, à droite ou à gauche, en haut ou en bas, pour le pousser dans toutes les directions, et qui, comme une rame mobile, en se repliant ou se débandant instantanément, le fait avancer ou tourner, descendre ou monter, et parfois s'élancer au-dessus de l'eau et sauter même par-dessus les cataractes. Le jeu de ses branchies, qui lancent l'eau en arrière, favorise plusieurs de ses mouvements; ses nageoires, le plus souvent au nombre de quatre, assurent son équilibre et s'allongent parfois au point de lui faire exécuter une sorte de vol au-dessus de la surface de l'eau. Quelques trigles et plusieurs exocets jouissent notamment de cette propriété spéciale, bien que fort exceptionnelle.

L'oiseau, lui, semble éminemment disposé pour vivre dans l'air et pour voler. Son poids relatif est singulièrement atténué par la conformation de ses poumons fixés contre les côtes, percés de grands trous qui laissent passer l'air dans plusieurs cavités et jusque dans les os dont il remplace la moelle ; couvert de plumes creuses et garnies de cellules qui emprisonnent une couche d'air sous elles, que sa chaleur élevée dilate et allège encore, il réunit les meilleures conditions pour se rapprocher de la légèreté de l'atmosphère. Mais ce sont surtout ses ailes qui supportent l'excédant de son poids, dont le centre de gravité est placé sous les épaules et aussi bas que possible. Veut-il voler, il tend le cou, porte sa tête en avant et ramasse son corps en ovale; il prend alors un premier élan en étendant ses ailes, et en frappe l'air sur lequel il trouve une résistance proportionnée à leur étendue. Cette résistance lui fournit un point d'appui sur lequel il se soulève, puis s'élance comme un projectile. Une fois l'impulsion donnée, il replie ses ailes pour diminuer la résistance; mais il tarde peu à donner un second coup d'ailes pour soutenir la vitesse acquise, et le renouvelle plus ou moins souvent selon qu'il veut accélérer ses mouvements tout en s'aidant de sa queue, garnie elle-même d'une rangée de fortes pennes qui, en se relevant ou en s'abaissant comme un gouvernail, lui permettent de se soutenir, d'accélérer, de ralentir ou de changer la direction de son vol.

Cependant tous les oiseaux ne sont pas également disposés pour le vol. Il en est qui marchent le plus souvent; d'autres circulent sur les bords de l'eau pour y saisir leur nourriture; d'autres encore vivent surtout sur l'eau : de là, de notables différences entre eux quant à leurs instincts et à leur conformation. Dans ces trois dernières classes, les ailes sont plus courtes, l'air cesse de pénétrer dans les cavités et les os. Leur bec, qui constitue leur principal organe de préhension, s'élargit; leur col s'allonge en proportion de la hauteur de leurs pattes, et quand ils doivent saisir leur proie plus ou moins profondément dans l'eau, il se ploie en S de façon à pouvoir le raccourcir ou l'allonger selon que ces courbures s'accroissent ou s'effacent; leurs doigts se réunissent par une membrane, sorte de palmature qui leur sert d'aviron pour frapper l'eau et se diriger. D'autres, au contraire, sont des oiseaux de haut vol. Le condor, parmi eux, doué d'un odorat exquis, sent l'odeur des cadavres à de très-longues distances; doué d'ailes de plus de trois mètres d'envergure, il peut s'élever à près de deux lieues de hauteur et planer au-dessus des plus hautes montagnes; tandis que l'autruche, établie pour vivre sur terre, n'en possède que de très-courtes. Toute sa force semble se concentrer dans la puissance de ses cuisses et de ses jambes dont l'épaisseur est énorme; ses ailes s'entr'ouvrent à peine et se réduisent au rôle de la penne des oiseaux voiliers. Le plus habile nageur est le pingouin; mais ses ailes sont incapables de l'élever au-dessus du sol et ses pattes de le soutenir sur terre, où il peut à peine faire quelques pas.

Il est manifeste que les rapports de l'instinct des oiseaux sont fort intimes avec leur organisation, et que leur origine est la même. Le poisson, comme l'oiseau, a un organisme admirablement adapté à certains actes spéciaux, et il est évident qu'il ne peut en user que, pour voler ou nager. Chaque organe étant disposé pour une action spéciale, l'animal est invinciblement poussé par tel ou tel instinct à agir comme il le fait.

Il existe encore d'autres rapports entre l'instinct, la lumière et la température, plus faciles à signaler qu'à expliquer : tels sont ceux qui poussent, par exemple, les animaux diurnes à rechercher la lumière avec avidité ; les nocturnes, les habitants des cavernes et des souterrains, à la fuir et à s'en passer, même pour rechercher leur nourriture. Ainsi le poisson, appelé à voir dans un milieu très-dense, est doté d'un cristallin sphérique qui l'eût rendu myope dans toute autre condition ; l'analeps, d'une double vue pour harmoniser celle-ci avec les deux milieux qu'il habite simultanément. « Les analeps, dit Agassiz, se réunissent par bandes à la surface des eaux, la tête partie en dessus, partie en dessous. Vivant ainsi, moitié dans l'air, moitié dans l'eau, il leur faut des yeux capables de voir dans ces deux éléments. Un repli membraneux qui entoure le bulbe oculaire passe au travers de la pupille et divise l'organe de la vision en deux moitiés, l'une supérieure, l'autre inférieure » ; et chaque moitié se trouve adaptée au besoin qu'ils ont de se soustraire simultanément à leurs ennemis aériens et aquatiques. C'est d'ailleurs ce qu'on observe, bien que dans des conditions fort différentes, chez les oiseaux de proie qui, planant au haut des airs, ont besoin de découvrir leur proie à longue distance. Un cristallin aplati et des muscles spéciaux contractent et détendent leur cornée pour la faire plus ou moins bomber, condition qui leur permet d'adapter leur vue à toutes les distances.

On a encore signalé un autre genre de rapport de l'instinct qui modifie d'une manière très-notable les habitudes des êtres selon le degré de température auquel ils sont temporairement exposés. Ainsi les animaux hibernants se retirent dans les lieux isolés et abrités, les marmottes dans des souterrains, et la tortue s'enterre plus ou moins profondément selon la température qu'elle pressent. Si le froid doit être peu intense, dit M. Bouchard, elle ne s'enfouit que de quelques centimètres seulement, et s'il vient à céder, elle tente de courtes promenades ; n'ayant pas de parti pris d'hibernation, comme la marmotte, elle se comporte selon le temps. Il en est d'elle comme des époques pour les animaux migrateurs, comme de la profondeur à laquelle séjournent les hannetons, etc. Chacun de ces êtres semble doué d'une délicatesse des plus remarquables qui lui fait pressentir la température qui doit se produire ultérieurement. Le plus grand nombre des oiseaux fuit les régions septentrionales à la fin de l'automne, pour reparaître au printemps; d'autres, au contraire, quittent les régions tropicales pour nous visiter pendant la belle saison. Mais rien de plus curieux que les précautions suggérées par l'instinct à plusieurs espèces, pour assurer la sûreté de leurs voyages : elles s'entourent de sentinelles vigilantes et suivent un conducteur expérimenté, pendant toute leur durée.

Rien de plus intéressant encore que les rapports de l'instinct et de la conformation des êtres, selon le genre d'aliments qu'ils doivent se procurer et selon les lieux qu'ils habitent. Ainsi la taupe, qui recherche les insectes sous le sol, est admirablement constituée pour fouir la terre et les atteindre dans les galeries qu'elle sait y creuser, tandis qu'elle peut à peine se mouvoir sur terre. Sa tête, sorte de tarière vivante, ses mains larges et tournées en dehors pour lui servir de pic et de pelle, son corps cylindrique, sa peau douce et soyeuse pour favoriser son glissement, tout lui assigne une mission spéciale et distincte qu'elle n'eût pu remplir dans d'autres conditions. Les musaraignes, par exemple, qui se nourrissent à peu près comme la taupe, en présentent de tout autres, selon les lieux où elles recueillent leurs aliments. Les cherchent-elles dans les mousses ou dans les herbes, leur organisation est à peine modifiée; la cherchent-elles dans la terre, leur organisation se rapproche alors de celle de la taupe; quelques-unes, pour la chercher dans l'eau, ont des pieds palmés et la queue en rame; une espèce, d'Afrique, qui se nourrit de sauterelles, a les membres postérieurs allongés pour sauter comme sa proie; la plus grosse espèce qui vit dans l'Inde, chasse les insectes sur les arbres, et revêt la queue et le pelage de l'écureuil, tout en conservant les autres caractères de son espèce; celle qui est appelée à poursuivre les insectes dans l'air prend des ailes : ses membres antérieurs sont transformés pour voler; telles sont nos chauves-souris, mammifères déjà élevés dans la série animale. Dans chaque variété de cette espèce, l'organisme est donc en rapport avec l'alimentation.

L'abeille et le papillon sont munis d'une trompe pour puiser le nectar au fond du calice des fleurs ; l'éléphant, pour saisir ses aliments et sa boisson ; la girafe, pour brouter les feuilles des arbres, a une tête petite supportée par un long cou, et de hautes jambes de devant qui lui permettent d'atteindre, jusqu'à six mètres de hauteur, les sommités des arbres où poussent les feuilles dont elle se nourrit. On a dit que les formes paradoxales de la girafe et de l'éléphant étaient dues à une suite d'efforts persévérants de leurs ancêtres, sans remarquer que le premier couple n'eût pu vivre sans ces conditions. L'aye-aye, qui se nourrit de larves développées sous l'écorce des arbres, où elles gisent souvent près de fentes larges et profondes, est muni à chacune de ses pattes de devant d'un doigt nu, distinct, qui se meut isolément, et lui permet de détacher les insectes, de les amener dehors et de s'en régaler. On peut donc dire indistinctement que chaque instinct spécial a son instrument, ou que celui-ci semble le lui imposer.

Il existe encore un autre ordre de rapports qui semble plus puissamment modifier l'instinct lui-même, c'est celui qu'on rencontre dans les relations des animaux entre eux. Le plus notable, sans contredit, est celui qui s'observe entre les mâles et les femelles. Rien de plus général et de plus absolu que la reproduction des êtres ; mais cette grande mission est essentiellement intermittente. Ce n'est d'ailleurs que quand ils ont atteint leur développement presque complet qu'apparaissent ces différences si tranchées entre les deux sexes ; mais alors ces nouvelles fonctions impriment une telle influence à leur constitution, que leurs instincts et leurs caractères eux-mêmes se modifient notablement dans l'un et l'autre sexe. Indifférents l'un à l'autre jusque-là, les deux sexes se sentent attirés comme par un pouvoir mystérieux l'un vers l'autre, et un attrait invincible les pousse à concourir à l'un des grands buts de la création.

Parmi les autres rapports, il en est encore un fort remarquable, c'est celui qui attire les animaux d'une même espèce les uns vers les autres et les convie à vivre en société. Une nourriture abondante et assurée y concourt sans doute, car la vie isolée et solitaire semble le partage des carnassiers et des oiseaux de proie, pour lesquels elle est rare et difficile à se procurer. « L'instinct de sociabilité n'existe généralement pas chez les animaux carnivores. » (*Dictionnaire d'histoire naturelle,* de D'ORBIGNY.)

Au contraire, « là où il y abondance, il y a sociabilité. Voyez si, près d'un aigle, habite un autre aigle. Un canton, si fertile qu'il soit, ne saurait suffire à en alimenter plusieurs. Voyez si tous les oiseaux carnassiers, à l'exception de ceux qui se repaissent de charognes, cherchent leur proie en compagnie. Au contraire, les granivores, les herbivores, les piscivores, ceux pour qui la nature a fait croître une nourriture abondante et facile, ceux-là s'attroupent, vivent en société, exploitent un champ en commun. Toutes les familles nomades qui forment des bandes nombreuses ont un régime végétal. La terre est pour eux si fertile, que le plus fort ne chasse jamais le plus faible pour l'empêcher d'avoir sa part de butin. » (D'ORBIGNY, *Ouvrage cité.*) Enfin, on rencontre un certain nombre d'espèces où l'esprit d'association semble imposer tous les rapports qui gouvernent la famille : les abeilles et les fourmis sont dans ce cas. Bien que composées de membres fort distincts les uns des autres quant aux mœurs et aux habitudes, on les voit sans contrainte réunir leurs efforts communs au profit de la société, et, bien que chaque membre ait ses occupations et ses aptitudes diverses, tous s'associent et semblent se confondre dans une unité et une harmonie merveilleuses. Il est bien difficile, en ce qui les concerne, d'invoquer l'organisme pour expliquer leur sociabilité, puisqu'il varie chez plusieurs de ses membres et que le milieu est loin lui-même de se ressembler partout où on les rencontre. Il en est de même pour les aliments, puisqu'on en voit vivre aux dépens du travail des autres. Il semble donc que cet instinct d'association a son origine dans un principe distinct de celui qu'on invoque pour expliquer les autres instincts, et que sa cause en diffère notablement.

L'intervention d'une cause étrangère semble déjà s'annoncer dans l'instinct d'association des abeilles et des fourmis; mais elle va nous apparaître d'une manière plus manifeste encore dans les rapports de l'instinct avec cette cause. Cependant, le moment n'est pas encore venu de la dégager et de la mettre en évidence; je me bornerai à vous montrer ses traces dans quelques-uns des faits où son intervention semble manifeste. Ainsi, qui vous expliquera pourquoi partout où poussent les végétaux, on rencontre des animaux, et cette sorte de dépendance qui existe entre les uns et les autres? Les végétaux préparent sans doute la nourriture des animaux, et cette circonstance nous explique en partie leurs rapports; mais indépendamment de la satisfaction de ce besoin, on découvre encore des rapports d'un ordre plus élevé entre ces deux règnes, et qui n'ont rien de commun avec les besoins naturels. Tous deux respirent également, et chacun produit dans cet acte ce que l'autre consomme ; ils se rendent des services réciproques qui n'ont rien de nécessaire. Cet ordre de rapports est donc entièrement distinct des autres, et nous révèle par cela même l'intervention d'une cause étrangère, non-seulement à tous deux, mais encore au milieu et aux forces naturelles connues.

Quand nous voyons le papillon pondre ses œufs près d'un bourgeon qui éclora dans six mois et en même temps qu'eux, nous ne pouvons nous expliquer qu'il y ait quelque rapport entre l'instinct, qui n'a rien appris, et la coïncidence de ce concours simultané entre la naissance des jeunes chenilles et l'épanouissement des feuilles du bourgeon qui sont nécessaires à leur première alimentation ; quand nous voyons des poissons pondre leurs œufs sur des plantes aquatiques, il nous est impossible d'attribuer à leur instinct la connaissance de l'effet des rayons solaires qui, en tombant sur elles, vont en dégager un gaz vivifiant nécessaire à leur éclosion ; quand nous voyons le saumon quitter la mer, remonter le Rhône, et à travers maints obstacles atteindre sa source située dans les glaciers de la Suisse, ou suivre le Danube, traverser les lacs du Tyrol et de la Styrie, pour remonter les torrents les plus élevés des Alpes Noriques, pour déposer ses œufs près de leur source, et là seulement où ils peuvent rencontrer le mélange d'air et d'eau nécessaire à leur éclosion, il nous est encore impossible d'attribuer cet acte de prévoyance au seul instinct de cet animal. Quand nous voyons le sphex, qui se nourrit du suc des fleurs, déposer près de ses œufs une nourriture animale ; un autre, pondre ses œufs dans la chair putréfiée ; l'ichneumon, supputer le nombre d'œufs qu'il introduit dans le corps d'une chenille ; le cynips, introduire et fixer les siens sous l'épiderme des jeunes pousses du chêne, et tant d'autres faits semblables, il nous est absolument impossible d'attribuer la prévoyance que supposent ces rapports, au seul instinct de ces animaux. Car ni les uns ni les autres ne connaissent les conditions nécessaires à l'éclosion de leurs œufs, nul n'a prévu les besoins de ses petits, et tous ignorent l'espèce d'aliment qui leur est nécessaire ; aucun d'eux d'ailleurs ne connaît l'ordre général de la nature pour y conformer sa conduite et ses actes.

Cependant ces rapports sont constants. Ils se manifestent partout et sans cesse; c'est donc une loi générale. Or, quel peut en être le principe? L'organisme qui les produit n'en sait rien; l'instinct auquel on les attribue agit aveuglément; le milieu et les forces naturelles qui y concourent, agissent aussi nécessairement. Ce n'est donc ni aux uns ni aux autres qu'on peut en attribuer l'origine. Pour l'instant, nous nous bornerons à les attribuer à une cause qui leur est étrangère, remettant à une autre occasion d'en déterminer la nature.

Mais ce qui est bien manifeste, c'est que cette troisième série de faits vient se résumer dans la loi suivante : L'instinct des animaux a des rapports avec l'organisme, le milieu, les êtres et avec une cause étrangère.

DOCTEUR. — Avant d'en finir avec les instincts des animaux, veuillez donc en résumer les caractères communs et me dire quels sont les faits qui vous les font considérer comme innés.

ARISTE. — Non-seulement tous les actes de l'instinct sont irréfléchis, nécessaires, irrésistibles et le plus souvent spontanés, mais on les voit se produire dès les premiers instants de la vie. Ainsi, Réaumur dit en parlant des guêpes : « J'ai vu de ces mouches qui, dès le jour même qu'elles s'étaient transformées, allaient à la campagne et en rapportaient de la proie qu'elles distribuaient aux vers. » Et en parlant des abeilles, il dit encore : « A peine toutes les parties de la jeune abeille sont-elles desséchées, à peine ses ailes sont-elles en état d'être agitées, qu'elle sait tout ce qu'elle aura à faire dans le reste de sa vie... Comme les autres, elle sort de l'habitation commune, et va, comme elles, chercher des fleurs; elle y va seule, et n'est point embarrassée ensuite de retrouver la route de sa ruche, même quand elle y retourne pour la première fois ... M. Maraldi assure qu'il a vu revenir à la ruche des abeilles chargées de deux grosses boules de cette matière (cire brute) le jour même qu'elles étaient nées. » (RÉAUMUR, *Histoire des insectes,* t. V, mém. XI.) Enfin, Reimar en cite un fait des plus frappants. « Le célèbre Swammerdam, dit-il, a fait cette expérience sur le limaçon d'eau, qu'il a tiré tout formé de la matrice. A peine ce petit animal fut-il jeté à l'eau qu'il se mit à nager et à se mouvoir en tous sens, et à faire usage de tous ses organes aussi bien que sa mère; il montra tout autant d'industrie qu'elle, soit en se retirant dans sa coquille pour aller au fond, soit en sortant pour aller à la surface de l'eau. » (REIMAR, *Instinct des animaux*, t. I, §§ et 54, suiv.)

Or, tous ces phénomènes sont évidemment innés, de même qu'ils sont irréfléchis, nécessaires et irrésistibles. Certes! ce ne sont pas des actes choisis que ceux de la jeune tortue qui, à peine éclose, se précipite dans les eaux en suivant le chemin le plus court; ce ne sont pas des actes résolus que ceux de ces jeunes canards couvés par une poule, qui s'élancent, à première vue, dans la mare voisine, malgré les cris désespérés de leur mère adoptive; que ceux qui poussent les jeunes animaux à s'élancer de prime-saut sur leur proie, la première fois qu'ils l'aperçoivent; que ceux de ce petit chien, dont parle Gratiolet, qui tombait dans des convulsions d'épouvante, au seul aspect d'un vieux morceau de peau de loup (*Anatomie comparée du système nerveux,* p. 426); que ceux de ces oiseaux élevés en cage, bien nourris et bien abrités, qui s'agitent et manifestent la plus vive émotion au moment de l'émigration de leurs parents et semblent exprimer le plus violent désir de partir avec eux; que ces chants des bengalis et des veuves, dont les œufs rapportés d'Afrique et couvés en France par des oiseaux d'une autre espèce, n'en chantent pas moins les airs du pays natal; que ces oiseaux, nés orphelins, qui chantent les chants de leurs parents; que ces faits recueillis chez des larves d'insectes écloses après la mort de leurs parents et qui n'en continuent pas moins toutes leurs habitudes.

Nous pouvons donc affirmer que tous les faits de l'instinct sont innés, irréfléchis et nécessaires, et que l'impulsion qui les pousse à les accomplir est aveugle elle-même, puisqu'ils ignorent les moyens qu'ils emploient et le but qu'ils doivent atteindre.

DOCTEUR. — Il vous reste encore à résoudre un problème, Ariste, qui me semble bien difficile à prouver, c'est de démontrer que les plantes et les arbres ont aussi de l'instinct.

ARISTE. — Ne vous semble-t-il pas naturel, docteur, d'attendre d'autant plus de l'instinct, que l'être lui-même est placé plus bas dans l'échelle et qu'il a plus besoin de son secours? C'est donc un motif pour le rencontrer aussi chez les plantes.

DOCTEUR. — Cependant, Ariste, quand tous les philosophes et tous les naturalistes admettent l'instinct chez les animaux, aucun, que je sache, n'en signale l'existence chez les végétaux.

ARISTE. — Pardon, docteur; plusieurs botanistes et plusieurs naturalistes en ont parlé. Vrolik, Hedwig, Bonnet et Ludwig ont même rassemblé un grand nombre de faits qui attestent que les plantes elles-mêmes ont de l'instinct ; le botaniste anglais F. Ed. Smith leur accorde la faculté de sentir. Plusieurs ont été même plus loin. Ainsi Percival va jusqu'à dire qu'elles accomplissent des actes volontaires ! Érasme Darwin, l'aïeul du célèbre naturaliste moderne du même nom, déclare nettement qu'à ses yeux la plante est une créature animée capable d'éprouver des sensations multiples, et Von Martius, l'un des hommes les plus éminents de la science moderne, leur accorde non-seulement la faculté de sentir, mais aussi une âme immortelle ! Le célèbre botaniste Théodore Fechner, l'un des grands penseurs de l'Allemagne contemporaine, a même écrit sur elles une sorte de *psychologie végétale. (Nanna, oder über das seelenleben der Pflanzen.)* Enfin, le célèbre physiologiste Burdach, tout en convenant que leur individualité est plus faible, admet que leur connexion avec le tout terrestre est des plus intimes. « On n'observe, dit-il, ni la contractilité que le système nerveux détermine, ni la libre locomobilité qui se manifeste dans le système musculaire ; mais ce qui manque aux plantes du côté de la spontanéité et de la liberté, est suppléé par une liaison plus étroite avec le reste du corps de la nature. » (*Traité de physiologie,* trad. de Jourdan, t. II, p. 3.) Ne serait-ce pas d'ailleurs une exception fort surprenante que de voir des êtres vivants, qui possèdent les mêmes systèmes que les animaux, qui sont organisés comme eux, qui comme eux aussi naissent d'un germe, croissent, se nourrissent, digèrent, absorbent, excrètent, respirent, veillent, dorment et se reproduisent ; qui sont sujets aux maladies et à la mort, comme l'homme lui-même, de voir, disais-je, que ces êtres soient privés des principaux moyens de se conserver, de se propager et d'avoir des rapports avec les autres êtres de la création ?

La plante vit comme l'animal. Chez elle, cette activité doit lutter sans cesse contre l'action fatale des agents physiques ; c'est cette vie qui relie entre elles toutes ses parties pour en faire un même tout ; l'électricité peut la foudroyer, les narcotiques la paralyser, l'opium l'endormir, l'acide prussique l'empoisonner avec la même rapidité qu'il fait chez les animaux. (Voyez les expériences de MM. Gœpper et Macaire.)

Docteur. — Mais, Ariste, si vous considérez l'instinct comme un mouvement spontané, comment l'admettre chez un être où « le corps n'est mû que par un mouvement qui se continue en

luì, après avoir commencé ailleurs », ainsi que le dit M. H. Joly? (*L'Instinct et ses rapports avec l'intelligence*, 2° édit. Paris, 1873, p. 24.) N'est-ce pas avec raison qu'il le leur refuse en s'autorisant « des expériences de Dutrochet qui ont prouvé que l'in-
« curvation de la corolle en dedans s'effectue sous l'influence de
« l'absorption de l'oxygène de l'air par les fibres internes de ses
« nervures, tandis que l'incurvation en dehors, celle qui ouvre
« la fleur, est due à la déplétion du tissu cellulaire de la corolle
« qui se gonfle de l'humidité atmosphérique »? Comment ne pas conclure de ces expériences, comme lui, que « la plante n'est en résumé qu'un petit *laboratoire* où s'opèrent avec une délicatesse infinie des réactions physiques ou chimiques », et qu'aucun « de ses mouvements n'est spontané »? (*Ouvr. cité*, p. 29.)

ARISTE. — Qu'importe que le mouvement soit communiqué ou spontané? c'est le but et non le moyen qui caractérise les faits de l'instinct. Je crois d'ailleurs que M. H. Joly n'a pas bien saisi la pensée de Dutrochet; cet habile observateur est loin de refuser toute spontanéité aux végétaux. « La faculté de se mouvoir si
« libéralement accordée par la nature aux animaux, dit-il, n'a
« point à beaucoup près été refusée aux végétaux. Dans une foule
« d'occasions, ils meuvent *spontanément* quelques-unes de leurs
« parties, soit pour leur donner une position ou une direction
« convenable à l'exercice de leurs fonctions, soit pour obéir à
« une influence de nature inconnue qu'exercent sur eux les causes
« existantes. » (*Mém. pour servir à l'hist. anat. et physiol. des végét. et des anim.*, in-8. Paris, Baillière, 1837, t. I, p. 442.) Loin de considérer les végétaux comme de simples *laboratoires,* Dutrochet attribue même la dilatation et le resserrement des corolles qui se produisent pendant leur sommeil ou leur veille à la vie elle-même, explication entièrement opposée à celle qu'en a donnée M. H. Joly! « Le maximum de l'*action vitale* chez les feuilles,
« dit-il, a lieu pendant le jour ou à leur réveil, et leur sommeil,
« qui a toujours lieu pendant la nuit, coïncide avec une diminu-
« tion de cette action vitale qui est en proportion, chez tous les
« êtres vivants, avec la quantité de leur respiration. Ces considé-
« rations, ajoute-t-il, tendent à établir une véritable similitude
« entre le sommeil des végétaux et celui des animaux; similitude
« que l'on était loin de soupçonner, car généralement on consi-
« dère comme *métaphoriques* les expressions de *sommeil* et de *réveil*
« appliquées aux végétaux. » (*Ouvr. cité*, p. 532.)

Mais ce qu'il nous importe le plus de connaitre, ce n'est pas l'opinion des hommes, mais bien le témoignage des faits. Invoquons-le donc, et demandons-lui s'il peut démontrer que les végétaux, comme les animaux, sont assujettis eux-mêmes à ces trois grandes lois de l'instinct, celle de la conservation, celle de la propagation et celle des rapports entre eux et avec les autres êtres.

Recherchons d'abord s'il existe des faits de conservation chez les individus; et pour ne rien omettre d'utile, recherchons-les dans tous les états de ces individus, c'est-à-dire dans la graine comme dans les racines, les tiges, les feuilles, les fleurs et les fruits; puis ensuite dans les différentes espèces de végétaux, dans le simple brin d'herbe, comme dans les arbustes, les arbrisseaux et jusque dans les arbres eux-mêmes.

Voyons d'abord quels sont les faits qu'on peut recueillir dans les graines. Celles-ci, considérées en général, s'offrent sous les formes les plus diverses : il en est de longues, d'ovales, de réniformes, de rondes, etc. ; supposons, pour simplifier cette recherche, que nous avons affaire à des graines rondes, à des pois, par exemple. Le jardinier ou l'agriculteur qui les sème songe-t-il jamais à les placer en terre dans telle ou telle position? Non, sans doute, il les jette au hasard sens dessus dessous, sur le côté ou sur l'une quelconque de leurs faces. Cependant qu'arrive-t-il lors de la germination? Toutes ne poussent-elles pas leurs radicelles en bas et leur tigelle en haut? Quelle est donc la cause de ce grand phénomène? On avait d'abord attribué la direction des racines en bas à l'humidité de la terre et à l'avidité des racines pour absorber l'eau. Mais Duhamel, en faisant germer des graines entre deux éponges mouillées, a démontré que cette explication n'était pas exacte, car, au lieu de se diriger vers les cellules qui contenaient de l'eau, les radicelles ont poussé directement en bas, et sont venues plonger dans l'air sous-jacent. Dutrochet a constaté lui-même que des graines suspendues dans des boites remplies de terre poussaient des radicelles qui traversaient les trous percés au fond pour descendre dans l'air libre. On a invoqué encore, pour expliquer cette double direction, l'influence de la lumière et de l'obscurité : la lumière attirerait les tigelles, l'obscurité les radicelles ; mais cette explication ne peut être la bonne ; car en faisant germer des graines dans des boites percées, Dutrochet a placé celles-ci dans l'obscurité, en les éclairant d'une vive lumière par dessous, et il n'en a pas moins constaté que les racines se dirigeaient en bas vers la lumière, et les tiges en haut malgré l'obscurité qui y régnait. Enfin Knight et Dutrochet, à l'instar de J. Hunter, firent germer des semences dans les auges d'une roue mise en mouvement par un mécanisme, et virent que, dans cette disposition, les racines se portaient en dehors et les tiges en dedans, ce qui les porta à attribuer cette direction à la gravitation. Cette explication est-elle plus exacte que les autres? Un fait des plus communs me paraît la détruire entièrement. Les cotylédons du haricot, comme ceux de beaucoup d'autres graines, ne sont-ils pas toujours soulevés et projetés en haut par les radicelles, qui sont les parties les plus faibles et les plus ténues de la plante? Par quoi les parties les plus pesantes de cette plante seraient-elles soulevées? Aucune des forces invoquée ne peut expliquer ce double phénomène; il nous faut donc en attribuer la cause à une force primordiale que personne ne semble avoir soupçonnée : je veux parler d'une impulsion instinctive.

DOCTEUR. — Mais comment prouver une idée aussi paradoxale?

ARISTE. — Je l'appuierai en premier lieu sur une expérience de Duhamel qui est des plus frappantes. Ce grand expérimentateur, pour contraindre les graines à pousser leurs radicelles en haut et leurs tigelles en bas, les enferma dans des tubes assez étroits pour ne pas permettre leur retournement. Eh bien! malgré cet invincible obstacle, radicelles et tigelles arrivèrent à se frayer une voie en se contournant en spirale les unes sur les autres et finirent par reprendre leur direction naturelle!

Comment qualifier d'un autre nom une puissance qui lutte avec une telle persévérance et une telle énergie? Ne s'agit-il pas d'une véritable force dans ces différents cas? Cette force n'a-t-elle pas eu à lutter contre des obstacles de toute nature dans les expériences que je vous ai citées? Ainsi elle lutte, dans les conditions naturelles, contre les parcelles de terre qui pèsent sur la graine et qu'il lui faut soulever, ou contre les grumeaux et les pierres que ses racines doivent écarter ou contourner pour suivre des directions opposées. Or, remarquez-le, il ne s'agit pas seulement d'une force qui montre la plus grande énergie, mais encore d'une force innée, puisqu'elle agit dans la graine; d'une force primordiale, puisqu'à l'exception de la vie nulle autre ne la précède; d'une force fatale et nécessaire, puisqu'elle agit toujours de même; d'une force aveugle et ignorante, puisqu'elle n'a rien appris; enfin, d'une force spontanée, puisqu'elle agit d'elle-même.

En quoi diffère-t-elle donc de l'instinct qui pousse les animaux à faire tout ce qu'il faut pour se conserver? Aurait-elle pu absorber des liquides et des sels si ses racines avaient poussé en l'air? aurait-elle pu mûrir ses graines si sa tige avait poussé en terre? Cette force ne la conduit-elle pas à faire tout ce qu'il faut pour vivre et se conserver? Il s'agit donc bien évidemment d'une seule et même force chez les plantes comme chez les animaux, puisque son origine, sa nature et son but sont identiques chez tous deux.

Mais poursuivons. Les faits qui me restent à vous signaler dissiperont peu à peu, je l'espère, les obscurités qui peuvent encore subsister. Je ne veux pas insister sur un fait trop connu: celui qui nous montre les plantes, les arbres et les fleurs se tournant vers le soleil, fait si connu chez l'hélianthe; j'aime mieux vous citer quelques preuves d'instinct de conservation fournies par les racines en particulier. On connaît un grand nombre de faits fort remarquables, qui témoignent d'une activité vraiment étonnante de celles-ci. Cette activité les pousse à se diriger d'un sol aride vers un terrain meilleur et qui peut mieux assurer leur végétation, soit en contournant des pierres, soit en traversant un mur pour l'atteindre, et dans chacun de ces cas, on les voit montrer une énergique persévérance jusqu'à ce qu'elles l'aient atteint. Lord Kaine et Marrey, par exemple, en signalent un fait digne d'être rappelé. (*Froriep's notizen,* t. XVIII.) Au milieu des ruines de New-Abbey, dans le comté de Galloway, disent-ils, s'élève un érable qui croissait anciennement sur un mur. Soit qu'il s'y trouvât à l'étroit, ou qu'il y manquât de nourriture, il fit descendre le long de la muraille une forte racine qu'il fixa solidement dans la terre au-dessous. Lorsque cette racine eut pris de la consistance, l'érable, pour s'y asseoir, détacha petit à petit ses autres racines du mur où il avait vécu jusque-là, et s'en sépara entièrement pour vivre désormais dans le sol où il s'était transporté. Marrey cite encore un groseillier qui, se trouvant dans une terre où il ne pouvait prospérer, avança une de ses branches vers une terre plus fertile. Cette branche prit racine et commença elle-même à se transformer en arbuste, tandis que la tige primitive disparaissait complétement du sol où elle s'était élevée. Ainsi cet être, après avoir atteint la bonne terre, vers laquelle il s'était porté, s'y installait définitivement et cessait de demander sa nourriture au sol aride qu'il abandonnait. (*Ouv. cité.*)

M. A. Boscowitz cite encore l'exemple d'un grenadier poussé sur un rocher de quatre ou cinq mètres de hauteur, qui avait germé à Saint-Thomas, petite île des Antilles. « Il s'y était élevé à quelque distance du bord, dit-il, tout près du mur d'une citerne qu'on avait établie sur le rocher. La plante grandissait à vue d'œil pendant les premières années de son existence. On eût dit qu'elle avait hâte de s'élever au-dessus du mur qui lui interceptait les rayons du soleil. Quand, après quelques années, nous la revîmes, c'était un être mince, élancé, ayant la forme et l'aspect d'un peuplier. Ses racines avaient étreint le rocher et avaient pénétré dans les moindres interstices. Il avait une attitude penchée ; tout en lui décelait un état de souffrance et de langueur. C'est à cette époque, où il semblait devoir mourir, qu'il fit descendre le long du rocher une forte racine, laquelle, ayant atteint la terre fertile, a pénétré bientôt, en se frayant un passage à travers les petites plantes qui encombraient la plate-bande. Cette nouvelle racine prit une grande vigueur, tandis que les anciennes, qui étreignaient le rocher, s'en détachèrent et commencèrent à dépérir : l'arbuste changeait manifestement de point d'appui. Il finit par abandonner entièrement le roc où il était né, pour prospérer dans la terre où il avait dirigé ses racines et s'était transporté tout entier. » (*Ouv. cité*, p. 57.)

Non-seulement les racines font des efforts manifestes pour se transporter et se fixer dans un meilleur sol, mais les tiges elles-mêmes ne montrent pas moins d'activité pour se diriger vers la lumière, dont elles ont un impérieux besoin. Dans les faits cités par de Candolle et Lamarck, ce n'était pas l'air qu'elles recherchaient, mais bien la lumière. Ainsi, ils citent le fait de différentes plantes qui avaient germé dans une cave ; ces plantes étaient placées entre deux soupiraux, dont l'un était établi dans un point obscur, mais qui laissait pénétrer librement l'air atmosphérique, tandis que l'autre étant vitré donnait accès à la lumière seulement ; eh bien, ce fut uniquement vers ce dernier que toutes les tiges s'avancèrent en s'accroissant. (*Flore française*). Mais un fait non moins surprenant, c'est la croissance extraordinaire que prennent quelques tiges pour se la procurer. Celle de certains végétaux qui croissent accidentellement dans

les souterrains, par exemple, s'allongent de sept ou huit fois
leur longueur normale pour l'atteindre, en se traînant sur le sol
jusqu'au mur où se trouve le soupirail, afin de s'y procurer un
appui. Le professeur Schwœgrèchen, de Leipzig, en cite un
exemple remarquable. Un cryptogame venait d'être découvert
dans les mines profondes de Mansfeld, dit-il. Sa tige s'était
élevée à cent vingt pieds sans avoir réussi à atteindre l'entrée
de la mine. Qu'était-ce? Une *clandestine écailleuse* qui, d'ordinaire, n'a que quinze à vingt centimètres de hauteur! Jetée
par hasard à cette grande profondeur, elle s'était mise à chercher ce qui lui manquait le plus, la lumière. Le seul moyen d'y
arriver, c'était de croître, de croître toujours; ainsi avait fait
cette plante, qui, au moment où elle fut découverte, avait déjà
dépassé plus de cent fois la hauteur qu'elle acquiert quand elle
vit à la surface de la terre. (Cité par M. A. Boscowitz, *Ouv. cité,*
p. 72.) Gloker cite lui-même un stachide (*stachys-erecta*) poussé
au milieu d'une haie très-épaisse qui, dit-il, inclina sa tige et la
fit avancer vers une petite ouverture qui laissait entrer la
lumière dans la haie. Il continua à croître dans la même direction jusqu'à ce qu'il y fût parvenu. Dès ce moment, il éleva sa
tige et reprit sa direction normale en croissant verticalement.

Les feuilles elles-mêmes ne recherchent pas avec moins d'avidité la lumière que les tiges. Un fait rapporté par Mustel l'atteste
de la manière la plus évidente. Celui-ci plaça devant un pot de
jasmin (*jasminum azoricum*) une petite planche où il avait ménagé
plusieurs ouvertures de deux pouces de diamètre, à une distance
de six pouces les unes des autres. Le jasmin changea la direction
de sa tige et s'achemina vers la lumière qu'elle lui masquait, et
pour la gagner traversa l'ouverture la plus rapprochée. Il donna
alors à la planche et au jasmin une position opposée, de sorte
que la tige qui avait passé par le premier orifice se trouva dans
l'ombre ; mais la plante vint de nouveau s'offrir à la lumière, en
traversant la seconde ouverture. Après avoir ainsi plusieurs fois
réitéré l'expérience, Mustel eut la satisfaction de voir la tige
traverser toutes les ouvertures, et courir en zigzag des deux
côtés de la planche. (*Traité de la végétation.*) Boscowitz, qui
cite ce fait, le compare à l'instinct auquel obéit l'oiseau qui
s'échappe de sa cage, lui aussi, par la première ouverture qu'on
lui a ménagée.

Ce n'est pas indifféremment toutefois que les feuilles se

tournent vers la lumière, car elles ont naturellement l'une de leurs faces dirigée vers la terre, tandis que l'autre est tournée vers le ciel. Or, si l'on maintient la face inférieure tournée vers la lumière, la plante tarde peu à faire des efforts sensibles pour reprendre sa position naturelle, mouvement qu'elle opère par la torsion de son pétiole. Bonnet a vu la même feuille entreprendre quatorze fois·successives cette version sans en paraître très-fatiguée. Kneight a exposé lui-même la face inférieure d'une feuille de vigne à la lumière, après l'avoir privée de tout moyen de se retourner. Mais il ne tarda pas à voir la plante réagir contre la violence exercée sur cette feuille. Après avoir essayé de se retourner en vain, elle tâcha de replier ses bords ; puis ayant échoué successivement dans toutes ses tentatives, elle finit par s'éloigner de la vitre contre laquelle elle se trouvait appuyée, et on la vit s'aventurer dans une autre direction vers la lumière qui entrait aussi dans la serre par le côté opposé et qui put·ainsi éclairer sa face supérieure.

Tout le monde sait que l'hélianthe ou tournesol dirige constamment ses fleurs vers le soleil; ce fait est loin d'être exceptionnel, car toutes les plantes en agissent de même. En voici un exemple qui semble avoir vivement frappé Hegel qui le rapporte. « Lorsque le soir on entre dans une prairie, dit-il, en regardant le couchant, on n'y voit que fort peu de fleurs, parce qu'elles sont toutes tournées vers le soleil couchant ; au contraire, si l'on y entre du côté opposé, on voit la prairie briller de l'éclat de mille et mille corolles. De même, lorsque de grand matin l'on se dirige vers la prairie, en regardant l'occident, on n'y aperçoit pas de fleurs, parce qu'elles sont restées inclinées du côté où le soleil s'est couché ; mais on les voit se retourner vers l'orient, à mesure que le soleil s'élève sur l'horizon. »

En présence de ces faits, ne serait-on pas tenté de convenir avec Boscowitz que, « de toutes les créatures que nourrit la terre, « aucune ne cherche la lumière avec autant d'avidité que la « plante? Elle y prospère, elle s'y complait. On pourrait dire « avec Schelling, le philosophe, que si la plante sentait comme « les êtres humains, elle devrait adorer la lumière comme son « Dieu. » (*Ouv. cité*, p. 63.) Non, sans doute, car si la plante sent, elle ne connaît pas Dieu et ne peut l'adorer. Mais, témoin de ces nombreuses impulsions spontanées qui dirigent ses racines en bas et sa tige en haut ; qui poussent ses racines à tourner les obstacles pour se procurer une terre meilleure, afin d'y trouver l'eau et les sels dont elle a besoin pour croître et se développer ; qui redressent sa tige vers le ciel pour y puiser les vapeurs aqueuses et l'acide carbonique suspendus dans l'air et qui sont nécessaires à sa conservation ; qui poussent ses feuilles à reprendre leur position naturelle quand on les en a écartées, afin de respirer et d'exhaler librement ; en présence de tous ces mouvements spontanés qu'elle exécute à chaque instant, qu'elle effectue toujours et partout de même, et qui tous ont pour but sa conservation ; en présence de toute cette série de faits analogues par leur but ; en voyant ces plantes obéir, comme les animaux, à une même impulsion spontanée qui les pousse à faire à propos tout ce qui est nécessaire à leur conservation, nous ne pourrons douter qu'elles aussi soient soumises elle-mêmes à la loi commune à tous les êtres vivants, à la loi de l'instinct de conservation.

DOCTEUR. — En présence des faits que vous venez de citer, je n'oserais contester l'existence de cette loi, Ariste ; mais je me demande avec quelque inquiétude si les faits vous permettront d'établir les deux autres.

ARISTE. — Leur nécessité me donne la confiance que les faits viendront d'eux-mêmes nous aider à les formuler, docteur. Comment comprendre, en effet, que des êtres aussi éphémères qu'un grand nombre de ces plantes eussent pu durer et traverser les siècles si elles ne se fussent propagées, et comment s'expliquer qu'elles aient autant duré, si leurs rapports avec les autres êtres n'eussent été convenablement établis.

Pourquoi, d'ailleurs, ces organes mâles et femelles que l'on rencontre dans toutes les fleurs comme chez tous les animaux ? Leur existence ne constitue-t-elle pas déjà une grande présomption en faveur de leur mission et du but qui leur est assigné ? Leur apparition a lieu d'ailleurs dans les mêmes conditions : c'est quand le développement de chaque plante est presque complet, qu'on voit apparaître sur l'extrémité de leur tige une sorte de réceptacle où des feuilles se transforment en calice, d'autres en pétales, d'autres encore en pistils et en étamines. Mais dans cet appareil floral toutes les parties n'ont pas la même importance ; les enveloppes délicates et parfumées qui appellent les premiers regards ne sont elles-mêmes qu'un ornement accessoire du *lit nuptial* où se célèbrent les noces des plantes, comme le disait Linné. Les véritables acteurs sont les petits filaments qui dissimulent leur jeu dans son centre. C'est là que se trouvent les époux : le pistil ou la fiancée, au centre le plus souvent ; les étamines ou les époux, autour.

C'est donc là qu'il faut s'adresser pour saisir le jeu et le rôle de ces acteurs merveilleux que vous nous avez fait connaître en décrivant les amours de la marguerite. Je n'ai plus à y revenir et veux me borner pour l'instant à vous signaler quelques autres phénomènes que vous n'avez pu observer chez elle, parmi lesquels je noterai d'abord le fait d'une grande surexcitation de la vie qu'on ne rencontre jamais à un égal degré dans toutes les autres phases de la durée des plantes. Alors, en effet, la chaleur s'y accroît dans des proportions les plus évidentes. C'est pendant leur durée qu'on a constaté dans le spadice du *colocasia odora* jusqu'à 43° centigrades, tandis que l'air ambiant n'en avait qu'une vingtaine. Lehmann s'est assuré que les énormes fleurs de *Victoria regina*, qui manque cependant de spathe, faisaient monter un thermomètre, dont la boule était placée au centre du lit nuptial pendant la fécondation, à 22° Réaumur, tandis que la température de la serre en marquait 17 seulement, et que les autres parties de la fleur et même le réceptacle avaient conservé la même température que celle de l'air ambiant.

Dans ce moment, les rapports des époux s'offrent aux regards sous les formes les plus curieuses et les plus diverses. Ainsi, la capucine redresse d'abord une seule de ses huit étamines, en laisse tomber le pollen sur le stigmate, puis la recourbe et la ramène à la position qu'elle occupait. Une seconde se redresse à son tour, et vient imprégner le pistil, après quoi elle s'éloigne et fait place à une autre. Chacune s'en approche ainsi tour à tour. Le lis superbe, le lis de Saint-Jacques, la rue et plusieurs autres plantes agissent de même. D'autres, au contraire, telles que la nigelle, les passiflores, la ketmie, agissent d'une manière toute différente : c'est le pistil qui s'incline vers les étamines et qui se redresse après avoir reçu leur poussière fécondante. Dans les mauves, les pistils et les étamines se meuvent en même temps et semblent se rechercher, puis, après un contact mutuel et simultané, reprennent chacun leur première position. La fécondation s'effectue donc sous toutes les formes ; on la voit même se produire sous celle de copulation. Ainsi dans un groupe d'algues, on voit deux filaments se rapprocher lentement l'un de l'autre et finir par se joindre au moyen d'un tube que l'un

d'eux fait avancer à la rencontre de l'autre ; toutes les semences
du premier passent successivement par ce tube et pénètrent dans
le second ; de telle sorte que, chose fort remarquable, l'un des
organes est toujours donnant, l'autre toujours recevant. C'est
en présence de ces faits que M. Unger, saisi d'admiration, finit
par s'écrier : « Oui, j'y vois vraiment un grand prodige, et
« pourtant la nature nous a permis simplement de soulever le
« voile d'un mystère que chaque jour elle accomplit des millions
« de fois. L'acte de la génération a toujours quelque chose de
« merveilleux et de solennel, mais ici il devient un prodige
« inconcevable ! »

Ce grand but de la création s'accomplit donc dans toutes
les plantes comme chez les animaux, et nous pourrions même
ajouter que ses moyens sont plus variés et plus nombreux chez
les premières que chez les seconds, et par cela même que l'instinct qui les pousse à l'accomplir montre des ressources plus
ingénieuses encore. Qui ne connaît celles de la valisnérie, par
exemple ? Cette plante, qui vit en sociétés nombreuses au fond
des canaux du Midi et surtout dans le Rhône, nous l'offre sous
un aspect plus étonnant encore. Vienne le temps de la fécondation, la fleur femelle, fixée sur la vase par une tige surmontée
d'anneaux, sécrète tout à coup un gaz léger qu'elle retient
captif dans sa corolle, et le petit ballon qu'il produit l'élève à la
surface de l'eau. Là, bientôt elle se trouve entourée de nombreuses fleurs mâles échappées de la spathe qui les contenait et
qu'un vif mouvement de propulsion, dit Gœthe qui les a observées, en a détachées pour venir flotter autour de la fleur femelle
où elles brillent au soleil comme des paillettes d'argent. Alors,
dit Paolo Barbieri, on voit ces fleurs mâles comme s'agiter et se
diriger vers celle de la femelle et la couvrir de leur poussière
fécondante. Le mystère accompli, les fleurs mâles sont entraînées et submergées par les flots, tandis que la fleur qu'a chantée
Castel replie les anneaux de sa spirale élastique, et se retire
au fond des eaux pour y mûrir ses graines, où elles pourront
commencer une existence à l'abri de tout danger.

Une autre plante nous offre encore un exemple de ressources
non moins merveilleuses dans l'accomplissement de cette grande
fonction, c'est la renoncule, observée par Ramond. Gisant à une
grande profondeur dans certains lacs des Pyrénées, et ne pouvant atteindre l'atmosphère comme la valisnérie, elle y supplée

par un procédé presque équivalent. Sa tige étant trop courte pour lui permettre de s'élever jusqu'à l'air et d'amener ses fleurs à la surface de l'eau, voici le moyen ingénieux qu'elle emploie pour y suppléer et s'en passer. Chaque corolle sécrète une grosse bulle d'air qui l'enveloppe de tous côtés, et dans cet état, quoique sous l'eau, la fécondation s'accomplit comme si l'appareil floral se trouvait complétement émergé.

Je ne vous citerai pas maintenant tous les moyens employés pour l'accomplissement de cette grande fonction. D'autres faits nous les feront connaître plus tard, en parlant de leurs rapports avec les autres êtres de la nature, des moyens merveilleux qu'elles trouvent dans la simple pesanteur, comme dans le concours du vent, des insectes et des oiseaux eux-mêmes. Cependant, tout incomplets qu'ils sont, je crois pouvoir conclure de cette seconde série de faits semblables ou analogues à ceux que je vous ai cités, qu'ils concourent tous aussi à nous permettre de formuler une loi semblable à celle à laquelle sont soumis les animaux eux-mêmes, et d'affirmer par conséquent que toutes les plantes sont également soumises à la loi de propagation qui a pour but la conservation de leurs espèces.

Je passe maintenant à un autre ordre de faits, à ceux qui ont pour but de démontrer que toutes les plantes ont des rapports entre elles et avec les autres êtres de la création. Souvent témoins de leurs actions merveilleuses, qu'y a-t-il d'étonnant que les hommes aient vu dans ces rapports des indices d'amitié, de sympathie ou d'aversion? Toutefois une appréciation plus sérieuse des faits permet de les attribuer à des causes naturelles plutôt que sentimentales. Ainsi, quand le vieux botaniste Mathiole attribue à l'amitié des cannes pour les asperges la prospérité des unes et des autres lorsqu'elles sont plantées dans le même champ, des auteurs sérieux croient pouvoir l'expliquer par la production par les unes de ce que les autres consomment. Déjà Duhamel s'était aperçu en effet, en faisant abattre des ormes, que la terre où ils avaient végété avait subi une notable altération et qu'elle était devenue onctueuse ; M. Macaire, de Genève, reconnut lui-même qu'en faisant macérer des racines de chicorée et d'euphorbe dans l'eau, elles y déposaient un produit extractif, abondant et coloré ; Brugmans, professeur à l'université de Leyde, recueillit une substance analogue de violettes plantées dans un sable fin et pur, et s'assura qu'elle constituait un véritable

poison pour d'autres plantes sur lesquelles on l'a expérimentée.
De là, sans doute, l'explication et l'origine de ces amitiés et de
ces antipathies, que l'observation a constatées souvent, et que la
poésie s'est complu à attribuer au sentiment; de là, ces plantes
solitaires ou ces associations plus ou moins nombreuses comme
sont celles qui unissent les parasites à la plante, à l'arbriseau ou
à l'arbre, ou celles qui viennent charmer la vue en colorant de
leurs riches teintes nos guérets et nos moissons, comme font
les coquelicots, les bluets et les campanules; de là ces rapports
de la salicaire qui pousse autour des saules, comme si l'un se
plaisait à l'ombre de l'autre.

Mais si le sentiment ne peut être rigoureusement invoqué chez
les plantes pour expliquer leurs amitiés et leurs rapports habi-
tuels, il est indubitable que toutes, du moins, sont vivement
impressionnées par la chaleur, la lumière, l'humidité et toutes
les influences du milieu qu'elles habitent. Chacun connaît l'influence du printemps sur leur activité, de l'hiver sur leur repos,
saison pendant laquelle elles semblent dormir comme les animaux hibernants. Nous avons dit leur vif attrait pour la lumière;
signalons maintenant les effets de l'obscurité sur elles. Vers la
fin du jour, beaucoup de plantes prennent des attitudes qu'elles
conservent pendant la nuit : elles sont dues à leur sommeil. « Ce
curieux phénomène, qu'un hasard heureux fit découvrir à Linné,
dit M. Pouchet, fut élevé par lui à la hauteur d'une démonstration. Il l'observa d'abord sur un lotus pied d'oiseau, cultivé dans
l'une des serres du Jardin d'Upsal. L'ayant trouvé fleuri le matin,
quel ne fut pas son étonnement lorsqu'en passant au milieu de la
nuit près de la plante, il n'en aperçut plus les fleurs! Le botaniste s'imagina d'abord que quelque amateur infidèle les lui avait
dérobées. Cependant, en examinant la plante plus attentivement,
il reconnut que c'était elle qu'il fallait accuser du larcin. En
effet, ce savant observa que chaque soir les feuilles de ce lotus
prenaient une position particulière qui en dérobait les corolles :
c'était leur manière de dormir. Pensant qu'un tel phénomène
n'était point isolé, Linné, un flambeau à la main, passa désormais les nuits à parcourir son jardin, pour en constater les effets.
Ce fut ainsi qu'il reconnut qu'un grand nombre de végétaux
prennent pour se livrer au sommeil une attitude particulière;
c'est un besoin de repos qui, comme chez la plupart des animaux,
coïncide avec l'absence de la lumière. » (*Univers,* p. 425.)

De Candolle fit une expérience qui peut servir de contre-épreuve, en quelque sorte, aux curieuses observations de Linné. Il plaça un grand nombre de plantes dans une cave obscure qu'il éclaira pendant la nuit par plusieurs lampes d'Argand. Il vit se produire d'abord une grande perturbation dans leur sommeil. Elles fermaient et ouvraient leurs feuilles sans règle fixe; mais au bout de quelques jours, elles s'habituèrent à ce nouveau mode d'existence qui leur était imposé, et il parvint ainsi à intervertir complétement l'ordre de leur sommeil ; elles entraient en état de veille le soir, s'endormaient le matin et pendant toute la journée.

Ce fut sans doute en étudiant les rapports de la lumière avec le sommeil des fleurs, que Linné conçut l'une de ses plus charmantes idées : celle d'établir ce qu'il appela l'Horloge de Flore. Ayant remarqué qu'elles s'ouvraient et se fermaient à des heures régulières, mais différentes pour chacune, il eut l'idée aussi ingénieuse que poétique d'en former un cadran sur lequel chaque heure était remplacée par une corolle. Cependant, comme sous nos latitudes l'aurore plus radieuse rend les fleurs plus matinales, Lamarck modifia quelque peu le cadran d'Upsal pour l'y adapter. Et celui-ci, sans avoir toute la précision d'un chronomètre, nous offre du moins toute l'exactitude nécessaire pour les travaux des jardins et des champs. Voici celui qu'a proposé Lamarck : de 3 à 5 heures du matin s'ouvre le *Tragopogon pratense ;* de 4 à 5, le *Cichorium intybas ;* à 5 heures, le *Sonchus oleraceus ;* de 5 à 6, le *Leontodon taraxacum ;* à 6 heures, le *Hieracium umbellatum ;* à 7 heures, la *Lactuca sativa ;* à 8 heures, l'*Anagallis arvensis ;* à 9 heures, la *Calendula arvensis ;* de 9 à 10, le *Mesembryanthemum cristallinum ;* de 10 a 11, le *Mesembryanthemum nodiflorum.* Dans l'après-midi : à 5 heures du soir, le *Nyctago hortensis ;* à 6 heures, le *Geranium triste ;* de 9 à 10, le *Cactus grandiflorus.*

Quelques-unes de ces fleurs sont influencées elles-mêmes par les variations du temps, au point, dit-on, de constituer autant de véritables baromètres vivants. Ainsi la stellaire ou mouron des petits oiseaux, qui s'éveille à 9 heures du matin, relève sa tige, ouvre ses feuilles et ses fleurs pour veiller jusqu'à midi, quand le temps doit rester beau, reste inclinée et conserve ses fleurs closes, quand il doit pleuvoir dans la journée ; le souci, qui s'éveille entre 6 et 7 heures du matin, reste ouvert jusqu'à 4 heures du soir pendant les beaux jours, ne s'éveille qu'après 7 heures, s'il doit pleuvoir.

Mais l'un des instincts les plus remarquables chez les plantes, est celui qui pousse leurs racines à la recherche de l'eau : rien alors ne les arrête pour se procurer cette substance qui leur est nécessaire. On les voit même alors contourner les rochers ou les fendre pour se la procurer. Un acacia de la Nouvelle-Angleterre, dit Malherbe, devenu débile et languissant, après avoir épuisé le sol stérile dans lequel il était implanté, avide enfin de se désaltérer, envoya une de ses racines à travers une cave de soixante-six pieds se plonger dans un puits voisin et y éparpiller sa chevelure au beau milieu de l'eau. A compter de ce moment, à ce que rapporte Malherbe, auquel on doit cette histoire, l'arbre releva ses rameaux penchés, ranima son feuillage flétri, puis s'accrut avec une merveilleuse rapidité. (Pouchet, *Univ.*, p. 364.) On assure encore que les châtaigniers qui poussent sur l'Etna savent eux-mêmes trouver les sources sous-jacentes, malgré l'épaisseur des laves et des rochers qui les recouvrent.

Non-seulement, ainsi que nous l'avons constaté, la lumière agit d'une manière très-sensible sur les plantes, mais on cite des faits où le passage d'un nuage, l'attouchement du plus petit insecte, voire même le bruit ou un simple mouvement, suffisent pour les émouvoir et les agiter. Chacun connaît leur influence sur la sensitive ordinaire et les mouvements instantanés que produisent sur elle les moindres impressions. Il en existe une variété au Sénégal que les nègres appellent *Gaerikar,* c'est-à-dire *bonjour,* parce que toutes les fois qu'on la touche, ou même seulement qu'on se penche vers elle en parlant, elle incline sa tige et renverse ses feuilles comme pour répondre au salut. D'autres sont douées d'une mobilité extraordinaire. Elles s'agitent sous les plus fugaces impressions de l'air ou par les simples changements de l'atmosphère. La desmodie oscillante (*Hedysarum gyrans*), sous-arbrisseau de la famille des papillionacées, est fort remarquable sous ce rapport. Ses deux petites folioles supérieures s'inclinent, se redressent et oscillent perpétuellement. Leurs mouvements sont d'autant plus rapides que la température est plus élevée; mais ils ne continuent pas moins à se reproduire la nuit comme le jour, pendant son sommeil comme pendant sa veille, abritées comme en plein air : elles oscillent sans relâche. Cet être est excessivement sensible à la lumière. D'après Hufeland, il redresse ses grandes feuilles sous l'influence d'une lumière réfléchie à une distance de plus de vingt pas, et un nuage qui le couvre de son ombre les rabat aussitôt.

Mais c'est surtout dans leurs rapports avec les insectes que certaines plantes nous offrent des phénomènes des plus remarquables. Ainsi la dionée (*Drosera rotondifolia*), qui habite les sols marécageux de la Caroline du Nord, et qui est elle-même une sorte de sensitive, offre, d'après Darwin, une organisation et des actes tout à fait exceptionnels. Cette plante, munie d'organes de sécrétion et de préhension, attirerait les insectes, dit-on, les saisirait, les digérerait et s'en nourrirait! Ses feuilles s'étalent en rosette autour du pied de sa tige florale, et se terminent chacune par une sorte d'appendice rougeâtre, divisé lui-même en deux lobes unis entre eux par une nervure moyenne. Les bords de ces deux lobes foliaires sont garnis de cils; leur surface, hérissée de petites pointes, constamment recouvertes d'une liqueur visqueuse, attire les insectes et les moucherons en particulier. Lorsqu'un de ceux-ci vient à se poser sur l'une de ces feuilles, la dionée se ferme aussitôt et le retient entre les deux. Plus l'insecte s'agite, plus elle resserre ses feuilles, jusqu'à ce qu'il devienne immobile. Alors elle les écarte, et s'il n'a pas été blessé ou étouffé dans cette étroite prison, il peut s'échapper; mais le plus souvent il y succombe, et alors, d'après Curtis, il est dissous par le suc qu'elle sécrète et contribue ensuite à la nutrition du végétal!

Darwin assure avoir compté, sur cinquante-six de ces feuilles, trente et une d'entre elles qui offraient des insectes morts ou leurs débris; l'une en retenait treize étroitement emprisonnés. Il assure aussi que la moindre excitation produite sur ces feuilles, par le contact d'un corps inanimé, par un pinceau, des parcelles de papier, d'éponge, de verre, ainsi qu'il l'a expérimenté, provoque également leur contraction; tandis que la feuille resterait immobile sous l'action des substances non azotées, telles que la gomme, le sucre, l'amidon, l'huile d'olive, etc. Malgré les faits invoqués par Curtis et Darwin, cette plante est loin d'être considérée par tous les savants comme une plante carnivore. Nous citerons parmi les incrédules le docteur Hooker, président de la Société royale (voyez *Nature*, 1874, p. 367); le docteur Sanderson, professeur de physiologie à *University college* de Londres; M. Page, qui a présenté un mémoire sur la dionée à la Société royale de Londres en 1876, imprimé dans les *Proceedings*, n° 177, de la même année, etc., qui se sont tous élevés contre les opinions excentriques

de l'auteur de *Insectivorous plants*, (Londres, 1875). Tous admettent
que bien que ses mouvements soient plus accentués que ceux
de la sensitive, ils sont analogues, et que bien qu'ils tuent un
grand nombre d'insectes, la plante ne s'en assimile aucune
partie.

Toutes les plantes sont loin d'ailleurs de maltraiter les insectes
comme fait la dionée. Un grand nombre, au contraire, exhalent
des parfums exquis pour les attirer et sécrètent un nectar délicieux pour les convier à venir s'en rassasier. Rien de plus intéressant que le commerce qu'elles entretiennent avec les papillons
et les abeilles en particulier. C'est ce qui s'observe surtout sur
les plantes dioïques dont les organes mâles sont supportés par
des individus distincts de ceux qui portent les organes femelles,
que ces insectes sont appelés à féconder. On voit les sphinx, par
exemple, s'en venir, au crépuscule, puiser à l'aide de trompe le
nectaire déposé au fond des corolles des plantes qui s'éveillent
en même temps qu'eux, puis voltiger ensuite de l'une à l'autre,
enlevant aux anthères le pollen qu'ils produisent, pour le déposer
sur le pistil des autres, fécondant ainsi sans cesse et sans le savoir
les plantes nocturnes qu'ils vont courtiser.

N'est-ce pas chose merveilleuse que cette harmonie établie
entre la fleur et l'insecte, assujettis tous deux au même rhythme
de réveil et de conformation ; où l'une s'épanouit à l'heure où
l'autre jouit de la vie la plus active et se ferme quand l'heure est
venue pour lui de se livrer au repos? Ne dirait-on pas que l'éta-
mine, solitaire et immobile, a chargé cet ouvrier de la pensée
divine d'une ambassade vers sa fiancée, en lui disant, pour emprunter le vers du poëte :

> « Prends comme moi racine, ou donne-moi tes ailes » ?

La fleur ne sait parler, sans doute, mais quel puissant langage
elle lui tient! Elle répand au loin ses parfums pour l'attirer,
s'orne de la plus éclatante beauté pour charmer sa vue, et lui
prépare en abondance son nectaire, qu'elle étale depuis les bords
de sa corolle jusqu'au fond, pour l'engager à s'y désaltérer. Ces
attraits et ce langage, l'homme les ignore, mais l'insecte les
comprend.

A d'autres, la plante tient un langage différent. Aux ramiers,
aux pigeons et aux grives, par exemple, le gui montre ses fruits
savoureux, et ceux-ci, en échange du plaisir qu'ils lui procurent,

font subir à sa graine la haute température de leurs intestins, puis la sèment sur les arbres voisins, double condition sans laquelle elle ne pourrait germer et se développer, puisque l'art ne peut y réussir sans ce travail préparatoire.

N'est-il pas évident que dans chacun de ces derniers cas, la plante et l'animal ignorent ce qu'ils font, que leur instinct qui n'a rien appris ne peut les diriger, que le milieu et les forces naturelles qui agissent fatalement et nécessairement ne |peuvent présider à ces harmonies, et que, pour les établir et leur donner la durée des siècles, il fallait l'intervention d'une cause étrangère qui seule pouvait adapter les moyens au but ignoré par chacun d'eux ? N'est-ce pas cette cause encore qui se manifeste et se révèle de la manière la plus éclatante dans les précautions que Burdach a désignées sous le nom d'œuvre de la maternité ? « Après la fécondation, dit Boscowitz, les plantes semblent en effet redoubler de précautions au dedans et au dehors pour pré- server le fruit qui doit conserver leur espèce. Elles l'installent d'abord dans le placenta comme dans un nid bien moelleux, l'en- veloppent'de pulpes, de gousses, de capsules, de pellicules. » « Une mère n'a pas |plus d'attention pour le berceau de son enfant, disait avec raison Bernardin de Saint-Pierre. On ne saurait se refuser d'y reconnaître l'effet de cette affection innée qu'ont tous les parents pour leurs petits. Autant les plantes soignent l'em- bryon qu'elles portent dans leur sein, autant elles montrent de prévoyance lorsqu'elles s'en séparent pour le laisser commencer sa vie individuelle... La *Victoria regina* vient ouvrir ses magnifiques fleurs à la surface de l'eau, et la fécondation a lieu dans l'atmo- sphère. L'observateur suit alors avec un ravissement inexprimable le mouvement incessant, le travail mystérieux qui s'opère dans la corolle. Cette plante, admirable dès les premières phases de son existence, l'est encore après la fécondation et pendant la ges- tation. A peine est-elle devenue féconde, qu'elle recouvre non- chalamment de ses larges pétales le lit nuptial où l'hymen s'est consommé, et, obéissant à un merveilleux instinct, elle va mûrir ses graines au fond de l'eau pour les y semer ensuite. D'autres plantes couronnent leurs graines d'aigrettes, de panaches, d'ai- lerons, avant de les confier au vent pour les disperser au loin, afin que l'emplacement ne puisse leur manquer ; les balsamines des bois, à la maturité de leurs graines, les projettent avec force hors des valves et les dispersent sur le sol ; — le manglier... vit à l'embouchure des fleuves sur le littoral des mers tropicales, là où le sol est tour à tour submergé et mis à découvert par le flux et le reflux de l'Océan... la plante mère n'abandonne son nourrisson que lorsqu'il a acquis la force et l'âge nécessaires pour résister aux mouvements des eaux... elle laisse se développer et se produire une racine qui apparaît au sommet du péricarpe, se renfle vers son extrémité et se dirige vers la terre. Après l'avoir porté ainsi une année tout entière, la plante mère se décide enfin à se séparer du jeune individu : elle le laisse tomber dans la vase où il se fixe aussitôt au moyen de sa racine toute formée. » (*Ouv. cité,* p. 227-231.)

Conclurons-nous de ces faits que c'est la plante qui a choisi d'elle-même les moyens de protéger ses graines, de les disperser, de les orner de tous les moyens de transport qu'elles présentent, de ne les livrer au sol, comme fait le manglier, qu'alors qu'elles ont poussé leurs racines? Ce serait attendre beaucoup d'un être qui n'est pas organisé pour penser. Quelques savants, il est vrai, ont accordé une âme à la plante ; mais cette âme est trop poétique pour attendre d'elle des actes qui ne peuvent s'accomplir sans prévoyance et sans raison. Il faudrait donc les attribuer à l'instinct lui-même? Mais comment attribuer à une impulsion ignorante, aveugle et nécessaire, des faits choisis et adaptés avec tant d'intelligence? Comment admettre que c'est cet instinct qui ferme la corolle des plantes pendant la nuit pour protéger les habitants qu'elle renferme ; qui sécrète le gaz qui gonfle celle de la valisnérie pour la transformer en ballon afin de lui permettre de s'élever au-dessus des eaux ; qui donne aux fleurs leurs parfums, leurs riches teintes et le nectaire qui attirent les messagers de leurs amours ; qui commande aux vents de transporter le pollen du dattier d'Afrique sur les pistils du dattier du Jardin des plantes de Paris ; qui a placé les fleurs mâles du coudrier au-dessus des fleurs femelles, etc.? Toutes ces harmonies n'attestent-elles pas l'existence d'une cause intelligente et prévoyante étrangère à l'instinct lui-même? Supposerons-nous encore avec Dutrochet que « lorsqu'on voit de combien de moyens la plante dispose pour « atteindre un seul et même but, on est porté à penser « qu'il *règne en elle une intelligence mystérieuse* qui décide du « choix des moyens qu'elle doit employer »? Non, car la plante ne peut penser. Il nous faut donc admettre que cette cause, attestée par tant de faits évidents, est *hors d'elle* et lui est étrangère.

Mais bornons-nous, quant à présent, à résumer tous ces faits et à constater que les plantes, comme les animaux, sont soumises à la loi des rapports. Tous ces rapports, en effet, sont évidents, soit avec les autres plantes, soit avec le milieu qu'elles habitent, soit avec le sol, avec l'eau, avec la lumière, avec la chaleur, comme avec les insectes, les oiseaux et avec une cause étrangère elle-même. La troisième loi, celle des rapports, existe donc chez les plantes comme chez les animaux.

DOCTEUR. — J'admets, Ariste, que les faits recueillis chez les plantes vous autorisent à établir les trois grandes lois que vous avez formulées pour les faits de l'instinct des animaux ; mais je vous ferai remarquer cependant que ces lois ne nous apprennent rien sur la cause de l'instinct lui-même.

ARISTE. — Souvenez-vous, docteur, qu'une loi n'est qu'une simple formule qui exprime une série de faits analogues ou semblables ; que tous ces faits ne sont que des effets, et que des effets semblables montrent une cause semblable ; car l'effet convenablement interprété montre sa cause. Or, quelle peut être la cause que nous montrent tous ces faits de conservation des individus et des espèces, sinon une cause intelligente, sage et prévoyante ? Quelle peut être la cause des rapports harmonieux établis entre tous les êtres, sinon une cause ordonnatrice qui a tout disposé en vue d'une fin ? En tout cas, il est évident que pour intervenir chez tous, cette cause est étrangère à tous. Mais, quant à présent, c'est ce qu'il fallait constater, et c'est ce que je me bornerai à faire, si vous le permettez.

DOCTEUR. — Pourquoi admettre une intervention mystérieuse, quand l'organisme et l'intelligence des êtres suffisent pour tout expliquer ?

ARISTE. — Cela me semble bien difficile à prouver.

DOCTEUR. — Si vous le permettez, Ariste, je compte pouvoir vous le démontrer, en vous prouvant avant tout que l'organisme lui-même est le principal instrument de l'instinct.

ARISTE. — Faites, docteur.

DOCTEUR. — N'est-il pas évident qu'au premier aspect on peut distinguer un animal carnivore d'un herbivore, et dire par cela même le genre d'instinct qui le dirige ? que dans chaque organisme, tout concourt, tout consent, tout conspire et se prête un

mutuel appui? que toujours les organes de locomotion et de
préhension sont en rapport avec les sens et ceux-ci avec les
besoins? N'est-il pas constant que l'instinct change avec l'organisation ; qu'à l'état de têtard, la grenouille, par exemple, est
herbivove, tandis qu'elle devient carnivore à l'état de développement complet ; que l'hydropile, à l'état de larve, massacre et
dévore tous les jeunes animaux, et qu'en perdant ses larges mandibules et en revêtant des yeux et des antennes, elle devient un
herbivore des plus innocents ; que le papillon, à l'état de chenille,
consomme des quantités énormes de plantes, tandis que quand
des ailes et une trompe lui sont poussées, il se contente du suc
des fleurs? L'instinct dérive donc de l'organisme, puisqu'il se
modifie et change avec lui.

Ariste. — Mais d'où ferez-vous partir l'impulsion qui dirige
l'instinct?

Docteur. — Cette impulsion a deux causes bien distinctes qui
partent chacune de l'organisme lui-même. La première émane
de son action : en agissant il dépense, et chaque perte est suivie
du besoin de réparer. La seconde naît d'une condition tout
opposée. Ainsi, au retour de chaque printemps, l'organisme
resté muet dans ses grands appareils pendant la froide saison,
va être surexcité, et ses principales fonctions acquièrent une
activité inusitée. Les testicules se tuméfient, rougissent et
sécrètent une quantité surabondante de liqueur séminale.
« Chez les oiseaux, le testicule se tuméfie tellement à l'époque
de la pariade, que dans le canard, où il n'a ordinairement que
six lignes de long sur deux de large, sa longueur acquiert dix-
huit lignes et sa largeur neuf lignes ; dans le moineau, où son
diamètre ne dépasse pas une demi-ligne, il acquiert six lignes
de long et quatre lignes de large... C'est aussi le fardeau de ce
qu'elle porte, qui agit sur le sentiment de la femelle ; l'ovaire
gorgé distend le corps et comprime les viscères. L'instinct de la
copulation se montrera donc également chez le mâle et la femelle
sous la forme de penchant à l'exonération. L'anus s'agrandit
chez les poissons, ses bords se tuméfient et deviennent rouges...
L'animal ressent un besoin au dedans de lui-même ; en satisfai-
sant à ce besoin, dans son propre intérêt, il accomplit un acte
qui satisfait à l'espèce... sans conscience... est dominé par un
sentiment vague d'impulsion qui émane de l'organisation. »
(Burdach, *Ouv. cité*, p. 17-21.)

L'oiseau pond et couve; voilà un trait merveilleux d'amour maternel, disent les philosophes! Nullement. Il ne s'agit que d'une modification survenue dans son organisation. Les oiseaux, en effet, sont dotés d'un plexus vasculaire sous la peau de l'abdomen où le sang afflue pendant la ponte au point souvent de les exciter à en détacher les plumes, tant la chaleur les incommode : c'est le *plexus incubateur* qui s'est développé. Qu'il s'anime encore et se congestionne, il va s'échauffer, et l'oiseau ira chercher sur ses œufs une sensation rafraîchissante qui le soulage ; quand ceux-ci s'échauffent, il les retourne pour se rafraîchir de nouveau; en les aérant ainsi, il leur procure sans doute des conditions plus utiles à leur éclosion, mais il n'use de ce procédé que par la satisfaction qu'il lui procure. (*Dict. d'hist. nat.* de D'ORBIGNY.) C'est ainsi que les conditions mécaniques, physiques ou chimiques de l'organisme deviennent les causes naturelles de l'instinct.

Vous ne contesterez pas non plus que tous les animaux ne soient doués de quelque intelligence. Comme l'a fort bien dit G. Leroy, « les animaux réunissent tous les caractères de l'in-
« telligence : ils sentent, puisqu'ils ont les signes évidents de la
« douleur et du plaisir; ils se souviennent, puisqu'ils évitent ce
« qui leur a nui et recherchent ce qui leur a plu; ils comparent
« et jugent, puisqu'ils hésitent et choisissent; ils réfléchissent
« sur leurs actes, puisque l'expérience les instruit, et que des
« expériences répétées rectifient leurs premiers jugements ».
(Georg. LEROY, *Lettres philosophiques sur l'intelligence et la perfectibilité des animaux,* VIIᵉ lett. Paris, 1802, p. 144 et suivantes.) Or, dès qu'ils reçoivent par les sens des impressions semblables à celles que nous recevons nous-mêmes, qu'ils en conservent des traces dans leur intelligence comme nous dans la nôtre, qu'ils les associent, les combinent, en tirent des rapports et en déduisent des jugements, il nous faut bien conclure qu'ils ont de l'intelligence, puisque ces opérations ne sont produites chez nous que par elle seule, dit encore G. Leroy.

ARISTE. — Ne croyez-vous pas que ce soit dépasser le but que d'attribuer l'intelligence à tous les animaux?

DOCTEUR. — Par cela seul qu'on ne l'a pas observée chez tous, il ne s'ensuit pas qu'elle leur manque. Ainsi, M. de Quatrefages lui-même croit en avoir découvert des traces manifestes jusque chez les annélides, chez les mollusques et même chez les zoophytes. « Malgré le rang inférieur qu'ils occupent dans le règne animal, dit-il, on ne peut nier qu'ils ne possèdent jusqu'à un certain point la conscience de leur individu et la connaissance du monde extérieur; qu'ils saisissent certains rapports entre ces deux termes; qu'ils modifient leur volonté et coordonnent leurs mouvements en vertu de ces rapports. Or, ajoute-t-il, saisir des rapports, en tirer une conséquence qui se traduit par des actes, c'est évidemment raisonner. » (*Unité de l'espèce,* p. 12.) M. E. Blanchard en a recueilli lui-même des preuves évidentes chez les insectes. « Pour l'exécution d'un travail, dit-il, des obstacles surviennent, des accidents se produisent; l'individu tourne l'obstacle, il choisit le meilleur endroit pour l'établissement de sa demeure, il pare à l'accident, il se met en garde contre le danger. Parfois, gagné par la paresse, au lieu de construire un nid, il prend possession d'un vieux nid et le répare. L'insecte, que l'on veut supposer agissant à la manière d'une machine, donne à chaque instant la pensée qu'il se rend compte de la situation où il se trouve placé, et cela dans une foule de circonstances fortuites, et par conséquent impossibles à prévoir. » (*Ouv. cité,* p. 9). Combien de traits d'intelligence Réaumur n'a-t-il pas consignés dans son remarquable ouvrage? C'est une abeille maçonne, par exemple, qui construit son nid sur les murailles exposées au midi avec du gravier et de la terre mélangés; elle exerce un rude travail, mais elle ne le construit pas à l'aide du seul instinct, car il n'est pas toujours commencé, continué et terminé de la même manière. Elle répare parfois un nid délabré, au contraire, et alors enlève les coques abandonnées, le dépouille de leurs nymphes et bouche ses crevasses. Elle s'épargne évidemment, dans ce cas, une plus rude besogne; mais en se bornant à réparer une masure, elle témoigne évidemment de facultés tout autres que celles de l'instinct.

L'abeille, qui laisse vivre les mâles dans sa ruche tant que la provision est abondante et qui les tue quand la disette la menace ; celle qui, après la perte d'une reine, en fabrique une autre avec des larves d'ouvrières, en agrandissant ses alvéoles et en lui fournissant une nourriture spéciale, ne montre-t-elle pas une intelligence supérieure à celle de l'homme lui-même? celles qui tuent la limace ou le colimaçon et l'embaument avec le propolis, ne montrent-elles pas une grande prévoyance? Le bourdon qui, ne pouvant atteindre le nectaire au fond des corolles trop longues, les entaille dans leur partie inférieure, pour l'aspirer avec sa trompe écourtée, le fait-il sans intelligence? La fauvette couturière, « cette charmante espèce exotique, dit M. Pouchet, qui prend deux feuilles d'arbre très-allongées, lancéolées, et en coud exactement les bords en surjet, à l'aide d'un brin d'herbe flexible, en guise de fil, et dont, après cela, la femelle remplit de coton l'espèce de petit sac que forment ces feuilles et dépose sa progéniture sur ce lit moelleux que berce doucement le plus léger souffle du vent » (*Univers*, p. 240), peut-elle y réussir sans intelligence? L'auteur affirme avoir vu plusieurs spécimens de ce nid au Musée britannique et dit qu'il est un véritable chef-d'œuvre d'intelligence.

Ces faits ne conduisent-ils pas à considérer les machines automatiques de Descartes et de Buffon sous un aspect bien différent de celui où ils les ont présentées? Gardez-vous de croire cependant que G. Leroy et MM. de Quatrefages et Blanchard soient les seuls auteurs qui aient constaté que les animaux ont de l'intelligence. Un grand nombre d'observateurs, de naturalistes et de philosophes, anciens et modernes, l'admettent comme eux. Aristote reconnaissait déjà que les animaux ont un degré d'intelligence plus ou moins developpé selon les espèces (*Histoire des animaux*, traduite par Camus, liv. VIII, p. 451 et suivantes); Michel Montaigne les appelait « ses confrères et compaignons », et concluait de l'analogie de leurs actes avec les nôtres de pareils effets à pareille cause (liv. II, ch. XII); Locke convient qu'ils raisonnent en certaines rencontres sur des idées particulières, mais non sur des abstractions (*Essais philosophiques sur l'entendement humain*, liv. II, ch. XI); Leibnitz leur accorde aussi une ombre de sentiment, de perception, de mémoire, d'imagination, de raisonnement, et une façon d'agir empirique basée sur des faits et des exemples peu différents de ceux de l'homme (*Nouveaux Essais sur l'entendement humain*, Avant-Propos, liv. I); Réaumur surtout a fort exalté l'intelligence des abeilles, leur art merveilleux de construire, d'amasser, etc. Mais il serait facile « d'en citer bien d'autres, dit M. de Quatrefages... Il suffit de rappeler que jusque chez les plus dégradés, aussi longtemps que par leur taille et leur nature ils se prêtent à l'observation, à l'expérience, on peut retrouver la trace des facultés fondamentales dont l'ensemble constitue l'intelligence humaine elle-même. » (*Ouvrage cité*, p. 18.)

Quelle case restera donc vide parmi toutes celles que je viens d'énumérer, pour y loger les faits de l'instinct? Comment! voici un animal qui, excité par le besoin, voit ce qui lui convient, se meut pour l'atteindre, le saisit s'il lui plaît, le refuse s'il lui a nui, mais qui tient toujours compte, en pareil cas, de l'expérience acquise ou de l'exemple de ses parents; chez lequel, en un mot, quand ses actions ne sont pas produites par des réactions purement organiques comme celles que j'ai citées, elles sont toujours guidées par la perception la plus vive, la logique la plus rigoureuse, la prévoyance la plus ingénieuse et la plus sûre; et tout cela ne serait pas de l'intelligence?

Ariste. — Si, docteur; tout cela est de l'intelligence. Vous avez fort bien établi que certains animaux en sont doués, ce que d'ailleurs personne ne conteste plus aujourd'hui. Mais à côté des opinions de Descartes et de Buffon qui considéraient les animaux comme de pures machines, et celles de Condillac et de Dupont de Nemours qui, comme vous, font dériver tous leurs actes de l'intelligence, il existe un tout autre ordre de faits que vous n'avez ni soulevés ni discutés; ce sont ceux de l'instinct. Or, cet ordre existe au même titre que celui qui embrasse les faits de l'intelligence; et tant que vous n'aurez pu les ramener l'un à l'autre et leur assigner une même origine, tant que vous n'aurez pu identifier les faits spontanés, fatals, nécessaires, qui commencent, se continuent et s'achèvent toujours de même, qui n'ont jamais changé, qui ne se sont pas perfectionnés avec les siècles, comme sont tous ceux que je vous ai cités; tant que vous n'aurez pu les identifier, disais-je, avec les faits électifs, facultatifs, choisis, comme sont ceux de l'intelligence, vous n'aurez réussi à démontrer qu'une seule chose : c'est que les animaux ont non-seulement de l'instinct, mais aussi quelque intelligence, et que ces deux ordres de faits dérivent nécessairement de deux facultés également primordiales, mais essentiellement distinctes.

Et encore, vous avez passé entièrement sous silence tous les faits instinctifs de l'un des deux grands règnes de la nature : vous n'avez rien dit de l'instinct des plantes, qui cependant se manifeste d'une manière aussi évidente que celui des animaux; qu'en ferez-vous et comment les expliquerez-vous?

Direz-vous aussi que les plantes ont de l'intelligence parce qu'il y a de la pensée dans tout ce qu'elles font, que tous leurs actes poursuivent un but déterminé, que les moyens qu'elles emploient sont parfaitement choisis et toujours bien adaptés à leur fin? Oserez-vous dire qu'elles jugent et raisonnent, parce que beaucoup de leurs actes sont marqués au coin de la prévoyance aussi?

DOCTEUR. — Il est impossible d'accorder l'intelligence aux plantes, Ariste.

ARISTE. — Cependant tous leurs actes sont semblables à ceux des animaux, et si vous admettez l'intelligence chez ceux-ci, pourquoi la refuser aux autres? Deux effets semblables ne peuvent avoir une cause différente. Cette considération ne vous conduira-t-elle pas à admettre que la cause qui opère dans les uns opère aussi dans les autres, et qu'il y a lieu par conséquent d'en rabattre beaucoup dans les explications que vous nous avez fournies sur l'intelligence des animaux, qui eux-mêmes « *pensent sans le savoir* », comme dit M. L. Piesse, dont l'intelligence est comme « fascinée par son objet et aliénée d'elle-même », comme en convient M. Ravaisson?

DOCTEUR. — Quelle différence établissez-vous donc entre l'intelligence et l'instinct?

ARISTE. — « Toute action instinctive est essentiellement « dépourvue d'intelligence », ainsi que l'a démontré F. Cuvier. (*Dictionnaire des sciences naturelles*, art. *Instinct.*) « Ainsi fait « l'enfant qui tette en venant au monde, sans l'avoir appris, « sans avoir pu l'apprendre. C'est par instinct que le chien « enfouit dans la terre les restes de son repas, que le lapin « creuse un terrier. Toutes ces actions sont aveugles, nécessaires; « et dans tout ce qu'elles ont d'essentiel, elles sont toutes inva- « riables. » (FLOURENS, *l'Instinct*, p. 66.) — « Le fait de teter, « dit Flourens ailleurs, est un fait de pur instinct. Les petits de « certains animaux, rapprochés des mamelles, tettent même « avant d'être entièrement sortis du sein de leur mère. » (*Ouvrage cité*, p. 127.) — « L'opposition la plus complète sépare donc « l'instinct de l'intelligence. » En effet, « tout dans l'instinct est « aveugle, nécessaire et invariable; — tout dans l'intelligence « est électif, conditionnel et modifiable; — tout dans l'instinct « est inné : le castor bâtit, maîtrisé par une force constante et « irrésistible; — tout dans l'instinct est particulier. Cette indus- « trie si admirable que le castor met à bâtir sa cabane, il ne « peut l'employer qu'à bâtir sa cabane; — et tout dans l'intelli- « gence est général : car cette même flexibilité d'attention et de

« conception que le chien met à obéir, il pourrait s'en servir
« pour faire toute autre chose. » (FLOURENS, *Ouvrage cité*, p. 52).

DOCTEUR. — Je ne sais si vous vous en êtes aperçu, Ariste,
mais il est évident que vous vous rapprochez beaucoup de la
thèse que je soutenais, en confondant l'instinct avec les actes
réflexes et même avec les simples fonctions organiques.

ARISTE. — Dès que toutes ces fonctions, comme celles de
l'instinct, sont primordiales, innées, aveugles, fatales, nécessaires ; dès qu'elles s'accomplissent du premier coup sans avoir
rien appris ; que toutes s'exercent sous une impulsion suscitée par
un besoin ; que toutes se font sans connaissance des instruments
ni des moyens employés, ni du but à atteindre ; enfin, dès qu'elles
concourent toutes à la conservation de l'individu et de l'espèce,
il me semble manifeste qu'elles ne font qu'un avec l'instinct, dont
elles constituent tout au plus un ordre à part. Quelques philosophes, il est vrai, ont tenté de les en distinguer en invoquant
la spontanéité comme caractère spécial de l'instinct ; mais quelle
différence essentielle trouve-t-on entre le besoin de respirer, qui
pousse à accomplir cette fonction, et la faim, qui pousse l'animal
à saisir sa proie et à la dévorer pour s'en rassasier ? Les
moyens diffèrent sans doute, mais le but est le même ; quelle
différence peut-on trouver entre l'instinct de propagation, qui
reçoit son impulsion du trop-plein des organes génitaux, et le
besoin qui pousse à s'exonérer du trop-plein de la vessie ou de
l'intestin ? L'impulsion initiale est diverse, les moyens différents, mais le but est le même, et c'est lui seul qui caractérise
l'instinct. Quant à la perfection des actes, il est évident qu'elle
est la conséquence de la parfaite adaptation des instruments qui
doivent les accomplir, que leurs fins diverses dérivent de la
diversité des instruments, qui chacun sont disposés pour effectuer telle mission déterminée, et non pour toute autre fonction.
Ce qui explique fort bien pourquoi les abeilles d'Aristote et de
Virgile usaient, de leur temps, de la même industrie que les
abeilles de nos jours, et pourquoi Virgile et Aristote eux-mêmes
ne pouvaient respirer et digérer autrement que nous faisons
maintenant.

DOCTEUR. — Je vois avec plaisir, Ariste, que vous revenez aux
idées que je soutenais : c'est que l'organisme est le principal
instrument de l'instinct.

ARISTE. — L'organisme, assurément ; mais non l'intelligence.

Car, de même qu'on ne peut digérer par le cerveau, on ne peut penser par l'estomac; et tant qu'on admettra qu'il y a quelque différence entre la bête et l'homme, entre l'esprit et la chair, il faudra bien en admettre aussi entre l'intelligence et l'instinct.

Docteur. — Mais puisque vous admettez que l'organisme explique les actes de l'instinct, pourquoi faire intervenir cette cause étrangère et mystérieuse dont rien ne révèle la présence?

Ariste. — Qui a fait cet organisme et l'a disposé avec tant de précision, pour accomplir tous les actes de l'instinct? Est-ce d'elle-même que la plante s'est faite plante plutôt que sphex ou grillon? est-ce le milieu ou les forces naturelles qui ont produit tous ces êtres où tout est si bien ajusté à sa fin, où tout se coordonne si exactement au but qu'il faut atteindre? Qui a donné au sphex, par exemple, l'audace qui le fait s'attaquer à un animal plus fort que lui? qui l'a conduit à choisir le seul point où sa victime pouvait être atteinte par son dard vénéneux? qui a dirigé celui-ci vers le ganglion central qui anime tous ses mouvements? qui lui a appris que cette piqûre allait le plonger dans une léthargie qui, sans le tuer, assurerait du même coup son immobilité, sa conservation et une nourriture fraîche à ses petits qui ne devaient éclore que dix à douze jours après? enfin, qui a suscité cet acte de prévoyance envers des enfants qu'il ne verra pas, et le choix d'une nourriture animale qui leur est nécessaire, quand lui-même ne se nourrit que du suc des fleurs?

Est-ce son organisme, lui, qui ignore toutes choses, qui a pu composer une œuvre qui atteste la science la plus précise et la plus élevée? est-ce son intelligence qui n'a rien appris, qui a su choisir avec tant de précision le seul point vulnérable? est-ce son instinct aveugle qui a pu pénétrer jusqu'au centre caché de sa proie, jusqu'au ganglion qui anime toute sa machine? sont-ce enfin le milieu ou les causes naturelles qui agissent toujours fatalement et nécessairement, qui ont conduit l'animal à accomplir un acte qui atteste tant d'intelligence, d'art, de science et de prévoyance?

Oui, il y a quelque chose au-dessus de l'organisme, c'est ce qui l'a fait; oui, il y a quelque chose au-dessus de l'intelligence que nous admirons dans les actes de l'instinct, c'est le principe qui les lui a communiqués; oui, il y a quelque chose au-dessus du milieu et des forces physiques, c'est ce qui les a produits et ce qui a établi leurs rapports; oui, il y a quelque chose au-dessus de tout ce que nous voyons, c'est la cause qui a fait chacun ce qu'il est et comme il est, qui a donné aux animaux ces instruments de travail, de défense, de protection et de combat; qui suscite chez chacun d'eux la production de ces œuvres d'art, de ces constructions charmantes, telles que le tissage de ces vêtements dont l'homme ne peut imiter la perfection; qui suscite tous ces actes qui attestent chacun qu'ils sont le résultat de décisions précises, qui témoignent d'une grande perspicacité, d'un art et d'une industrie étonnante, d'une prévoyance qui ne laisse rien au hasard, d'une pratique qui choisit tout avec sagesse et d'une perfection où rien ne manque. Assurément il y a quelque chose au-dessus de l'instinct, c'est ce qui l'a établi, c'est ce qui le dirige et communique à ses œuvres les perfections qu'on y voit. Car, quand on peut constater que l'être qui suit ses impulsions n'a rien appris et ne sait rien lui-même, et qu'on découvre dans ses œuvres des dispositions qui attestent de la science, de la sagesse et de la prévoyance, il faut bien remonter à une cause étrangère pour en découvrir l'origine. C'est donc jusqu'à elle qu'il faut s'élever pour atteindre la véritable cause qui a communiqué à l'œuvre ce qu'on y voit.

DOCTEUR. — Quelle est donc cette autre cause, Ariste?

ARISTE. — D'autres notions sont encore nécessaires pour la mettre en évidence. Permettez-moi seulement, pour l'instant, de résumer les principaux faits de l'instinct et de les grouper par séries analogues pour en formuler les lois, puis de demander à celles-ci qu'elles nous montrent les causes qui les ont produites.

Lois et causes de l'instinct.

I. — Lois de l'instinct :

Première loi. — L'instinct se manifeste chez tous les êtres organisés vivants, chez les végétaux comme chez les animaux.

Deuxième loi. — Il est inné et produit des actes même avant la naissance.

Troisième loi. — Ses manifestations semblent le produit d'un mode d'activité spontané de la vie.

Quatrième loi. — L'instinct pousse tous les êtres à se conserver.

Cinquième loi. — Il les conduit à propager leur espèce.

Sixième loi. — Il les dirige dans leurs rapports avec les êtres qui les entourent et avec le milieu qu'ils habitent.

Septième loi. — Tous les actes de l'instinct sont automatiques, spontanés, prime-sautiers, exécutés à propos, vite, bien et réussis d'emblée, bien que l'être qui les produit n'ait rien appris, ne sache rien, ignore les moyens qu'il emploie et le but qu'ils doivent atteindre; car toutes ses impulsions sont aveugles, fatales et nécessaires.

Huitième loi. — Malgré cette ignorance, un grand nombre des actes et des œuvres de l'instinct attestent beaucoup d'intelligence, de science, d'art, de sagesse, de prévoyance, et même des perfections de l'ordre le plus élevé.

II. — Causes montrées par les lois de l'instinct :

Première cause. — Les principaux actes de l'instinct, étant communs à tous les êtres, montrent qu'une cause commune a présidé à son établissement.

Deuxième cause. — Ceux qui sont innés montrent que cette cause les a préparés avant leur naissance.

Troisième cause. — Son origine et ses analogies avec la vie montrent qu'il n'est qu'un mode d'activité spéciale de celle-ci.

Quatrième cause. — Tous ses faits de conservation montrent beaucoup d'intelligence, de science, d'art, d'invention, d'industrie et de prévoyance.

Cinquième cause. — Ses faits de propagation montrent une grande sagesse.

Sixième cause. — Ses faits de rapports montrent une prescience, des ressources et une prévoyance qui ne laissent rien au hasard.

Septième cause. — Tous ses actes étant accomplis à propos, vite, bien et réussis d'emblée, montrent l'intervention d'une cause sage qu'on ne peut découvrir dans un être aveugle et ignorant.

Huitième cause. — L'intelligence, la science, l'art, la sagesse, la prévoyance et les perfections qui se voient dans ses œuvres, montrent l'intervention d'une cause de l'ordre le plus élevé.

En résumé, quand on considère les faits de l'instinct dans leur ensemble, on y découvre deux ordres d'effets essentiellement distincts :

Les premiers montrent, dans l'agent qui les produit, une cause ignorante, aveugle et nécessaire; les seconds, au contraire, montrent une cause intelligente, sciente, pleine d'art, d'invention, d'industrie, de sagesse et de prévoyance.

Ces lois montrent donc deux causes distinctes : une *cause seconde,* et une *cause supérieure.*

CHAPITRE VI

LA NATURE : PHÉNOMÈNES, LOIS ET CAUSES.

> « De bien grands problèmes s'agitent aujourd'hui et tiennent tous les esprits
> « en éveil : unité ou multiplicité de races; création de l'homme depuis quel-
> « ques mille ans ou depuis quelques milliers de siècles; fixité des espèces, ou
> « transformation lente et progressive des espèces les unes dans les autres; la
> « matière réputée éternelle; en dehors d'elle le néant; l'idée de Dieu inutile.
> « Voilà quelques-unes des questions livrées de nos jours aux disputes des
> « hommes. » (M. PASTEUR.)
> « Selon le chantre de la nature des choses, le vide et les atomes composent
> « l'univers. Le vide est son laboratoire, les atomes ses ouvriers, ses ingénieurs,
> « ses architectes... Les éléments incolores et insensibles, dans leurs chutes per-
> « pendiculaires, dans leurs déclinaisons accidentelles, dans leurs divers rappro-
> « chements, ont produit tous les êtres vivants, le monde tel que nous le voyons,
> « les astres lumineux, les fleurs et les océans, les végétaux, les animaux et
> « l'homme. » (Xav. MARMIER.)
> Selon Lucrèce, la nature est donc un instrument qui se fait et se joue lui-
> même.
> Selon d'autres, la nature est un tableau interposé entre deux sciences, la
> science divine et la science humaine. Copie à l'égard de la première, elle est un
> exemplaire à l'égard de l'autre. La science humaine qui veut connaître la vérité
> doit la chercher dans la première, et, une fois découverte, la vérité lui fera con-
> naître l'original à travers la copie.

ARISTE. — Tout ce que nous voyons a commencé, docteur. La terre a commencé, les plantes ont commencé, les animaux ont commencé, l'homme lui-même a commencé. Or, tout ce qui commence est un effet, et tout effet a une cause. Quelle est donc cette cause? Nous serait-il donné de la découvrir, elle qui nous serait si précieuse pour connaître la vérité?

DOCTEUR. — S'il est une chose qui me paraît bien démontrée, c'est que nous sommes condamnés à ignorer à jamais l'origine des choses!

ARISTE. — Cependant s'il est une vérité non moins bien démontrée par la géologie et par la paléontologie, c'est que la vie et les êtres organisés n'ont pas toujours existé sur la terre!

« La vie n'a pas toujours existé sur le globe, dit Cuvier; il est

« facile à l'observateur de reconnaître le point où elle a com-
« mencé à déposer ses produits. » (*Discours sur les révolutions
du globe*, 8ᵉ édit., in-18, p. 24.) Cette terre elle-même fut
d'abord entièrement couverte par les eaux; avant, elle était
constituée par une écorce rocheuse incandescente qui, elle
aussi, avait succédé, dit-on, à un nuage enflammé circulant
dans l'espace.

DOCTEUR. — Cette opinion, je le reconnais, est admise par la
science ; mais comment découvrir l'origine de la vie et des êtres
organisés?

ARISTE. — La vue des vestiges de certains organismes ne
suffirait-elle pas pour vous convaincre que la vie les a animés?

DOCTEUR. — Serait-ce donc chose facile que de s'en assurer?

ARISTE. — Vous avez chassé, docteur; eh bien! que faisiez-
vous alors? Vous cherchiez d'abord les traces du gibier, vous
suiviez sa piste, et quand une fois vous aviez trouvé l'empreinte
de ses pas, vous prononciez à l'instant d'où il venait, où il allait,
et pouviez même affirmer à coup sûr s'il s'agissait d'un cerf ou
d'un sanglier. Vous ne voyiez pas la bête cependant! Qui donc
vous décidait à affirmer, sans la moindre hésitation, qu'elle avait
passé là? La science ne peut-elle user d'un semblable procédé?

DOCTEUR. — Expliquez-vous, Ariste.

ARISTE. — Si je rencontrais des vestiges plus manifestes
encore, qu'aurais-je de plus à faire pour affirmer le passage des
êtres vivants sur la terre? Ne pourrais-je, par exemple, en
découvrant leurs fossiles dans les couches profondes du sol,
prononcer qu'ils ont vécu là, à tel âge relatif du globe?

DOCTEUR. — Parfaitement.

ARISTE. — De telle sorte qu'en explorant successivement la
série des terrains du globe et en descendant des couches les plus
superficielles aux plus profondes, si je rencontrais dans ces
archives du vieux monde des traces évidentes des corps organisés; si, en traversant l'une après l'autre les couches quarte-
naire, tertiaire, secondaire et primaire, j'arrivais à constater
qu'à mesure que je descends de plus en plus profondément ces
débris diminuent proportionnellement, pour se réduire à quelques vestiges de plantes et de coquillages, je n'en pourrais pas
moins affirmer que bien que très-restreinte dans les couches
profondes, la vie y existait déjà. Ne pourrais-je même aller un
peu au delà? Si je venais à découvrir sur d'anciennes plages de

ce vieux monde les empreintes de ses habitants, que le limon apporté par les flots a recouvertes et que le temps a durcies en le transformant en schiste, en grès ou en roche, ne pourrais-je aujourd'hui, en retrouvant la trace de ces empreintes d'un instant, mais encore lisiblement gravées sous la forme de pas de vertébrés, de chemins tracés par des crustacés, des vers ou des mollusques, par de simples marques imprimées par des gouttes de pluie, ou même par des rides soulevées par de fortes rafales de vent ; ne pourrais-je affirmer, avec É. Reclus, que ces traces redisent encore à la science qui les interroge aujourd'hui quels étaient les témoins de cet âge et, jusqu'à un certain point, ce que pouvaient être les relations qu'ils avaient entre eux? Puis, en voyant ces empreintes diminuer peu à peu, et finir par disparaître sur la dernière couche du globe, sur cette masse de gneiss et de granit qui forme la base des autres et qui entoure la terre de tous côtés, ne pourrais-je même affirmer qu'alors que seule cette couche formait son écorce, nul être ne l'occupait, et que sa surface était aride et nue?

DOCTEUR. — Vous le pouvez, Ariste ; car en cela du moins, vous êtes d'accord avec la géologie et la paléontologie.

ARISTE. — Ajoutez même avec la raison, docteur ; car, avant tout, il fallait un sol aux graines pour s'y fixer, y germer et végéter ; il fallait des plantes pour nourrir les herbivores, des herbivores pour nourrir les carnassiers.

DOCTEUR. — Je dirai donc, si vous y tenez, que vos inductions sont d'accord avec l'expérience et la raison.

ARISTE. — Croyez-vous, docteur, que ces inductions soient les seules que la science puisse déduire des faits de ces premiers âges du globe?

DOCTEUR. — Où voulez-vous donc en venir, Ariste?

ARISTE. — Le voici, docteur. En traversant chacune de ces couches successives, on arrive toujours à en découvrir une dernière qui est la même partout et qu'on considère comme la plus ancienne de toutes. Celle-ci, comme je le disais, est évidemment antérieure à tous les êtres organisés, puisqu'elle n'en offre aucune trace. Eh bien ! ne pourrions-nous interroger cette vieille couche d'un autre point de vue, et lui demander si elle ne porte pas l'empreinte elle-même, sinon d'êtres organisés, du moins celle de l'action des forces naturelles, afin de savoir si celles-ci ont existé en même temps qu'elle?

DOCTEUR. — A quoi bon, Ariste?

ARISTE. — Tous les faits ont leur importance; mais, entre tous, ceux de ce premier âge en particulier.

DOCTEUR. — Quelles connaissances peuvent-ils vous fournir?

ARISTE. — Peut-être! Ainsi, ne suffirait-il pas de comparer plusieurs éléments semblables de cette couche du globe avec ceux par exemple qui, comme certaines roches, sont demeurés dans ses profondeurs, et celles-ci avec celles qui en sont émergées pour former quelques-unes des hautes montagnes qui couronnent sa surface; ne suffirait-il pas, disais-je, de les comparer entre elles, pour apercevoir tout de suite quelle a été l'action des forces physiques sur les parties qui y étaient exposées, et en quoi elles les ont modifiées?

DOCTEUR. — Peut-être?

ARISTE. — Si nous arrivions à constater, par exemple, que les roches de carbonate et de phosphate de chaux, qui les constituent les unes et les autres, sont absolument semblables, ne serions-nous pas en droit de conclure que les forces physiques qui n'ont agi que sur l'une d'elles, sont impuissantes à les modifier, puisqu'elles n'ont exercé aucune action sur elles? Nous pourrions ainsi affirmer après l'avoir constaté, qu'aussi loin qu'il nous est donné de le découvrir, le monde matériel n'a pas changé depuis son origine, quant à la nature de ses matériaux, et cela, quelle qu'ait été l'action des révolutions et des forces naturelles qui ont agi sur lui?

DOCTEUR. — Mais qui vous atteste l'existence des forces naturelles pendant ce premier âge de la terre?

ARISTE. — Les traces qu'elles ont laissées dans cet ancien monde. Ainsi la foudre l'a sillonné alors comme elle le fait aujourd'hui; elle a réduit des composés métalliques et certains minerais en filons ou sous forme de cristaux; elle a transporté telle roche d'un point sur un autre, pénétré des masses de sable en y creusant des sillons et des canaux étroits, irréguliers, en zigzags souvent très-profonds, et dont les parois sont consolidées par la fusion du quartz même, comme elle le fait encore aujourd'hui. Quels que soient les lieux où on les découvre, les traces de la foudre sont identiques, et ressemblent à celles qui se produisent maintenant encore dans le premier laboratoire de physique venu.

Vous vous souvenez de ces plissements produits par le vent

dans le limon durci depuis, de ces creusements évidemment forés par la chute des gouttes de pluie? Toutes ces empreintes elles-mêmes ne diffèrent nullement de celles que nous voyons se produire aujourd'hui. Ce vieux monde, interrogé ainsi par la science, ne semble-t-il pas ressusciter sous nos yeux et prendre lui-même la parole, pour nous raconter son passé?

Docteur. — Pour nous dire, par exemple, que pendant sa durée il ventait, il pleuvait et il tonnait comme aujourd'hui?

Ariste. — Son affirmation ne vous semblerait-elle pas naturelle, docteur?

Docteur. — Pardon, Ariste; elle me paraît, au contraire, bien établie par les faits que vous venez de citer.

Ariste. — Ne serait-il pas aussi naturel d'admettre que s'il pleuvait alors, c'est qu'il y avait des nuages comme aujourd'hui; que s'il y avait des nuages, c'est parce que l'eau couvrait la terre, que le soleil luisait sur elle et produisait son évaporation; que si le soleil luisait, ses rayons échauffaient aussi l'air qu'ils traversaient; que cet air échauffé et dilaté s'élevait, devenu alors plus léger; qu'en montant au-dessus des couches inférieures, il établissait un vide relatif où les couches voisines venaient se précipiter, d'où les vents et les orages qui se produisaient alors comme aujourd'hui?

Docteur. — Soit, Ariste, mais qu'en concluez-vous?

Ariste. — C'est qu'alors non-seulement la matière, mais les agents physiques, étaient les mêmes qu'aujourd'hui, et que ni les uns ni les autres n'ont varié dans leurs propriétés et leurs effets; que, de plus, la pesanteur, l'électricité, les affinités chimiques, et toutes les forces naturelles qui existaient déjà, sont demeurées les mêmes; que leur mode d'action et les combinaisons étaient identiques avec celles que nous leur voyons produire aujourd'hui.....

Docteur. — Enfin, où voulez-vous donc en venir?

Ariste. — A conclure ceci : c'est qu'alors, pas plus qu'aujourd'hui, bien qu'elles aient agi pendant une longue série de siècles sur la matière, les forces physiques n'ont pu produire un seul être organisé!

Mais quittons ces temps antiques pour jeter un coup d'œil sur le présent. Quelles différences! Alors la terre était vide et nue, maintenant nous la voyons animée par des myriades d'êtres organisés; la vie circule partout : air, eau, mer et sol, tout est vivifié par elle!

Un grand fait s'est donc accompli entre ces deux époques; et ce fait, c'est l'apparition des êtres vivants sur le globe!

DOCTEUR. — C'est évident.

ARISTE. — Depuis cette apparition, nous l'avons constaté, toujours une génération succède à une génération, la vie succède à la vie, qui, elle, se transmet et se continue du parent au germe, et de ce germe à la plante ou à l'animal qui en procède; et cela, sans scission, sans interruption, et dans une suite d'individus qui l'ont perpétuée depuis sa première apparition jusqu'à nous. De telle sorte que si nous voulions la suivre, il nous faudrait remonter avec elle à travers les générations qui ont précédé celles que nous voyons, pour nous arrêter invinciblement devant un début fatal, celui où a paru un premier être ou un premier couple qui, le premier aussi, l'a occupée. Mais celui-ci ne pouvait avoir d'ancêtres, puisque avant lui la terre était déserte et inanimée!

Quel est donc le parent de ce premier ancêtre ou de ce premier couple? Qui l'a produit?

DOCTEUR. — Il ne pouvait sortir évidemment que de ce qui était avant lui, Ariste; mais, vous-même, n'avez-vous pas déjà résolu ce problème, en montrant que le végétal sort du minéral dans lequel il puise tous ses matériaux, de même que celui-ci fournit tous ceux des animaux?

ARISTE. — Vous admettez donc une vertu procréatrice dans les éléments de la terre, docteur?

DOCTEUR. — Pourquoi pas, et surtout pourquoi ne pas tenir un grand compte du milieu où ils sont nés, de l'action des forces naturelles, et peut-être, que sais-je? de quelque cause fortuite ou de quelque heureux hasard qui ont pu y concourir et y coopérer?

ARISTE. — J'y vois de grandes difficultés. D'abord nous avons constaté que les forces naturelles ont agi sur la terre pendant une longue suite de siècles et qu'elles n'ont rien produit; nous les voyons encore agir aujourd'hui sans rien produire. Votre milieu existait alors aussi comme aujourd'hui, et ni par lui-même, ni par son concours avec les forces naturelles, il n'a jamais rien produit. Ferez-vous sortir les végétaux des minéraux, vous serez forcé d'admettre que le végétal se développera dans la terre comme l'œuf dans le sein maternel; remarquez toutefois que l'œuf existe dans ce dernier cas! Par quoi le remplacerezvous? Passons sur cette difficulté. Mais, dites-moi, comment ce végétal arrivera-t-il a produire l'animal et, un certain jour, l'homme lui-même? La venue de celui-ci ne vous causera-t-elle pas aussi quelque embarras? Le ferez-vous naître fœtus, enfant ou adulte? Mais, fœtus ou enfant, que deviendra-t-il? Qui le nourrira, le vêtira, le protégera contre les éléments ou les bêtes féroces? Vous le voyez, vous êtes donc forcé de le faire naître adulte et même de le produire de premier jet et tout d'une pièce? Encore serez-vous contraint de lui adjoindre une compagne, car la terre, le milieu et les forces naturelles agissent toujours d'une manière fatale et nécessaire, et ne pourraient le produire mâle et femelle!

DOCTEUR. — N'oubliez pas cependant, Ariste, qu'alors que la terre sortait du chaos, elle était jeune et pouvait être douée d'une fécondité qu'elle a perdue depuis.

ARISTE. — Croyez-vous que les faits vous autorisent à émettre une telle opinion? Quoi! La terre était jeune alors, dites-vous, et elle pouvait être douée d'une vertu créatrice qu'elle a perdue depuis? Mais n'est-ce pas pendant cet âge de sa jeunesse et de sa fécondité qu'elle se bornait à produire des fucus, des varechs, des coquillages et quelques poissons rudimentaires seulement? Plus vieille, ajoutez-vous, elle a perdu sa fécondité et sa vertu créatrice! Comme si ce n'était pas seulement dans les couches de sa maturité qu'on commence à rencontrer les premiers vestiges de plantes, d'oiseaux et de quadrupèdes d'un ordre plus élevé; et puis quand elle a vieilli davantage encore, qu'on voit apparaître l'homme! N'eût-il pas été plus rationnel d'affirmer, au contraire, qu'à mesure qu'elle vieillissait, elle produisait des êtres de plus en plus parfaits?

Examinons encore un instant ce qu'a pu produire l'action des agents que vous invoquez? Qu'ont déjà répondu les faits allégués pour résoudre cette question? Ils nous ont répondu que tant que les forces naturelles agissaient seules sur les roches de carbonate et de phospate de chaux, ces minéraux n'avaient subi aucune altération. Voyez, au contraire, ce qui s'est passé dès que la vie a paru sur la terre. Elle a transformé aussitôt ces roches en coquilles, en écailles, en carapaces, en corail et en os! La vie est donc plus puissante que les forces naturelles; elle peut donc leur commander, et non sortir d'elles.

Que dire de l'action du milieu lui-même, lui qui, depuis tant de siècles, n'a pu modifier d'une manière sensible la forme des êtres qu'il entoure et qu'il pénètre de tous côtés ; lui qui n'a pu même modifier la forme du hareng, qui reste la même dans les mers des tropiques et dans celles du Nord? Quelle peut-être l'influence de ce milieu sur des êtres différents qui sont nés et se sont développés simultanément dans son sein? Voici, par exemple, « un poisson, un crabe, une moule, qui vivent dans les mêmes eaux, dit Agassiz ; ils devraient avoir les mêmes organes respiratoires, si les éléments dans lesquels ils vivent avaient quelque chose à voir avec les détails de leur organisation. Je ne suppose personne d'assez borné pour imaginer que les mêmes puissances physiques, agissant sur des animaux de types différents, doivent produire pour chacun des organes particuliers, sans s'apercevoir tout de suite qu'une semblable supposition implique l'existence préalable de ces animaux, indépendamment des puissances physiques. » (*De l'espèce,* p. 94.)

Ne peut-on en dire autant de l'action du milieu sur le renard, le chien, le loup et sur l'homme lui-même? Eux aussi se développent dans son sein et se l'assimilent incessamment ; leurs formes varient-elles d'une manière sensible sous l'influence du climat torride de l'Abyssinie et sous la température glaciale de la Sibérie? Ou si parfois elles varient quelque peu sous ces influences, les modifications qu'on peut leur attribuer sont certainement d'un ordre très-secondaire. Et c'est quand ce milieu est sans influence sur les êtres, ou qu'il les modifie à peine, qu'on irait jusqu'à supposer qu'il a pu les former?

Est-il utile d'insister sur le hasard et les causes fortuites? Ce sont des mots magiques, il est vrai, parce qu'ils répondent à tout sans rien expliquer, puisqu'ils ne sont pas des causes. Comment admettre que des rencontres aveugles et sans intention aient agi avec un dessein et un plan suivis, concouru et coopéré à un même but, à une œuvre aussi complexe et aussi compliquée qu'est celle du plus petit des êtres? « Il y a plus de deux cent mille mil-« liards à parier contre un, peut-on affirmer avec Laplace, que « des phénomènes aussi extraordinaires ne sont pas l'effet du « hasard. »

Serait-ce donc quelques rencontres fortuites qui auraient fait naître les plantes marines avant les animaux de la mer ; les plantes terrestres avant les herbivores? Serait-ce le hasard qui maintiendrait l'équilibre constant qui se voit entre les deux grands règnes de la nature ; qui susciterait en plus grand nombre les carnivores quand les herbivores sont en excès? Serait-ce le hasard qui serait chargé d'établir les proportions d'oxygène et d'acide carbonique de l'atmosphère, proportions incessamment détruites et reconstituées, mais toujours exactement proportionnées aux besoins des végétaux et des animaux? Serait-ce pur effet du hasard que la venue de l'homme, arrivé le dernier sur la terre, quand il n'avait besoin de rien moins pour vivre et subsister que de tous les êtres de la création qui l'avaient précédés?

Non, docteur ; quand une telle multitude de coïncidences se tiennent et s'enchaînent, les mots hasard et causes fortuites ne peuvent être invoqués pour expliquer cette suite de rapports ; c'est un tout autre mot qui s'impose à la raison.

Docteur. — Pourquoi ne pas invoquer alors l'action naturelle des atomes et des forces cosmiques pour expliquer avec la science d'aujourd'hui tous ces phénomènes et même ceux de l'évolution?

Ariste. — Quels sont donc les explications de cette nouvelle théorie?

Docteur. — Elle explique par les lois naturelles, l'origine du monde et celle des êtres.

Ariste. — Comment explique-t-elle l'origine des êtres organisés?

Docteur. — Par la génération spontanée, et par une évolution successive dans une suite de transformations progressives qui, par suite d'une gradation ascendante, finit par faire sortir l'homme lui-même des êtres les plus simples.

Ariste. — D'où font-ils sortir les premiers êtres?

Docteur. — John Tyndall les fait sortir des atomes et des forces cosmiques, cause première de toute génération sans parents. « La terre a été autrefois une masse en fusion, dit-il ; nous la trouvons maintenant non-seulement entourée d'une atmosphère et en partie recouverte d'eau, mais encore remplie d'êtres vivants. Comment y sont-ils venus? » La théorie nouvelle « qui reconnaît un lien non interrompu entre le passé et le présent, serait assurément que la terre en fusion contenait en elle-même les éléments de vie qui se sont groupés dans leurs formes actuelles, à mesure que le globe s'est refroidi ;... nous admettons sans hésiter, ajoute-t-il, que la vie végétale et la vie animale (l'homme compris) proviennent de ce que nous appelons la vie inorganique ;... leur substance et celle de la terre ne sont-elles pas identiques? »

(*Disc. prononcé à Belfast* par J. Tyndall, président de l'Association britanniq., trad. et reprod. par la *Revue scientifique hebdomadaire*. 1874.)

Cet auteur admet, en effet, avec G. Bruno, que « la matière n'est nullement cette simple capacité vide que les philosophes ont décrite ; c'est la mère commune de tout ce qui existe ; elle enfante toutes choses comme le fruit de son propre sein », dit-il ; puis il ajoute avec Lucrèce : « Quant aux dieux, ils ne s'en mêlent point. » Telle est bien, en effet, la conviction de Tyndall : « L'idée d'un fabricant d'atomes et d'un faiseur d'âmes, dit-il, nous donne lieu de douter que ceux qui l'ont émise aient jamais bien compris la grandeur du problème dont ils proposent une pareille solution. » (*Ibid.*)

Ariste. — Que met-il donc à la place du faiseur d'âmes?

Docteur. — Il le remplace par d'autres atomes plus subtils qui siégeraient dans quelque lieu éloigné de cet univers sans bornes, « dans le chœur du ciel, où ils constituent une certaine force, familièrement appelée la vie, qui peut être regardée comme l'essence ultime de la matière ». (*Ibid.*)

Ariste. — Comment a-t-il constaté cette force et cette vie dans le chœur du ciel?

Docteur. — Il n'en parle pas.

Ariste. — Ce que la science a parfaitement constaté, c'est que tout être vivant procède d'un germe ; d'où fait-il sortir le premier?

Docteur. — Il « provient, dit-il, du protogène d'Hœckel ». (*Ibid.*)

Ariste. — D'où Hœckel fait-il sortir ce protogène?

Docteur. — Hœckel explique fort bien comment à un moment donné et dans des conditions déterminées, il est apparu spontanément sur le sol comme font certaines inflorescences ou le salpêtre sur les murs. Ainsi, à une époque géologique, l'acide carbonique et la vapeur d'eau alors en excès dans l'atmosphère, ont pu se réunir pour former des hydrates de carbone qui, à leur tour, se seraient combinés avec l'ammoniaque produite par le sol pour constituer ainsi une substance albuminoïde. Cependant Pflüger ayant réfléchi que l'acide carbonique, la vapeur d'eau et l'ammoniaque sont des corps très-stables qui ne peuvent servir que très-difficilement pour former la synthèse d'un corps plus complexe, comme l'albumine, prit, au lieu de l'ammoniaque, le cyanogène pour l'expliquer. Composé de carbone et d'azote et peu stable, il se serait formé lorsque la terre était encore incandescente, et se serait conservé, jusqu'à ce qu'elle fût refroidie, pour lui permettre de se combiner avec des carbures d'hydrogène et l'oxygène de l'eau. Enfin, Hœckel propose encore une explication plus simple selon lui : « Quand l'écorce terrestre fut refroidie, dit-il, quand l'eau s'y fut condensée à l'état liquide, alors apparurent les premiers organismes. En effet, tous les animaux, toutes les plantes, tous les organismes en général sont constitués en grande partie, ou même pour la plus grande partie, par de l'eau à l'état liquide, qui se combine d'une manière spéciale avec les autres matériaux et les maintient à l'état d'agrégats semi-fluides. De ces données... nous pouvons déduire un fait important, dit-il, c'est que la vie a commencé sur la terre à un moment déterminé. » (*Histoire de la création naturelle des êtres organisés d'après les lois naturelles*, trad. par C. Létourneau, 2ᵉ édit., Paris, 1877, p. 289.)

ARISTE. — Tout cela ne m'apprend rien sur l'origine du protogène.

DOCTEUR. — Hœckel nous dit que c'est « par la combinaison du carbone avec trois autres éléments, l'oxygène, l'hydrogène et l'azote, auxquels il faut ajouter le plus souvent le soufre et aussi le phosphore, que naissent ces combinaisons extrêmement impor·tantes, ce premier et indispensable substratum de tous les phénomènes vitaux, je veux parler des composés albuminoïdes (matières protéiques) ». (*Ibid.*, p. 291.)

ARISTE. — Jusqu'ici vous ne nous avez parlé que d'hypothèses pour en expliquer la production ; mais cette production, admise elle-même, ne vous donnerait encore qu'une combinaison sans vie. Qui lui aurait dans ce cas donné la vie? Vous le savez, *omne vivum ex vivo*. Qui donc a opéré cette première combinaison, et lui a donné la vie?

DOCTEUR. — La nature.

ARISTE. — Quels faits en témoignent?

DOCTEUR. — L'origine des monères en offre un fait des plus remarquables. « La plus remarquable peut-être de toutes les monères, dit Hœckel, a été découverte en 1868 par le célèbre zoologiste anglais Huxley, qui l'a appelée *Bathybius Hœckelii*. *Bathybius* signifie « qui vit à de grandes profondeurs ». En effet, cet étonnant organisme se trouve à ces énormes profondeurs océaniennes de quatre mille et de huit mille mètres, que les laborieuses explorations des Anglais nous ont fait connaître dans ces dernières années. Là, parmi un grand nombre de polythalamiens et de radiolaires, peuplant le fin limon de ces abîmes, se trouve une immense quantité de *Bathybius ;* ce sont des grumeaux mucilagineux, les uns de forme arrondie, les autres amorphes, formant parfois des réseaux visqueux, qui recouvrent des fragments de pierre et d'autres objets. Souvent de petits corpuscules calcaires (discolithes, cyatholithes, etc.) englobés dans ces masses de mucosités, en sont vraisemblablement les produits d'excrétion. Le corps entier de ce *Bathybius* si remarquable, ainsi que celui des autres monères, consiste purement et simplement en un plasma sans structure ou protoplasma, c'est-à-dire en un de ces composés carbonés albuminoïdes qui, en se modifiant à l'infini, forment le substratum constant des phénomènes de la vie dans tous les organismes. » (*Ibid.*, p. 165.)

ARISTE. — Qui prouve que ces monères doivent leur origine à une génération spontanée?

DOCTEUR. — Hœckel dit que « chacun de ces organismes se compose uniquement d'un petit grumeau de substance carbonée albuminoïde sans structure... puisque, chez eux, tous les phénomènes de la vie sont accomplis par une seule et même matière homogène et amorphe, *il ne répugne nullement à l'esprit d'attribuer leur origine à une génération spontanée* ». (*Ibid.*, p. 303.)

ARISTE. — Attribuer n'est pas démontrer.

DOCTEUR. — N'oubliez pas, Ariste, que les philosophes et les naturalistes anciens et modernes émettent la même opinion sur les générations spontanées.

ARISTE. — Je voudrais des faits plutôt que des opinions, docteur.

DOCTEUR. — Sans doute, nous ne rencontrerons pas ces faits chez les animaux domestiques, mais en consultant les ouvrages sur l'origine des animaux inférieurs, je pourrais vous citer un grand nombre d'auteurs qui l'admettent.

ARISTE. — Faites, docteur.

DOCTEUR. — Ainsi on voit souvent apparaître des poissons et des batraciens en nombre considérable dans des lieux où l'on n'en avait jamais vu; des myriades de pucerons naissent en quelques heures; des champignons couvrent la terre en une nuit; une multitude innombrable d'êtres microscopiques se développent spontanément dans des liquides à l'abri de l'air et des germes ; les parasites se montrent sous l'écorce du bois, dans les racines, dans les fruits, dans les intestins et jusque dans les profondeurs des chairs, de l'œil et du crâne, etc., où jamais germe n'a été placé.

Où découvrir leurs parents, dans ce cas? Comme le disait Épicure, « la terre est mère commune de tout ce qui y vit. Et « de cette origine, l'homme lui-même n'est pas excepté. » Aristote dit aussi : « Il est des animaux qui sont produits par d'autres « animaux qu'une forme commune place dans le même genre, et « il y en a qui naissent d'eux-mêmes sans être produits par des « animaux semblables. Ceux-ci viennent ou de la terre putréfiée « ou des plantes, comme la plupart des insectes, ou bien ils se « produisent dans les animaux mêmes, des superfluités qui se « trouvent dans différentes parties du corps. » (*Histoire des animaux*, l. V.) Pline n'explique-t-il pas de la même manière la production des larves qui se métamorphosent en mouches, des coléoptères et des papillons? Les poux, selon lui, naissent de la chair, les puces de la fermentation des ordures, la teigne de la laine, les acarus de la cire, etc., par suite d'une génération spontanée.

Diodore de Sicile ne dit-il pas qu'une foule d'animaux sont produits par le limon du Nil échauffé par le soleil ; Plutarque, que le sol d'Égypte produit des rats, fait confirmé par Pline lui-même ; Virgile, que les abeilles sortent du cadavre du bœuf? D'autres auteurs n'assurent-ils pas eux-mêmes que non-seulement la chair corrompue du taureau engendre les abeilles, mais que celle du cheval fournit des guêpes ; celle de l'âne, des scarabées ; celle de l'écrevisse, des scorpions ; celle des canards, des crapauds? etc., etc.

ARISTE. — Voilà bien des opinions, docteur ; mais c'est en vain que j'y cherche un fait qui démontre une véritable génération spontanée?

DOCTEUR. — Leuwenhoeck n'a-t-il pas découvert dans l'eau de pluie des myriades d'êtres animés d'une petitesse extrême, ainsi que dans les eaux où l'on a fait infuser des matières organiques, du poivre ou du foin, par exemple? Ils sont, il est vrai, d'une petitesse extrême, puisque d'après lui mille millions de ces animalcules réunis n'atteindraient pas, dit-il, la grosseur d'un grain de sable! mais enfin ils ont été parfaitement constatés.

ARISTE. — Mais qui vous assure que dans ce cas l'eau n'avait pas été ensemencée par les germes qui flottent dans l'air?

Docteur. — MM. Pouchet et Joly, qui ont repris ces expériences, s'en sont assurés en prenant de l'eau presque bouillante afin de les détruire, et n'en ont pas moins constaté la naissance de générations spontanées dans ces infusions.

Ariste. — Depuis les expériences de Redi, de Swammerdam, de Vallisneri et surtout après celles de M. Pasteur, je ne croyais pas qu'on pût songer à ressusciter cette ancienne erreur. Redi s'est assuré qu'en plaçant des morceaux de viande de veau, de serpent et de petits poissons dans deux bouteilles, dont l'une reste fermée par du papier et l'autre ouverte, leur putréfaction attirait les mouches, qui pondaient leurs œufs sur eux, et ces œufs devenus larves se transformaient bientôt en mouches, tandis que ceux de la bouteille fermée n'en produisaient aucun. Leuwenhoeck a même calculé, à cette occasion, qu'une seule mouche domestique peut produire plus de sept cent mille œufs, ce qui a fait dire à Linné que trois mouches consommaient le cadavre d'un cheval non moins rapidement qu'un lion.

Vallisneri a constaté lui-même que les insectes qui se développent dans les fruits sont les produits d'une génération ordinaire qui a été déposée à l'état d'œufs dans la substance des végétaux, en y pénétrant du dehors à l'état d'œufs ou de larves; Malpighi a vu un cynips piquer la petite feuille d'un bourgeon de chêne avec sa tarière, y introduire son œuf, qui bientôt a produit une noix de galle; Réaumur en a vu d'autres qui introduisaient ainsi leurs œufs non-seulement dans les feuilles, mais encore dans les fruits, les branches, le tronc ou les racines des arbres; il a même surpris un ichneumon en introduisant le sien dans la chenille du chou; enfin de Geer en a même vu qui logeaient leurs œufs dans les œufs d'autres insectes, etc.

Mais M. Pasteur, en réalisant dans ces infusions les deux préceptes de Spallanzani qui consistent à ne laisser rien de vivant dans les infusions et à les placer dans des conditions telles, qu'aucun corpuscule ne puisse s'y introduire du dehors, a toujours prévenu à volonté le développement et la végétation de tous animalcules, même en y introduisant de l'air pur préalablement dépouillé de tout germe, en le faisant passer à travers un tube chauffé au rouge. Cette question, dont les preuves ont été faites devant l'Académie des sciences, est donc définitivement résolue : il n'y a pas de génération spontanée même chez les animalcules infusoires.

Docteur. — D'où ferez-vous donc alors sortir le transformisme?

Ariste. — Qu'entendez-vous par ce mot?

Docteur. — Tous nos auteurs modernes admettent, avec Lamarck, que « les espèces passent de l'une à l'autre par une infinité de transitions, dans le règne animal comme dans le règne végétal »; qu' « en remontant la suite des êtres, on arrive ainsi à un petit nombre de germes primordiaux ou monades, venus par génération spontanée. L'homme ne fait pas exception, ajoute-t-il; il est le résultat de la transformation de certains singes. » (*Philosophie zoologique*, t. I, 1809.)

Ariste. — Quelles preuves donnent-ils de cette transformation?

Docteur. — Pour la démontrer, J. Tyndall dit que « Spencer conduit son argumentation en partant de semblables organismes, et en suivant une gradation toujours ascendante de ces organismes à d'autres qui ne diffèrent des précédents que par une faible nuance de perfectionnement ». (*ibid.*)

Ariste. — Mais une argumentation n'est pas une preuve.

Docteur. — Spencer explique fort bien l'influence du milieu sur l'origine et sur le développement des organismes : « Dans les organismes les plus bas, dit-il, on trouve une sorte de sens tactile répandu à la surface de tout le corps ; par suite d'impressions du dehors et des adaptations qui leur correspondent, les portions spéciales de la surface deviennent plus que les autres sensibles aux stimulants : les sens sont à leur état naissant... Puis, sous l'influence de la lumière, on voit apparaître un bourgeon, premier rudiment de l'œil, et peu à peu une cornée, un cristallin, etc., qui « finit par atteindre la perfection qui carac- « térise l'œil d'un faucon ou d'un aigle. » (Tyndall, *ibid.*)

Ariste. — Il ne s'agit encore ici que d'une suite d'explications qui ne s'appuient sur aucun fait, sur aucune observation directe. Non-seulement il ne dit pas d'où provient cette matière vivante, mais il ne suppose même pas qu'on puisse le demander ; il arrange tout cela avec son imagination! Comment voulez-vous d'ailleurs que la lumière pétrisse et façonne l'œil?

Docteur. — D'après Hœckel, la forme de chaque organe, comme celle du cristal, serait tout simplement le résultat de la lutte de deux forces, de deux facteurs : d'une force plastique interne résultant de la constitution moléculaire du corps, et d'une force plastique externe résultant de l'influence du milieu.

ARISTE. — Encore des explications ! Qui a constaté l'existence de ces forces, et prouvé ces adaptations ?

DOCTEUR. — Il ne s'agit pas d'observations directes, Ariste, mais bien d'explications. Car, ainsi qu'en convient Hœckel, « l'idée fondamentale qui se trouve nécessairement au fond de toutes les théories naturelles d'évolution, c'est celle du développement graduel de tous les organismes, même les plus parfaits, à partir d'un être primitif ou d'un très-petit nombre d'êtres primitifs extrêmement simples... » (Hœckel, *Histoire de la création*, p. 66.)

ARISTE. — Ainsi, il suffit à la théorie de concevoir un être simple primitif, d'expliquer comment le milieu doit agir sur lui et d'imaginer une suite de métamorphoses qui doivent en résulter ? Je ne m'étonne pas qu'on parvienne ainsi à faire descendre l'homme du singe et celui-ci d'une monère ! On aurait pu imaginer mieux encore.

DOCTEUR. — C'est en effet l'explication qu'en donne Hœckel lui-même : « Que l'homme descende d'abord des mammifères pithécoïdes, dit-il, puis, à un degré plus éloigné, des mammifères plus inférieurs, enfin qu'il se rattache, en remontant toujours la chaine, aux vertébrés les plus humbles, aux derniers des invertébrés et enfin à une plastide simple ; ce sont là *des faits dont on ne saurait douter,* et dont la *théorie* générale peut et *doit garantir la réalité.* » (*Histoire de la création*, p. 643.)

ARISTE. — Ne trouvez-vous pas, docteur, que c'est une bien triste nécessité pour une *théorie,* que celle de ne pouvoir *douter* de tout ce qu'elle avance, et même d'être obligée de *garantir la réalité* de faits qu'on n'a ni vus ni observés ? On est peu surpris de lui voir invoquer le secours des millions d'années pour enfouir dans cet obscur passé la suite des transformations qu'elle invoque pour se soutenir !

DOCTEUR. — C'est par billions d'années qu'elle estime la durée de chacune de ses périodes ! Mais Hœckel se borne à nous dire que « cette évolution, lente et graduelle, doit avoir exigé une durée dont la mesure dépasse entièrement la portée de notre entendement ». (*Ibid.,* p. 114.)

ARISTE. — Comment pouvaient donc vivre et se nourrir tous ces êtres pendant cette longue série de transformations ? Pouvaient-ils découvrir leurs aliments avant d'avoir des yeux, et le papillon et l'éléphant pouvaient-ils les saisir avant d'avoir une trompe?

DOCTEUR. — Ils ne le disent pas.

ARISTE. — Que sont donc devenus tous les intermédiaires entre les espèces, pendant cette longue suite de transformations?

DOCTEUR. — On n'en cite que deux seulement. Hœckel nous signale l'*Eozoon Canadense* « trouvé dans les couches les plus inférieures du système Laurentin » (*ibid.*, p. 352), et un second exemplaire qui est un oiseau. « Cet oiseau fossile du terrain jurassique avait, dit-il, au lieu de la queue ordinaire des oiseaux, une queue de tortue... On supposait déjà, pour d'autres raisons, que les oiseaux descendaient des reptiles, et ce fait confirme la supposition. » (P. 356.)

ARISTE. — Quoi! deux exemplaires de ces types intermédiaires seulement suffiraient pour attester toutes ces transformations!

DOCTEUR. — Quant aux autres « types intermédiaires... ils ont dû vivre durant les périodes de soulèvement, et par conséquent ces types n'ont pu nous laisser de débris fossiles », nous dit Hœckel. (P. 352.)

ARISTE. — Ainsi deux faits leur ont suffi pour élever cette théorie!

DOCTEUR. — Quand il serait exact qu'ils n'ont élevé cette théorie qu'à l'aide de ces deux faits seulement, il ne serait pas moins constant que tous les grands faits de la paléontologie témoignent avec évidence de la transformation des espèces, et que Darwin a pu appuyer sa théorie sur cette belle science.

ARISTE. — Avec évidence, dites-vous! Remarquez, docteur, que cette science, ou plutôt que cette théorie ne date que d'hier; que les séries des couches qu'on considère comme autant de feuillets du grand livre de l'histoire du globe qui servent à l'étayer, ne sont pas assez complets pour nous fournir des idées nettes sur les objets qu'on y rencontre. Un certain nombre de pages y manquent et nous feront défaut à jamais : les unes, parce qu'elles ont été arrachées par les révolutions du globe; les autres, parce qu'elles ont été enlevées par le mouvement des eaux.

DOCTEUR. — Vous oubliez, Ariste, que ce livre, ainsi que l'a remarqué Lyell, s'écrivait à la fois sur toute la surface de la terre, et que ce qui est perdu sur quelques points isolés peut se retrouver aux États-Unis, en Angleterre ou en Bohême, puisque dans une étendue de 1,500 lieues il y a concordance des types sur chaque couche similaire. On peut donc prononcer sûrement sur le développement progressif des espèces qui s'y sont succédé.

ARISTE. — Raison de plus pour se prononcer contre la théorie du transformisme de Darwin, puisque sur cette immense étendue il n'a pu découvrir que deux faits pour la soutenir, et que tous les autres lui sont contraires! « Pourquoi, dit le P. J. Delsaux, dans sa réfutation de Tyndall, qui soutenait cette doctrine, pourquoi l'illustre professeur n'a-t-il pas dit, en se restreignant aux données géologiques, les seules qui puissent décider en cette matière, qu'un grand nombre d'éminents paléontologues ont soutenu et démontré l'impossibilité d'accorder la théorie darwinienne avec les résultats de leurs recherches? Il aurait pu citer à l'appui de cette assertion les noms justement célèbres de d'Archiac, de Bronn, de Barrande, de O. Heer, de Honinck, de Van Beneden, de Willamson, etc. Pourquoi ne pas attirer l'attention de ses auditeurs sur les écrits de M. Fr. Pfaff, un des géologues les plus appréciés en Allemagne pour la sagacité, la portée et l'étendue de son esprit scientifique? Ce savant expose dans son dernier ouvrage, *Gründriss der Geologie,* 1876, les difficultés que les faits certains de la paléontologie élèvent contre le système de l'origine des espèces. » (*Les Derniers Écrits de M. Tyndall,* in-18, Paris, 1877, p. 62.)

DOCTEUR. — Cependant, Ariste, en présence de la gradation des êtres qu'on découvre sur les différents degrés de l'échelle animale, il semble bien naturel, pour expliquer l'apparition successive de toutes les espèces, qu'on fasse intervenir l'existence des types intermédiaires pour les relier entre elles, et qu'on admette même avec Darwin que les forces physiques se sont conduites comme fait l'homme qui veut produire des races nouvelles, et qui pour y réussir choisit ses sujets reproducteurs, en transportant le mot *sélection,* appliqué à l'œuvre humaine, à l'œuvre de la nature. Comment même ne pas admettre qu'il y a eu *concurrence* entre les espèces comme il y en a entre les sociétés humaines qui se disputent la terre et les fruits qu'elle produit, en désignant les efforts de chacune d'elles sous le nom de *lutte pour la vie,* où l'on voit toujours les plus forts l'emporter et survivre, tandis que les espèces chétives leur font place et disparaissent?

ARISTE. — Voilà bien des suppositions pour nous expliquer

comment une monère a pu devenir un homme ; mais cette lutte pour la vie ne nous apprend rien sur la disparition des monstrueux mastodontes et des gigantesques sauriens. Serait-ce donc, en ce qui les concerne, que les monères et les insectes qui survivent, l'auraient emporté sur eux ?

Docteur. — Quoi qu'il en soit, Ariste, s'il est un fait parfaitement démontré, c'est la marche progressive des êtres. Il suffit d'un coup d'œil jeté sur la succession des couches fossilifères et sur les êtres qu'elles ont conservés pour se convaincre que tandis que les plus anciennes ne renferment que des êtres de l'organisation la plus simple, les suivantes nous en offrent d'une organisation progressivement plus élevée. Les faits paléontologiques qui l'attestent sont d'ailleurs si constants et si généraux, qu'ils ont été formulés dans les trois lois suivantes, par M. Barrande lui-même : « 1° La vie végétale a précédé la vie animale, dit-il, « aussi bien dans les mers que sur la terre ; — 2° la vie animale « a d'abord été représentée par les animaux vivant dans la mer « et par les oiseaux ; — par conséquent, la vie animale a été « développée postérieurement sur la terre, et l'homme n'a « apparu qu'après tous les êtres créés. » (Résumé adressé à M. A. Nicolas, *in Étude philosophique sur le christianisme*, 20° édit., t. I, p. 435.)

A l'aspect de cette marche progressive, et en constatant « la diversité et la beauté des formes, le progrès par l'élévation de la structure, par la spécialisation des organes et notamment des organes les plus nobles, qui se sont manifestés toujours avec plus d'ampleur, et n'ont atteint leur apogée que depuis les derniers âges de la planète », dit M. de Vallée-Poussin (*Rev. des quest. scient.*, janv. 1877, p. 315), une idée bien naturelle ne devait-elle pas s'offrir à l'esprit du savant, celle de l'évolution ? Comment, en effet, en présence de cette marche progressive des êtres, de cette gradation continue, de ce développement historique où l'on voit la forme qui précède préparer celle qui suit, où se découvrent des rapports intimes entre tous les termes consécutifs, comment cette évolution ne s'imposerait-elle pas à la raison ? Ces rapports entre les formes anciennes et les formes nouvelles ne prouvent-ils pas l'existence d'un lien entre les diverses faunes des âges successifs du globe ?

Ariste. — Je l'admets comme vous, docteur ; mais je me bornerai à vous faire remarquer, pour l'instant, que le nœud du problème n'est pas contenu dans la théorie que vous proposez pour le résoudre, mais bien dans la question de savoir quelle est la puissance qui a établi ce lien.

Avant de vous en dire mon sentiment, permettez-moi toutefois d'apprécier d'une manière sommaire la théorie que vous soutenez d'après Tyndall, Spencer, Darwin et Hœckel. Que nous a-t-elle appris jusqu'ici, bien que vous ayez fait pour la faire valoir? Cette théorie ne se soutient que sur des explications et des suppositions. Ainsi, elle *suppose* avec Démocrite, Épicure et Lucrèce l'existence d'atomes et de forces cosmiques! Qui jamais a vu un atome et constaté une force cosmique : je vous le demande?

Docteur. — Personne, j'en conviens.

Ariste. — Elle *suppose* que ces atomes et ces forces ont produit le monde et tous les êtres organisés. Qui l'a constaté?

Docteur. — Je ne connais aucun fait qui en témoigne manifestement.

Ariste. — Elle *suppose* que ces atomes et ces forces ont produit le protogène et par suite la génération sans parents. Quels faits en témoignent?

Docteur. — Je vous ai cités ceux de M. Pouchet, Ariste. Je vous ferai observer d'ailleurs que Hœckel n'est pas absolument affirmatif à cet égard : « Il y a lieu de croire, dit-il, il ne répugne « nullement à l'esprit d'attribuer leur origine à une génération « spontanée. » (*Ouv. cité*, p. 303.)

Ariste. — Certes! depuis les expériences de Redi, de Valisneri, de Swammerdam, de Réaumur et de tant d'autres, qui ne devait croire que toutes ces opinions étaient reléguées au rang des fables, après que le savant micrographe Ehremberg avait réussi, par des prodiges d'analyse, à décrire toutes les merveilles des animaux microscopiques et démontré chez eux l'existence des deux sexes, leurs organes de la génération et les germes qu'ils produisent; surtout après les expériences de M. Pasteur, qui a fait crouler, une à une, toutes les expériences de M. Pouchet : « ces expériences sont décisives », a dit Flourens; et l'Académie des sciences a ratifié le jugement de son secrétaire perpétuel.

Cette théorie *suppose* encore l'existence du protogène et le découvre même, dit-elle, dans le fameux *Bathybius* que l'analyse chimique démontre n'être constitué que par un sel de chaux. Elle *suppose* que les monères sont devenues des singes et des hommes, en se *transformant* pour occuper successivement les divers degrés de l'échelle animale ; elle *suppose* qu'il y a eu un nombre immense de types intermédiaires ; elle *suppose* une *sélection* parmi les espèces, une *concurrence* entre elles, et une *lutte* pour la vie ; en un mot, elle *suppose* tout ce qui peut *expliquer la théorie* qu'elle a conçue, théorie qui a seulement pour père leur esprit, et pour mère leur imagination !

Après vous avoir exprimé mon opinion sur leurs suppositions de toute nature, je reviens au *progrès* que cette théorie a tant exploité pour légitimer ses explications.

Oui, il y a progrès dans l'apparition successive des êtres, cela est incontestable ; mai ce qui l'est infiniment moins, ce sont les causes que vous invoquez pour l'expliquer. Ainsi, tandis que tout témoigne que de violentes catastrophes ont fait disparaître simultanément toute la flore et toute la faune existante au moment où elles se sont accomplies, et cela sans laisser subsister un seul être vivant, on leur voit succéder une nouvelle flore et une nouvelle faune aussi nombreuses que celles qu'elles viennent remplacer. Comment alors les expliquer par des générations successives et par des transformations lentes et graduelles, quand on les voit se produire par *bonds*, au point d'avoir fait dire à M. Zittel que « le développement par bonds est de règle dans les couches fossilifères » ? Or, ces faits ne peuvent évidemment se « concilier avec la théorie de la sélection, d'après laquelle toutesles espèces sont produites d'une manière insensible à l'aide d'une transformation lente ». D'ailleurs, ajoute cet auteur, « on remarque dans une même division géologique, alors que son épaisseur dénote un laps de temps très-long, que les espèces, en général, ne présentent pas le plus petit changement ». (*Manuel de paléontologie,* p. 76.) C'est ainsi que le genre *Discina* nous offre des représentants à toutes les époques antérieures, et qu'on peut, même encore de nos jours, en recueillir de nombreux représentants dans les mers chaudes de l'Atlantique et du Pacifique ; tandis que nous voyons des espèces nouvelles, telles que les vertébrés et les mammifères, apparaître brusquement et par masses, sans qu'on retrouve dans les couches contiguës sous-jacentes aucun intermédiaire qui les rattache aux espèces précédentes.

D'ailleurs, « que l'on consulte tel traité de paléontologie qu'on voudra, dit Agassiz, que l'on examine entre autres les arbres généalogiques de Hœckel, et l'on verra que, à certaines époques, le nombre des types très-variés qui apparaissent sur le même horizon est très-considérable. Nous avons là, de l'aveu même de ceux qui voudraient faire descendre tous les animaux les uns des autres par des transformations graduelles et successives, un ensemble très-considérable de formes très-diverses appartenant à des classes, des ordres distincts, etc.; en un mot, des êtres entièrement différents, au témoignage de la zoologie et de l'anatomie comparée, qui sont cependant tous contemporains. Que devient alors la généalogie? Ces contemporains seraient-ils les ancêtres les uns des autres? » (*De l'espèce,* in-8, 1869, p. 387.)

La science n'est pas affaire de foi, mais de démonstration. Elle sait ou elle ignore, et, dans ce dernier cas, elle ne doit rien affirmer. Tel semble être le sentiment de Virchow lui-même. « Il ne faut pas, dit-il, enseigner aux peuples et aux nations comme une vérité ce qui n'est qu'une opinion. La descendance commune de l'homme et des animaux n'est pas démontrée. Je dois même le déclarer : chaque progrès réel que nous avons fait en anthropologie nous éloigne davantage de cette démonstration. » (*Sonntagsblatt der Germania,* n° 47, p. 370.)

DOCTEUR. — Malgré la valeur des faits que vous venez d'invoquer, je ne puis vous taire, Ariste, que je conserve encore des doutes sur l'origine des êtres, sur le transformisme et sur l'immutabilité des espèces; ces théories ont été présentées d'une manière si attrayante par Tyndall, Hœckel et Darwin, que mon esprit ne peut s'en détacher.

ARISTE. — S'il en est ainsi, je reviendrai donc encore sur elles, mais en vous les présentant, cette fois, d'après l'histoire naturelle et l'expérience, telles que nous les a fait connaître le savant M. de Lapparent.

Il vous fallait une matière première carbonée et albuminoïde comme substratum de la vie, et vous avez saisi avec empressement le *Bathybius* de Huxley qui, disiez-vous, se produit spontanément « dans toutes les mers et à toutes les profondeurs ». (MM. Zittel et Gümbel?) Mais qu'est-ce donc en réalité que ce fameux organisme rudimentaire?

« Pendant trois ans, dit M. de Lapparent, le vaisseau anglais *le Challanger* sillonna l'Atlantique et le Pacifique, opérant des dragages à des profondeurs qui parfois dépassèrent huit mille mètres; partout on recueillit les dépôts du fond et tous les organismes, aussi bien ceux de la surface que ceux des couches profondes, amenant ainsi un trésor de matériaux dont l'examen sommaire a déjà produit des résultats scientifiques de la plus grande importance. Chose surprenante, dans aucun de ces dragages ou des sondages, on n'avait jamais observé quoi que ce soit qui ressemblât à un protoplasme quelconque. Le chimiste de l'expédition, M. Buchanan (*Proceedings of the Royal Society of London*, XXIV, 605), pensa que si par quelque circonstance inexpliquée, le *Bathybius* échappait ainsi aux regards, l'analyse chimique du moins décélerait sa présence en révélant dans l'eau de mer une matière organique distincte de celle des foraminifères ou des algues, faciles à isoler du reste. En évaporant l'eau de mer à siccité et en calcinant le résidu, la matière organique devait se manifester, comme d'habitude, par une carbonisation bien marquée. Cependant aucun des nombreux échantillons de l'eau profonde examinés par M. Buchanan ne se trouva contenir assez de matière organique pour donner au résidu autre chose qu'une teinte grisâtre à peine perceptible, sans aucun signe de carbonisation ni de combustion. Qu'était donc devenu le *Bathybius ?*

« Sur ces entrefaites, l'un des naturalistes du *Challanger*, M. Murray, observa que plusieurs échantillons d'eau de mer conservés dans l'esprit-de-vin prenaient volontiers un aspect gélatineux et que l'on pouvait y reconnaitre de la matière flocculente semblable à une mucosité coagulée ; cette substance ressemblait en tout point au *Bathybius ;* seulement on n'y observait pas de mouvements. Elle se trouvait en telle quantité que, si elle avait eu une nature organique, l'eau de mer qui la contenait ne pouvait manquer de fournir dans toute leur netteté les réactions habituelles aux matières carbonées. Il n'en était rien cependant.

« ... D'autre part, le précipité floconneux n'apparaissait que quand l'eau de mer était mélangée avec un grand excès d'alcool. En réduisant l'alcool employé à deux fois le volume de l'eau de mer, on voyait cette gelée prendre en très-peu de temps une figure cristalline et se transformer en aiguilles offrant la forme caractéristique de sulfate de chaux, résultat pleinement confirmé par l'analyse.

« ... Ainsi le fameux *Bathybius* descend au rang d'un vulgaire précipité minéral résultant de ce que le sulfate de chaux, tou-

jours contenu dans l'eau de mer, devient partiellement insoluble
en présence d'un excès d'alcool; et suivant la quantité employée,
on peut l'obtenir, soit à l'état gélatineux, soit à l'état cristallin.

« Résumons maintenant la morale de cette histoires de zoolo-
gistes qui marchent aujourd'hui à la tête du mouvement scientifique dans leurs pays respectifs. Les Huxley, les Hœckel, découvrent
et décrivent minutieusement un corps organisé qui réalise enfin
l'idéal des transformistes; c'est la vie diffuse, à peine définie;
en un mot, c'est la matière commençant à s'organiser elle-même.
A leur suite s'engagent aveuglément les Gümbel, les Zittel et
tant d'autres. Le *Bathybius* prend sa place dans les traités des-
criptifs; les Dawson et les Carpenter ne craignent pas de l'invoquer pour justifier les caractères énigmatiques de leur *Eozoon
Canadense ;* et voilà qu'en dernière analyse, il se trouve que tout
ce bruit s'est fait autour d'un vulgaire précipité minéral, que
l'imagination seule des observateurs avait doté des propriétés de
la matière organisée. » (DE LAPPARENT, *le Bathybius, Revue des
questions scientifiques,* nº de janvier 1878, p. 70 et suivantes.)

Mais puisque nous consultons le probe et savant M. de Lapparent, demandons-lui encore quelques renseignements sur l'origine de l'homme et sur le transformisme, dont il s'est occupé
lui-même, non pas en supposant ce qui peut être, mais en
interrogeant l'un des faits de l'histoire contemporaine qui
répond directement, au nom de l'expérience, à cette double
question, en nous fournissant quelques documents scientifiques
sur ce qui est réellement.

« Dans ces récifs de polypiers (les Atolls), on trouve l'état de
nature réalisé dans toute sa plénitude, dit-il, aussi bien pour le
monde végétal ou animal que pour les représentants de l'humanité ainsi égarés dans les solitudes équatoriales du Pacifique.
Sur un sol à peine sorti du sein des flots, vierge de toute
semence antérieure, loin de toute action de contact, les forces
naturelles ont eu beau jeu pour se développer à l'aise. Examinons donc ce qu'elles ont produit, et voyons si l'on en peut tirer
quelque lumière pour débrouiller cet obscur passé de l'humanité
qui ne se révèle à nous que par de rares débris, si difficiles à
déchiffrer. (*Revue des questions scientifiques,* t. II, p. 118.)

« ... Le type le plus achevé, les Atolls, a été écrit de main de
maître, il y a peu d'années (London, 1872), par l'éminent géologue
américain James D. Dana. L'auteur a vu lui-même ce qu'il

décrit ; car il faisait partie, en 1840, de la commission explora-
trice dirigée par le commodor Wilkes. A ses observations personnelles, il a joint celles de M. Darwin... » (Je passe sous silence
la description des Atolls, leur végétation tropicale, leur histoire
physiques, celle de ses habitants, leurs occupations, leur civilisation, leur culte, etc., pour arriver tout de suite à l'objet qui nous
intéresse particulièrement.)

« ... Non-seulement les tribus des Atolls appartiennent bien à
notre époque, mais elles n'ont rien de leur propre fonds ; elles
ne sont que les rejetons déchus d'une civilisation qui, sans aucun
doute, a les mêmes racines que la nôtre, de même que tout ce
qui les entoure, faune et flore, est une importation directe provenant de régions plus favorisées.

« ... Si jamais terrain a été propre à la mise en œuvre des
procédés de l'évolution, c'est assurément le monde des Atolls.
Voilà un récif complétement isolé au milieu de l'Océan et qui,
hier encore, disparaissait à chaque marée sous les eaux ; les
vagues en ont fait un lambeau de terre ferme. Par quoi ce lambeau va-t-il être peuplé? Sans doute le carbone, l'oxygène et
l'hydrogène empruntés à l'air et à l'eau vont s'organiser, former
des cellules, donner naissance à des algues, à des lichens, à des
cryptogames de plus en plus élevés, pendant qu'un protoplasme
quelconque préparera, par la voie des spongiaires et des foraminifères, l'avénement du règne animal.

« Au lieu de cela, que voyons-nous? L'Atoll a tout reçu du
dehors ; ses végétaux sont des espèces d'ordre supérieur, qui
dérivent sans le moindre doute de graines apportées par la mer
ou les vents ; les oiseaux qui viennent percher dans ses bosquets
ont traversé l'Océan à tire-d'aile ; entre eux et le sauvage qui
habite ces îles, il n'y a pas un échelon, pas un seul type intermédiaire ; devant cette absence totale de quadrupèdes, même
non anthropoïdes, dont on puisse faire descendre l'homme des
Atolls, les évolutionnistes les plus acharnés ne se refuseront certainement pas à reconnaitre qu'il n'a pu arriver là que par émigration.

« Or cet homme avait une patrie, des ustensiles, des traditions.
De tout cela, il ne reste aucune trace. Poussé par l'esprit d'aventure dans un monde inconnu, séduit d'abord par les facilités
que lui offrait une terre vierge encore de tout contact humain,
il a vu peu à peu sa vie se restreindre et devenir de plus en plus

difficile ; de génération en génération, l'insulaire a perdu jusqu'à la notion de toutes les choses qui ne sont plus actuellement représentées autour de lui ; son existence, dépourvue de tout imprévu comme de toute poésie, n'a rien que des besoins matériels à satisfaire ; et quand le moment arrive où l'accroissement de la population lui laisse entrevoir le danger de la famine, le sentiment de la *concurrence vitale,* ce puissant levier des transformistes, va-t-il lui faire accomplir quelque merveille? Non. Il cherchera dans l'infanticide le remède au mal qui le menace.

« Voilà pourtant où cet homme en est venu parce que, brusquement séparé de son centre d'origine, il n'a plus gardé de communications avec ce foyer vivifiant! Au lieu de se perfectionner, il s'est dégradé, et il faudra pour le tirer de cet avilissement que de nouveaux liens s'établissent entre lui et ceux qui, mieux avisés, n'ont jamais rompu la chaine qui les rattachait au passé.

« Nous dirons donc que les âges de la pierre et du bronze sont d'accord avec ceux des Atolls pour nous enseigner ce grand résultat que, chez l'homme, l'état de nature, loin d'être un point de départ et un acheminement vers un état plus parfait, est, au contraire, la marque d'une déchéance et la preuve d'une rupture survenue entre lui et son centre d'origine... » (*Ouv. cité,* p 118-127.)

Vous le voyez, docteur, pour expliquer par les lois naturelles l'origine des êtres organisés, vous avez *supposé* qu'ils s'étaient produits par génération spontanée, puis graduellement perfectionnés par voie d'évolution et de transformations successives ; mais à toutes ces hypothèses, que répondent les faits et l'histoire? Que votre théorie se réduit à un *article de foi!*

Considérez encore qu'à toutes ces hypothèses imaginées par le besoin d'appuyer des vues purement imaginaires, on peut opposer la fixité des espèces, qui contredit formellement le transformisme.

A-t-on jamais vu, par exemple, un chardon devenir un lis, un roseau un chêne ou une guenon se transformer en femme? Non ; nul fait semblable n'a jamais été observé. Toujours une même espèce produit des êtres qui lui ressemblent, et demeure composée d'individus de même forme et de même type. Quand le milieu ou des croisements artificiels arrivent à modifier les individus, ce n'est que dans des limites restreintes et qui toujours ont pour terme la naissance des races et des variétés. C'est ce qu'attestent la paléontologie, les momies et l'histoire. De telle sorte qu'on peut affirmer aujourd'hui avec Flourens, et d'après tous les faits connus, que les espèces sont fixes et immuables, qu'aucune observation n'établit qu'elles dérivent les unes des autres, ni qu'elles ont subi la moindre transformation dans le cours des siècles connus.

C'est donc avec raison que Linné a défini l'espèce dans les termes suivants. « L'espèce, dit-il, est la continuation perpétuelle « des individus naissant par la continuation de la génération. » *Perennis individuorum successio generationis continuatione nascentium.* Dans le but de s'assurer s'il y avait ou non plusieurs espèces humaines, Kant est arrivé, en tenant compte du principal caractère de cette définition, à démontrer qu'il n'y en avait qu'une seule, parce que tous ses caractères « sont transmissibles par voie de génération ». Cuvier en a apprécié lui-même la rigoureuse exactitude, et l'a appliquée d'une manière générale à toutes les espèces connues. « L'espèce, dit-il, comprend les individus qui « descendent les uns des autres ou de parents communs, et ceux « qui leur ressemblent autant qu'ils se ressemblent entre eux. » (*Disc. sur les révol. du globe,* 8ᵉ édit., p. 78.)

Il convient de remarquer toutefois que la définition de Cuvier renferme deux éléments qui sont loin d'avoir une égale importance. Celui de la ressemblance est considéré comme secondaire, tandis que celui de la descendance est caractéristique et fondamental, autant du moins qu'il est continu. La fécondité continue, dit Flourens, est le caractère de l'espèce elle-même. Ainsi, tous les individus d'une même espèce peuvent s'unir, et leur union est d'une fécondité continue, tandis qu'il n'en est plus ainsi des espèces rapprochées d'un même genre, qui est toujours suivie d'une fécondité bornée. Le métis de l'âne et du cheval, par exemple, est infécond dès la première ou la seconde génération ; le métis du chien et du loup est infécond dès la seconde ou la troisième, etc.

Ce n'est évidemment que parce qu'il a confondu les caractères de l'espèce avec ceux de la race, que Darwin a été conduit à soutenir l'idée paradoxale de la transformation des espèces ; hypothèse complétement en désaccord avec les faits les plus authentiques et les mieux établis. Ses observations ne sont fondées qu'autant qu'elles s'appliquent aux races et aux variétés qui toutes, en effet, se reproduisent entre elles et avec les variétés

d'où elles dérivent ; tandis qu'aucun fait ne prouve que des espèces
nouvelles dérivent d'autres espèces, et à plus forte raison d'espèces inférieures, car toujours l'espèce est demeurée fixe et
immuable.

« L'espèce est donc une réalité, dit M. de Quatrefages. Prenons
un de ces ensembles d'individus plus ou moins semblables, mais
toujours capables de continuer entre eux des unions fécondes ;
avec M. Chevreul, remontons par la pensée jusqu'à son origine.
Nous le verrons se décomposer en familles, dont chacune provient
médiatement ou immédiatement d'un père et d'une mère ; à chaque
génération, nous verrons décroître le nombre de ces familles ; et,
remontant toujours plus haut, nous arriverons à trouver pour
terme initial une paire primitive unique.

« Ce que la science peut affirmer, c'est que les choses sont
comme si chaque espèce avait eu pour point de départ une paire
primitive unique. » (*L'Espèce humaine*, in-8. Paris, Germer-Baillière, 1877, p. 61.)

Quelle confusion n'eût pas entraînée, en effet, cette promis-
cuité dans l'harmonie générale des êtres de la nature, si le mélange
des espèces eût pu s'effectuer ! Aussi l'observateur attentif est-il
saisi d'admiration, en découvrant les précautions minutieuses qui
ont été apportées pour prévenir cette grande violation des lois
de la nature. Tout semble prévu, en effet, pour écarter tout
accouplement illégitime. Car, tandis qu'on voit les organes de la
génération en parfaite harmonie chez les deux sexes d'une même
espèce, ils diffèrent déjà notablement dans les espèces voisines ;
et, alors même qu'ils se rapprochent le plus, le rut s'établit à
des époques différentes. Qui pourrait méconnaitre dans ces faits
positifs et généraux les desseins profonds qu'i's renferment ?

On s'explique comment, en présence des faits authentiques que
je viens de citer, les naturalistes modernes ont été invinciblement conduits à admettre la fixité des espèces. Aucun fait, d'ailleurs, ne témoigne que celles-ci aient subi la moindre altération
depuis les temps les plus reculés. Ainsi, Cuvier, qui a rassemblé
avec la plus scrupuleuse exactitude tous les faits connus depuis
la plus haute antiquité, a pu établir, soit d'après les figures d'animaux et d'oiseaux gravées sur les obélisques d'Égypte, soit d'après
les copies de Kirker et Zoega, qui reproduisent les figures de
l'ibis, du vautour, de la chouette, du faucon, de l'oie d'Égypte,
du vanneau, du lièvre, de l'hippopotame, etc. ; soit enfin, d'après

les pièces recueillies par Geoffroy-Saint-Hilaire, parmi les momies des tombeaux de la haute Égypte, il a pu établir, disais-je, qu'on ne découvre pas la moindre différence entre les oiseaux de proie, les chiens, les chats, les singes, les crocodiles, une tête de bœuf embaumée, les momies humaines, et les squelettes humains ou celui des animaux vivants qu'on leur compare aujourd'hui ; il n'a pu en saisir davantage entre l'ibis de nos jours et celui qui vivait du temps des Pharaons. On peut constater encore que la plus grande ressemblance se voit entre le règne animal décrit par Aristote et celui décrit par Cuvier lui-même. Enfin, on a même poursuivi cette comparaison plus loin, en cherchant à l'établir entre les fossiles des espèces animale et végétale et celles qui ont survécu aux catastrophes, et dont on retrouve encore quelques individus vivants de nos jours, et l'on a pu s'assurer que les espèces fossiles et vivantes sont identiques.

En présence de ces faits, on est donc fondé à conclure que les espèces sont fixes et immuables ; que rien ne témoigne qu'elles dérivent les unes des autres, ni qu'elles aient subi la moindre transformation.

Insisterez-vous encore sur l'origine du monde et sur celle des êtres, en les faisant sortir d'une nébuleuse, des atomes et des forces cosmiques qu'elle renfermait dans son sein?

Docteur. — Cette opinion est encore professée par J. Tyndall, par Hœckel et par tous les évolutionnistes modernes.

Ariste. — Je ne reviendrai pas cependant sur l'opinion qui attribue l'origine du monde à une nébuleuse primitive ; je crois vous avoir complétement démontré, dans l'un de nos entretiens précédents, que cette hypothèse est en contradiction avec la science actuelle, qui a reconnu que ces nébuleuses se réduisent successivement en amas d'étoiles. D'ailleurs Hœckel, lui-même paraît avoir été frappé de l'impossibilité d'en faire sortir le mouvement, et semblerait bien près d'abandonner cette hypothèse, s'il pouvait s'en passer.

Cette explication est donc aussi vaine que les autres. Toutefois, avant de rechercher quelle peut être l'origine du monde, souvenons-nous qu'à une certaine date de la durée des siècles, qu'à une certaine heure de la durée d'un jour, quand l'heure d'avant il n'existait pas encore, un premier être, ou plutôt un premier couple a paru sur la terre !

Qui l'y a déposé?

Nous avons vu qu'il n'a pu être produit par les atomes et les forces cosmiques; il n'a pu non plus naître de lui-même, car ce qui n'est pas ne peut sortir du néant pour coopérer à sa propre création, absurdité qui supposerait qu'il était avant d'être, et qu'il préexistait à sa propre existence pour se la donner!

Cependant cet être a existé; cet être, nous n'en pouvons douter, a été le premier ancêtre de tous ceux qui lui ont succédé dans une suite de générations dont il forme le premier anneau. Mais à qui tient ce premier anneau? Qui l'a établi à la tête des générations? Qui l'a produit, en un mot, à une date encore peu éloignée de l'heure présente?

Docteur. — Selon Tyndall, Hœckel et tous les transformistes, cette cause est naturelle et se rencontre dans la matière et les forces connues.

Ariste. — Ils le disent; mais, selon Cuvier, Agassiz, de Blainville, et le plus grand nombre des naturalistes anciens et modernes, cette cause est un créateur distinct de la matière et des forces naturelles.

Ces deux opinions, je le reconnais, se partagent les convictions des savants. De là, un grand problème qui s'impose à la science moderne. Celle-ci peut-elle prononcer sûrement en faveur de l'une d'elles? Je le pense, et en voici les motifs.

Tous les naturalistes admettent que tous les êtres naissent d'un œuf, et cet œuf d'un parent. Mais quel est le parent du premier œuf? quelle est la cause qui l'a produit pour en faire le premier ancêtre de toutes les générations qui lui ont succédé?

Quelques savants le font sortir, nous l'avons vu, des atomes et des forces cosmiques dont le concours l'aurait produit par une génération spontanée; et de lui seraient sortis, par suite d'une évolution naturelle et de transformations successives, tous les êtres que nous voyons.

Mais c'est en vain qu'on interroge la science pour savoir si quelque fait vient appuyer cette origine; elle répond que personne n'a vu d'atomes, que personne n'a démontré l'existence des forces cosmiques, et que jamais on n'a constaté un seul fait de génération spontanée ni d'évolution consécutive; que jamais non plus on n'a constaté l'existence des vestiges qu'auraient laissés après elles les nombreuses transformations qui auraient dû se succéder entre la monère et l'homme. Le témoignage d'aucun fait n'appuyant cette opinion, la science doit donc la repousser.

D'autres ont attribué son origine à la matière et aux forces physiques; ils remarquent avec raison qu'elles existaient seules avant son apparition, et qu'on les retrouve dans tous les êtres organisés, où elles continuent à jouer un rôle important dans toutes les combinaisons qu'ils présentent. Cette opinion a donc pour elle une grande vraisemblance. Mais est-elle fondée? C'est aux faits à répondre. Invoquons-les.

Quand on réfléchit toutefois que cette matière et ces forces ont réagi les unes sur les autres pendant une longue série de siècles avant la création, sans produire un seul être organisé, on se prend à douter de leur efficacité; quand on sait, en outre, que de nombreuses expériences, dirigées et conduites par la science la plus élevée, ont été réitérées en vain pour atteindre le même but, sans que jamais on ait réussi à leur faire produire non-seulement le plus petit être organisé, mais même la plus mince parcelle de matière organique, l'hésitation augmente, et l'on n'ose plus les considérer comme les seuls facteurs de la création des êtres organisés. Enfin tout doute disparait lui-même quand on réfléchit que « les produits des agents physiques sont « *partout les mêmes,* — sur toute la surface du globe, — et *ont* « *toujours été les mêmes* durant toutes les périodes géologiques »; — qu' « au contraire, les êtres organisés sont *partout différents* « et ont *toujours différé* à tous les âges. Entre ces deux séries de « phénomènes aussi caractérisées, il ne peut y avoir ni lien de « causalité ni lien de filiation. » (AGASSIZ, *Espèces,* etc., p. 219.)

La science ne peut donc admettre que l'origine du premier œuf ou celle des premiers êtres soit due, soit à l'action des atomes et des forces cosmiques, soit à la matière et aux forces physiques.

Mais ce n'est pas assez de détruire l'erreur, il faut y substituer quelque réalité. Toutefois, on ne peut le méconnaître, ce problème est des plus ardus et des plus difficiles à résoudre. En effet, dès que l'observation ne peut atteindre directement l'action de la cause créatrice elle-même, nous sommes privés de toute base solide pour nous élever jusqu'à elle. Mais est-ce à dire que nous soyons dans l'impossibilité d'acquérir quelques notions sur cette cause? Non, sans doute; car nous pouvons l'atteindre indirectement en la contemplant dans ses œuvres, et, en arrivant par celles-ci à reconnaître ce qu'elle a imprimé en elles.

Le vase ne peut-il nous faire connaître dans une certaine mesure le potier ; l'horloge, l'horloger ; le monument, l'architecte ; le poëme, le poëte qui l'a composé ?

Tentons donc cette épreuve. Ouvrons le beau livre de la nature que cette cause a composé ; interrogeons chacun des êtres qu'elle a créés, et demandons-leur le plan d'après lequel ils ont été établis, les idées qu'elle a imprimées dans chacun d'eux, et par l'œuvre cherchons à connaître l'ouvrier.

Docteur. — N'eût-il pas été sage, avant tout, de nous dire pourquoi vous admettez une cause invisible qui aurait, selon vous, créé tous les êtres organisés que nous voyons ?

Ariste. — Vous admettez avec la science, sans doute, docteur, qu'à un moment donné, la terre était vide et nue, et qu'à une époque ultérieure, elle était animée par une multitude d'êtres organisés ?

Docteur. — Je l'admets.

Ariste. — Il est donc incontestable qu'entre ces deux époques, une cause est intervenue pour les produire. Eh bien, c'est cette cause invisible et inconnue que j'appelle cause créatrice, et son œuvre que j'appelle création.

Personne de nous n'a vu Homère écrire l'*Iliade* et l'*Odyssée ;* cependant qui doute qu'Homère a existé ? Qui doute même, en lisant ses œuvres, que cet auteur possédait une grande intelligence, un art ingénieux, une industrie et une sagesse admirables, comme l'attestent toutes les idées qu'il a exprimées dans ses œuvres ? Nous pouvons donc connaître quelque chose d'Homère, puisque nous connaissons ses pensées.

Nous ne connaissons pas plus la cause créatrice qu'Homère ; mais nous savons qu'elle aussi a écrit un beau livre, c'est le livre de la nature. Ouvrons-le donc, et cherchons à découvrir en lui quelques-unes des pensées qu'elle y a exprimées.

Un simple coup d'œil jeté sur la nature suffit pour nous faire découvrir en elle deux sortes d'êtres bien différents : les premiers sont inertes et inanimés ; les seconds, vivants et organisés. Cependant tous deux nous parlent également du Créateur, dans un langage différent ; mais, comme le dit Agassiz, « jusqu'à ce qu'on parvienne à prouver que la matière et les forces physiques peuvent véritablement raisonner, force nous est de considérer toute manifestation de la pensée comme témoignant de l'existence d'un être pensant, auteur de cette pensée; force nous est de regarder toute liaison intelligente et intelligible entre les phénomènes comme une preuve directe de l'existence d'un Dieu qui pense, aussi sûrement que l'homme manifeste la faculté de penser quand il reconnaît cette liaison naturelle des choses. » (*De l'espèce et de la classification en zoologie,* in-8°, traduit par F. Vogeli, 1869, p. 12.)

Recherchons donc maintenant quelles sont les principales pensées que nous pourrons découvrir dans les êtres animés. « Rien dans le règne organique, dit Agassiz, n'est de nature à nous impressionner autant que l'*unité de plan* qui apparaît dans la structure des types les plus divers. D'un pôle à l'autre, sous tous les méridiens, les mammifères, les oiseaux, les reptiles, les poissons, révèlent un seul et même plan de structure; ce plan dénote des conceptions abstraites de l'ordre le plus élevé; il dépasse de bien loin les plus vastes généralisations de l'esprit humain, et il a fallu les recherches les plus laborieuses pour que l'homme parvînt seulement à s'en faire une idée. D'autres plans non moins merveilleux se découvrent dans les articulés, les mollusques, les rayonnés et dans les divers types des plantes. » (*Ouvrage cité,* p. 23.)

Cependant, dans cette grande unité de plan, l'attention arrive bientôt à découvrir *quatre idées distinctes,* représentées dans quatre types différents. Et, fait des plus frappants, on saisit déjà ces quatre idées nettement exprimées dans les êtres de la première création, et on les voit reproduites dans chacune des suivantes! « On sait que, à l'exception des acalèphes et des insectes, dit Agassiz, chacune des classes des rayonnés, des mollusques et des articulés, a eu ses représentants dans les temps primitifs. Ce ne sont donc pas seulement les plans de quatre grands types qui ont dû être fixés dès lors, mais aussi les modes d'exécution de chaque plan, le système des formes dont la structure devait être revêtue, et les détails les plus infimes de cette structure établissant des rapports entre deux genres différents. » (*Ouvrage cité,* p. 34.) — « Le nombre infini de nouveaux animaux et de nouvelles plantes qui couvrent aujourd'hui la surface du globe furent ainsi coulés dans leurs quatre moules, de manière à présenter toujours, malgré la complexité de leurs rapports avec le monde ambiant, toutes ces relations générales profondément établies, d'où résultent les différents degrés d'affinité qu'il est facile de constater entre tous les représentants d'un même type. A quoi cela ressemble-t-il davantage? Au travail de forces aveugles, ou à la création d'un esprit constituant, après réflexion et de propos délibéré, toutes les catégories d'existences qui se reconnaissent dans la nature, les combinant en cette admirable harmonie qui fait du tout un système tellement parfait, qu'en démêler seulement l'ordonnance, même avec toutes les imperfections d'une interprétation, nous semble encore l'acte le plus accompli d'un génie dans toute sa force? » (*Ouvrage cité*, p. 29.)

« L'enchaînement sériaire de structures spéciales, observées chez des animaux largement disséminés sur la surface du globe, manifeste de l'intelligence : une compréhension sans limites, et directement l'omniprésence de l'esprit; sa prescience même, lorsqu'une série de ce genre s'étend à travers la suite des âges géologiques. » (*Ibid.*, p. 215.) « La permanence des particularités spécifiques, en dépit de toutes les variétés d'influences, manifeste de l'intelligence; elle prouve, en outre, que la limitation dans le temps est un élément essentiel de tous les êtres finis, tandis que l'Éternité appartient à la Divinité seule. » (*Ibid.*, p. 215.)

Comment s'expliquer la sexualité par l'action des propriétés de la matière et des forces physiques? Ces forces aveugles et nécessaires auraient-elles pu établir la diversité qu'elle présente aussi bien dans le règne végétal que dans le règne animal? N'est-il pas évident que l'établissement d'un pareil ordre de choses « suppose la prescience des rapports des sexes, l'appréciation de leurs dépendances mutuelles et la capacité de les mettre en harmonie avec l'ensemble des circonstances extérieures ou étrangères? En aucune manière cela ne peut être le produit fatal de forces brutes et inconscientes. » (*Espèces*, p. 103.)

N'est-il pas encore évident que cette cause créatrice a manifesté une prescience bien remarquable dans la création des êtres? Ainsi, on voit dans les fossiles d'une période antérieure « le modèle sur lequel seront établies les phases de l'évolution d'autres animaux à une époque ultérieure. C'est dans ces temps reculés comme la prophétie d'un ordre de choses impossible avec les combinaisons zoologiques prédominantes alors, mais qui, réalisé plus tard, attestera d'une manière frappante, dans la gradation des animaux, que chaque terme a été préconçu. » (*Espèces*, p. 182.)

S'il était possible de parcourir, dans toutes leurs expressions, les vestiges nombreux qui nous restent des diverses créations successives, nous serions étonnés du grand nombre d'idées dont on rencontre l'empreinte dans chacune d'elles, et qui toutes révèlent l'action d'une intelligence dans la cause qui les a créées. Mais parmi ces empreintes, il en existe une surtout qui mérite d'être signalée : c'est celle qui se voit toujours et partout, dans la réunion simultanée des fossiles animaux et végétaux qu'on n'aperçoit jamais les uns sans les autres. « Il y a partout entre les animaux et les plantes, dit Agassiz, un certain état de mélange, des rapports innombrables qu'il est impossible de ne pas regarder comme primitifs et qui ne peuvent pas être le résultat d'une adaptation successive. » (*Ibid.*, p. 59.) « La dépendance mutuelle où sont les uns vis-à-vis des autres les animaux et les plantes, pour leur subsistance, manifeste de l'intelligence. Elle manifeste le soin avec lequel ont été équilibrées toutes les conditions d'existence nécessaires au maintien des êtres organisés. » (*Ibid.*, p. 218.) En effet, « le règne animal tout entier a un besoin absolu du règne végétal pour la subsistance, car les herbivores préparent l'aliment nécessaire aux carnivores... Ces faits prouvent plus directement qu'une masse de faits particuliers et sans liaison, l'établissement d'un ordre de choses parfaitement réglé et dont toutes les dispositions ont été prévues et combinées d'avance. Ils dénotent, en effet, des conditions d'existence savamment équilibrées, préparées de longue main et telles que seul un être intelligent a pu les ordonner. » (*Ibid.*, p. 192.)

« La combinaison dans le temps et dans l'espace de toutes ces conceptions profondes, non-seulement manifeste de l'intelligence, mais, de plus, elles prouvent la préméditation, la puissance, la sagesse, la grandeur, la prescience, l'omniscience, la providence. En un mot, tous ces faits et leur naturel enchaînement proclament le seul Dieu que l'homme puisse connaître, adorer et aimer. L'histoire naturelle deviendra un jour l'analyse des pensées du créateur de l'univers, manifestées dans le règne animal et le règne végétal, comme elles l'ont été dans le monde inorganique. » (*Ibid.*, p. 219.)

Comme vous le voyez, docteur, même en nous bornant à ce petit nombre de faits, tous attestent de la manière la plus manifeste que la cause créatrice a révélé une haute intelligence dans le plan de la création et dans les idées nettement imprimées dans les différentes classes des êtres ; une grande science et une haute sagesse dans les rapports qu'on y rencontre; une prévoyance étonnante dans les combinaisons qu'ils présentent et surtout dans les conditions d'existence si savamment équilibrées. De telle sorte qu'en ne l'appréciant seulement que d'après le livre de la nature et les êtres qu'il renferme, cette cause se montre avec tous les caractères d'une haute intelligence douée d'une science infinie, d'une prescience et d'une omniscience admirables, et d'une prévoyance accomplie.

DOCTEUR. — Je serais curieux de savoir maintenant s'il vous est possible de découvrir quelques idées aussi dans le ciel, cet autre feuillet du grand livre de la nature.

ARISTE. — N'en doutez pas, docteur; et ces idées y sont plus belles encore, car elles y ont été imprimées en lettres de feu.

DOCTEUR. — Veuillez donc me les montrer'

ARISTE. — Chacun ne peut-il y lire l'idée d'immensité en contemplant, par une belle soirée transparente, la grandeur et la magnificence d'un ciel étoilé, car l'esprit, en franchissant, les limites du visible, en s'élançant à travers les armées des étoiles et des nébuleuses, en planant au sein de l'éther, ne peut atteindre les extrèmes limites de cet océan infini ! Mais s'il vient alors à se réfléchir sur lui-même, comment n'y pas lire encore ce premier mot : Où donc ont germé tous ces mondes? Qui les a semés dans l'espace avec autant de profusion que les fleurs dans les champs? Qui a fait tout cela?

Quand l'esprit suit sa demeure mobile et flottante, et qu'il se surprend accomplissant chaque jour 650,000 lieues avec elle dans l'espace, comment ne pas se demander : Quel est donc le bras qui lui a donné cette impulsion?

Quand il compare ses mouvements avec ceux de toutes les autres planètes et qu'il les voit toutes accomplir les mêmes évolutions, qu'il découvre surtout que tous les astres sont soumis aux mêmes mouvements, peut-il méconnaître la toute-puissance qui leur a donné le premier branle, et leur a imprimé tous les mouvements qu'ils exécutent?

Ne découvre-t-il pas clairement l'intelligence qui brille dans la disposition et les rapports du soleil et des planètes? S'il n'eût été placé entre les planètes, le soleil eût-il pu les éclairer et les échauffer?

Ne découvre-t-il pas encore la science et les connaissances de cette cause dans les rapports établis pour ajuster chacun de ces corps dans un ensemble aussi varié? sa sagesse, dans les propriétés diverses départies au soleil et aux planètes? sa prévoyance infinie, dans l'ordre qui régit tout ce système et dans son ordonnance avec l'ensemble des autres corps célestes, ainsi que dans l'harmonie établie entre lui et tous les autres systèmes des mondes?

Vous le voyez, docteur, soit que nous contemplions les premiers êtres dans les vestiges que les couches profondes du globe nous en ont conservés; soit que nous étudiions ceux qui peuplent actuellement sa surface, les airs ou les eaux; soit enfin que nous admirions les astres semés dans l'espace, partout la nature nous tient le même langage. Chaque être est marqué de son cachet particulier et porte l'empreinte des mêmes idées. Le grand livre de la nature qu'elle a créé nous atteste dans chacune de ses œuvres sa suprême intelligence; tout nous la révèle comme une cause pleine de science, d'art, d'invention, de sagesse, de prévoyance, de puissance et de perfection. Chaque être nous montre le même ouvrier dans son œuvre, le même exemplaire derrière sa copie et la même réalité dans les idées qui représentent sa pensée.

Docteur. — Cependant, Ariste, pourquoi vous le taire? je trouve quelques taches dans le dernier tableau de ses œuvres, que vous venez de nous peindre.

Ariste. — Lesquelles, docteur?

Docteur. — Pourquoi ces milliards d'étoiles dans les profondeurs des cieux que la vue de l'homme ne peut atteindre?

Ariste. — Pourquoi, docteur? Demandez-le à la puissance infinie qui les a créées; demandez-le même à la raison de l'homme, à sa science et à sa perfectibilité? Le Créateur ne devait-il produire ses œuvres que pour les simples et les ignorants. L'ordre et la magnificence qui brillent dans le ciel suffisaient sans doute pour montrer sa grandeur et sa gloire; mais n'était-il pas plus digne de lui de les faire briller jusque dans l'infini et par delà les limites de la vue? D'ailleurs, quand, dans la suite des temps, l'art et les efforts incessants des savants devaient les mettre en possession de lunettes astronomiques pour explorer des espaces plus reculés, ne devait-il pas leur réserver de nouveaux objets d'admiration afin de leur faire comprendre l'étendue de la science et de la puissance qui avaient présidé à la création de ses œuvres? Et quand, plus tard encore, ils auraient inventé des instruments plus puissants qui devaient leur permettre de pénétrer plus profondément au sein de ses magnificences, ne se devait-il pas à lui-même de leur ménager de nouveaux objets à admirer, pour récompenser leurs efforts à l'arrivée de chaque nouvelle étape, par des conquêtes plus belles et plus merveilleuses encore, afin de leur faire comprendre que parmi tous les astres qu'il a semés dans l'immensité, il en tient en réserve pour tous les progrès et pour tous les âges, et qu'ils comprissent d'autant mieux que les cieux ne racontent pas seulement la gloire de celui qui les a faits, mais qu'ils proclament aussi sa science, sa sagesse et sa puissance infinies?

DOCTEUR. — Cependant, comment admettre que ces astres aient été créés pour l'homme, quand sa vue ne peut les atteindre?

ARISTE. — L'orgueil de l'homme aime à croire que tout a été fait pour lui : cet éloignement lui prouve qu'il n'en est pas ainsi. Le Créateur se devait avant tout un temple digne de lui. Mais comment méconnaître toutefois qu'il a dû penser aussi à l'homme en les créant, puisque seul, parmi les êtres, il est doté d'intelligence, que seul il peut les connaitre, et connaitre par eux Celui qui les a faits? Osons même le dire : l'homme était nécessaire à la création, puisque sans lui le Créateur n'eût été connu que de lui-même, et que nul n'eût pu lire les idées qu'il a imprimées dans les cieux comme dans toutes ses œuvres.

Les astres qu'il a suspendus dans l'immensité des cieux, comme les êtres qui gisent dans les profondeurs du sol, toute la nature, en un mot, nous redit le même nom; tous proclament également qu'ils ont été créés par la même cause, qu'ils suivent les mêmes lois, sont soumis au même ordre et gouvernés par la même puissance.

DOCTEUR. — Vous l'avouerai-je, Ariste? bien des objections agitent encore mon esprit, et l'empêchent de partager vos convictions sur la cause créatrice.

ARISTE. — Quelles sont ces objections, docteur?

DOCTEUR. — Mon esprit est ébloui par les astres et n'y découvre pas toutes les idées que vous y voyez; j'en dirai autant des fossiles; j'aurais mieux compris le langage des êtres qui m'entourent.

ARISTE. — Tous vous tiendraient le même langage.

DOCTEUR. — Interrogez-les donc aussi.

ARISTE. — Chez tous vous découvrirez, dans des signes visibles, les idées de la cause invisible qui les a produits, et tous vous montreront ainsi l'ouvrier qui les a créés. Il en est des œuvres de la nature comme de celles de l'art, toujours l'effet montre la cause.

Docteur. — Je doute, Ariste, que cette comparaison soit bien fondée, car il existe une différence fort grande entre l'œuvre de la nature et celle de l'art.

Ariste. — Laquelle, docteur?

Docteur. — Dans une œuvre d'art, on peut toujours contrôler l'œuvre par l'ouvrier; tandis que dans les œuvres de la nature, cela est absolument impossible.

Ariste. — Cette impossibilité est-elle aussi réelle que vous le pensez? Je suis loin d'en être convaincu pour mon compte. Voici devant nous, par exemple, des herbes et des ronces qui couvrent des pierres éparses sur le sol; écartons-les. Nous pouvons découvrir à l'instant quelques traces d'une ancienne habitation, quelques vestiges de murailles, et même quelques restes évidents d'anciennes fondations. Tout y révèle même une distribution fort bien disposée. Ici devait exister un vestibule; là, une salle à manger; plus loin, un salon; au delà, tout annonce les restes d'une salle de bain. Voici même les traces d'une galerie qui devait conduire à plusieurs appartements isolés du premier corps de logis, et qui ont dû être occupés par des femmes et des enfants.

Ce qui me paraît appuyer ces inductions, c'est que j'ai appris que quelques objets ont déjà été trouvés au sein de ces ruines, et parmi ceux-ci, je puis vous citer notamment quelques médailles, des amphores, des statues et d'autres objets d'art ou d'utilité domestique, qui tous témoignent que cette habitation a été occupée par une ancienne famille romaine. Malgré le peu qui reste de ces ruines, pouvez-vous croire que ces vestiges soient l'œuvre du hasard?

Docteur. — Non, Ariste, car je constate la trace d'un plan qui atteste que l'intelligence de l'homme est intervenue pour le produire.

Ariste. — Vous admettez, par conséquent, qu'il a fallu l'intervention d'un architecte, et même d'un architecte intelligent, puisque tout semble convenablement adapté aux besoins d'une famille?

Docteur. — Cela paraît évident.

Ariste. — Vous n'hésiteriez pas davantage à convenir, sans doute, que cet architecte, avant d'élever cette habitation, a dû en concevoir le plan, et probablement même le choisir entre plusieurs qui pouvaient également satisfaire aux besoins de cette famille.

DOCTEUR. — C'est vraisemblable.

ARISTE. — Cependant, une fois l'exemplaire de ce plan conçu et arrêté, il lui a fallu le réaliser.

DOCTEUR. — Ces vestiges suffisent pour le prouver.

ARISTE. — De telle sorte qu'en affirmant que cet architecte a conçu le plan de cette habitation, qu'il a choisi tel dessin plutôt que tel autre parce qu'il convenait mieux au but qu'il fallait atteindre, qu'il a voulu le réaliser en adaptant chacune des parties au plan préféré, ce n'est ni une hypothèse, ni une abstraction que j'affirme ; ces restes attestent que j'affirme un fait certain et un fait qui brille de toute l'évidence possible.

DOCTEUR. — C'est manifeste.

ARISTE. — Mais si j'affirmais, en outre, que cet architecte existait avant son œuvre, qu'il en était distinct, et qu'il était lui-même une personne intelligente, consciente et libre, n'affirmerais-je pas une vérité aussi indiscutable

DOCTEUR. — Nul ne peut le contester.

ARISTE. — Détournons pendant quelques instants nos regards de ces vestiges et portons-les sur ce brin d'herbe que nous foulons, sur cet insecte qui rampe à nos pieds, sur cet oiseau qui chante dans la feuillée ou sur ce poisson qui nage dans l'eau voisine. Examinons-les avec la même attention que nous avons apportée à l'étude de ces ruines. Ne sommes-nous pas frappés de ce que ces êtres offrent de commun dans leur apparente diversité ? Voyez ! Tous soutirent au milieu qui les entoure les aliments qu'ils doivent s'assimiler ; tous possèdent un appareil respiratoire pour absorber l'oxygène de l'air ; tous sont munis de vaisseaux qui portent à tous leurs organes les gaz et les sucs qu'ils ont absorbés ; tous possèdent des organes excrétoires pour rejeter au dehors les sucs usés et altérés ; tous enfin portent la marque de la sexualité qui doit les propager ! Ces caractères évidents n'attestent-ils pas qu'ils ont été conçus et établis eux-mêmes, malgré leur diversité, d'après un seul et même plan ?

DOCTEUR. — En effet, cela paraît manifeste.

ARISTE. — Remarquez-le cependant, quelles différences entre chacun d'eux ! Tandis que cette plante est fixée au sol où il faut, pour qu'elle continue à vivre et à se développer, que les rayons du soleil viennent la trouver, que l'air où elle puise ses aliments l'entoure de tous côtés, que l'eau qui lui est nécessaire tombe du ciel sur elle, ou qu'elle aille la puiser par ses racines dans le sol, cet insecte, lui, est tout muscles pour aller les chercher ; cet oiseau, tout air pour s'équilibrer avec l'atmosphère qui doit les lui fournir ; ce poisson est doté d'une vessie natatoire qu'il dilate pour s'alléger et monter, ou qu'il resserre à volonté pour s'alourdir et descendre au fond de son élément !

Docteur. — Ces convenances sont vraiment merveilleuses, Ariste.

Ariste. — Est-il possible de douter, docteur, que chacune de leurs ressemblances n'ait été conçue d'après un plan commun, et que leurs différences ne soient conçues elles-mêmes que pour s'ajuster à un dessein particulier ayant pour but de les adapter aux différents milieux où ils devaient vivre et se multiplier ?

Docteur. — Il est manifeste qu'ils n'eussent pu vivre sur le sol, dans l'air ou dans l'eau, s'il en eût été autrement.

Ariste. — Mais, dites-moi, docteur, cette unité de plan n'atteste-t-elle pas aussi l'unité de l'architecte qui l'a conçu ?

Docteur. — Cela semble évident.

Ariste. — Cette diversité de dessein, cette adaptation si parfaite de chaque espèce d'être au milieu qu'il doit habiter, n'atteste-t-elle pas aussi qu'une grande intelligence y était nécessaire ?

Docteur. — Je me sens disposé à vous répondre avec Hippocrate que, dans ce cas, tout concourt, tout consent, tout conspire.

Ariste. — Vous admettrez donc parfaitement que l'architecte de ces beaux édifices possédait une intelligence de l'ordre le plus élevé ?

Docteur. — Je ne connais aucune œuvre qui puisse leur être comparée.

Ariste. — De telle sorte que si j'affirme maintenant que cet architecte a montré une grande puissance dans la conception de ce plan, et une haute intelligence en choisissant avec tant de justesse les moyens qui s'assortissaient le mieux à ses desseins, ce n'est ni une hypothèse ni une abstraction que j'affirme, puisque l'œuvre est un fait certain, et qu'en l'affirmant, j'affirme une chose de la plus évidente clarté.

Docteur. — On ne peut le contester.

Ariste. — Ne puis-je même affirmer que l'architecte qui a conçu ce plan et qui a réalisé ces desseins leur était antérieur et en était distinct ?

DOCTEUR. — Oui, Ariste.

ARISTE. — En affirmant l'intervention de l'architecte dans la construction de l'habitation et celle de la cause qui a formé ces êtres divers, j'affirme donc une seule et même chose. Car, remarquez-le, dans l'un et dans l'autre de ces exemples, les prémisses sont les mêmes : c'est une même induction et une même nécessité logique qui nous conduit à la même démonstration. Dans les deux cas, la conclusion est également évidente et souveraine et ne peut laisser place au doute ni à la moindre contestation. Si vous admettez l'intervention de l'intelligence, de la volonté, de la liberté, de la personnalité de l'homme dans le premier cas, vous ne pouvez récuser celle de l'intelligence, de la volonté, de la liberté, de la personnalité du créateur dans le second. Vous êtes même forcé d'admettre que cette intelligence et cette personnalité sont elles-mêmes antérieures à la création des êtres et qu'elles en sont essentiellement distinctes.

DOCTEUR. — Tenez, Ariste, plus votre raisonnement est serré et pressant, et plus il m'inspire de défiance, car je crains la logique et ses captieuses séductions. En y cédant, ma raison se dit intérieurement qu'on lui tend peut-être un piége, et qu'on la mène au delà des limites où elle veut aller. Pourquoi ne pas recourir plutôt au simple langage du bon sens et de la droite raison?

ARISTE. — Serait-il donc plus net et plus convaincant?

DOCTEUR. — Non, peut-être ; mais ne pourriez-vous le dégager de ces subtilités? Je me sens comme pressé et mal à l'aise dans ses lacs, et crains que quelque habileté de langage ne soit dissimulée parmi ses arguments.

ARISTE. — Qu'attendez-vous donc de plus du bon sens et de la raison?

DOCTEUR. — Je vais vous expliquer ma pensée. Je comprends qu'un architecte qui a conçu un plan, qui a fait élever un monument sous sa direction, en soit considéré comme l'auteur et la cause ; car je sais qu'il a, non-seulement l'intelligence qui conçoit, mais encore la parole qui commande et la main qui montre les travaux qu'il faut exécuter. Mais ce que je ne puis comprendre, c'est que vous compariez les œuvres du Créateur aux siennes, celui-ci n'ayant ni voix pour commander, ni main pour montrer et pour diriger. Aussi, tandis que je m'explique fort bien que l'architecte soit considéré comme la vraie cause du monument qu'il élève, je ne saisis aucun lien entre l'œuvre et l'intelligence créatrice.

ARISTE. — La main et la voix seraient-elles donc autre chose pour vous que de simples instruments?

DOCTEUR. — Non, mais ces instruments sont nécessaires pour réaliser un modèle conçu.

ARISTE. — Chez un architecte, sans doute. Mais encore qui, chez lui, a conçu le modèle du monument?

DOCTEUR. — Son intelligence.

ARISTE — Qui commande à sa voix et à sa main?

DOCTEUR. — Son intelligence.

ARISTE. — L'intelligence est donc la véritable cause, puisqu'il faut remonter jusqu'à elle pour découvrir la cause qui conçoit, veut, parle et montre?

DOCTEUR. — Sans doute, Ariste; mais tandis que je puis facilement aller du monument au plan et de celui-ci à l'intelligence de l'architecte, je découvre un abime entre la création et le Créateur!

ARISTE. — Saisissez-vous mieux les liens qui unissent votre volonté avec les mouvements que vous exécutez?

DOCTEUR. — Non, sans doute. Mais mes mouvements sont des faits visibles et manifestes; je sais parfaitement que c'est ma volonté qui les a voulus, qui les a dirigés et qui peut même les suspendre et les arrêter. Dans ce cas, je ne puis douter que c'est en moi que s'en trouve la cause, et que cette cause est ma propre volonté.

ARISTE. — Vous est-il possible de comprendre dans un sens opposé l'intelligence créatrice et l'intelligence humaine? Les idées de toutes deux ne sont-elles pas également invisibles, spirituelles et immatérielles tant qu'elles demeurent dans la pensée; et quand vous voyez un architecte incruster ses idées dans un monument, un sculpteur transfigurer les siennes dans le marbre et le bronze, un poëte les rendre sensibles en les scandant dans des vers, un simple industriel les transformer en forces motrices par la chaleur, l'eau, le vent, ou un simple courant, comment oseriez-vous refuser au Créateur, lui, dont l'intelligence et la puissance sont infinies, le pouvoir dont jouit le plus simple des mortels?

DOCTEUR. — Mais comment le Créateur, qui a dû déployer une activité si puissante pendant la création, a-t-il pu cesser d'agir et de créer depuis qu'elle est accomplie! Je ne puis concevoir, je vous l'avoue, une activité qui n'agit pas, et surtout une puissance créatrice qui ne crée pas.

ARISTE. — Pouvons-nous savoir ce qui se passe dans tous les mondes de l'univers? Et parce qu'il a créé notre monde, nous est-il donné de décider qu'il soit de son essence de créer sans cesse? D'ailleurs, une puissance sans cesse agissante dans la nature ne s'impose-t-elle pas elle-même à la raison? Comment, quand nous voyons tout changer, quand nous voyons tous les êtres incessamment finir et recommencer, et surtout se continuer à travers les générations, pourrions-nous admettre qu'il n'existe pas une cause qui est et qui dure, pour les régénérer sans cesse et pour reproduire ici, là et partout, toujours les mêmes espèces, et continuer aujourd'hui à couler de nouveaux êtres dans les moules d'autrefois?

Quand nous voyons la matière ne faire que traverser les formes organiques, que nous la voyons incessamment se vivifier dans les plantes, s'animaliser dans les animaux, puis retourner ensuite à son inertie première, pouvons-nous admettre que cette matière se vivifie et s'animalise sans une intervention active? Qui pourrait la revivifier dans chacune des stations qu'elle parcourt? Peut-on admettre que l'attraction et l'impulsion primordiales aient, une fois données, pu suffire pour assurer le cours des astres? Pouvons-nous même penser que si cette intervention cessait de pénétrer un seul moment leur substance, que si elle n'était à chaque instant entretenue et renouvelée, les astres continueraient leurs évolutions? Tout mouvement ne s'arrêterait-il pas immédiatement? Il lui faut donc déployer une activité incessante, une intervention continue, et créer d'une manière permanente pour que tout dure et se conserve. Le chaos serait la suite immédiate et nécessaire d'un seul instant d'oubli ou de repos de la puissance créatrice; d'ailleurs, entretenir et conserver, n'est-ce pas toujours créer?

Vous ne disconviendrez pas toutefois, docteur, que l'examen des vestiges d'une ancienne habitation peut suffire pour expliquer le plan d'après lequel elle a été construite; que ce plan lui-même peut nous faire connaître l'intelligence de l'architecte qui l'a conçu. De telle sorte qu'à l'aide de quelques ruines éparses sur le sol, il peut nous être donné de voir ressusciter devant nos yeux non-seulement l'édifice auquel elles ont appartenu, mais l'architecte lui-même, ainsi que son intelligence, son art, sa sagesse et sa prévoyance, bien qu'il n'ait laissé aucune trace dans ce monde. Vous n'hésiterez donc pas à admettre que l'œuvre nous montre l'ouvrier. Si désormais, nous arrivions à découvrir dans la nature quelques œuvres d'art où se montrent aussi des traces évidentes d'intelligence, de science, d'art et de sagesse, vous n'hésiteriez pas davantage à les attribuer au grand architecte qui les a produites.

Docteur. — Toute œuvre d'art qui vient de l'homme est facile à contrôler avec les facultés que nous lui connaissons; mais avec quoi contrôler les œuvres de la nature?

Ariste. — Si nous découvrions des idées, un plan, de l'intelligence dans les œuvres de la nature, à qui les attribuer, si ce n'est à l'auteur de ces œuvres?

Docteur. — Vous avez pu remonter de l'œuvre de l'architecte à ses idées et à son plan, il est vrai; mais comment y parvenir pour les œuvres de la nature?

Ariste. — N'avons-nous pas déjà découvert quelques idées et un plan d'un ordre fort élevé dans le brin d'herbe, l'insecte, l'oiseau et le poisson?

Docteur. — J'en conviens.

Ariste. — Pourriez-vous admettre qu'une intelligence n'était pas nécessaire pour les concevoir?

Docteur. — Il ne s'agissait que de quelques êtres en particulier; mais comment le démontrer pour l'ensemble de la création?

Ariste. — Douteriez-vous, par exemple, que tous les êtres qui ont existé sur la terre aient pu manquer de ce qui leur était indispensable pour vivre, se propager et durer? Une intelligence n'était-elle pas nécessaire pour préparer toutes ces conditions? Les plantes eussent-elles pu vivre si la terre n'eût été disposée pour leur permettre d'y végéter? Les plantes n'ont-elles pas dû précéder l'apparition des animaux pour fournir à ceux-ci leur premier aliment? N'a-t-il pas fallu, en un mot, que la venue de chaque être fût précédée de toutes les conditions d'existence nécessaires pour qu'il pût vivre et se développer?

Docteur. — Mais comment connaître ces conditions d'existence pour les premiers êtres créés?

Ariste. — Tout nous porte à penser qu'elles étaient les mêmes que celles que nous voyons établies aujourd'hui, ou du moins qu'elles n'en différaient que de bien peu. Cherchons donc à les déterminer, pour comprendre ce qu'elles exigeaient de la cause qui les a établies et apprécier par elles de l'étendue d'intelligence qu'elles supposent pour être réalisées.

DOCTEUR. — Mais à mesure de leur venue, les derniers arrivés n'ont-ils pu se glisser entre les autres, comme fait un convive qui arrive au banquet après qu'il est commencé? Il les gêne sans doute d'abord quelque peu, mais bientôt tous se serrent, et il finit par obtenir une place égale à celle des autres.

ARISTE. — Fort bien, docteur; mais convenez qu'à côté de cette solution toute physique, il a pu s'en offrir une meilleure. N'eût-il pas été plus à l'aise si cette place lui eût été préparée d'avance?

DOCTEUR. — Comment résoudre cette question? Ni vous ni moi n'avons assisté au premier banquet de la vie.

ARISTE. — Heureusement pour nous, docteur; car nous n'aurions pas le plaisir de converser aujourd'hui sur une question qui, bien qu'elle manque d'actualité, n'en est pas moins des plus intéressantes.

DOCTEUR. — Voudriez-vous donc nous en retracer le tableau?

ARISTE. — Ne le craignez pas, docteur, bien que la connaissance que nous avons des êtres nous permette, grâce aux fossiles, de comparer ceux d'aujourd'hui à ceux d'autrefois, et que les ressemblances que nous leur trouvons semblent autoriser une comparaison légitime entre les rapports que nous constatons entre eux maintenant et ceux qui devaient exister alors.

DOCTEUR. — Quelles inductions pouvez-vous donc tirer de cette comparaison pour éclairer la question qui nous occupe?

ARISTE. — Les voici, docteur. Si je parvenais à démontrer que ces conditions d'existence ont précédé l'apparition des premiers êtres, il vous faudrait bien admettre que quelque cause s'en est occupée; si, en second lieu, je démontrais que ces rapports fort complexes n'ont pu s'établir d'eux-mêmes, ni par une cause purement physique comme celle que vous invoquiez, nous serions conduits à admettre que cette cause est intelligente, puisqu'une intelligence seule peut prévoir, choisir et coordonner des rapports aussi nombreux. Que vous en semble?

DOCTEUR. — Il s'agit d'une question de fait, Ariste, et non de suppositions.

ARISTE. — J'aborde la question de fait. Admettriez-vous que le sol ait pu manquer aux premières plantes? Assurément non; car il leur était nécessaire pour s'y fixer. N'en est-il pas de même de l'air, de l'eau et de la chaleur pour les faire germer et végéter; de l'acide carbonique et des rayons solaires pour les alimenter; d'une température modérée pour les faire croître sans les exposer à être congelées ou desséchées ? Le premier animal comme la première plante ont dû rencontrer toutes ces conditions réunies ; et vous m'accorderez, sans doute, qu'elles existaient, puisque aucun être n'eût pu vivre sans elles.

Docteur. — Je l'admets, Ariste.

Ariste. — Mais outre ces conditions purement extérieures, n'en rencontrons-nous pas encore d'autres non moins essentielles? Ne fallait-il pas que cette plante fût organisée de telle sorte que chacun de ses instruments fût lui-même adapté au rôle qu'il devait remplir, afin de pouvoir s'alimenter, absorber les matériaux qui lui étaient nécessaires, rejeter ceux qui étaient usés, se propager et entretenir des rapports avec tous les êtres? Ne fallait-il pas, en outre, que les animaux eux-mêmes fussent organisés pour vivre les uns sur le sol, les autres sous la terre, d'autres dans l'eau, d'autres encore dans l'air, etc. ? Chaque espèce devait donc être pourvue d'un organisme adapté à ses conditions d'existence et être en harmonie avec elles.

Docteur. — C'est évident.

Ariste. — Croyez-vous que des conditions d'existence aussi nombreuses aient pu s'établir d'elles-mêmes?

Docteur. — On cite bien quelques faits d'adaptation physique; mais je ne puis comprendre qu'un poisson eût pu vivre dans l'air, ni un oiseau dans l'eau, par exemple.

Ariste. — Cela est évidemment impossible. Nous admettrons donc que ces conditions harmonieuses ont été préparées. Mais comment?

La terre a-t-elle été faite et préparée pour les végétaux, ou ceux-ci pour la terre? Les plantes ont-elles été préparées pour les animaux, ou ceux-ci pour les plantes? En d'autres termes, la première création a-t-elle été faite pour la seconde, ou celle-ci pour la première? Laquelle des deux opinions vous semble-t-elle la plus probable?

Docteur. — La seconde, Ariste.

Ariste. — C'est en effet la plus vraisemblable, bien qu'on puisse admettre qu'une intelligence assez puissante pour préparer l'une des deux seulement ait pu les embrasser simultanément et les faire concorder d'avance dans sa pensée. Mais, dès que vous admettez ces rapports, vous résolvez la question : c'est une intelligence qui les a établis.

Docteur. — Si vous admettez que l'effet montre la cause, vous êtes conduit à en juger ainsi.

Ariste. — Assurément, docteur. Vous aviez semblé soutenir que des causes physiques avaient pu y suffire; il me fallait avant tout détruire cette illusion et vous montrer que les liens intelligibles qui unissent les conditions physiques elles-mêmes ne pouvaient dériver que d'une intelligence de l'ordre le plus élevé. Ne fallait-il pas en effet que la cause créatrice connût parfaitement les milieux pour y adapter l'organisme de chacun des êtres appelés à les habiter? Or, qu'est-ce que connaître, sinon un acte d'intelligence?

Docteur. — C'est évident.

Ariste. — D'où proviendraient les idées que nous avons vues imprimées chez tous les êtres, sinon d'une cause qui les a conçues et qui les a réalisées en eux en les créant? Or, concevoir des idées, n'est-ce pas faire acte d'intelligence?

Docteur. — Assurément.

Ariste. — A-t-elle pu concevoir les idées que nous rencontrons chez eux et les réaliser sans savoir ce qu'ils sont? Et savoir, n'est-ce pas aussi une œuvre d'intelligence?

Docteur. — Sans doute.

Ariste. — A-t-elle pu établir les rapports qui unissent les êtres avec leurs conditions d'existence, sans comprendre tous les liens qui les attachent les uns aux autres? Comprendre n'est-il pas encore un acte d'intelligence?

Docteur. — Certes!

Ariste. — A-t-elle pu établir ces rapports sans prévoir toutes les conséquences qui devaient en résulter? Qu'est-ce encore que prévoir, sinon un acte d'intelligence?

Docteur. — Sans doute, et de l'ordre le plus élevé.

Ariste. — N'a-t-elle pas encore manifesté une rare habileté en dotant les êtres de tous les instruments à l'aide desquels ils peuvent vivre, se propager et durer; une grande sagesse, en choisissant les moyens les mieux adaptés pour atteindre ces trois grandes fins; une invention prodigieuse, en les produisant tous sans modèle; une puissance infinie, en les formant tous à la fois chez un grand nombre d'êtres; enfin, une perfection sans égale, en les constituant dans leur ensemble comme dans leurs plus petits détails avec une justesse et une précision qui font dire que « tout est parfait en sortant des mains de la nature »? Qu'est-ce donc que cette suprême habileté, cette grande sagesse, ces inventions merveilleuses, cette parfaite entente, cette puissance infinie et cette perfection sans égale, sinon des attributs d'une suprême intelligence?

DOCTEUR. — Cela me semble incontestable, Ariste.

ARISTE. — Comme vous le voyez, docteur, quel que soit le feuillet du livre que nous interrogions, partout la nature s'offre à nos regards comme un tableau interposé entre deux sciences, la science du Créateur et la science humaine. Copie à l'égard de la première, elle est un exemplaire à l'égard de la seconde. La science humaine, qui veut trouver la vérité, ne peut la découvrir qu'en elle; et c'est par cette vérité qu'elle peut arriver à connaître quelque chose de l'original à travers la copie.

Permettez-moi, pour vous le faire comprendre, de résumer maintenant les principaux faits de cet entretien, et de vous faire remarquer que la nature embrasse tous les êtres de l'univers. Or, tous ces êtres viennent se ranger comme d'eux-mêmes dans l'un des cinq règnes suivants : — 1° le règne minéral, qui comprend soit la matière agglomérée sous forme de globes désignés sous le nom d'astres ou de mondes stellaires, parmi lesquels se voient le soleil, les planètes, leurs satellites et la terre en particulier; soit la matière disséminée connue sous les noms de nébuleuses et de comètes; — 2° le règne éthéré, qui comprend la matière impondérable, et l'éther en particulier, substance encore hypothétique qui pénètre et enveloppe tous les corps, et dont la lumière, la chaleur, l'électricité, la gravité et l'affinité semblent n'être que des modes de manifestations diverses; — 3° le règne végétal, qui embrasse tous les êtres organisés vivants, insensibles et immobiles; — 4° le règne animal, qui comprend les êtres organisés vivants, sentants et automobiles; — 5° enfin, le règne humain, qui se compose d'une seule espèce, l'homme, être organisé vivant, sentant, se mouvant, pensant et raisonnant.

J'ajoute, en outre, que la géologie et la paléontologie nous apprennent que chacun de ces règnes a paru dans l'ordre énuméré; c'est du moins ce qui a été démontré pour les trois derniers règnes en particulier. Toutefois, avant l'apparition de ces êtres sur la terre, celle-ci était pourvue elle-même d'éléments divers, de forces et de propriétés naturelles, et soumise aux lois de l'attraction, de l'impulsion et de la rotation.

Désirant restreindre ces notions à ce qu'elles offrent de plus

important pour nous, nous signalerons surtout les principaux
faits recueillis sur la terre et sur ses habitants, en les résumant
et les groupant par séries de faits analogues, pour en former
autant de lois distinctes, afin de demander ensuite à chacune
d'elles quelles sont les causes qu'elles peuvent nous montrer.

I. — Lois générales de la nature, de la terre et des êtres organisés en particulier :

Première loi. — A une époque ancienne, la terre n'offrait que
des êtres inorganisés et des forces naturelles.

Deuxième loi. — Alors, la terre était déserte et inanimée.

Troisième loi. — A une époque ultérieure, elle était peuplée de
myriades d'êtres organisés et vivants. Les végétaux ont précédé
les animaux, et ont paru, les uns et les autres, d'abord dans la
mer, puis sur la terre. L'homme a paru le dernier.

Quatrième loi. — Les êtres organisés, depuis leur apparition
sur la terre, se sont succédé dans une suite de générations. Tous
naissent d'un œuf, et cet œuf d'un parent. Nul fait n'a prouvé
qu'ils soient issus d'une génération spontanée.

Cinquième loi. — Toutes les espèces qui se sont succédé jusqu'ici sont fixes et immuables. Nul fait n'a prouvé non plus leur
métamorphisme ni leurs transformations : malgré les changements notables que leur fait éprouver parfois l'influence des
milieux, leurs mutations ne dépassent jamais les limites assignées
à l'espèce.

Sixième loi. — Tous les êtres organisés sont établis d'après une
unité de plan aussi facile à constater chez les premiers créés que
chez ceux qui leur ont succédé jusqu'ici.

Septième loi. — Cette unité de plan s'affirme chez les animaux
dans les quatre types différents qu'ils présentent, sous quatre
formes distinctes et dans quatre idées diverses.

Huitième loi. — Dans plusieurs types paléozoïques, on a rencontré des combinaisons et des caractères qui, plus tard disjoints,
se sont montrés séparément dans des types distincts.

Neuvième loi. — Le dualisme sexuel partage et a toujours partagé le règne organisé en deux moitiés distinctes : les mâles et
les femelles.

Dixième loi. — Tous les êtres organisés offrent de nombreux
témoignages qui attestent qu'ils sont établis d'après les principes
de la science la plus élevée.

Onzième loi. — L'unité de plan, de structure et le dualisme sexuel se rencontrent chez tous les êtres organisés qui ont vécu à toutes les époques et dans tous les lieux.

Douzième loi. — Tous les êtres de la nature sont assujettis à l'ordre : les corps célestes, à des mouvements réglés ; les corps simples, à des rapports nécessaires ; les êtres organisés et vivants, à la naissance, au développement, à la mort, à l'unité d'espèce et de type. Tous aussi sont subordonnés à des rapports et à des lois qui les coordonnent entre eux et les font concourir à l'harmonie générale de l'univers. L'homme seul, qui connaît ces rapports et ces lois, peut en partie s'y soustraire.

II. — Causes montrées par ces lois :

Première cause. — L'apparition successive des êtres montre qu'ils ont commencé.

Deuxième cause. — Tout ce qui commence est un effet, et tout effet a une cause.

Troisième cause. — Les premiers nés n'ayant pas eu d'ancêtres, il a fallu l'intervention d'une autre cause pour les produire. Or, cette cause, ayant donné l'être et la vie à ce qui ne l'avait pas, s'est donc manifestée comme une cause créatrice et vivante.

La science peut-elle connaître cette cause ?

Les savants, n'ayant pu l'atteindre directement, ont émis trois opinions sur elle : les uns attribuent la cause créatrice des êtres organisés et vivants aux atomes et aux forces cosmiques qui existaient avant leur apparition ; les autres, à l'action de la matière et des forces naturelles ; d'autres encore, à une cause surnaturelle.

Examinons succinctement ce que la science apprend sur la valeur de chacune de ces opinions, et laissons aux faits le soin de prononcer sur elles.

Quatrième cause. — Aucun savant n'a vu un seul atome, ni constaté l'existence des forces cosmiques ; la science ne peut donc admettre cette opinion, qui est purement hypothétique.

Beaucoup de savants ont expérimenté, en outre, l'action des forces physiques sur la matière, et jamais ils n'ont obtenu la moindre parcelle de matière organisée, pas même sous sa forme la plus simple et la plus élémentaire. La science a constaté, au contraire, que tandis que cette matière et ces forces ont été toujours et partout les mêmes, les êtres organisés qu'on leur attribue ont été toujours et partout différents. Comment saisir entre ces deux ordres de faits un lien de filiation qui permette d'attribuer des effets aussi divers à des causes toujours identiques? Il n'est pas moins évident, par conséquent, que la science ne peut admettre ni les générations spontanées, ni les transformations d'espèces, qu'aucun fait d'ailleurs n'est venu attester non plus jusqu'ici.

Constatons toutefois que cette loi nous fait connaitre deux ordres de faits ou d'effets distincts : les uns, toujours les mêmes, qui présupposent l'action de forces aveugles, fatales et nécessaires, de *causes secondes,* en un mot; les autres, qui présupposent l'action d'une force intelligente, et d'une *cause encore inconnue* dont nous allons demander la notion aux lois suivantes.

Cinquième cause. — Une fois l'impuissance de ces deux ordres de causes constatée, la science reste en présence du troisième, de celui qui attribue la création à une cause créatrice surnaturelle. Doit-elle la repousser ou l'adopter?

Elle ne peut admettre une cause, sans doute, qu'autant qu'elle a pu en constater l'existence et la réalité; et, il faut bien le reconnaitre, elle n'a pu jusqu'ici atteindre directement la cause créatrice elle-même : de là, sa négation par un grand nombre de savants. Ceux-ci, tout en la niant, admettent cependant un certain nombre de causes, comme l'électricité, le magnétisme, la gravité, la vie, etc., tout aussi invisibles et tout aussi insaisissables qu'elle! Comment expliquer une pareille inconséquence? Ils répondent qu'ils ont pu admettre celles-ci en recourant à une simple induction fondée sur la constance et la réalité de leurs effets, qui, étant toujours les mêmes, suffisent pour attester qu'ils sont dus chacun à une cause spéciale et distincte.

En serait-il donc autrement pour la cause créatrice elle-même? Elle est aussi invisible que les autres, sans doute, mais elle n'est pas plus cachée qu'elles ; ses effets sont aussi constants et aussi réels que ceux qu'on leur attribue, et ils sont en outre beaucoup plus nombreux et plus faciles à observer. Jusqu'ici, il n'y a donc pas la moindre différence entre elles. Or, dès que l'on conclut de la constance et de la réalité des effets des premières la réalité des causes qui les produisent, on est invinciblement conduit à conclure de la constance et de la réalité des effets de la cause créatrice son existence et sa réalité.

Plaçons-nous donc, un instant, au même point de vue que la science a occupé quand elle est arrivée à conclure la réalité des causes invisibles de la constance et de la réalité de leurs effets, et pour mieux saisir toute l'importance et toute la valeur des effets de la cause créatrice, adressons-nous aux lois de la nature qui vont nous les offrir groupés et réunis par séries semblables ; il ne nous restera plus ensuite qu'à recourir à une simple induction pour nous assurer si l'on peut, aussi légitimement qu'elle l'a fait dans le premier cas, en tirer les mêmes conclusions.

Sixième cause. — Quand une loi a établi que tous les êtres organisés et vivants sont également sortis d'un œuf, ne sommes-nous pas portés à lui demander de nous montrer quel serait le parent du premier œuf, s'il était autre que la cause créatrice ou le *Créateur* lui-même?

Septième cause. — Quand une loi a établi que tous les êtres organisés sont également assujettis à l'unité de structure, cette unité d'effets ne nous montre-t-elle pas elle-même *l'unité* du Créateur qui les a produits?

Huitième cause. — Quand une autre loi établit que cette unité s'affirme également chez tous les animaux dans les quatre types différents qu'ils présentent, sous leurs quatre formes distinctes, dans chacune desquelles se lisent clairement imprimées quatre idées diverses, cette loi ne nous montre-t-elle pas dans le Créateur qui les a exprimées une *intelligence* qui les avait conçues avant de les réaliser?

Neuvième cause. — Quand une autre loi encore constate que tous les êtres de la nature offrent de nombreux exemples où se voient inscrites toutes les sciences connues, cette loi ne nous montre-t-elle pas que le Créateur n'a pu les leur communiquer que parce qu'il les possédait lui-même, et par conséquent qu'il est *omniscient?*

Dixième cause. — Quand la loi nous apprend que le dualisme sexuel est établi chez les êtres organisés de toutes les époques et de tous les lieux, cette loi ne nous montre-t-elle pas que le Créateur n'a pu l'instituer que parce qu'il possédait la *prescience* de leurs rapports et une *sagesse infinie,* nécessaire pour établir à l'aide d'êtres éphémères et passagers des espèces perpétuelles?

Onzième cause. — Quand la loi constate l'unité de plan, de structure, d'espèce, et le dualisme sexuel chez les êtres organisés de tous les temps et de tous les lieux, cette unité ne nous montre-t-elle pas chez le Créateur qui l'a instituée, non-seulement un *esprit de suite,* qui ne peut émaner que d'*une seule et même pensée,* mais encore une *perpétuité* et une *omniprésence* sans lesquelles il n'eût pu réaliser toujours et partout les modèles du présent sur ceux du passé?

Douzième cause. — Quand la loi nous apprend que tous les astres et tous les êtres sont soumis au mouvement; que leur ordonnance, où rien ne manque ni n'excède, est admirablement belle; que leurs rapports sont toujours et partout harmonieux, ne nous montre-t-elle pas que le Créateur qui les a établis est *omnipuissant, omniprésent* et *parfait,* puisqu'il n'a pu communiquer à son œuvre que ce qu'il possédait lui-même?

C'est ainsi que les lois de la nature, comme tous les faits de la science, nous montrent l'existence et la réalité de la cause invisible qui les produit, et qu'elles nous permettent de découvrir le Créateur dans les êtres créés; d'admirer sa majesté, dans la grandeur de ses œuvres; sa suprême beauté, dans leur magnificence; sa perfection, dans leurs perfections elles-mêmes; sa sagesse, dans leur ordonnance; sa providence, dans la prescience de leurs besoins et dans la création des moyens de les satisfaire; son omniprésence, dans les créations et les reproductions incessantes et parallèles qui s'effectuent sur tout le globe, et probablement sur un grand nombre de corps célestes; sa toute-puissance, dans le branle qu'il a imprimé à tous les mondes; son éternité, dans leur durée : car ces lois n'expriment que des effets, et ces effets montrent la cause qui les a produits, comme l'œuvre montre l'ouvrier.

CHAPITRE VII

LA CAUSE PREMIÈRE ET LA VÉRITÉ.

Felix qui potuit rerum cognoscere causas. (VIRGILE, *Géorg.*)
« Tout est caché, obscur, et matière à discussion quand on ignore la cause des
« phénomènes ; tout est clarté quand on la possède. » (M. PASTEUR, *Théor. des
germes.* Académ. de méd., 1878.)
« Le grand but qu'on doit se proposer dans l'étude de la nature, c'est de rai-
« sonner sur les phénomènes sans le secours d'aucune hypothèse, et de déduire
« les causes des effets jusqu'à ce qu'on soit parvenu à la cause première. »(NEWTON,
Optiq. Q. XXVIII.)
« Dieu, principe et fin de toutes choses, peut, à l'aide des choses créées, être
« connu d'une manière certaine par les lumières naturelles de la raison. » (*Concile du Vatican*, c. II.)

ARISTE. — Vous vous souvenez, docteur, qu'après avoir étudié successivement les phénomènes de la gravité, de la vie, de l'instinct et de la nature, nous les avons groupés, selon leurs analogies et leur ressemblance, et que chaque série a été formulée en une loi distincte ; vous n'avez pas oublié non plus que chaque loi nous a montré une cause différente qui nous a permis de constater que « l'identité des effets prouve l'identité de la cause », comme l'a dit Newton.

Mais, fait fort remarquable, ces causes, une fois dégagées, nous ont apparu sous deux aspects essentiellement distincts : les unes, nécessaires, fatales et agissant toujours de même ; les autres, électives, sages, prévoyantes, agissant selon un plan prémédité et toujours subordonné à l'ordre et à l'harmonie générale.

DOCTEUR. — Je m'en souviens, Ariste.

ARISTE. — Vous vous souvenez encore que nous avons été conduit à considérer les phénomènes comme de simples effets, et les lois comme des groupes d'effets dérivant les uns et les autres de causes essentiellement distinctes, selon qu'elles agissent d'une manière nécessaire ou élective. C'est ainsi que nous avons étudié successivement la gravité, la vie, l'instinct et la nature, et constaté que chacune de ces causes, agissant toujours de même, ne pouvait expliquer tous les phénomènes qu'elles semblaient produire et, par conséquent, qu'elles ne pouvaient être considérées que comme des causes secondes.

Cependant, en constatant que parmi les phénomènes produits par ces causes, il en existe qui semblent manifestement choisis, adaptés et dirigés vers un but clairement indiqué, nous nous sommes demandé si ceux-ci ne dériveraient pas d'une cause supérieure, d'une cause directrice et maîtresse à laquelle les causes secondes seraient elles-mêmes subordonnées. Nous avons maintes fois saisi des actes qui semblaient attester son action, mais jusqu'ici nous nous sommes borné à les signaler; ne serait-ce pas le moment de nous occuper de cette cause, et de réunir tous nos efforts pour nous élever jusqu'à elle?

DOCTEUR. — Comment atteindre l'invisible et l'inconnu, Ariste?

ARISTE. — De même que les phénomènes nous ont fourni les lois, que celles-ci nous ont montré les causes secondes, pourquoi ces dernières ne pourraient-elles, à leur tour, nous montrer la cause première elle-même? La méthode expérimentale, qui nous a guidé jusqu'ici, aurait-elle dit son dernier mot? Je ne le pense pas, docteur; et puisque ce grand problème est posé, je suis tenté, si vous y consentez, de demander sa solution à la méthode expérimentale, qui nous a si bien réussi.

I

DOCTEUR. — S'il est une question insoluble, Ariste, c'est par-dessus tout celle que vous vous proposez d'aborder.

ARISTE. — Pourquoi, docteur?

DOCTEUR. — C'est parce que toute cause est invisible et par conséquent impénétrable; parce qu'il ne nous est donné de découvrir dans la nature qu'une succession de phénomènes disjoints, qu'une chaîne d'antécédents et de conséquents sans fin, sans qu'il nous soit possible de saisir aucun lien certain de causalité qui unisse l'effet à la cause. Dans de telles conditions, comment les rattacher l'un à l'autre? Ce ne serait tout au plus qu'en invoquant le principe de causalité; mais quelle certitude puiser dans une telle démonstration? Que peut, en effet, une simple vue de l'esprit sans base expérimentale? Conduire à affirmer ce qu'on croit, mais non ce qui est réellement.

La science peut-elle accepter l'existence d'une cause qu'on ne peut vérifier ni contrôler? Possède-t-elle un œil pour voir l'invisible, un sentiment pour le saisir et un sens pour le comprendre?

ARISTE. — Le devoir de la science est de connaître tout ce qui est, docteur. Peut-on admettre qu'elle connaît un seul être, si elle ignore quelque chose sur son origine, sa nature, ses rapports, sa cause et sa fin? Elle ne peut être complète qu'autant qu'elle a résolu tous ces problèmes.

DOCTEUR. — Elle ne peut connaître que par les sens du savant. Au delà, tout est conjecture ou hypothèse.

ARISTE. — A-t-elle vu les pôles et le centre de la terre?

DOCTEUR. — Non, sans doute.

ARISTE. — Cependant elle en admet l'existence et la réalité. Elle n'a pas vu non plus la gravité, la vie, l'instinct ni le magnétisme, et cependant elle admet l'existence de ces forces insaisissables et inconnues; elle admet même les quantités de l'algèbre et de l'arithmétique, les formes et les surfaces de la géométrie, bien que toutes ne dérivent que de la seule raison pour aboutir à l'abstraction qui les complète.

DOCTEUR. — Toutes ces notions sont des abstractions et non des causes, Ariste.

ARISTE. — Admettriez-vous, par exemple, que si Kepler n'eût vu dans les observations de Tycho qu'une succession de phénomènes disjoints, il eût pu établir ses grandes lois; que si Newton n'eût aperçu dans les phénomènes célestes qu'une chaine sans fin d'antécédents et de conséquents sans lien de causalité, il lui eût été donné de découvrir la pesanteur universelle et qu'il eût pu ramener à ce principe générateur la cause principale d'où résulte l'équilibre des mondes?

Croyez-m'en, docteur, la science ne peut décliner l'œuvre de Newton sous peine de rester à jamais incomplète; elle ne peut s'arrêter devant des barrières élevées par la main de l'homme et que nul savant n'a jamais respectées. La science a ses raisons pour s'élever des effets aux causes, d'une série de faits au premier terme de cette série, jusqu'à ce qu'elle ait atteint le pre-

mier anneau de la chaîne, parce qu'elle découvre dans ce terme
le principe des faits qui en dérivent. C'est une nécessité pour
elle, en d'autres termes, de s'élever des phénomènes aux lois, de
ces lois à leur cause et des causes secondes à la cause des causes.
Consultez l'expérience. Les siècles vous répondront que rien ne
la rebute, que rien ne l'arrête dans cet élan, et qu'elle ne trouve
de repos qu'après avoir atteint ce terme.

N'est-ce pas ce but que lui a assigné le grand philosophe de
la nature lui-même, et la science peut-elle suivre de meilleurs
exemples que ceux qu'il lui a donnés? « Le grand but qu'on doit
« se proposer dans l'étude de la nature, a dit Newton, c'est de
« raisonner sur les phénomènes sans le secours d'aucune hypo-
« thèse; de déduire les causes des effets, jusqu'à ce qu'on soit
« parvenu à la cause première. » Il ajoute même plus loin :
« A mesure que nous avançons dans la carrière, chaque pas nous
« rapproche de plus en plus de la connaissance d'une *première*
« *cause.* »

Vos trois grandes objections sont-elles fondées, d'ailleurs?
Quoi! nous ne pourrions atteindre une cause, dites-vous; nous
ne pourrions saisir aucun lien, aucun rapport entre l'effet et la
cause, et le principe de causalité ne serait lui-même qu'une
simple vue de l'esprit?

Docteur. — Telle est ma conviction, Ariste.

Ariste. — Soit, docteur; mais est-elle fondée? Je ne voudrais
aborder la solution de tels problèmes qu'à l'aide des procédés
de la science qui, elle, vous le savez, ne suppose rien, n'imagine
rien, n'invente rien, et qui, au contraire, veut toujours atteindre
la réalité en ne la cherchant seulement qu'à l'aide de l'observation directe dans le grand livre de la nature.

Docteur. — Comment y découvrir une cause, Ariste? Avez-
vous un œil pour voir l'invisible, une vue qui puisse atteindre
l'immatériel et même un sens pour le comprendre?

Ariste. — Vos objections sont graves, je le reconnais, docteur; je constate même qu'elles reproduisent toutes celles de la
science actuelle, ou plutôt celles d'un grand nombre des savants
de nos jours qui croient qu'elles suffisent pour se dispenser de
les aborder et de les résoudre. Mais, puisqu'elles n'ont pas arrêté
Newton, pourquoi nous arrêteraient-elles nous-mêmes? La
science n'a-t-elle pas marché depuis ce grand homme? n'a-t-elle
pas ajouté quelques connaissances nouvelles à celles qu'il possé-

dait? Eh quoi! ce serait quand, mieux armés que lui pour aborder des problèmes qu'il n'a pas hésité à résoudre, que nous nous condamnerions à demeurer spectateurs impuissants des obstacles qu'il a si victorieusement surmontés?

Pourquoi ces hésitations? Nous n'avons pas d'œil pour voir l'invisible, dites-vous, ni de sens pour le comprendre? Mais en êtes-vous bien sûr?

DOCTEUR. — Telle est ma conviction, Ariste.

ARISTE. — C'est celle de beaucoup de savants, je le reconnais, docteur; mais cette conviction est-elle fondée? Ne posséderions-nous donc que l'œil de la chair pour voir les formes et les couleurs? L'esprit et la raison n'ont-ils pas chacun leur vue aussi?

DOCTEUR. — J'ignore quelles sont ces vues, Ariste; et je vous avoue qu'il me faudrait des faits bien évidents pour me convaincre de leur réalité.

ARISTE. — Ne suffirait-il pas pour vous en convaincre, de vous prouver, par exemple, qu'on peut voir nettement des objets dans la plus grande obscurité?

DOCTEUR. — C'est impossible, Ariste.

ARISTE. — Eh bien, je vais vous citer un fait qui le démontre de la manière la plus manifeste. Tout enfant, je fus un jour tenté de m'emparer d'une jolie fleur bleue courant au bord de l'eau et allongeai le bras pour l'atteindre. Ma main la touchait déjà quand un flot vint l'en écarter. Au même instant, cette main avance pour la saisir, et dans son élan mal calculé, entraîne bras, tête, corps et le reste qui vont ensemble rouler au fond de l'eau. Heureusement pour moi, une brave femme a tout vu, se précipite et me ramène sur la rive. Rien de bien extraordinaire dans cette aventure, direz-vous; qui n'est tombé à l'eau dans son jeune âge? Eh bien! voilà cependant qu'aujourd'hui, après plus de soixante-dix ans écoulés, ce tableau se dessine encore avec tant de netteté dans mes souvenirs, que, fleur, eau, chute et femme qui m'enlève à demi évanoui, tout cela se retrace à mon esprit avec autant de précision que si le fait datait d'hier. Quel œil me fait revoir avec tant de fidélité, après un si long temps écoulé, le lieu, la scène et toutes les circonstances de cet accident? Ma mémoire, direz-vous? Sans doute. Mais qui peut lui faire distinguer même la nuit les formes et les couleurs des objets disparus depuis si longtemps? N'est-ce pas l'*œil de l'esprit* qui seul peut aujourd'hui les revoir par elle?

Mais l'œil de l'esprit n'est pas le seul qui se surajoute à l'œil de la chair : il en existe un autre plus merveilleux encore; c'est la *vue de la raison!* C'est par elle que le savant voit dans l'effet sa cause, dans l'œuvre l'ouvrier; c'est par elle qu'il distingue dans un principe ses conséquences; qu'il découvre dans les formes d'un objet le but auquel il est ajusté; qu'il saisit, à l'avance, la résultante de plusieurs forces concourantes; qu'il découvre dans la boussole le magnétisme qui la fait osciller; qu'il voit dans la pierre qui tombe et dans le fer qui est soulevé, l'aimant ou la pesanteur qui les entraînent. C'est cette vue de la raison qui a fait saisir à Newton, dans la chute d'une pomme, la gravité qui la précipitait et découvrir les liens qui unissent cette cause avec celle qui suspend les astres dans l'espace. Contesterez-vous l'existence d'une vue qui a donné d'aussi grands résultats?

DOCTEUR. — Nous ne voyons que le fait, Ariste; personne ne songe à le contester, mais qui a vu une cause et peut en affirmer la réalité?

ARISTE. — Le sens commun, docteur. Personne, sans doute, n'a vu avec l'œil de la chair la gravité, la vie, l'instinct, le magnétisme, etc., et cependant, qui doute de leur réalité? La vue de la raison ne suffit-elle pas à la science pour les admettre et pour écarter les plus subtiles habiletés de l'esprit? La gravité, par exemple, n'est-elle pas un fait avant tout? et son existence comme celle de toutes les autres forces n'est-elle pas démontrée aussi manifestement par l'observation directe que par les lois qui la régissent? L'œil de la chair ne peut la voir sans doute, mais la vue de la raison la découvre sûrement dans la cause invisible des effets visibles qu'elle produit.

DOCTEUR. — Je ne croirai à l'existence des causes, Ariste, qu'autant que vous m'aurez fait voir l'invisible et toucher l'imma-tériel.

ARISTE. — Croiriez-vous donc la chose impossible, docteur?

DOCTEUR. — Autant que de faire voir une cause.

ARISTE. — Je la crois cependant réalisable, et vous le prou-verai si vous m'accordez un instant d'attention. Vous connaissez l'*homo duplex* des philosophes?

DOCTEUR. — Oui; celui qui pense, veut et dirige la machine; et celui qui respire, digère et la nourrit.

ARISTE. — Ainsi, d'un seul homme, ils font deux êtres : l'homme de l'âme et l'homme de l'instinct, qu'ils appellent encore l'homme et la bête. Pure fantaisie, direz-vous ; c'est vrai. Cependant, j'observe dans ce moment un fait en moi, qui semble en attester la réalité. Il ne concerne même que l'un des deux *homo* seulement ; mais, si je voulais les imiter, ce fait irait jusqu'à me faire admettre un troisième *homo,* et à considérer l'homme comme un *homo triplex.*

DOCTEUR. — Expliquez-vous plus clairement, Ariste.

ARISTE. — Je vais essayer de le faire. En écoutant mes paroles, vous croyez sans doute qu'elles vous sont adressées par moi tout entier, et que c'est bien tout mon moi voulant et pensant qui vous les adresse?

DOCTEUR. — Sans aucun doute.

ARISTE. — Eh bien, détrompez-vous. Car tandis que l'un de mes moi cause, discute et se promène avec vous, j'en découvre un autre, et ce n'est pas celui qui respire et digère, c'en est un autre encore, qui pense et qui réfléchit à part des deux autres ; cependant ce dernier conçoit des idées distinctes de celles qu'il vous communique, et tout en écoutant le moi qui vous parle, il croit être arrivé, dans son aparté, à résoudre un problème des plus intéressants, celui de vous prouver qu'il peut vous faire voir l'invisible et toucher l'immatériel.

DOCTEUR. — Ce Sosie pique ma curiosité, Ariste ; je désire vivement savoir ce qu'il pense et ce qu'il a pu concevoir pour y parvenir.

ARISTE. — Il pense à vous, me dit qu'il vous aime et qu'il serait heureux de vous désabuser. C'est pour y parvenir qu'il a conçu une première pensée, puis une seconde et enfin une troisième ; et le voilà maintenant, après les avoir comparées entre elles, qui se croit assuré de changer vos convictions en vous les communiquant.

DOCTEUR. — Communiquez-les-moi donc de suite, Ariste, car je ne sais que penser de ce soliloque ou de ce colloque, tant il me semble énigmatique et mystérieux.

ARISTE. — Vous admettrez facilement, je pense, que vous ne pouvez voir ni toucher ces idées, et même que vous n'avez pas de sens pour les comprendre?

DOCTEUR. — Assurément.

ARISTE. — Alors je vais vous les communiquer. La première idée conçue par mon Sosie, ainsi que vous l'appelez, était celle-ci : bien que née en présence du docteur, cette idée est encore dans

mon esprit, par conséquent elle est spirituelle et immatérielle ;
il ne peut donc la voir ni la toucher ; il ne peut même la comprendre, aussi longtemps que je la conserverai. Il en est évidemment de même pour la seconde et la troisième. Cette seconde
était celle-ci : ne pourrait-on les rendre sensibles et visibles ? et
la troisième : ne suffirait-il pas de les revêtir d'une forme et
d'un corps, pour y parvenir ? N'allez pas toutefois m'attribuer
la gloire de ces métamorphoses, car je vous confesse qu'il ne
s'agit que d'une pure imitation d'un procédé imaginé anciennement par Théodote d'Ancyre. (*Homél.*, II, n°s 7-14.)

DOCTEUR. — Ces idées sont, en vérité, trop obscures pour que
je puisse douter de leur spiritualité et de leur immatérialité !

ARISTE. — Que leur manque-t-il cependant pour devenir
sensibles ? Un simple vêtement. Ne suffirait-il pas de les exprimer
par la parole pour les rendre sensibles à votre oreille ; de les
transfigurer dans les lettres de l'alphabet pour les rendre
visibles, et de les sculpter sur la pierre ou le marbre pour leur
donner un corps qui vous permettrait de les toucher ? Ces idées
spirituelles, immatérielles et invisibles tant qu'elles sont demeurées dans mon esprit, ne vous apparaîtraient-elles pas aussitôt leur
éclosion sous des formes visibles, et comme une imitation manifeste de la création elle-même, au moment où elle est sortie de
la pensée divine pour se réaliser dans les êtres que nous voyons
et touchons ?

DOCTEUR. — Cet exemple est heureux, Ariste ; cependant il
ne m'apprend rien sur l'existence des causes ni sur la création
elle-même.

ARISTE. — Qu'exigez-vous donc d'une cause pour en admettre
la réalité ?

DOCTEUR. — Je voudrais que cette cause fût évidente elle-
même, et si intimement liée à son effet qu'on ne pût douter que
celui-ci sort d'elle seule et lui est enchaîné sans la moindre
disjonction. Or, dans ce cas, tandis que c'est votre esprit qui
conçoit l'idée, c'est votre langue qui l'exprime, c'est votre main
qui l'écrit ou la grave. Il y a donc disjonction entre la cause et
l'effet.

ARISTE. — Examinons un instant ce fait en lui-même pour
nous en assurer. Dites-moi, n'est-ce pas mon esprit qui a conçu
ces idées ? Pourriez-vous supposer qu'elles viennent d'une autre
cause que de lui ? Ne sortent-elles pas de son propre fond, et

n'ont-elles pas été créées de rien par lui? N'ont-elles pas commencé d'être en lui, et ne sont-elles pas un effet de sa propre puissance?

DOCTEUR. — J'admets qu'elles ont été produites par votre esprit, mais après?

ARISTE. — Après? Il s'en est séparé, il les a émises pour les réaliser hors de lui sous des formes sensibles, en les transfigurant par la parole, l'écriture ou la sculpture.

DOCTEUR. — Et ensuite?

ARISTE. — Ensuite? Ces nouveaux êtres sortis de mon esprit continuent d'exister hors de lui sans qu'il les entretienne et les anime. N'est-ce pas l'image de ce que nous voyons chez tous les êtres créés par la puissance du Créateur lui-même?

DOCTEUR. — Peut-être, Ariste; mais quelle différence entre les causes et les effets !

ARISTE. — Il n'y a pas identité assurément; car la cause créatrice est une cause première, tandis que celle qui est constituée par mon esprit est une cause limitée et une cause seconde seulement. Les effets produits par mon esprit n'ont qu'une durée temporaire, tandis que les êtres produits par la cause créatrice durent en se propageant. Cependant les uns comme les autres ont une existence et une durée indépendantes de la cause qui les a créés. Je vous ferai remarquer même qu'il n'y a aucune disjonction entre mon esprit, qui est la cause de ces idées, et entre celles-ci et leur réalisation, qui en est l'effet. Car, qui a conçu ces idées?

DOCTEUR. — Votre esprit.

ARISTE. — Qui a commandé à ma langue de les exprimer?

DOCTEUR. — Votre esprit.

ARISTE. — Qui a dirigé ma main pour les écrire ou les graver?

DOCTEUR. — Votre esprit.

ARISTE. — Il y a donc un rapport direct et un lien évident entre mon esprit, qui a créé ces idées, et ma langue et ma main, qui les ont exprimées. Il est impossible de découvrir ici la moindre scission, la moindre disjonction entre la cause et l'effet. Vous me permettrez donc de conclure que non-seulement nous pouvons connaître une cause active et spontanée comme celle que constitue notre esprit, mais encore que nous pouvons saisir les rapports intimes qui existent entre elle et ses effets, et constater que ceux-ci lui sont unis sans scission ni disjonction?

DOCTEUR. — Je n'ose vous contredire dans ce cas, Ariste ; mais je vous ferai remarquer que si vous pouvez affirmer que vous connaissez une cause, c'est uniquement parce que c'est vous-même qui la constituez. En serait-il encore ainsi, s'il s'agissait d'une cause qui vous fût étrangère ?

ARISTE. — Il est évident que nous ne pouvons connaitre une cause étrangère aussi bien que nous nous connaissons nous-mêmes, parce que nous ne pouvons la saisir que par ses dehors ; mais est-ce à dire que ces causes soient inaccessibles et que nous ne puissions les saisir elles-mêmes par quelque côté ? Je ne le pense pas. Je crois, au contraire, que nous pouvons acquérir la certitude qu'elles sont elles-mêmes des causes réelles et ana-logues à celle que nous constituons. Un exemple va vous le prouver.

Voici une pierre qui tombe, par exemple ; je la vois se préci-piter vers le centre de la terre, mais je ne vois pas la cause qui la fait tomber. Voici maintenant que ma main est élevée au-dessus de ma tête, je la lance elle-même directement en bas où elle tombe comme la pierre. Je la vois également se précipiter, mais je ne vois pas non plus la cause qui l'a lancée. Dans ce cas, la chute de ma main et celle de la pierre sont deux effets à peu près semblables et que l'on peut comparer. Dans le premier, j'ignore quelle est la cause qui fait tomber la pierre ; dans le second, je la connais, c'est ma volonté ; mais il est évident que dans les deux cas la chute a été produite par une cause. Or, comme la pierre est pesante, ainsi que tous les corps qui tombent, je l'appelle gravité, et cette simple comparaison avec ma volonté me donne la notion d'une cause étrangère.

Une fois la notion de cette cause étrangère dégagée de cette comparaison, je puis encore acquérir d'autres données sur elle, en analysant chacun de ses effets. Ainsi, si je place cette pierre sur ma main, je sens qu'elle pèse sur elle de haut en bas ; si je l'élève dans cette main, il me faut déployer un effort qui égale ou surpasse sa tendance à la chute, et je puis m'assurer que cette tendance est continue, puisqu'il me faut un effort continu pour lutter contre elle ; si je la place sur l'un des plateaux d'une balance en équilibre, celui-ci est à l'instant précipité en bas, et je puis, dans ce cas, mesurer son intensité en l'équilibrant avec un poids connu. Je puis constater encore que la cause qui la fait tomber agit toujours de même, qu'elle se rencontre dans tous les corps pesants et que tous les phénomènes de chute qu'elle produit sont toujours semblables dans les mêmes conditions, circonstance qui a permis de les grouper en lois immuables, lois qui s'appliquent avec autant d'exactitude aux corps célestes qu'à la pierre que je soutenais dans ma main. Enfin, comme tous les corps connus sont pesants comme elle, je puis conclure que c'est la gravité qui est l'agent initial de tous les mouvements de chute, comme c'est ma volonté qui est la cause initiale de tous les mouvements que j'exécute.

Nous pouvons donc acquérir des notions assez précises sur une cause étrangère, comme vous le voyez, docteur. Dans ce cas, il nous a suffi de la comparer à la volonté pour savoir qu'elle est une cause comme elle ; d'observer ses modes d'action et ses effets, pour connaître ses propriétés ; de lutter contre elle ou de l'équilibrer sur l'un des plateaux d'une balance avec un poids connu, pour mesurer son intensité ; enfin, d'analyser ses effets, pour constater qu'elle aussi leur est intimement unie, et cela, au point de ne pouvoir découvrir non plus ni scission ni disjonction entre ses propriétés et leurs effets ; de telle sorte qu'en voyant l'effet nous pouvons remonter à sa cause, et qu'en connaissant celle-ci, nous pouvons en prédire les effets.

N'allez pas croire cependant, docteur, que la gravité, que nous avons mise seule en évidence jusqu'ici, soit la seule cause que nous puissions connaître : non assurément ; car ce que nous avons dit d'elle s'applique avec autant d'exactitude à la vie, à l'instinct et à la nature elle-même. En effet, chacune de ces causes jouit de propriétés distinctes, produit des actes ou des impulsions spontanées qui permettent de les connaître sinon en elles-mêmes, car leur nature nous est également inconnue, du moins dans leurs effets, qui tous ont pu être formulés en lois comme ceux de la gravité.

Docteur. — Peut-être, Ariste ; mais il ne s'agit que de causes secondes et non de la cause première?

Ariste. — Je ne sais si je me fais illusion, docteur, mais j'espère que la méthode expérimentale nous permettra aussi d'atteindre celle-ci, d'en constater l'existence et même de la connaître elle-même.

Docteur. — De quels moyens pouvez-vous donc disposer pour y parvenir?

Ariste. — J'en entrevois trois, docteur. Le premier consiste à chercher la cause première dans le principe des causes secondes ;

Le second, à vous prouver que l'effet montre la cause, et ensuite à transporter dans cette cause tout ce qu'on trouve dans l'effet, ce qui, l'effet étant connu, nous fera connaître la cause ;

Le troisième enfin, à découvrir la vérité, pour arriver directement par elle à la connaissance des idées, des volontés et des perfections de cette cause.

DOCTEUR. — Voilà certes un beau programme, Ariste ; mais comment le réaliser ?

ARISTE. — En résolvant successivement chacun de ces trois grands problèmes à l'aide de la méthode expérimentale. Toutefois je vous propose de commencer par le second, qui, une fois connu, permettra de distinguer la cause première de toute autre cause et même déjà de la connaître elle-même.

II

DOCTEUR. — Qui peut vous faire admettre que nous puissions connaître une cause par ses effets?

ARISTE. — Le sens commun et la raison, docteur, qui depuis longtemps l'ont proclamé. Toutefois, en ce qui me concerne, je ne voudrais aborder et résoudre ce problème qu'à l'aide des faits de l'expérience seulement.

Je ne laisserai pas de vous faire observer, avec le sens commun, qu'un fait ou un effet ne peut commencer qu'à la condition d'être produit par quelque cause ; que cette cause elle-même ne peut le déterminer sans lui communiquer quelque chose d'elle-même, et par cela aussi sans laisser en lui quelque empreinte de sa propre activité. Or, cet effet étant visible et ayant reçu quelque chose de la cause qui l'a produit, il ne peut manquer d'en porter la marque et celle-ci de la manifester elle-même. Dans ce cas, découvrir dans l'effet les traces de son empreinte, c'est donc découvrir quelque chose de la cause elle-même ; et par cela même que ces traces ont été produites par elle, et que nous pouvons sûrement les lui attribuer, en les transportant en elle, ils ne peuvent manquer de nous la faire connaître elle-même, puisqu'elle n'a pu communiquer à l'effet que ce qu'elle possède elle-même.

DOCTEUR. — Qui donc a pu jamais user d'un tel procédé?

ARISTE. — Plusieurs philosophes anciens, et Socrate en particulier. C'est même ce grand homme, je crois, qui le premier l'a employé, et par ce motif, je désignerais volontiers cette démonstration sous le nom de procédé socratique : c'est notamment par lui que cet homme célèbre s'est élevé jusqu'à la cause première, et jusqu'à la connaissance de son intelligence, de sa sagesse et de sa providence.

DOCTEUR. — Veuillez donc me dire comment il y est arrivé.

ARISTE. — « Le Créateur n'a-t-il pas montré une grande intel-
« ligence, dit-il (en parlant des organes de l'homme), en choisis-
« sant les meilleurs moyens pour assurer leur action? Considérez
« l'œil, organe faible et délicat, et remarquez comme il est pro-
« tégé par des saillies solides qui, comme des remparts, l'abri-
« tent de tous côtés : des paupières le couvrent pendant le
« sommeil où dès qu'une lumière trop vive pourrait l'offenser,
« tout en s'ouvrant instantanément pour lui permettre de voir;
« ces voiles eux-mêmes sont garnis d'une double rangée de cils
« pour tamiser la lumière avant qu'elle lui arrive, en diminuer
« l'intensité et retenir au passage les poussières qui pourraient
« le léser; des sourcils le surmontent et forment une double
« gouttière pour diriger en dehors la sueur qui coule du front
« et de la tête. N'est-ce pas encore un acte de prudence et
« de sagesse d'avoir placé les oreilles en des lieux élevés pour y
« recueillir les sons, qui montent naturellement? d'avoir placé
« les narines comme des sentinelles avancées, au-dessus de la
« bouche, pour explorer à l'avance les aliments qui vont y péné-
« trer? d'avoir étalé la langue dans celle-ci pour les goûter,
« tandis que les dents incisives sont placées en avant pour
« diviser la bouchée qui va s'y introduire, les molaires sur les
« côtés pour les broyer et près d'elles des glandes salivaires pour
« les humecter? Mais n'est-ce pas surtout une attention pleine
« de prévoyance et de sagesse d'avoir placé tous ces organes,
« doués de sentiments exquis, le plus loin possible de ceux des
« déjections, dont le voisinage pouvait les offenser? Douteriez-
« vous encore que cette disposition soit l'œuvre du hasard plutôt
« que d'une intelligence sage et prévoyante? » Et son interlo-
cuteur de répondre aussitôt : « Non, par Jupiter, dit Aristo-

« dème; mais quand on y regarde, cela ressemble parfaitement
« à l'œuvre de quelque ouvrier sage et ami des êtres qui respi-
« rent. » (XÉNOPHON, *Mémor.*, l. I, IV.)

N'est-ce pas ainsi que Socrate fut conduit à voir l'ouvrier dans
l'œuvre et à attribuer les perfections qu'il y découvrait à la
cause elle-même qui l'a produite? « Cela ressemble parfaitement,
« dit-il, à l'œuvre de quelque ouvrier sage et ami des êtres qui
« respirent. » Or, il s'agit bien ici de la cause première, car
Socrate dit plus loin : « Apprends, mon bon, que ton âme
« enfermée dans ton corps le gouverne comme il lui plaît. Il
« faut donc croire que l'intelligence qui réside dans l'univers
« dispose tout à son gré. » Toutefois, comme l'âme, cette intelligence est invisible : « La vérité de mes paroles, tu la reconnaî-
« tras toi-même, ajoute-t-il, si tu n'attends pas que les dieux se
« montrent à toi sous une forme réelle, mais si tu te contentes
« de voir leurs ouvrages pour les révérer et les honorer. »
(XÉNOPHON, *Mémor.*, l. IV, III.)

Nous pouvons donc conclure de ces citations que Socrate est
l'auteur de ce procédé qui démontre qu'on peut connaître une
cause par ses effets, et que pour connaître cette cause, il suffit
de transporter en elle toutes les perfections que l'on découvre
dans ses effets eux-mêmes.

DOCTEUR. — Cela me paraît exact, Ariste, mais ne prouve
pas que la science ait droit d'en user ainsi. Il faudrait avant tout
démontrer que tout ce qui est exprimé par l'effet a été imprimé
en lui par la cause, et qu'on peut légitimement le lui attribuer;
puis, qu'il existe des rapports directs et immédiats entre l'effet et
la cause, et enfin qu'un lien naturel les unit.

ARISTE. — Comment établir ces démonstrations sans recourir
aux nombreux témoignages de l'expérience, et par conséquent
sans entrer dans des détails qui pourront lasser votre patience
et votre attention?

DOCTEUR. — Qu'importe, Ariste? l'importance de ce procédé
et la valeur que vous lui attribuez justifient suffisamment tous
ces détails.

ARISTE. — Les exigences de la science, il est vrai, ne peuvent se
contenter des simples vues de l'esprit, fussent-elles aussi sublimes
que celles de Socrate; elle a droit de n'admettre un principe
qu'autant qu'il est parfaitement démontré. Je vais donc tenter
d'établir le principe de causalité sur les faits de l'expérience, afin

de vous convaincre qu'on peut légitimement s'appuyer sur lui pour s'élever de l'effet à la cause, et qu'on peut même connaître cette cause par l'effet, en transportant en elle ce qu'on découvre en lui; enfin, je formulerai en lois tous les faits recueillis pour y parvenir, en établissant les rapports qui unissent les faits à la cause, et j'arriverai ainsi, je l'espère, à vous démontrer que le principe de causalité est autre chose qu'une simple vue de l'esprit, et qu'il peut être déduit de l'expérience elle-même.

J'entre maintenant dans les détails nécessaires pour appuyer chacune de ces propositions.

Premier fait. — Chacun connaît l'histoire de la chute de la pomme de Newton et ses conséquences. Mais il en est une autre sur laquelle je veux plus spécialement insister. Cette chute a-t-elle eu lieu sur le gazon, sur la terre ou sur un sable mouvant? C'est ce qu'on ne dit pas. Supposons donc qu'elle est tombée, animée de son mouvement accéléré, sur un sable mouvant, et examinons ce qu'elle a dû y produire. Le premier effet de cette chute a été évidemment de l'enfoncer plus ou moins dans le sable, et par conséquent d'y produire une empreinte. Or, qu'est-ce que cette empreinte devait représenter? Comme celle que creuse la goutte de pluie, elle ne pouvait offrir que la forme de la pomme qui l'avait opérée, ainsi que sa configuration, ses proportions, ses dimensions, ses reliefs et ses dépressions. D'un poids léger, elle n'a pu produire que des effets peu accusés, mais toutefois des effets réels, et qu'une attention suffisante pouvait constater. Qu'en conclurons-nous? C'est que ces effets ont été imprimés par la pomme, et qu'ils permettent de distinguer en eux tout ce qu'ils ont reçu de cette cause, et qu'ils doivent nous montrer sa forme, sa configuration, ses proportions, ses dimensions, ses reliefs et ses dépressions. Nous pouvons même ajouter que toutes ces empreintes les reproduisent si parfaitement, qu'il serait impossible de les confondre avec celles d'une tout autre cause, avec celles d'un caillou ou d'une branche, par exemple. Nous pouvons donc affirmer que dans ce cas, l'effet montre la cause.

Deuxième fait. — Mais cette pomme est légère et son empreinte peu accentuée; choisissons donc un autre exemple dans lequel l'effet sera mieux dessiné. Qu'une statue fixée sur le sommet d'une colonne s'en détache d'elle-même et vienne à tomber sur une terre mouvante, son poids est plus considérable et son empreinte sera plus accentuée. Mais que va nous offrir celle-ci?

Tombée de haut, douée d'un poids énorme, et constituée par une cause plus puissante, ses effets seront proportionnels à son poids; mais cette empreinte, qui en est l'effet, ne nous montrera encore que sa forme, sa configuration, ses dimensions, ses reliefs et ses dépressions imprimées en lettres plus lisibles, mais voilà tout. L'effet sera mieux dessiné, mais cet effet ne nous montrera encore que sa cause, c'est-à-dire l'empreinte imprimée par la statue.

Troisième fait. — Qu'est-ce autre chose que la frappe des monnaies? Un balancier précipite une matrice d'un poids considérable sur une plaque d'or, d'argent ou de bronze; cette matrice imprime à l'instant son empreinte sur elle, aussitôt on y découvre l'effigie et on y lit la légende qu'elle leur a communiquées. Il s'agit donc encore, dans ce cas, d'un fait semblable aux précédents, mais qui offre une particularité qui vaut d'être signalée, c'est celle qui permet de contrôler la cause par l'effet, et par la vue de cette cause de pouvoir annoncer d'avance quel sera l'effet. La cause et l'effet sont si intimement unis, la cause s'imprime si exactement dans l'effet, qu'il est impossible de contester que l'effet montre la cause et qu'il lui est intimement uni.

Quatrième fait. — Qu'un chasseur expérimenté découvre l'empreinte des pas d'un gibier, à l'instant il peut dire quel il est, d'où il vient et où il va. Pourquoi? C'est parce que l'empreinte d'un loup diffère de celle d'un cerf ou d'un sanglier; chaque espèce produit la sienne; mais ce qui est constant, c'est que l'empreinte montre l'animal qui l'a faite, et que l'effet montre la cause.

Cinquième fait. — N'est-ce pas ce qui se voit encore dans une multitude d'autres circonstances analogues? Qu'un voleur s'introduise la nuit dans une maison habitée : il n'a été ni vu ni entendu, mais il a dérobé. Que le volé appelle alors un expert habile, celui-ci, en suivant la trace de ses pas, pourra voir d'où il est parti et où il s'est réfugié. Plusieurs traces le font-elles hésiter, il confrontera ses chaussures avec les empreintes et pourra prononcer; car ici encore l'effet montre la cause.

Avant de passer à un nouvel ordre d'effets et de causes, remarquons que les effets eux-mêmes ne sont pas toujours aussi simples que ceux que nous venons de signaler. Ainsi, dans ceux de la vie, de l'instinct et de la nature, on observe des faits complexes et dans lesquels une analyse fort délicate doit intervenir souvent avant d'affirmer que l'effet montre la cause.

Sixième fait. — Exposons l'un des faits les plus simples d'abord. Voici un animal, par exemple, que nous voyons respirer, boire, manger, courir et entrer en rapport avec tous les êtres qui l'entourent ; nous n'hésitons pas à attribuer tous ces actes à la vie, parce que dès que celle-ci finit, tous s'arrêtent à l'instant. En voyant tous ces actes unis intimement à l'existence de la vie, nous affirmons, sans hésiter, qu'ils en sont les effets. En constatant chacun de ces actes, nous pouvons donc dire, en parlant d'eux, que l'effet montre la cause.

Septième fait. — Mais il n'en est pas toujours de même. Ainsi, je cueille un fruit. Au premier aperçu, l'effet est simple, c'est la cueillette du fruit ; la cause ne semble pas moins simple, c'est ma volonté. Cependant combien de circonstances intermédiaires ne faut-il pas élaguer avant d'affirmer que l'effet montre la cause ! En effet, pour cueillir ce fruit, est-ce bien ma volonté seule qui a dirigé mon bras ? n'a-t-elle pas été commandée elle-même par la faim, par la soif ou par la gourmandise ? Il faut donc éliminer tout ce qui a pu se produire dans ce cas entre la cause initiale directe et l'effet, pour pouvoir dire que l'effet montre la cause.

Huitième fait. — Cependant il peut se rencontrer parmi les faits de la vie des difficultés plus grandes encore. Ainsi, j'ai conçu une idée et veux l'exprimer. Orateur, je l'exprime par des paroles ; poëte, je la scande dans des vers ; peintre, je la dessine ou la peins sur la toile ; sculpteur, je l'incruste dans le marbre ; architecte, je la transfigure sur un plan ou dans un monument ; industriel, je la transforme en moteur. Dans chacun de ces cas, la cause est évidente, c'est une idée, ou ce sont des idées que j'ai voulu exprimer ; mais combien de conditions séparent la cause de l'effet, et combien de difficultés à surmonter pour le réaliser ! Ne faut-il pas pratiquer un art longtemps avant d'y être habile ? connaître une multitude de règles, user d'un grand nombre de moyens et de ressources pour y réussir ? Ce n'est donc pas assez d'avoir des idées, de naître poëte, par exemple, pour les exprimer ; il faut encore connaître les règles spéciales de la poésie, et la mécanique des vers pour y réussir. Combien échouent ! mais aussi quelle gloire pour celui qui réussit ! C'est alors seulement que l'effet nous montre la cause, et l'œuvre l'ouvrier.

Neuvième fait. — Enfin, il est encore des effets attribués à la vie plus difficile encore à s'interpréter. Tel est le cas, par exemple, de la genèse de l'organisme. Que la vie, qui est une force réelle et spontanée, protége l'œuf, le conserve, le fractionne et le transforme en cellules, il n'est rien dans ces effets qu'elle ne puisse expliquer. Mais qu'elle produise des instruments d'optique, d'acoustique, de mécanique, etc., les plus compliqués, il est difficile de les lui attribuer; et voici pourquoi : c'est qu'ils présupposent une science et des connaissances infinies, tandis qu'elle, elle est née de la veille, n'a rien appris, et qu'elle agit, en général, aveuglément et nécessairement. En la voyant produire ces admirables instruments, on est donc porté à se demander si elle peut en être la seule et unique cause. Jusqu'à plus ample informé, nous les considérerons comme des *effets mixtes* dus sans doute à son action, mais en outre à une intervention étrangère. Ce genre d'effets nous montrera donc l'action simultanée de deux causes : celle de la vie et celle d'une cause étrangère.

Dixième fait. — Nous allons encore rencontrer dans l'instinct des effets semblables. Cependant, comme la vie, l'instinct peut agir seul aussi. Ainsi, quand l'animal obéit à sa seule impulsion, on le voit faire à propos tout ce qu'il faut pour se conserver, se propager et entrer en rapport avec les autres êtres; mais, dans d'autres circonstances, il produit des effets d'un ordre plus élevé et qui attestent alors l'intervention de facultés qui lui sont étrangères. Invoquons le témoignage des faits qui attestent ces deux catégories d'effets.

Un animal carnassier a faim; le besoin le pousse à chercher une proie; il la rencontre, la saisit, la dévore et s'en rassasie. Tous les actes qu'il accomplit pour satisfaire ce besoin sont des faits de pur instinct. Lui seul le pousse et le conduit à en agir ainsi. L'instinct est donc ici la cause, la destruction de la proie l'effet, et nous pouvons dire rigoureusement que l'effet montre la cause.

Onzième fait. — Cependant il n'en est pas toujours ainsi. Qu'un oiseau gêné par ses œufs les ponde, il ne s'agit encore ici que d'un fait de pur instinct. Mais qu'une fois pondus il les rassemble et les couve, c'est alors que nous apercevons déjà l'effet d'une cause étrangère quand il y est conduit par une condition organique concomitante elle-même avec la couvaison. Celle-ci dérive en partie, en effet, d'une circonstance physiologique qui lui est étrangère. Cette circonstance se manifeste par une congestion sanguine accidentelle de l'abdomen qui coïncide le plus souvent avec la couvaison, qui la suscite peut-être, mais qui n'en dérive pas moins directement d'une turgescence des vaisseaux sanguins de l'abdomen, plus ou moins étrangère au pur instinct. Quoi qu'il en soit, sous son influence, l'abdomen devient chaud et brûlant, et semble porter l'animal à chercher un soulagement dans le contact de ses œufs, d'une température moins élevée. Puis, ceux-ci venant bientôt à s'échauffer, il les retourne pour se procurer un nouveau bien-être. De là l'accomplissement d'une condition nécessaire à l'éclosion de ses petits. Tout simple qu'il apparaisse au premier aperçu, ce fait d'instinct n'en permet pas moins de découvrir déjà en lui l'intervention d'une double cause : celle de l'instinct d'abord, qui le pousse à couver ses œufs; puis celle d'une disposition organique concourante, qui lui est manifestement étrangère.

Toutefois cette intervention, plus ou moins obscure dans ce cas, va se dessiner d'une manière plus frappante dans les faits suivants.

Douzième fait. — Qu'un papillon gêné par ses œufs les ponde, on ne peut voir en cela qu'un fait d'instinct, du moins quand il les pond spontanément là où il se trouve. Mais qu'arrivé à l'arrière-saison, il aille les pondre sur l'extrémité de la branche d'un arbuste, on entrevoit aussitôt une sorte de choix que l'animal est incapable de faire lui-même. Qui lui aurait appris, en effet, que là où il vient de les pondre s'ouvrira au printemps suivant un jeune bourgeon nécessaire à la pâture de ses petits, qui écloront en même temps que lui? On saisit à l'instant dans ce choix un calcul, une prescience et des connaissances qu'il est impossible de lui attribuer; car il est né de la veille, n'a pas connu ses parents, et n'a pu rien apprendre d'eux. Il ignore aussi les phénomènes de la nature, et n'a pu évidemment accomplir de lui-même un acte si bien adapté aux futurs besoins de sa postérité. Cet effet montre donc clairement l'intervention d'une cause étrangère.

Mais ce fait est loin d'être exceptionnel. On en connaît un grand nombre d'autres semblables ou analogues, chez plusieurs espèces d'animaux différents. C'est ainsi qu'on voit certains poissons notamment qui, au retour de chaque printemps, vont pondre leur œufs sur les tiges des plantes aquatiques; d'autres qui traversent des courants rapides, remontent de grands fleuves, franchissent des écluses et sautent même par-dessus des cataractes pour arriver près de la source où se trouvent réunis peu d'eau et quelques petits morceaux de sable, conditions favorables au mélange d'air et d'eau nécessaire à l'éclosion de leur ponte. Qui a appris aux premiers que les rayons du soleil allaient dégager un gaz vivifiant des plantes sur lesquelles ils ont déposé leurs œufs, gaz sans lequel ceux-ci ne pourraient éclore; et aux seconds, que les alternatives d'air et d'eau étaient indispensables à l'éclosion des leurs? Attribuerons-nous à ces êtres l'intelligence que présupposent de pareilles déterminations? Cela est impossible. Ces actes nous conduisent donc à reconnaître dans la cause de leur production une double intervention : celle de l'instinct dans l'accomplissement de la ponte, et celle d'une cause étrangère dans le choix des conditions où elle s'effectue, parce que ce choix ne peut être fait sans intelligence et sans prévoyance, facultés qu'il est impossible de leur attribuer.

Treizième fait. — La tortue nous offre elle-même un fait de prescience des plus étonnants. Elle est, comme on le sait, une sorte de thermomètre vivant qui s'enfonce plus ou moins sous terre selon la température qu'elle pressent, ainsi que l'a observé M. Bouchard. Elle n'a pas de parti pris d'hibernation comme la marmotte, et se comporte selon le temps. Cependant, qui l'avertit à l'avance de la température des jours suivants? Un sentiment plus ou moins délicat, sans doute. Mais ce sentiment suffit-il pour expliquer sa prescience de l'avenir? Et ne faut-il pas recourir, pour interpréter de tels actes, à l'intervention d'une cause étrangère qui les suscite et les dirige.

DOCTEUR. — Cette conclusion est grave, Ariste; et je ne sais si le petit nombre de faits que vous venez de citer suffit pour la motiver.

ARISTE. — Il faut me restreindre beaucoup, sans doute, docteur; cependant je vous ferai remarquer que chacun de ces faits est choisi lui-même parmi un grand nombre d'autres faits semblables; de telle sorte qu'on peut le considérer comme un fait général. Il ne s'agit donc point de faits exceptionnels. Examinez d'ailleurs ce qui se voit chez un grand nombre d'autres êtres tout à fait étrangers aux précédents. Les graines et les oignons ne se couvrent-ils pas eux-mêmes aussi d'un nombre de pellicules proportionnel aux rigueurs de la future saison? les bourgeons des arbres ne se couvrent-ils pas encore d'un duvet plus ou

moins épais en pareil cas? les larves des hannetons ne s'enfou-
cent-elles pas plus ou moins profondément dans le sol dans les
mêmes circonstances, etc.? Il vous est évidemment impossible
d'attribuer aux graines, aux bourgeons et aux larves la prévision de l'avenir et l'emploi des moyens dont ils usent pour se
soustraire aux rigueurs qui les menacent. Vous le voyez, il faut
donc chercher en dehors d'eux cette lumière infaillible qui préside à des précautions si pleines de prévoyance.

Passons maintenant à un autre ordre d'effets et de causes.
Adressons-nous aux faits de la nature. Dans ceux-ci, du moins,
l'action de cette cause étrangère, encore indécise et obscure parfois jusqu'ici, arrivera bientôt à se dessiner d'une manière plus
frappante et plus nette.

Quatorzième fait. — Considérez cette jeune plante fixée au sol
qui l'a vue naître. Elle vit, croît, se développe et se multiplie :
elle accomplit, en un mot, toutes les fonctions des êtres vivant
et organisés. Mais à quelles conditions? La première, c'est de
satisfaire à tous ses besoins; la seconde, d'en posséder les
moyens, et la troisième, d'être munie de tous les instruments
nécessaires pour atteindre ses fins. Elle vit, dépense et a besoin
de réparer ses pertes; elle en a les moyens : ce sont ses racines
qui plongent dans le sol et ses stomates ouvertes sur ses feuilles
épanouies dans l'air. Ces conditions nécessaires, elle les trouve
dans l'eau du sol qu'elle absorbe, dans les vapeurs aqueuses et
dans l'acide carbonique de l'air qui la pénètrent, et dans les
rayons solaires qui opèrent leur décomposition dans le parenchyme de ses tissus. Que l'une de ces trois conditions vienne à
lui manquer, aussitôt elle se flétrit et meurt; son existence est
au prix de leur concours simultané. Or, quelle est l'origine de
chacune de ces trois conditions? Ses besoins lui ont été imposés
par la cause qui l'a créée; ses moyens tirent évidemment leur
origine de la même cause; et il en est encore de même pour
chacune des conditions qui lui permettent d'atteindre ses fins.
L'existence de cette plante, résultant de leur concours, nous offre
donc un effet produit par l'intervention d'une seule et même
cause, et cette cause lui est évidemment étrangère.

Quinzième fait. — Voyez les plantes dioïques. Leurs sexes sont
séparés et habitent des individus distincts et plus ou moins éloignés. Les insectes voltigent de l'une à l'autre, transportent le
pollen de la fleur mâle sur le pistil de la fleur femelle, et, messa-

gers inconscients, ils parviennent ainsi à les féconder et à les multiplier. Mais sous quelle influence ces actes s'accomplissent-ils? Les insectes y sont conduits eux-mêmes par le besoin de s'alimenter, sans doute ; mais qui a donné à la fleur son nectar et son parfum qui les attirent? qui a donné à l'abeille et au papillon le besoin qui les pousse vers elle, et la trompe avec laquelle ils peuvent le puiser au fond de son calice? Ce ne sont ni l'insecte qui s'est donné ce besoin et sa trompe pour le satisfaire, ni la plante qui a produit d'elle-même son nectar et ses attrayants parfums. L'un et l'autre les ont reçus de la cause qui les a créés en leur imposant à chacun leur mission. Dans ce cas encore, l'effet nous montre l'intervention d'une seule et même cause, et cette cause leur est étrangère.

Seizième fait. — La valisnérie porte elle-même ses fleurs mâles et ses fleurs femelles sur deux individus distincts, plus ou moins éloignés et fixés chacun dans les bas-fonds des fleuves et des canaux du Midi. Comment se rencontrer en plein air dans des conditions aussi exceptionnelles? Qu'arrive cependant la maturité des ovaires et du pollen, le besoin de la fécondation se produit alors chez l'un et l'autre sexe et se manifeste par des actes fort différents. Ainsi, la fleur mâle brise ses attaches et monte à la surface de l'eau, tandis que la fleur femelle sécrète un gaz léger, l'emprisonne dans sa corolle, et, grâce à cet artifice qui la transforme en ballon, accomplit son ascension au-dessus de l'eau où bientôt les fleurs polliniques l'entourent de tous côtés. Le mystère accompli, les fleurs mâles sont entrainées et bientôt submergées par les flots, tandis que la fleur femelle replie les anneaux de la spirale élastique de sa tige, et redescend sur la vase pour y mûrir les graines qui doivent la propager. Qui ne voit dans ce grand résultat, dans ce concours simultané de deux êtres dont les moyens et les actes diffèrent si notablement, l'intervention manifeste d'une cause étrangère qui a tout préparé, tout combiné, tout prévu pour le réaliser? Ce ne sont ni le milieu, ni ces plantes elles-mêmes qui ont créé leurs besoins, les conditions et les actes accomplis. Cet effet nous montre donc encore l'intervention d'une cause étrangère qui a tout disposé et qui préside à tout.

Dix-septième fait. — Un jeune pigeon vient d'éclore. Faible et délicat, il a besoin d'un tout autre aliment que celui de ses parents. Comment ceux-ci pourront-ils le satisfaire? C'est surtout ici que nous découvrons l'un des moyens les plus merveilleux de cette cause étrangère. Pendant les derniers temps de la couvaison, elle transforme le jabot des parents en mamelle qui lui prépare un liquide lactescent. Et, chose extraordinaire, cet aliment est sécrété simultanément chez le père et chez la mère, afin, sans doute, que la provision soit suffisante. Puis, une fois éclos, les voilà qui dégorgent l'un après l'autre, dans son bec, ce premier et délicat aliment. Dans cet effet, tout n'atteste-t-il pas l'intervention de cette cause étrangère? de cette cause prévoyante qui a prévu les besoins des enfants et qui y a pourvu au moyen de ce fluide lactescent, avec cette circonstance bien extraordinaire d'en produire la sécrétion chez le père et chez la mère, sollicitude vraiment des plus charmantes !

Dix-huitième fait. — Un fait non moins remarquable s'observe encore chez la jeune mère. Peu après l'enfantement, ses seins se gonflent et du lait s'y produit. Mais son enfant est là, il en a besoin, et elle peut le satisfaire. Certes, ce n'est pas d'elle-même que la mère a sécrété ce lait; ce n'est pas non plus de lui-même que l'enfant s'est donné ce besoin ni s'est pourvu des moyens de le satisfaire. Nous pouvons donc constater dans ce fait trois conditions également indépendantes l'une de l'autre et qui concourent à une même fin. Quelle est donc la cause de ce concours harmonieux? Il est évident que ce n'est pas l'enfant qui s'est donné ce besoin ; que ce n'est pas la mère qui a formé ce lait ; car, en admettant que l'expérience des autres l'ait éclairée sur son apparition, sa volonté y est demeurée étrangère, puisque, qu'elle le sache ou qu'elle l'ignore, qu'elle le veuille ou non, il ne s'en produit pas moins ; enfin, ce n'est ni elle ni son enfant qui ont pourvu celui-ci des instruments nécessaires pour en opérer la succion, ou pour teter, en d'autres termes. Dès qu'il est impossible de découvrir l'origine de toutes ces conditions chez les personnes qu'elles intéressent, il faut bien recourir à l'intervention d'une cause étrangère, et d'une cause tout à la fois prévoyante et sage, d'une cause qui a tout préparé et tout combiné en vue d'une même fin.

Dix-neuvième fait. — Cette cause se révèle encore d'une manière non moins manifeste dans la sexualité. Qui aurait établi, en effet, cette coordination si étonnante et si complexe entre les deux sexes? Connaît-on une force ou une puissance naturelle capable d'approprier les organes d'un sexe à ceux de l'autre et d'établir deux appareils entièrement distincts, bien que si concordants? Est-ce une force aveugle et nécessaire qui eût songé non-seulement à cette diversité, mais encore à cette réciprocité de convenances si parfaites, qu'elle a été jusqu'à faire dire à Platon que « les deux sexes sont les deux moitiés d'un même tout, moi- « tiés qui cherchent à se joindre pour recomposer le tout pri- « mitif »? qu'un même besoin les pousse à s'unir? Et l'effet de cette union, la propagation, si souvent ignorée et involontaire dans les espèces inférieures, nous manifestera d'une manière plus éclatante encore l'intervention de cette cause supérieure que nulle autre ne pourrait ici suppléer.

Vingtième fait. — Épictète nous a transmis un autre fait de corrélation fort remarquable aussi : « Si Dieu avait fait les cou- « leurs, dit-il, et qu'il n'eût pas fait les yeux capables de les voir « et de les distinguer, à quoi auraient-elles servi? S'il avait fait « les couleurs et les yeux sans créer la lumière, de quelle utilité « auraient été les couleurs et les yeux? Qui est-ce donc qui a fait « ces trois choses les unes pour les autres? C'est Dieu. Il y a « donc une Providence. » (*Nouveau Manuel d'Épictète,* traduit par Dacier, in-12, t. II, p. 18.) Ce fait nous fournit lui-même un nouvel exemple des trois conditions indépendantes l'une de l'autre et concourant à une même fin : besoin de voir, lumière et couleurs nécessaires pour y satisfaire, et enfin œil adapté pour atteindre cette fin. Cette fin, qui est l'objet de ces trois conditions, nous montre clairement l'intervention de cette cause supérieure, soit pour les établir, soit pour les faire concourir entre elles.

Vingt et unième fait. — Un des grands faits de la nature qui montre cette intervention d'une manière bien frappante encore, c'est la réunion et l'association continues des végétaux et des animaux. Partout où croissent des végétaux, on peut être certain d'avance de rencontrer des animaux. Un invincible attrait semble pousser ces derniers vers les autres. Cet attrait a sa source, sans doute, dans leurs communs besoins, car chacun d'eux consomme ce que l'autre produit. Le végétal a besoin du carbone que l'animal exhale ; l'animal, d'aliments que l'autre fabrique en grand. Il convient de remarquer toutefois que les végétaux sont plus nécessaires aux animaux que ceux-ci aux autres. Aussi n'est-on pas surpris d'entendre M. Dumas affirmer « que la terre « serait dépeuplée si, pendant une seule année, les végétaux

« cessaient de préparer notre nourriture et celle de tout le règne
« animal ». (*Statistique chimique des êtres organisés*, p. 20, 1841.)
Comment méconnaître dans ce concours réciproque, dans ce
résultat commun, où les deux grands règnes des êtres organisés
travaillent l'un pour l'autre d'une manière si utile et si efficace,
l'intervention d'une cause étrangère à tous deux? Nul autre effet
n'en montre l'intervention avec plus d'évidence et de clarté.

Vingt-deuxième fait. — Il en existe cependant un autre où l'on
entrevoit encore bien clairement son intervention : je veux
parler de l'équilibre de la création maintenu entre les différents règnes de la nature. Que l'un d'eux arrive à se développer dans des proportions exagérées, il tardera peu à nuire
aux autres, et finirait par entraîner un grave désordre dans
l'harmonie générale de la création, s'il venait à persévérer.
Voyons par quels moyens il y est remédié.

Cet équilibre est-il rompu par un accroissement exagéré des
végétaux, aussitôt on voit apparaître des chenilles et des herbivores en grand nombre qui les réduisent à des proportions plus
approchantes de l'état normal. Les chenilles et les herbivores se
multiplient-ils à leur tour jusqu'au point de briser cet équilibre,
alors on voit paraître des ichneumons et des carnivores qui les
frappent eux-mêmes et en font un grand nombre de victimes.
Mais le nombre des ichneumons et des carnivores devient-il lui-
même exagéré, le nombre de leurs victimes diminue bientôt au
point de les faire périr eux-mêmes d'inanition. Ainsi, lorsque la
population végétale s'accroît à l'excès, c'est la population phy-
togame qui rétablit l'ordre ; celle-ci se multiplie-t-elle au delà
des proportions normales, aussitôt elle devient la proie des
espèces carnivores qui arrêtent son développement. Tels sont
les moyens qu'on voit surgir comme d'eux-mêmes à travers la
suite des siècles, et dans lesquels on peut découvrir les principaux instruments appelés à rétablir l'équilibre de la création.

Mais ces instruments surgissent-ils réellement d'eux-mêmes?
Oserait-on affirmer cette proposition, par cela seulement que
leurs instincts naturels sont mis en jeu pour accomplir cette
mission, et que ces instincts sont des forces aveugles et nécessaires qui concourent naturellement au rétablissement de l'équilibre de la création? Il est impossible de l'admettre en considérant
que ces instincts poursuivent une fin qui n'a rien de nécessaire,
et qu'on ne peut expliquer que par une cause fortuite, ou par la

subordination de toutes ces causes concourantes à une direction intelligente et sage, placée au-dessus et en dehors d'eux. Or, en présence d'un ordre général brisé, et qu'on voit rétabli par des causes aveugles, par les instincts divers qui y concourent malgré leurs tendances contraires, il est bien difficile de méconnaître dans ce concours l'intervention d'une cause supérieure qui, guidée par la sagesse, plie tous ces instruments à ses propres fins.

DOCTEUR. — Mais, Ariste, où donc découvrir les rapports et le lien qui unissent les effets à leur cause, dans ces différents cas?

ARISTE. — Il eût été utile, sans doute, de vous citer un plus grand nombre de faits pour bien faire ressortir les liens et les rapports qui existent entre les causes et les effets. Cependant, je crois vous en avoir rapporté un nombre suffisant pour vous mettre à même de les saisir le plus souvent. Ainsi, tous ceux de la première catégorie (faits I, II, III, IV et V) témoignent de la manière la plus évidente de leurs rapports intimes et de leur liaison naturelle. Dans chacun d'eux, on voit la cause non-seulement produire directement l'effet en s'imprimant en lui, mais encore en lui communiquant ses propres caractères. De telle sorte que l'on peut affirmer que chaque effet montre clairement la cause qui l'a produit, et cela dans des traits si manifestes et avec une ressemblance si parfaite, qu'on dirait que cet effet est réellement un miroir qui reflète l'objet qui l'a impressionné. Ainsi, l'empreinte de la pomme réfléchit à la vue la forme, la configuration, les proportions, les reliefs et les dépressions du fruit qui s'est imprimé en elle; la monnaie montre l'effigie et la légende de la matrice reproduites en caractères si nets, qu'il est impossible de contester dans cet effet la cause qui l'a produite, et il est même toujours facile de contrôler l'un par l'autre.

Dans ce premier ordre d'effets, rien de plus manifeste que les traits qu'ils présentent et que la fidélité avec laquelle ceux-ci montrent la cause qui les a produits; mais dans ceux de la vie, de l'instinct et de la nature, il n'en est pas toujours de même. Dans une première condition cependant, et alors que ces causes secondes agissent seules, les effets montrent encore nettement leurs causes. Ainsi, la vie a-t-elle agi seule pour produire un effet, comme dans le sixième fait, par exemple, cet effet montre clairement sa cause; il en est de même pour l'instinct dans le dixième fait. Dans l'un et dans l'autre, on peut également affirmer que l'effet montre la cause. On peut même en dire autant du douzième fait, celui où le papillon va pondre ses œufs à l'arrière-saison, près du bourgeon qui doit éclore en même temps qu'eux au printemps suivant; car ce fait nous montre clairement l'intervention d'une cause intelligente, sage et prévoyante, et la manifeste dans tous les phénomènes qui l'entourent et lui succèdent.

En résumé, il existe deux ordres de causes et deux ordres d'effets. Quant aux effets, tous sont visibles et connus, et il en est dont on peut déterminer la cause, tandis qu'elle reste inconnue chez les autres. Parmi les causes déterminées, nous avons signalé la gravité, la vie, l'instinct et l'intelligence elle-même, cause invisible, immatérielle et spirituelle (voyez p. 360); parmi les causes inconnues, il en est une que nous avons désignée sous les noms de cause étrangère ou de cause supérieure; or, c'est surtout cette cause que nous considérons comme le *principe de causalité,* parce que ses effets nous l'ont toujours montrée comme le principe ou la cause immédiate ou médiate d'où ils dérivent.

Parmi les effets, il en est de simples et de complexes : les simples sont ceux qui procèdent d'une seule cause; les complexes ou *mixtes* sont produits par le concours de deux causes distinctes : par l'une des causes connues et par la cause étrangère. Mais on peut saisir dans les uns et dans les autres les traces distinctes que chacune d'elles y a imprimées; car l'effet mixte, bien qu'unique et simple comme les autres, exprime toujours l'action spéciale des deux facteurs qui ont concouru à sa production. Toutes les fois donc qu'un effet offrira réunies les traces d'une cause aveugle et nécessaire à celles d'une cause intelligente et sage, nous distinguerons en lui la part de l'une et de l'autre, et alors cet effet nous montrera lui-même ses causes.

Docteur. — Je comprends, dans une certaine mesure, que l'effet montre la cause; mais comment l'œuvre peut-elle montrer l'ouvrier?

Ariste. — Comment méconnaître dans un vase l'œuvre d'un potier, dans une montre, celle d'un horloger? Mais il y a plus, cette œuvre, considérée en elle-même, peut nous faire connaître l'ouvrier qui l'a produite. Vous vous souvenez, sans doute, docteur, que j'ai démontré que nous possédons trois sortes de vues, la vue naturelle, celle de l'esprit et celle de la raison; vous vous souvenez encore que j'ai prouvé que nous sommes une véritable cause, une cause qui produit aussi des effets, qui crée des idées, qui les incarne dans la parole et l'écriture, qui les incruste dans le marbre, où, une fois fixées, elles subsistent hors de nous et demeurent indépendantes de nous? Vous vous en souvenez?

DOCTEUR. — Oui, Ariste.

ARISTE. — Si vous vous en souvenez, docteur (mais avant tout pardonnez-moi d'invoquer le souvenir d'un fait aussi personnel que celui que je vais vous citer; ma seule excuse, c'est qu'en ce moment il est le seul qui s'offre à mon esprit), si donc vous vous en souvenez, vous ne pourrez contester que cette démonstration est mon œuvre; or, ne puis-je invoquer cet exemple pour vous prouver que l'œuvre montre l'ouvrier?

DOCTEUR. — Je m'en souviens, Ariste. Vous m'avez conduit à admettre que je possède trois sortes de vues; vous m'avez fait voir l'invisible et toucher l'immatériel : comment puis-je méconnaître que vous êtes un habile ouvrier? Vous m'avez, en outre, conduit au but par les voies les meilleures et les plus courtes : comment douter que vous êtes un ouvrier intelligent, scient, plein d'art et d'industrie; que vous êtes réellement une cause sage et prévoyante?

ARISTE. — Merci de vos compliments, docteur; ils me réjouissent d'autant plus qu'ils témoignent de vos heureuses dispositions pour vous élever jusqu'à la cause des causes et jusqu'à la vérité.

Cependant, avant d'aborder ces deux grands problèmes, vous me permettrez de tirer plusieurs conclusions des faits que je viens de vous exposer : la première, c'est que ces faits ont établi que le principe de causalité est autre chose qu'une simple vue de l'esprit, puisqu'il dérive directement de l'expérience; la seconde, c'est qu'il existe des rapports et des liens intimes entre l'effet et la cause; la troisième enfin, c'est que tous les faits que j'ai cités viennent se grouper naturellement dans l'une des lois suivantes :

Première loi. — Une cause invisible peut être démontrée par l'expérience (p. 362, etc.).

Deuxième loi. — Tout effet est visible et se constate par les sens (faits I à XXII).

Troisième loi. — L'effet porte l'empreinte de la cause (faits I à V, etc.).

Quatrième loi. — La cause s'imprime dans l'effet et lui com-

munique ce qu'elle possède elle-même (faits I à V, etc., et fait
cité page 378).

Cinquième loi. — L'empreinte montre ce que la cause a communiqué à l'effet, et cet effet montre ainsi la cause (faits I à V).

Sixième loi. — Transporter l'empreinte de l'effet dans la cause,
c'est montrer quelque chose de cette cause ; c'est, par l'œuvre,
montrer l'ouvrier (faits I à V, etc., et fait page 380)

Septième loi. — L'identité des effets prouve l'identité de la
cause (fait III, etc.).

Huitième loi. — L'effet montre sous des formes ou des actes
visibles les idées de la cause (faits XVII à XXII, fait page 360,
et plus loin : Idéographie).

Neuvième loi. — Une cause spirituelle peut produire des effets
sensibles, visibles et tangibles (fait page 360).

Dixième loi. — Deux causes distinctes, une cause seconde et la
cause première, par exemple , peuvent concourir à produire un
même effet. Dans ce cas, l'effet est mixte, et porte l'empreinte
de l'une et de l'autre (faits IX et XIII).

Je n'ai pas besoin d'insister près de vous, docteur, pour vous
faire remarquer l'importance de plusieurs de ces lois, et les services qu'elles sont appelées à nous rendre en nous faisant connaître l'inconnu par le connu. C'est ainsi que la sixième loi nous
permet d'affirmer que l'effet montre la cause. Car , alors que
la cause échappe, l'effet visible demeure et manifeste ce qu'elle
lui a communiqué. Or, comme elle ne peut lui communiquer que
ce qu'elle possède elle-même (IVᵉ loi), les traces de son empreinte
nous montrent par cela même ce qu'elle est réellement. De là,
l'importance de cette loi pour s'élever à la connaissance de la
cause première.

III

Docteur. — Je crois qu'il serait convenable, Ariste, avant
d'essayer de transporter dans la cause première ce que nous
pouvons connaître de ses effets, de démontrer d'abord l'existence
et la réalité de cette cause.

Ariste. — C'est ce que je me propose de faire maintenant, si
vous y consentez, docteur.

DOCTEUR. — Mais comment l'atteindre et démontrer sa réalité?

ARISTE. — En la cherchant où elle est, et en excluant toute hypothèse de cette recherche.

DOCTEUR. — Où la chercher, Ariste?

ARISTE. — De même que les lois nous ont montré les causes secondes, pourquoi celles-ci ne nous montreraient-elles pas, à leur tour, la cause première dans leur principe? Cherchons-la donc en elles, en interrogeant successivement la gravité, la vie, l'instinct et la nature.

DOCTEUR. — Cette recherche m'intéresse, Ariste, mais j'en attends peu de résultat.

ARISTE. — Vous vous souvenez, docteur, qu'en étudiant les phénomènes de mouvement de la terre, nous en avons rencontré de trois espèces différentes : ceux de chute, ceux de circomduction et ceux de rotation. Chaque espèce a été groupée en une série de faits semblables; puis, chaque série formulée en une loi distincte; et enfin, chaque loi nous a montré une cause différente. C'est ainsi que nous avons pu vérifier par elles que « l'identité des effets prouve l'identité de la cause ». (VII⁰ loi.)

La loi de la chute nous a montré sa cause dans la gravité; la loi de circomduction nous a montré une cause de projection ; la loi de rotation, une cause rotatrice. Cependant, ayant remarqué avec Newton que la cause d'impulsion appliquée sur un point excentrique de la terre avait pu produire simultanément les mouvements de projection et de rotation, nous avons admis avec cet homme célèbre que ces deux mouvements étaient l'effet d'une seule et même cause. Et pour simplifier la solution de ce problème, nous allons donc considérer tous les phénomènes de mouvement de la terre comme produits par deux causes seulement : l'une, qui est la gravité, que nous avons déjà étudiée et reconnu n'être qu'une cause seconde, et par conséquent une cause aveugle, fatale et nécessaire ; l'autre, qui est l'impulsion, à laquelle nous allons demander si elle ne serait pas la cause première elle-même.

Pour acquérir une idée exacte de ces deux causes, considérons-les un instant dans leur action simultanée sur la terre seulement, bien qu'elles agissent sur tous les astres comme sur elle ; mais en limitant notre explication, il nous sera plus facile d'apprécier le rôle de chacune d'elles.

On a comparé avec beaucoup de justesse les mouvements de

la terre autour du soleil à ceux d'une pierre qui tourne dans une fronde autour de la main. Incessamment poussée par le bras, cette pierre tend sans cesse à s'en écarter, mais, retenue par la corde qui l'attire vers son centre, elle ne peut s'échapper. Ainsi poussée par une force et retenue par l'autre, elle continue à tourner tant que les deux forces se font équilibre. Nous expliquons fort bien son mouvement circulaire dans ce cas, parce que nous connaissons les deux forces dont il est la résultante. Mais dans les mouvements de la terre autour du soleil, nous ne connaissons que l'une des deux, celle qui l'attire incessamment vers le soleil, et nous ignorons complétement quel est le bras invisible qui l'a lancée sur la tangente de l'orbite qu'elle parcourt.

Il est évident toutefois que cette cause existe, car si l'effet de la gravité est d'attirer les astres vers leur centre de révolution, dès qu'ils n'y tombent pas, cela ne peut être dû qu'à l'action d'une autre puissance qui les en détourne. Il est manifeste, en effet, qu'ils ne poursuivent leur direction qu'à la condition de s'y porter d'eux-mêmes, ou d'y être poussés par une puissance étrangère. Or, quand nous savons que l'inertie de la matière qui les compose les prive de toute spontanéité, nous sommes invinciblement conduits à attribuer le mouvement de circomduction qu'ils affectent, à une puissance projectile ou à un moteur qui les a lancés dans la direction qu'ils poursuivent.

Mais quel est ce moteur? comment l'atteindre et le connaître lui-même?

Invinsible, il est évident que nous ne pouvons le découvrir directement; mais il nous reste une précieuse ressource, c'est de l'interroger dans ses effets. Or, s'il est exact que l'effet montre la cause, comme ses effets nous sont connus, nous pouvons espérer d'atteindre par eux ce moteur insaisissable.

Or voici, en premier lieu, un fait des plus frappants, c'est que tous ses effets sont constitués par des mouvements : chacun d'eux proclame donc qu'il a été produit par une force motrice, c'est-à-dire par un véritable moteur. En voici un second, plus remarquable encore : c'est que l'analyse de chacun de ses effets démontre que ce moteur ne peut être une cause aveugle et nécessaire. Il est manifeste, en effet, que l'un de ses premiers actes a été de joindre la terre pour la diriger; son second, de s'unir à la gravité qui précipitait cette planète sur le soleil; son troisième, d'associer son action centrifuge à l'attraction centripète, pour lui imprimer son mouvement de circomduction; son quatrième, de s'équilibrer exactement avec la gravité : moindre, en effet, il n'eût pu empêcher la terre de tomber sur le soleil; supérieur, il l'eût lancée dans l'espace; son cinquième, d'unir leur commun mouvement à celui de la rotation pour l'effectuer dans le même sens, c'est-à-dire d'occident en orient; son sixième enfin, de relier tous leurs mouvements communs avec ceux des autres planètes, des comètes, et même avec ceux de tous les astres, afin de produire la magnifique harmonie qui règne entre eux.

Voyez maintenant, docteur, s'il est possible de méconnaître dans ces combinaisons des effets choisis et adaptés à un but nettement déterminé, et par conséquent l'action d'un moteur intelligent. Tous ces mouvements, si exactement proportionnés et équilibrés, ont-ils pu être opérés sans y consacrer une grande science? La justesse et la sûreté avec lesquelles ils ont été dirigés ne témoignent-elles pas elles-mêmes d'un grand art et d'une haute industrie? La fin vers laquelle tous convergent ne fait-elle pas éclater sa sagesse? L'association de tous ces mouvements avec ceux des autres astres ne révèle-t-elle pas une grande prévoyance? L'effort de l'impulsion exigé pour lancer ces astres dans l'espace n'atteste-t-il pas une puissance infinie? L'ordre et l'harmonie qui se voient dans tous ces mouvements, la beauté, la grandeur et la perfection qu'ils présentent, ne nous disent-ils pas qu'il n'a pu les leur communiquer sans être parfait lui-même? Enfin, ce moteur eût-il pu produire cette multitude d'effets qui tendent tous vers une fin commune, s'il n'eût possédé tous les caractères d'une cause directrice et maîtresse?

En nous en tenant donc aux actes et aux effets produits par ce moteur, s'il est vrai 1° que « la cause s'imprime dans l'effet et « lui communique ce qu'elle possède elle-même » (IVe loi); 2° que « l'effet montre la cause » (Ve loi), 3° il nous suffit de « transporter dans la cause ce que celle-ci a communiqué à l'effet « pour la connaître » (VIe loi). Dans ce cas, ce moteur nous apparaît immédiatement comme une cause intelligente, sciente, pleine d'art et d'industrie, sage, prévoyante, omnipuissante, parfaite; comme une cause directrice et maîtresse enfin.

Or, quelle peut être une cause qui se révèle comme le moteur des astres, comme le bras qui les a lancés dans l'espace, comme intelligente, sciente, sage, prévoyante, parfaite, souveraine et maîtresse, sinon une cause infiniment supérieure à toutes les causes connues, c'est-à-dire comme la véritable cause première que nous cherchons?

C'est ainsi qu'en usant du procédé de Newton, qui consiste « à déduire la cause de ses effets », sans recourir « à aucune hypothèse », nous pouvons nous élever des causes secondes à la cause première, et à la découvrir avec tant d'évidence dans le moteur des mondes, qu'il semble qu'on pourrait presque la montrer du doigt.

Docteur. — Cette démonstration me paraîtrait irréprochable, Ariste, si vous n'aviez placé les preuves de l'existence de cette cause aux limites de la science actuelle. Qu'adviendrait-il cependant si demain de nouveaux [progrès venaient à prouver que le mouvement d'impulsion de la terre peut être produit par une cause naturelle? En tout cas, ceux qui croient à l'hypothèse de Laplace ne l'admettront même pas aujourd'hui.

Ariste. — Certes, je suis loin de partager vos appréhensions sur la valeur de l'argument de Newton, docteur; car celui-ci, comme tous ceux qu'a produits ce grand génie, ne peut que gagner de valeur par les acquisitions de la science moderne. « L'hypothèse » de Laplace ne peut d'ailleurs le remplacer, puisqu'il resterait toujours à expliquer d'où vient le mouvement de rotation de la nébuleuse et quelle est la cause première qui le lui a imprimé. Vous admettrez bien avec l'un des partisans des causes naturelles, avec Hœckel lui-même, qu' « il y a des diffi-
« cultés à admettre l'idée d'un chaos gazeux primitif, remplis-
« sant l'univers; mais qu'une difficulté plus grande et plus inso-
« luble encore, c'est que la théorie cosmologique des gaz ne
« nous explique en rien la première impulsion qui imprime un
« mouvement rotatoire à la masse gazeuse remplissant l'uni-
« vers ». (*Histoire de la création des êtres organisés, d'après les lois naturelles*. 2ᵉ édit., trad. par Letourneau, Paris, Reinwald, 1876, p. 286.)

Docteur. — Cependant, Ariste, J. Tyndall attribue lui-même l'origine de ce mouvement à une cause aussi simple que naturelle : d'après lui, il serait produit par la chute de ses atomes constituants les uns sur les autres; de là, leur agglomération, qui serait bientôt devenue elle-même un centre d'attraction.

Ariste. — Ne suffirait-il pas de vous faire remarquer que les atomes, que ces *êtres imaginaires,* en tombant de tous les points de l'espace les uns sur les autres, se seraient fait équilibre, et par cela même que nul mouvement de masse n'eût pu en résulter?

DOCTEUR. — D'autres, cependant, l'ont encore expliqué par l'action de la lumière et de la chaleur, qui ont pu se produire spontanément dans la nébuleuse, ou lui être communiquées par quelque corps placé hors d'elle. C'est ainsi qu'aujourd'hui la lumière et la chaleur du soleil paraissent le produire, disent-ils, sur la terre et les autres planètes qui, successivement échauffées et refroidies sur tous les points de leur surface, tendent, par un effet de contraste, à s'en approcher où à s'en éloigner.

ARISTE. — Encore une pure hypothèse! Par quoi, dites-moi, le soleil lui-même serait-il conduit à tourner sur son axe et à circuler dans l'espace? En quel autre astre placer la lumière et la chaleur qui lui imprimeraient ses mouvements? Croyez-m'en, rejetons inexorablement toute hypothèse, puisque aucune ne peut nous conduire à la vérité.

DOCTEUR. — Mais enfin, Ariste, la matière n'a-t-elle pu se mouvoir d'elle même, et se donner ces mouvements?

ARISTE. — La matière est mue, mais ne se meut pas. Tout mouvement lui est communiqué. Quand tout se meut dans l'univers, nous savons que la matière qui entre dans sa constitution n'a nulle tendance au mouvement si elle est en repos, et au repos, si elle est en mouvement, et par ceia même, que tout mouvement qui s'y montre n'a pu se produire de lui-même. Nous sommes donc invinciblement conduit à attribuer tout mouvement à un moteur étranger, puisqu'elle n'en possède pas le principe en elle-même.

Mais quel est ce moteur?

La démonstration précédente suffit pour en prouver l'existence.

DOCTEUR. — Peut-être, Ariste; mais non pour le connaître complétement.

ARISTE. — Si vous désiriez pénétrer plus avant dans sa connaissance, je pourrais invoquer le témoignage d'un plus grand nombre de faits analogues pour vous y faire avancer. Nous ne pouvons le voir, sans doute, mais nous avons déjà constaté que la science possède un moyen efficace d'arriver jusqu'à lui et de l'atteindre. D'ailleurs, ainsi que l'a dit T. Reid, « le dessein et l'intelligence « des causes peuvent être conclus avec certitude des signes du « dessein et de l'intelligence de l'effet; or, des signes évidents

« d'intelligence et de sagesse sont répandus dans tous les ou-
« vrages de la nature ; d'où suit que tous les ouvrages de la nature
« sont les effets d'une cause intelligente et sage ». (*Essai*, vi,
p. 157, trad. de Jouffroy.)

DOCTEUR. — Je ne sais, Ariste, si la logique a le droit d'intervenir ici pour prouver qu'un effet suffit pour montrer sa cause.

ARISTE. — Vous oubliez, docteur, que nous l'avons démontré
par des faits positifs. Non, il n'est pas indispensable de voir un
moteur pour le connaître ; c'est ainsi qu'au premier aperçu, bien
que nous n'ayons pas vu l'impulsion de la queue qui l'a mise en
mouvement, nous pouvons affirmer, par les mouvements mêmes
qu'elle effectue, qu'une bille de billard a été frappée au-dessus,
au-dessous ou sur l'un des côtés de son centre, selon qu'elle
continue plus ou moins longtemps son mouvement en avant,
qu'elle subit un mouvement rétrograde, ou qu'elle dévie à droite
ou à gauche. Pourquoi n'hésitons-nous jamais à nous prononcer
dans chacun de ces cas, sinon parce que nous découvrons dans la
course de cette bille des mouvements cherchés, choisis, et par
conséquent voulus, qui attestent plus ou moins de science, d'art
et d'habileté chez le joueur qui les a produits? Dans ces différents cas, nous n'avons cependant que l'effet visible pour nous
guider, mais nous n'en sommes pas moins convaincus que cet
effet nous montre sa cause invisible et nous fait connaître comment elle a agi. Pourquoi en serait-il autrement dans les mouvements des corps célestes?

N'est-il pas évident, d'ailleurs, que le monde ne dure que parce
que tout y est ordonné, prévu et ajusté à des fins déterminées?
Quand nous voyons ce grand résultat assuré par des moyens de
la plus merveilleuse simplicité, comment l'attribuer au hasard
ou à la nécessité? Ne serait-il pas absurde, dit Newton, « de sup-
« poser que la nécessité préside à l'univers? car une nécessité
« aveugle étant partout la même en tout temps et en tout lieu,
« la variété des choses ne peut en provenir, et par conséquent
« l'univers avec l'ordre de ses parties et la variété des temps et
« des lieux n'a pu tirer son origine que d'un être primitif ayant
« des idées et une volonté ». (*Phil. natur. princip., Scol. gener.*)

Comment l'idée de hasard pourrait-elle s'offrir, en effet, à la
vue d'un système si bien ordonné? Est-ce que la matière inerte
qui le compose a pu se réunir d'elle-même pour revêtir les formes,
les proportions et les dispositions admirables qu'il présente?

Est-ce que le mouvement qui s'y voit a pu sortir de son inertie pour s'ordonner de lui-même? Comme si à la vue d'une horloge réglée et marquant avec précision les heures et les minutes, le simple bon sens ne criait pas qu'il a fallu l'intelligence, l'art et les connaissances d'un horloger pour la construire!

Comment se fait-il donc que, quand pour tout le monde l'horloge prouve l'horloger, l'univers, qui est une magnifique horloge aussi, ne prouverait pas lui-même son horloger? Serait-ce parce que cette horloge annonce plus d'intelligence et de science que celles qui sortent de la main des hommes? Chez elle, en effet, les heures succèdent aux heures, les jours aux jours, les saisons aux saisons, les années aux années, et tout cela par un mécanisme de la plus sublime simplicité! Car la terre n'a ni aiguilles, ni rouages, ni ressort pour les marquer. L'inclinaison de son axe, sa rotation diurne et sa circomduction annuelle autour du soleil y suffisent ; ces trois moyens en font la plus exacte des horloges connues, et ils règlent ses mouvements avec tant de justesse, et indiquent toutes les divisions du temps avec une précision si parfaite, qu'on n'a pu y découvrir une altération d'un centième de seconde depuis plus de deux mille ans!

N'est-il pas évident, docteur, qu'un instrument qui sert de règle aux chronomètres les plus perfectionnés, atteste qu'il a fallu d'autant plus de connaissances pour le produire, qu'il est plus parfait lui-même, et que si l'horloge prouve l'horloger, cette horloge céleste prouve un horloger divin?

Comme vous le voyez, en résumé, c'est toujours appuyé sur la réalité, en usant des seuls procédés de la méthode expérimentale, et sans recourir à aucune hypothèse, qu'il nous a été donné de nous élever jusqu'à la cause des causes, jusqu'à la cause première. Mais poursuivons nos investigations en nous adressant à une autre cause seconde.

Adressons-nous maintenant à la vie, cause seconde comme la gravité, et demandons-lui aussi dans quelle mesure elle pourra elle-même nous faire connaître la cause première.

Nos études sur la vie, vous vous en souvenez, docteur, nous ont conduits à considérer celle-ci comme une substance spéciale, douée d'une énergie spontanée, agissant sans cesse pendant toute sa durée, et produisant un certain nombre d'actes déterminés ; nous avons constaté en outre qu'elle date de la fécondation, et que son activité se manifeste aussitôt son apparition.

Maintenant, ce n'est plus seulement comme cause seconde que nous devons l'étudier ; il nous faut demander à ses manifestations si elles suffisent pour expliquer toutes les œuvres qu'elle produit ou qu'on lui attribue.

Les phénomènes de la vie nous ont conduits à établir deux lois distinctes : la quatrième qui établit que la vie est « douée d'une énergie spontanée qui anime l'organisme, produit le mouvement, le sentiment et l'activité psychique ; — la sixième, qui démontre qu'à l'origine elle ne possède ni l'intelligence, ni la science, ni l'art, etc., qui se voient dans la production de l'organisme ». De telle sorte que, si nous venions à découvrir dans l'organisme naissant des idées, de l'intelligence, de la science, etc., ce ne serait pas à elle que nous pourrions les attribuer, parce qu'alors, en effet, cet organisme ne peut lui prêter le concours de ses nerfs, de ses sens et de son cerveau, instruments nécessaires pour sentir, recueillir et former des idées, pour connaître, penser et vouloir, surtout chez l'homme. De là, la nécessité de nous arrêter aux premiers temps de sa durée, au temps pendant lequel se forment ses instruments, puisqu'alors la vie ne peut en tirer aucun secours pour former des idées, penser et vouloir.

Étudions-la donc dans ce premier état seulement, et recherchons si même alors nous n'en pourrons découvrir quelques manifestations intéressantes.

Convenons-en toutefois, c'est presque en vain que les expérimentateurs les plus habiles l'ont interrogée dans cette première phase de son existence. L'œuf dans lequel elle réside alors n'est en effet constitué que par une parcelle infime de matière organique, et tout ce qu'on peut y entrevoir se borne à un mouvement incessant qui s'accomplit dans ses matériaux constituants. Mais nul grossissement ne peut y faire découvrir l'ouvrier mystérieux qui l'accomplit. On ne peut constater qu'une chose, c'est qu'aucun agent moteur visible n'existe dans l'œuf ni hors de lui.

La vue la plus perçante, aidée des instruments les plus grossissants, ne parvient donc, pendant ce premier temps de la vie, à découvrir dans cet ovule qu'une sorte de mouvement de tourbillon où tout se meut, s'agite et se transforme. Les seuls phénomènes perceptibles sont une sorte de fractionnement de sa masse, qui se divise en cellules, et plus tard la métamorphose de celles-ci qui les transforment peu à peu en liquides, en tissus, en organes et en appareils, pour arriver enfin à constituer un organisme semblable à celui des parents.

L'investigation la plus attentive ne peut donc constater à ses débuts qu'une suite de changements confus et inextricables au sein de cette œuvre.

Cependant, si, au lieu de céder au découragement, l'observateur poursuit ses recherches et fait pénétrer l'analyse au sein de cette confusion, il arrive bientôt à distinguer quelques signes remarquables et tout à fait dignes de fixer son attention.

Ainsi, il pourra constater d'abord que tout ce mouvement a pour centre un même objet, et que cet objet constitue lui-même une individualité nettement déterminée; ensuite, que cette individualité, aux formes indécises, revêt peu à peu les formes du type de ses parents; il verra, après, la sexualité s'y dessiner et s'y manifester franchement; il constatera ensuite que tous les organes doubles se développent parallèlement avec symétrie; que chaque organe se montre lui-même en son temps; que tout s'accomplit selon un ordre réglé; que tout tend à un but et obéit à des lois fixes; enfin, que tout ce mouvement aboutit à la production d'un être d'une merveilleuse beauté.

Voilà les traits principaux qu'une analyse attentive arrive à recueillir pendant les phases du premier développement de l'homme. Mais si l'on vient à l'appliquer au développement d'un certain nombre d'autres espèces, elle procure encore d'autres données non moins remarquables, en permettant de constater chez plusieurs d'entre elles l'apparition d'un certain nombre d'instruments spéciaux, tels que des instruments de protection, de défense, de travail, d'attaque, etc., etc., qui varient à l'infini. Chez tous encore, elle permet de constater l'apparition plusieurs organes de l'avenir qui ne serviront qu'après l'entier développement de l'être.

Mais fait plus merveilleux encore, cette analyse permet de découvrir au sein de ce tourbillon, de ce véritable chaos où tout semble si plein de confusion, l'apparition d'un certain nombre d'organes dont la construction atteste une science, un art et des inventions les plus admirables! En effet, comme le dit Newton, « l'œil a-t-il été formé sans la science de l'optique, et l'oreille sans la connaissance de l'acoustique? » (*Optiq.*, quest. XXVIII.) Des signes manifestes d'une science infinie ne se découvrent-ils pas dans chacun de ses instruments? « Dans tout le règne ani-

« mal, dit Lamettrie lui-même, les mêmes vues sont exécutées
« par une infinité de divers moyens, tous cependant géomé-
« triques..... Toutes les oreilles, par exemple, malgré leur diverse
« structure dans l'homme, dans les animaux, dans les oiseaux,
« dans les poissons, sont si mathématiquement faites, qu'elles
« tendent au seul et même but qui est d'entendre. » (*L'Homme-
Machine.*) — « Le corps humain, considéré par rapport à une
« infinité de différents mouvements volontaires, dit Fontenelle,
« est un assemblage prodigieux de leviers tirés par des cordes.
« Si on le regarde par rapport au mouvement des liqueurs qu'il
« contient, c'est un assemblage d'une infinité de tuyaux ou de
« machines hydrauliques... Tout ensemble est un composé que
« nous sommes à peine capables d'admirer et dont la plus grande
« partie échappe à notre admiration même. » (*Hist. de l'Acad.
des scienc.* 1707, p. 16.)

Combien d'autres connaissances, d'autres perfections, cette
analyse ne pourroit-elle nous faire saisir dans cette œuvre à peine
ébauchée? Mais bornons-nous, pour l'instant, à insister sur les
deux remarques suivantes : la première, c'est qu'elle nous a fourni
plusieurs idées nettement exprimées dans autant de signes sensibles pendant les premiers temps de son évolution ; la seconde,
c'est qu'elle nous a permis de constater des signes non moins
manifestes d'intelligence, de science, d'art, d'invention, de prévoyance et de sagesse, soit dans son ensemble, soit dans chacun
de ses instruments pendant leur production.

Qu'est-ce, en effet, que cette unité que l'analyse nous a fait
découvrir dans les premiers vestiges de ce nouvel être, sinon une
idée exprimée par son individualité ; que le type qu'il présente,
sinon une idée imprimée dans sa forme spécifique ; que la sexualité, sinon l'idée de mâle ou de femelle écrite sous des formes
distinctes ; que le plan réalisé, sinon l'idée d'un exemplaire original reproduit en lui ; la loi, sinon une idée dérivée de tous les
faits semblables ; la symétrie, sinon l'idée d'une forme commune
appliquée à tous les organes pairs et parallèles ; la beauté, sinon
une idée imprimée dans ses formes ; la perfection, sinon une
idée réalisée dans chaque partie où rien ne manque ni n'excède?
Une intelligence n'était-elle pas nécessaire pour concevoir ces
idées et pour les incarner dans une œuvre qui en était dépourvue?

Ne croyez pas, d'ailleurs, que ces idées soient de pures abstractions Non ; elles sont assez nettement imprimées dans cette

œuvre pour que tous les observateurs les y aient lues. Ou qu'elles peuvent y être produites par les forces naturelles. Non, encore ; « car ce qui est essentiellement du domaine de la vie, dit C. Ber-« nard, et ce qui n'appartient ni à la physique, ni à la chimie, ni « à rien autre chose, c'est l'idée directrice de cette évolution « vitale. Dans tout germe vivant, il y a une idée créatrice qui se « développe et se manifeste par l'organisation. Ici, comme par-« tout, tout dérive de l'idée qui, elle seule, crée et dirige. » (*Introd. à la méd. exp.*, 1865, p. 161.) N'examinons pas si C. Bernard n'eût pas mieux rendu sa pensée en attribuant cette idée à une intelligence plutôt qu'à une entité créatrice. Nul penseur ne peut d'ailleurs se méprendre sur le sens qu'il y attache. M. Ravaisson a exprimé lui-même la même pensée : « Dans des « actions ainsi coordonnées, dit-il, des exertions d'une puis-« sance quelconque de sentir, de percevoir, puis de viser à un « but, de tendre à une fin, et dans ces profondeurs de la plus « obscure vitalité, ne voit-on pas comme une lueur émanée de « quelque chose qui connait et qui veut ? » (*Rapport sur la philosophie au dix-neuvième siècle,* Hachette, 1865.) Oui, certes ! il y a quelque chose de plus qu'une idée dans cette œuvre ; il y a quelque chose de plus que « l'idée directrice » de C. Bernard, il y a les idées d'une intelligence qui les a conçues avant de les incarner en elle ; il y a, comme le dit M. Ravaisson, « une lueur émanée de « quelque chose qui connait et qui veut » !

En effet, qu'importe que ce « quelque chose qui connait et qui veut », et qui a fait la machine, nous la décrive ou qu'il nous la montre en action ? L'œuvre parle, et nous montre elle-même les idées que l'artiste a imprimées en elle. Et de même que nous ne pourrions douter de son intelligence et de sa science, s'il nous l'eût décrite lui-même, de même il nous est impossible de douter de leur réalité dès qu'il les a clairement exprimées en elle, puisque c'est évidemment une même chose, de faire un discours en paroles dans le premier cas, que de faire un discours en chair et en os dans le second : tous deux présupposent également une intelligence pour le concevoir et pour l'exprimer, et tous deux prouvent qu'une intelligence pouvait seule le composer.

Combien d'autres signes d'intelligence, de science, d'art, d'inventions, de prévoyance, de sagesse et d'incomparables perfections n'eût-il pas été facile de saisir dans cette œuvre, s'il nous eût été donné de la faire connaitre en entier ? D'où lui viendraient, en effet, toutes ces notions de physique, de chimie, de mécanique, d'hydraulique, d'optique, d'acoustique, etc., dont nous découvrons des témoignages évidents dans chacun de ses instruments? D'où viendraient ces adaptations si parfaites des formes avec la structure, ces rapports si exacts de l'instrument avec sa fonction? Qui pouvait produire ces organes de l'avenir qui ne serviront que dans vingt ans, et montrer une prévoyance à si longue portée? Qui pouvait avoir cette prescience qui se voit dans l'établissement des organes avant leurs fonctions, cette omniscience qui éclate partout, cette perfection qu'on peut admirer jusque dans les parties les plus infimes de l'œuvre et qui lui donne une si grande beauté?

Pouvait-on soupçonner, docteur, qu'il nous serait donné de découvrir dans une œuvre qui se produit dans les profondeurs de l'organisme, et qu'on ne peut découvrir qu'à l'aide des instruments les plus grossissants, les mêmes caractères que ceux que nous avons vus dans les infiniment grands qui se voient dans l'immensité des cieux? Et s'il est vrai que « l'identité des effets montre l'identité de la cause » (VIIᵉ loi), n'est-il pas évident que la cause qui se révèle dans cet infiniment petit est bien la même que celle que nous avons découverte dans les infiniment grands? Dans ces deux œuvres si différentes au premier aspect, on découvre également, en effet, des témoignages évidents de suprême intelligence, de prescience, d'omniscience, d'omniprésence, de sagesse, de prévoyance et de perfection infinie !

Mais revenons en particulier à l'œuvre de la vie. Est-ce bien la vie, comme on ne cesse de l'affirmer, qui a réellement produit toutes ces merveilles? Cependant si, pour le savoir, nous interrogeons celle-ci, elle nous répondra qu'elle ne date que de la veille ; qu'elle n'a rien appris, et même qu'elle manque encore de tous les instruments nécessaires pour sentir, pour connaître et pour acquérir la moindre notion de ce qui est; et qu'en réalité elle n'est elle-même qu'une cause seconde, qu'une cause aveugle et nécessaire, ainsi que ses manifestations nous l'ont attesté ; qu'elle ne peut être, par conséquent, le principe des actes et de l'œuvre qu'on lui attribue.

Cependant, si ce n'est pas la vie qui a produit ce chef-d'œuvre, quelle en est donc la véritable cause? Adressons-nous encore, pour la découvrir et la connaître, aux lois expérimentales du principe de causalité. En effet, les faits nous ont démontré : 1° que la cause s'imprime dans l'effet et lui communique ce qu'elle possède elle-même (IV° loi); 2° que l'effet montre la cause (V° loi); 3° qu'il suffit de transporter dans la cause ce que celle-ci a communiqué à l'effet pour la connaître (VI° loi). Or, dès qu'il nous a été donné de découvrir dans ses effets des témoignages évidents d'intelligence, de prescience, d'omniscience, d'omni-présence, de sagesse, de prévoyance et des perfections infinies, la cause qui possède toutes ces perfections ne peut être autre que la cause première elle-même, ainsi que nous l'avons démon-tré à l'occasion de la gravité.

Qu'on y réfléchisse, d'ailleurs, cette cause ne s'impose-t-elle pas d'elle-même à tout esprit éclairé? N'est-ce pas elle qui a conçu le premier être, qui a créé ce premier modèle en le dotant de toutes les perfections que nous retrouvons chez tous ceux qui lui succèdent? Or, en observant dans cette longue suite de géné-rations que chaque nouvel individu ressemble au premier exem-plaire, ne sommes-nous pas en droit de conclure, d'après la septième loi, « de l'identité des effets à l'identité de la cause », et, dès que nous savons que c'est la cause première qui a créé le premier, de conclure que c'est cette même cause qui reproduit chaque nouvelle copie qui lui ressemble? Si l'on hésitait à adopter cette conclusion, il n'en faudrait pas moins admettre que cette cause intervient dans les premiers actes de la vie, ou qu'au moins elle concourt et coopère de concert avec elle, puisque seule elle possède et peut communiquer à l'œuvre qui leur serait alors commune, les perfections que nous y voyons, et que la vie aveugle et ignorante ne peut lui donner.

C'est ainsi qu'en transportant dans la cause ce que nous dé-couvrons dans ses effets, nous pouvons connaître cette cause elle-même, et que l'œuvre nous montre l'ouvrier.

Passons maintenant à une autre cause seconde, et demandons à l'instinct s'il ne pourra lui-même nous faire connaître la cause première.

Nos recherches sur l'instinct nous ont conduit, comme vous le savez, à le considérer comme une force primordiale innée, mais ignorante, aveugle et nécessaire, et à nous assurer que c'est cette force spéciale qui pousse tous les êtres vivants à faire à propos tout ce qui leur est nécessaire pour se conserver, se pro-pager et entrer en rapport avec les autres êtres.

Or, quelle est la vraie cause de ces actes si multiples et si divers ? La science n'a pu encore le décider ; mais les savants de nos jours les font dériver de l'intelligence, de l'instinct ou de l'organisme. Cependant, en étudiant l'instinct, nous avons souvent vu des animaux qui ne possèdent que des facultés bornées, ou même qui sont parfois stupides, produire des œuvres surprenantes et merveilleuses, dans lesquelles se voient souvent tant d'art, d'industrie, de prévoyance et de sagesse, qu'il nous a été difficile de les attribuer à leur seul instinct. Nous en avons douté en considérant surtout les faits des plantes elles-mêmes.

Cependant où découvrir une autre cause à laquelle on puisse les attribuer ? Le savant professeur Blanchard, frappé de ces contrastes surprenants, s'est borné à dire, en les constatant : « Pour des yeux attentifs, c'est un spectacle étrange et d'une « grandeur singulière que celui des insectes industrieux dé- « ployant dans leurs travaux l'art le plus raffiné. L'instinct porté « au plus haut degré, dont la nature nous offre des exemples, « confond la raison humaine. » (*Histoire des mœurs et instincts des insectes,* in-8°, p. 9.) Oui, sans doute, quand on se borne à comparer l'œuvre avec l'ouvrier, la raison demeure confondue ! Mais pourquoi ne pas s'adresser plus haut ? Pourquoi se borner à admirer l'œuvre du maçon, sans rechercher si quelque architecte n'y intervient pas lui-même ?

Docteur. — Pourquoi supposer un tel concours, Ariste ?

Ariste. — Ce concours me paraît ressortir manifestement des faits connus, docteur. Ainsi, quand vous voyez un être qui vient de naître, accomplir des actes qui attestent de la science, des connaissances et de la prévoyance, pouvez-vous les lui attribuer ?

Docteur. — Non, assurément.

Ariste. — Pourquoi ?

Docteur. — Parce que cela supposerait qu'il a appris cette science ou qu'il l'a inventée, double supposition également impossible à admettre.

Ariste. — Si cet animal demeurait enfant toute sa vie, et que cependant il vînt à produire des œuvres qui montrent un grand art ou beaucoup de prévoyance, oseriez-vous les lui attribuer ?

Docteur. — Je préférerais répondre à des faits bien déterminés, Ariste, plutôt qu'à des suppositions difficiles à apprécier.

Ariste. — Eh bien, je vais les préciser dans un fait bien caractérisé. On a vu bien des fois, vous le savez, des castors construire des digues et élever des cabanes établies selon toutes les règles de l'architecture ; leur attribuerez-vous à cause de cela la science de l'architecture ?

DOCTEUR. — Non, car la science s'apprend, et les castors n'ont rien appris.

ARISTE. — Cependant ces animaux font preuve de grandes connaissances dans le choix des matériaux qu'ils emploient ; ils témoignent même d'une rare intelligence, soit en coupant le bois nécessaire au-dessus du lieu où ils doivent bâtir, afin de profiter du courant d'une rivière pour le leur amener, soit en dirigeant la convexité de leur digue contre le courant, afin de lui opposer une résistance plus efficace. Leur attribuerez-vous la science et l'intelligence que vous découvrez dans leur œuvre ?

DOCTEUR. — Je ne l'oserais, Ariste.

ARISTE. — Ils montrent un art et une industrie fort remarquables dans l'édification de leurs huttes, qu'ils élèvent souvent de deux étages et parfois de trois, en leur donnant toute la solidité nécessaire pour résister à la violence des courants ; ils leur donnent même un certain degré d'élégance et de confort, afin de s'y procurer toutes les commodités qui leur sont utiles. Ils manifestent même une grande sagesse, en construisant leurs demeures avant la mauvaise saison, afin de s'y retirer dès qu'elle est venue, et montrent surtout une grande prévoyance, en accumulant dans son étage inférieur toutes les provisions qui leur seront nécessaires pendant la durée des fortes gelées, époque où ils ne peuvent sortir pour s'en procurer. Leur attribuerez-vous l'art, l'industrie, la sagesse et la prévoyance que vous voyez dans toutes ces œuvres ?

DOCTEUR. — Non, Ariste, car ils sont trop disproportionnés avec les facultés que Cuvier accorde à ces animaux qui, selon lui, se montrent stupides dans tous les autres actes qu'ils accomplissent.

ARISTE. — Cependant ces faits sont constants, bien établis, bien démontrés, et s'il est impossible de les attribuer à l'animal seulement, ne démontrent-ils pas clairement l'intervention d'une cause étrangère ? Le castor est un être ignorant, en effet, qui n'a rien appris, rien inventé ; qui commence, continue et achève son œuvre aujourd'hui, comme il faisait du temps d'Aristote, sans y rien ajouter et sans la perfectionner ; qui agit toujours de même et sans choix ; qui ignore les moyens qu'il emploie, le but qu'il poursuit, et qui s'ignore lui-même.

Serait-il donc possible de lui attribuer tous les actes qu'il produit dans l'accomplissement de son œuvre, quand nous voyons ceux-ci choisis attester qu'ils sont le résultat de décisions intellectuelles précises, et que tous témoignent d'une grande perspicacité, d'une intelligence élevée, d'une science surprenante, d'une industrie et d'un art merveilleux, d'une sagesse et d'une prévoyance qui ne laissent rien au hasard et semblent n'ignorer aucun secret de la pratique la plus expérimentée?

N'est-il pas évident que l'instinct de cet être ignorant ne peut contenir le principe du chef-d'œuvre qu'il exécute, et qu'il faut chercher au-dessus de lui, qui, après tout, n'est qu'une cause seconde, l'intervention d'une cause supérieure qui lui communique les perfections dont il est dépourvu lui-même?

DOCTEUR. — Cette conclusion est grave, Ariste, et je me demande si elle est suffisamment motivée; car, après tout, le castor est un animal qui possède, comme tous les autres, un certain degré d'intelligence qui doit entrer en ligne de compte, quand il s'agit d'en apprécier les œuvres.

ARISTE. — En admettant qu'il en possède quelques lueurs, docteur, il est manifeste que cette intelligence ne pourrait expliquer son œuvre. En admettant, d'ailleurs, que cela ne soit pas tout à fait impossible, bien que ce soit fort invraisemblable, oserez-vous aussi invoquer son concours dans les actes du sphex, de cet insecte frêle et délicat qui, sans hésiter, s'en vient attaquer un grillon beaucoup plus gros et plus fort que lui, qui le terrasse, le renverse sur le dos et, avec une adresse incroyable, lui enfonce son dard empoisonné à travers le défaut de sa cuirasse pour aller atteindre le ganglion nerveux qui anime tous ses mouvements, et qui parvient ainsi à le plonger dans un état de léthargie qui, sans le tuer, assure sa conservation et une nourriture fraîche à ses petits pour le moment de leur éclosion? Est-ce de lui-même qu'il a choisi cette proie, trouvé ce procédé, accompli cet acte de prévoyance? Est-ce son instinct qui possède cette intelligence, cette science, cet art, cette prévoyance? Est-ce son organisme qui a dirigé son aiguillon si sûrement vers le seul point vulnérable? Cependant, ni lui, ni son instinct, ni son organisme n'ont rien appris, car il n'a pas connu ses parents et ne connaîtra pas ses enfants, pour lesquels il viole ses habitudes, en choisissant pour eux une substance animale, quand lui-même ne se nourrit que du suc des fleurs.

Mais il est des preuves plus péremptoires encore, ce sont les faits d'instinct qui se voient dans les fleurs elles-mêmes. Parmi ces faits, il en est un surtout qui nous révèle d'une manière éclatante leurs précautions charmantes, que Burdach a désignées sous le nom d'œuvres de la maternité! Après leur fécondation, un grand nombre de plantes, en effet, usent des précautions les plus convenables pour protéger et conserver les graines qui doivent les propager. « Elles les installent d'abord dans le pla-« centa, dit-il, comme dans un nid moelleux, les enveloppent de « pulpe, de gousses, de capsules, de pellicules » : « une mère n'a « pas plus d'attention pour le berceau de ses enfants », disait Bernardin de Saint-Pierre. La *Victoria regina,* à peine fécondée, recouvre de ses larges pétales ses graines naissantes pour les préserver du contact de l'eau qui pourrait les altérer, puis redescend ensuite sur la vase pour les mûrir en sûreté avant de les semer. D'autres plantes couronnent leurs graines d'aigrettes, de panaches ou d'ailerons, avant de les confier aux vents, qui vont les disperser dans les terrains libres. Qui ne connaît les soins charmants du manglier pour ses nourrissons? Vivant sur le littoral des mers tropicales, là où le sol est tour à tour mis à découvert et submergé par le flux et le reflux de l'Océan, la plante mère n'abandonne ses rejetons qu'après les avoir portés toute une année, quand ils ont poussé des racines, et qu'ils atteignent l'âge et la force nécessaires pour s'implanter dans la vase et résister aux flots!

Comment invoquer l'intelligence de ces êtres pour expliquer ces précautions? La plante n'est pas organisée pour penser; l'instinct qu'elle possède est une force aveugle et nécessaire; son organisme ne peut accomplir que ce que sa structure et ses instruments spéciaux lui commandent de faire. Nous ne pouvons donc, chez la plante, découvrir aucune cause naturelle qui explique ces faits.

Cependant, ces faits se reproduisent incessamment chez les plantes comme chez les animaux! Et, fait incontestable, c'est que tous attestent de l'intelligence dans le choix des moyens employés; tous témoignent d'un art remarquable, notamment chez les animaux, soit dans la construction de leurs demeures, soit dans la fabrication de leurs vêtements, même chez les plus jeunes larves; tous nous montrent des inventions surprenantes, non-seulement dans la disposition de leurs instruments de protection, de travail, de défense et de combat, mais aussi dans les produits qu'ils savent en tirer ; tous aussi produisent des œuvres qui attestent de la science, surtout dans leurs constructions. De la sagesse se voit même dans leurs actes, toujours si bien adaptés à leurs fins ; de la prescience et de la prévoyance dans leurs approvisionnements, qu'ils effectuent alors qu'aucun besoin réel ne vient encore les solliciter ; enfin, de grandes perfections se voient aussi dans leurs œuvres, parfois de beaucoup supérieures à celles de l'industrie humaine elle-même.

Cependant, soit qu'avec Cuvier on fasse revivre les fossiles des premiers âges pour connaître leurs mœurs, leurs travaux et leurs industries ; soit qu'on lise Aristote ou Pline pour en acquérir la notion ; soit qu'on interroge les voyageurs de tous les temps et de tous les pays, les œuvres de l'instinct sont invariables et se répètent toujours et partout de même. Comment s'expliquer une telle similitude si elle ne dérive d'une même direction ? Comment comprendre cette unité de direction sans l'omniprésence d'une même cause qui y préside en tous temps et en tous lieux ?

Docteur. — Une même machine ne peut-elle toujours accomplir la même œuvre, Ariste ?

Ariste. — Qui a fait la machine en a dicté l'usage, docteur.

Docteur. — Quelle serait donc, selon vous, la cause réelle des faits de l'instinct ?

Ariste. — Comme celle des faits célestes et de la vie, elle est invisible, et nous ne pouvons l'atteindre qu'en recourant au principe de causalité et à ses lois déduites de l'expérience. Or, celles-ci nous ont démontré : 1° que « l'identité des effets « prouve l'identité de la cause » (VII° loi) ; 2° que « la cause com- « munique à l'effet ce qu'elle possède elle-même » (IV° loi) ; 3° que par cela même « l'effet montre la cause » (V° loi) ; il nous devient facile alors d'atteindre et de connaître cette cause, puisqu'il suffit « de transporter les effets dans la cause pour la connaître ». (VI° loi.)

Et, coïncidence bien remarquable, ces perfections sont encore les mêmes chez l'instinct, bien que d'un autre ordre, que celles que nous avons rencontrées dans la gravité et la vie ! Toutes nous montrent de l'intelligence, de la science et des connaissances étonnantes, un art et une industrie admirables, et de véritables témoignages de prescience, d'omniscience, d'omniprésence, de prévoyance, et des perfections infinies ! Toutes ces perfections n'attestent-elles pas qu'elles dérivent du même principe que les précédentes, c'est-à-dire de la cause première elle-même? Or, en admettant même le concours de l'instinct et de l'organisme dans leur production, il n'en faudrait pas moins conclure qu'en créant la machine et les forces qui l'animent, cette cause en est en tout cas la cause médiate.

La nature, qui nous reste à interroger, se présente à l'esprit sous un aspect si vague qu'il est nécessaire, avant tout, de déterminer ce qu'il faut entendre, ou du moins ce que nous entendons par ce nom.

Les anciens se bornaient à la représenter sous l'emblème de Pan; les Égyptiens la peignaient sous l'image d'une femme couverte d'un voile, pour faire entendre qu'elle est impénétrable. Chez les modernes, le mot nature a revêtu les acceptions les plus singulières : selon les uns, il embrasse tous les êtres de l'univers; selon d'autres, il ne doit exprimer que les propriétés que chacun de ces corps tient de sa naissance; selon d'autres encore, il comprend le système des lois qui président à l'existence des choses et à la succession des êtres. Pour Lucrèce et le naturalisme moderne, la nature se personnifie dans une force nécessaire et aveugle, cause universelle de tout ce qui est. Enfin, pour Buffon, il ne s'agit aussi que d'une force, mais cette force serait communiquée par Dieu à la matière, et tendrait, suivant un système de lois invariables, à la production et à la conservation des êtres. Rien de plus vague, comme vous le voyez, que la signification du mot nature, puisque le langage ordinaire l'applique indistinctement soit à l'ensemble des êtres, soit aux forces naturelles, soit enfin à l'ensemble des lois.

D'où vient donc cette confusion? Ne dériverait-elle pas seulement de ce que ce mot n'a offert aux esprits qu'un problème mal posé, et par conséquent mal résolu? Disons tout de suite que pour nous le mot nature embrasse deux ordres de choses distinctes : le premier comprend l'ensemble des êtres qui composent l'univers; le second, la notion des propriétés dont chacun d'eux est doué. Ainsi entendue, la question s'éclaircit et se simplifie. Nous connaissons déjà, en effet, beaucoup de ces êtres, et la science nous a dévoilé elle-même un certain nombre de leurs propriétés. Nous n'avons donc plus besoin de faire intervenir l'action des lois qui ne sont que des effets répétés engendrés par les propriétés elles-mêmes, ni des forces aveugles et nécessaires puisque nous connaissons les véritables causes qui les produisent et qui ne sont autres que les propriétés spéciales des corps simples.

Ne replongeons pas la science, comme à plaisir, dans ses symboles d'autrefois. Alors, pour masquer leur ignorance, les hommes invoquaient la puissance de Prométhée pour expliquer l'apparition de l'homme, soutenaient qu'il forma celui-ci d'un peu de limon que Minerve anima ensuite; n'invoquons pas ce prodige non plus, qui, dit Ovide, émut les nymphes : « Le fils « de l'Amazone, dit cet auteur, n'en fut pas moins surpris que le « laboureur thyrrénien, quand il vit au milieu des champs une « glèbe miraculeuse se mouvoir d'elle-même, sans nulle cause « extérieure; dépouiller sa première forme pour revêtir celle de « l'homme, et ouvrir la bouche pour révéler l'avenir. » (*Métamorphoses*, liv. XV, 4.) Laissons à l'antiquité ses fables, et à l'imagination de certains modernes qui veulent tout expliquer, les hypothèses elles-mêmes; pour nous, bornons-nous aux seuls faits de la science, et demandons-leur s'ils peuvent nous conduire à la connaissance de la cause première, en nous révélant l'origine des êtres et celle des propriétés que l'expérience a constatées chez eux.

Toutefois, il convient de l'avouer avant tout, la science naturelle ne nous apprend rien sur l'origine de la matière et de ses propriétés; et si cette notion était indispensable pour résoudre ce problème, il nous faudrait absolument y renoncer. Heureusement, en dehors des données qui nous manquent sur cette origine, l'expérience nous en fournit d'autres qui peuvent nous aider à la résoudre. Ainsi, elle nous apprend que cette matière est inerte et dénuée de toute spontanéité, et que les propriétés de ses éléments constituants ne peuvent agir que d'une manière fatale et nécessaire. Or, ces deux notions jettent déjà quelque lumière sur tous les faits qu'on leur attribue; ils nous conduisent surtout à en déduire cette conséquence fort importante, c'est que si nous arrivions à découvrir dans cette matière ou dans les effets de ses propriétés quelques indices qui attestent avec évidence de l'intelligence, de la sagesse, de la prévoyance, etc., il nous serait absolument impossible de les leur attribuer, puisqu'elles n'en contiennent pas le principe, et nous serions alors fondés à nous adresser au-dessus d'elles pour en découvrir l'origine et la vraie cause.

Cependant la nature n'offre pas seulement de la matière et des propriétés, elle embrasse aussi un grand nombre d'êtres organisés sur lesquels la science possède heureusement quelques notions plus nombreuses et plus complètes.

Parmi celles-ci nous devons, avant tout, invoquer les nombreux témoignages que nous ont fourni, sur leur origine, la géologie et la paléontologie. Ces sciences nous attestent, en effet, qu'à un moment donné de la durée du globe, nul être organisé n'habitait sa surface, tandis qu'à une époque ultérieure, des myriades de végétaux et d'animaux la peuplaient, ainsi que ses eaux et l'atmosphère qui l'entoure.

Or, de la simple comparaison de ces deux états successifs et si essentiellement différents l'un de l'autre, il résulte donc qu'un grand fait s'était accompli entre les deux époques qui les séparent : ç'a été l'apparition des êtres organisés et vivants sur la terre ; et, il importe de le remarquer, tous les savants admettent sans contestation cette première apparition.

Nous pouvons donc en tirer une conséquence des plus graves : c'est qu'une cause créatrice quelconque est intervenue pour les produire.

Mais quelle peut être cette cause créatrice elle-même? Comme toutes les causes, elle est sans doute invisible, et nous ne pouvons l'atteindre directement, surtout à la distance où nous sommes de la création. Est-ce un motif pour renoncer absolument à la connaître? Plusieurs circonstances me font espérer un meilleur résultat. Comme pour les autres causes, cherchons à la discerner dans ses effets, et comme elle a créé les êtres organisés, ceux-ci pourront nous aider à découvrir quelle est cette cause créatrice, et peut-être à nous convaincre qu'elle n'est que la cause première elle-même.

Voici d'abord un premier fait que la paléontologie nous permet de constater, c'est qu'en comparant certains êtres organisés vivants avec ceux des premiers temps, on les trouve identiquement les mêmes. Non-seulement on les voit formés sur le même plan, mais encore ils leur ressemblent par leur unité de structure et de composition. Or, cette unité de plan, de structure et de composition, ne porte-t-elle pas à admettre qu'ils sont les effets d'une même cause, puisque « l'identité des effets prouve l'identité de la cause » (VIIe loi)? Nous pouvons donc en conclure que la cause qui les reproduit de nos jours est la même que celle qui les a créés, et réciproquement. Et, s'il nous est possible d'acquérir quelques notions sur la cause qui les reproduit de nos jours, elles nous éclaireront sur la cause créatrice elle-même, à quelque distance que nous soyons de l'époque où elle les a [produits, car tous les êtres organisés qui se ressemblent ont évidemment une même origine.

Mais comment atteindre cette cause et la connaître? Déjà, en étudiant successivement la gravité, la vie et l'instinct, nous avons pu nous élever jusqu'à elle en l'étudiant dans ses effets et en transportant en elle ce que nous découvrions en eux. Tentons-le donc encore une fois à l'occasion des êtres organisés qui occupent une si grande place dans la nature.

Ainsi que nous l'avons dit, la nature renferme des êtres inertes et inanimés, et des êtres vivants et organisés. Les premiers sont constitués par des corps simples doués chacun de propriétés spéciales qui commandent leurs combinaisons, règlent leurs rapports nécessaires et leur imposent les lois auxquelles ils sont soumis. Les êtres organisés, qui sont plus récents, sont composés eux-mêmes par les corps simples. Toutefois, ils ne tirent pas leur origine directe de ces corps ni des forces aveugles qui les animent, car la matière et ses propriétés sont partout les mêmes et ont toujours été les mêmes, tandis que les êtres organisés sont partout différents et ont toujours différé à tous les âges. Entre ces deux séries de phénomènes, il ne peut y avoir ni lien de causalité ni lien de filiation.

Cependant les êtres organisés ont commencé, et tout ce qui commence a une cause. Cette cause est évidemment créatrice, puisqu'elle a donné l'être et la vie à ce qui ne l'avait pas avant.

Or, comme tous les êtres organisés sont des effets, en les étudiant dans leurs détails et dans leur ensemble, ils doivent nous montrer en eux ce que la cause créatrice leur a communiqué, et par les traces que nous en découvrirons, nous aider à la connaître elle-même. Toutefois, nous nous bornerons à signaler, parmi celles-ci, les plus remarquables seulement :

1° La création prouve l'existence du *Créateur ;*

2° La reproduction des mêmes formes et des mêmes types, depuis la première création, atteste qu'ils sont l'effet d'une seule et même cause ;

3° L'unité de plan, de structure et de composition qui se voit dans les êtres de toutes les époques, témoigne de leur *unité* d'origine et de cause ;

4° Cette unité révèle dans la cause qui l'a conçue une *intelligence* puissante, qui seule pouvait unir par un lien intelligible les êtres organisés de tous les temps et de tous les lieux dans un seul et même système ;

5° Cette haute intelligence est attestée non-seulement par l'unité de plan commun à tous les animaux, mais encore par l'expression de quatre idées distinctes, qui sont représentées dans quatre types différents, sous quatre formes diverses, aussi clairement imprimées dans les êtres de la première création que chez ceux des créations suivantes ;

6° Ces quatre idées attestent non-seulement l'intervention d'une intelligence assez vaste pour embrasser tous les êtres, mais aussi son *omniprésence* chez tous, pour conformer les types du présent sur ceux du passé ;

7° Les mêmes combinaisons qui se voient et se répètent chez tous les êtres de toutes les époques annoncent évidemment leur préexistence dans la pensée de la cause qui les a produits, et leurs manifestations successives et ininterrompues depuis la première création attestent un *esprit de suite* qui ne peut émaner que d'une *même pensée* ;

8° Les combinaisons rencontrées dans un même type paléozoïque plus tard disjointes, et se montrant séparément sur des types différents, témoignent de la *prévision* et de la *prescience* de cette cause ;

9° Le dualisme sexuel qui se voit chez tous les êtres présuppose dans le Créateur non-seulement la *prévision* des dépendances mutuelles des sexes et la *prescience* de leurs rapports, mais encore une *sagesse* infinie qui, par des êtres temporaires, a constitué des races perpétuelles ;

10° La dépendance mutuelle des animaux et des végétaux qu'on trouve partout réunis, leurs rapports nécessaires qui résultent de ce que les uns consomment ce que les autres produisent, prouvent un ordre de choses qui n'a pu être réglé que par une cause pleine de *prévoyance*.

Comme vous le voyez, docteur, la nature nous offre, elle aussi, un grand effet qui nous montre clairement sa cause ; l'œuvre nous montre l'ouvrier. Il va nous suffire de transporter dans cette cause ce que nous découvrons dans ses effets, pour la connaitre ; car chaque être de la nature porte l'empreinte de son cachet, et celui-ci nous atteste avec évidence, et sous les formes les plus diverses, que cette cause possède une suprême intelligence, une science infinie, un art et une industrie admirables ; qu'elle est sage, presciente, omnisciente, omniprésente, pleine de prévoyance, omnipuissante et parfaite ; en un mot, qu'elle possède toutes les perfections de la cause première. Le Créateur est donc cette cause même.

En résumé, quelle qu'ait été la cause seconde que nous ayons interrogée, chacune nous a répondu qu'étant ignorante, aveugle et fatale, elle n'avait pu produire les perfections que nous voyions dans la nature, et nous a montré la cause des causes dans l'ouvrier qui la dirigeait.

Docteur. — Cet ouvrier, Ariste, a-t-il une existence réelle, et les perfections que vous lui attribuez seraient-elles autre chose que des hypothèses et des abstractions?

Ariste. — Newton ne considère comme hypothèse que les idées qui n'ont pas été puisées directement dans les faits ; or, toutes celles que j'ai citées étant tirées des phénomènes ne peuvent être réputées hypothèses. Votre première objection n'est donc pas fondée.

Je me demande, en outre, comment on pourrait confondre avec une abstraction une cause aussi réelle que celle dont nous avons constaté la puissance dans les actes du moteur des mondes ; que celle qui s'est révélée dans le principe de toutes les générations , de la vie et de l'instinct lui-même. Ne vous souvient-il pas que nous l'avons toujours saisie dans sa réalité agissante et produisant sans cesse des faits de l'ordre le plus élevé, et cela, dans son union constante ou dans son concours intime avec les causes secondes, enfantant toujours leurs faits en commun, et jamais isolément en dehors d'elles?

Or, tandis que nous constations que dans ce concours il était impossible d'attribuer aux causes secondes ignorantes, fatales et nécessaires, le principe des œuvres où se voient de l'intelligence, de la science, de la sagesse, de la prévoyance et des perfections, puisqu'elles sont impuissantes à communiquer ce qu'elles ne possèdent pas elles-mêmes, et qu'on ne peut, par conséquent, leur attribuer les perfections qu'on rencontre dans ces œuvres , on est donc invinciblement conduit à s'adresser au-dessus d'elles, pour atteindre la cause réelle qui a pu les leur communiquer.

Or, cette cause s'étant déjà maintes fois révélée avec les mêmes perfections, notamment dans le Créateur des êtres et dans le moteur des mondes ; il est impossible de la confondre avec une simple abstraction, et par cela même, d'accepter votre seconde objection.

Ce n'est donc qu'au procédé employé que vous pourriez adresser quelques objections. Mais ce procédé lui-même dérive d'un principe établi par l'expérience. Ce n'est qu'après nous être convaincu par des faits nombreux que tout ce qui se voit dans l'effet lui a été communiqué par la cause, que nous nous sommes cru autorisé à transporter dans celle-ci ce que nous découvrions dans l'effet. Or, en observant dans l'effet de l'intelligence, de la science, de la sagesse, de la prévoyance, etc., et en constatant d'autre part qu'une cause aveugle et fatale ne pouvait les lui communiquer, nous avons admis l'intervention de cette cause supérieure qui seule pouvait les posséder. D'où proviendraient-ils en effet, s'ils ne lui avaient été communiqués ? Et, s'ils lui ont été communiqués, la cause qui les a produits les possédait donc ? Alors en transportant dans cette cause ce que nous voyons dans l'effet, nous ne faisons que lui restituer ce qu'elle lui a donné sans s'en dépouiller elle-même. C'est ainsi qu'un cachet peut imprimer son empreinte sur la cire, sans perdre la marque qu'il lui a communiquée. Et, de même que cette marque nous montre ce qu'est le cachet, de même l'effet nous montre réelle-ment ce qu'est la cause, et nous sert à la connaître.

Docteur. — Je n'insiste plus sur ces objections, Ariste.

IV

Ariste. — Ne pensez pas d'ailleurs que la science ne possède que ce moyen d'arriver à la connaissance de la cause première, docteur ; elle en possède un autre plus précieux encore, c'est la vérité.

Je ne vous rappellerai pas toutes les acceptions qui ont été données à ce beau nom, ni tous les symboles sous lesquels on l'a représenté ; un seul, parmi eux, mériterait peut-être d'être si-gnalé, parce qu'il en donne une idée assez exacte : c'est celui qui représente la vérité sous la forme d'une femme nue sortant d'un puits, un miroir à la main; afin de nous faire comprendre, sans doute, qu'elle doit être naturelle et sans ornement, tout en reflétant exactement l'image des choses telles qu'elles sont. Malgré son origine fabuleuse, cet emblème ne laisse pas de nous donner une idée assez nette, sinon de ce qu'est la vérité en elle-même, du moins de la manière selon laquelle le plus grand nombre la conçoit.

DOCTEUR. — Vous l'avouerai-je, Ariste? je suis fort peu sensible aux symboles et aux emblèmes, et comme la vieille incrédule de Jean-Baptiste Rousseau,

> « ... Je voudrais connaître,
> « Toucher du doigt, sentir la vérité. »

ARISTE. — Je vais tenter de vous la montrer ainsi, docteur; car, comme l'a dit avec une grande profondeur saint Thomas lui-même, *intellectus noster secundum statum præsentem, nihil intelligit sine phantasmate*. Il nous faudra donc la chercher sous le vêtement qui l'enveloppe, puisque sans lui, l'idée qu'elle représente serait insaisissable par l'esprit, tandis qu'à l'aide de ce vêtement, nous pourrons la voir et même la toucher du doigt.

DOCTEUR. — Mais à quels caractères pourrons-nous reconnaître que ce vêtement enveloppe une vérité?

ARISTE. — Aux trois suivants : c'est qu'il renferme une idée ou une notion réelle, et que ce signe lui-même est immuable et perpétuel.

DOCTEUR. — Ces caractères ne sont-ils pas quelque peu arbitraires, Ariste?

ARISTE. — Que serait une vérité tirée de rien? Elle ne représenterait rien et ne pourrait être ni vérifiée ni contrôlée. Il faut donc la puiser dans la réalité, sous peine de ne rencontrer que des vérités de mots sans valeur réelle.

J'ajoute qu'elle doit elle-même être invariable; autrement elle serait une vérité aujourd'hui et une erreur demain. L'immutabilité lui est donc nécessaire, et ne peut être puisée que dans des modèles invariables eux-mêmes. Toutefois, et il convient avant tout de le remarquer, il en est d'absolument invariables, comme sont les propriétés des corps simples, par exemple; chez d'autres, au contraire, cette invariabilité semble n'avoir qu'un jour et parfois même qu'un moment de durée, comme cela s'observe chez les êtres temporaires et passagers. Toutefois les formes sensibles qui l'enveloppent reparaissent toujours les mêmes chez chacun d'eux dans des conditions identiques et invariables dès qu'ils se montrent.

Quant à la perpétuité, elle est une conséquence nécessaire de la succession ininterrompue des formes et des fonctions chez les êtres où on la découvre, depuis le premier-né de chaque espèce.

La première condition qui s'impose à la recherche de la vérité est donc de la puiser dans des modèles réels, immuables et perpétuels, afin de lui offrir une base fixe et qu'on puisse contrôler.

Docteur. — Où chercher ces modèles, Ariste?

Ariste. — Dans le beau livre de la nature, qui en fournit un nombre presque infini.

Docteur. — Pourquoi ne rechercher la vérité que dans la nature seulement?

Ariste. — Les sages de l'antiquité, les Pères de l'Église, les théologiens et les savants eux-mêmes sont tous unanimes sur ce point. N'est-ce pas dans les œuvres de la nature que Moïse a découvert l'origine du texte de ces mémorables paroles : « Il a « tout disposé avec nombre, poids et mesure »? N'est-ce pas en contemplant ses magnificences que l'Apôtre s'est écrié : « En « effet, ses perfections invisibles, rendues compréhensibles depuis « la création du monde par les choses qui ont été faites, sont « devenues visibles, aussi bien que sa puissance éternelle et sa « divinité » (*Rom.*, 1, 20)? que saint Augustin nous dit : « L'uni- « vers n'offre-t-il pas même apparence à quiconque jouit de l'in- « tégrité de ses sens ? Pourquoi donc ne tient-il pas à tous même « langage? Animaux grands et petits le voient, sans pouvoir « l'interroger en l'absence d'une raison maîtresse qui préside « aux rapports des sens. Les hommes ont ce pouvoir afin que « les grandeurs invisibles de Dieu soient aperçues par l'intelli- « gence de ses œuvres. » (L. x, 6.) « En vérité, dit saint Denis, « les choses visibles sont les images lumineuses des invisibles », *revera quæ videntur sunt lucida imagines eorum quæ non videntur.* (Dion. Areop., Ep. x, p. 103.); « Les êtres corporels, dit Origène, « servent aux usages matériels de l'homme ; mais Dieu, en les « créant, a mis en eux les formes et les images du monde invi- « sible, et l'âme peut ainsi s'instruire et compter les vérités « divines. » (*Cantica,* L. III,); « Tous les êtres, dit le P. Tho- « massin, sont à différents degrés, et chacun dans leur genre, le

« transparent de la divinité. » (*De Deo*, l. VI, c. II, n° 9, p. 324.)
Gœthe convient lui-même que « la nature est un livre qui contient
« des révélations prodigieuses, immenses... Toute chose est
« écrite quelque part, dit-il; il s'agit seulement de la trouver. »
(Cité dans la Préf. de *Faust,* trad. de H. Blaze, p. 711.) Schiller
dit aussi en parlant des végétaux : « L'image d'un Dieu se déploie
« à mes yeux au sein de vos muettes apparences. » (*Le Misanthrope,*
sc. VII.) Enfin, et pour en finir avec des citations qu'il serait si
facile de décupler, saint Thomas n'a-t-il pas dit lui-même :
« Dieu, comme un excellent maître, a pris soin de nous laisser
« deux écrits parfaits, afin que notre éducation ne laisse rien à
« désirer... Ces deux livres divins sont la *Création* et l'*Écriture*
« *sainte*. Le premier ouvrage a autant de chapitres excellents
« qu'il y a de créatures, et il nous enseigne la vérité sans men-
« songe... » (*Som.* II, *De adv.*) Comme vous le voyez, docteur, les
hommes les plus remarquables s'accordent tous à considérer la
nature comme un livre dans lequel Dieu a écrit ses idées, et ces
idées ne sont autre chose que les exemplaires dans lesquels nous
découvrons la vérité.

Docteur — Je veux bien admettre que la nature est un livre
divin, que chaque être forme l'un de ses chapitres, et que chaque
fleur est l'une de ses paroles; mais comment épeler et lire
celles-ci?

Ariste. — Tous ont entrevu la vérité dans la nature, mais aucun, que je sache, n'a divulgué la manière de la lire.

Docteur. — Cette lecture me parait, en effet, bien difficile,
Ariste; chaque science a son langage : avec dix chiffres, l'arithmétique exprime tous les nombres possibles et résout les plus
étonnants problèmes ; avec sept notes, la musique dessine les
plus ravissantes harmonies; mais, en définitive, on ne peut lire
que ce qui est écrit, et encore faut-il connaitre la valeur et la
signification des vingt-quatre lettres de l'alphabet pour déchiffrer
les idées qu'elles servent à peindre.

Ariste. — Cependant, docteur, dès qu'il nous est possible de
découvrir les idées d'un artiste dans les formes où il les a sculp-
tées, pourquoi ne pourrions-nous saisir le sens de celles qui sont
imprimées dans la nature?

Docteur. — Je puis lire facilement les idées d'un poëte quand
il les a exprimées dans une langue que je connais; mais comment
lire celles qui se trouveraient enveloppées dans certains signes

sensibles des êtres de la nature? Ne faudrait-il pas être un Champollion pour deviner ces hiéroglyphes, ou un Oppert pour nous initier aux mystères de cette langue sacrée?

ARISTE. — Ne vous en effrayez pas trop, docteur; cette langue est plus facile à comprendre que celle des Pharaons, et surtout beaucoup plus intéressante que celle des anciens rois de Babylone.

DOCTEUR. — Où rencontrer ces signes, Ariste?

ARISTE. — Nous les découvrons chez tous les êtres de la nature dans ce qu'ils ont de réel, d'immuable et de perpétuel; là, sous chacun de leurs traits, elles nous redisent quelques-unes des paroles du père invisible qui nous les a adressées, et chacune de ces paroles est une vérité.

DOCTEUR. — Cependant voici un pommier qui est réel, Ariste; je le vois, je le touche; j'ai vu ses fleurs, cueilli, odoré et savouré ses fruits. Puis-je dire qu'il est une vérité quand je le vois perdre ses feuilles chaque hiver, et en repousser d'autres chaque printemps?

ARISTE. — Ce que vous voyez chez lui suffit pour affirmer qu'il est réellement; mais ce n'est pas une vérité que vous exprimez en l'affirmant, puisque celle-ci est immuable et que lui change à chaque saison. Qu'était-il en effet, il y a cinquante ans? Un pepin où un bourgeon. Avant? une possibilité dans son espèce.

DOCTEUR. — La vérité ne peut donc se découvrir chez tous les êtres, puisqu'elle n'est pas dans celui que je vois et que je touche?

ARISTE. — On peut la découvrir chez lui, comme chez tous les autres êtres, docteur, mais à une condition essentielle : c'est de la chercher dans ce qu'il offre d'immuable et de perpétuel, et non dans ce qui change. Dieu ne s'est pas borné à donner des pattes à l'oiseau, il lui a donné aussi des ailes. Quand les premières ne peuvent lui suffire pour gravir un obstacle, il vole et s'élève au-dessus. Imitons-le.

DOCTEUR — Je voudrais bien m'élever jusqu'à la vérité, mais à une condition, Ariste, c'est que vous n'exigiez pas d'ailes pour l'atteindre. Comment la découvrir?

ARISTE. — Par l'idéographie.

DOCTEUR. — Mais cette langue m'est inconnue autant que les idées qu'elle enseigne.

ARISTE. — Pour l'apprendre, il vous suffira de considérer un être organisé et de remarquer chez lui tous les instruments qu'il possède ; cela fait, d'examiner ensuite la forme spéciale de chacun de ses organes, et d'observer avec soin le rôle qu'il remplit.

DOCTEUR. — Mais cela, une fois terminé, ne m'apprendra pas encore la manière d'y lire la vérité.

ARISTE. — Pour y parvenir facilement, permettez-moi de vous montrer un exemplaire où cette idéographie est dessinée en gros caractères : son souvenir vous permettra de la lire au premier aperçu chez tous les êtres.

Considérez ce beau groupe de bronze placé sur la cheminée voisine : qu'y découvrez-vous?

DOCTEUR. — J'y vois trois personnages : un guerrier qui enlève un vieillard qui lui-même entraîne un jeune enfant.

ARISTE. — Est-ce tout ce que vous y découvrez?

DOCTEUR. — Ce groupe est réellement fort beau! Formes, port, expression, tout y est parfaitement rendu.

ARISTE. — N'exprime-t-il pas aussi quelques idées?

DOCTEUR. — Je n'y découvre que sa beauté, comme quand je regarde une belle fleur.

ARISTE. — Cependant, en le produisant, l'artiste a voulu exprimer encore autre chose : il a voulu allier aux belles formes, aux sages proportions et aux rapports harmonieux de ses personnages, plusieurs idées de l'ordre le plus élevé.

DOCTEUR. — Comment les lire, Ariste?

ARISTE. — Deux conditions y suffisent : la première, c'est de bien déterminer les formes de chacun de ses acteurs; la seconde, de saisir le rôle que celui-ci remplit. Tentons-en l'épreuve.

Considérez d'abord ce vieillard à demi vêtu qui, d'une main émue, presse la déesse Minerve sur sa poitrine, tandis que, de l'autre, il entraîne précipitamment ce jeune enfant, *sequiturque patrem non passibus æquis* (*Énéide*, liv. II), comme dit le poëte. Cette double action n'exprime-t-elle pas clairement chez lui le double sentiment qui émeut son cœur et domine sa pensée? N'est-il pas manifeste qu'enlevé lui-même avant d'avoir pu se vêtir pour ce départ précipité, il a pensé à ses dieux pénates et à son petit-fils? Et cette double action, fort bien traduite par l'artiste, n'exprime-t-elle pas la double passion qui l'anime : l'amour des dieux et l'amour paternel? Examinez maintenant l'action du guerrier. Tout couvert encore des armes du combat, il n'a dû le quitter qu'à la dernière extrémité, et cela pour sauver la vie et la liberté de son vieux père! L'artiste pouvait-il exprimer plus clairement le double sentiment qui l'anime : l'amour filial, qui se révèle dans cet enlèvement, et l'amour de la patrie, qu'il a défendue jusqu'à la dernière extrémité?

Cet exemple vous prouve donc qu'il est facile de lire les idées exprimées dans un objet d'art, pourvu qu'on les cherche dans les formes sensibles qui circonscrivent chaque individualité, et surtout dans le rôle que celle-ci remplit.

Il ne s'agit sans doute, dans cet exemple, que d'un objet d'art dans lequel nous pouvons supposer que l'artiste a voulu exprimer ses pensées, et cela ne prouve pas qu'on puisse en découvrir également chez les êtres de la nature. Cependant, si en examinant ceux-ci, nous voyons chez eux des formes limitées et un rôle rempli par chacune de leurs individualités, ne serons-nous pas conduits à soupçonner qu'elles peuvent exprimer aussi quelques idées? Elles seront d'une autre nature, sans doute; mais, tandis que les personnages de ce groupe sont immobiles et inanimés, les autres sont le plus souvent vivants et agissants; de telle sorte que, s'ils expriment des idées, celles-ci ne peuvent manquer d'y être mieux accusées, car leurs actes sont plus nombreux et mieux accentués.

Mais avant de nous y livrer, n'oublions pas la double condition qui nous a permis de découvrir des idées dans ce groupe de bronze : je veux parler des formes qui circonscrivent chaque individualité, et du rôle que celle-ci remplit, car, si ce rôle est suscité par les idées ou les passions qui l'animent, ses actes devront les exprimer.

DOCTEUR. — Je suis vivement tenté, Ariste, de mettre cette nouvelle science à l'épreuve. En voyant ce beau lis qui est devant nous, et en écoutant le rossignol qui chante dans la charmille voisine, je vous inviterais volontiers à me faire lire les idées qu'ils expriment, si je ne songeais que cette fleur est née d'hier, que tout ce qu'elle possède lui a été communiqué, et qu'il est impossible de découvrir en elle, comme chez le rossignol, quelque chose de réel, d'immuable et de perpétuel.

ARISTE. — Pourquoi ces êtres n'exprimeraient-ils pas aussi bien qu'une statue, quelques-unes des idées de l'artiste qui les a produits?

DOCTEUR. — Où découvrir des idées dans ce lis, par exemple?

ARISTE. — Pour bien les saisir, examinez cette fleur récemment épanouie; écartez ses pétales d'une nuance plus pure que celle des vêtements de Salomon, car ils ne servent que d'ornements protecteurs aux habitants qui occupent leur centre, et c'est sur ceux-ci que je désire attirer vos regards. Que découvrez-vous maintenant au centre de sa corolle?

DOCTEUR. — Deux espèces d'êtres distincts : l'un, au centre, qui est le pistil; les autres, autour, qui sont les étamines.

ARISTE. — Vous les distinguez facilement l'un de l'autre par leur forme et par le siége qu'ils occupent?

DOCTEUR. — Leur forme est distincte et suffit pour caractériser deux espèces d'individualités.

ARISTE. — Comment découvrir maintenant les idées qu'ils expriment?

DOCTEUR. — En étudiant successivement les formes et le rôle de chaque individu. Cependant, ils demeurent immobiles, et je ne puis découvrir chez eux aucune action distincte.

ARISTE. — Continuez à les observer, et celle-ci finira par se manifester.

DOCTEUR. — En effet, voilà le pistil qui se couvre d'un enduit visqueux; c'est le premier acte qu'il accomplit. Voici maintenant les anthères qui éclatent l'une après l'autre sous l'influence des rayons solaires, en projetant leur poussière staminale jaune sur le pistil : c'est leur rôle aussi.

ARISTE. — Comment ces deux rôles distincts vous permettront-ils de caractériser chacune de ces individualités? Et d'abord comment désignerez-vous les individus qui ont produit cette poussière fécondante et qui l'ont projetée sur l'individualité qui est entre eux?

DOCTEUR. — Ils ont évidemment accompli ici le rôle d'agents mâles.

ARISTE. — Et l'individualité qui gît au centre?

DOCTEUR. — Celle-ci a reçu cette substance, l'a absorbée et va bientôt la transformer en graines reproductives. Elle remplit donc le rôle d'un agent femelle.

ARISTE. — Ces observations vous ont donc conduit à distinguer, d'après leurs formes différentes, deux sortes d'individualités dans cette corolle, et à pouvoir caractériser chacune d'elles, d'après son rôle, en agent mâle et en agent femelle.

DOCTEUR. — C'est en effet sous ce nom qu'ils sont désignés par tous les naturalistes.

ARISTE. — Si nous cherchons maintenant, à l'aide de l'idéographie, quelles sont les idées imprimées dans chacune de ces individualités distinctes, elle nous montrera clairement exprimées les idées de mâle et de femelle; chacune est inscrite dans des signes sensibles distincts, et attestée par un rôle différent.

DOCTEUR. — J'admets, Ariste, que l'idéographie peut nous faire lire assez facilement ces deux idées chez le lis; mais ne peut-elle nous montrer que des idées?

ARISTE. — Jusqu'ici nous avons dû nous borner à chercher dans les signes sensibles les simples idées qu'ils expriment; mais cependant beaucoup, d'entre eux expriment encore une foule d'autres notions d'un ordre différent. Parmi eux, nous en rencontrons, en effet, qui attestent de l'intelligence; d'autres, de la science; d'autres encore, de l'art, de la prévoyance, etc., dès qu'ils sont convenablement interrogés à l'aide de l'idéographie.

DOCTEUR. — Je désire vivement pénétrer dans ces nouvelles contrées avec vous.

ARISTE. — Pour vous convaincre de leur importance, il nous suffira d'étudier l'une de celles-ci chez le chantre des bosquets, dont Beethoven a noté les couplets dans sa belle *Symphonie pastorale,* et de lui demander non-seulement toutes les idées, mais encore toutes les notions et toutes les vérités qu'elle peut nous révéler.

Quand, par une belle nuit de printemps, nous écoutons les notes joyeuses ou plaintives du rossignol; que nous l'entendons marier, avec tant de force et d'harmonie, des phrases douces et tendres aux éclats de joie et de triomphe dont il semble se servir comme d'une arme pour combattre ses rivaux ou pour attirer la compagne qu'il a précédée, quelle est la première idée que font naitre ces chants dans notre esprit? N'est-ce pas celle qu'ils seront passagers comme lui, et qu'ils ne peuvent toujours durer? Lui aussi, en effet, est né l'an passé, peut-être, mais à coup sûr de parents qui lui ressemblent et qui chantaient comme lui; et ceux-ci, d'une suite de générations qui remontent toutes à un premier couple, origine commune de tous ceux qui lui ont succédé. Or, une fois que ces idées se sont emparées de l'esprit, celui-ci n'est-il pas porté à se demander quel fut le parent de ce premier couple, sinon celui qui l'a créé? Et cette idée ne s'impose pas seulement par les chants passagers du rossignol, elle arrive aussi à la vue de tous les autres oiseaux, de toutes les plantes et de tous les êtres organisés qui ont commencé comme

lui. C'est ainsi que les chants variables et passagers d'un rossignol, en nous faisant songer à son origine, nous fournissent
l'idée d'un être qui a commencé, et que cette idée nous permet
de découvrir à travers elle la cause qui l'a conçue avant de le
réaliser.

Qu'est-ce cependant, ce faible oiseau au merveilleux gosier?
Un être qui chante quand il lui plaît, qui cherche sa pâture, va,
vient, vole et fait tout ce qui lui agrée. Toutefois, cet être est
distinct de tous les autres autant par son port, sa taille et son
plumage que par ses mœurs et ses chants. Il a donc aussi son
individualité, j'allais dire sa personnalité. Cette individualité est
inscrite nettement dans ses formes sensibles comme dans son
rôle spontané. Or, cette individualité, en nous montrant une idée
clairement exprimée en elle, et cette idée elle-même étant réelle,
immuable et perpétuelle, devient aussitôt une vérité, parce qu'à
travers elle nous pouvons découvrir la pensée originale qui a dû
la concevoir avant de la réaliser.

Mais, outre les limites qui caractérisent cette individualité, ce
petit être possède encore une forme spéciale qui le distingue de
tous les autres oiseaux. A cette forme est attribué un rôle, celui
de se propager avec ses semblables et de reproduire toujours
des êtres qui ressemblent à leurs parents et qui se ressemblent
entre eux. Cette forme et ce rôle caractérisent donc son espèce;
et l'idée que celle-ci nous fournit, étant réelle, immuable et perpétuelle, constitue elle-même une vérité qui nous permet encore
de lire clairement à travers elle l'idée originale du Créateur, qui
a dû la concevoir avant de l'imprimer en elle.

Comme dans le lis, nous voyons aussi s'accentuer dans cette
charmante espèce des formes et des actes visibles qui attestent
chez elle l'existence de la sexualité. Celle-ci nous montre également ses deux idées distinctes, celle de mâle et de femelle. Que
serait-elle devenue, en effet, sans elles? Un accident passager
dans la durée des siècles. Grâce à elles, au contraire, elle est constituée en une race perpétuelle. Or, ces deux idées, que nous
voyons imprimées dans les formes et dans les rôles des types
mâle et femelle, étant réelles, immuables et perpétuelles, nous
offrent par cela même tous les caractères de la vérité; et s'il est
vrai, comme l'admet la science moderne, qu'il y ait eu plusieurs
créations successives, ce dualisme, en reparaissant dans chacune
d'elles, atteste un esprit de suite qui ne peut émaner que d'une

même pensée. En tout cas, l'esprit peut s'élever par ces vérités jusqu'à la pensée du Créateur qui les a conçues et qui les possédait avant de les imprimer dans les types où nous les découvrons.

Mais ce qui frappe plus vivement encore, quand on vient à analyser l'organisme de ce frêle oiseau, c'est la multitude d'idées et de notions qu'on voit incarnées chez lui, et dont on découvre les traces visibles dans tous ses appareils, et jusque dans le moindre de ses instruments! Établi pour voler et chanter, pour regarder et écouter, pour respirer et digérer, pour absorber et sécréter, pour se mouvoir et se reproduire, chacune de ses fonctions exige le concours d'un grand nombre d'instruments dont chacun a ses formes sensibles et son rôle spécial. En les interrogeant, nous pourrions donc découvrir dans chaque forme une idée distincte, et dans chaque rôle une volonté clairement exprimée. C'est ainsi que le muscle est constitué pour se contracter, la glande pour sécréter, l'œil pour voir, l'estomac pour digérer, etc., et que le rôle qu'ils remplissent nous montre clairement le but pour lequel ils ont été constitués. En conséquence, comme leurs formes et leurs actes sont toujours les mêmes, nous pourrions donc découvrir dans chacun d'eux autant d'idées ou autant de volontés réelles, immuables et perpétuelles, et par cela même, autant de vérités.

Quelles connaissances et quelle science immense, d'ailleurs, le rôle de chacun d'eux ne vient-il pas attester! L'œil a-t-il pu être établi sans la science de la lumière et de l'optique; l'oreille, sans celle du son et de l'acoustique; les instruments du vol et de la locomotion, sans celle de la mécanique; ceux de la respiration et de la digestion, sans celle de la chimie la plus élevée, etc.?

Quand on réfléchit encore à l'art merveilleux qui se révèle dans la disposition et dans l'adaptation de chacun de ces instruments; à l'invention qui éclate dans leurs formes infiniment diverses et toutes créées sans modèle; à la sagesse qui se découvre dans les dispositions, la texture et l'adaptation de chaque instrument, au rôle qu'il doit remplir et au concours qu'il donne à chaque fin particulière et à la fin commune, etc., on reste confondu à l'aspect du prodige de science, d'art, d'invention et de sagesse qui s'y révèlent!

Quand encore, sans s'arrêter aux nuances plus ou moins brillantes de son plumage, on considère la régularité de ses parties, la symétrie parfaite qui se voit dans ses organes doubles, les formes si pures, si correctes et si élégantes de chacun d'eux, où rien ne manque ni n'excède; quand enfin on découvre l'ordre et l'harmonie qui règnent entre tous, n'est-on pas frappé de la beauté et de la perfection réunies chez le même individu? Puis, quand on réfléchit que cette beauté et cette perfection sont réelles, immuables, qu'elles se sont perpétuées dans chacune de ses générations et qu'elles constituent, par conséquent, autant de vérités, l'esprit ne s'élève-t-il pas alors, à travers chacune d'elles, jusqu'à l'exemplaire original de toute perfection et de toute beauté qui s'est réalisé en elles?

D'où lui vient d'ailleurs ce souffle de vie qui le pénètre l'anime, qui l'a formé dans l'œuf, l'a développé, qui répare incessamment ses pertes et conserve ses formes? d'où lui viennent le sentiment qui anime ses gestes et les idées qu'il exprime dans ses beaux chants? D'où lui viendraient-ils, sinon de Celui qui est la vie même, et qui l'a doté en même temps de ces instincts si sûrs qui le poussent à faire à propos tout ce qu'il faut pour se conserver, se propager et entretenir un commerce journalier avec tous les êtres de la nature ; qui le conduisent à faire un nid, à couver ses œufs et à chercher la pâture de ses petits? D'où lui viendraient-ils aussi, sinon de Celui qui pourvoit à ses besoins de chaque jour, qui le pousse à émigrer quand nos terres vont se durcir par le froid, se couvrir de neige et ne pourront plus lui fournir ses aliments? A travers la vie qui l'anime, comme à travers l'instinct qui le dirige, ne découvre-t-on pas deux notions réelles, immuables et perpétuelles, et par conséquent deux vérités à travers lesquelles on entrevoit l'auteur de toute vie, et la sollicitude de cette Providence qui veille incessamment sur tous les êtres qu'elle a créés?

Après avoir admiré ce chef-d'œuvre, s'il nous était donné de nous recueillir un instant pour demander à l'idéographie toutes les notions et les vérités qu'elle nous a fournies sur lui, combien d'idées et de perfections ne pourrions-nous y admirer !

DOCTEUR. — Veuillez donc les résumer, Ariste.

ARISTE. — Vous le savez, docteur, ces vérités ne sont autres que les idées adéquates de notre esprit, qui lui représentent fidèlement les idées modèles imprimées dans les formes ou dans les actes de ce charmant oiseau, quand ces idées sont elles-mêmes réelles, immuables et perpétuelles. Or, en résumant les principales d'entre elles, nous y constatons, en premier lieu, celles de son individualité, de son espèce, des types mâle et femelle, des formes et des rôles spéciaux de chacun de ses instruments, de sa vie et de ses instincts ; en second lieu, celles que nous avons découvertes dans les traces évidentes d'intelligence, de science, d'art, d'invention, de sagesse, de prévoyance, de beauté et de perfection imprimées dans l'ensemble de son organisme, comme dans chacun de ses instruments. Or, chacune des notions que nous avons recueillies dans l'idéographie, qui nous montre tout ce qui est imprimé dans son organisme, ne nous atteste-t-elle pas une multitude de perfections premières dont il n'est en quelque sorte lui-même que l'instrument qui sert à les exprimer ?

DOCTEUR. — En admettant que l'idéographie nous révèle toutes ces idées, toutes ces volontés et toutes ces notions dans la plante comme chez le rossignol, je désirerais savoir, Ariste, en quoi elles diffèrent de celles qu'on voit exprimées dans une œuvre d'art.

ARISTE. — Il existe assurément une différence notable entre elles ; car, tandis que les œuvres d'art ne peuvent nous offrir que les idées ou les notions de l'imagination humaine, celles de la nature nous montrent celles de l'imagination divine ; et, par conséquent, la cause comme les produits diffèrent essentiellement.

DOCTEUR. — En quoi diffèrent-ils donc si essentiellement, Ariste ?

ARISTE. — Comparez le plus beau chef-d'œuvre de l'industrie humaine à la plus simple fleur des champs, et vous le comprendrez tout de suite, pourvu que vous les examiniez à travers un instrument grossissant, pour bien en saisir les détails. A la simple vue, tout paraît beau dans une montre, par exemple, tout est poli et brillant, tandis que sous l'instrument grossissant tout change d'aspect : on n'y voit plus que raies, inégalités, aspérités et rugosités. C'est au point qu'on ne peut s'expliquer comment ses rouages peuvent se mouvoir. Quelle différence avec la fleur ! Tout chez elle est poli, brillant, achevé, fini ; aussi loin que la vue peut atteindre, elle ne découvre rien dans ses plus minimes parties qui en altère la suprême beauté.

Mais il existe entre elles une différence plus essentielle encore, c'est que, tandis que l'œuvre humaine ne peut nous offrir que les empreintes des idées, de l'art et de l'invention de l'homme, l'œuvre de la nature nous montre celles du Créateur, dans lesquelles se découvre l'empreinte de vérités réelles, immuables et perpétuelles.

Docteur. — Cependant, Ariste, dès que ces idées et ces notions sont elles-mêmes également exprimées par des signes sensibles, je ne comprends pas en quoi elles peuvent autant différer les unes des autres.

Ariste. — Comparez un instant ces idées entre elles. D'où viennent celles de l'œuvre humaine? de l'homme seulement. Or, dérivant de lui, elles ne peuvent nous ramener qu'à lui, et elles ne nous offrent que des idées mobiles, variables et passagères, qui n'ont rien de réel, d'immuable, et qui ne possèdent par conséquent aucun des caractères de la vérité. D'où procèdent, au contraire, les idées et les notions que nous voyons imprimées dans la nature? D'une cause réelle, immuable et éternelle, qui a imprimé sur tout ce qu'elle a produit le cachet de ses perfections. Aussi, leur ayant communiqué quelque chose d'elle-même, il est toujours possible de découvrir en elles les caractères de la vérité, et par celle-ci, de nous élever aux idées originales qu'elle a imprimées dans cette vérité elle-même.

Quelle différence d'ailleurs dans les formes de l'œuvre humaine et dans celles de l'œuvre divine ! Comparez un instant le simple moucheron de Pline avec ce que l'art humain a produit de plus merveilleux, et vous en serez convaincu : « Avec quelle industrie, « dit Pline, la nature n'a-t-elle pas armé le moucheron d'un dard « propre à percer la peau ! Et, travaillant dans les choses petites « et invisibles comme dans les grandes, elle a donné un double « usage à ce petit javelot, en le rendant pointu pour percer et « creux pour sucer le sang comme par un tuyau. » (L. II, c. VI.) Quel Vaucanson a jamais imité ce pauvre moucheron? Cet artiste a fabriqué, sans doute, un canard et un joueur de flûte qui se remuaient et chantaient ; mais aurait-il pu les doter d'instruments propres à les faire boire, respirer, digérer et se propager?

Quel artiste a-t-il songé d'ailleurs à imiter les 4,000 yeux qu'on découvre dans l'œil d'une mouche domestique, les 6,236 qu'on peut compter sur celui du bombyx du mûrier, ou les 25,000 de celui d'un coléoptère du genre mordelle? L'habileté de l'homme saurait-elle enchâsser chacun de ces yeux, les munir d'une cornicule transparente, d'un cristallin et d'un nombre égal de nerfs sous forme de rétines? Comment donc comparer l'œuvre humaine à celle du Créateur et en tirer les mêmes inductions? L'esprit qui les apprécie reste confondu de la distance qui les sépare, de la pauvreté des unes et des richesses, des merveilles, de la science et des perfections presque invisibles qui éclatent dans les autres!

DOCTEUR. — Mais, Ariste, quels rapports ont donc toutes ces merveilles avec la vérité?

ARISTE. — Chacune d'elles, docteur, en nous montrant les idées, les volontés, la science, l'art, les inventions, la sagesse, la prévoyance et les perfections du Créateur, nous exprime autant de vérités.

DOCTEUR. — Vous m'avez signalé des choses admirables dans la fleur, dans le rossignol et dans l'insecte, Ariste, mais tout cela ne m'a pas encore appris ce qu'est la vérité en elle-même.

ARISTE. — Vous avez raison, docteur. Mais quelques réflexions et un peu d'attention pourront maintenant y suffire. Vous vous souvenez que l'idéographie nous a permis de recueillir chez les êtres un grand nombre d'idées distinctes imprimées dans autant de signes sensibles, ou exprimées par des actes spéciaux. Eh bien! toutes ces idées sont, ou peuvent être, l'origine d'autant de vérités; j'appellerais donc volontiers ces idées, par ce motif, des idées mères.

DOCTEUR. — Mais comment tirer la vérité de ces idées mères?

ARISTE. — Chacune d'elles, en pénétrant dans notre esprit, s'y transforme d'elle-même en idée adéquate, et la vérité n'est autre chose que cette copie fidèle et identique de l'idée mère ou de cette idée modèle. De telle sorte que l'esprit, en contemplant la vérité, contemple non-seulement en elle l'idée modèle qui la lui a fournie, mais encore l'idée originale qui s'est réalisée en elle, et découvre ainsi ce qu'il y a de plus intime et de plus caché dans la cause des causes.

Si maintenant nous voulions interroger la vérité dans ses origines, celles-ci nous montreraient donc, en premier lieu, l'idée mère qui l'a fournie; en second lieu, le signe sensible dans lequel cette idée mère est imprimée; en troisième lieu, les formes ou les actes de l'objet exprimés dans ce signe; en quatrième lieu enfin, la cause elle-même qui a créé ces formes et qui suscite ces actes. De telle sorte que l'esprit, en contemplant la vérité, peut découvrir en elle non-seulement l'idée mère, les signes, les formes ou les actes qui nous l'ont traduite, mais encore la cause première et l'idée originale de sa pensée, telle qu'elle a été conçue avant de se réaliser en eux.

Docteur. — La vérité considérée ainsi serait une conquête prodigieuse; mais, vous l'avouerai-je, Ariste? cette opinion me paraît se briser contre les plus graves objections.

Ariste. — Lesquelles, docteur?

Docteur. — La première, c'est qu'il est impossible de démontrer que cette idéographie a été imprimée dans les êtres par le Créateur lui-même; la seconde, c'est qu'en admettant même que vous arriviez à l'établir, il vous serait encore impossible de prouver que l'esprit, qui intervient directement pour transformer ces idées en vérités, puisse y réussir sans altérer son modèle.

Ariste. — Supposeriez-vous avec Platon que ces idées flottaient dans l'espace, et que c'est d'elles-mêmes qu'elles sont venues s'imprimer dans les signes où nous les découvrons?

Docteur. — Non, Ariste, cette hypothèse n'a nul fondement.

Ariste. — Admettriez-vous, d'autre part, qu'une seule espèce eût pu vivre et se propager, sans posséder un organisme complet, et, par conséquent, sans être dotée de ces signes qui nous ont fourni les idées de mâle et de femelle?

Docteur. — C'est impossible.

Ariste. — Vous êtes donc invinciblement conduit à admettre que les premiers-nés, comme tous les êtres organisés qui vivent aujourd'hui, possédaient les principaux instruments nécessaires à la vie et à la propagation, comme en témoignent les fossiles. Que sont d'ailleurs les êtres d'aujourd'hui, sinon les descendants d'une longue suite de générations qui ont eu chacune un premier ancêtre? Et quel a été le parent de ce premier-né, sinon le Créateur lui-même? Or, si tous les êtres qui vivent aujourd'hui nous offrent une idéographie nettement imprimée dans leurs formes ou dans leurs actes, comment admettre qu'aucun de leurs prédécesseurs ait pu en manquer? Songez d'ailleurs que cette idéographie se rencontre chez tous les êtres, que les signes d'idées qu'elle présente sont innés et incarnés chez tous; qu'on n'a jamais rencontré une seule exception et qu'on ne pourrait même en supposer la possibilité, puisque tous ces signes ne font qu'un avec eux.

Il est donc de toute évidence que qui a fait l'être l'a fait tel qu'il est, et qu'en voyant toujours cette idéographie unie et intimement liée à tous les organismes, et cela, à toutes les époques et dans tous les lieux, nous sommes invinciblement conduits à conclure de l'identité de l'effet à l'identité de la cause, et à considérer ces signes d'idées comme l'empreinte du cachet du Créateur; car cette empreinte, nous la découvrons chez tous, et toujours elle nous exprime dans autant de signes réels, immuables et perpétuels, les idées de sa propre pensée. Or, ce sont ces idées que nous découvrons chez tous les êtres, que nous considérons comme autant d'idées mères et comme l'origine commune de toutes les vérités.

DOCTEUR. — En admettant, Ariste, que vous ayez démontré que cette idéographie ait été imprimée chez les êtres par le Créateur lui-même, qui prouve que votre esprit, en intervenant pour transformer ces idées mères en vérités, y parvienne sans altérer ni modifier leur modèle, et que cette vérité représente avec une entière fidélité l'idée mère elle-même, et qu'elle est identique avec elle ?

ARISTE. — L'expérience peut résoudre ce problème, docteur.

DOCTEUR. — Comment peut-elle prouver, par exemple, que l'esprit humain n'ajoute rien, ne retranche rien, ni n'altère rien de l'idée mère, en lui faisant subir la métamorphose qui la transforme en vérité?

ARISTE. — Oui, docteur, l'expérience peut démontrer que l'idée vérité est complétement adéquate à l'idée mère qu'elle représente à l'esprit.

DOCTEUR. — Selon vous, alors, ce ne serait donc pas notre esprit qui ferait la vérité; il n'aurait d'autre mission que celle de constater l'identité de cette vérité avec l'idée mère qui s'imprimerait elle-même en lui?

ARISTE. — Assurément, puisque la vérité n'est autre que cette idée mère qui se peint dans notre esprit comme font les objets dans un miroir.

Pour vous le démontrer, permettez-moi de supposer qu'une grande glace est placée en face de nous, au pied de ce bel arbre, par exemple, et de supposer en même temps qu'en la regardant, nous y apercevions, en partie cachée par les nôtres, l'image du bon abbé qui nous manque maintenant; douteriez-vous un seul instant de sa présence, et ne considéreriez-vous pas ces trois images comme la copie exacte des trois réalités que nous constituons?

DOCTEUR. — Je ne pourrais, en effet, douter de sa présence, en voyant son image reproduire exactement ·ses traits aimés avec les nôtres.

ARISTE. — Si un habile écrivain vous décrivait ses traits avec la plus grande fidélité, hésiteriez-vous davantage à le reconnaître dans ses paroles?

DOCTEUR. — Non, si son portrait était parfaitement ressemblant.

ARISTE. — Et si, à l'exemple de Démocrite, après avoir placé ce beau lis en face d'un œil frais, isolé de ses annexes et d'un segment de la partie postérieure de sa coque opaque, vous voyiez l'image de ce lis se dessiner sur son fond comme dans une chambre obscure, douteriez-vous que cette image fût réellement celle du lis?

DOCTEUR. — Pas davantage, pourvu que je retrouve en elle ses formes, ses couleurs et ses rapports avec les objets qui l'entourent.

ARISTE. — Alors vous admettez donc que les images et les paroles peuvent représenter fidèlement les objets?

DOCTEUR. — Une simple comparaison entre les objets, les images et les paroles, suffit pour le prouver.

ARISTE. — Permettez-moi maintenant d'utiliser ces données et ces comparaisons pour vous démontrer l'exactitude de mon affirmation. Pour y parvenir, voyons d'abord ce que devient l'image du lis dans l'œil pendant la vie. Cette image se peint sur son fond, comme nous l'avons vu; et, à peine produite sur sa membrane sensible, elle provoque un courant dans le nerf optique qui la transmet instantanément au *sensorium;* celui-ci, à son tour, et sans désemparer, la transforme en une nouvelle image qui est l'idée du lis. Or, il est évident que ce que je dis de l'ensemble du lis s'applique également à chacune de ses parties, et notamment à son pistil et à ses étamines.

DOCTEUR. — Qui atteste que cette idée représente fidèlement à l'âme le lis qui l'a fournie?

ARISTE. — De même que vous avez pu comparer l'image du fond de l'œil au lis lui-même, et constater leur ressemblance, nous pouvons comparer l'idée elle-même au lis qui l'a produite, et nous assurer d'une manière irréfragable de leur parfaite identité. L'âme qui la voit peut, en effet, la dessiner dans des paroles qui nous la peignent avec la fidélité d'une photographie; c'est au point que ceux qui connaissent le lis disent en les entendant : « C'est bien lui! » et que ceux qui ne le connaissent pas encore, mais qui ont entendu les paroles qui en retracent l'idée, s'écrient, à première vue, en l'apercevant : « Voilà bien le lis dont on nous a retracé l'image! »

Cette double épreuve, vous en conviendrez, docteur, prouve avec la plus grande évidence que l'idée de notre esprit représente d'une manière adéquate les signes sensibles que nous voyons dans la nature, et que ceux-ci n'ont subi ni altération ni modification pendant la métamorphose qui les a transformés en idée.

DOCTEUR. — Cependant, Ariste, il ne s'agit pas seulement de la transformation des signes sensibles en idées, mais des idées mères elles-mêmes en vérités. C'est dans cette dernière opération surtout que l'esprit peut mettre quelque chose de lui-même.

ARISTE. — Croiriez-vous donc que ces idées mères soient des idées flottantes dans la nature? Non, docteur; il n'en est pas ainsi. Sans doute, celui qui ne voit en elles que des formes et des signes sensibles ne peut en recueillir que des images simples et nues; mais celui, au contraire, qui sait lire l'idéographie, découvre en même temps dans chaque forme, et dans chaque instrument animé, une idée mère qui, à l'aide des signes sensibles qui l'expriment, pénètre toute faite dans l'esprit. Ce dernier, pour la transformer en vérité, n'a plus à constater qu'une chose, savoir si ce signe animé qui la lui fournit est réel, immuable et perpétuel.

DOCTEUR. — La vérité n'est donc autre chose pour vous que l'acquisition par l'esprit de l'idée, de la volonté, de la notion, etc., exprimée par les signes sensibles ou les actes visibles, pourvu qu'ils soient réels, immuables et perpétuels?

ARISTE. — La vérité n'est autre chose que la copie fidèle de ces idées.

DOCTEUR. — Alors tombent mes objections.

ARISTE. — Maintenant que j'ai fini de vous exposer les principales vérités qu'on peut recueillir dans les formes sensibles des êtres ou dans leurs instruments, je voudrais, si vous y consentez, vous parler de celles qu'on peut découvrir dans leurs actes visibles plus particulièrement.

DOCTEUR. — Volontiers, Ariste.

ARISTE. — Quand nous voyons un être agir toujours de même dans les mêmes conditions, ne sommes-nous pas portés à attribuer la cause de ses actes, soit à la nature, soit au besoin qui les commande, soit enfin à l'instinct qui les suscite?

Docteur. — Évidemment, sauf le cas où ces actes seraient produits par la volonté.

Ariste. — Mais un corps simple, comme l'arsenic, l'iode ou l'or, n'a pas de volonté; à qui les attribuer dans ce cas?

Docteur. — A ses propriétés.

Ariste. — Et les actes des plantes ou des animaux inférieurs?

Docteur. — A leur organisme, à leurs besoins ou à leurs instincts.

Ariste. — Fort bien. Mais, dites-moi, sont-ce ces métaux, ces végétaux et ces animaux qui se sont donné leurs propriétés, leur organisme, leurs besoins et leurs instincts?

Docteur. — Pas plus que l'horloge ne s'est donné le ressort et les rouages qui font avancer ses aiguilles pour marquer les heures.

Ariste. — De telle sorte que si nous pouvons dire avec raison, en voyant l'horloge marquer les heures, que ce n'est pas elle qui nous les montre, mais que tous les mouvements et tous les actes qu'elle accomplit ne font qu'exprimer la volonté de l'horloger qui l'a construite pour les marquer, à plus forte raison pourrons-nous dire aussi, en voyant les métaux se combiner, le fer attiré par l'aimant, la plante chercher le soleil, ou les animaux agir pour se conserver ou se propager, que ce n'est pas leur volonté qui produit ces actes, mais bien que ces actes leur sont commandés par Celui qui les a créés pour les effectuer?

Ces actes alors pourront donc nous servir de signes visibles pour découvrir la volonté invisible qui les commande. En d'autres termes, tous les actes produits par les êtres qui ne sont pas voulus par eux, seront pour nous autant de signes de vérité quand ils seront réels, immuables et perpétuels, parce qu'à travers eux nous pourrons découvrir la volonté de Celui qui les a formés pour les produire.

Tels sont la nature et les caractères de la seconde espèce de vérités sur laquelle je veux maintenant appeler toute votre attention.

Docteur. — Je désirerais, Ariste, que vous me fissiez connaître ces vérités par des faits plutôt que par une simple exposition.

Ariste. — Choisissez vous-même l'être dans lequel vous désirez que nous la cherchions.

Docteur. — Comment la découvrir dans l'or, par exemple?

Ariste. — Ce précieux métal nous l'offrira, sans doute, mais non sous ses aspects les plus frappants; car, inerte et inanimé, il nous faudra beaucoup d'attention pour découvrir ses lueurs et pour les isoler de la gangue où elles sont enchâssées. Tentons-le cependant.

La première chose à faire pour la trouver, c'est d'étudier l'or dans la forme qui l'individualise et sert à le différencier de tous les autres métaux ; et la seconde, de recueillir avec soin tous ses actes.

Rien de plus facile que de reconnaitre ce métal dans une pièce de monnaie ; mais on le voit aussi à l'état natif, où il se montre sous forme de grains, de paillettes, de pépites ou de fragments plus ou moins volumineux. Malgré ses formes diverses, on le reconnait aisément dans tous les cas à sa couleur jaune par réflexion et verte par transmission, à sa densité, à sa malléabilité et à sa ductilité. Par ses formes et par ses qualités, admettons que nous avons reconnu l'individualité or.

Voyons maintenant comment nous pourrons par ses actes découvrir la vérité chez lui.

Ses actes ou son rôle se manifestent par les actions qu'il exerce sur les autres êtres, et réciproquement. Pour les découvrir, il faudra donc le mettre en rapport successivement avec les différents êtres de la nature. Or, que vont nous apprendre ces rapports? Beaucoup sont négatifs, mais ils n'en sont pas moins précieux pour cela. Ils nous apprendront d'abord qu'il est pour ainsi dire inattaquable par l'action de l'air, de l'eau, des différents agents physiques et chimiques ; qu'il résiste même aux acides les plus puissants, à l'acide azotique, à l'acide sulfurique, à l'acide chlorhydrique, etc. ; mais qu'il se dissout dans le mercure et l'eau régale. Voilà donc deux propriétés spéciales qui le distinguent de tous les autres métaux. Ajoutons, en outre, que cette dissolution évaporée fournit, avec la dernière en particulier, un chlorure d'or, sel en aiguilles prismatiques, soluble dans l'eau, l'alcool et l'éther, dont on peut le précipiter sous forme de poudre verte par l'acide oxalique, etc.

Examinons maintenant quel est son rôle, quels sont ses actes, et comment ceux-ci pourront nous faire découvrir la vérité. Son rôle est de résister à l'action d'un grand nombre d'agents physiques et chimiques ; ses actes sont de se combiner ou de se dissoudre avec le mercure et l'eau régale.

Docteur. — Soit, Ariste ; mais où saisir dans ces actes des signes de vérité?

ARISTE. — Pourquoi est-il inattaquable au plus grand nombre des agents physiques et chimiques, et pourquoi, au contraire, se combine-t-il avec le mercure et l'eau régale ?

DOCTEUR. — Il le doit évidemment à ses propriétés spéciales.

ARISTE. — Fort bien. Mais chacun des actes qu'il accomplit pour résister aux uns ou pour se combiner avec les autres, ne nous fournit-il pas autant de signes qui nous révèlent ses *propriétés* ?

DOCTEUR. — Assurément.

ARISTE. — De telle sorte que chacun de ses actes et chacun des états dans lesquels nous l'observons sont autant de signes visibles qui nous révèlent ses propriétés invisibles, et dès que ces signes et ces propriétés sont réels, immuables et perpétuels, ils sont, par cela même, autant de signes de vérité, puisque nous pouvons, à travers eux, découvrir la volonté originale qui les a formés tels pour résister ou pour se combiner avec les autres corps de la nature.

La vérité ainsi dégagée des actes qui attestent ses propriétés, nous exprime donc ce qu'il y a d'essentiel en lui ; car ce sont, en effet, ces propriétés qui lui imposent ses actes, et, par cela même, ses rapports nécessaires avec tous les corps de la nature, et par conséquent, qui lui assignent ses lois. Il est évident, d'ailleurs, que ce que nous venons de dire de l'or s'applique exactement aux soixante-trois ou soixante-quatre autres corps simples connus, qui chacun, en nous offrant autant de propriétés et d'actes distincts, nous fournissent eux-mêmes autant de signes de vérités diverses.

Mais ce qui n'est pas moins manifeste, c'est que ces propriétés imposent aux corps simples leurs combinaisons et leurs rapports nécessaires, et qu'elles deviennent ainsi l'origine des lois naturelles auxquelles chacun d'eux est assujetti ; c'est donc de ces propriétés, en dernière analyse, que dérivent les lois qui établissent l'ordre de la nature. Or, en admettant qu'à l'origine ces propriétés leur aient été communiquées, la cause qui les leur a données a imposé par elles les lois auxquelles ils sont soumis, et, par ces lois, l'ordre que nous admirons. Par conséquent, la vérité qui nous les fait connaître nous permet de découvrir à travers elle la volonté originale qui s'est réalisée par elles. De là, l'importance et la haute portée de cet ordre de vérités.

DOCTEUR. — Avant d'aller plus loin, je désirerais, Ariste, que vous m'expliquiez comment les propriétés des corps simples peuvent constituer autant de vérités.

ARISTE. — Qu'étaient ces propriétés avant de leur être communiquées, sinon autant d'idées de la pensée créatrice? Qu'a-t-elle fait en les incorporant en eux, sinon de commander par elles leurs rapports nécessaires, d'établir par ceux-ci les lois qui les régissent, et par ces lois, l'ordre général qui règne dans la nature? Par les signes visibles qui attestent ces propriétés, nous pouvons donc remonter jusqu'à la volonté première qui s'est manifestée en elles et la connaître elle-même par elles.

Cette sorte de vérités serait assurément plus facile à démontrer chez l'homme que chez les corps simples. Il existe en effet, chez lui aussi, des actes commandés soit par ses propriétés, soit par son organisme, soit par ses besoins ou par ses instincts, et ces actes constituent eux-mêmes autant de signes de vérités à travers lesquels nous pouvons découvrir la volonté de celui qui a voulu les susciter en nous dotant des moyens de les produire. Or, rien de plus facile chez l'homme que de distinguer les actes qu'il a voulus lui-même, de ceux qui lui sont imposés. Essayons de résoudre ce problème à l'aide de ses propres faits.

L'homme, en effet, est aussi l'un des éléments constituants de l'univers, et, à ce titre, il a sa place, son rôle et sa mission dans l'ordre général. Or, il est manifeste, chez lui comme chez tous les autres êtres, que qui lui a donné ses instruments en a dicté l'usage; qui lui a donné ses besoins l'a assujetti à les satisfaire; qui l'a doté de ses instincts suscite un grand nombre de ses actes; et enfin, nous pourrions ajouter que qui lui a donné sa conscience lui inspire ses résolutions les plus intimes. L'homme obéit donc aussi à une autre volonté que la sienne. Tels sont les principaux motifs qui justifient les paroles de Fénelon : « L'homme s'agite, mais Dieu le mène. » Composé de limon, en effet, sa gravité l'attache au sol ; et, comme le grain de sable, il faut qu'il circule dans l'espace avec lui.

Ce serait outre-passer cependant les limites de la vérité que d'aller jusqu'à confondre l'homme lui-même avec les minéraux, avec les végétaux et avec les animaux ; l'homme, en effet, l'emporte évidemment sur tous les êtres par de notables priviléges dont ceux-ci sont privés. Intelligent et libre, il préexcelle manifestement sur tous. Toutefois notre but n'est pas de l'exalter, mais bien de découvrir chez lui un ordre de vérités qui ne s'est encore manifesté jusqu'ici que plus ou moins confusément à nos regards chez les autres êtres : je veux parler de ces vérités qui se montrent dans les actes qui lui sont imposés, et qui attestent aussi chez lui l'intervention d'une volonté supérieure à la sienne.

L'homme, assurément, est un être fort complexe et dans lequel il n'est pas facile de reconnaître au premier coup d'œil l'ordre de vérités que nous cherchons. En effet, tandis que comme chez la marguerite et le rossignol nous pouvons constater aussi qu'il a son individualité, son type, son espèce, sa sexualité, un organisme adapté, sa vie et des instincts dans lesquels sont imprimées les mêmes vérités que celles que nous avons rencontrées chez d'autres êtres vivants et organisés, nous découvrons en outre chez lui des priviléges de l'ordre le plus élevé.

Ses formes sont manifestement plus distinguées que celles de tous les autres êtres ; elles portent l'empreinte d'une élégance, d'une beauté, d'une noblesse, d'une grandeur et d'une dignité qu'on ne voit chez nul autre. L'individualité revêt même chez lui un tout autre caractère : ce n'est plus seulement un individu, c'est une personne, un principe agissant et responsable ; sa vie n'est plus cette simple activité qui sent et qui meut, c'est un principe qui pense et qui veut ; chez lui, il ne s'agit pas seulement de ces lueurs douteuses qu'on désigne parfois sous le nom d'intelligence chez les êtres les plus élevés de l'échelle animale, cette intelligence s'élève jusqu'à la raison, et, grâce à elle, il a pu acquérir la science et la vérité qui lui ont valu la puissance et la domination qu'il exerce sur tous les êtres de la création ; ses instincts ne sont plus seulement ces forces aveugles qui poussent à la satisfaction des besoins matériels de l'individu et de l'espèce, il en possède d'un ordre infiniment plus élevé, qui le guident dans ses rapports avec ses semblables, qui le conduisent à vivre en société, à aimer les hommes et à leur faire du bien, et à aimer son Créateur lui-même.

L'homme est donc un être distinct de tous les autres, et tout ce qu'il présente de particulier, comme la beauté, la noblesse et la raison, se caractérise par autant de signes visibles qui portent chacun l'empreinte de la vérité, puisque à travers chacun d'eux l'intelligence peut s'élever jusqu'à l'idée originale de la pensée qui les a conçus avant de les imprimer chez lui.

Ne pouvant développer toutes ces vérités, je voudrais du moins vous en signaler plusieurs, en les choisissant parmi celles

qui démontrent clairement que lui aussi est conduit et dirigé,
ou du moins qu'un certain nombre de ses actes sont suscités
par une volonté supérieure à la sienne. Or, si je parviens à mettre
ces actes en évidence, je vous aurai montré en eux autant de
signes sensibles qui, s'ils sont réels, immuables et perpétuels,
nous feront connaître autant de nouvelles vérités.

Cherchons-les d'abord dans ses instincts, car il est évident que
tous les actes qu'ils suscitent dérivent d'une impulsion étrangère
à sa volonté.

Parmi ces instincts, il en est plusieurs qu'il partage avec les
animaux; d'autres, au contraire, lui sont tout à fait spéciaux.
Mais parmi les premiers je me bornerai à vous signaler l'instinct
social et l'instinct d'imitation.

DOCTEUR. — Je vous écoute, Ariste.

ARISTE. — Comme l'abeille et la fourmi, comme le mouton
et le castor, comme le cheval et le bœuf, l'homme vit en société :
parce que, comme eux, il possède un instinct spécial qui le pousse
à se réunir à ses semblables.

Tous les animaux trouvent sans doute de grands avantages
dans cette association, celui, entre autres, de pouvoir résister à
un commun danger. Cependant il est manifeste que les joies et
les satisfactions qu'elle leur procure l'emportent sur tout autre sentiment. Comme eux, l'homme est doué aussi de l'instinct d'association, il est même développé chez lui à un degré de beaucoup
supérieur à ce qui se voit chez tous les autres; car ce ne sont
plus quelques individus qui se rassemblent en troupeaux seulement, ce sont des sociétés, des nations et même des peuples
nombreux qu'on voit se rapprocher les uns des autres. Cet instinct
est donc universel; on le voit poindre dès le premier âge; il se
manifeste dans toutes les conditions et dans toutes les phases de
l'existence de l'homme. Il se révèle chez tous.

« Considérez les traits d'un enfant à la mamelle, lorsqu'on
lui en présente un autre, dit un observateur distingué : tous les
deux à l'instant expriment leur joie d'une manière évidente.
Lorsque les enfants sont un peu plus avancés en âge, ceux qui
sont étrangers les uns aux autres manifestent, en s'abordant,
quelque timidité; mais elle est bientôt vaincue par l'instinct
plus puissant de la société. » (Smettde's *Philos. of natur history.*)
Cet instinct est tellement impérieux chez l'homme, qu'il ne peut
s'habituer à la solitude complète sans y perdre la raison et même

la vie. « Pour réformer les détenus à Aubrun, disent de Beaumont et de Tocqueville, on les a soumis à un isolement complet ; mais cette solitude absolue, quand rien ne la distrait et l'interrompt, est au-dessus des forces de l'homme... Cinq d'entre eux, au bout d'une année, avaient déjà succombé... L'un d'eux était devenu fou. » (*Système pénitent. aux États-Unis*, p. 13 et 93.)

Outre l'attrait qu'offre la vue de son semblable, le besoin de converser avec lui le retient dans sa société. Il aime à communiquer ses pensées, éprouve le besoin d'épancher sa joie, de soulager sa tristesse en les communiquant à un ami, de raconter une nouvelle, de la redire encore ; un secret lui est un fardeau difficile à porter. « Si quelqu'un montait dans les cieux, dit Cicéron, contemplait seul le spectacle du monde et la splendeur des astres, il n'éprouverait qu'une froide admiration, tandis qu'il serait transporté de joie, s'il avait avec qui la partager. » (*De amicit.*, XXIII.)

Tel est le moteur qui pousse l'homme vers l'homme, tel est l'instinct qui l'unit à ses semblables ; et, dût son indépendance personnelle en souffrir, dût sa liberté y être sacrifiée, son impulsion poussera toujours l'enfant vers l'enfant, l'homme vers l'homme, les familles à se rapprocher des familles, et celles-ci à s'unir entre elles pour former des sociétés. L'instinct social commande à tous.

Cependant, nulle société ne peut s'établir qu'autant qu'elle est agréable à ses membres ; il faut que chacun de ceux-ci concourt à la satisfaction de tous. Or, rien de plus efficace pour se rendre attrayant que l'instinct d'imitation. C'est lui qui pousse à penser, à parler et à agir, comme pensent, parlent et agissent tous les autres, et qui assortit chacun le plus sûrement au concours nécessaire pour établir l'harmonie générale.

Cet instinct est si nécessaire pour établir la concorde dans toute société, qu'on le rencontre même dans toutes les associations des animaux. L'aboiement d'un chien en fait aboyer vingt autres ; le saut d'un singe les fait sauter tous ; « tous les moutons courent après ceux qui sont devant », dit Charron, et, s'il faut en croire Aristote, « l'homme diffère surtout des autres animaux, parce qu'il est imitateur à un plus haut degré ». Ajoutons toutefois, pour exprimer complétement la pensée d'Aristote, que l'homme n'est pas seulement un être imitateur, mais qu'il est perfectible aussi, et que l'imitation le pousse non-seulement à faire ce que font les autres, mais encore à rivaliser avec eux, à égaler des modèles supérieurs, et même à imiter des perfections purement idéales.

Comme tous les instincts, d'ailleurs, ce penchant est inné, naturel et général. C'est lui qui nous pousse à imiter automatiquement tout ce qui nous frappe. Il se révèle dès la première enfance; son activité se déploie à tous les âges et chez tous les peuples connus. Ainsi, l'enfant fait l'apprentissage du langage, en s'essayant à bégayer les paroles qu'il ne peut encore articuler; il imite tous les gestes, reflète comme un miroir tout ce qu'il voit, répète tout ce qu'il entend et reproduit tous les mouvements des autres. De là, l'esprit et la grâce que nous admirons en lui quand, par une illusion naturelle, nous lui prêtons les sentiments et les idées dont il simule les signes. Plus tard, nous le verrons, comme Bernardin de Saint-Pierre confié aux soins d'une vieille servante qui lui lisait chaque jour la *Vie des saints,* vouloir mener la vie des ermites, et aller se cacher dans quelque champ voisin. A douze ans, les *Aventures de Robinson Crusoë* lui donneront le goût des voyages, et il partira avec un oncle pour l'Amérique; ou bien, à trente ans, après la lecture du *Contrat social* qui l'a pénétré d'admiration, il vendra tout son bien, s'embarquera pour Madagascar, afin d'y établir le gouvernement qu'il a rêvé.

Toujours et partout, l'homme imite ce qu'il voit faire, redit ce qu'on dit, suit les mœurs des autres, prend leurs habitudes, simule leurs cris, leurs chants, leurs gestes, leurs danses, leurs idées, leurs passions, leurs exemples, et jusqu'à leurs crimes! Ceux-ci suscitent parfois en lui une sorte d'instinct automatique qui éclate, *motu proprio,* en présence même de sa personnalité consciente, qui assiste à son évolution, sans pouvoir l'enrayer ni la refréner. Il cède à une puissance maîtresse qui veut être obéie!

Toutefois, l'homme ne descend pas nécessairement au rang du singe et de la bête; il se soustrait parfois à la domination de ses instincts, ou s'il invoque leur assistance, c'est pour les faire servir à un but plus noble et plus élevé. Perfectible, il se sert de cette faculté pour transfigurer une simple idée. Au voler des oiseaux, par exemple, il substituera des aérostats; au nager des poissons, des vaisseaux; il imitera aussi les formes et les couleurs des êtres, à l'aide du crayon ou de la palette, et il les animera par des gestes et des passions; il s'élèvera même parfois au-dessus de ce qu'il voit dans la nature, en incarnant dans ses reproductions ses propres idées et ses passions. C'est ainsi qu'il imprime dans toutes ses œuvres quelque chose de son instinct d'imitation.

Cependant, à côté de ces instincts secondaires et partagés, on en découvre deux autres d'un ordre beaucoup plus élevé, et qui constituent ses plus nobles priviléges : je veux parler de l'instinct moral et de l'instinct religieux. Commençons par décrire ces instincts avant de leur demander quelles sont les vérités qu'ils renferment.

Occupons-nous d'abord de l'instinct moral, mais en nous bornant à le caractériser, sans aller jusqu'à énumérer tous les faits qu'il produit. A ceux qui désireraient plus de détails, nous leur proposerions d'aller les puiser dans le savant ouvrage que M. de Quatrefages lui a consacré, devant nous borner nous-mêmes à en démontrer la réalité.

Plusieurs auteurs ont confondu l'instinct moral avec la conscience et l'instinct religieux, c'est à tort; car, comme chacun d'eux, celui-ci a son principe spécial, produit des actes et des faits distincts, qui permettent d'affirmer qu'il existe au même titre qu'eux.

N'est-il pas constant que tout le monde, l'enfant comme le vieillard, le sauvage comme l'homme civilisé, applaudit spontanément à tout ce qui est bien, aime ce qui est juste, admire tout acte de dévouement, et entoure de respect et de vénération tout acte de sacrifice? N'est-il pas aussi évident que la vue du mal lui inspire un sentiment de répulsion; celle de l'égoïsme, le mépris; et toute usurpation, de l'antipathie? Pourquoi ressent-il ces impressions à la vue de ces actes, sinon parce que chacun d'eux éveille un sentiment intime qui gît en lui, qui gouverne en secret sa pensée et sa volonté elle-même, et qui suscite spontanément les actes qui révèlent sa propre activité? Or, c'est à ce sentiment intime, c'est à l'impulsion spontanée qui suscite ses actes de sympathie ou d'antipathie, que nous donnons le nom d'instinct moral. Il s'agit évidemment ici d'un véritable instinct, puisqu'il est inné chez tous, et que les impulsions qu'il suscite sont tout à la fois fatales, nécessaires et entièrement étrangères à la volonté et à toute réflexion.

Assurément, ce n'est pas aux préceptes de la morale que nous

obéissons en les exprimant. Ceux-ci prescrivent sans doute d'aimer
le bien, mais nous l'aimons avant de les connaitre ; ils prescrivent
aussi d'aimer ses parents, mais nous les aimons avant d'en avoir
acquis la notion. Il serait plus exact d'affirmer, au contraire, que
ces préceptes dérivent des faits qu'il enfante, que de les *leur*
attribuer ; car la loi naturelle a été imprimée dans le cœur de
l'homme avant d'être formulée, ainsi que l'a fort bien constaté
Socrate. « Connais-tu, Hippias, dit Socrate, des lois qui ne sont
« pas écrites? — Oui, celles qui sont les mêmes dans tous les
« pays et qui ont le même objet. — Pourrais-tu dire que ce
« sont les hommes qui les ont établies? — Comment cela serait-il,
« puisqu'ils n'ont pu se réunir tous et qu'ils ne parlent pas la
« même langue? — Qui donc, à ton avis, a établi ces lois? —
« Mais je crois que ce sont les dieux qui les ont inspirées aux
« hommes, car chez tous les hommes la première loi est de res-
« pecter les dieux. — Le respect des parents n'est-il pas aussi
« une loi universelle? — Sans doute. » (XÉNOPHON, *Mémor.*, IV, 4.)
Cicéron professait la même opinion que Socrate sur l'origine
de ces principes. « Il est une loi véritable, dit-il, la droite raison
« conforme à la nature, universelle, immuable, éternelle, dont
« les ordres invitent au devoir, dont les prohibitions éloignent
« du mal. Cette loi ne saurait être contredite par une autre, ni
« rapportée en quelque partie, ni abrogée tout entière..... Elle
« n'est pas autre à Rome, autre dans Athènes ; elle ne sera pas
« demain autre qu'aujourd'hui ; mais, dans toutes les nations et
« dans tous les temps, cette loi régnera toujours, une, éternelle,
« impérissable. Et le guide commun, le roi de toutes les créatures,
« Dieu même donne la naissance, la sanction et la publicité à
« cette loi, que l'homme ne peut méconnaître sans se fuir lui-
« même, sans renier sa nature. » (*République,* l. III, 17.)
« En restant rigoureusement dans le domaine des faits, dit
M. de Quatrefages, en évitant avec soin le domaine de la philosophie et de la théologie, nous pouvons affirmer avec assurance
qu'il n'est pas de société ou de simple association humaine dans
laquelle la notion du *bien* et du *mal* ne se traduise par certains
actes regardés par les membres de cette société ou de cette
association comme *bons* ou comme *mauvais*. Entre voleurs et
pirates même, le vol est regardé comme une honte, parfois
comme un crime, et sévèrement puni. » (*Rapport sur les progrès
de l'anthropologie,* grand in-8°, 1858, p. 400.) Or, il est évidem-

ment impossible de prononcer autrement que n'a fait M. de Quatrefages, quand on connait tous les faits qui en témoignent, et quand, comme lui, on les a puisés aux sources les plus authentiques.

En conséquence, nous pouvons donc affirmer l'existence de ce sentiment qui nous porte à qualifier *bons* ou *mauvais* les actes que cet instinct suscite chez tous les hommes, et à ne pas le confondre avec d'autres sentiments comme l'ont fait, dans une discussion mémorable sur la morale publique, trois hommes célèbres : de Serre, en en attribuant l'origine à la conscience ; Royer-Collard, au sentiment religieux, « principe du droit », disait-il ; et G. Cuvier, au sentiment religieux aussi, « source unique du droit et du devoir ». Ces hommes, également distingués, se sont évidemment mépris sur sa nature et sur sa mission. En effet, tandis que la conscience impose à l'homme ses devoirs envers lui-même, l'instinct religieux lui impose ses devoirs envers Dieu, l'instinct moral lui dicte ses devoirs envers les hommes. Tous trois, sans doute, ont une même origine, mais leurs manifestations et leurs faits sont distincts, et la science ne doit pas les confondre.

Car il est évident, comme l'a fort bien dit l'Apôtre, que « lorsque les gentils, qui n'ont pas la loi, font naturellement ce « qui est selon la loi, n'ayant pas la loi, ils font d'eux-mêmes la « loi : montrant ainsi *l'œuvre de la loi écrite dans leurs cœurs,* leur « conscience leur rendant témoignage et leurs pensées s'accusant « et se défendant l'une l'autre ». (*Rom.,* II, 14, 15.)

Étudions maintenant l'instinct religieux. Les faits qui attestent son existence sont aussi nombreux et non moins évidents que ceux qui témoignent de l'existence de l'instinct moral.

Nous ne pourrions énumérer tous les faits de l'instinct religieux sans entrer dans des détails qui excéderaient le développement que nous pouvons lui consacrer. Pour ceux qui désireraient les connaître plus complétement, nous leur indiquerons le beau livre de M. de Rougemont, intitulé : *le Peuple primitif,* et ceux de M. de Quatrefages, intitulés : *De l'unité de l'espèce humaine; Rapport sur les progrès de l'anthropologie; l'Espèce humaine,* etc., où ils trouveront tous les faits qui attestent sa réalité.

Quant à nous, nous nous bornerons à affirmer qu'on le découvre également chez tous les hommes, à tous les âges et chez toutes les nations, parce qu'en effet, comme l'a dit Leibnitz,

« Dieu a donné à l'homme des instincts qui le portent d'abord et sans raisonnement à quelque chose de ce que la raison ordonne ». (*Nouv. Essais*, l. I, c. II.) Or, parmi ces instincts, il en est un surtout qui se fait sentir au fond le plus intime de l'être, et qui dirige les aspirations et les pensées de l'homme vers une puissance supérieure : c'est l'instinct religieux, que Thomas Reid appelait, « faute d'un meilleur nom, disait-il, le « principe de crédulité ».

« Une très-forte preuve de l'existence des dieux, disait déjà « Cicéron, c'est qu'il n'y a point de peuple assez barbare, point « d'homme assez farouche, pour n'avoir pas l'esprit imbu de « cette opinion... Or, dans quelque matière que ce soit, le con- « sentement de toutes les nations doit se prendre pour une loi « de la nature. » (*De nat. deor.*, I, 22.) Comment interpréter cette loi de la nature déjà signalée par Cicéron, sinon en la traduisant par une impulsion innée qui suscite toujours et partout les mêmes actes chez l'homme? N'est-ce pas ainsi que l'entendait Tertullien lui-même, en disant : « Voulez-vous écouter le témoi- « gnage de votre âme, interrogez-la malgré la prison d'un corps « qui la captive, malgré les préjugés de l'éducation qui arrêtent « son essor, malgré les passions qui l'énervent et les idoles qui « la tiennent en esclavage; lorsqu'elle sort, pour ainsi dire, de « son ivresse ou de son sommeil, ou de sa maladie, la voilà qui « invoque Dieu par le seul nom qui lui convienne : *Grand Dieu!* « *Bon Dieu!* ce qui *plaira à Dieu!* Tel est le cri universel. » (*Apologétiq.*) Tel est bien en effet le cri universel que poussent tous les hommes; c'est celui qui s'échappe de leurs bouches, dans leurs suprêmes aspirations et dans tous leurs élans de cœur; c'est celui qu'ils poussent dans toutes leurs misères, comme pour invoquer le seul témoin qu'ils sentent en eux.

Comme l'a dit V. Cousin, bien qu'en termes fort obscurs, « l'homme est en marche vers l'infini, qui lui échappe toujours et que toujours il poursuit. Il le conçoit, il le sent, il le porte pour ainsi dire en lui-même : comment sa fin serait-elle ailleurs? De là, cet instinct indomptable de l'immortalité, cette universelle espérance d'une autre vie, dont témoignent tous les cultes, toutes les poésies, toutes les traditions. » (*Cours de l'hist. de la philosoph. mod.*, Lagrange et Didier, 1846, t. II, p. 359.)

Dès le plus jeune âge, l'enfant croit aux êtres surnaturels, et la foi à la Divinité comme à celle d'une autre vie est aussi générale que celle du bien et du mal. D'où viendrait donc cette foi primordiale, si elle n'avait été imprimée dans le cœur de tous les hommes par Celui qui les a créés tels qu'ils sont? En effet, « quels que soient les dogmes et les doctrines, dit M. de Quatrefages, on trouve, comme formule générale et qui les embrasse toutes, les deux points suivants : croire à des êtres supérieurs à l'homme, pouvant influer en bien ou en mal sur sa destinée ; admettre que, pour l'homme, l'existence ne se borne pas à la vie actuelle, mais qu'il lui reste un avenir au delà de la tombe. Tout peuple, tout homme croyant à ces deux choses, et même à l'une des deux, est *religieux;* et l'observation démontre chaque jour de plus en plus l'universalité de ce caractère. » (*Hist. des progrès de l'anthropol.,* etc., p. 424.)

Cette universalité de l'instinct religieux a été de nouveau vérifiée et affirmée par un savant très-distingué, M. Max Müller : « Nous pouvons affirmer sans risque d'erreur, dit-il, qu'en dépit de toutes les recherches, on n'a nulle part encore trouvé d'être humain qui ne soit en possession de quelque chose qui lui sert de religion... L'assertion qu'il y a des nations et des tribus sans religion repose sur une observation inexacte ou sur une confusion d'idées. On n'a pas encore trouvé de nation ou de tribu dépourvue de la croyance aux êtres supérieurs, et les voyageurs qui affirmaient qu'il en existe ont été plus tard réfutés par les faits. Il est donc légitime de dire que la religion, au sens le plus général du mot, est un phénomène universel de l'humanité... L'absence apparente de religion ne se manifeste que lorsque l'être humain tout entier est dégradé, c'est-à-dire seulement après une longue décadence après laquelle l'abâtardissement religieux a produit une corruption morale qui, par réaction, a ruiné plus complétement la vie de l'âme. Donc la religion est indissolublement unie à la racine de la personnalité humaine. Elle est, en fait, inaliénable, au sens le plus vrai du mot; l'homme ne cesserait d'être religieux qu'en cessant d'être homme. L'enquête historique et l'analyse s'unissent pour l'attester. » (Cité par le journal protestant *le Christianisme au dix-neuvième siècle.*)

Bien que depuis Socrate et Cicéron, plusieurs auteurs aient signalé l'existence de ce noble instinct; que l'Apôtre lui-même ait dit que « la loi de Dieu est inscrite dans nos cœurs » (*Rom.,* II, 15); que Guizot ait affirmé qu'il « est bien peu d'âmes qui, à certains moments et dans certaines circonstances, n'aient ressenti au plus profond de leur être une action, une impulsion, qui ne leur venaient pas d'elles-mêmes ni du monde autour d'elles, et qu'elles ne peuvent s'expliquer qu'en les rapportant à une source, à une puissance supérieure » (IVᵉ médit., *Ignorance chrétienne*, in-8, 1868, p. 161); que Maine de Biran ait aussi saisi « au-dessus, non-seulement'de la bête, dit-il, mais de ce qu'il y a de proprement humain dans la réflexion et dans la volonté, une vie sublime et obscure qui inspire la raison, qui prévient et qui soutient la volonté, qui fait les saints et les héros, et jette dans les âmes, même les plus médiocres et les plus dégradées, quelques éclairs d'héroïsme, quelques instincts confus de grand, de beau, de saint » (*les Trois Vies*); que E. Saisset ait semblé l'entrevoir lui-même, en parlant du côté céleste de l'homme, et de « toutes ces tendances primitives cachées dans les plus secrètes profondeurs de l'âme humaine, notions innées, dit-il, aspirations mystérieuses, semences obscures, qui semblent ensevelies dans le sommeil, mais qui se réveillent tout à coup, éclatent comme le feu qui jaillit du caillou, comme l'étincelle qui couve sous la cendre,..... monde de faits qui fournissent l'explication vraie de toutes les sublimités et de toutes les illusions du mysticisme » (*l'Ame et la vie,* in-18, p. 84); bien que chacun de ces auteurs ait sans doute voulu parler de l'instinct religieux, on conviendra qu'il ne fallait rien moins que la science de l'historien unie à celle du naturaliste pour le mettre en évidence. Cette gloire était réservée à M. de Quatrefages.

Résumons donc d'après lui ce que les faits recueillis sur les instincts religieux et moral l'ont conduit à affirmer : « L'idée religieuse se retrouve sur tout le globe, dit-il, chez tous les êtres humains; la moralité, la religiosité sont universelles chez l'homme, et manquent chez tous les animaux; toutes deux agissent comme causes premières, donnent naissance à des phénomènes secondaires que nous appelons croyances religieuses ou morales; toutes deux, par conséquent, agissent sur l'homme à la manière de ces forces, de ces propriétés, de ces facultés fondamentales, que l'on a vues caractériser successivement les différents empires, les différents règnes naturels »... et à conclure en conséquence « que ces facultés méritent par cela le titre de « *caractère* ou mieux d'*attribut* dans le sens scientifique du mot». (*De l'unité de l'espèce humaine,* in-12, Hachette, Paris, 1861, p. 29.)

Tout en applaudissant aux grands résultats obtenus par le savant auteur que nous citons, il nous paraît cependant difficile d'admettre avec lui que ces deux « forces », que ces deux « propriétés », que ces deux « facultés fondamentales » agissent réellement comme des « causes premières ». Il nous paraît manifeste que l'expression a dépassé ici sa pensée, puisque ces instincts ne sont que des causes secondes : ils sont sans doute les causes premières des deux séries de faits qu'ils suscitent ; mais ils ne constituent toutefois que des instincts primordiaux innés, que des énergies spontanées données à l'homme pour diriger ses inclinations soit vers le bien, soit vers Dieu. C'est ce qu'a parfaitement saisi saint François de Sales, qui s'en explique d'une manière charmante dans les termes suivants : « L'inclination donc d'aimer « Dieu sur toutes choses que nous avons par nature ne demeure « pas pour néant dans nos cœurs ; car, quant à Dieu, il s'en sert « comme d'une anse pour nous pouvoir plus suavement prendre « et retirer à soi ; et semble que, par cette impression, la divine « bonté tienne en quelque façon attachés nos cœurs, comme des « petits oiseaux, par un filet. » (*Amour de Dieu.*)

DOCTEUR. — Je comprends, Ariste, qu'en considérant tous les faits que vous venez de signaler comme des effets de forces ou de facultés fondamentales, vous puissiez les désigner sous les noms d'instincts social, d'imitation, moral ou religieux ; je conçois même que vous puissiez leur attribuer l'impulsion spontanée qui produit les actes exprimés par l'homme qu'ils dirigent dans telle ou telle direction ; mais je ne puis saisir le lien qui les unit à l'origine que vous leur attribuez.

ARISTE. — Qu'étaient ces instincts, docteur, avant d'être communiqués à l'homme ? où pouvaient-ils subsister, sinon dans la pensée de celui qui l'a créé ? Auraient-ils une autre origine que celle de l'olivier de Sophocle, de ce bel emblème de la paix qui, dit-il, « est une plante qui n'a pas été semée par la main de « l'homme, mais qui a cru spontanément et nécessairement dans « le grand ordre établi par la sagesse créatrice » ? (*OEdip. Col.*, 694.) Celui qui a créé la machine aurait-il pu nous la livrer sans être animée ? A-t-il pu nous la donner autrement qu'avec ses instruments et avec ses ressorts ? Les instincts de sociabilité et d'imitation, les instincts moral et religieux ne sont-ils pas autant de ressorts qui animent ses instruments ? ne sont-ils pas tous innés, primordiaux, et ne constituent-ils pas autant de puissances

qui suscitent des actes distincts? Qui a construit la machine et
l'a animée par chacun d'eux a voulu évidemment la diriger vers
certaines fins déterminées qui concourent à l'ordre général,
puisque tous les actes qu'ils suscitent pour y parvenir sont spontanés, nécessaires et non prémédités, et qu'ils s'accomplissent
sans que la volonté de l'homme intervienne dans leur production.

Or que peuvent être des impulsions innées et involontaires,
qui se manifestent à tous les âges, chez tous les hommes et dans
tous les temps; qui toujours agissent spontanément, nécessairement et toujours de même, s'ils ne sont des instincts? Instincts,
sans doute, d'un ordre plus élevé que les instincts de conservation, de propagation et de rapports, mais qui, comme eux, toutefois concourent essentiellement au bien-être de l'individu
et de l'espèce, ainsi qu'à l'ordre général et à l'harmonie des
sociétés.

DOCTEUR. — Comment chacun de ces instincts peut-il fournir
autant de vérités, Ariste?

ARISTE. — N'est-il pas manifeste que tous les actes qu'ils
suscitent sont, comme ceux que commandent l'organisme, les
besoins ou la conscience, provoqués eux-mêmes par chacun de
ces instincts? Or, en se produisant, chacun de ces actes constitue
autant de signes qui non-seulement caractérisent l'instinct qui les
produit, mais encore la cause elle-même qui les a institués; par
conséquent, chacun de ces signes nous traduit donc ainsi la
volonté de cette cause. Or, dès que ces actes sont réels, immuables
et perpétuels, nous pouvons les considérer comme autant de
signes de vérités, et remonter à travers celles-ci jusqu'au signe,
jusqu'à l'acte, jusqu'à l'instinct et enfin, jusqu'à la cause première qui nous l'a donné pour accomplir ses volontés.

V

DOCTEUR. — Expliquez-moi donc, Ariste, comment la vérité
peut nous faire connaître la cause première.

ARISTE. — Bien que la vérité ne soit en réalité qu'une idée de
notre esprit, il ne faut pas oublier que cette idée n'est une vérité
que quand elle est adéquate à l'idée mère que nous a fourni
l'idéographie. Or, qu'est-ce que cette idée mère elle-même, sinon

la représentation exacte de l'idée originale incarnée en elle ? Sans doute le mot idée que nous employons ici ne peut nous représenter tous les objets que renferme l'idéographie, car celle-ci exprime, comme nous l'avons maintes fois constaté, un grand nombre d'autres notions, notamment celles de l'intelligence, de la science, de l'art, des inventions, de l'industrie, de la sagesse, de la prévoyance, de la puissance et des perfections infinies de la cause qui les a imprimées en elle ; mais ce mot résume du moins toutes les vérités qui nous font connaître ce qu'il y a de plus intime et de plus caché dans la cause qui a imprimé toutes ses idées dans le signe qui les exprime.

DOCTEUR. — Quels sont donc les avantages de la vérité, Ariste ?

ARISTE. — Le premier avantage de la vérité, c'est de nous faire connaître l'existence de la cause qui l'a imprimée chez nous ; le second, de nous montrer clairement les devoirs qu'elle nous impose.

DOCTEUR. — Comment la vérité peut-elle nous faire connaître l'existence de la cause première ?

ARISTE. — Ne vous souvenez-vous pas que les vérités que nous avons découvertes dans les instincts se voient chez tous les hommes ?

DOCTEUR. — Chez tous, en effet, sauf peut-être chez quelques êtres dégradés.

ARISTE. — L'identité de l'effet n'atteste-t-elle pas l'identité de la cause ? Or, cet effet prouve l'existence de cette cause elle-même avant toute démonstration ; car la présence de ces vérités chez chacun d'eux ne peut provenir que d'une seule et même cause, de même que l'idée du lis que nous avons découverte dans l'esprit ne peut représenter que l'objet qui l'a produite. Ainsi que l'a judicieusement remarqué J. de Maistre, la seule idée que nous avons de Dieu « prouve Dieu, puisqu'on ne saurait avoir l'idée « de ce qui n'existe pas ». (*Soirées*, etc., 10ᵉ édit., t. II, p. 110.)

Non-seulement ces vérités prouvent l'existence de cette cause, mais elles nous la montrent encore absolument distincte de tous les êtres chez lesquels nous les avons découvertes. Ainsi, où avons-nous découvert ces vérités ? C'est dans des formes sensibles et dans des actes visibles de tous les êtres de la nature : ce sont bien eux seuls qui nous les ont manifestées. Or, remarquez-le, tandis que ces formes et ces actes sont visibles, les vérités sont invisibles ; et alors que les premiers sont sensibles et matériels, les secondes sont invisibles et spirituelles : leur nature est donc essentiellement distincte. Le visible montre l'invisible.

Nous avons sans doute découvert ces vérités chez tous les hommes, et il est manifeste qu'elles y ont été imprimées par la même cause ; mais de ce que cette cause a agi chez tous et sur tous pour les leur communiquer, en conclurons-nous qu'elle ne fait qu'un avec eux, et que la cause de ces vérités, et les formes et les actes qui les expriment, ne sont qu'une seule et même chose ? Loin de là ! Car le panthéisme n'a pu le soutenir que par suite d'une confusion qui consiste à considérer des vérités réelles, immuables et perpétuelles comme étant une même chose que les formes et les actes qui les expriment, en les confondant les uns et les autres avec la cause qui les a imprimés dans chacun d'eux. Or, qui ne voit l'énorme différence qui existe entre une cause et des vérités immuables, d'une part, et des formes et des actes qui ne font que changer, de l'autre ?

J'ajoute encore que ces vérités, en se manifestant toujours unes et toujours les mêmes chez tous les hommes, attestent l'unité de la cause qui les a imprimées chez eux. Car ces vérités, en nous montrant une cause une et toujours la même, sanctionnent et légitiment l'existence du monothéisme, puisqu'une même pensée pouvait seule les concevoir et les exprimer.

Sans doute, cette cause est partout présente, vit en tout et est en tout, mais tout n'est pas cette cause. C'est pour l'avoir cru que le panthéisme est né. En effet, en voyant la cause en tout, on a pris chaque chose pour une portion de la Divinité, et tout est devenu un être divin. Mais c'est surtout pour avoir divinisé chacun des attributs de la divinité que les païens ont imaginé autant de dieux différents. C'est en divisant Dieu qu'ils sont arrivés à diviniser chacune de ses perfections. C'est ainsi qu'ils ont déifié l'idée de sa puissance, sous le nom de Jupiter ; celle de sa sagesse, sous le nom de Minerve ; qu'ils ont fait un Apollon de celle de l'art ; un Mercure, de celle de l'industrie et de l'habileté ; un Hercule, de celle de la force ; une Vénus, de celle de l'amour et de la beauté ; une Destinée, de celle de sa providence mal interprétée, etc. C'est dans ce sens qu'on peut admettre avec J. de Maistre « que le paganisme entier n'est qu'un système de vérités corrompues et déplacées ». (*Soirées*, etc., t. II, p. 280.)

S'ils eussent mieux connu la vérité, les païens auraient évité cette confusion ; car celle-ci distingue sûrement l'être de ses attributs et montre clairement que toutes ces vérités dérivent de l'unité ou convergent vers elle, et qu'elles ne peuvent engendrer la pluralité. Platon semble l'avoir pressenti lui-même dans le dualisme qu'il expose dans son *Timée.* Toutefois, c'est pour n'avoir pu concevoir un Dieu assez puissant pour appeler la matière du néant à l'existence, que son dualisme est resté acéphale et qu'il peut tout au plus figurer entre le polythéisme et le monothéisme.

DOCTEUR. — Comment concevez-vous, Ariste, que la vérité peut elle-même nous tracer nos devoirs?

ARISTE. — C'est en nous faisant connaître la volonté qui nous commande. C'est ainsi que cette vérité, en nous montrant clairement une volonté supérieure qui suscite nos actes par les instincts, nous montre ce qu'elle veut par eux.

Or, si c'est bien cette puissance qui suscite nos actes par l'instinct qu'elle nous a donné, en les exécutant, nous ne sommes que les instruments de sa propre volonté.

Les sophistes modernes ont prétendu fonder une *morale indépendante* de la vérité, qu'ils ont cru pouvoir établir sur le principe de la liberté. « Le fait de la liberté, disent-ils, constitue le « droit d'être libre; et le même fait aperçu par l'homme en « autrui constitue le devoir. » Ainsi, selon eux, le fait brutal, pris en lui-même, constituerait le droit !

Qu'ils aient eu cette pensée, rien d'extraordinaire, car tout principe doit s'appuyer sur une base quelconque pour acquérir quelque autorité; mais qu'ils prétendent l'élever, au nom de *la science,* afin d'en bannir toute hypothèse et d'en exclure toute trace d'ordre providentiel, voilà ce qui confond l'esprit ! Quelques mots suffiront pour mettre en évidence l'erreur de leurs prétentions.

Qu'apprend en effet la science? c'est que l'homme étant pesant *doit* obéir aux lois de la gravité ; c'est que doué d'instruments spéciaux qui chacun ont leur mission distincte, il *faut* qu'il se soumette à la volonté de Celui qui les a formés pour exécuter tels ou tels actes ; c'est que doté de besoins, *il faut* qu'il les satisfasse ; doué d'un instinct social, *il faut* qu'il vive en société ; d'un instinct imitateur, *il faut* qu'il imite les gestes, les idées, les passions et jusqu'aux vices des autres ; d'un instinct moral, *il faut* qu'il aime son semblable, qu'il se dévoue pour lui, dussent ses intérêts en souffrir, et dût même sa vie y être sacrifiée; d'un instinct religieux, *il faut* qu'il invoque, qu'il prie et qu'il ait un culte. Voilà ce qu'enseigne la *science*, d'accord en cela avec l'observation directe et l'expérience de tous les temps et de tous les lieux; voilà ce que nous a démontré la vérité.

DOCTEUR. — J'admets, Ariste, que l'homme est naturellement poussé à faire, dans ces conditions, ceci ou cela plutôt que telle ou telle autre chose ; mais sa volonté ne peut-elle lutter contre ces tendances et même les éluder?

ARISTE. — Il est certain que sa volonté peut beaucoup, docteur; elle peut même le détourner de ses voies naturelles; mais elle n'a pas le droit de faire dériver la morale de la liberté et d'en faire une science indépendante; car elle méconnaît alors la vérité, qui établit si clairement le principe de l'ordre d'après tous les faits que nous venons de rapporter.

N'est-il pas évident que nous sommes assujettis à l'ordre comme tous les êtres de la création, et que qui nous a donné un organisme nous en a *dicté* l'usage, qui nous a donné des besoins nous a *assujettis* à les satisfaire, qui nous a donné nos instincts *nous mène* par eux, et que qui nous a donné l'instinct moral *nous excite* à faire le bien et à éviter le mal? Mais je n'insisterai pas davantage sur ce haut problème maintenant, je préfère y revenir plus tard pour le résoudre complétement.

Je me borne donc, quant à présent, à vous faire remarquer que la vérité, en nous montrant clairement toutes les volontés supérieures exprimées par nos actes, nous a elle-même *tracé nos devoirs* envers le monde, envers nous-mêmes, envers nos semblables et envers le Créateur. C'est donc s'inscrire contre la science qui les a constatés, et contre la vérité qui les a démontrés, que de rejeter ces puissances maîtresses qui nous conduisent dans les voies naturelles, qui, tout à la fois concourent sûrement à assurer le bien-être particulier de chaque homme et le font concourir lui-même au bien de ses semblables, ainsi qu'à l'ordre et à l'harmonie générale.

DOCTEUR. — Mais ces vérités ne pourraient-elles nous faire connaître la cause première elle-même, dans les pleines clartés de l'évidence, Ariste?

ARISTE. — La vérité nous a fait connaître son existence, docteur; elle nous a montré sa réalité dans ses actes et dans leurs effets; sa puissance, dans le moteur des mondes; sa suprême intelligence, dans les œuvres de la vie; sa providence, dans celles de l'instinct; son action créatrice, dans la formation de tous les êtres; mais je ne sais s'il peut nous être donné par elle de la contempler dans tout l'éclat de ses splendeurs.

Toutes ses œuvres nous ont redit son nom; son cachet, appliqué sur chacune d'elles, la montre faisant rayonner sur toutes les mêmes perfections, que toutes nous attestent également sa prescience, son omniscience, son omnipotence et ses perfections infinies. C'est ainsi que la vérité nous a conduit par elles à pénétrer jusque dans les profondeurs de sa pensée.

C'est encore peu, sans doute, docteur; mais ce peu nous a été fourni par l'observation directe et par l'induction sans recourir à aucune hypothèse. Espérons donc que la science, en suivant ses voies, arrivera bientôt à nous montrer cette cause sous des aspects nouveaux et à l'élever à un plus haut degré d'évidence encore. En attendant ce grand événement réservé à ses futures conquêtes, acceptez toujours les quelques traits de lumière que j'ai recueillis sur elle. Comme un voyageur qui parcourt une allée sombre, je n'ai pu saisir que quelques-uns des rayons qui ont frappé ma vue en traversant l'épaisse feuillée qui ombrageait mon sentier; mais je suis bien certain que ces rayons viennent de son soleil, puisqu'ils en ont la chaleur et l'éclat, et s'ils ne m'ont pas permis de le contempler dans son entier, c'est que toute sa lumière n'a pu passer à travers les étroites fissures par lesquelles il m'a été donné de l'observer.

VI

DOCTEUR. — Vous avez déjà éclairci bien des doutes, docteur; ne pourriez-vous me dire maintenant quelle est la nature de cette cause première?

ARISTE. — Je crains de m'engager dans cette voie, docteur, elle pourrait me conduire au delà des limites de la science. Si j'osais en aborder quelques points, ce ne serait assurément que pour vous complaire.

DOCTEUR. — Je vous en serai reconnaissant, Ariste.

ARISTE. — Dans ce but, demandons-nous seulement ce que seraient toutes les idées, toutes les volontés, toutes les notions, toutes les perfections que nous avons découvertes dans le beau livre de la nature, si elles n'étaient les filles d'une même intelligence et d'une même pensée. Car ces idées, pour être d'un ordre infiniment supérieur à celles de l'intelligence humaine, n'en sort pas moins, d'après notre manière de voir et de comprendre les choses, de même essence et de même nature. Or, que peuvent-elles être ainsi considérées, sinon les œuvres d'un esprit, et des œuvres qui attestent qu'un esprit seul a pu les concevoir? Par elles, cette cause première se révèle donc à nous comme un Esprit, puisque nous la voyons faire briller dans les formes sensibles de ses œuvres des idées et des notions qu'Elle seule a pu y incarner.

Ne vous semble-t-il même pas voir reluire à travers toutes ces idées, toutes ces pensées et toutes ces perfections, les lettres d'un nom bien connu et qui semble éclore de chacune d'elles, comme l'oiseau de la coquille qui l'enfermait?

DOCTEUR. — Je pense, en effet, Ariste, que cette cause que nous découvrons dans ses œuvres, que vous nous avez montrée à la tête de toutes les générations, dont l'intelligence rayonne sur tous les êtres et se montre toujours pleine de sagesse et de prévoyance; que cette cause, enfin, qui est presciente, omnisciente, omniprésente, omnipuissante et parfaite, n'a qu'un nom parmi les hommes, et de l'aveu de tous, ce nom est le nom ineffable de Dieu!

ARISTE. — Vous comprenez alors que Dieu est Esprit et que c'est en esprit qu'il faut le chercher. L'esprit seul, en effet, peut découvrir les idées qu'il a imprimées dans ses œuvres, isoler ces idées mères, ces idées spirituelles du moule matériel dans lequel elles sont enchâssées; les transformer en idées-vérités à travers lesquelles il peut entrevoir les idées originales sorties de sa pensée. C'est par cette voie seulement que l'esprit de l'homme peut atteindre la pensée divine; c'est par l'effet qu'il connait la cause; c'est par l'œuvre qu'il connait l'ouvrier.

DOCTEUR. — Vous avez assigné pour caractères à la vérité, Ariste, d'être réelle, immuable et éternelle; mais ces caractères ne sont-ils pas autant d'attributs de Dieu lui-même? Quelle différence existe-il donc alors entre Dieu et la vérité?

ARISTE. — La vérité, en effet, est dans sa source une idée de Dieu. La découvrir, c'est donc découvrir quelque chose de lui; mais ce n'est pas le découvrir tout entier et dans sa plénitude. Ainsi, la vérité qui nous montre son intelligence ne nous fait connaître qu'un seul de ses attributs; celle qui nous montre sa science nous en fait connaître un second; et j'en dirai autant de celles qui nous découvrent son art, ses inventions, sa sagesse, sa providence ou quelques autres de ses perfections. C'est toujours Dieu que chaque vérité nous montre, mais cette vérité ne nous découvre que l'un de ses attributs; c'est bien quelque chose de lui, mais ce n'est pas lui tout entier.

Chaque vérité nous fait donc connaître Dieu en nous montrant une idée de sa pensée, un acte de sa puissance, un rayon de sa gloire, et de là, son importance. Mais elle ne nous le fait connaître en quelque sorte que par le détail : de là, son insuffisance. Toutefois c'est bien Dieu qu'elle nous montre, et par cela seul la vérité détient quelque chose de sa réalité, de son immutabilité et de son éternité. Nous ne pouvons cependant la considérer comme éternelle en elle-même, puisque nous ne la découvrons que chez des êtres créés, qui tous ont eu un premier ancêtre ; mais comme ses manifestations ont toujours subsisté dans chaque espèce, qu'elles s'y sont perpétuées, qu'elles ont commencé et qu'elles finiront avec elle, nous l'appelons perpétuelle ; car on ne pourrait la considérer comme éternelle qu'en la contemplant dans la pensée de Dieu qui a pu la concevoir de toute éternité avant de la réaliser.

Nous nous garderons donc de confondre Dieu avec la vérité, puisqu'il existe une différence aussi notable entre elle et lui. Mais il n'en est pas moins juste de reconnaître que si la vérité n'est pas Dieu même, elle procède de lui, elle est quelque chose qui vient de lui. La chercher, c'est donc le chercher lui-même; la découvrir, c'est découvrir quelqu'une de ses perfections; la contempler, c'est le contempler dans les idées et les volontés de sa pensée, dans ce qu'il y a de plus intime et de plus caché en lui. Découvrir une vérité, c'est même apercevoir Dieu lui-même à travers son œuvre, puisque cette œuvre n'exprime que ce qu'il lui a communiqué en la créant : car cette œuvre ne fait que nous redire les paroles qu'il a imprimées en elle.

Vous comprenez maintenant, docteur, comment en poursuivant la recherche de la vérité avec tant d'ardeur, c'était Dieu même que vous vouliez connaître; car Dieu est non-seulement le sujet de toute vérité, mais encore le terme de toute vraie science. Ne vous étonnez donc pas de l'amour qu'inspire aux savants la recherche de la vérité, de l'ardeur qu'ils déploient en lui consacrant leurs travaux, leurs veilles et leurs méditations;

car nul effort ne leur coûte pour la découvrir. Pour conquérir ce trésor inestimable, ils visitent les déserts les plus arides, traversent les mers les plus lointaines, gravissent les montagnes les plus escarpées, pénètrent les souterrains les plus profonds, subissent les plus dures privations et vont même jusqu'à lui sacrifier leur vie.

Écoutez l'un de ceux qui, sans l'atteindre, l'a poursuivie avec le plus de courage et de dévouement : « C'est cette espérance de la vérité constamment déçue, dit C. Bernard, constamment renaissante, qui soutient et soutiendra toujours les générations successives dans leur ardeur passionnée à étudier les phénomènes de la nature....... En effet, dit-il plus loin, l'unique mobile qui attire et soutient l'investigation dans ses efforts, c'est précisément cette connaissance qu'il saisit et qui fuit toujours devant lui, qui devient à la fois son seul tourment et son seul bonheur. » (C. BERNARD, *Du progrès dans les sciences physiologiques, la Science expérimentale,* in-12, Paris, J. B. Baillière, 1878, pp. 67 et 85.) Pauvre Bernard ! il eût été bien surpris d'apprendre que tous ses efforts, que tous ses labeurs, que tous ses tourments n'avaient d'autre but que la connaissance de Dieu, principe de tout ce qui est, et par conséquent de la vérité elle-même !

DOCTEUR. — Comment la science acuelle qui désire si ardemment connaître la vérité peut-elle en ignorer le but, et n'ose-t-elle même prononcer le nom de Dieu?

ARISTE. — C'est parce que la science actuelle croit avec C. Bernard que « le savant doit se borner à être le photographe du phénomène », et que « devant les origines, la science doit s'arrêter... et ne doit point plonger dans les sublimités de l'ignorance ! » (*Ibid.*) Pour atteindre la vérité, il faut connaître quelque chose de plus que le phénomène. Tant que la science s'arrêtera au procédé de Tycho, en se bornant à observer ce qui se voit, se touche, se compte et se pèse ; tant qu'elle osera à peine rassembler les phénomènes semblables pour en formuler des lois, comme a fait Kepler, comment la rencontrer et l'atteindre? Il faut monter plus haut pour la découvrir ; il faut, avec Newton, s'élever des effets aux causes, et des causes secondes à la cause des causes, pour en trouver la source. C'est donc uniquement parce qu'elle s'est arrêtée en chemin, que la science n'a pu la découvrir, ni l'atteindre.

Mais prenons patience : la science ne peut s'arrêter. Quand

elle aura vu clairement son but, une nouvelle lumière éclairera
sa route, et ses progrès alors nous dédommageront rapidement
du temps d'arrêt qu'elle doit à son impuissante méthode ; quand
elle aura découvert que « Dieu est le Dieu des sciences », *scien-
tiarum est Deus (Écriture sainte)*, elle arrivera promptement à
découvrir Dieu et la vérité.

CHAPITRE VIII

DIEU ET L'HOMME.

« L'homme s'agite, mais Dieu le mène. » (FÉNELON.)
« *Deus qui operatur in nobis et velle et perficere.* C'est Dieu qui opère en nous le vouloir et le faire. » (*Philipp.*, II, 13.)

ARISTE. — Un savant de l'antiquité, exilé de sa patrie, ressentit, dit-on, au fond de l'âme une joie profonde en abordant une rive inconnue où il découvrait, tracés sur le sable, quelques signes de géométrie : « Nous sommes sur une terre hospitalière, « dit-il aussitôt à ses compagnons d'infortune ; les hommes qui « habitent cette île sont civilisés ! » Un même cri peut-il manquer de s'échapper de l'âme, à la vue d'un ciel étoilé, en y découvrant des signes non moins évidents de la science la plus élevée, tracés eux-mêmes par la main du divin géomètre ? A la vue de cette autre patrie, n'est-on pas porté à s'écrier, comme le malheureux exilé : Réjouissons-nous, car là aussi habite un grand savant, puisque nous y découvrons les signes d'une science sublime dans laquelle nous voyons tout disposé avec poids, nombre et mesure, *omnia in mensura, et numero, et pondere disposuit !*

Oui, certes, c'est un beau spectacle que la vue du ciel, puisqu'on ne peut le contempler sans se convaincre que là, chaque astre est à sa place, se meut sur lui-même, circule dans l'espace et s'avance sans s'écarter de la route tracée ni des rapports qui lui sont assignés ! Comment méconnaître dans une telle disposition un ordre idéal que la science peut vérifier, et une ordonnance plus magnifique encore qui, à son tour, manifeste l'intelligence, la sagesse et la puissance de l'ordonnateur qui l'a réalisé ?

Là donc, tout est soumis à la règle, tout est assujetti à la loi, tout s'engrène dans l'ordre, tout concourt à l'harmonie générale qui resplendit partout.

Toutefois ces lois si belles et que chacun admire dans le gouvernement des astres, leur seraient-elles exclusives, et les autres êtres de la nature n'y seraient-ils pas eux-mêmes assujettis ? Demandons à la science ce qu'elle peut répondre à cette question, et dans quelle mesure elle peut fournir la solution de ce grand problème.

Au premier aperçu, et dans une simple vue d'ensemble, tout paraît assujetti à l'ordre : chaque être a sa place, son rôle et sa mission, le grain de poussière que soulève le vent comme l'astre qui circule dans l'espace.

Interrogeons la science, faisons-la intervenir dans les détails les plus intimes de chaque être, et bientôt elle nous permettra de constater que les corps simples eux-mêmes possèdent des propriétés qui leur imposent leurs combinaisons et leurs rapports avec les autres corps de la nature ; elle nous apprendra que c'est de ces propriétés que dérivent leurs rapports nécessaires qui, à leur tour, constituent les lois qui les gouvernent ; que ces lois elles-mêmes font partie des grandes lois de la nature, et que c'est par elles que tous ces corps sont assujettis à l'ordre. Demandons-lui ce qu'elle enseigne sur les astres, et elle nous dira que chacun d'eux est doté de la gravité et d'un mouvement de projection centrifuge ; que c'est de ces deux causes que dérivent l'attraction et la circomduction qui les assujettissent à l'ordre général. Elle nous apprendra encore que tous les autres corps et que tous les êtres y sont assujettis eux-mêmes. Ainsi, la lumière est soumise aux lois de la réfraction et de la réflexion ; l'électricité, aux lois de l'attraction et de la répulsion ; la chaleur, aux lois de la diffusion et de l'équilibre ; le règne végétal, à l'unité de type, d'espèce et au dualisme sexuel ; le règne animal, à la génération, au développement, à la propagation, à la mort et à l'unité de type et de structure ; que tous deux sont astreints à vivre en société sur tous les points du globe, parce que les uns produisent ce que les autres consomment ; elle nous apprendra que chacun de leurs organismes est composé d'une multitude d'instruments distincts, qui tous possèdent une forme et une structure adaptées à leur rôle et à leur mission ; que chacun d'eux travaille au profit de tous, et que tous, à leur tour, travaillent pour lui, et qu'en même temps qu'il a sa fin spéciale, il concourt à l'œuvre commune, assujettie elle-même à l'ordre général.

La science nous atteste donc que tous les êtres et tous les corps de la nature sont assujettis à la loi. Pourquoi l'homme ferait-il donc exception à cette loi générale?

Cependant, l'homme fait aussi partie des êtres de la nature; comme chacun d'eux, il y occupe sa place; et ce serait une étrange anomalie de le voir seul dispensé de concourir à l'ordre qui s'impose à tous.

Ce privilége lui serait accordé, dit-on, parce que seul de tous les êtres il est libre, et que ses actes ne relèvent que de sa volonté! Examinons sur quoi s'appuient les partisans de cette étrange exception, et voyons si les faits eux-mêmes viennent sanctionner leur opinion.

L'homme, en vertu de sa liberté, peut-il réellement se soustraire à la loi générale? « Le fait de la liberté, dit-on, constitue « pour lui le *droit* d'être libre; et le même fait aperçu en autrui « constitue le *devoir*. » Ce droit, dégagé d'une manière aussi abstraite, concorde-t-il avec les faits, et suffit-il, en tout cas, pour le soustraire à la loi commune? Ce devoir lui-même, si vaguement formulé, peut-il lui tracer le rôle qui lui est assigné? Je ne le pense pas. En effet, si au lieu de prononcer aussi légèrement, au nom des subtilités de la métaphysique, sur les droits et les devoirs de l'homme, on eût laissé aux faits de l'expérience le soin de prononcer sur eux, ils eussent pu nous conduire à résoudre ce problème d'une manière bien différente.

L'homme est-il réellement aussi libre qu'on le dit? Non, car il a des maîtres, et des maîtres qui commandent à sa volonté elle-même. Qu'il le sache ou qu'il l'ignore, un grand nombre de ses actes lui sont imposés, et lui aussi est assujetti à l'ordre. Mais déférons aux faits le soin de résoudre cette grave question, car c'est à eux de nous dire dans quelle mesure cette liberté dont il est si fier lui permet de s'élever au-dessus des lois qui commandent à tous.

Mais, pour le savoir, adressons-nous surtout à ses propres faits; et, pour découvrir ceux-ci, consultons les actes qui dérivent de son organisme et même de chacun de ses instruments; recueillons ensuite ceux que suscitent ses besoins et ses instincts; et enfin, notons en particulier ceux que lui dicte sa conscience.

Ces actes et ces faits nous apprendront bientôt si, pour occuper le rang le plus élevé de l'échelle des êtres, il peut se dispenser lui-même d'obéir à l'ordre imposé à tous.

Remarquons avant tout que chacun de ces moteurs suscite toujours chez lui les mêmes actes, et que chaque série de faits suscités se résume en une loi qui les résume tous ; c'est déjà ce que nous avons établi pour plusieurs lois antérieures ; de telle sorte que, d'après ces termes, soit que nous parlions des agents, soit que nous citions les faits qu'ils produisent, ou soit, enfin, que nous nous bornions à signaler la loi qui les exprime, ces termes seront toujours équivalents. Abordons donc maintenant ces grands agents que Dieu a donnés à l'homme, et examinons dans quelle mesure ils le conduisent à des fins qui l'assujettissent à l'ordre.

Docteur. — Mais si l'homme est commandé, en quoi peut donc consister sa liberté ?

Ariste. — Tous les êtres sont assujettis à l'ordre, docteur ; l'homme ne peut faire exception. Et j'ajoute que, loin de s'en plaindre, il doit en remercier la Providence, qui l'a ainsi, par sa sagesse, prémuni en grande partie contre ses caprices, ses entraînements et ses passions, qui l'eussent conduit infailliblement dans des voies contraires à son bonheur.

Docteur. — Quoi que vous disiez, Ariste, je ne connais aucune puissance qui maîtrise ma volonté et l'empêche de faire ce qu'elle veut et ce qui lui plaît.

Ariste. — Fils de la terre et composé de limon, l'homme, comme le grain de sable, n'est-il pas attaché au sol et forcé de circuler dans l'espace avec lui ? Il est fils du ciel aussi, sans doute, et à ce titre Dieu lui a concédé de nobles priviléges ; mais ceux-ci ne peuvent le dispenser d'user de ses instruments selon la mission qui leur est assignée, ni d'obéir à ses besoins, à ses instincts et à sa conscience.

Docteur. — Que devient donc sa liberté commandée par tous ces maîtres ? N'est-ce pas réduire cette volonté au rôle d'un bâton dans la main du voyageur ?

Ariste. — Je comprends sa révolte à la vue des chaînes qui l'enlacent de tous côtés, car son orgueil se complaît à exalter son indépendance alors même qu'il ne fait que remplir la mission qui lui est imposée ; mais en peut-il être autrement quand il ignore l'origine des actes qu'il accomplit ? Ceux-ci s'exécutent, d'ailleurs, avec une si merveilleuse facilité, que par cela qu'il ne sent aucun obstacle, il peut croire qu'il les dirige à son gré. Mais, dites-moi, les astres, s'ils pensaient comme l'homme, ne pourraient-ils croire aussi qu'ils exécutent librement tous leurs mouvements, puisque aucun lien ne les attache et que nulle puissance visible ne les dirige? La fleur des champs, qui vit isolée parmi les autres fleurs, ne pourrait-elle croire, dans le même cas, que c'est d'elle-même qu'elle se tourne vers le soleil, puisque nulle volonté étrangère ne lui impose ce mouvement? et même, si quelque grain de vanité pouvait germer en elle, ne pourrait-elle croire que c'est pour elle que le sol est fait, que le soleil luit pour faire briller ses riches couleurs, que c'est pour la désaltérer que la pluie tombe, et que l'air a été fait pour lui permettre de le respirer; enfin, que nul être n'a été aussi bien partagé qu'elle, puisque nul autre ne possède ses suaves parfums, ses belles nuances, son élégante beauté et les joies charmantes de son beau gynécée? Oseriez-vous même traiter d'insensé l'oison de Montaigne, alors qu'il croit que c'est pour lui que l'homme laboure, sème et moissonne?

Pourquoi l'homme ne se croirait-il pas aussi libre et aussi bien partagé que tous ces êtres, quand il ignore que tous ses actes lui sont imposés, et que tout ce qu'il possède lui a été donné? Qu'il y réfléchisse cependant! ne faut-il pas qu'à peine né, il respire et tette ; que plus tard il travaille pour se nourrir, se vêtir et s'abriter ; qu'incessamment il obéisse aux besoins qui commandent ses actes pour être satisfaits? Il résistera quelque temps à leurs exigences, peut-être, mais ils deviendront plus impérieux, et il ne pourra les éluder : ils commandent, il faut qu'il obéisse.

L'un de ses instincts le pousse au mariage, par exemple ; celui-ci lui donne une famille, qui, obéissant elle-même à son instinct de sociabilité, se rapproche des autres familles, et bientôt il sera englobé avec elles au sein d'une société ou d'une nation. Que va devenir sa liberté parmi cette agglomération de besoins, d'instincts et de passions diverses? Simple rouage, n'est-il pas condamné à s'engrener dans le mécanisme social dont il est devenu l'un des membres solidaires?

Les besoins de sa nouvelle famille l'obligent à cultiver le sol; il s'y attache en proportion des peines qu'il lui donne pour en obtenir les produits qui lui sont nécessaires. La protection de tous lui est elle-même nécessaire pour assurer la récolte des fruits qu'il a semés ; alors la gratitude l'attache à tous comme au sol lui-même. Son existence, ses habitudes et ses mœurs s'identifient donc avec celles de tous les autres hommes ; aussi il accepte leurs croyances, leur culte, leurs fêtes, leurs chants, le respect de leurs morts et de leurs tombeaux, et il finit par s'attacher autant aux cœurs, aux esprits et à l'âme de tous qu'au sol lui-même. Or, qu'est cette nouvelle affection que toutes ces circonstances ont fait naître dans son cœur, sinon l'amour de la patrie, l'amour de cet être collectif dont il fait partie, de cette mère commune de tous ceux qui l'entourent, et qui les solidarise par le langage comme par les lois ? Désormais tout ce qui la touchera l'atteindra lui-même.

Mais que va devenir sa liberté au sein de cette vaste agglomération de besoins, d'instincts, de passions et d'affections diverses ? Qu'une idée surgisse du sein de cette grande unité vivante, à peine est-elle sortie, on ne sait d'où, qu'elle s'empare de l'opinion publique, monte les imaginations, passionne les masses ; un cri de guerre est poussé ! L'intérêt public commande, il faut tout quitter pour défendre le sol et la patrie. Il va donc falloir subir la faim, le froid, le chaud et la misère pour sa défense ; il lui faudra même donner sa vie pour elle sans murmurer. Qu'un vent brûlant vienne dessécher les moissons, il lui faudra partager la disette commune ; qu'un vaisseau touche au port voisin et y répande la peste, pourra-t-il fuir et l'éviter ? que des inondations dévastent les campagnes, pourra-t-il s'y soustraire ? Non ; dans ce cas, comme toujours, il faut qu'il obéisse aux lois communes, qu'il cède au vent qui le pousse, au torrent qui l'entraîne, et à tous les fléaux qui sévissent sur la société ! Comme le fleuve qui sourd des flancs de la montagne, il faut qu'il suive la pente ; sa voie lui est tracée.

Docteur. — Sans doute, Ariste, dans bien des circonstances l'homme ne peut échapper aux exigences de la société ; mais dans combien d'autres ne peut-il s'en dédommager et faire tout ce qu'il veut ?

Ariste. — Faire tout ce qu'il veut ! Y songez-vous, docteur ? Peut-il voir par l'oreille, écouter par les yeux, digérer par les poumons, respirer par l'estomac ? Peut-il lutter de vitesse avec le cerf, voler comme l'oiseau, nager comme le poisson, marcher sur ses mains, travailler avec ses pieds ?

Docteur. —Non, sans doute.

Ariste. — Non, assurément, parce que sa volonté est subordonnée à sa conformation et aux aptitudes des instruments qui lui ont été donnés.

Pourrait-il remettre à huit jours un repas commandé par la faim, rejeter la boisson exigée par la soif, faire attendre le besoin de respirer, se passer de vêtements et d'abri pendant la mauvaise saison?

Docteur. — Non, Ariste.

Ariste. — Non, sans doute, parce qu'il faut qu'il obéisse à ses besoins.

Pourrait-il même s'isoler entièrement de la famille et de la société; résister aux attraits qu'elles lui offrent; se soustraire au besoin d'imiter ce qui est bien; faire taire l'admiration que lui inspire un acte de dévouement ou l'horreur que produit la vue du mal et de l'égoïsme? pourrait-il même rejeter Dieu de sa pensée ou étouffer l'admiration que lui inspirent la grandeur et la beauté du culte qu'on lui rend? Non encore, car ces nobles instincts s'imposent à son sentiment et commandent à son cœur alors même que son esprit est perverti.

Docteur. — Je ne peux disconvenir, Ariste, que tous ces instincts sont naturels à l'homme, et qu'il est plus facile de les méconnaître que de les mépriser.

Ariste. — Ne conviendrez-vous pas aussi de la puissance de la conscience, et n'avez-vous pas constaté maintes fois combien d'actes elle impose à nos résolutions, alors même que nos intérêts et nos passions les repoussent?

Docteur. — Je le reconnais, Ariste. Mais est-ce à dire que ces faits embrassent tous ceux de la liberté? Dans ceux-là même que vous venez de citer, n'en est-il pas un certain nombre que la volonté peut maîtriser? Ne peut-elle, quand elle est douée de quelque énergie, se soustraire à un certain nombre de besoins et d'instincts? Quel homme de bonne volonté ne peut arriver à se priver de plaisirs et de jouissances, par exemple? ou si parfois il s'y livre avec excès, c'est volontairement alors qu'il le fait. Qui n'a même réussi à se priver de sommeil, du moins temporairement? Est-ce aux intérêts organiques qu'il obéit dans ce cas, et le principe qui le dirige n'est-il pas tout différent? Assurément, car alors il puise ce principe dans sa volonté et dans sa raison, et par cela seul qu'il est intelligent, il est libre. Seul, en effet, il connaît l'honneur, la gloire, le devoir, et peut tout leur sacrifier : besoins, instincts, jouissances, tout, jusqu'à sa propre vie ! car l'homme « est soumis à un principe qui s'élève au-dessus « de lui, dit Bossuet, qui le pousse jusqu'à sa ruine pour contenter « sa raison » (*Connaissance de Dieu,* V, XIII), — « principe qui le « détermine à mourir avec conscience et par raison, malgré « toute disposition du corps qui s'oppose à ce dessein ». (*Ibid.,* V, X.)

ARISTE. — Vous oubliez, docteur, que « Dieu opère en tout ce « qui opère », comme l'a dit saint Thomas (*Cont. gent.,* liv. III, ch. LXVII), car si « toute opération intellectuelle vient de l'intel- « ligence qui la porte comme cause seconde, elle vient de Dieu « comme cause première », *omnis operatio intellectualis est quidem ab intellectu, in quo est, sicut a causa secunda, sed a Deo, sicut a causa prima;* vous oubliez encore qu'avant saint Thomas, l'Apôtre avait déjà dit : « C'est Dieu qui opère en nous le, vouloir et le « faire », *Deus qui operatur in nobis et velle et perficere.* (*Philipp.,* II, 13.) Le Christ Jésus n'a-t-il pas dit lui-même : « Sans moi vous ne pouvez rien. » (Jean, XV, 5.)

DOCTEUR. — Mais, Ariste, c'est submerger la liberté humaine dans la volonté divine ! Que deviennent donc alors le mérite et le démérite de nos œuvres?

ARISTE. — J'ai voulu avant tout contater ceci : c'est que les causes secondes agissent sans cesse en nous ; mais je ne prétends pas qu'elles agissent nécessairement sur toutes nos détermina- tions ; je préfère admettre avec saint Thomas que « la détermi- « nation et la fin de l'action dépendent du libre arbitre », *sed tamen determinatio actionis et finis in potestate liberi arbitrii consti- tuitur* (liv. II, dist. 25, q. 1, a. 1, art. 3). Je n'oublie pas que « dès « le commencement Dieu a créé l'homme et l'a laissé dans la « main de son propre conseil » (*Ecclésiaste,* XV, 12), en lui disant : « Le désir du mal est en ton pouvoir, et tu peux le dominer » (*Genèse,* IV, 7) ; mais je ne puis méconnaître avec Malebranche que « Dieu veut que je veuille invinciblement être heureux, « parce qu'il m'a fait libre et qu'il ne pourrait ni me récompenser « ni me punir, comme moi je ne pourrais ni mériter ni démériter, « si le plaisir et la douleur, la perfection et la corruption de ma « nature m'étaient indifférents ». (*Amour de Dieu.*)

DOCTEUR. — Quoi qu'il en soit de ces restrictions, Ariste, votre liberté a ses racines dans le fatalisme, puisque, selon vous, nos actes s'appellent les uns les autres, et que si l'homme peut ce qu'il veut, sa volonté est, à son insu, la conséquence forcée de son organisme, de ses besoins, de ses instincts et de sa conscience, dont l'origine lui est étrangère.

ARISTE. — La doctrine du péché originel et de la grâce, a dit M. Alf. Maury (*le Sommeil et les rêves*, in-12, 3ᵉ édit., 1865, p. 418), forme comme un intermédiaire entre la théorie du fatalisme et celle de la liberté absolue; elle admet dans l'homme une incitation naturelle et par conséquent forcée vers certains actes bons et certains actes mauvais; les premiers, par l'effet d'une intervention divine; les seconds, par l'effet d'un penchant inné, héréditairement transmis et qui remonte au premier homme. L'homme aidé de la grâce peut résister à ses passions, héritage du péché d'Adam; mais privé de ce secours, il ne saurait complétement y réussir.

DOCTEUR. — Mais Dieu est libre de communiquer le don de sa grâce à qui il lui plaît; son élection alors ne repose plus sur le mérite des actes, mais sur sa préférence, et vous êtes ramené ainsi à la prédestination et au fatalisme.

ARISTE. — Le don de la grâce n'infirme pas le principe de la liberté, bien qu'elle le restreigne notablement; car la théologie enseigne que pour être obtenue, quand elle n'a pas été librement communiquée, la grâce doit être demandée par la prière, et pour cette demande l'homme reste complétement libre. Il est comparable à celui qui, n'ayant pas la force de soulever un fardeau, ne pourrait pour cela se passer de machine, mais auquel la liberté aurait été laissée de se servir ou non de la machine.

DOCTEUR. — En dernière analyse, cette opinion n'en flotte pas moins entre la liberté et le fatalisme.

ARISTE. — Cependant il est un grand fait, docteur, et ce fait domine toute cette question et suffit pour la résoudre : c'est que l'homme, étant un être intelligent, connaît la vérité et l'erreur, le bien et le mal, le juste et l'injuste, et par cela même peut choisir sans contrainte entre l'un et l'autre; or, c'est dans ce choix que consiste sa liberté.

DOCTEUR. — N'oubliez pas, Ariste, que le mot liberté, en latin *libertas,* dérive de *libra,* balance; sur quel plateau ferez-vous peser le motif qui devra vous déterminer?

ARISTE. — Il est un instant surtout où cette liberté se montre dans toute sa réalité : c'est celui où la raison, qui préside à cette grande scène, dans laquelle se débattent en sa présence les séductions du mal et le devoir du bien, les examine, juge et choisit entre eux. Toutefois, une fois ce choix fait, elle n'a plus qu'à vouloir le mal ou le bien, et à le réaliser.

Cependant, si elle a voulu le bien, la liberté a choisi ce qu'elle devait vouloir, puisqu'il nous faut vouloir ce que Dieu veut « que nous voulions », dit Malebranche (*ibid.*); et alors sa liberté n'est qu'une soumission volontaire. Mais elle est pleine et réelle, indépendante et absolue, alors qu'elle choisit le mal ; car, dans ce cas, l'homme s'écarte des voies que Dieu lui a tracées, et n'obéit plus à la loi qui l'oblige, comme font le grain de sable et l'astre.

DOCTEUR. — Pourquoi la liberté ne serait-elle pas aussi pleine et réelle, Ariste, quand l'homme choisit le bien que quand il choisit le mal? N'est-il donc pas aussi digne d'éloge et de récompense dans le premier cas qu'il est digne de blâme et de châtiment dans le second?

ARISTE. — N'oubliez pas, docteur, que quand l'homme fait le bien, il fait ce que Dieu l'incite à faire, puisqu'en lui donnant ses instruments, il en a dicté l'usage ; qu'en lui donnant ses besoins et ses instincts, il l'a assujetti à les satisfaire ; qu'en lui donnant sa conscience, il lui a donné un guide pour l'assister. C'est par ces moyens que Dieu lui inspire ses volontés. En leur obéissant, il veut ce que Dieu veut qu'il veuille, et c'est par eux qu'il le mène.

DOCTEUR. — Mais en quoi cette liberté diffère-t-elle de la nécessité, Ariste ?

ARISTE. — Dieu, en nous inspirant ses volontés, ne nous contraint pas à les suivre, car nous pouvons toujours agir dans un sens opposé ; et c'est en cela que notre liberté diffère de la nécessité. « L'épouvantable grandeur de l'homme, dit J. de « Maistre, est telle qu'il a le pouvoir de résister à Dieu et de « repousser sa grâce ; elle est telle que le dominateur souverain « et le *roi des vertus* ne le traite qu'*avec respect, cum magna reve-* « *rentia.* » (*Sap.,* XII, 18.) — « Il n'agit pour lui qu'avec lui. » (*Soi-rées,* t. II, 10ᵉ édit., p. 251.) Est-ce une même chose d'ailleurs qu'abdiquer sa liberté ou la soumettre volontairement? Non, assurément, car dans ce dernier cas c'est encore choisir le plus sûr moyen d'assurer son bonheur. Comment douter, en effet, de la bonté et de la sollicitude de Dieu pour l'homme, en présence des liens ingénieux dont il l'entoure, pour le prémunir contre ses propres égarements, et pour l'attirer à lui afin d'assurer son bonheur?

Docteur. — Quoi donc vous porte à admettre que Dieu est si plein de sollicitude et de bonté pour l'homme?

Ariste. — N'a-t-il pas agi en père et en ami, en nous entourant de cette multitude de soins attentifs? ne nous a-t-il pas révélé la plus grande sollicitude, en nous traçant les voies les plus sûres pour nous conduire au bonheur? Pourquoi donc, quand il nous traite comme ses enfants, chercher un autre guide? Pourquoi, ignorants, hésiter à nous confier aux lumières de Celui qui sait tout; faibles, refuser un soutien et un appui en sa toute-puissance? Quand nous savons qu'il nous aime et veut notre bonheur, pourquoi vouloir autre chose que ce qu'il veut que nous voulions?

Docteur. — Quels motifs vous portent donc à croire que Dieu est plein de bonté et de sollicitude pour nous?

Ariste. — N'est-ce pas lui qui nous a dotés de tous les instruments nécessaires à l'exercice de notre vie, à notre conservation et à toutes nos relations; qui, en prévision de nos besoins, produit tout ce qui peut les satisfaire? N'est-ce pas lui qui fait croître les aliments qui nous nourrissent, fait sourdre l'eau en tous lieux pour nous désaltérer, produit le raisin, qui donne le vin qui nous réconforte et nous réjouit; qui fait croître le lin, les toisons et la soie qui nous vêtissent; qui a créé la femme, compagne de notre vie, lui suscite des enfants, soutiens et joie de nos vieux jours; qui, enfin, nous a donné la jouissance de la terre, des fleuves et de tout ce qu'ils produisent? Qui l'a porté, si ce n'est sa bonté et sa sollicitude pour nous, à nous donner toutes ces choses dont nous ne jouissons que parce qu'il nous en a concédé la possession? « Car au Seigneur appartient la terre et tout ce « qu'elle renferme. » *Domini est terra et plenitudo ejus. (Sap.*, II, 11.)

Docteur. — Qui vous porte à dire qu'il nous traite en père et en ami?

Ariste. — N'est-ce pas nous traiter comme des enfants légitimes que de nous donner la jouissance de tous les biens qu'il a faits et qui sont à lui, puisqu'il les a créés et qu'il a droit d'auteur et de propriété sur toutes choses? C'est évidemment nous traiter en père et en ami que de nous en céder la jouissance, et d'ajouter même à ces largesses la vue de toutes les merveilles dont il les a ornées!

DOCTEUR. — Qui a donc pu lui inspirer tant de bonté pour
'homme?

ARISTE. — Son amour pour le fils de ses pensées.

DOCTEUR. — Comment motiver une telle affirmation, Ariste?

ARISTE. — Ne trouvez-vous pas que ç'a été un grand témoignage de sa prédilection pour l'homme que de l'avoir doté d'intelligence pour connaître la vérité, et de raison pour le connaître
lui-même; de lui avoir conféré les droits les plus nobles et les
plus élevés, la dignité, la liberté et la personnalité? Ne fallait-il
pas que son amour pour nous fût infini pour nous admettre au
partage de ses plus beaux titres de gloire?

DOCTEUR. — Je cherche et me demande en vain ce qui a pu le
porter à en agir si libéralement envers nous.

ARISTE. — Pour le savoir, demandez au cultivateur pourquoi
il ensemence, et il vous répondra que c'est pour récolter. Dieu
nous aime pour que nous l'aimions; il nous honore pour que
nous l'honorions; il nous élève en dignité pour faire rayonner
sur nous sa gloire; il nous décore de beauté pour nous faire
refléter l'éclat de sa splendeur; enfin, il va jusqu'à nous inspirer
nos actes, afin que chacun d'eux remonte vers lui comme un
hymne et un concert divin pour célébrer sa puissance et sa
bonté!

DOCTEUR. — Comment l'action de Dieu peut-elle ainsi se produire en nous, sans que nous en découvrions quelques traces?

ARISTE. — Ouvrez les yeux, docteur; considérez ce qui se
passe incessamment en vous, et vous découvrirez bientôt les
traces de sa présence et de son assistance. N'avez-vous donc pas
remarqué que soit qu'on veille ou qu'on dorme, tout s'accomplit
chez nous avec la plus grande régularité? Est-ce votre volonté
qui accomplit tous ces actes, qui respire, digère, s'assimile ce qui
vous est utile, rejette ce qui peut vous nuire? Si ce n'est pas vous
qui dirigez toutes ces fonctions si nécessaires à l'entretien de
la vie, n'est-il pas évident qu'une autre volonté s'en occupe pour
vous?

DOCTEUR. — Mais, Ariste, l'organisme et la vie suffisent pour
accomplir ces merveilles.

ARISTE. — N'est-ce pas lui qui nous a donné cet organisme et
la vie qui l'anime, et qui en a réglé tous les mouvements? Chacun
d'eux nous exprime donc un acte de sa volonté; et si ce n'est
pas lui qui intervient immédiatement dans leur production, sa

volonté n'en agit pas moins d'une manière médiate dans tous les actes que nos instruments accomplissent.

Ce n'est pas, d'ailleurs, par ces seules actions que sa présence se révèle en nous. N'est-il pas évident que dans maintes circonstances, sous une forme ou sous une autre, sa sollicitude veille incessamment sur nous et nous donne des témoignages manifestes de son assistance ; qu'elle nous convie au bien par la joie que celui-ci nous procure, nous détourne du mal par les peines qui lui succèdent, nous avertit sans cesse dans notre for intime, et jusque dans les profondeurs de notre conscience, du mérite ou du démérite de nos propres pensées avant de les laisser se réaliser dans nos actions? La meilleure des mères montre-t-elle autant de sollicitude pour l'enfant qu'elle chérit le plus tendrement?

DOCTEUR. — Par quels moyens, Ariste, Dieu peut-il nous avertir et nous conduire ainsi?

ARISTE. — En établissant l'organisme dans les conditions où il est, Dieu lui a dicté ses actes ; en nous donnant nos besoins, ceux-ci sollicitent notre intelligence à les satisfaire ; en nous dotant de l'instinct moral, il nous pousse à faire le bien envers nos semblables, et en nous donnant l'instinct religieux, il nous porte à l'aimer et à l'adorer : tels sont les principaux moyens dont Dieu use pour nous conduire et nous diriger.

DOCTEUR. — Ainsi nous avons donc des rapports incessants avec Dieu?

ARISTE. — Cela est manifeste, docteur ; et comme ces rapports dérivent de sa sollicitude, de sa bonté et de son amour pour nous, ils établissent des obligations naturelles entre l'homme et Dieu.

DOCTEUR. — Quelles sont donc ces obligations, Ariste?

ARISTE. — Nous ayant tout donné, la reconnaissance nous unit à lui; sa bonté commande notre gratitude et nous oblige à lui rendre grâce de ses bienfaits, à le prier de nous les continuer et à l'adorer; enfin, son amour commande notre amour.

Mais il y a une obligation plus importante et plus précieuse encore pour nous : c'est celle de la libre soumission à ses volontés. Dès que nous savons, en effet, qu'il veut notre bonheur, qu'il nous a tracé la voie qui y conduit et peut le plus sûrement nous l'assurer, pourquoi méconnaître la volonté qu'il manifeste pour nous diriger vers lui? Sa volonté doit donc devenir notre volonté, et nous devons vouloir tout ce qu'il veut lui-même !

DOCTEUR. — Il me semble, Ariste, que cette soumission absolue à ses volontés outre-passe les limites de la reconnaissance, de la gratitude et de l'amour. Dieu, disiez-vous, a tellement respecté la grandeur de l'homme, qu'il ne le traite qu'avec respect, *cum magna reverentia!* Et cependant la soumission que vous lui commandez n'est autre chose que l'asservissement de sa propre personnalité et de sa propre dignité !

ARISTE. — Vous vous trompez, docteur.

DOCTEUR. — Comment! réduire l'homme à n'avoir plus de volonté, n'est-ce pas détruire sa responsabilité et l'abaisser au niveau de la brute ? Pourquoi faire descendre jusque-là celui que Dieu a doté de tant de priviléges ; celui dont les traits portent l'empreinte de tant de grandeur, de noblesse et de dignité ; dont l'intelligence connaît tous les êtres créés, dont la puissance a tout asservi à sa domination, a tout plié et assujetti à son usage ; celui qui peut soutirer la foudre des nues et l'apprivoiser jusqu'à lui faire transmettre ses pensées ; qui commande aux vents et à la vapeur, et leur fait conduire ses vaisseaux sur tous les points du globe ; qui maîtrise les éléments, les fait servir à ses besoins, au luxe de sa brillante civilisation et à son propre bien-être ; celui dont l'activité cultive les sciences et les arts, recueille, embrasse et condense l'expérience des siècles, mesure les distances qui séparent les astres, les analyse et les pèse ; qui sait combien d'années met la lumière de l'étoile la plus voisine pour arriver jusqu'à lui, et combien d'ondulations elle effectue dans ce trajet avant d'atteindre sa rétine ; qui connaît les orbes que parcourent les astres et les lois auxquelles ils sont assujettis ; celui enfin qui sait toutes choses, commande à tout, dirige tout, transforme tout et imprime sur tout le sceau de son génie, de sa puissance et son autorité ? Et, c'est à cet homme que vous osez dire : Tu n'auras pas de volonté, car tu ne sais voler avec tes propres ailes, et il te faut vouloir tout ce que Dieu veut que tu veuilles !

ARISTE. — Je voudrais bien avec vous, docteur, céder à la vanité qui vous pousse à célébrer les gloires de l'homme ; mais cependant quand je découvre l'origine de sa grandeur, de sa puissance et de sa science, et que je vois que toutes ces choses lui ont été données, je me sens porté à célébrer d'autant plus la gloire du donateur, et ne puis apprécier comme vous son obligé.

Mais je ne puis admettre avec vous qu'il sait tout, quand je constate qu'il s'ignore soi-même. S'il sait découvrir les lois des astres, je m'assure qu'il ignore ses propres lois; et quand vous me le montrez dirigeant, gouvernant et maîtrisant tous les êtres, je le vois sans cesse flotter, hésiter et irrésolu sur les voies qu'il doit suivre lui-même; en un mot, cet homme qui sait tout ne sait ni son origine, ni sa destinée, ni sa fin.

Pourquoi tant d'orgueil quand on ignore le principal? Ne serait-il pas plus sage à lui de connaître ses propres lois, de suivre les voies qui le conduiraient au bonheur, et de tâcher d'atteindre ainsi le but de ses plus nobles efforts?

Docteur. — Mais, avant tout, Ariste, il faudrait connaître ces lois?

Ariste. — Une seule lui suffirait, parce qu'elle est la première et la principale : c'est de vouloir ce que Dieu veut.

Docteur. — Mais comment connaître ce que Dieu veut?

Ariste. — Dieu nous a donné l'intelligence pour connaître la vérité, et connaître la vérité, c'est le connaître lui-même. Or, cette connaissance suffit déjà pour être heureux. Il nous a donné l'instinct social pour vivre en famille et en société, et celles-ci, quand elles suivent ses lois, y trouvent le bonheur. Il nous a donné l'instinct moral pour nous pousser à faire le bien à nos semblables, et tout bienfait nous rend heureux. Il nous a donné l'instinct religieux pour nous porter à l'aimer, et l'aimer est le suprême bonheur.

C'est ainsi qu'il nous fait connaître ses volontés et que nous-mêmes, par une libre soumission, pouvons assurer notre bonheur. Non-seulement il nous donne le bonheur en échange de notre soumission volontaire à ses lois, mais il a encore rendu charmants tous les moyens qui pouvaient nous le procurer. Avant tout, il nous a faits aimants pour aimer tout ce qui nous plaît, et il a rendu attrayant tout ce que nous devons aimer. Ainsi il a rendu l'ordre beau pour que nous aimions l'ordre, il a rendu belles ses lois pour que nous aimions ses lois, il a revêtu la vérité de la plus attrayante beauté pour nous attirer vers elle, il a entouré sa justice de grandeur et de majesté pour nous faire aimer sa justice, il a couronné de gloire le dévouement pour que nous l'aimions et le pratiquions jusque dans le sacrifice, il a entouré d'attraits la beauté pour nous attirer à elle; en un mot, il a attaché toutes les joies de la béatitude à la pratique de chacune de ses volontés, afin de nous conduire à la félicité par elles.

DOCTEUR. — Mais comment se procurer la possession de ce bonheur et de cette félicité, Ariste?

ARISTE. — Par la contemplation de Dieu et de ses perfections.

DOCTEUR. — Où les découvrir?

ARISTE. — Là où il les a imprimées, dans son beau livre de la nature.

DOCTEUR. — J'ai souvent admiré les beautés de la nature, Ariste; j'ai contemplé la splendeur du ciel, la grandeur des astres et l'ordre qui règne parmi eux; j'ai admiré aussi la vaste étendue de la mer, un lever ou un coucher de soleil, les charmes d'un site, les fleurs des champs; j'ai vu de généreux dévouements et de grands sacrifices : toutes ces choses m'ont procuré de nobles jouissances, mais aucune ne m'a donné le bonheur ni la félicité.

ARISTE. — Ce n'est pas dans les mots qu'on découvre la pensée, c'est dans les idées qu'ils expriment; de même ce n'est pas dans les êtres de la nature qu'on voit Dieu, mais seulement dans les idées et dans les perfections qu'il y a imprimées.

Ne l'oublions pas, docteur, Dieu est Esprit, et c'est en esprit qu'il faut le chercher. Ainsi, dans l'étendue des cieux, il y a autre chose que l'immensité qu'on y voit : on découvre aussi en elle l'idée originale qui l'a conçue et qui s'y trouve exprimée; dans la splendeur des astres, il y a l'idée première qui resplendit dans leur forme, dans leur éclat et dans l'ordre que nous y admirons; dans l'étendue de la mer, il y a non-seulement l'idée de ses proportions, mais encore celles de sa composition et des dispositions qu'elle offre, soit pour loger et nourrir ses habitants, soit pour fournir les nuages nécessaires à l'entretien des sources et des rivières, et pour l'arrosage des moissons; dans la beauté d'un site, comme dans la beauté des fleurs des champs, il y a des myriades d'idées qui reflètent chacune l'inépuisable fécondité de sa pensée; dans les actes de dévouement et de sacrifices, il y a non-seulement l'acte qui procure le bien à nos semblables, mais encore la volonté première qui s'exprime dans l'instinct moral qui suscite ces actes; enfin, dans tous les faits de prière, de culte et d'adoration, nous découvrons encore l'une des pensées les plus généreuses de Dieu envers nous, celle qui veut assurer notre bonheur par leur pratique.

Vous le voyez, docteur, il faut nous élever au-dessus des beautés et des magnificences de la nature, pour y découvrir, dans leur source, les véritables beautés qui y sont imprimées; car ce n'est qu'en elles que nous pouvons saisir les idées, les volontés et les perfections divines qui s'y trouvent exprimées. Mais une fois découvertes, il nous suffit de les contempler du regard de la pensée pour en acquérir la possession, et cette possession nous procure aussitôt le bonheur et des joies sans égales. Ce n'est donc qu'après nous être élevé jusqu'à la source de toutes les beautés, ce n'est qu'après avoir traversé toutes les images visibles, que nous pouvons découvrir l'exemplaire original de la vraie beauté, de cette beauté réelle, immuable et éternelle, dont la vue inspire le véritable amour. Or, l'aimer, c'est être heureux, et heureux de ce bonheur stable qui est le souverain bien.

Docteur. — Mais comment découvrir cette beauté dans les différents objets de la nature, Ariste?

Ariste. — C'est en nous élevant de l'objet à l'idée qu'il exprime, et de cette idée à Celui qui l'a imprimée en lui. Il faut soulever l'écorce pour découvrir la séve qui circule sous elle, et celle-ci, mise en évidence, nous montre aussitôt le principe qui nourrit l'être et lui donne la vie. Il en est de même dans les objets; ce n'est qu'après avoir écarté le voile qui la couvre, que nous découvrons cette beauté parfaite qu'on ne peut contempler sans ravissement et qui nous attache à elle d'un amour qui surpasse tous les amours, et qui nous donne la félicité.

Docteur. — Comment un amour aussi idéal, Ariste, peut-il procurer une telle félicité?

Ariste. — Cette beauté et ces perfections ne sont pas purement idéales, docteur, puisque, comme les vérités, nous les voyons imprimées dans tous les êtres de la nature. Et ce qu'il y a de certain, c'est que les voir, c'est contempler Celui qui nous parle par elles, Celui dont on ne peut entendre les paroles sans en être ravi et sans l'aimer. Or, si aimer, c'est se complaire dans la joie de ce qu'on aime, nous pouvons à chaque instant jouir de cette félicité en le cherchant lui-même dans les êtres qu'il a créés, en recueillant ses paroles et en les contemplant dans chacune des perfections qu'il y a tracées. Et s'il est vrai que l'amour rapproche et unit, quand nous aimons Dieu dans ses perfections comme il nous aime lui-même, cet amour, qui nous élève vers lui, ne nous admet-il pas au partage de ses grandeurs et de sa dignité, et ne nous procure-t-il pas le bon - heur jusque dans l'accomplissement des volontés de Celui que nous aimons, puisque, selon la belle expression de Malebranche,

« cet amour nous plonge en Dieu où nous pensons comme Dieu
« pense, et aimons comme Dieu aime »? D'ailleurs, si le véritable
amour peut unir les rangs les plus éloignés, notre amour, puisé
à cette source éternelle, sans aller jusqu'à se déifier ni jusqu'à
s'absorber en lui, nous procure du moins une félicité aussi inaltérable que les perfections qui l'inspirent. Que serait donc une
félicité aussi inaltérable si elle n'était le souverain bien même?
Non, « l'œil n'a jamais vu, l'oreille n'a jamais entendu, l'esprit
« de l'homme n'a jamais compris ce que Dieu a préparé pour
ceux qui l'aiment! » (I *Cor.*, ii, 9.)

DOCTEUR. — Comment Dieu si grand, Ariste, peut-il condes-
cendre à aimer à ce point l'homme qu'il a créé?

ARISTE. — C'est parce que Dieu est amour, docteur, et qu'il
est de son essence d'aimer. Dieu aime tous les hommes, il aime
chaque homme en particulier, et ce qu'il fait pour l'un, il le fait
pour tous. Voyez quelles prospérités il dispense à tous ceux qui
font ses volontés, quelles bénédictions il répand sur leurs entre-
prises, sur celles de chaque individu, comme sur celles de toutes
les familles et de toutes les sociétés qui suivent les voies qu'il a
tracées! Demandez aux peuples heureux le secret de l'ordre, de
la liberté et de la félicité dont ils jouissent! Interrogez surtout
pour le connaître les Annales de l'histoire, elles vous apprendront
qu'ils doivent ce bonheur à la présence de Dieu en eux, parce
qu'étant le souverain arbitre du droit et de la justice, il donne
la paix qui procure l'union et la prospérité au sein des familles
et des sociétés!

S'il pouvait vous rester encore quelques doutes après ce
sommaire examen, je vous conseillerais de rassembler tous les
faits de l'histoire ancienne et moderne et d'en faire deux parts,
bien inégales, hélas! l'une qui renfermerait tous les faits qu'il a
inspirés; l'autre, ceux qui se sont produits sous l'empire de la
seule volonté humaine, et de les peser alors dans les balances de
la justice. Vous tarderiez peu à le constater : le bonheur ou le
malheur des hommes et des sociétés l'emportera toujours selon
leur origine. Dans un cas, « comme ils n'ont pas voulu recon-
« naître Dieu, Dieu les a livrés à un sens dépravé; en sorte
« qu'ils ont fait des actions indignes de l'homme » (*Rom.*, i, 28);
dans l'autre, toutes leurs actions sont bénies, et la prospérité les
accompagne. « Ne voyez-vous pas, disait Socrate à Aristodème
« le Petit, que ce qu'il y a de plus sage et de plus antique sur

« la terre, les républiques et les nations, sont aussi ce qu'il y a
« de plus pieux ; et que l'âge qui a le plus de sagesse est aussi le
« plus religieux ? » (XÉNOPHON, *Mém.*, I, iv.) Recherchez ensuite
l'origine des fléaux, des guerres et des révolutions qui ont bou-
leversé les sociétés de tous les âges et déversé tant de misères
sur l'humanité, vous la découvrirez toujours dans l'égarement
des hommes qui ont quitté les voies de Dieu et se sont soustraits
à sa direction. Plutarque n'avait-il pas raison d'affirmer « qu'il
« serait plus facile d'élever une cité en l'air, que de fonder une
« société sans Dieu » ? (*Adv. Colot.*, c. XXXI, p. 1376, édit.
Didot.)

DOCTEUR. — Pourquoi prier Dieu, Ariste ? Ne sait-il pas tout
ce qui nous est utile ? et n'est-il pas d'ailleurs trop grand pour
avoir besoin d'adoration et de culte ?

ARISTE. — Dieu n'a besoin ni d'adoration ni de culte, docteur ;
mais dès qu'il nous a donné l'instinct religieux qui nous porte à
accomplir ces actes, c'est qu'il savait que nous en avions besoin
nous-mêmes et que nous ne pouvions nous en passer.

DOCTEUR. — Quel rapport peut-il donc exister entre un acte
de prière et d'adoration et le bonheur de l'homme ?

ARISTE. — Si jamais vous éprouvez quelque peine cuisante,
docteur, tentez l'épreuve de la prière, et offrez même à ce bon
Père vos souffrances ; puis demandez-lui la résignation, et bientôt
le soulagement et la consolation qui descendront dans votre
cœur vous attesteront sa puissance. Qui passe une journée d'ailleurs sans commettre quelque faute grave ? Tout homme fait
le mal. Pourquoi ne pas le confesser à ce cœur d'ami qui nous
accompagne partout ? Pourquoi ne pas chercher dans cet aveu
fait à l'amour du Père de toutes les miséricordes, les consolations qu'il accorde toujours au repentir ? La douleur nous
accable, offrons-lui nos souffrances, et aussitôt nous nous senti-
rons soulagés et consolés ; la misère nous éprouve, la fatigue
nous épuise, le tracas des affaires nous tourmente et brise notre
courage, confessons avec confiance nos peines au cœur de cet
ami, entrons en union avec lui, et nous ne les aurons pas plutôt
épanchées dans son foyer d'amour, que le repos, le calme et la
paix nous serons rendus !

Tentez cette épreuve, docteur, et, je vous l'affirme, le soulagement que vous en obtiendrez vous convaincra promptement
jusqu'à quel point la prière, l'honneur et le culte que vous ren-

drez à Dieu sont autant de bienfaits pour vous; et vous conviendrez avec Newton que « plus nous arrivons à mieux connaître, « par la philosophie naturelle, quelle est la cause première de « tout, le pouvoir qu'a sur nous cette cause et les bienfaits que « nous en recevons, plus aussi notre devoir envers Dieu et envers « chacun de nos semblables nous apparaît dans un jour plus « éclatant et plus vrai... et nous apprend à adorer le véritable « auteur et le bienfaiteur de toutes choses ».

DOCTEUR. — Je n'oublie pas, Ariste, que je dois tout à Celui qui m'a créé et qui a fait toutes choses.

ARISTE. — Reconnaissez-le donc, docteur, Celui qui vous a créé et qui a fait toutes choses a droit d'auteur sur vous et sur tout ce que vous possédez; il en est le souverain maître, et vous devez l'honorer.

DOCTEUR. — J'en conviens, Ariste, femme, enfants, famille et biens, tout vient de lui.

ARISTE. — Ne serait-ce pas par ingratitude à vous de ne l'en pas remercier et de ne pas lui en rendre grâce?

DOCTEUR. — Je reconnais sa sollicitude et sa bonté pour nous.

ARISTE. — N'est-il pas naturel de le prier de nous les continuer?

DOCTEUR. — Je sais que c'est lui qui nous a aimés le premier, et qu'il ne cesse de nous donner des témoignages d'amour.

ARISTE. — N'est-il pas équitable de lui rendre amour pour amour, et de lui témoigner que nous voulons l'imiter au moins par l'offrande de notre cœur? N'est-il pas de notre honneur et de notre dignité de lui offrir un culte d'amour en échange de tous les biens dont il ne cesse de nous combler? Cette modique offrande pour tant de bontés lui attestera que, si nous ne pouvons l'égaler, nous faisons du moins sa volonté, en obéissant à l'instinct qu'il nous a donné, et en nous efforçant de l'imiter.

DOCTEUR. — Comment l'imiter, Ariste?

ARISTE. — Soyons bons, parce qu'il est bon; bienfaisants, parce qu'il est bienfaisant; justes et miséricordieux, parce qu'il est juste et miséricordieux; soyons parfaits, en un mot, comme notre Père céleste est parfait.

DOCTEUR. — Hélas! Ariste, il ne nous a donné ni son intelligence ni sa puissance pour faire ce qu'il fait.

ARISTE. — Il le sait, docteur, et nous en tient compte. Cependant, s'il ne nous a pas faits parfaits, il nous a faits perfectibles;

afin que nos efforts tendent sans cesse à imiter les exemples qu'il nous donne pour nous approcher de la perfection.

DOCTEUR. — Quels sont donc ces exemples, Ariste?

ARISTE. — Il agit sans cesse pour assurer le bonheur de tous, travaillons comme lui à faire le bien; il nous aime, aimons-le; il est bon et secourable pour tous, soyons aussi bons et secourables pour nos frères; il est bienfaisant et fait luire son soleil sur les bons et sur les méchants, soyons bienfaisants aussi et faisons luire le soleil de la charité sur nos amis et sur nos ennemis; il aime les lois et l'ordre qu'il a établis, aimons ses lois et concourons nous-mêmes à l'ordre, afin de demeurer justes devant lui en accomplissant ses volontés et sa justice.

DOCTEUR. — C'est exiger de l'homme bien des efforts, Ariste; quels en seront donc les fruits?

ARISTE. — Tout homme qui les accomplira en recueillera bientôt dans l'accroissement de sa noblesse, de sa dignité, de sa grandeur et de sa propre estime, et il les goûtera avec d'autant plus de délice, qu'il approchera de plus près son divin modèle; car alors il vivra de sa véritable vie, qui consiste à vouloir tout ce que Dieu veut qu'il veuille, et à faire tout ce qu'il veut qu'il fasse. Chacun de ses nobles efforts dans la pratique des bonnes œuvres lui vaudra une nouvelle couronne, et chaque couronne lui procurera l'une de ces pures jouissances qui donnent le bonheur.

Quel bonheur, en effet, peut égaler celui de vivre sans cesse avec Dieu? Et n'est-ce pas vivre avec lui qu'écouter les paroles qu'il nous adresse, faire ce qu'il veut que nous fassions, suivre les voies qu'il nous a tracées par les nobles instincts qui nous poussent à l'aimer et à aimer nos semblables, et que suivre les conseils qu'il nous dicte par la conscience qu'il nous a donnée? N'est-ce pas vivre sans cesse avec lui, ou plutôt le sentir vivre et l'avoir toujours en nous? Or, le posséder ainsi, le voir agir dans nos œuvres, n'est-ce pas demeurer toujours en sa présence et le voir, pour ainsi dire, face à face? Et comment s'unir à lui par des liens si intimes et si continus, sans participer à quelques-unes de ses joies, sans partager quelque peu de son ineffable bonheur, et sans entendre retentir au fond de sa pensée quelques-unes de ces notes échappées des instruments divins qui répandent sur nos heures terrestres les sublimes mélodies du ciel!

CHAPITRE IX

LA VÉRITÉ ET LE DIEU DE LA FOI.

« Les grandes races auxquelles est invinciblement réservée la domination
« de la terre ont un livre commun, que dans leur respect elles ont appelé : LE
« LIVRE. Les premiers mots du livre racontent les premiers jours du monde dans
« un langage dont n'a jamais approché le génie humain ; sa première image
« élève l'âme à des hauteurs formidables où l'envahit une perception des secrets
« du premier jour où la lumière fut... De ces horizons qui échappent à l'œil
« humain, de ces profondeurs que n'atteint plus que la pensée, nous arrive une
« voix qui domine la voix des flots et le tumulte plus bruyant encore des agi-
« tations humaines. — Cette voix nous crie : Nous avançons toujours, toujours !
« aux conquêtes succèdent les conquêtes, mais l'infini se dresse toujours devant
« nous. Sur ces mers sans limites nous sommes les précurseurs d'une Genèse
« nouvelle, — « car l'esprit de Dieu plane toujours sur les eaux. » (M. DUCROS.)

DOCTEUR. — Enfin, voici le cher abbé !

L'ABBÉ. — Agréez mes cordiales salutations et tous mes regrets, mes amis.

DOCTEUR. — Ariste nous a conduits par la science à la vérité et à Dieu, et vous n'étiez pas là pour y applaudir ?

L'ABBÉ. — Votre présence m'a plus manqué que votre vérité et votre Dieu, mes amis, car je les connais depuis longtemps et n'avais nul besoin de vos démonstrations pour y croire.

DOCTEUR. — Croire par la foi et connaître par la science seraient-ils donc une même chose pour vous?

L'ABBÉ. — Quelle différence y trouvez-vous, si le résultat est le même ?

DOCTEUR. — Quand le résultat serait le même, leur autorité ne diffère-t-elle pas essentiellement ?

L'ABBÉ. — Vos démonstrations vous ont-elles procuré des notions plus claires et plus complètes que celles de la foi sur Dieu et sur la vérité?

DOCTEUR. — Je le pense, cher abbé ; mais, en tout cas, il y a bien quelque différence entre la foi, qui croit sur parole, et une démonstration scientifique, qui n'admet une vérité qu'après l'avoir vérifiée et contrôlée?

L'Abbé. — Les convictions de la foi sont parfaites, docteur. Mais, en résumé, quelles sont donc les vérités que la science vous a données?

Docteur. — La science nous a conduits avec Cuvier et les géologues modernes à découvrir des traces évidentes de la cause créatrice jusque dans les couches profondes de la terre; avec Newton, à les saisir dans le cours des astres, et avec Laplace, à les suivre dans les profondeurs des cieux. Partout nous avons constaté son ineffaçable empreinte dans tout ce qui est. Les premiers-nés des êtres nous redisent encore aujourd'hui son plan, ses idées et ses volontés; le cours des astres atteste la puissance du bras qui les a lancés dans l'espace, et les siècles que met la lumière à traverser l'étendue du ciel pour atteindre notre pupille, quand celle du soleil lui arrive en quelques minutes, nous permettent de mesurer l'immensité de son œuvre. Nous avons vu briller son intelligence dans la disposition de ses œuvres établies avec ordre, poids et mesure; sa science, dans les connaissances infinies qu'elles renferment; sa sagesse, dans leurs adaptations merveilleuses; sa providence, dans toutes les fins auxquelles elle a pourvu; sa perfection, dans la symétrie, dans la beauté, dans la grandeur et dans la magnificence de chacune d'elles.

L'Abbé. — Je rends grâce à Dieu, mes amis, d'avoir inspiré vos travaux et de les avoir bénis. Cependant, permettez-moi de vous le faire remarquer, la science humaine a ses limites, et quelque grandes que soient ses conquêtes, la science divine les surpasse infiniment. Or, que va-t-il arriver à l'esprit de l'homme quand il s'apercevra qu'il ne peut toutes les atteindre ni les embrasser? Refrénera-t-il l'invincible ardeur qui le pousse à tout connaître? Sa curiosité s'arrêtera-t-elle sur les limites du champ qu'il peut explorer? S'apercevra-t-il que ces limites sont enfermées entre deux infinis? Non; et s'il s'en apercevait, sa pensée ne voudrait pas moins les sonder. Mais comment y pénétrer sans s'appuyer sur les ailes de la foi? Celle-ci va donc s'imposer à la science.

Docteur. — La science est prudente et sage, cher abbé; elle sait se maintenir dans les limites que l'expérience lui a tracées.

L'Abbé. — La science, peut-être; mais le savant? Ne vous y

trompez pas, docteur; la foi a sa place dans l'œuvre de l'esprit humain, je dirai même sa nécessité. Car qui peut résister au désir de connaître toutes les vérités?

Docteur. — A condition sans doute que ces vérités ne dépassent pas les limites de la réalité?

L'Abbé. — Non, docteur; il ne s'agit point d'une lutte entre la science et la foi, ni d'un duel entre la connaissance et l'ignorance; car les vérités de la foi ne peuvent s'acquérir elles-mêmes que par la raison la plus élevée. Pas plus que la vue, la science ne peut tout atteindre, et cependant elle croit à l'existence des choses qui dépassent sa portée. « Regardez l'horizon sous un ciel pur et brillant, dit Guizot : la lumière l'inonde dans les plus lointains comme dans les plus proches; les yeux y voient aussi loin qu'ils peuvent aller; s'ils ne voient pas plus loin, ce n'est pas la lumière qui leur manque, c'est leur force propre et naturelle qui a atteint son terme; l'esprit sait qu'il y a des espaces au delà de celui que ses yeux parcourent; mais les yeux n'y pénètrent point. C'est l'image de ce qui arrive à l'esprit lui-même dans la contemplation et l'étude de l'univers; il parvient à un point où sa vue nette, c'est-à-dire sa science, s'arrête. Ce n'est point la fin des choses mêmes, c'est la limite de la puissance scientifique de l'homme. D'autres réalités lui apparaissent; il les entrevoit, il y croit spontanément et naturellement; il ne lui est pas donné de les saisir et de les mesurer; il ne peut ni les méconnaître, ni les connaître, ni en acquérir la science, ni se défendre d'y avoir foi. » (*Méditations sur la religion chrétienne,* 2ᵉ édit., in-8, 1866, p. 131.)

Considérez d'ailleurs ce que sont en réalité les vérités de la science. Le plus grand nombre ne flottent-elles pas elles-mêmes dans la pénombre de la foi. Considérez encore quelle est leur valeur réelle. Remarquez toutefois que je ne veux contester ni leur importance ni leur réalité, mais seulement leur influence sur l'esprit de l'homme; en est-il une seule qui, en pénétrant dans l'âme, lui communique cette chaleur vivifiante qu'y allument les vérités de la foi? Voyez, au contraire, les effets des vérités puisées dans la parole de Dieu même! Celles-ci sont à peine entrées en nous qu'elles y font vivre Dieu lui-même; car « sa « parole toute de vérité et de sagesse, dit saint Justin, est bien « autrement vive, bien autrement éclatante que la lumière et la « chaleur du soleil ». (*Apologét.*)

I

Docteur. — Mais qu'appelez-vous donc vérités de la foi, cher abbé?

L'Abbé. — Ce sont celles que l'expérience ni la raison ne peuvent nous donner, et que nous ne pouvons acquérir que par la révélation; notamment celles du Dieu vivant, l'origine du monde et de l'homme, sa destinée, les voies qu'il doit suivre pour l'atteindre, l'avenir de l'âme, la vie future et le royaume de Dieu.

Docteur. — La science, il est vrai, ne peut aborder ni résoudre ces grands problèmes. Mais à quoi bon s'en occuper? Est-il sage de vouloir pénétrer l'inconnu?

L'Abbé. — Consultez l'histoire, docteur, et elle vous apprendra que toutes les philosophies et toutes les sciences anciennes et modernes ont soulevé et tenté de résoudre chacun de ces grands problèmes; que Socrate, Platon et Aristote s'en sont occupés; que les stoïciens, Épictète, Cicéron, Sénèque et Marc-Aurèle les ont agités; enfin, qu'un certain nombre d'auteurs modernes s'en sont vivement préoccupés sans pouvoir les résoudre.

Docteur. — Il est évident que les lumières de la raison ne peuvent résoudre ces problèmes.

L'Abbé. — Interrogez cependant un jeune chrétien, et il vous donnera à l'instant la solution de chacun d'eux. Car « il y a un « petit livre qu'on fait apprendre aux enfants, dit Jouffroy, et « sur lequel on les interroge à l'église; lisez ce petit livre, qui « est le Catéchisme; vous y trouverez une solution à toutes les « questions, à toutes, sans exception. Demandez au chrétien d'où « vient l'espèce humaine, il le sait; où elle va, il le sait; comment « elle y va, il le sait. Demandez à ce pauvre enfant pourquoi il « est ici-bas et ce qu'il deviendra après sa mort, il vous fera une « réponse sublime... Origine du monde, origine de l'espèce, « question de races, destinée de l'homme en cette vie et en « l'autre, rapports de l'homme avec Dieu, devoirs de l'homme « envers ses semblables, droits de l'homme sur la création; cet « enfant n'ignore rien; et quand il sera grand, il n'hésitera pas « davantage sur le droit naturel, sur le droit politique, sur le . « droit des gens; tout cela sort, tout cela découle avec clarté et

« comme de soi-même du christianisme. Voilà ce que j'appelle
« une grande religion, je la reconnais à ce signe : qu'elle ne
« laisse sans réponse aucune question qui intéresse l'humanité. »
(*Mélanges philosophiques.*)

Docteur. — Vous m'étonnez, cher abbé; je vous avoue que
jusqu'ici je croyais, comme M. Maxime Verne, que le Catéchisme
n'est qu'un « produit suranné, legs du moyen âge et de la
« scolastique, une substance indigeste, niaise et subtile à la fois ».
(*Revue scientifique,* mars 1879.)

L'Abbé. — Permettez-moi de répondre à cette appréciation
peu digne d'un homme sérieux, par celle d'un philosophe dont
les vastes connaissances ne sont contestées par personne, et que
tout le monde estime quand même on ne partage pas toutes ses
convictions; c'est de M. Jules Simon que je veux parler : « Je
« trouve dans la religion chrétienne, dit-il, un caractère qui me
« ravit : c'est qu'elle joint la métaphysique la plus savante à la
« plus parfaite et, si on peut le dire, à la plus efficace simplicité.
« Assurément le *Timée* de Platon et le XIIᵉ livre de la métaphy-
« sique d'Aristote sont des merveilles; mais je n'espère pas qu'il
« sorte de là un symbole qu'on puisse faire réciter aux petits
« enfants. Il n'y a jusqu'ici que la religion chrétienne qui ait eu,
« à la fois, la Somme de saint Thomas et un Catéchisme. »
(*Liberté de conscience.* Introduct.)

Docteur. — J'admire beaucoup les hautes questions si simplement abordées et si nettement résolues par le Catéchisme, cher
abbé; mais, vous l'avouerai-je? je ne découvre en elles aucun
des caractères de la vérité, du moins, tels que la science nous
les a fait connaître. Il me semble donc impossible d'appeler du
même nom, et vos vérités révélées, et les vérités que la science
nous a montrées.

L'Abbé. — Quels sont donc les caractères auxquels vous
reconnaissez les vérités de la science?

Docteur. — Ceux d'offrir, clairement exprimées, les idées et
les volontés de Dieu, imprimées dans des signes sensibles, réels,
immuables et perpétuels.

L'Abbé. — En quoi ces signes diffèrent-ils donc essentiellement de ceux que vous voyez imprimés dans les livres de la
Révélation?

Docteur. — Ces signes se trouvent exprimés chez tous les êtres
de la création; ils ont donc été imprimés par le Créateur lui-

même ; et rien de plus facile que de les voir, de les toucher et de les contrôler.

L'Abbé. — Ce moyen de communiquer ses pensées aux hommes serait-il donc le seul que pût employer l'inépuisable fécondité de Dieu?

Docteur. — Je n'en connais pas d'autre.

L'Abbé. — Eh quoi, la parole ne peut-elle nous exprimer ses pensées avec plus de netteté encore?

Docteur. — A coup sûr, cher abbé; mais Dieu est esprit et n'a pas de bouche pour l'articuler. Il lui faudrait donc recourir à celle de l'homme; mais dans ce cas, qui nous assure que celle-ci, même inspirée, nous traduirait parfaitement sa pensée? Comment admettre que Moïse, ou quelques « pauvres pêcheurs ignorants « et sans lettres » (*Act.*, IV, 13), aient pu nous la transmettre avec toute la fidélité que réclame une chose aussi sacrée?

L'Abbé. — Comment Moïse eût-il pu altérer les paroles que Dieu prononça lui-même sur le mont Sinaï, quand ces paroles furent distinctement ouïes par tout le peuple juif, et qu'il n'eut ensuite qu'à les transcrire sur les tables de la loi? Comment douter que les huit témoins qui ont rapporté les paroles de Jésus prononcées en public, en présence des scribes et des docteurs de la loi, au milieu d'un peuple instruit et doté d'une civilisation des plus avancées, comment douter, disais-je, quand ils sont unanimes et concordants dans leurs récits, de leur réalité et de leur véracité, quand on sait surtout que tous ces témoins étaient convaincus qu'un faux témoignage entraînerait leur damnation éternelle?

Docteur. — Mais si ce ne sont eux qui ont altéré ces paroles, qui peut nous assurer de la fidélité et de la véracité de tous ceux qui les ont transcrites après eux, pour nous les transmettre dans les livres où nous les lisons?

L'Abbé. — Je ne sais si j'aurais le courage de réfuter une objection tant de fois déjà si victorieusement détruite! Si cependant vous teniez à vous convaincre de son peu de réalité, je vous dirais : Consultez les ouvrages de Duvoir sur l'*Autorité des livres de l'Ancien et du Nouveau Testament,* la *Théologie dogmatique* du cardinal Gousset, ou les travaux de l'abbé Glaire sur l'*Introduction historique et critique aux livres de l'Ancien et du Nouveau Testament,* dans lesquels vous trouverez toutes ces objections abordées, discutées et réfutées; et vous serez convaincu qu'il n'y a rien de plus authentique que nos Saints Livres et toutes les paroles qu'ils renferment.

Docteur. — Quelle différence cependant entre l'obscurité des vérités révélées et la netteté qu'on découvre dans les vérités de la science !

L'Abbé. — Où donc trouver des vérités d'une clarté plus splendide que celles qu'on découvre dans les paroles de Celui qui a dit : « Je suis le Seigneur ton Dieu » (*Exod.*, xx, 1)? Ou même dans les paroles de l'Évangile qui nous font connaître sa nature et son essence? Dans ces paroles, par exemple, qui nous apprennent que « Dieu est esprit » (Jean, iv, 24); que « Dieu est amour » (Jean, iii, 8); que « Dieu seul est bon » (Matth., xix, 17)?

Connaissez-vous des volontés plus clairement exprimées que celles du Décalogue : « Honore ton père et ta mère »; — Tu ne « tueras point »; — « Tu ne seras point adultère »; — « Tu ne « déroberas point »; — « Tu ne porteras point de faux témoi- « gnages » (*Exod.*, xx, 12-17)? Ou que celles de l'Évangile : « Aime Dieu par-dessus tout, et aime ton prochain comme toi- « même »? (Matth., xix, 17-19.)

Docteur. — Je comprends que vous ayez le droit d'appeler vérités les paroles du Décalogue, en admettant que Dieu les a prononcées lui-même; mais pourquoi confondre avec elles toutes celles de la Révélation et de l'Évangile en particulier?

L'Abbé. — Parce que Dieu les a réellement prononcées ou directement inspirées. Souvenez-vous, docteur, qu'au « com- « mencement était le Verbe, et que le Verbe était en Dieu, et « que le Verbe était Dieu (Jean, i, 1). Jésus est le Verbe de Dieu; « le Verbe qui a vécu dans la gloire du Père. » Il est donc Dieu, et lui seul a pu dire : « Je suis descendu du ciel, non pour faire « ma volonté, mais la volonté de Celui qui m'a envoyé » (Jean, vi, 38); et « les paroles que je vous dis, je ne les dis pas de moi- « même. Mais mon Père, qui demeure en moi, fait lui-même les « œuvres. » (Jean, xiv, 10.)

Qui donc eût pu enseigner la vérité aux hommes sinon Celui qui seul a pu dire : « Je suis sorti de mon Père et suis venu dans « le monde » (Jean, xvi, 28); et « nul ne connaît le Père si ce n'est « le Fils, et celui à qui le Fils aura voulu le révéler »? (Matth., xi, 27.) L'homme n'eût-il pas ignoré à jamais les vérités de l'ordre le plus élevé, puisque, excepté lui, « personne n'est monté au ciel « que Celui qui est descendu du ciel, le Fils de l'homme »

(Jean, III, 13)? Lui seul a donc pu dire : « En vérité, en vérité,
« je vous le dis, nous parlons de ce que nous savons, et nous
« rendons témoignage de ce que nous avons vu » (Jean, III, 11),
« ajoutant : « Si je suis venu dans le monde, c'est pour rendre
« témoignage à la vérité. » (Jean, XVIII, 37.) Or, de qui aurions-
nous pu connaître mieux les pensées de Dieu que de Celui qui a
vécu dans la « gloire de Dieu », et qui a dit : « Je suis la vérité, »
Ego sum veritas (Jean, XIV, 6)?

DOCTEUR. — En admettant avec vous que Jésus a vécu en Dieu,
est sorti de Dieu et a connu la pensée de Dieu, je conçois qu'il
ait pu communiquer la vérité aux hommes, et qu'alors ses paroles
et celles qui nous ont été transmises par ses disciples soient des
paroles de vérité, puisqu'elles expriment les idées et les volontés
de Dieu lui-même. S'il en est réellement ainsi, ce que je vous
demande la permission de n'admettre que provisoirement, et
jusqu'à plus ample examen, je conviendrai donc que les vérités
de la Révélation telles que vous nous dites qu'elles ont été annon-
cées, et celles que nous avons découvertes dans la nature, sont les
mêmes vérités, puisqu'il s'agit évidemment, dans l'un et l'autre cas,
des idées et des volontés de Dieu clairement exprimées par lui ; car,
bien que leurs formes soient distinctes, leur origine et leur nature
sont les mêmes. Je n'hésiterais donc pas, dans ce cas, à proclamer
que la vérité est une, soit que nous la découvrions dans le livre de
la nature, soit que nous la lisions dans le livre de la Révélation.

L'ABBÉ. — Assurément, docteur, il ne peut exister qu'une
vérité et qu'un Dieu, soit qu'ils nous soient donnés par la science
ou par la Révélation ; et je serais d'autant plus heureux de vous
confirmer dans cette conviction, que les vérités de la foi préexcel-
lent évidemment sur celles de la science.

DOCTEUR. — Comment donc une vérité pourrait-elle l'emporter
sur une autre vérité?

L'ABBÉ. — C'est que tandis que les vérités de la science se
bornent à éclairer l'esprit, celles de la Révélation font pénétrer
la parole de Dieu, dans le cœur, et que cette parole lui donne à
l'instant, même par sa présence son amour, objet et substance de
notre foi. « Si quelqu'un garde ma parole, dit le Sauveur, mon
« Père et moi viendrons en lui » (Jean, XIV, 23) ; et il pourra dire
avec Jésus : « Je ne suis pas seul, car mon Père est en moi. »
(Jean, VIII, 6.) Il comprendra alors comment Minutius Félix a pu
dire : « Nous nous reposons sans inquiétude au sein de sa libé-

ralité, nous vivifions l'espérance du bonheur qu'il nous promet dans une autre vie, par la foi en sa majesté divine toujours attentive aux besoins d'ici-bas. Ainsi donc nous ressuscitons pour le bonheur dès cette vie, nous vivons heureux par la contemplation de cet avenir. » (*L'Orateur*, XXXVIII.)

DOCTEUR. — Comment expliquer un tel prodige?

L'ABBÉ. — C'est que toute parole de Dieu est vérité, et que cette vérité ne pénètre en nous qu'accompagnée de Dieu même, dont la présence donne le repos et la paix. Par elle, le Père aimé nous assiste, nous inspire et nous guide. Car « votre parole, dit « le Prophète, est la lampe qui éclaire mes sentiers et dirige mes « pas ». Contemplez les effets de cette parole dans l'amour filial de la vieille femme et de l'enfant. Ils aiment et adorent par elle cette Providence que la foi fait vivre en eux, et ils la prient avec toute la confiance et tout l'abandon que peut inspirer sa présence réelle.

II

DOCTEUR. — Avant d'admettre que vos vérités révélées sont les mêmes que celles de la science, j'aurais besoin d'être éclairé sur plusieurs doutes qui me semblent en contradiction avec elles, quant à leur origine.

L'ABBÉ. — Quels sont ces doutes, docteur?

DOCTEUR. — Je vous demanderai, en premier lieu, comment il se fait que quand la science ne nous a fait connaître qu'un seul Dieu, vous en adorez trois? Comment admettre que un fait trois, et que trois font un? Vous conviendrez que voilà une singulière arithmétique?

L'ABBÉ. — Ne connaîtriez-vous donc en fait d'arithmétique que l'addition?

DOCTEUR. — Pardon, cher abbé, je connais aussi la multiplication.

L'ABBÉ. — Alors, multipliez l'unité par elle-même, que vous donnera-t-elle?

DOCTEUR. — L'unité.

L'ABBÉ. — C'est évident; car un multiplié par un, et le tout multiplié par un, font toujours un. De sorte que, comme le dit le

P. Gratry, si en addition l'unité prise trois fois comme partie donne un tout qui est trois, en multiplication, l'unité prise trois fois comme facteur donne un produit qui est un. Or, pourquoi comparer le mystère de la Trinité à l'addition plutôt qu'à la multiplication?

DOCTEUR. — En quoi votre multiplication rend-elle ce mystère plus facile à comprendre?

L'ABBÉ. — Vous avez raison, docteur; il s'agit réellement ici d'un insondable mystère. Mais est-ce à dire que ce mystère offense la raison? Non, assurément; car la religion comme la science, comme la vie, je dirai même comme toutes les sciences connues, a aussi ses mystères. Cependant, personne ne songe à nier ou à rejeter les sciences et la vie à cause d'eux. Sans vouloir expliquer d'ailleurs ce qui est inexplicable en soi, on peut citer du moins plusieurs exemples analogues qui permettent, dans une certaine mesure, de comprendre sa possibilité. Ainsi, saint Augustin explique fort bien comment l'esprit, sa connaissance et son amour semblent au premier aperçu trois choses différentes, et cependant « ces trois choses si distinctes qu'elles « soient, dit-il, ne sont pas trois vies, mais une seule vie; ne « sont pas trois esprits, mais un seul esprit; conséquemment « elles ne sont pas trois substances, mais une seule substance. « Ces trois ne font qu'un, en tant qu'elles ne font qu'une seule « vie, un seul esprit, une seule substance. Mais elles sont trois « choses, en tant que chacune se rapporte mutuellement aux « deux autres. » (*Traité de la Trinité*)

DOCTEUR. — Cette théorie a quelque analogie avec la Trinité, mais n'est-elle pas personnelle à saint Augustin?

L'ABBÉ. — Non, docteur; car plusieurs Pères de l'Église l'ont enseignée avant lui. Ainsi, saint Basile dit lui-même : « Notre « Verbe à nous a une certaine ressemblance avec le Verbe de « Dieu; car il renferme toute la conception de l'esprit » ; — saint Chrysostome va jusqu'à dire : « Le Fils éternel procède du Père, « comme notre raison procède de notre esprit » ; parce qu'en effet, d'après Cornélius à Lapide, « pour les Grecs, le *Logos* est « le fils de l'esprit », *logos Græcis est proles mentis,* dit-il.

Cette théorie ne s'élève pas, sans doute, à la hauteur d'un dogme, mais elle est fort ancienne dans l'Église. Elle était déjà connue vers la fin du deuxième siècle, puisqu'on la trouve signalée parmi les hérésies des gnostiques; mais, une fois dégagée et soumise à l'analyse par Tertullien, elle acquiert aussitôt une forme et une importance qui méritent d'être citées. « Le Fils de « Dieu, dit Tertullien, est appelé par saint Jean le Verbe (*o logos*). « Le mot grec veut dire à la fois la pensée et la parole, car la « parole n'est autre chose que la pensée exprimée. La pensée « subsiste d'abord dans l'intelligence avant d'être prononcée; « puis vient un moment où la pensée passe en parole, et alors « elle sort; elle procède de celui qui parle; elle lui est toujours « unie, car c'est toujours sa pensée; elle en est distincte, car elle « sort, elle se fait jour au dehors..... On peut distinguer ces « deux états dans le Verbe de Dieu, comme dans la pensée « humaine. De toute éternité, la pensée divine a subsisté dans « son intelligence; le Verbe était au dedans du Père au moment « de la création du monde, la pensée divine a passé en acte. En « disant : Que la lumière soit, la pensée de Dieu s'est prononcée. « Le Verbe, d'intérieur est devenu extérieur. Il est toujours le « Verbe de Dieu : en tant que pensée, il est uni à Dieu; en tant « que parole, il en est distinct. » (TERTULLIEN, *Sermo adversus Præxean.*, V et seq.)

Cette théorie chrétienne n'est pas propre d'ailleurs aux auteurs des premiers siècles seulement, car nous la trouvons encore exposée par les théologiens modernes. Mais parmi ceux-ci, je me bornerai à vous citer Bossuet. « Si nous imposons silence à nos sens, dit-il, et que nous nous renfermions pour un peu de temps au fond de notre âme, c'est-à-dire dans cette partie où la vérité se fait entendre, nous y verrons quelque image de la Trinité que nous adorons. La pensée que nous sentons naître comme un germe de notre esprit, comme le fils de notre intelligence, nous donne quelque idée du Fils de Dieu conçu éternellement dans l'intelligence du Père céleste. C'est pourquoi ce Fils de Dieu prend le nom de Verbe, afin que nous entendions qu'il naît dans le sein du Père, non comme naissent les corps, mais comme naît dans notre âme cette parole intérieure que nous y sentons quand nous contemplons la vérité.

« Mais la fécondité de notre esprit ne se termine pas à cette parole intérieure, à cette pensée intellectuelle, à cette image de la vérité qui se forme en nous. Nous aimons et cette parole inté- rieure, et l'esprit où elle naît; et en l'aimant, nous sentons en nous quelque chose qui ne nous est pas moins précieux que notre esprit et notre pensée, qui est le fruit de l'un et de l'autre, qui les unit et s'unit à eux, et ne fait avec eux qu'une même vie.

« Ainsi, autant qu'il se peut trouver de rapport entre Dieu et l'homme, ainsi, dis-je, se produit en Dieu l'amour éternei, qui sort du Père qui pense et du Fils qui est sa pensée, pour faire avec lui et sa pensée une même nature également heureuse et parfaite.

« En un mot, Dieu est parfait ; et son Verbe, image vivante d'une vérité infinie, n'est pas moins parfait que lui ; et son amour qui, sortant de la source inépuisable du bien, en a toute la plénitude, ne peut manquer d'avoir une perfection infinie ; et puisque nous n'avons point d'autre idée de Dieu que celle de la perfection, chacune de ces trois choses considérée en elle-même mérite d'être appelée Dieu ; mais parce que ces trois choses conviennent nécessairement à une même nature, ces trois choses ne sont qu'un seul Dieu. » (*Histoire universelle,* c. XIX.)

Concluons donc avec saint Thomas que, « quand nous disons « la Trinité dans l'unité, nous n'introduisons pas le nombre dans « l'unité de l'essence, mais nous comptons les personnes qui sont « dans l'unité de la nature divine, comme on compte la pluralité « des individus appartenant à une même nature ». (1 a. q. 31, a., 1 ad. 3 m.) De telle sorte que « notre dogme n'affirme pas de Dieu l'Unité et la Trinité dans le même sens et sous le même rapport, ainsi que le dit le P. Gratry, ce qui serait absurde ; mais il affirme la Trinité sous le rapport des personnes, et l'unité sous le rapport de la nature, ce qu'aucune logique ne défend ». (*Philosophie du Credo,* 2ᵉ édit., in-18, p. 95.)

Si « Dieu est amour » et en même temps Un, sous condition de ne pas vivre éternellement dans une effroyable solitude, comme on l'a dit, il faut bien admettre qu'il vit dans une société qui partage son amour dans l'unité. Ce dogme est parfaitement établi par Celui qui est la vérité même. « Si vous m'aimez, dit « Jésus, gardez mes commandements ; et moi je prierai le Père « pour qu'il vous donne un autre consolateur qui vive éternelle- « ment en vous. — Je vous dis ces choses étant avec vous dans « le monde. — Mais l'Esprit-Saint, le consolateur que mon Père « envoie en mon nom, vous enseignera toutes choses, et renou- « vellera en vous tout ce que je vous aurai dit. » (JEAN, XIV, 25, 26.) Cela vous explique pourquoi saint Hilaire de Poitiers a pu dire avec raison : « Notre Dieu n'est pas solitaire, quoi qu'il soit « Un » ; et pourquoi le Sauveur nous dit : « Qu'ils soient un, « ô mon Père, comme nous sommes un. » (JEAN, XVII, 22.)

Docteur. — Convenez cependant, cher abbé, qu'il faut quelque chose de plus que la raison pour admettre ce mystère.

L'Abbé. — Oui, mes amis, il faut la grâce et la foi.

Ariste. — Mais comment les acquérir?

L'Abbé. — Notre Sauveur l'a dit : « Quiconque fait le mal hait « la lumière et ne s'en approche point. Mais celui qui pratique « le bien arrive à la lumière. » (Jean, iii, 20, 21.) Or, arriver à la lumière, c'est avoir la foi.

Ariste. — Mais comment découvrir cette lumière qui donne la foi?

L'Abbé. — Il faut avant tout se renoncer soi-même pour abattre l'orgueil humain qui croit posséder toute lumière, subordonner notre intelligence à celle de Dieu, pratiquer ce qu'il commande et imiter le divin modèle.

Ariste. — Imiter le divin modèle suppose déjà la foi.

L'Abbé. — Croire en Dieu, c'est porter Dieu en soi.

Ariste. — Mais comment y croire?

L'Abbé. — En pratiquant les œuvres qu'il a commandées.

Ariste. — De telle sorte que la foi dépend de nos œuvres, et par conséquent de notre volonté, si nous voulons les pratiquer?

L'Abbé. — C'est le sentiment de saint Augustin, qui l'a exprimé en nous disant comment la foi s'engendre dans nos cœurs. « La « foi, sous la miséricordieuse prévenance de Dieu qui nous « appelle, dit-il, est suscitée en nous par notre obéissance. » (IV, 1176 B.) « Dieu alors opère notre foi dans nos cœurs », *fidem nostram operatur Deus in cordibus nostris.* (X, 1349 D.) « Ainsi, ajoute-t-il, la foi est en notre pouvoir, puisque chacun « croit quand il veut. » (X, 352 B.)

« En ce sens donc, dit le P. Gratry, la foi dépend de notre volonté. Elle dépend de Dieu qui la donne d'abord; mais Dieu la veut donner à tous, et ne cesse de l'offrir à tous; les uns l'acceptent, les autres la repoussent, selon que l'âme est ou n'est pas docile. De sorte qu'avoir la foi ou ne la pas avoir dépend de nous. C'est la parole de Jésus-Christ : « Celui qui fait le bien « arrive à la lumière. » (*La Philosophie du Credo,* 2ᵉ édit., in-18, page 7.)

Ariste. — Une autre condition n'est-elle pas encore nécessaire pour acquérir la foi?

L'Abbé. — Oui, il faut la grâce; mais Dieu la donne aussi à tous.

ARISTE. — Qu'entend-on en théologie par ces mots : la grâce et la foi?

L'ABBÉ. — Voici ce qu'enseigne saint Thomas sur la cause de la foi (*De causa fidei*) : « La persuasion extérieure, qu'elle vienne « ou par l'influence d'un miracle ou par la science, n'est pas la « cause réelle de cet assentiment qui est l'acte de foi. La véri- « table cause est intérieure.

« Mais cette cause intérieure, les pélagiens l'avaient placée « uniquement dans le libre arbitre de l'homme. Cela est faux. « Sans doute, croire dépend de la volonté des croyants, mais de « la volonté préparée par Dieu, qui nous pousse à l'assentiment « par la motion intérieure de sa grâce. » *Et ideo fides, quantum ad assensum, est a Deo interius movente per gratiam. Hæc principalis et propria causa fidei est. (De causa fidei,* 2 a., 2 œ., q. VI, art. 1.)

ARISTE. — Je ne sais, cher abbé, si j'ai bien compris saint Thomas à travers ses explications quelque peu scolastiques; mais s'il en était ainsi, je pourrais vous assurer que la science serait complétement d'accord avec son enseignement sur la grâce et la foi.

L'ABBÉ. — Ces questions sont fort délicates, Ariste; croyez-m'en, ne nous exposons pas témérairement à errer sur elles.

ARISTE. — Cependant, cher abbé, quand, grâce à vous, il m'a été donné de lire dans deux livres, celui de la nature et celui de la théologie, et que je rencontre dans l'un et dans l'autre, sinon des faits entièrement semblables, du moins fort analogues, pourquoi rejeter par une question préalable tout rapprochement et toute comparaison entre eux? Ne serait-ce pas méconnaître le sens des paroles de l'Évangile, qui nous enseigne qu' « il n'y a « rien de caché qui ne sera révélé, et rien de secret qui ne sera « su »? qui ajoute même : « Dites en plein jour ce que je vous « dis dans les ténèbres, et prêchez sur les toits ce qui vous aura « été dit dans l'oreille. » (MATTH., x, 26, 27.)

Je conviens qu'avant d'établir ce rapprochement, j'aurais besoin d'être renseigné sur le vrai sens des paroles de saint Thomas et vous serais obligé de me dire si je les ai bien comprises. N'appelle-t-il pas grâce « *une motion intérieure qui nous pousse à l'assentiment* » Ne dit-il pas même que cette « *grâce nous est donnée par Dieu* » *est a Deo interiùs movente per gratiam ?* Enfin, ne dit-il pas encore que « *la foi dépend de la volonté des croyants* », mais d'une volonté préparée « *par Dieu qui nous pousse à l'assentiment* » ?

L'Abbé. — Oui, Ariste ; mais il convient d'ajouter que la grâce embrasse des notions d'un ordre plus élevé encore.

Ariste. — Soit, cher abbé ; mais en m'en tenant aux points qui me semblent suffisamment éclaircis, je crois pouvoir comparer à la grâce et à la foi deux grands faits démontrés par la science, bien que sous des formes et sous des noms différents. Ainsi, cette *motion intérieure qui nous pousse à l'assentiment* et que vous appelez *grâce*, l'observation nous l'a montrée sous le nom d'*instinct*, instinct propre à l'homme seulement, et d'un ordre beaucoup plus élevé que les autres. Toutefois, quand la théologie ne parle que d'une grâce, cet instinct se manifeste chez l'homme sous deux formes très-distinctes que nous avons appelées : instinct *moral* et instinct *religieux*, parce qu'en effet, tandis que le premier nous pousse à aimer nos semblables et à leur faire du bien, le second nous pousse à aimer et à adorer Dieu. Or, en nous octroyant ces deux nobles instincts, Dieu nous a fait une « grâce », puisqu'il nous les a donnés à l'exclusion de tous les êtres créés ; et, comme pour la grâce elle-même, « Dieu les offre à tous », puisqu'on les rencontre chez tous les hommes et à tous les âges ; j'ajoute enfin que, comme la grâce, ils sont constitués l'un et l'autre par une impulsion spontanée, ou par *une motion intérieure qui nous pousse à l'assentiment*.

Quant à ce que vous appelez « la foi », la science a observé son analogue dans l'acquiescement et dans l'assentiment volontaire de ceux qui cèdent aux impulsions de ces deux nobles instincts en pratiquant la bienfaisance ou l'amour de Dieu, ou bien qui leur résistent et s'en détournent pour pratiquer le mal et l'impiété. J'ajouterai même que ces instincts sont la source originelle de ce que l'Apôtre appelait « la loi naturelle », c'est-à-dire de cette impulsion qui nous conduit à pratiquer spontanément la justice, qui elle-même n'est que la volonté de Dieu imprimée dans ces instincts et formulée dans les deux grands commandements de l'amour de Dieu et du prochain.

L'Abbé. — N'allons pas plus loin, Ariste. Je n'ajouterai qu'un mot à cette discussion, pour vous dire qu'au-dessus de cet agent naturel que, dans votre langage scientifique, vous appelez un instinct, il existe un agent surnaturel que nous appelons plus particulièrement la grâce ; de telle sorte que si votre instinct peut se comparer à la puissance d'une arme chargée et toujours prête à faire explosion, cette arme, pour être mise en activité, n'en a pas moins besoin de l'ébranlement initial de cet agent surnaturel qui vient, comme l'effort du doigt du chasseur, presser la détente du fusil pour le faire éclater.

ARISTE. — J'accepte, et je respecte toutes les interprétations de la théologie, mon cher abbé ; mais permettez-moi cependant de vous faire remarquer que ces instincts moraux et religieux ont des rapports aussi naturels avec la grâce et avec la foi, que ceux qui unissent entre elles les vérités de la science et les vérités de la foi.

III

DOCTEUR. — Permettez-moi, à mon tour, cher abbé, de vous soumettre, à l'occasion du catéchisme, une nouvelle objection. Quand celui-ci, d'accord en cela avec la science, nous apprend que « Dieu est esprit », pourquoi l'adorer sous la forme d'un homme?

L'ABBÉ. — Oui, docteur, Dieu est Esprit, et c'est en esprit qu'il faut l'adorer; mais l'homme est chair et n'a pu s'élever jusqu'au Dieu-Esprit. Mû par son infinie bonté pour l'homme, Dieu a donc condescendu à s'incarner dans l'humanité afin de se faire connaître de lui, et de s'en faire aimer.

DOCTEUR. — Cependant, comment comprendre cette incarnation qui suppose l'union de deux substances que sépare l'infini?

L'ABBÉ. — Consultez l'histoire, docteur, et elle vous apprendra que l'homme a cessé de connaître et de comprendre Dieu dès qu'il a cessé lui-même de s'entretenir avec lui.

La splendeur du Dieu-Esprit que Moïse enseignait au peuple hébreu était trop élevée pour ces têtes dures qui ne pouvaient comprendre que ce qu'elles voyaient. Comment leur expliquer que d'un mot Dieu avait créé le ciel et la terre; que d'un autre mot il avait illuminé les ténèbres; qu'à l'aide d'un peu de limon et d'un souffle, il avait créé l'homme? Tout cela était trop sublime pour entrer dans leur esprit.

Au commencement, Dieu était descendu sur un point du sol pour créer Adam; il l'avait nourri, instruit et élevé en conversant avec lui. Et Adam connaissait Dieu et l'aimait. Plus tard, il avait parlé à Noé, lui avait enseigné ce qu'il fallait faire pour échapper au déluge et se conserver, lui, sa famille et tous les êtres que l'arche devait préserver; et Noé connaissait Dieu et l'aimait. Il était aussi apparu à Abraham, et il avait conversé avec lui. Les détails que nous transmet l'Écriture sur cette divine amitié sont même des plus intéressants. Ainsi, Abraham reçoit un jour Dieu sous sa tente et lui offre son repas ; l'ayant terminé, Dieu, qui méditait alors un grand acte de justice, se dit : « Pourrai-je cacher quelque chose à mon hôte? » Et il le lui communiqua. L'Écriture nous apprend que « le Seigneur par-« lait avec Moïse face à face, comme un homme a coutume de « parler à son ami » (*Exode*) ; et Abraham et Moïse connaissaient Dieu et l'aimaient. Moïse sut même user des droits de l'amitié pour arracher des mains de Dieu la sentence prononcée contre son peuple : « Non, lui dit-il, je ne vous laisserai point aller jus-« qu'à ce que vous nous ayez pardonnés et bénis. » (*Exode.*)

Enfin, dans un jour mémorable, Dieu parla à tout le peuple hébreu rassemblé au pied du mont Sinaï. « Moïse fit avancer « tout le peuple avec leurs femmes et leurs enfants, dit l'histo-« rien Josèphe, pour entendre eux-mêmes la voix de Dieu, et « apprendre de sa propre bouche ses commandements, afin de « n'en pas affaiblir l'autorité, s'ils ne les recevaient que par la « bouche d'un homme. Ainsi ils ouïrent tous une voix du ciel qui « leur parlait très-distinctement, et entendirent les préceptes « que Moïse leur donna depuis écrits sur les deux tables de la « loi. » (*Histoire ancienne des Juifs,* l. III, c. v, p. 63 de la tra-duction d'Arnauld d'Andilly, in-8°, 1836.) Cette fois, la voix de Dieu s'adressait à tout un peuple et proclamait avec une grande solennité les lois qui devaient le gouverner pendant une longue suite de siècles. Ce fut un spectacle imposant, plein de grandeur et de majesté, car cette voix sortait du sein des flammes et de la fumée, éclatait au milieu des éclairs, des tonnerres et au bruit des trompettes. Aussi, les Juifs épouvantés, saisis de terreur et d'effroi : « Parle-nous toi-même, dirent-ils à Moïse, et nous « écouterons ; mais que le Seigneur ne nous parle point, de peur « que nous mourions. » (*Exode,* xx, 18, 19.)

Le seul souvenir de cette grande voix du Dieu-Esprit effrayait tellement les Juifs que, malgré les miracles qu'il accomplit pour eux, malgré leur délivrance de la captivité d'Égypte, malgré qu'il les eût sauvés des eaux de la mer Rouge, qu'il leur eût donné la manne dans le désert et qu'il les comblât incessamment de ses bénédictions, ce souvenir leur inspirera désormais tant d'effroi, qu'il ne leur apparaîtra plus que sous l'aspect d'un Dieu redoutable. Il est vrai qu'à cause de la dureté de leur cœur, ce Dieu-Esprit avait promulgué ses lois avec menaces, qu'il s'était montré sous l'aspect d'un Dieu jaloux, d'un Dieu très-fort, d'un Dieu vengeur qui « visitait l'iniquité des pères dans les enfants jusqu'à « la troisième et quatrième génération » (*Exode*, xx, 5); — « dont « la gloire était comme un feu ardent sur le sommet de la mon- « tagne (*Exode*, xxiv, 17), disant aux Juifs : « C'est moi qui tue « et qui fais vivre ; moi qui frappe et qui guéris ; nul ne peut « s'arracher de mes mains. » (*Deuter.*, xxxii, 39.) Alors, saisis de crainte, à cause de leurs prévarications, tous se croyaient indignes de son amour.

Ces motifs nous font comprendre pourquoi le Dieu-Esprit de Moïse, ce Dieu qu'ils entendaient sans le voir, était trop grand pour être compris et aimé des Juifs charnels et grossiers. Aussi, quelques jours se sont à peine écoulés après la promulgation de la loi, qu'ils vont trouver Aaron et lui disent : « Fais-nous des « dieux qui marchent devant nous » (*Exode*, xxxii, 1); et les voilà qui retournent aux idoles qu'ils avaient vues et adorées en Égypte. Ils y reviendront même souvent, malgré les châtiments qui suivent chacune de leurs infidélités.

Comment s'étonner, en présence de cette obstination inconcevable chez un peuple, objet de toutes les prédilections de Dieu, comment s'étonner, disais-je, de voir les païens, qui depuis si longtemps avaient perdu le souvenir de la première révélation, glisser eux-mêmes sur cette pente funeste? La même cause devait produire le même effet, et le polythéisme devait naître de cet impérieux besoin qui pousse l'homme vers la divinité, mais à condition qu'il puisse la voir, la comprendre, l'aimer et l'invoquer.

C'est cet impérieux besoin qui l'a conduit à déifier ses héros et ses grands hommes ; puis, une fois son esprit aiguisé par les subtilités de la métaphysique, à leur adjoindre les forces de la nature, et même ses propres vices ! Toutefois, comme ils ne connaissaient rien de plus beau que la forme humaine, ils en revêtirent leurs idoles, mêlant ainsi l'humanité à la Divinité. Sous l'empire de ces idées, le nombre des idoles s'accrut considérablement ; bientôt chaque peuple, chaque ville, chaque foyer, eut les siennes. Cependant, malgré leur grand nombre, chaque peuple adorait en même temps un Dieu suprême qui dominait sur les autres. Chez les Grecs, ce fut Zeus ; chez les Indiens, Brahm ; Ur, chez les Chaldéens ; parfois, c'était un Être incompréhensible et innomé, comme chez les Égyptiens, les Perses, les Scandinaves, les naturels de l'Amérique [1], etc.

Tous les hommes cependant ne cédèrent pas également à cet entraînement. Les philosophes et les sages de tous les temps entrevirent plus ou moins nettement à travers les grandeurs et les magnificences de la nature, qu'une cause suprême était nécessaire pour les former et les ordonner. Quelques-uns conçurent même l'idée d'un Être unique et parfait ; d'autres, celle d'une Providence. Mais ces idées n'apparaissaient à leur esprit que

---

[1] M. Max Müller attribue à une cause presque naturelle l'origine du paganisme ainsi que le retour des Juifs à l'adoration du vrai Dieu. « Quelques opinions que l'on ait sur la confusion des langues, dit-il, qu'on la regarde comme un événement naturel ou comme un événement surnaturel, la science du langage a prouvé que cette diversité dans le langage était inévitable. Les ancêtres des nations sémitiques et ceux des nations aryennes avaient cessé depuis longtemps de pouvoir se comprendre, même dans les conversations les plus usuelles, quand ils commencèrent, chacun à leur manière, de chercher une appellation pour la Divinité. Or voici une des différences les plus frappantes entre le langage sémitique et le langage aryen : — dans les langues sémitiques, la racine exprimant l'attribut qui fournissait une dénomination pour un objet quelconque restait tellement distincte dans le corps du vocable, que ceux qui employaient le mot ne pouvaient pas oublier sa signification attributive, et conservaient dans la plupart des cas le sentiment bien net de sa valeur appellative. Dans les langues aryennes, au contraire, l'élément significatif ou la racine d'un mot était souvent si complétement absorbé par les éléments dérivatifs, préfixes ou suffixes, que la plupart des substantifs cessaient presque immédiatement d'être des appellations proprement dites, et se changeaient en noms propres. » (Max MULLER, *Essai sur l'histoire des religions*, traduit par G. HARRIS. 2ᵉ édit., in-12, Paris, Didier, p. 483.)

Cependant, ajoute-t-il plus loin, « il est à peine une seule tribu qui n'ait parfois oublié la signification originelle des noms sous lesquels ces peuples invoquaient la Divinité. Si les Juifs s'étaient rappelé ce que signifiait : EL, le Tout-Puissant, ils n'auraient pas pu adorer BAAL, le Seigneur, comme étant un Dieu différent. Mais, de même que les tribus aryennes s'empruntaient mutuellement les noms de leurs dieux, et se plaisaient à ajouter le culte de Zeus à celui d'Uranus, le culte d'Apollon à celui de Zeus, le culte d'Hermès à celui d'Apollon, ainsi les nations sémitiques rendaient volontiers hommage aux dieux de leurs voisins... L'histoire des Juifs nous montre ce peuple retombant sans cesse dans le polythéisme. Admettons... que dans l'origine Dieu se soit révélé de la même manière aux ancêtres de toute la race humaine. Observons ensuite la divergence naturelle des langues ; considérons les difficultés qu'offrait la formation des noms pour la Divinité, et la manière particulière dont ces difficultés furent surmontées dans les langues sémitiques et dans les langues aryennes, et alors tout ce qui suit devient intelligible. » (*Ibid.*, p. 495.)

« ..... Le sémite n'eut guère à résister aux séductions de la mythologie. Les noms sous lesquels ils invoquaient la Divinité ne pouvaient pas l'induire en erreur par leur caractère équivoque. Néanmoins, même ces noms sémitiques, après avoir été dans le principe des mots qualificatifs, se transformèrent plus tard en substantifs désignant le sujet auquel les qualités appartenaient ; et après avoir été différents noms d'un seul être, ils finirent par devenir les noms d'êtres différents. De là naquit un danger qui faillit empêcher les sémites d'arriver à la conception et au culte du Dieu unique... » (*Ibid.*, p. 498.)

« ..... Ce qui est particulier à la race aryenne, c'est une phraséologie mythologique qui s'ajouta à leur polythéisme ; ce qui est particulier à la race sémitique, c'est la croyance en un Dieu national, en un Dieu choisi par son peuple comme son peuple avait été, choisi par lui... » (*Ibid.*, p. 503.)

sous des formes indécises et confuses. Comment d'ailleurs s'adresser à une simple idée, pour l'invoquer dans ses besoins, lui communiquer ses peines et ses souffrances ? comment attendre d'elle des secours et des consolations ?

En même temps que le besoin d'un Dieu se faisait sentir chez les sages et les philosophes, le Dieu idéal qu'ils avaient entrevu ne pouvait donc suffire à leurs aspirations. Mais où découvrir celui qui pouvait comprendre leurs besoins, leurs peines, leurs souffrances, et les consoler ? Sous l'empire de ces préoccupations, Platon avait compris qu'il fallait que Dieu lui-même vînt se révéler aux hommes : « Il faut, disait-il, que Dieu lui-même « vienne nous instruire. » (*Alcibiade* et *Phédon*.)

Tous les peuples, tous les philosophes et tous les sages éprouvaient donc également cet impérieux besoin.

Ce fut dans ces circonstances que des rumeurs étranges annoncèrent sa prochaine venue. Déjà sept siècles avant, en effet, Isaïe l'avait prophétisée : « Voici qu'une vierge concevra et enfantera « un fils qui sera appelé Dieu avec nous », avait-il dit (c. VII) ; et il ajoutait : « Un rejeton sortira de la tige de Jessé. » (XI.) Le prophète Daniel avait même annoncé « sa venue pour la 70ᵉ année « de semaines », cinq cents ans avant. Et les temps étaient accomplis.

Tous les peuples de l'Orient, de l'Ouest et de l'Occident, instruits de ces prophéties, étaient eux-mêmes dans l'attente. Soixante-trois ans avant la date annoncée, la sibylle de Cumes disait : « Réjouis-toi, jeune Vierge, et livre-toi à l'allégresse ; « car le Créateur du ciel et de la terre t'a accordé un sujet de « joie éternelle. Il demeurera en toi, et tu posséderas la Lumière « éternelle. » (*In Biblioth. SS. PP. Oracul. Sibyll.*, l. III, v, 784 et seq.) Elle avait dit encore : « Lorque la maison de David aura « poussé un rejeton, une racine unique rassasiera les hommes « d'une nourriture (divine). » (*Ibid.*, l. VI, xv, xvi.) — « Dans les « derniers temps, il changera la face de la terre ; et venant aus- « sitôt, il sera le soleil qui se lèvera des flancs de la vierge Marie. « Lorsqu'il descendra du ciel, il se revêtira d'un corps humain. » (*Ibid.*, l. VI, v 457 et seq.)

La voix des prophètes et de la prophétesse avait retenti chez les peuples ; elle avait même inspiré la muse de Virgile, qui, sans copier les paroles de la sibylle, les avait consacrées dans les beaux vers de *Pollion*. Lui aussi annonçait la venue du divin

Enfant : « Il s'avance enfin, disait-il, le dernier âge prédit et
« fixé par la sibylle. Une grande et nouvelle ère va être inau-
« gurée. Déjà revient la Vierge, et avec elle les jours heureux de
« l'âge d'or. Le temps est arrivé où un Enfant divin, créature
« nouvelle et miraculeuse, va descendre des cieux. »

Pour la première fois aussi, d'autres voix romaines annonçaient elles-mêmes que la « Nature allait faire naître un Roi pour
« le peuple romain », *Regem populo Romano naturam parturire*.
(SUÉTONE, *in Vit. Aug.*)

Mais le peuple juif surtout, sachant que les temps étaient
accomplis et qu'il devait naître parmi les siens, le cherchait avec
anxiété. Les uns disaient : « Il est ici » ; d'autres : « Il est là. »
Mais comment découvrir ce « Dieu des Dieux », quand « il se
« cache sous le voile de l'humanité », — « pour devenir notre
« ami » (JEAN, V, 15), — « notre frère » (*Hébr.*, II, 11), — « notre
« serviteur » (MATH., XX, 28)? Où donc est celui que « Dieu engendra
« avant l'aurore » (*Ps.* IX), et comment a-t-il pu quitter sa gloire
pour venir habiter parmi les hommes, vivre et converser avec eux?

ARISTE. — Comment admettre, cher abbé, qu'un « Dieu pur
« Esprit » se soit incarné dans un homme, et qu'un « Dieu tout-
« puissant » se soit abaissé jusqu'à nous, pour porter nos misères
et revêtir nos infirmités?

L'ABBÉ. — Cela est incroyable, Ariste, et cependant cela est.
Ne pensez pas toutefois que ce prodige soit contraire aux lois
de la nature; non, car la nature nous offre elle-même dans la
création un exemple analogue et plus inconcevable encore!

ARISTE. — Comment expliquer un mystère par un autre mystère?

L'ABBÉ. — Examinons-le cependant un instant, et ce qui vous
paraît maintenant inconcevable vous apparaîtra sous un jour
nouveau. Dans la création, Dieu n'a-t-il pas dit à la nature :
« Monte vers moi » jusqu'à la venue de l'homme? Et la venue du
Messie serait-elle autre chose que son dernier et sublime couronnement?

ARISTE. — Je ne saisis pas bien votre comparaison, cher abbé.

L'ABBÉ. — Contemplez la création dans ses phases successives,
et vous la saisirez dans chacun des perfectionnements successifs
qu'elle a présentés. Chacune de ces phases appelait la suivante, et celle-ci la couronnait, en quelque sorte, jusqu'à ce que
la dernière ait monté jusqu'à Dieu qui les ramenait ainsi toutes
à lui.

Pour vous en faire une idée plus nette, écoutez l'explication qu'en donne le P. Gratry. « Nous voyons de nos yeux, dit-il, la science contemple au ciel des flocons de neige sidérale, germe des mondes, monter de degré en degré vers la forme d'un monde habitable.

« En tout cas, notre terre a monté aussi. Elle est sortie d'un nuage primitif, elle est sortie du feu pour offrir une base ferme à la vie.

« Il n'y avait alors que la matière inerte ; et il fallait l'intervention nouvelle de la toute-puissance créatrice, pour déposer sur l'aride rocher le premier germe végétal.

« Qu'était cette création nouvelle? Qu'était le règne végétal? C'était une seconde nature superposée à la nature première, prenant un corps dans la matière inerte, et s'enveloppant dans l'ancienne création. Une herbe, une fleur, un chêne, tous les êtres vivants de cet ordre, sont une nature nouvelle dans l'ancienne, et deux natures en un.

« Alors la création vivait, mais immobile et insensible. Dieu l'élève encore d'un degré.

« Il envoie à la terre un don nouveau, la race des êtres capables de se mouvoir et de sentir. Quelle merveille ! Il enveloppe aussi ces germes nouveaux, et leur donne un corps dans la création précédente. Ces êtres portent un corps terrestre, minéral, et une vie végétale, que pénètre et domine la vie nouvelle, la vie sensible, mobile et animée. Chacun de ces êtres nouveaux renferme aussi dans son unité deux natures, l'animale et la végétale, cette dernière impliquant elle-même la nature minérale.

« Mais la nature doit monter plus haut.

« Par un dernier élan de la création, Dieu, renfermant dans le corps humain toutes les créations précédentes et tous les degrés de la vie, Dieu unit tout le monde inférieur et muet à l'être nouveau, capable, comme Dieu, de liberté, de connaissance, de parole et d'amour. Et la nature humaine, image de Dieu, prend corps au sein de la création précédente, et pénètre tout ce qui est, d'une vie absolument nouvelle.

« Corps animal, âme raisonnable et libre, deux natures en un seul, c'est l'homme.

« Voilà le sommet de la création. La création ne va pas au delà de l'intelligence et de l'amour.

« Au-dessus il n'y a plus que Dieu.

« Or, Dieu a voulu élever la création jusqu'à lui-même. Il a dit : Montez maintenant jusqu'à moi. Montez à Dieu.

« En ce moment suprême, dont l'heure était fixée par lui dans le temps, comme il avait fixé dans l'espace et le temps l'heure et le lieu de la venue du premier homme, Dieu prend en main la création entière, c'est-à-dire l'homme, et par l'homme tout le reste ; et comme il avait uni d'abord le minéral inerte à la force végétatrice, puis cette nature vivante, mais immobile et insensible, aux serviteurs animés de l'homme ; puis cette nature animée, mais muette, esclave, aveugle, à l'homme intelligent et libre, ainsi Dieu, par une surnaturelle merveille, prend l'homme et l'unit à lui-même pour terminer le cercle, dit saint Thomas d'Aquin, et ramener à lui ce qui venait de lui. Dieu prend notre nature finie, l'unit à l'infini, malgré l'abîme des deux natures. Un être nouveau, visible sur la terre porte, dans l'unité de sa personne deux natures que sépare l'infini, la divine et l'humaine ; et cet être se nomme Dieu avec nous, l'Homme-Dieu. Et sa personne est Dieu, comme l'homme est homme.

« Voilà l'idée de l'incarnation.

« En quoi ceci froisse-t-il votre raison? La science et la philosophie ont-elles à dire un mot contre la possibilité de ce grand dogme? La science et la philosophie, qui s'endorment facilement aujourd'hui dans l'acquiescement au panthéisme, lequel nous dit que tout est Dieu, ne peuvent-elles s'éveiller et dire : Voici le vrai ; tout n'est pas Dieu, mais tout peut être uni à Dieu, et Dieu peut s'incarner dans l'homme comme il avait incarné l'âme humaine dans la création précédente?

« Il le peut : ceci est parfaitement incontestable, et je défie un argument scientifique quelconque d'intervenir ici, et de nier que Dieu puisse s'incarner dans l'homme. » (*Phil. du Credo*, 2ᵉ édit., p. 46 et suiv.)

ARISTE. — Il le peut ; oui. Mais, l'a-t-il fait?

Quand je réfléchis, cher abbé, que Jésus-Christ est né d'une femme comme nous ; qu'il a vécu comme nous, bu, mangé et travaillé comme nous ; qu'il a parlé et aimé comme nous ; qu'il a souffert et qu'il est mort comme tous les hommes, ma raison conclut qu'il est une créature comme nous. Or, quand la science m'a appris qu'il y a l'infini entre la créature et le Créateur, quelles qu'aient été les perfections de Jésus, je ne puis le considérer comme Dieu.

L'Abbé. — Vous dites cependant que la science vous a conduit à démontrer l'existence de Dieu?

Ariste. — Assurément.

L'Abbé. — Quels sont donc les caractères qui vous ont conduit à l'admettre?

Ariste. — Ces caractères sont la souveraine intelligence, la suprême sagesse, la prescience, l'omniscience, l'omnipuissance; celui d'être Créateur et parfait. Or, vous conviendrez qu'il est impossible de considérer Jésus-Christ comme Dieu, s'il ne possède lui-même tous les attributs de Dieu.

L'Abbé. — Les chrétiens sont plus exigeants que vous, Ariste.

Ariste. — Comment cela?

L'Abbé. — Ils exigent que non-seulement Jésus-Christ possède tous ces attributs, mais encore qu'il soit réellement Dieu.

Ariste. — Je ne vous comprends pas, cher abbé.

L'Abbé. — Il suffit, en effet, d'être l'envoyé de Dieu auprès des hommes, pour participer à un degré plus ou moins éminent à toutes ces perfections; et Abraham, Moïse, les prophètes, comme Élie et Élisée, ont aussi reçu le don des miracles, de l'intelligence, de la prescience, de la sagesse, etc., afin d'attester aux hommes qu'ils étaient réellement les députés et les ambassadeurs de Dieu, pour leur faire connaître qu'ils étaient ses missionnaires, puisque Dieu seul peut faire les miracles qu'ils accomplissaient en son nom.

Ariste. — Je ne comprends pas bien toutes ces subtilités, cher abbé. En ce qui me concerne, je vous affirme que si vous pouviez me démontrer que Jésus-Christ possédait les attributs de Dieu et sa perfection, je n'en exigerais pas davantage pour admettre qu'il est Dieu lui-même. J'attendrai donc ces preuves avant de conclure.

L'Abbé. — Soit, Ariste. Mais je dois vous faire remarquer avant tout que Jésus-Christ s'est donné lui-même, le plus souvent, comme l'envoyé de son Père près des hommes. Il dit même : « La parole que vous avez entendue n'est pas de moi, « mais de mon Père qui m'a envoyé » (Jean, xiv, 24); ou bien : « Ce que je dis, je le dis comme mon Père me l'a ordonné. » (Jean, iii, 50.) Ainsi, en nous en tenant à sa mission divine, ses paroles et ses œuvres ne viendraient pas moins directement de Dieu même.

Toutefois, pour me conformer à votre désir, je vais vous exposer successivement tous les témoignages qui attestent que Jésus possédait toutes les perfections de Dieu, sauf à terminer cet examen par ceux qui prouvent directement sa divinité.

IV

Je commence par les témoignages qui attestent sa souveraine intelligence.

Je ne vous dissimulerai pas que cette démonstration me cause quelque embarras ; car il faudrait posséder soi-même une intelligence de l'ordre le plus élevé, pour apprécier à sa valeur celle qui surpasse tant toute intelligence humaine. Ne pouvant espérer d'y réussir, je vous signalerai du moins les paroles et les œuvres de Jésus qui la manifestent et qui vous mettront à même de l'apprécier vous-même.

Quand, au seul aspect d'un homme, un autre homme peut dire ce qu'il est, nous en concluons que c'est parce qu'il est doué d'un certain degré d'intelligence. Si, après avoir étudié un peuple, il pouvait nous dire non-seulement ce qu'est ce peuple, mais encore quels sont ses mœurs, ses usages, ses lois et son degré de civilisation, nous admettrions qu'il n'a pu y parvenir sans déployer une intelligence très-élevée. Cependant, si un homme nous disait ce qu'est l'homme lui-même, l'homme de tous les temps, de tous les lieux de la terre ; s'il nous disait ce que l'homme a toujours été et ce qu'il sera toujours, cette appréciation n'attesterait-elle pas chez lui une intelligence de beaucoup supérieure à celle des deux autres ?

A quel degré d'élévation ne devrait pas s'élever l'intelligence pour découvrir du premier coup, non-seulement toutes ces notions, mais pour saisir en outre toutes les imperfections, tous les défauts, les vices et les misères de l'humanité ; pour en signaler en même temps les causes et les remèdes, et aller jusqu'à discerner clairement les germes du bien qui sommeillent en elle, pour les ranimer et les faire croître jusqu'à étouffer le mal, en les faisant servir à la régénération de l'homme, de la famille et de la société ? Ces grands résultats n'attesteraient-ils pas la puissance d'une intelligence infiniment supérieure, et pourrions-nous nous dispenser de la comparer à la suprême intelligence elle-même? Telle est réellement celle qui se révèle dans les œuvres de Jésus.

Parmi les grands faits de l'histoire qui l'attestent, citons d'abord ceux de son enseignement qui concernent l'homme, la famille et la société.

Un mot lui suffit pour nous faire connaître l'homme. Il le compare à un arbre et dit : « Tout bon arbre produit de bons fruits ; tout mauvais arbre, de mauvais fruits » ; ainsi « vous les connaîtrez à leurs fruits ». (MATTH., VII, 17 et 20.)

Mais pourquoi l'homme créé bon produit-il de mauvais fruits ? C'est parce qu'il est ignorant et dégénéré. Il faut donc l'instruire pour le reformer. Pour atteindre ce but, Jésus l'instruit et l'éclaire sur les idées les plus nobles et les plus élevées, il lui dit ce qu'est Dieu, son âme, sa responsabilité, la justice, la vie éternelle et les récompenses réservées aux bons dans le royaume de son Père. Il lui montre les passions de la chair, lui découvre l'orgueil et l'égoïsme qu'elles ont engendrés, la haine de son semblable qu'elles ont allumé dans son sein. Il lui enseigne ensuite les remèdes qu'il faut leur opposer, et qui sont le renoncement, l'amour de Dieu et du prochain. C'est par l'emploi de ces remèdes qu'il parvient à transformer sa haine en amour. Il oppose à l'orgueil l'humilité ; à l'égoïsme, le dévouement ; aux jouissances des sens, la continence et les mortifications ; au droit à l'oisiveté, l'obligation du travail, afin d'accomplir la parole adressée au premier homme : « Tu mangeras ton pain à la sueur de ton front » (*Gen.*, III, 19) ; et plus tard, l'Apôtre, illuminé par sa suprême intelligence, dira : « Celui qui ne veut pas travailler « ne doit pas manger. » (II, *Thess.*, III, 10.)

La famille aussi était ignorante et dégénérée. Depuis longtemps elle avait quitté ses voies, et elle était désunie et malheureuse. La femme, dans cette société, était rabaissée et dégradée. D'un mot, Jésus la relève et lui rend son rang : « L'homme « quittera son père et sa mère, dit-il, et s'attachera à sa femme. » (MATTH., XIX, 5.) Le mariage avait perdu sa dignité : l'homme seul pouvait et avait le droit de se séparer de sa femme, et d'en épouser une autre. Jésus rend cette union indissoluble en disant : « Ce que Dieu a uni, que l'homme ne le sépare point. » (MATTH., XIX, 6.) L'enfant était méprisé : Jésus le couvre de son amour et de ses bénédictions ; et depuis, l'enfant a retrouvé sa place dans la famille et dans la société. Le vieillard était délaissé et malheureux : Jésus veut qu'on l'honore : « Honore ton père et ta mère, », dit-il. L'ouvrier et l'artisan étaient un objet de dédain et de mépris : Jésus commence par anoblir le travail en travaillant lui-même, et il relève le travailleur en apprenant aux hommes que son Père ne cesse d'agir. (JEAN, V, 17.) Depuis ces augustes exemples et ces grands préceptes, le travailleur est estimé et a repris son rang dans la société. Les pauvres, les infirmes, les aveugles, les estropiés et les malheureux étaient surtout méprisés et abandonnés : Jésus les recherche, les console, les entoure de son amour, les soigne et les guérit ; et depuis lui, la société, à son exemple, les accueille, leur bâtit des asiles, les soigne et les nourrit.

C'est ainsi que la famille fut régénérée par les exemples, les préceptes et l'enseignement de Jésus.

Comme l'homme et la famille, les sociétés et les nations elles-mêmes se dégradaient et se dissolvaient de plus en plus. Les lois qui les régissaient étaient vicieuses et partiales, toutes remplies de priviléges en faveur des riches et des grands ; les gouvernements étaient arbitraires et corrompus, et pour quelques-uns qui jouissaient, qui étaient appelés à la possession de tous les honneurs et de tous les avantages, la masse des déshérités était plongée dans la détresse la plus profonde. Jésus, avec cette sûreté de vue à laquelle rien n'échappe, avec cette suprême intelligence qui saisit tous les besoins de la société, formule en quelques mots les trois grandes lois qui devront régler à l'avenir tous les rapports des hommes et des sociétés entre elles. Ces trois lois, d'une si majestueuse simplicité, sont la loi divine, la loi sociale et la loi politique. Mais ces lois devant chacune faire bientôt l'objet d'un examen particulier, je me borne pour l'instant à vous les signaler, en ajoutant que nulle autre ne peut assurer le bonheur des sociétés, parce que l'homme a toujours cherché en vain ailleurs qu'en elles les principes d'ordre, de paix et de bonheur qu'elles renferment.

Je n'ai pu que vous signaler quelques-uns des principaux traits de cette grande et vaste intelligence, mais je crois vous en avoir dit assez, pour vous convaincre qu'elle surpasse infiniment toute comparaison qu'on tenterait d'en faire avec celle de l'homme, quelque noble et élevée parfois que celle-ci se soit montrée.

V

Cependant ce n'était pas assez d'avoir vu clairement les causes du mal et d'avoir choisi les moyens d'y remédier, il fallait encore appliquer ceux-ci et les adapter avec une juste mesure aux esprits, aux circonstances et aux conditions diverses qui pouvaient se présenter, afin d'en assurer le succès et la durée. Or, c'est dans cette application surtout que se révèle d'une manière éclatante la sagesse de Jésus. Cherchons-en donc les témoignages, non-seulement dans ses paroles et dans sa doctrine, mais encore dans toutes les œuvres qu'il a accomplies.

Cette sagesse se montre dans toutes ses paroles ; elle éclate surtout dans toutes les épreuves auxquelles ses ennemis l'ont exposé. Ainsi, les scribes, les pharisiens et les docteurs de la loi lui en voulaient à cause de sa doctrine, et lui tendaient à chaque instant des piéges pour le surprendre et le discréditer dans l'opinion publique. Afin d'y parvenir, ils l'attaquaient à l'improviste, dans les maisons, dans les temples et sur les places publiques, et toujours après s'être concertés, pour lui poser des questions les plus insidieuses.

Un jour, « l'épiant, ils envoyèrent des gens qui feignaient
« d'être justes, pour lui tendre des embûches et le surprendre
« dans ses paroles, afin de le livrer au magistrat et au pouvoir
« du gouverneur. Ainsi, ils l'interrogèrent, disant : Maître, nous
« savons que vous parlez et enseignez avec droiture ; que vous
« ne faites acception de personne, mais que vous enseignez la
« voie de Dieu dans la vérité : nous est-il permis de payer le
« tribut à César, ou non ? Considérant leur ruse, il leur dit :
« Pourquoi me tentez-vous ? Montrez-moi un denier. De qui
« porte-t-il l'image et l'inscription ? Ils lui répondirent : De
« César. Et il leur dit : Rendez donc à César ce qui est à César,
« et à Dieu ce qui est à Dieu. Et ils ne purent reprendre aucune
« de ses paroles devant le peuple ; mais ils admirèrent sa réponse
« et se turent. » (Luc, xx, 20-26.)

Un autre jour, « un homme avait la main desséchée, et ils
« l'interrogèrent, disant : Est-il permis de guérir les jours de
« sabbat ? afin de l'accuser. Mais il leur répondit : Quel sera

« l'homme d'entre vous qui, ayant une brebis, si cette brebis
« tombe dans une fosse le jour du sabbat, ne la prendra pas
« pour l'en retirer? Or, combien un homme vaut mieux qu'une
« brebis? Il est donc permis de faire le bien le jour du sabbat.
« Alors il dit à cet homme : Étends la main. Il l'étendit et elle
« devint saine comme l'autre. » (MATTH., XII, 10-13.) C'est encore
un docteur de la loi qui l'interroge pour savoir ce qu'il faut faire
pour posséder la vie éternelle. Et Jésus l'amène à répondre lui-
même à sa question. Mais celui-ci, confus d'avoir ignoré cette
réponse, et voulant se justifier en lui tendant un piége, lui
réplique : « Mais quel est mon prochain? » Alors Jésus lui répond
par l'admirable parabole du Samaritain.

Une autre fois, « les pharisiens s'approchèrent de lui pour le
« tenter, disant : Est-il permis à un homme de renvoyer sa
« femme pour quelque cause que ce soit? Jésus, répondant, leur
« dit : N'avez-vous pas lu que Celui qui fit l'homme au commen-
« cement les fit mâle et femelle, et qu'il dit : A cause de cela,
« l'homme quittera son père et sa mère et s'attachera à sa femme,
« et ils seront deux dans une même chair? Ainsi, ils ne seront
« plus deux, mais une seule chair. Ce que Dieu donc a uni, que
« l'homme ne le sépare point. » (MATTH., XIX, 3-6.) C'est ainsi
que Jésus dans une réponse incidente établit l'indissolubilité du
mariage avec une profondeur et une netteté qui suffisent pour
en faire un sacrement, et qui bientôt vont opérer la régénération de la famille.

Comment s'étonner que « beaucoup, l'entendant, étaient dans
« l'admiration de sa doctrine, disant : D'où lui viennent toutes
« ces choses? Quelle est cette sagesse qui lui a été donnée? et ces
« merveilles si surprenantes qui se font par ses mains? » (MARC,
VI, 2.)

Cependant, parmi les témoignages de sa suprême sagesse,
nous devons signaler surtout l'établissement des sacrements et
l'institution de l'Église.

Par l'institution des sacrements, Jésus a remédié à toutes les
misères de l'âme pendant la durée de la vie terrestre de l'homme.
Sous des signes sensibles, il a attaché une grâce sanctifiante,
pour remédier à chacun des états où elle peut se trouver. Cette
grâce lui montre les secours de la Providence, qui veille sans
cesse sur les âmes pour leur procurer la paix dans ce monde et
leur assurer le salut éternel dans l'autre vie. Le dogme de la

grâce et de la rémission des péchés sont, entre tous, les plus
magnifiques dons de sa sagesse ; et, en les communiquant à ses
disciples, Jésus leur a donné la puissance, l'efficacité et la perpétuité qui en assurent la durée. Aussi ces grands dons lui ont-ils
mérité le titre de prince de la paix, sous lequel il avait été annoncé
au monde.

Cependant l'établissement de l'Église atteste d'une manière
plus frappante encore la profonde sagesse de Jésus. Non-seulement son institution révèle une élévation de pensées incomparable, mais son fonctionnement et ses combinaisons si faciles à
constater offrent un jeu si parfait, qu'ils ont fait de tout temps
l'admiration des hommes les plus illustres. On y découvre, en
effet, un mélange d'autorité et d'indépendance, d'élection et
d'hiérarchie, qui surpasse infiniment les institutions humaines
les plus célèbres. En tout, on y voit la touche de l'ouvrier
divin. Aussi, dès le premier jour, son organisme fonctionnait
avec la plus admirable régularité ; et chaque siècle qui l'a mis à
l'épreuve n'a fait que confirmer sa perfection. Nulle autre institution ne lui est comparable ; et, quand toutes, promptement
usées, ont successivement disparu, sa durée même atteste sa
perfection. C'est à celle-ci, sans aucun doute, qu'elle doit d'avoir
résisté depuis plus de dix-huit siècles, non-seulement au temps,
mais encore aux ennemis qui l'ont assiégée, aux circonstances,
à la mobilité des civilisations et des institutions humaines, bien
qu'elle fût souvent appelée à les combattre et à lutter contre elles.

C'est qu'en effet, comme la vérité, l'institution de l'Église est
sorti ede la pensée divine, et qu'elle possède comme elle la réalité, l'imutabilité et la pérennité. De là sa puissance, sa résistance
et sa durée. C'est la ville bâtie sur le roc qui résiste à tous les
orages d'ici-bas ; c'est la province terrestre du royaume céleste,
où chacun vient faire l'apprentissage des vertus divines qui
procurent tout ensemble le bonheur dès cette vie et celui de
l'éternité.

C'est dans l'Église, en effet, qu'on enseigne seulement les
trois grandes lois que Jésus a formulées pour prescrire les rapports des hommes avec Dieu, entre eux et avec les nations. La
première de ces lois est une loi divine, la seconde une loi sociale,
et la troisième une loi politique. Malgré leur sublime simplicité,
ces trois lois ont tout prévu, tout réglé et tout ordonné. Par la
première, Jésus prescrit l'amour de Dieu ; par la seconde, l'amour

du prochain, et par la troisième, le respect de l'autorité, la charité, la fraternité, l'égalité et la liberté.

Ces trois lois, dont la sagesse atteste d'une manière si frappante
la marque du doigt divin, sont appliquées depuis dix-huit siècles
dans l'Église, où elles ont établi le magnifique fonctionnement
qu'elle présente ; elles l'ont été aussi chez un petit nombre de
sociétés civiles auxquelles elles ont donné l'ordre, la liberté, la
paix et le bonheur. Leur efficacité est si puissante qu'elle a même
suffi pour civiliser, en quelques années, les sauvages du Paraguay, sous la direction des Jésuites.

L'importance de ces lois nous parait si considérable, qu'elle
nous semble motiver le soin que nous allons apporter à nous
efforcer de les mettre en évidence et à les faire connaître en
quelques mots.

Qu'y a-t-il de plus simple et de plus élevé que la loi divine,
qui est renfermée dans un seul commandement : « Tu aimeras
Dieu par-dessus tout » ? (MATTH., XIX, 17.) Et cependant c'est d'elle
que toutes les autres dérivent.

La loi sociale n'en renferme qu'un seul aussi : « Tu aimeras
« ton prochain comme toi-même. » (MATTH., XIX, 19.)

Telles sont les deux premières grandes lois de l'Église. « Dieu
est amour », a dit saint Jean (IV, 8). Venant l'une et l'autre de
Dieu, elles dérivent donc de l'amour et doivent y conduire ;
aussi prescrivent-elles avant tout l'amour de Dieu et du prochain.
« Voici mon grand commandement, dit Jésus, c'est que vous
« vous aimiez comme je vous ai aimés. » (JEAN, XIII, 34.) Et le
second : « Ce que vous voulez que les hommes vous fassent,
« faites-le-leur aussi. » (MATTH., X, 12) ; ne vous bornez pas à aimer
vos amis : « Aimez vos ennemis, faites du bien à ceux qui vous
« haïssent, et priez pour ceux qui vous persécutent. » (MATTH., V,
44.) Jésus ajoute : « Quiconque demeure dans l'amour, demeure
« en Dieu, et Dieu en lui. » (JEAN, IV, 16.)

La troisième loi règle les rapports des hommes entre eux :
c'est une loi politique. C'est la moins connue et la plus mal observée. Elle dérive cependant des deux précédentes, et embrasse
les cinq règles suivantes : la première prescrit les rapports
des hommes avec l'autorité ; la seconde, la charité ; la troisième, la fraternité ; la quatrième, l'égalité ; la cinquième, la
liberté.

Pas de société sans autorité. C'est pourquoi Jésus a prescrit par

sa première règle « de rendre à César ce qui est à César ».
(LUC, xx, 20.)

Par la seconde, il prescrit la charité : « Ce que je vous recom-
« mande, dit-il, c'est que vous vous aimiez les uns les autres »
(JEAN, xv, 17); car, « si nous nous aimons les uns les autres, Dieu
« demeure en nous, et sa charité est parfaite ». (JEAN, iv, 12.)
Quel lien plus doux imposer à l'union des hommes? Et cet amour
est réellement politique, car il n'est limité ni par les frontières
qui séparent les nations, ni par l'inégalité sociale. (LUC, x, 29.)
« Soyez tous unis par une communauté d'affection, dit l'Apôtre,
par une charité fraternelle, et regardez-vous comme les membres
les uns des autres » (*Rom.*, xv, 5; xii, 5) ; il prescrit même à
chacun « d'avoir de la complaisance pour son prochain en ce qui
est bien ». (*Rom.*, xv, 2.)

Par la troisième, il prescrit la fraternité à tous les membres
de la famille humaine : « Dieu est votre Père céleste, dit-il, et
« vous êtes frères. » — « Vous êtes tous frères. » (MATTH., xxiii, 8, 9.)

Par la quatrième, il nous enseigne l'égalité, ou plutôt l'obligation de servir les hommes. « Je ne suis pas venu, dit-il, pour
être servi, mais pour servir » (MATTH., xx, 28); et il nous en offre
l'exemple sous l'une des formes les plus humbles (JEAN, xiii, 14).
Aussi, en fondant son Église, il nous y admet tous sans distinction et sur le pied de l'égalité; car, dans l'Église, « il n'y a plus
« ni Juif, ni Grec, ni esclave, ni homme libre, ni homme, ni
« femme » (*Gal.*, iii, 28) ; chez elle, toutes les divisions sont abolies, toutes les distinctions ramenées à l'égalité. Devant Dieu et
dans l'Église, tous les droits et tous les devoirs sont égaux, sauf
l'inégalité des services : « Qu'il n'y ait point de maître parmi
vous, vous n'avez qu'un maître qui est Dieu. » (MATTH., xx, 26-28.)

Enfin, par la cinquième règle, Jésus et l'Église nous enseignent
la véritable liberté. « La vérité vous rendra libre », a dit Jésus.
(JEAN, viii, 32.) L'Église prescrit avec saint Pierre la libre obéissance : « Soyez soumis à tous les hommes qui vous gouvernent,
« soit à l'empereur, soit aux chefs qu'il envoie, à cause de Dieu,
« et parce que telle est la volonté de Dieu »; — « mais soyez
« soumis, ajoute-t-il, comme des hommes libres, non point tou-
« tefois comme ceux qui se servent de la liberté pour masquer
« leur méchanceté. » (i PIERRE, ii. 14, 16.) Elle dit même avec saint
Paul : « Vous avez été achetés à un prix très-élevé par Jésus-
« Christ, qui a voulu faire de vous ses serviteurs; ne soyez donc

« pas les serviteurs des hommes » ; et vous ne le deviendrez pas, si vous suivez le précepte de Jésus, qui a dit . « Si vous restez « attachés à ma doctrine, la vérité vous rendra libre » (JEAN, VIII, 32). Or, cette vérité est contenue dans les commandements qui défendent le péché ; car celui qui est esclave du péché n'est pas libre. Une fois libre du joug du péché, vous êtes délivrés de la crainte des hommes, et votre âme est libre quand même votre corps serait esclave.

Ces mémorables paroles contiennent le germe d'où est éclose la liberté de conscience, liberté plus précieuse et supérieure encore à toutes les autres libertés. « Étant les serviteurs de Dieu, « dit saint Pierre, vous êtes délivrés de toute autre servitude. » (I PIERRE, II, 16). Tel est le précepte qui consacre le droit du chrétien à pratiquer sa religion en la soustrayaut à toute servitude. C'est de lui, comme d'une source féconde, que désormais dérivera cette précieuse liberté qui, en assignant au domaine de l'intelligence, une entière indépendance de toute volonté étrangère, va doter le pauvre, la femme faible comme l'esclave dans les fers, de cette liberté invincible que nulle autorité au monde, ne pourra dominer. En nous enseignant que chacun puise ce droit suprême dans l'union de son âme avec Dieu, celle-ci devient ainsi indépendante de toute autre puissance, puisqu'elle n'est responsable de ses actes que devant Dieu seul. C'est cette liberté qui a fourni aux premiers chrétiens cette force morale inappréciable qui leur permettait de résister dans leur for intime à toutes les violences. On pourra désormais sévir contre leur corps, jamais on ne pourra atteindre ni briser cette liberté. Cette indépendance de vie spirituelle la place au-dessus de toutes les atteintes du monde physique. On pourra à l'avenir livrer le corps du chrétien aux dents des animaux féroces, il ne verra plus dans leurs violences que l'origine des palmes du martyre qui vont aller s'épanouir dans le sein de Celui auquel il a consacré sa libre obéissance et son généreux sacrifice.

Tel est le divin enseignement de Jésus, tels sont les principes qui ont enfanté tant de héros et de martyrs, et, chose bien remarquable, sans avoir jamais altéré l'esprit ni le libre exercice de la raison, ce qui atteste encore la suprême sagesse de Celui qui les a donnés. On comprend pourquoi il a frappé d'étonnement et d'admiration tous les hommes qui ont pu en mesurer l'étendue et la profondeur.

Mais pour bien saisir la sagesse de cet enseignement divin, il nous faudrait le comparer à quelques institutions humaines qui ont cherché à l'imiter. Parmi les plus célèbres, il en est trois qui semblent appeler plus particulièrement l'attention : je veux désigner le mahométisme, le protestantisme et la franc-maçonnerie. Examinons-les donc avec quelque soin. Les ombres humaines qui y sont répandues feront mieux ressortir les clartés divines de l'enseignement de Jésus.

Le mahométisme fut institué par Mahomet vers l'an 610 de l'ère chrétienne. Cette religion s'appelle aussi islamisme : « La « religion de Dieu est l'islamisme, dit le Koran, c'est-à-dire résigné « à sa volonté. » (*Koran*, III, 17, trad. nouvelle faite sur le texte arabe par Kasimirski, rev. et corr. par G. Pauthier, in-18, Paris, 1840, Charpentier). Les fidèles sont appelés mahométans, du nom de son inventeur, ou musulmans (résignés) : « Fais, ô notre Sei-« gneur, que nous soyons résignés à ta volonté. » (*Musulmans.*) (*Ibid.*, II, 122.)

Cette religion dérive du christianisme. « Les mahométans, dit « W. Jones, quoi qu'on puisse dire au contraire, sont certaine-« ment une secte de chrétiens, si cependant des hommes qui « suivent l'hérésie impie d'Arius méritent le nom de chrétiens. » (W. JONES, *Description of Asia.*)

Son fondateur, Mahomet, était pauvre, quoique né d'une famille arabe illustre qui descendait, dit-on, d'Ismaël, fils de la servante d'Abraham et de cet illustre patriarche. Cet *illettré*, ainsi qu'il se désigne lui-même, épousa une riche veuve qui lui apporta de la fortune, et il la fit valoir en se livrant lui-même au commerce. Ses spéculations le conduisirent en Syrie, en Palestine et en Égypte, où il recueillit des notions sur le judaïsme, le christianisme et l'arianisme, qui jusque-là lui étaient peu familiers; car à cette époque, les Arabes de la contrée qu'il habitait étaient partagés en un grand nombre de tribus rivales toutes plongées dans l'idolâtrie la plus profonde. Quelques-uns seulement pratiquaient une sorte de judaïsme corrompu.

Mahomet avait prospéré, et son ambition, s'étant accrue avec sa fortune, lui suscita l'idée d'asservir l'Arabie et d'y établir un empire. Pour atteindre ce but, il résolut de fonder une religion nouvelle, en se donnant lui-même comme inspiré de Dieu, comme prophète et apôtre, afin de dominer plus sûrement les païens, les juifs et les chrétiens relâchés qui l'entouraient.

Un jour donc, il dit à sa femme que l'ange Gabriel lui était apparu la nuit précédente sur la montagne, s'était fait connaître à lui, l'avait appelé apôtre de Dieu et lui avait intimé, au nom de l'Éternel, l'ordre de lire et d'annoncer aux hommes les vérités qui devaient lui être révélées. (*Ibid.,* LXXXVII, 1.) De là, les noms de Prophète et d'Apôtre qui lui furent donnés; plus tard, même, celui de Législateur, en raison des lois politiques, civiles et religieuses qui ont été ajoutées au Koran.

Ce livre célèbre est d'une éloquence sublime et vraiment céleste, disent les mahométans. Mais pour nous, sa lecture est loin de répondre à ces éloges exagérés. On y découvre, sans doute, quelques passages admirables, mais ce sont ceux qu'il a tirés du Pentateuque ou de l'Évangile. Le reste, au contraire, est obscur, incohérent, rempli de répétitions fastidieuses, de puérilités, de contradictions et de récits ridicules.

Comme Arius, il nie la Trinité, la consubstantialité du Verbe avec le Père, et par conséquent sa divinité. Cependant il considère Jésus comme Messie, et comme Verbe de Dieu (*ibid.,* III, 40); il considère même Marie comme exempte de toute souillure et élue parmi toutes les femmes de l'univers. (*Ibid.,* III, 37.) Selon Mahomet, Jésus n'est qu'un Prophète à qui Dieu a enseigné le livre de la Sagesse, le Pentateuque et l'Évangile, en le chargeant d'une mission divine. (*Ibid.,* III, 43, 44.) En résumé, pour Mahomet, il n'y a qu'un seul Dieu, et Mahomet est son prophète. (*Ibid.,* VII, 156, 157.)

Pour avoir une idée de la distance qui sépare l'œuvre divine de Jésus, de l'œuvre humaine de Mahomet, il nous suffira de comparer les lois de l'une avec celles de l'autre, en nous souvenant toutefois que ce dernier en a puisé plusieurs dans l'Évangile, ce qui motive le parallèle que nous établissons.

La première loi de l'Église prescrit l'amour de Dieu : pour elle, Dieu est un Dieu d'amour qui nous aime et que nous devons aimer. Le Dieu de Mahomet est un Dieu redoutable, un Dieu de crainte. Aussi ne prescrit-il jamais aux croyants de l'aimer. « Croyez en Dieu et à ses envoyés, dit le Koran; si vous croyez « et si vous craignez, vous recevrez une récompense généreuse. » (*Ibid.*, III, 174.)

La seconde loi de l'Église prescrit l'amour du prochain. Mahomet ne parle d'autre amour que de celui des femmes. Cependant il promet les récompenses du paradis à ceux qui « ont été

« patients, véridiques, soumis, charitables, et implorent le pardon
« de Dieu à chaque lever de l'aurore ». (III, 15.) Mais, en fait de
prochain, il dit : « Faites la guerre... à ceux d'entre les hommes
« qui ne professent pas la vraie religion. » (IX, 29.) Il n'est donc
pas étonnant qu'on ne trouve dans le Koran aucun exemple qui
rappelle la parabole du bon Samaritain.

La troisième loi de l'Église impose par-dessus tout la charité
envers tous les hommes, envers ses ennemis comme envers ceux
qui nous persécutent. On ne découvre rien de semblable dans
l'islamisme. On pourrait invoquer tout au plus un verset du
Koran qui dit : « Rends le bien pour le mal, et tu verras ton
« ennemi se changer en protecteur et en ami. » (XL, 1, 34.) Mais
qui ne voit que le bien prescrit n'est fait qu'en vue d'une récompense terrestre ? N'est-il pas manifeste d'ailleurs qu'une loi qui
méconnait l'amour du prochain ne peut ordonner la charité ?

Quelle différence encore entre la fraternité de l'Église et celle
du Koran ! Tandis que la première embrasse tous les hommes,
qu'ils soient Juifs, Grecs ou Romains, et qu'elle ne connait pas
de frontières, celle du Koran la restreint aux seuls croyants :
« Les croyants sont frères », dit-il. (XLII, 10.) Et puis il ajoute :
« Quant aux infidèles, qu'importe ? Dieu peut se passer de l'uni-
« vers entier » (III, 92) ; attendu que « les infidèles, leurs richesses
« et leurs enfants ne seront d'aucune utilité auprès de Dieu ; ils
« seront livrés au feu et y demeureront éternellement ». (III, 112.)

L'égalité, au premier aperçu, semble mieux observée parmi
les musulmans, puisqu'un palefrenier peut devenir grand vizir ;
mais, quand on y regarde de près, cette égalité est loin d'être
réelle. Elle n'existe point entre les hommes, puisque le Koran
dit : « Nous les élèverons les uns au-dessus des autres, afin que
« les uns prennent les autres pour les servir. » (XLIII, 31.) Voilà
donc l'esclavage légalement institué. Quand l'Église dit : « Il n'y a
« plus ni esclave, ni homme libre, ni homme, ni femme » (*Gal.*,
III, 28) parmi vous ; toutes les divisions sont abolies, toutes les
distinctions ramenées à l'égalité, l'islamisme proclame que
« les maris sont supérieurs à leurs femmes » (II, 228) ; quand elle
défend la répudiation et le divorce, le Koran l'autorise, mais
pour les hommes seulement : « Si le divorce est fermement
« résolu, Dieu sait et entend tout », dit-il (II, 222) ; cependant
il ajoute : « Si vous craignez d'être injuste envers les orphelins,
« n'épousez que peu de femmes, deux, trois ou quatre parmi

« celles qui vous auront plu. » (IV, 3.) Nonobstant cette loi, Mahomet, lui, épousa douze et même quinze femmes, et eut en outre onze concubines dont il eut quatre fils qui moururent jeunes et quatre filles. Cet exemple ne suffit-il pas pour condamner la polygamie et la loi immorale qui l'autorise afin de couvrir, en quelque sorte, d'un voile légal les turpitudes et les scandales de l'incontinence des croyants ?

Quant à la liberté morale et aux conséquences qu'elle entraîne à sa suite, elle est complétement ignorée du musulman : le Koran est muet sur la responsabilité des actes qui tous sont subordonnés au fatalisme et à une aveugle prédestination. « Toute « affaire dépend de Dieu », dit-il (III, 146); « il ne vous arrive « rien que ce que Dieu vous a destiné » (IX, 51); car « Dieu égare « celui qu'il veut, et dirige celui qu'il veut » (XXXV, 9); attendu que « les arrêts de Dieu sont fixés d'avance » (XXXIII, 36); ne vous préoccupez de rien, car « il arrivera ce qu'il voudra » (XVIII, 37). Il va même jusqu'à faire dire à Dieu : « Nous avons attaché « à chaque homme son oiseau, c'est-à-dire sa destinée ! » (XVI, 14.) En quoi ce précepte différencie-t-il les actes du musulman de ceux de l'animal qui suit les impulsions de son instinct ?

Comment comprendre les hommes qui vont jusqu'à dire que l'islamisme est le chef-d'œuvre de la raison humaine ? Pauvre raison qui n'a su qu'altérer et abaisser les lois de l'Église en y touchant ! Ainsi, à son Dieu d'amour et de miséricorde, elle a substitué un Dieu de crainte ; à l'amour du prochain, celui des femmes ; à la charité, l'aumône du superflu ; à la fraternité, de simples rapports avec les croyants, et la guerre envers tous les autres hommes ; à l'égalité, l'esclavage et la dégradation de la femme ; à la liberté, le fatalisme et une aveugle prédestination. Elle a donc retranché ce qu'il y avait de plus noble et de plus élevé dans les lois de l'Église en cherchant à les imiter.

Cette pauvre raison n'a pas seulement retranché, mais elle a aussi ajouté à la loi chrétienne : elle l'a adultérée en y ajoutant plusieurs traditions orientales ; elle y a ajouté la polygamie et toutes ses turpitudes, et par suite, le dépeuplement des États; elle y a ajouté les plaisirs grossiers et sensuels de son paradis. Singulier paradis, où l'on jouira de tous les plaisirs de la débauche, où l'on trouvera des ombrages, des fleuves d'eau, de lait, de vin, de miel (XLVII, 16, 17); des siéges d'or et de pierreries où les hommes accoudés se regarderont face à face ; des fruits exquis et des houris aux beaux yeux noirs, pareils aux perles dans leur nacre (LVI, 1 à 22); de beaux habits de soie et de satin (XLV, 53); des femmes belles et fidèles ornées de bracelets d'or et de perles (XXXV, 30), etc., etc.; en un mot, tous les plaisirs matériels que Mahomet a pu rêver !

Comme l'islamisme, le protestantisme a beaucoup emprunté aux lois de l'Église; comme lui aussi, il a son prophète dans Martin Luther qui l'a fondé; et celui-ci, comme Mahomet, n'a accompli son œuvre qu'en altérant les lois de l'Église et ses institutions.

En disant que Luther a été prophète, il convient d'ajouter toutefois que ce n'est qu'aux yeux de ses partisans. « Vous le « savez, écrivait Mélanchthon à Érasme, en parlant de lui, vous « savez qu'il faut éprouver et non mépriser les prophètes. » Cependant, pas plus que Mahomet, Luther n'a fait de miracles pour attester sa mission divine, et par conséquent n'a droit à ce titre. Le sien d'ailleurs est incontestable, bien que d'un caractère tout différent. Ainsi, quand les prophètes avaient pour mission d'annoncer la loi divine, la sienne a été de détruire toutes celles que ne sanctionnait pas la raison. Luther fut donc un révolutionnaire.

Mais pour nous faire une idée exacte de cet homme célèbre, considérons-le en face de l'œuvre qu'il a accomplie, cherchons quel fut son moteur et quelle fut la part qu'il y a prise lui-même.

« Dieu seul, dit Luther, a droit d'imposer des lois aux chré- « tiens, et ses volontés sont consignées dans les Livres saints qui « sont à la portée des simples. » Dans cette première affirmation se découvrent le principe de la Réforme, le principe qui l'a instituée et toutes les conséquences qui en découlent. En effet, Luther, sans chercher à s'appuyer sur aucune autre autorité que celle de sa raison, affirme que « Dieu seul a droit d'exposer des lois »; il affirme, en second lieu, que « ses volontés sont consignées dans les Livres saints »; enfin, il affirme, en troisième lieu, que ces volontés « sont à la portée des simples ». Les conséquences de ce principe sont évidentes : la raison de Luther est intervenue seule pour le fonder, et la raison « des simples » suffira désormais pour décider quelles « lois » Dieu a imposées aux chrétiens.

Niant ainsi toute autre autorité que celle de sa raison, il se heurtait aux lois de l'Église et à celles de Pierre; aussi commença-t-il par les combattre en même temps que tous les sacrements que Jésus-Christ avait institués. Il rejeta donc ceux de la Pénitence, de l'Eucharistie, de la présence réelle, etc., admettant à peine celui du Baptême. Jésus-Christ avait fondé l'Église, institué les sacrements et donné des lois : la raison de Luther se révolta contre eux ; il avait dit à Pierre : « Tu es Pierre, et sur « cette pierre je bâtirai mon Église, et les puissances de l'enfer « ne prévaudront pas contre elle » ; et Luther se révolta contre l'Église et contre Pierre ; il avait dit à Pierre : « C'est à toi que « je donne les clefs du royaume du ciel, et tout ce que tu délieras « sur la terre sera délié dans le ciel » (MATTH., XXI) ; et Luther se révolta contre la Pénitence. Il exalta sa raison au point de s'établir juge entre l'Église et Pierre d'une part, et les fidèles de l'autre.

Il avait affirmé aux « simples » que chacun peut choisir les « lois » pourvu qu'elles soient « consignées dans les Livres saints », et ces simples se sont transformés en luthériens, calvinistes, zwingliens, sacramentaires, anabaptistes, pédobaptistes, évangélistes, anglicans, piétistes, méthodistes, quakers, et en cette multitude de sectes qui ont établi l'anarchie dans les esprits. Ce qui justifie J. de Maistre quand il dit avec un sens si profond : « Ce n'est pas la lecture, c'est l'enseignement de l'Écriture « sainte qui est utile : la douce colombe, avalant d'abord et « triturant à demi les grains qu'elle distribue ensuite à sa cou- « vée, est l'image naturelle de l'Église expliquant aux fidèles « cette parole écrite, qu'elle a mise à leur portée. » (*Soirées, etc.,* XIe entretien.) Mais Luther ne pouvait comprendre ces soins maternels ; aussi les conséquences de l'interprétation « des simples » tardèrent-elles peu à enfanter cette multitude de sectes qui produisit la confusion des croyances dans laquelle chacun a son opinion dont il peut changer chaque jour, d'où il suit qu'il ne peut plus subsister aucun symbole de foi. Justifiant ainsi la parole de saint Cyprien qui a dit : « Nul ne peut avoir Dieu « pour Père, qui ne veut point avoir l'Église pour mère. »

Mais examinons maintenant ce que la raison « des simples » a ajouté ou retranché aux lois de l'Église en les interprétant.

Le protestantisme admet la première de ses lois, sa loi divine, l'amour de Dieu.

Il admet aussi la seconde, qui prescrit l'amour du prochain. Mais l'application de celle-ci subit déjà de notables altérations.

Le ministre protestant, en effet, ayant renoncé au célibat de l'Église, est appelé comme tous les hommes à posséder les agréments de la famille ; mais, par cela même, il ne peut échapper aux charges qui en sont la conséquence. Il est donc condamné à aimer tout à la fois son prochain et ses proches, et à dépouiller les uns de ce qu'il donne aux autres. Comment, ainsi partagé, l'amour du prochain pourra-t-il recevoir la grande part ? comment se dévouer aux malades, aux pauvres, aux malheureux, et surtout aux pestiférés ? Le ministre pourra-t-il leur consacrer tout son temps et même leur sacrifier sa vie, en présence des devoirs humains qui l'obligent envers sa femme et ses enfants ? N'eût-il pas fallu une vertu surhumaine à Luther, pour sacrifier sa vie à l'amour du prochain, en présence de sa Catherine et de ses six enfants ? Voilà donc cet amour du prochain partagé et amoindri. Aussi n'y a-t-il rien d'étonnant de ne voir parmi les protestants, ni sœurs de charité, ni véritables missionnaires.

Le protestantisme admet encore la troisième loi de l'Église, qui prescrit le respect de l'autorité, la charité, la fraternité, l'égalité et la liberté. Mais, comme l'amour de Dieu et du prochain, la charité est moins parfaite chez lui, car la charité est par-dessus tout une loi d'amour, et quand l'amour divin s'est amoindri dans les cœurs sous l'empire de l'amour humain, ses œuvres sont moins parfaites, parce qu'elles sont partagées. Dès que le cœur et l'esprit ne peuvent plus se donner tout entiers, cette charité se transforme en aumône, et ne peut donner que son superflu. La fraternité, qui se dévoue à ses frères, ne peut, par le même motif, y trouver toute son expansion. Entre la raison souveraine et l'égoïsme de la famille, qui occupent une si grande place, comment l'humilité et l'égalité chrétienne pourraient-elles se glisser ?

Mais là où s'aperçoit la différence la plus frappante entre les lois de l'Église et celles du protestantisme, c'est surtout dans l'usage de la liberté. « Si vous restez attaché à ma doctrine, dit « Jésus, la vérité vous rendra libre. » (JEAN, VIII, 32.) En niant l'Église de Jésus et l'autorité de Pierre, le protestant est devenu l'esclave, du péché, et son orgueil, qu'il substitue au renoncement de l'Évangile, l'a soumis au joug de l'erreur. Aussi, quand l'Église et Pierre prescrivent la soumission volontaire aux lois divines, lui, il veut subordonner ces lois à son libre examen et à l'interprétation de la raison « des simples ». Or, qu'en est-il résulté ?

Quot capita, tot sensus : chaque cervelle de ces « simples » a découvert un nouveau germe de dissolution, qui, en se développant chaque jour, ouvre une nouvelle brèche dans leur édifice humain ; et ces brèches, en s'élargissant sans cesse, arriveront bientôt à le renverser, si prochainement il ne se décide à regreffer sa branche séparée sur le cep qui seul donne la séve et la vie.

Enfin, mes amis, il me reste encore à vous parler d'une troisième institution humaine qui a tenté d'imiter l'Église, c'est la franc-maçonnerie.

Docteur. — Vous m'étonnez, cher abbé, car j'ai ouï dire à un maçon que « supposer une maçonnerie chrétienne, ce serait supposer un cercle carré ou un carré rond » ! (*Voix de l'Orient, Manuel pour les francs-maçons.*)

L'Abbé. — Ils le disent, mais ils savent bien le contraire. A ceux qui en douteraient, je me bornerais à leur dire : Lisez le *Rituel de l'apprenti* du F.·. Ragon, ou l'*Histoire de la maçonnerie* de Dubreuil, et vous verrez qu'ils ont imité l'Église en bien des choses.

Ils l'ont imitée dans ses cérémonies, dans ses sacrements, ses dogmes, ses mystères, ses rites, ses symboles, son culte, sa hiérarchie; ils l'ont imitée jusque dans l'institution de son Pape, de ses couvents, de ses conciles, de ses conclaves, etc. La maçonnerie est une véritable contrefaçon de l'Église orthodoxe.

L'erreur de ces sectaires semble avoir éteint tout génie chez eux, et en les rendant incapables de rien inventer, elle les a réduits au simple rôle d'imitateurs de l'Église. Ainsi, ils ont imité son Baptême, adopté sa Confirmation pour appeler la lumière sur l'initié, son Eucharistie qu'ils administrent à l'aide d'un agneau de pâtisserie et d'une coupe de vin, disant au néophyte : « Prends « et mange ; prends et bois » ; et en terminant la cérémonie par le « baiser de paix » (Dubreuil, *Histoire de la franc-maçonnerie,* t. II, p. 139 et suiv.); ils ont imité son mariage et son ordination. Par cette ordination, l'initié, comme le prêtre de l'Église, « est lié pour la vie », et « tout profane qui se fait recevoir ma- « çon *cesse de s'appartenir. Il n'est plus à lui.* » Et afin qu'il n'en ignore, « un *sceau* après avoir été *rougi au feu,* étant appliqué sur « le corps, y imprime une *marque ineffaçable* ». (F.·. Ragon, *Rituel de l'apprenti,* p. 52.)

La maçonnerie a encore imité ses rites, son cérémonial pour les enterrements, les invocations, les bénédictions, les encensements, les consécrations, les emblèmes, les mystères, la croix, le chandelier à trois branches : elle a tout imité !

DOCTEUR. — Quel est donc le but de cette institution ?

L'ABBÉ. — Ce but est ignoré des ingénus, et par conséquent du très-grand nombre. « L'ignorance à laquelle est condamnée « la foule, dit un Rose-Croix, dépasse tout ce que l'on peut ima- « giner. La seule chose que l'on essaye de faire comprendre à la « classe des *bornés* et des *enthousiastes,* c'est qu'il y a des réformes « sociales à opérer, c'est que les Frères doivent secouer tout « préjugé religieux. » (*Révélations d'un Rose-Croix,* in-8°, Bar-le-Duc, p. 47.)

DOCTEUR. — Cela ne m'apprend rien sur son but.

L'ABBÉ. — Un mot avant sur son origine. D'après les naïfs, elle remonterait à Hiram et aux maçons qui ont construit le temple de Salomon ; peut-être même, d'après le F.·. Fanton, jusqu'à ceux qui ont construit les pyramides et les obélisques d'Égypte ; c'est du moins ce qu'il croit pouvoir conclure d'après l'examen récent d'un obélisque dont les emblèmes établissent des relations avec les anciens monuments de l'Égypte. Mais en l'appréciant d'après ses rites, ses cérémonies, sa croix, etc., il est facile de comprendre qu'elle ne date que d'une époque très-postérieure à l'Église elle-même. Elle est née, en effet, d'une révolte de quelques chevaliers de l'ordre des Templiers contre la royauté qui l'avait dépouillé, contre la papauté qui l'avait dissous, et contre l'armée qui l'avait vaincu. Cette association doit donc à cette triple circonstance l'esprit de haine qui l'inspire et qu'elle a symbolisé dans la réception de son grand chef, le chevalier Kadosch, dont le nom, emprunté à la langue hébraïque, signifie *Saint!* Mérite-t-il réellement ce nom si pieux? Il suffit pour y répondre, de connaître les cérémonies de sa réception. Au moment de sa consécration, le kadosch coupe les trois têtes d'un serpent dont l'une est couverte d'une couronne, emblème de la royauté ; la seconde, d'une tiare ou d'une clef, symbole de la papauté ; et la troisième, d'une épée, symbole de l'armée. Il accomplit cette œuvre, en « jurant haine et mort à ces têtes « proscrites, en parlant *à leurs successeurs à leur défaut,* et en « criant : Vengeance, vengeance! » (*Aveux d'un kadosch,* dans l'*Abrégé des Mémoires pour servir à l'histoire du jacobinisme,* nouv. édit., par l'abbé BARRUEL, in-12, Paris, 1829, t. I, p. 247.)

Comme vous le voyez d'après la teneur du serment du chef

suprême de la Société, tout en empruntant à l'Église ses cérémonies, ses sacrements, ses rites, etc., la maçonnerie a donc un but entièrement opposé au sien. C'est surtout ce qu'il est facile de comprendre en comparant ses principes à ceux de l'Église.

En effet, quand, dans sa première loi, l'Église commande l'amour de Dieu aux hommes, la maçonnerie lui répond que « seuls les imbéciles parlent et rêvent encore d'un Dieu » ! (A. NEUT, *la Franc-Maçonnerie soumise au grand jour de la publicité, à l'aide de documents authentiques*, t. II, p. 223.) — « Nous « sommes nos propres prêtres et nos propres dieux », dit-elle (*ibid.*, t. II, p. 202) ; ou bien elle va jusqu'à dire avec le F∴ Proudhon : « Dieu, c'est le mal » ; ce qu'on lui doit : « c'est la guerre ! » Ou bien encore elle s'écrie avec les jeunes gens du Congrès de Liége : « Haine à Dieu ! Guerre à Dieu ! Il faut crever le ciel « comme une voûte de papier. » (*Le monde maçonnique*, juillet 1867.)

Les habiles ne vont pas aussi loin que « les jeunes gens du « congrès de Liége » ; ils craignent d'effaroucher les ingénus, et parlent pour eux du Grand Architecte de l'univers ; d'autres, comme le Fr∴ Renan, respectent même le culte de Dieu ; mais ils réservent ce culte, comme les anciens Perses, pour le Dieu-Soleil : « Le *culte du soleil*, dit le Fr∴ Renan, est le seul raison-« nable et scientifique », parce que « le *soleil est le dieu particulier de notre planète* ». (Textuel.) (*Revue des Deux Mondes*, du 15 octobre 1863.) De là, leurs fêtes solsticiales de la Saint-Jean d'été et de la Saint-Jean d'hiver.

La seconde loi de l'Église commande l'amour du prochain (MATTH., XIX, 19), d'aimer ses ennemis, de faire du bien à ceux qui nous haïssent et de prier pour ceux qui nous persécutent et nous calomnient (MATTH., V, 43) ; la maçonnerie a substitué à cette loi de dévouement et d'amour le précepte suivant : « Montrez « au grand jour l'adresse que vous avez acquise en transper-« çant par le fer un mannequin dans les ténèbres, et frappez « avec la soumission d'un simple écolier » (*la Maçonnerie et l'État*, par le Fr∴ Blumenhagen); ou dit avec le Fr∴ Voltaire : « Écrasons l'infâme. » (Lettre à Damilaville, 14 décembre 1764.)

Quant à la troisième loi de l'Église, la maçonnerie lui substitue des préceptes bien différents. Ainsi, au lieu de « rendre à César ce qui est à César », elle déteste César quand elle est obligée de le subir; ou bien, elle s'insurge contre lui et le tue. A la charité chrétienne, elle substitue la bienfaisance. Et, quand l'Église dit : « Entr'aidez-vous par une charité sincère » (*Rom.*, XVI, 8, 9 et 13); — « Si ton ennemi a faim, donne-lui à manger; s'il a « soif, donne-lui à boire » (*Rom.*, XII, 20); et « donne à qui te « demande » (MATTH., V, 42), la maçonnerie convient que pour « elle, la bienfaisance n'est pas un but, mais seulement un « des caractères, et des moins essentiels de la maçonnerie ». (*Le Monde maçonnique.*) Le Fr∴ Ragon appelle même les maçons pauvres « lèpre hideuse de la franc-maçonnerie en France ». (*Cours philosoph. et interprét. des init. anc. et mod.*, p. 368.) Le Fr∴ Bazot dit lui-même en parlant du Frère mendiant : « C'est « un génie malfaisant qui vous obsède partout et à toute heure... « mieux vaudrait sa main armée d'un poignard. Armé seulement « de son titre de maçon, il vous dit : « Je suis maçon, donnez- « moi, car je suis votre frère. » — « Donnez, maçon, mais appré- « tez-vous à donner sans relâche, le guet-apens est permanent. » (*Code des francs-maçons*, p. 176, 177.) Le Fr∴ Bazot n'aime pas à faire la charité, c'est évident; mais c'est peut-être une exception? Cela est douteux, car le F∴ Ragon, qui appelle les maçons pauvres une « lèpre hideuse », recommande chaudement à toutes les loges la règle du Fr∴ Beurnonville : « Ne présentez jamais « dans l'Ordre que des hommes qui peuvent vous présenter la « main et non vous la tendre. » (*Cours philosoph.*, etc., p. 368.)

En serait-il autrement de la fraternité, de l'égalité et de la liberté que l'Église enseigne aux fidèles depuis plus de dix-huit siècles? Constatons que les maçons les ont eux-mêmes acceptées pour devise. Ainsi le Fr∴ Fischer disait en 1851 : « Rappelez- « vous que les peuples qui ont levé en 1848 l'étendard de la révo- « lution avaient écrit sur leur bannière victorieuse ces trois « mots augustes : Liberté, Égalité, Fraternité ; mots sacrés, que « depuis longtemps nous prononcions avec émotion dans nos « temples maçonniques. » (*Revue maçonnique*, 1851.) Examinons un instant si ces « mots augustes » n'auraient pas subi quelque interprétation dans les loges, différente de celle que leur attribue l'Église.

En ce qui concerne la fraternité, l'Église nous dit : « Dieu est « notre Père céleste, et vous êtes frères. » (MATTH., XXIII, 8, 9.) Mais le Fr∴ Fichte est d'un sentiment différent: pour lui il y a de nombreuses exceptions. Ainsi « les princes, les bigots et la « noblesse, ces ennemis implacables du genre humain, dit-il, doi-

« vent être anéantis. Contre ces ennemis du genre humain, ajoute-
« t-il, *on a tous les droits et tous les devoirs; oui, tout est permis*
« *pour les anéantir : la violence et la ruse, le feu et le fer, le poison et*
« *le poignard ; la fin justifie le moyen!* » (*Avertiss. supplément.*,
p. 45.)

Et pour l'égalité? Tandis que l'Église nous enseigne que « tous
« les devoirs et tous les droits sont égaux : Qu'il n'y ait point
« de maitre parmi vous, dit-elle, vous n'avez qu'un maitre qui est
« Dieu » (MATTH., xx, 26); la maçonnerie nous dit qu'elle n'a qu'un
maitre aussi ; mais ce maitre est un homme, c'est le Fr.·. Kadosch.
Quant à l'égalité, c'est encore bien autre chose! Quand l'Église
nous dit : « Qu'il n'y ait plus ni esclave, ni homme libre parmi
vous », toutes les distinctions sont ramenées à l'égalité; la
maçonnerie, elle, classe ses initiés sous trente-trois titres différents. Le chef suprême les connait tous ; ceux d'un titre inférieur
ignorent tous ceux qui sont au-dessus d'eux. Eh! quelle distance
n'existe-t-elle pas entre le simple initié, le compagnon, le maitre
et le vénérable, et ceux qui occupent les premiers rangs! Singulière égalité! « Je ne parle pas de la *tourbe maçonnique,* dit un
« Rose-Croix, elle ne saurait avoir aucune autorité dans la ques-
« tion qui nous occupe : croire sans preuve, obéir aveuglément,
« se compromettre au besoin, en se faisant l'instrument passif
« de la puissance mystérieuse qui la dirige : tel est le rôle humi-
« liant qu'elle est condamnée à jouer. » (*Révélation d'un Rose-
Croix,* etc., p. 6.)

En serait-il autrement pour la liberté? Quelle peut être la
liberté d'un initié condamné à obéir aveuglément à un maitre
inconnu? Qu'il se croie libre parce qu'on lui dit que « la libre
« pensée est le principe fondamental de la maçonnerie » (A. NEUT,
ouv. cité, t. I, p. 403); qu'il jouit d'une « liberté absolue, illimitée,
« dans toute son étendue » (*le Monde maçonnique,* mai 1866,
p. 22)? C'est une question de foi ; libre à lui d'y croire! Mais
qu'il n'oublie pas toutefois « qu'il porte la marque d'un fer rouge,
« et qu'il ne s'appartient plus » (*Rit. de l'app.,* p. 52); que d'un
instant à l'autre, le G.·. O.·. a droit de lui dire : « Joignez le
« serment d'exécuter fidèlement tous les ordres qui vous arri-
« veront. Si vous manquez à votre serment, vous serez regardé
« comme ayant violé celui que vous avez fait à votre entrée dans
« l'ordre des Frères; souvenez-vous de l'*aqua tophana* (le plus
« efficace des poisons). Souvenez-vous des poignards qui atten-

« dent les traîtres! » (*Instruct. du* G.˙. O.˙. *aux Vénérables de province,* citée par les *Revélat., etc.,* p. 15.)

Comment oser comparer à l'institution de l'Église cette institution purement humaine? Comment lui comparer surtout celle de la maçonnerie dont les adeptes, dans leur orgueilleuse ignorance, se croient appelés « à opérer toutes les réformes sociales », et à « secouer tous les préjugés religieux » !

Qu'ils comparent donc un instant entre elles ces deux institutions et qu'ils mesurent la distance qui sépare le chrétien du maçon. Par leurs fruits, ils pourront juger de la valeur de l'arbre qui les produit! N'y a-t-il donc aucune différence entre la libre soumission du chrétien aux lois de l'Eglise et l'obéissance servile du maçon à un maître inconnu; entre la fraternité du premier qui entr'aide avec amour son semblable, et celle du second qui défend de tendre la main; entre l'Église, qui commande de placer la lampe sur le chandelier, et la loge, qui ordonne le secret sous peine de mort; entre la première, qui dit : « Ce que je vous dis « dans les ténèbres, dites-le dans la lumière ; et ce qui vous est « dit dans l'oreille, prêchez-le sur les toits » (MATTH., x, 17), et la seconde, qui menace du poison et du poignard le membre qui divulguera ses secrets; entre l'Église, qui commande pardessus tout l'amour de Dieu et des hommes, et la maçonnerie, qui prêche la haine contre ceux qui ne partagent pas ses préjugés, et qui va même jusqu'à s'écrier : « Tout est permis pour « les anéantir : la violence et la ruse, le feu et le fer, le poison « et le poignard ; la fin justifie le moyen! » Entre l'Église, qui commande de « rendre à César ce qui est à César, et à Dieu ce « qui est à Dieu », et une société qui maudit Dieu et tue César; enfin, entre un chrétien qui, comme Jésus, aime son ingrate patrie, et un maçon qui lui préfère « la fraternité des peuples « et la république universelle »?

Ne comprenez-vous pas maintenant comment il arrive, par des enseignements aussi opposés, que tandis que l'Église élève et anoblit le caractère et la dignité de l'homme, la maçonnerie l'abaisse et le dégrade? Le maçon, en effet, en entrant dans la loge, aliène sa personne et sa liberté à un chef mystérieux et inconnu, et devient aussitôt un serf dont celui-ci peut disposer à son gré. C'est ainsi qu'ils dénaturent leur devise et qu'ils substituent la dépendance à la liberté, le servage à l'égalité et la haine aveugle à la fraternité.

Comme vous le voyez, mes amis, nulle institution humaine ne peut se comparer à celle de Jésus, parce qu'en effet nulle ne s'appuie, comme elle, sur la sagesse divine. Je n'ose espérer toutefois, malgré l'étendue de mes comparaisons, de vous en avoir dit assez pour vous faire mesurer la distance qui sépare l'œuvre de Jésus de celle de ses imitateurs.

ARISTE. — Pardon, cher abbé; vous nous en avez dit assez pour nous faire apprécier qu'elle est réellement celle qui sépare le ciel de la terre, la lumière des ténèbres, la vérité de l'erreur, le bien du mal, la science de l'ignorance.

Vous avez fait plus encore, vous nous avez montré, dans les paroles de Jésus, ce qu'aucun de ses imitateurs n'y a aperçu, cette profonde sagesse qui a traduit en quelques mots d'une sublime simplicité les trois instincts divins écrits dans la nature intime et dans le cœur de l'homme, les instincts religieux, moral et social que la science nous a révélés chez lui; vous nous avez montré, disais-je, tout ce qu'il a puisé dans cette source naturelle, pour nous tracer les règles de la vie religieuse, individuelle et sociale; vous nous avez même fait entrevoir ce qu'il a dû puiser dans une source plus élevée encore, pour nous donner ces lois éternelles qu'il a enseignées à l'homme, à la famille et a la société, pour les conduire par le respect de l'autorité, par la charité, par la fraternité, par l'égalité et par la liberté, au libre épanouissement de toutes ses facultés, afin de le soutenir, selon sa nature, dans l'ordre que lui assigne son rôle dans l'harmonie générale du monde; enfin, vous nous avez montré comment ces conditions lui procurent, dès ici-bas, la paix et le bonheur dans la satisfaction de ses vrais besoins, et lui assurent dans une vie d'amour et de dévouement les premières jouissances de l'éternelle félicité qui doit les couronner.

Merci donc, cher abbé, de nous avoir dévoilé ces perfections; mais souvenez-vous toutefois qu'il vous reste, pour achever, quelque chose de plus difficile encore, c'est de nous montrer Jésus en possession de toutes les splendeurs de la Divinité, et en particulier, comme si « tous les siècles à venir étaient sous « l'immensité de ses regards, comme le jour présent qui nous « éclaire », ainsi que nous le représente Massillon en nous parlant de sa prescience.

VI

L'ABBÉ. — Il est vrai que sa sagesse, à quelque hauteur que nous l'ayons vue s'élever, a pu être imitée par les hommes; mais Jésus possédait une autre perfection qui n'a plus rien d'humain, c'est la prescience, et c'est par elle surtout qu'il se révèle avec l'un des caractères les plus élevés de la Divinité. Jésus connaissait non-seulement l'avenir, mais il connaissait aussi toutes choses, même ce qu'il y a de plus intime et de plus caché dans les esprits et dans les cœurs.

Un jour, « passant le long de la mer de Galilée, Jésus vit « Simon et André son frère qui jetaient leurs filets dans la mer, « car ils étaient pêcheurs; et Jésus leur dit : Suivez-moi, et je « vous ferai devenir pêcheurs d'hommes. Et aussitôt, laissant « leurs filets, ils le suivirent. » (MARC, I, 16-18.) On sait ce qu'il arriva à l'un de ces pêcheurs illettrés : à sa première prédication, Simon-Pierre en pêcha trois mille d'un coup (*Act.,* II, 41); et une autre fois, ce nombre s'éleva à cinq mille! (*Act.,* IV, 4.)

Un autre jour, Jésus dit encore à Pierre : « Tu es Pierre, et « sur cette pierre je bâtirai mon Église, et les portes de l'enfer « ne prévaudront point contre elle. » (MATTH., XVI, 18.) Or, cette prédiction date de plus de dix-huit siècles, et malgré les haines et les persécutions qu'elle a essuyées, l'Église demeure toujours debout, et continue d'enseigner les paroles du divin Maître.

Une autre fois, s'adressant encore à Pierre, Jésus lui prédit l'âge et le genre de mort auquel il succomberait. « En vérité, « en vérité, je te le dis : Quand tu étois jeune, tu te ceignois « toi-même, et tu allois où tu voulois; mais quand tu seras vieux, « tu étendras les mains, et un autre te ceindra et te conduira où « tu ne voudras pas. » Or, il lui dit cela, dit saint Jean, « indi-« quant par quelle mort il devait glorifier Dieu ». (JEAN, XXI, 18, 19.) Il prédit aussi à Madeleine la pécheresse que son action et son nom seraient annoncés dans le monde entier : « Cette femme, « en répandant ce parfum sur mon corps, l'a fait pour m'ense-« velir. En vérité, en vérité, je vous le dis, partout où sera prê-« ché cet Évangile, dans le monde entier, on dira même, en « mémoire d'elle, ce qu'elle vient de faire. » (MATTH., XXVI, 13.)

N'entend-on pas encore aujourd'hui le nom de Madeleine retentir dans toutes les églises, et ne voit-on pas même des temples élevés en son honneur?

Dès les premiers temps de son enseignement, Jésus prédit à Nicodème son crucifiement. « Comme Moïse a élevé le serpent « dans le désert, lui dit-il, il faut de même que le Fils de l'homme « soit élevé, afin que quiconque croit en lui ne périsse point, « mais qu'il ait la vie éternelle. » (JEAN, III, 14, 15.) Cette prédiction, assez claire sans doute, mais encore voilée dans son expression, va se reproduire et s'accentuer successivement. Ainsi, elle est déjà mieux exprimée dans les paroles qu'il répond à ceux qui lui demandent un prodige. « Une génération méchante et « adultère demande un miracle, dit-il, et il ne lui sera donné « d'autre miracle que celui du prophète Jonas. Car, comme « Jonas fut trois jours et trois nuits dans le ventre du poisson, « ainsi le Fils de l'homme sera dans le sein de la terre trois jours « et trois nuits. » (MATTH., XII, 39, 40.) Enfin, il prédit si clairement sa mort et toutes les circonstances qui devaient la précéder et la suivre, que les plus incrédules ne peuvent le contester. « Jésus, montant à Jérusalem, prit à part les douze disciples et « leur dit : Voilà que nous montons à Jérusalem, et le Fils de « l'homme sera livré aux princes des prêtres et aux scribes, et « ils le condamneront à mort. Et ils le livreront aux gentils « pour être moqué et flagellé et crucifié ; et le troisième jour il « ressuscitera. » (MATTH., XX, 17-19.) Il a même prédit son ascension. Un jour qu'il annonçait aux Juifs le mystère de l'Eucharistie, ceux-ci en furent scandalisés, et il leur dit alors : « Cela « vous scandalise? Et si vous voyiez le Fils de l'homme montant « où il était auparavant? » (JEAN, VI, 62, 63.) Cela ne laisse rien d'équivoque sortant de la bouche de celui qui a dit : « Je suis « descendu du ciel. »

Un autre jour, tout s'accomplit encore selon sa prédiction. Quand arriva le temps des azymes, pendant lequel devait se faire la pâque, Jésus envoya Pierre et Jean, disant : « Allez nous pré-« parer la pâque, afin que nous la mangions. Mais eux lui « demandèrent : Où voulez-vous que nous la préparions? Et il « leur répondit : Voici qu'en entrant dans la ville, vous rencon-« trerez un homme portant une cruche d'eau ; suivez-le dans la « maison où il entrera. Il vous montrera un grand cénacle meu-« blé ; faites-y les préparatifs. S'en allant donc, ils trouvèrent

« comme il leur avait dit, et ils préparèrent la pâque. » (LUC, XXII,
8-13.)

Répondant une autre fois à ses disciples, il leur prédit encore
qu'il serait trahi par l'un d'eux, et leur dit : « N'est-ce pas moi
« qui vous ai choisi tous les douze? Cependant l'un de vous me
« trahira. » (JEAN, VI, 71.) Jusqu'ici l'accusation plane sur tous,
mais bientôt il désignera clairement le coupable. Pendant la Cène,
Jésus leur dit en effet : « En vérité, en vérité, je vous le dis, un de
« vous me trahira. Les disciples donc se regardaient l'un l'autre,
« incertains de qui il parlait. Or, un des disciples de Jésus, que
« Jésus aimait, reposait sur son sein. Simon-Pierre lui fit donc
« signe, et lui dit : Qui est celui dont il parle? C'est pourquoi
« ce disciple, s'étant penché sur le sein de Jésus, lui dit : Seigneur,
« qui est-ce? Jésus répondit : C'est celui à qui je présenterai du
« pain trempé. Et ayant trempé du pain, il le donna à Judas
« Iscariote, fils de Simon. » (JEAN, XXIII, 21-26.) On connaît le
baiser de Judas qui livra le Sauveur, quelques heures après, à
ceux qui voulaient le faire mourir.

Ce fut encore à ce moment qu'il prédit le reniement de
Pierre. « Simon-Pierre lui dit : Seigneur, où allez-vous? Jésus
« répondit : Où je vais, tu ne peux me suivre à présent; mais tu
« me suivras ensuite. Pierre lui dit : Pourquoi ne puis-je vous
« suivre à présent? Je donnerai mon âme pour vous. Jésus lui
« répondit : Tu donneras ton âme pour moi? En vérité, en
« vérité, je te le dis, un coq ne chantera pas, que tu ne m'aies
« renié trois fois. » (JEAN, XXIII, 36-38.) On se souvient des pleurs
de Pierre qui suivirent l'accomplissement de ces paroles.

C'est ainsi que Jésus annonçait d'avance à ses disciples tout
ce qui devait s'accomplir pour lui et pour eux, en leur disant :
« Je vous le dis maintenant avant que la chose arrive, afin que
« vous croyiez quand la chose sera arrivée. » (JEAN, XIII, 19.)

Mais l'une de ses prédictions les plus mémorables est celle
qu'il fit sur la destruction du temple de Jérusalem et sur la dis-
persion des Juifs.

Un jour que ses disciples réunis autour de Jésus contemplaient
le temple, et étaient saisis d'admiration à la vue d'un monument
qui leur paraissait devoir durer jusqu'à la fin des temps, ils lui
dirent : « Maitre, regardez quelles pierres et quelle structure! »
Bâti en pierres de marbre blanc, dont les unes avaient quarante-
cinq coudées de long sur cinq de haut et six de large (Jos., *De*

bello Jud.), aussi magnifique que colossal, cet édifice, au rapport de Josèphe, se voyait de loin comme une montagne blanche, brillait de près par le poli du marbre, et par l'éclat flamboyant des lames d'or qui l'ornaient de toutes parts, comme par les dentelures d'or qui hérissaient son toit, pour empêcher les oiseaux de s'y reposer et de le souiller. L'antiquité considérait ce temple comme l'une des plus riches et des plus magnifiques productions de l'art. Jésus alors leur dit : « Voyez toutes ces « choses. En vérité, je vous le dis : Il ne restera pas là pierre « sur pierre qui ne soit détruite. » — « Dites-nous donc, Sei- « gneur, quand arriveront ces choses. » (MATTH., XXIV, 3.) — « Quand vous verrez l'abomination de la désolation, prédite par « le prophète Daniel, régnant dans le lieu saint (que celui qui « lit entende) : alors, que ceux qui sont dans la Judée fuient sur « les montagnes ; et que celui qui sera sur le toit ne descende « pas pour emporter quelque chose de sa maison ; et que celui « qui sera dans les champs ne revienne pas pour prendre sa « tunique. Mais malheur aux femmes enceintes et à celles qui « nourrissent en ces jours-là ! » (MATTH., XXIV, 15-19.)

Mais dans quel temps verrons-nous ces choses, Seigneur? — « En vérité je vous dis que cette génération ne passera point « jusqu'à ce que toutes ces choses s'accomplissent. Le ciel et la « terre passeront, mais mes paroles ne passeront point. » (MATTH., XXIV, 34, 35.) Pendant qu'on le conduisait au supplice, « une grande foule de peuple et de femmes le suivaient, se frap- « pant la poitrine et se lamentant sur lui. Mais Jésus, se tournant « vers elles, dit : Filles de Jérusalem, ne pleurez pas sur moi, « mais pleurez sur vous-mêmes et sur vos enfants. Car voici que « viendront des jours où l'on dira : Heureuses les stériles, et les « entrailles qui n'ont pas engendré, et les mamelles qui n'ont « pas allaité. » (LUC, XXIII, 27-29.)

En effet, trente-trois ans se sont à peine écoulés que la prophétie commence à s'accomplir. Les enseignes de Titus sont promenées dans le temple, et les Juifs voient avec horreur l'abomination de la désolation, prédite par Daniel, se réaliser. Peu après, Jéru- salem est prise, ses temples et ses murs détruits, ses habitants tués et dispersés. Mais il manque encore un trait à l'accomplis- sement de l'oracle. « Les flammes qui ont dévoré le temple, dit Mgr Besson, n'ont pu pénétrer au sein de la terre, et les pre- mières pierres de l'édifice recouvertes par le sol ensemencé res-

taient encore enfouies. Trois siècles après, Julien a résolu de faire
mentir l'Évangile en rebâtissant le temple. Venez, Juifs et païens,
l'Apostat vous appelle, venez... Les Juifs s'imaginent que le jour
de la vengeance et des représailles est arrivé. Ivres de joie et
d'orgueil, ils insultent et menacent les chrétiens en rentrant à
Jérusalem. « Nous vous traiterons, disaient-ils, comme les
« Romains nous ont traités autrefois, et nous raserons vos tem-
« ples au niveau du sol. » Inutile espérance! Voyez l'évêque
Cyrille passer avec un dédaigneux sourire au milieu de cette
foule émue. « Ils ne mettront pas seulement une pierre sur une
« autre », disait-il, sans s'émouvoir. Les anciens fondements sont
arrachés; l'accomplissement de la prophétie est complet. Peine
inutile! La terre s'ébranle, de vastes globes de feu s'élancent du
sol entr'ouvert et enveloppent les ouvriers dans un tourbillon de
flammes et de fumée... Trois fois le feu s'échappe des terres
éboulées, trois fois les ouvriers tombent à genoux et poussent
vers le ciel des cris de terreur. Aux prodiges qui éclatent pendant le jour succèdent des feux nocturnes et de foudroyantes
apparitions : des globes de feu circulent en l'air, et y dessinent
la forme d'une croix; l'empreinte en demeure marquée sur les
objets voisins; on la trouve avec effroi jusque sur les habits des
assistants. C'en est fait. Il faut abandonner l'ouvrage, et il n'en
reste d'autre trace qu'une démolition plus complète du temple...
Vous venez d'entendre dans ce récit saint Grégoire de Nazianze
(*Or.*, VI, 57), saint Chrysostome, saint Ambroise, tous trois contemporains du prodige; Ruffin, Théodoret, Sozomène (V, 22) et
Socrate, tous quatre historiens du temps. Un païen du quatrième siècle, Ammien Marcellin (XXIII, 1), l'un des principaux
officiers de l'empereur, constate le fait [1]; un incrédule du dix-
huitième siècle, Gibbon (XXIII), recueille tous ces témoignages

---

[1] Voici ce que dit Ammien Marcellin : « Tandis qu'Alipine pressait vivement les travaux, aidé
« par le gouverneur de la province, il sortit des fondements de terribles tourbillons de flammes,
« qui dévorèrent à plusieurs reprises les ouvriers; obstinément combattus par cet élément, l'entre-
« prise fut abandonnée. » (AMM. MARCELLIN, *Rerum gestarum libri*, XXXI. — L. XXIII, chap. 1.)
Julien l'Apostat a avoué lui-même l'impossibilité de rebâtir le temple, malgré sa toute-puissance
et tous ses efforts. Il l'avoua même avec une dédaigneuse ironie : « Les prophètes des Juifs qui invec-
« tivent contre nous, nous expliqueront-ils comment leur temple trois fois renversé n'a pu être
« rebâti jusqu'ici? dit-il. Je ne le dis pas pour leur en faire un reproche, *moi surtout*, qui me suis
« récemment occupé de le rétablir en l'honneur de la divinité qu'on y adore. » (*Fragments d'une
lettre à un pontife*, n° 7.)
Remarquons encore avec saint Chrysostome que sur les quatre évangélistes, trois seulement
nous rapportent cette célèbre prophétie : saint Matthieu (XXIV, 1-41), saint Marc (XIII, 1-32) et
saint Luc (XX, 5-33), tandis que saint Jean n'en parle pas. Et voici sans doute pourquoi : c'est
que, selon l'opinion commune, saint Matthieu a écrit son Évangile trente ans avant la ruine de

et les déclare authentiques. » (*L'Homme-Dieu,* 7ᵉ édit., in-12, 1870, p. 298.)

Puisque Jésus connaît si parfaitement l'avenir, demandons-lui donc ce qu'il arrivera de la doctrine qu'il est venu enseigner aux hommes. Il nous répondra : « En vérité, en vérité, je vous « le dis, l'Évangile que j'annonce sera prêché dans l'univers « entier. » (MATTH., XXIV, 14.) Or, que répond l'histoire à cette prédiction? Elle nous dit qu'il n'est pas un hameau, pas une ville, pas une île où il n'ait été enseigné, et que moins de trente ans après avoir été annoncé, saint Paul écrivait déjà aux Romains : « La foi que vous professez est prêchée dans l'univers entier. » (*Rom.,* I, 8.)

Qu'adviendra-t-il, Seigneur, à vos disciples? « L'un me trahira, « tous prendront du scandale à mon sujet pendant cette nuit; « car il est écrit : Je frapperai le pasteur, et les brebis du trou- « peau seront dispersées. Celui qui m'aime le plus me reniera « trois fois; aucun ne me suivra. Mais quand j'aurai répandu « mon esprit sur eux, ils confesseront mon nom au péril de leur « vie et au prix de leur sang, devant les peuples et devant les « rois. » (MATTH., XXVI, 21, 31, 34; — X, 17, 18). Et qu'a répondu l'histoire à cette dernière prédiction? Pierre, quelques semaines après la mort de Jésus, prêche dans un temple la doctrine du maître, guérit un malade en son nom, convertit trois mille Juifs, et il est saisi et conduit devant le sanhédrin pour y être jugé. Là, celui qui avait renié Jésus s'écrie : « Princes du peuple, et « vous anciens, il faut que vous tous et tout le peuple d'Israël « vous le sachiez tous, c'est au nom de Notre-Seigneur Jésus- « Christ de Nazareth, que vous avez crucifié et que Dieu a ressus- « cité des morts; c'est par lui que cet homme est ici devant vous, « debout et sain. » (*Act.,* III, 8-10.)

DOCTEUR. — Certes, mon cher abbé, voilà des faits qui attestent une prescience bien admirable!

Jérusalem; saint Marc, vingt-sept ans, et saint Luc, vingt ans auparavant, tandis que saint Jean n'a écrit le sien qu'après son accomplissement, et a dû par cela même le passer sous silence. La ruine de Jérusalem eut lieu trente-sept ans après la prophétie de Jésus.

VII

ARISTE. — L'accomplissement de toutes ces prédictions est manifeste et incontestable, mais en est-il de même de ceux qui témoignent de son omniscience?

L'ABBÉ. —Comment douter que Celui qui a dit : « Tout ce que « le Père fait, le Fils le fait pareillement » (JEAN, v, 19), puisse manquer de l'une des perfections du Père? Mais scrutons les Écritures, c'est à elles de nous attester jusqu'à quel point Jésus possédait cette éminente perfection.

Constatons d'abord un premier fait, c'est que ses disciples qui l'ont suivi pendant trois ans, qui ne le quittaient presque jamais et conversaient sans cesse avec lui, qui connaissaient ses pensées, ses paroles et ses œuvres, étaient tous profondément convaincus de son omniscience. « Nous savons que vous savez toutes choses » (JEAN, XVI, 30), lui disaient-ils. Simon-Pierre, auquel Jésus adressait pour la troisième fois cette question : « M'aimes-tu? » lui répondait : « Seigneur, vous connaissez toutes choses, vous savez que je vous aime. » (JEAN, XVI, 17.) Nathanaël surnommé Barthélemy, d'après une opinion reçue, nous l'atteste lui-même de la manière la plus frappante. Après que Philippe lui eut annoncé qu'il avait trouvé le Messie dans la personne du fils d'un charpentier de Nazareth, Nathanaël lui demande, avec l'accent du doute, comment d'une petite ville dont la réputation était si mauvaise quelque chose de bon pouvait venir. Viens et vois, lui dit Philippe. Mais son doute se dissipe bientôt quand Jésus lui montre qu'il sait tout. En effet, le Seigneur, en le voyant venir à lui rempli de défiance, se borne à dire : « Voici « vraiment un Israélite en qui il n'y a point d'artifice. Nathanaël « lui demanda : D'où me connaissez-vous? Jésus lui répondit et « lui dit : Avant que Philippe t'appelât, lorsque tu étais sous le « figuier, je t'ai vu. » Il suffit de lui rappeler cette circonstance caractéristique de sa vie, que Nathanaël croyait n'être connue que de lui seul, pour qu'à l'instant convaincu, il s'écrie : « Rabbi, « vous êtes le Fils de Dieu, vous êtes le Roi d'Israël. » (JEAN, 1, 47-49.) La tradition rapporte que Nathanaël, avant l'arrivée de Philippe, était dans un lieu retiré de son jardin, où il priait Dieu de leur envoyer le Messie.

Saint Jean nous dit lui-même qu'il connaissait tout ce qu'il y a de plus secret dans les cœurs. « Jésus ne se fiait pas à eux (aux « Juifs), dit-il, parce qu'il les connaissait tous, et qu'il n'avait « pas besoin que personne lui rendît témoignage d'aucun homme, « car il savait par lui-même ce qu'il y avait de plus secret dans « leur âme. » (JEAN, II, 24, 25.)

Une fois, étant à Bethphagé, près du mont des Oliviers, Jésus envoie deux de ses disciples, leur disant : « Allez au village qui « est devant vous, et soudain vous trouverez une ânesse attachée, « et son ânon avec elle; déliez-les et amenez-les-moi. S'en allant « donc, les disciples firent comme Jésus leur avait commandé : « ils amenèrent l'ânesse et l'ânon. » (JEAN, XXI, 2 et 6.) La connaissance humaine eût-elle pu préciser les circonstances qui devaient se rencontrer dans un village lointain dont on ne pouvait apercevoir que la masse?

Mais l'un des faits les plus remarquables, et qui attestent de la manière la plus éclatante son omniscience, est celui qui s'accomplit au milieu du temple, alors que les pharisiens, pour le surprendre, lui amenèrent une femme adultère pour la juger. Connaissant sa douceur, son amour des pécheurs et sa condescendance pour les âmes égarées, ils voulaient amener Jésus à prononcer une décision qui leur permît de l'accuser d'être un violateur de la loi. Ils lui amenèrent donc une femme surprise en adultère, s'attendant à ce qu'il se prononcerait pour le pardon. Mais Jésus, en présence du peuple, de cette femme et des pharisiens qui l'accusaient, sans dire une parole, se mit à écrire sur la poussière. « Et comme ils continuaient à l'accuser, il se releva « et leur dit : Que celui de vous qui est sans péché jette le pre- « mier une pierre contre elle. Et se baissant de nouveau, il écrivit « sur la terre. » (JEAN, VIII, 7, 8.) La tradition nous apprend que Jésus écrivait les fautes de chacun de ceux qui accusaient cette femme; aussi bientôt ces accusateurs confus, confondus et effrayés, disparurent et sortirent l'un après l'autre, à commencer par les vieillards. « Et Jésus demeura seul avec la femme, qui « était au milieu. Alors Jésus, se relevant, lui dit : Femme, où « sont ceux qui vous accusaient? Personne ne vous a con- « damnée?... Ni moi je ne vous condamnerai pas : allez et ne « péchez plus. » (JEAN, VIII, 10, 11.)

Les pharisiens n'avaient pas encore médité de le perdre, que Jésus leur disait déjà : « Vous me chercherez et vous ne me

« trouverez point. » (JEAN, VII, 34.) Quelques jours s'écoulent à peine, et le dessein qu'il avait prédit éclate et avorte selon sa parole. On envoie des hommes pour le prendre, mais ces hommes qui l'avaient vu ne peuvent plus le découvrir ni s'en emparer. Un jour de Dédicace, il affirme sa divinité dans le temple; on l'entoure, on veut l'entraîner pour le lapider; tout est inutile; il sait toutes choses et s'échappe de leurs mains. (JEAN, X, 39.)

Allant un jour à Sichar, ville de Samarie, « Jésus, fatigué de « la route, s'assit sur le bord du puits de Jacob. Or, une femme « de Samarie vint puiser de l'eau. Jésus lui dit : Donnez-moi à « boire. Cette femme samaritaine lui répondit donc : Comment « toi, qui es Juif, me demandes-tu à boire, à moi, qui suis une « femme samaritaine? Car les Juifs n'ont point de commerce « avec les Samaritains. Jésus lui répondit et dit : Si vous saviez « le don de Dieu, et qui est celui qui vous dit : Donnez-moi à « boire, peut-être lui en eussiez-vous demandé vous-même, et il « vous aurait donné d'une eau vive. La femme lui repartit : Sei-« gneur, tu n'as pas même avec quoi puiser, et le puits est pro-« fond; d'où aurais-tu donc de l'eau vive? Es-tu plus grand que « notre père Jacob qui nous a donné ce puits, et qui en a bu, « lui, ses enfants et ses troupeaux? Jésus répliqua et lui dit : « Quiconque boit de cette eau aura encore soif; au contraire, « qui boira de l'eau que je lui donnerai n'aura jamais soif; mais « l'eau que je lui donnerai deviendra une fontaine d'eau jaïllis-« sante jusque dans la vie éternelle. La femme lui dit : Donne-« moi de cette eau, afin que je n'aie plus soif, et que je ne vienne « point puiser ici. Allez, lui répondit Jésus, appelez votre mari « et venez ici. La femme répliqua et dit : Je n'ai point de mari. « Jésus ajouta : Vous avez bien dit : Je n'ai point de mari; car « vous avez eu cinq maris, et celui que vous avez maintenant « n'est pas votre mari; en cela vous avez dit vrai. La femme lui « dit : Seigneur, je vois que vous êtes vraiment prophète. Nos « pères ont adoré sur la montagne, et vous dites, vous, que « Jérusalem est le lieu où il faut adorer. Jésus lui dit : Femme, « croyez-moi, vient une heure où vous n'adorerez le Père ni sur « cette montagne ni à Jérusalem. Vous adorez, vous, ce que « vous ne connaissez point; nous, nous adorons ce que nous « connaissons, parce que le salut vient des Juifs. Mais vient une « heure, et elle est déjà venue, où les vrais adorateurs adoreront « le Père en esprit et en vérité; car ce sont de tels adorateurs

« que le Père cherche. Dieu est esprit, et ceux qui l'adorent doivent
« l'adorer en esprit et en vérité. La femme lui dit : Je sais que le
« Messie (c'est-à-dire le Christ) vient ; lors donc qu'il sera venu, il
« nous apprendra toutes choses. Jésus lui dit : Je le suis, moi qui
« vous parle... La femme donc laissa là sa cruche, s'en alla dans la
« ville et dit aux habitants : Venez, voyez un homme qui m'a dit
« tout ce que j'ai fait ; n'est-ce point le Christ ? » (JEAN, IV, 6-29.)

Comme vous le voyez, mes amis, Celui qui a dit : « Si je suis
« né et si je suis venu dans le monde, c'est pour rendre témoi-
« gnage à la vérité » (JEAN, XVIII, 37), connaissait donc la vérité,
connaissait toutes les vérités, et pouvait les révéler à qui il voulait. Seul, il a pu dire : « Je publierai des choses qui ont été
« cachées depuis la création du monde. » (MATTH., XIII, 35.) En
effet, nul n'avait encore parlé de Dieu comme lui ; nul n'a pu
révéler les pensées et les volontés du Père céleste comme lui ;
nul n'avait encore parlé de l'âme, de sa responsabilité, de la vie
future et du royaume de Dieu, comme il l'a fait. Seul, il a pu
dire, en parlant de Dieu : « J'ai fait connaître votre nom aux
« hommes » ; le premier il nous a appris ce qu'est la vie éternelle,
« qui consiste à connaître le vrai Dieu ». (JEAN, XVII, 3.) C'est
pourquoi ses disciples lui disaient : « Nous savons que vous savez
« toutes choses. » (JEAN, XVI, 30.) Car tous étaient convaincus
qu' « il savait dès le commencement qui étaient ceux qui ne
« croyaient pas et qui devaient le trahir » (JEAN, VI, 65), et que
seul il pouvait affirmer son omniscience, en disant à Nicodème :
« En vérité, en vérité, je vous le dis, nous parlons de ce que nous
« savons, et nous rendons témoignage de ce que nous avons vu :
« et cependant vous ne recevez pas notre témoignage. Si vous
« ne croyez pas lorsque je vous parle le langage de la terre,
« comment me croiriez-vous si je vous parlais le langage du
« ciel ? » (JEAN, III, 11, 12.)

Tous ces faits n'attestent-ils pas de la manière la plus manifeste l'omniscience de Jésus ? Chacun d'eux ne se dresse-t-il pas
en face de la conscience, pour lui affirmer avec saint Paul qu' « au-
« cune créature n'est invisible en sa présence, et que tout est à
« nu et à découvert aux yeux de celui dont nous parlons » ? (*Hébr.*,
IV, 13.) Concluons donc avec ses disciples que « Jésus connais-
« sait toutes choses et savait tout ». (JEAN, XVI, 30.)

DOCTEUR. — Je suis, en effet, grandement porté à l'admettre
avec vous, cher abbé.

VIII

L'Abbé. — Cependant nous arrivons en face d'une question plus grave encore, c'est celle de savoir si Jésus possédait aussi la toute-puissance. Pour nous en assurer, adressons-nous à ses paroles, à ses actes et à ses œuvres : c'est à eux de l'attester.

Un premier fait nous frappe dès son début : il choisit ses disciples, et un mot lui suffit pour les décider. Il dit à chacun d'eux : Viens, et il le suit. A l'instant et sans désemparer, ils quittent tout pour l'accompagner, et une fois sa mission terrestre terminée, ils continuent son œuvre jusqu'à la dernière heure de leur vie.

Un jour, « passant le long de la mer de Galilée, il vit Simon et « André son frère, qui jetaient leurs filets dans la mer, car ils « étaient pêcheurs ; et Jésus leur dit : Suivez-moi, et je vous ferai « pêcheurs d'hommes. Et aussitôt, laissant leurs filets, ils le sui- « virent. » (Marc, i, 16-18.) De là, s'étant un peu avancé, il vit « Jacques, fils de Zébédée, et Jean son frère, qui raccommo- « daient leurs filets dans la barque ; et au moment même il les « appela. Or, laissant leur père Zébédée dans la barque avec les « ouvriers, ils le suivirent. » (Marc, i, 19, 20.)

« Le lendemain, Jésus voulut aller en Galilée ; il trouva Phi- « lippe et lui dit : « Suis-moi. » (Jean, i, 43.) Philippe va trouver Nathanaël et lui dit : Nous avons trouvé celui dont Moïse a écrit dans la loi et ensuite les prophètes, Jésus, fils de Joseph de Nazareth. Nathanaël hésite et dit : « Peut-il venir quelque chose « de bon de Nazareth ? Philippe » lui répond : « Viens et vois. » D'un mot, Jésus dompte ce rebelle qui, vaincu, s'écrie : « Rabbi, « vous êtes le Fils de Dieu, vous êtes le roi d'Israël ». (Jean, i, 45-49.)

Un autre jour, « Jésus vit un homme nommé Matthieu assis « au bureau des impôts, et il lui dit : Suis-moi. Et se levant, il « le suivit. » (Matth., ix, 9.)

Une autre fois, il se rend à Jérusalem avec ses disciples. Là il accomplit un acte par lequel il manifeste sa dignité de Messie. Il chasse du temple les vendeurs et les acheteurs, et purifie ainsi la maison de son Père, en agissant comme Fils de Celui à qui le temple est consacré et en y exerçant le droit de propriété. « Et

« ayant fait comme un fouet avec des cordes, il les chassa tous
« du temple avec les brebis et les bœufs, répandit l'argent des
« changeurs et renversa leurs tables. Et à ceux qui vendaient
« des colombes, il dit : Emportez cela d'ici, et ne faites pas de
« la maison de mon Père une maison de trafic. Or ses disciples
« se ressouvinrent qu'il était écrit : Le zèle de votre maison me
« dévore » (JEAN, II, 15-17), ainsi qu'il est dit dans le psaume
messianique. (PS. LXVIII, 10.)

C'est ainsi que dès le début de sa mission, Jésus affirme son
droit souverain sur les esprits et sur le temple lui-même. Plus
tard, il dira à ses disciples : « Allez! Toute puissance m'a été
« donnée, dans le ciel et sur la terre. » (MATTH., XXVIII, 18.) Et il
affirmera ensuite à maintes reprises qu'il possède la toute-puissance de son Père. (JEAN, X, 36-38.)

Interrogeons maintenant ses œuvres pour savoir si elles confirment ses paroles.

« Comment la toute-puissance divine, dit Mgr Parisis, a-t-elle
paru dans la création du monde?

« En ce que Dieu y a tout fait uniquement par la vertu immédiate de sa parole. Il a dit, et tout est sorti du néant; il a donné
l'ordre, et tout s'est mis en place : parce que la parole de Dieu
n'a pas besoin comme celle de l'homme d'auxiliaires ou d'instrument pour obtenir son effet : elle est par elle-même efficace
et productive : *Dixit et facta sunt, ipse mandavit et creata sunt.*
(PS. CXLVIII, 5.)

« Eh bien, n'en a-t-il pas été exactement ainsi de la parole de
Notre-Seigneur Jésus-Christ?

« Un lépreux tout couvert de plaies hideuses lui demande la
guérison. Le Sauveur lui répond : Je le veux, soyez guéri; et
tout aussitôt la peau du malade est purifiée et la guérison complète, *ut confestim mundata est lepra ejus.* (MATTH., VIII, 3. —
MARC, I, 42.)

« Un homme perclus de ses membres était étendu immobile
sur son pauvre grabat; Notre-Seigneur lui dit : Levez-vous,
emportez votre lit et marchez; et tout aussitôt cet homme se
lève et s'en va dans sa maison chargé de son heureux fardeau.
(LUC, V, 25.)

« Ses disciples sont avec leur maître dans une barque sur une
mer dont les vagues soulevées et mugissantes menacent de tout
engloutir. Les apôtres se croient perdus et le supplient de les

sauver. Notre-Seigneur commande aux vents et aux vagues, et tout aussitôt, non-seulement les flots s'abaissent, mais, ce qui fait un double prodige, ils n'ont plus aucun balancement, et la mer devient à l'instant tout à fait calme : *Facta est tranquillitas magna.* (MATTH., VIII, 26. — MARC, IV, 39. — LUC, VIII, 24.)

« Même lorsque, pour notre instruction, le Sauveur se sert d'éléments figuratifs, comme dans la guérison du sourd-muet, c'est toujours par sa parole qu'il opère. Ainsi, ayant touché de sa salive la langue et les oreilles de l'infirme, il dit : Ouvrez-vous, et tout aussitôt les oreilles furent ouvertes, la langue fut déliée, il parla; et pour que le miracle fût complet, il parla correctement, *loquebatur recte.* (MARC, VII, 35.)

« Ainsi se produisait également la résurrection des morts. On portait en terre le fils unique d'une veuve en la ville de Naïm; Notre-Seigneur dit simplement au mort : Jeune homme, levez-vous, je vous le commande; et tout aussitôt le mort se leva, et Jésus le rendit à sa mère. (LUC, VII, 12-16.)

« Si ce n'est pas là dans toute son évidence la puissance du maître de la nature, je ne sais vraiment par quels signes elle pourrait se manifester.

« Cependant, pour qu'il y ait abondance et surabondance de lumière, Jésus-Christ a voulu en donner un autre, en transmettant à ses disciples ce même pouvoir de faire des miracles, de manière toutefois à les maintenir toujours sous sa dépendance. (MATTH., X, 8. — MARC, XVI, 18.)

« Certes voilà qui est hardi, déléguer le pouvoir de commander à la nature, d'interrompre ses immuables lois : bien plus, le léguer à d'autres, comme par testament, pour l'époque où l'on veut sortir de ce monde; je me demande quel autre qu'un Dieu eût osé le dire, et quelle autre parole que celle de Dieu même eût pu, dans ce cas, être efficace...

« Jésus-Christ meurt. Au troisième jour, selon sa promesse, il se ressuscite lui-même; il apparaît différentes fois à ses apôtres, puis à cinq cents personnes; et après quarante jours, les ayant bien convaincus de la réalité de son existence, il monta visiblement au ciel, sous leurs yeux, par sa propre vertu.

« Assurément, ce sont bien là encore des miracles de premier ordre. Celui de l'Ascension entre autres porte avec lui un caractère d'évidence qui saisit, et auquel nul ne peut se refuser. » (Mgr PARISIS, *Jésus-Christ est-il Dieu?* In-8, p 9 et suiv.)

ARISTE. — Il serait assurément impossible de contester la toute-puissance à celui qui aurait accompli de tels prodiges. Toutefois, avant de les admettre, je vous demanderai si vous possédez des preuves authentiques qui attestent leur réalité.

L'ABBÉ. — Tous ces miracles sont historiques et authentiques, mes amis ; tous ont été produits au grand jour, en plein soleil, en face du ciel et de la terre, publiquement et dans une contrée des plus civilisées ; en face d'ennemis acharnés qui non-seulement n'ont jamais songé à les nier, mais qui les ont confirmés eux-mêmes. Ainsi, Actes authentiques, Juifs contemporains et modernes, historiens, amis et ennemis, tous les ont également retracés. Quelles preuves plus éclatantes de certitude pourriez-vous exiger ?

ARISTE. — J'attacherais le plus haut prix à connaître tous ces témoignages, cher abbé.

L'ABBÉ. — Saint Justin, cet ancien sectateur de Platon qui professait la philosophie à Rome, invoque le témoignage des Actes publics de Ponce-Pilate, *Acta Pilati,* dans sa première Apologie adressée à l'empereur Titus, au sénat et au peuple romain ; il les engage à les consulter pour vérifier son propre témoignage sur les miracles de Jésus. « Tous les actes du Christ, leur dit-il, « avaient été prédits longtemps d'avance ; il avait été annoncé « qu'il guérirait tous les genres de maladies, qu'il rappellerait « les morts du tombeau ; voici en quels termes s'expliquent les « saints oracles : Le boiteux bondira comme le cerf en sa pré- « sence ; il déliera la langue du muet ; les aveugles verront ; les « lépreux seront guéris ; les morts reprendront la vie et le mou- « vement. » Puis il ajoute : « Lisez dans les Actes mêmes dressés « sous Ponce-Pilate, et vous trouverez le parfait accomplisse- « ment de la prophétie. » (I° *Apolog.,* XLVIII.)

Voilà, dit-il ailleurs, en parlant de son crucifiement et de ses vêtements tirés au sort, « voilà des faits dont vous pouvez vous « convaincre par vous-mêmes, puisque vous avez la relation en- « voyée par Ponce-Pilate, de tout ce qui s'est passé ». (*Ouvrage cité,* XXXIV.) C'était en effet, ainsi que nous l'apprend Eusèbe, « une ancienne coutume des gouverneurs de province de faire « connaître à l'empereur les événements nouveaux et frappants « pour qu'ils n'ignorassent rien ; Pilate fit une relation à Tibère « de la résurrection de Jésus-Christ, qui faisait grand bruit dans « la Palestine ; il lui fit connaître aussi plusieurs autres miracles

« qu'il avait entendu attribuer à Jésus-Christ, et disait qu'il était
« déjà regardé comme un Dieu par un grand nombre ». (*Hist.
ecclés.*, l. II, c. II.)

Quels sont donc ces *Acta Pilati* contenant la relation de Pilate
et le Mémoire ou l'Évangile de Nicodème, concernant la passion
et la résurrection de Jésus-Christ, déposés dans les Archives de
l'empire, qui ont été vus, consultés et invoqués par les savants
et les apologistes primitifs du christianisme? C'est un ancien
monument qui porte ce double titre, parce qu'il a été composé
par deux auteurs différents, *saint Nicodème* et *Pontius Pilatus*.

En effet, on y lit, n° 27, p. 295 : « Pilate a écrit tous ces faits
« de même que toutes les paroles des Juifs au sujet de Jésus ; il
« y a placé tous ces Mémoires dans les registres publics de son
« prétoire. » D'autre part, il est écrit, à la fin de ce Mémoire,
que « Nicodème, après le crucifiement et la passion du Seigneur,
« rédigea en forme d'histoire, et écrivit en hébreu le récit de ces
« faits » : *post crucem et passionem Domini* (hæc) *historiatus est Nico-
demus litteris Hebraïcis.* Pilate et Nicodème ont donc concouru
à la rédaction de ce monument, rédigé en latin par Pilate, en
hébreu par Nicodème et en grec par d'autres chrétiens. On a
découvert, depuis, le manuscrit de ces *Acta Pilati* dans la
bibliothèque de Colbert.

Non-seulement saint Justin les signale aux empereurs païens,
mais Tertullien, après avoir traité des miracles de Jésus, de sa
passion, des prodiges qui éclatèrent à sa mort, de sa résurrection et de son ascension dans les cieux, ajoute : « Tous ces faits
« concernant Jésus-Christ, Pilate, qui était déjà chrétien par la
« lumière de sa conscience, les a fait connaître dans un rapport
« à César, qui était alors Tibère. Or, les Césars eussent cru en
« Jésus-Christ, si les Césars eussent pu être chrétiens. » (*Apolog.*, 21.) Il dit même plus loin : « Tibère, sous le règne duquel le
« nom chrétien commença à être connu dans le monde, rendit
« compte au sénat des preuves de la divinité de Jésus-Christ,
« qu'il avait reçues de la Palestine de Syrie, et les appuya de la
« prérogative de son suffrage. Le sénat les rejeta parce qu'elles
« n'avaient pas été soumises à son examen. Mais l'empereur per-
« sista dans son sentiment, et menaça de sévères châtiments les
« accusateurs des chrétiens. » (*Ouvrage cité*, 4.) Or, nous pouvons
nous en rapporter à Tertullien sur l'existence de ces Actes, car
personne n'a mieux connu « les actes officiels et les lois ro-

maines » que lui. C'est même à cette occasion qu'Eusèbe dit de lui : *Vir legum Romanarum peritissimus et inter Latinos celeberrimus.*

Le fait de Tibère nous est lui-même attesté par un autre historien. Paul Orose dit : « Tibère présenta cette relation au sénat « en s'y montrant favorable, et désirait que le Christ fût reçu au « nombre des dieux. Le sénat, indigné de ce que, selon la coutume, on n'avait pas commencé par lui déférer tout d'abord « cette affaire touchant un nouveau culte, refusa la consécration « du Christ, et fit un édit qui chassait les chrétiens de la ville. « Séjan en particulier, un des ministres de l'empereur, était très- « hostile à la religion nouvelle ; mais Tibère fit un autre édit qui « menaçait de mort les accusateurs des chrétiens. » (*Hist. advers. pagan.*, l. VII, c. ii.)

Parmi les témoignages contemporains, je vous citerai encore la *Lettre du proconsul Lentulus au sénat romain concernant la personne et le portrait de Jésus*. Publius Lentulus fut gouverneur de Syrie, sous l'empire de Tibère, et, selon Salluste et Cicéron, nourri lui-même des espérances et des idées de cette époque, il s'imagina un instant qu'il pourrait bien être « le nouveau roi « que la nature, disait-on, préparait dès lors au peuple romain « et au monde entier, et que les prophètes hébreux et les sibylles « annonçaient dans tout l'Orient où il se trouvait gouverneur « au nom des Romains ». Mais apprenant les miracles de Jésus en Galilée et en Judée, il comprit que Jésus devait être le Messie attendu. Il s'en préoccupa beaucoup, fut grand admirateur de ses actions, et s'en entretint avec ses amis de Syrie et de Rome.

Revenu dans la province d'Orient, Lentulus voulut voir Jésus, et après l'avoir admiré, il écrivit à son sujet une lettre au peuple et au sénat romain, pour qu'elle fût présentée à l'empereur Tibère. Cette lettre commence ainsi : *Hoc tempore vir apparuit, et adhuc vivit, vir præditus potentia magna....*, et finit par ces mots qui terminent le portrait de Jésus : *Pulcherrimus vultu inter homines satos.*

« Lentulus de Rome, de même qu'Eutrope, prince de Babylone, dit l'abbé Maistre, étaient du nombre de ces gentils qui étaient venus voir Jésus-Christ au temps de sa prédication en Judée. Plus tard, Eutrope, s'étant converti à la foi et étant venu à Rome, entendit parler de la lettre de Lentulus à son ami sur le portrait de Jésus; il la rechercha et la découvrit dans les archives des Romains, la traduisit en grec, ainsi que l'*Historia apostolica,* écrite par Abdias, son premier maître, évêque de Babylone, comme il est dit dans la préface de Julius Africanus *in prædictam Historiam apostolicam.* » (*Les Monuments authentiques du premier siècle,* etc., in-8°, 1878, p. 352.) Il ajoute plus loin : « Aujourd'hui, le portrait de Jésus-Christ tracé par Lentulus a prévalu sur toutes les autres images du Christ, et se trouve dans la plupart des maisons. » (*Ibid.,* p. 353.)

. Je pourrais vous citer encore la lettre d'Abgare, roi des Arabes et souverain d'Édesse, à qui « l'on a rapporté les prodiges et les cures admirables qu'il fait en guérissant les maladies sans herbages ni médecine », et qui le supplia de venir le voir pour le guérir d'une infirmité qui le tourmentait cruellement. (*Apostolic. Histor.,* et *Grande Histoire de Craton,* disciple de saint Jean), etc. Mais l'authenticité de cette lettre ayant été contestée, je préfère vous parler du témoignage de ses ennemis, de celui des Juifs eux-mêmes.

DOCTEUR. — Que disent donc les Juifs de ces miracles?

L'ABBÉ. — Ils surveillaient de trop près Jésus pour les ignorer, et ils avaient eu un retentissement trop considérable pour qu'ils osassent les nier.

Remarquons avant tout que les quatre évangélistes qui nous les ont transmis étaient Juifs eux-mêmes, et que leur témoignage, en ce qui concerne cette nation, a une autorité des plus considérables. Cependant parmi les autres membres de la Judée qui se sont convertis, il existait encore une classe assez nombreuse qui, retenue sans doute par la crainte des pharisiens, ou par celle de compromettre leur position et leur avenir, n'ont pas osé les confirmer ostensiblement. Parmi ceux-ci, on peut citer Nicodème, Gamaliel, Joseph d'Arimathie, Flavius Josèphe, Philon, et pluiseurs autres prêtres d'Israël, sans parler de la foule des premiers convertis, dont le témoignage ne nous est pas parvenu.

Mais, à leur défaut, les témoignages des Juifs infidèles, de ceux qui attaquèrent le Christ, et furent les pères de la nation aujourd'hui dispersée sur toute la surface du globe, nous en fournissent de très-nombreux. Il nous faudra sans doute choisir parmi les faits qu'ils rapportent; car le sentiment de haine et de dénigrement qui les animait les a conduits à des interprétations les plus absurdes. Ainsi, ils attribuent ces miracles tantôt à la magie, tantôt au rapt du nom sacré de *Schemhamephoras* qu'il aurait volé dans le temple !

Cependant leurs *Talmuds* les plus anciens attestent en premier lieu que Jésus est né à Bethléem, et conviennent de la virginité de Marie; ils parlent de la grande sagesse qu'il fit paraître dans son enfance, des hommages qu'on lui rendit en Galilée et dans la Judée, comme Messie et Fils de Dieu; des piéges qu'ils lui tendirent, de la trahison de Judas, de sa passion et de sa mort au temps de Pâques, du bruit général de sa résurrection et de son ascension, de la multiplication prodigieuse de ses disciples, des prodiges de ses envoyés, de la primauté de Simon Céphas, de l'établissement de son siége à Rome, etc., etc.

Mais puisons nos témoignages dans les ouvrages qu'ils estiment le plus eux-mêmes, dans leurs *Talmuds,* dont l'un a été commencé par le R. Judas Haccados vers l'an 182, et terminé par le R. Meyr en 546; cherchons-les dans leur *Sepher Toldos Jésus,* ou histoire de Jésus, composée vers la même époque; et enfin, dans l'histoire de Wagensiel qui les résume tous sous le titre de : *Tela ignea Satanæ!*

Dans ce dernier ouvrage, parmi un grand nombre de faits, je me bornerai à vous citer le suivant. Après avoir raconté l'entrée triomphale de Jésus à Jérusalem, l'auteur ajoute que les sages de la nation juive allèrent trouver Hélène, qui régnait alors, pour qu'elle leur permit de s'en saisir. « Faites-le venir ici, répon-
« dit la reine, je veux par moi-même m'instruire de cette affaire.
« — Gardez-vous, reine, de favoriser cet homme qui, par ses
« enchantements, séduit le peuple, et qui a volé le nom ineffable ;
« songez plutôt à le punir comme il le mérite. » La reine tint à le voir, et les sages font venir *Ieschu.* « J'ai appris que vous faites
« de grands prodiges, lui dit cette princesse; faites-en quelqu'un
« devant moi. — Je ferai ce qu'il vous plaira, répondit Ieschu;
« la seule grâce que je vous demande, c'est de ne pas me mettre
« entre les mains de ces scélérats qui disent que je suis né d'un
« adultère. — Ne craignez point, lui dit la reine. — Faites venir
« un lépreux, dit Ieschu, je le guérirai. On lui présenta un
« lépreux qu'il guérit sur-le-champ en lui imposant la main et
« en prononçant le nom ineffable. — Apportez-moi encore, dit
« Ieschu, un cadavre. Ce qui ayant été fait, il le ressuscita de la
« même manière qu'il avait guéri le lépreux. — Comment, dit la
« reine, osez-vous dire que cet homme est magicien? Ne l'ai-je

« pas vu de mes yeux faire des miracles comme le Fils de Dieu?
« Sortez d'ici, et ne portez jamais de semblables accusations
« devant moi. Les sages, ainsi rebutés, cherchèrent quelque
« autre moyen de se saisir de Ieschu. » Ils conviennent encore
ailleurs que les Juifs lui ayant demandé des preuves de sa toute-
puissance, il ressuscita un mort et guérit un lépreux; puis ils
ajoutent : « Ce que ces hommes voyant avec étonnement, ils se
« prosternèrent devant lui et l'adorèrent en disant : Vous êtes
« effectivement le Fils de Dieu, *omnino tu Filius Dei es.* » (WAGEN-
SIEL, *Tela ignea Satanæ,* t. II, p. 11.) Les Juifs contemporains
étaient donc loin de contester ses miracles.

DOCTEUR. — Et leurs successeurs?

L'ABBÉ. — Parmi ceux-ci, je vous signalerai notamment ce
qu'en dit le prêtre hébreu Flavius Josèphe, historien et contemporain des apôtres. Celui-ci, après avoir écrit que « la défaite
« d'Hérode était attribuée par un grand nombre de Juifs à une
« punition de Dieu, à cause de Jean, surnommé Baptiste, qui
« était un homme d'une grande piété, qui exhortait les Juifs à
« embrasser la vertu, à exercer la justice et à recevoir le bap-
« tême après s'être rendus agréables à Dieu », etc. (l. XVIII,
c. VII), dit qu' « en ce même temps parut Jésus, homme sage, si
« cependant on peut l'appeler un homme, car il fit une infinité
« de prodiges. Il enseigna la vérité à tous ceux qui voulurent
« l'entendre. Il eut beaucoup de sectateurs parmi les Juifs et
« parmi les gentils. C'était le Christ. Des principaux de notre
« nation l'ayant accusé, Pilate le fit crucifier; cela n'empêcha
« pas ceux qui s'étaient attachés à lui dès le commencement de
« lui demeurer fidèles. Il leur apparut vivant trois jours après
« sa mort, etc. » (*Antiquit. judaïq.,* l. XVIII, c. IV.)

DOCTEUR. — Mais n'a-t-on pas contesté l'authenticité de ce
passage?

L'ABBÉ. — Cela est exact. Mais il suffit de lire attentivement
l'*Histoire des antiquités,* pour se convaincre que cette narration se
lie parfaitement avec les faits qui précèdent et avec ceux qui
suivent, ce qui n'aurait pas lieu dans le cas d'une interpolation.
Ainsi, Josèphe dit un peu plus loin qu' « Ananus... prit le temps
« de la mort de Festus et le moment où Albinus (nouveau gou-
« verneur) n'était pas encore arrivé, pour assembler un conseil
« devant lequel il fit venir Jacques, frère de Jésus nommé le
« Christ (*Jacobum, Jesus qui dicebatur Christus fratrem*), et quel-

« ques autres disciples de Jésus, les accusa d'avoir contrevenu
« à la loi, et les fit condamner à être lapidés, etc. ». (L. XX, c. VIII,
des *Antiquités*, trad. d'ARNAUD D'ANDILLY.) Or, on ne peut contester le passage où Josèphe parle de Jésus et de ses miracles,
sans attaquer en même temps ceux de Jean-Baptiste et de
Jacques, premier évêque de Jérusalem, entre lesquels il est placé.

DOCTEUR. — Qu'en disent les Juifs modernes?

L'ABBÉ. — Nul ne les conteste. Voici les paroles de l'un d'eux,
celles du savant traducteur de la Bible, M. Cohen : « Les
« miracles opérés par Jésus, d'après les récits évangéliques,
« avaient essentiellement pour but le soulagement des infirmités
« humaines. Il ouvrait les yeux aux aveugles, rendait la parole
« aux muets, ressuscitait les morts, redressait les paralytiques.
« Comme Élie et comme Élisée, il multipliait pour nourrir tout
« un peuple, quelques pains et deux ou trois poissons. Comme
« eux, il rappelait à la vie les cadavres couchés dans le tombeau,
« mais personne ne songeait à y attacher des idées de divinité. »
(*Des déicides*, p. 63.)

Il n'est pas jusqu'à Julien l'Apostat, et jusqu'à Mahomet lui-
même, qui n'attestent les miracles de Jésus. Julien ne les avoue
qu'indirectement et comme à regret sans doute dans son
livre *Contre les chrétiens;* mais malgré son apparent dédain, il
n'en laisse pas moins échapper l'aveu suivant : « Mais Jésus,
« après avoir séduit quelques misérables d'entre vous, n'a rien
« fait tout le temps qu'il a vécu qui soit digne de mémoire, à
« moins qu'on ne regarde comme un grand exploit de guérir
« des boiteux et des aveugles, et d'exorciser des possédés dans
« les villages de Bethsaïde et de Béthanie. » (L. VI, 3.) Puis il
ajoute encore plus loin, bien que toujours avec le même ton de
mépris : « Ce Jésus, qui commandait aux esprits, qui marchait
« sur la mer, qui chassait les démons, et qui, comme vous le
« prétendez, a fait le ciel et la terre, ce Jésus n'a jamais pu
« changer, pour leur propre salut, les opinions de ses amis et de
« ses parents. » (*Contre les chrét.*, l. VI, 11.)

Enfin, Mahomet atteste lui-même les miracles de Jésus; et
voici en quels termes il le fait, dans l'une des citations où il en
parle : « Je (Dieu) t'ai enseigné l'Écriture, la Sagesse, le Penta-
« teuque et l'Évangile; tu formas de boue la figure d'un oiseau
« par ma permission; ton souffle l'anima par ma permission; tu
« guéris un aveugle de naissance et un lépreux par ma permis-

« sion; tu fis sortir les morts de leurs tombeaux par ma permis-
« sion. Je détournai de toi les mains des Juifs. Au milieu des
« miracles que tu fis éclater à leurs yeux, les incrédules d'entre
« eux s'écriaient : « Tout ceci n'est que de la magie. » (*Koran,*
c. v, v. 110.)

Vous le voyez, mes amis, nuls faits historiques ne sont établis
d'une manière plus authentique que les miracles de Jésus.
Témoins oculaires, amis et ennemis, tous les attestent également et dans le même sens; tous affirment unanimement sa
toute-puissance sur les lois de la nature et sur les esprits.

DOCTEUR. — Je ne connais, je vous l'avoue, cher abbé, aucun
fait historique qui soit établi sur des témoignages plus authentiques et plus convaincants. En présence de telles preuves,
mon esprit ne peut plus douter. Il ne s'agit pas, en effet, des
Évangiles seulement, il s'agit de preuves puisées dans les ouvrages
des Juifs, ses ennemis, dans les Talmuds, dans l'histoire de
Josèphe, de Julien l'Apostat, de Mahomet, enfin dans les Actes
authentiques de Pilate déposés dans les archives de l'Empire!

ARISTE. — Vous m'avez fait partager les convictions du docteur, cher abbé, et il s'en faut de peu que je ne vous dise : Oui,
Jésus-Christ est Dieu. Cependant, j'attendrai jusqu'à ce que
vous m'ayez démontré qu'il est parfait.

IX

L'ABBÉ. — Oui, mes amis, Jésus est parfait; et pour vous le
prouver, il me suffira de vous le montrer tel qu'il s'est manifesté lui-même dans ses paroles, dans ses actes et dans ses
œuvres. Mais pour vous faire bien comprendre toute l'étendue
de ses perfections, quelques mots préalables sur la condition des
hommes et sur la société qu'il devait réformer et régénérer, ne
seront pas inutiles.

Malgré les rigueurs de Pilate, qui gouvernait alors la Judée au
nom du peuple romain, malgré la dureté du joug qui pesait sur
elle, et malgré les divisions intestines qu'y avaient introduites
un grand nombre de sectes, cette belle contrée était encore
demeurée l'une des plus civilisées du monde. Moïse, le plus
sublime des historiens, des philosophes et des législateurs, y

était lu et connu de tous; ses livres étaient enseignés et commentés dans tous les temples et gravés dans tous les esprits; les grandes poésies de David, d'Isaïe et de Jérémie étaient sues et chantées par tout le peuple; le génie des armes animait encore un grand nombre de courages, et les derniers succès des Macchabées excitaient l'admiration de tous. Les sciences elles-mêmes y étaient cultivées, et la grandeur et la magnificence du temple de Jérusalem attestent le haut degré de perfection où les arts s'étaient élevés chez les Hébreux. Mais la connaissance et le culte du vrai Dieu élevaient surtout les esprits de ses habitants de beaucoup au-dessus de celui des autres peuples.

Toutefois, malgré ces éléments de grandeur, on ne peut nier que la civilisation juive laissait beaucoup à désirer. La domination romaine avait brisé bien des courages; celle des puissants et des riches y avait semé de nombreux germes de corruption. Les riches, dominés eux-mêmes par l'orgueil et par l'égoïsme, n'accueillaient qu'avec dédain et mépris la classe la plus nombreuse de la population, c'est-à-dire la femme, l'enfant, le vieillard, l'esclave, l'artisan, les malades et les infirmes. Et tandis qu'on voyait un petit nombre de privilégiés posséder tous les biens, tous les honneurs et toutes les jouissances de la vie, les masses subissaient toutes les privations et toutes les misères; et pour comble d'infortune, tous les esprits de ces malheureux étaient livrés aux dissensions des sectes les plus opposées : les pharisiens, les saducéens, les esséniens, entre autres, semaient parmi eux une confusion morale plus affligeante encore.

La puissance d'un Dieu n'était-elle pas nécessaire pour remédier à de telles misères? Mais à quoi bon serait un Dieu s'il n'était accessible à l'homme, s'il ne s'était fait chair comme lui, et s'il ne conversait avec lui?

Ce fut au sein de cette société que l'un des jours de l'an 30 de notre ère se fit entendre une voix d'une puissance et d'une profondeur dont jamais sagesse humaine n'avait approché, Cependant cette voix sortait de la bouche d'un homme qui avait vécu parmi ses enfants, qui avait revêtu les formes de l'humanité, que tous voyaient, entendaient, et avec lequel ils pouvaient converser! Ce fut alors qu'il se mit à enseigner les voies de l'homme, annonça la bonne nouvelle, un ordre de choses nouveau et l'alliance de l'homme avec Dieu.

Mais quel était donc cet homme extraordinaire? Le grand

retentissement qu'acquit bientôt son enseignement, et les grands
changements qu'il opéra sur l'homme et sur la société, ont
éveillé depuis longtemps la curiosité sur sa personne. Chacun
voudrait la connaître jusque dans ses moindres détails; mais
c'est en vain qu'on interroge les contemporains sur elle. Ils ne
nous ont fait connaître que son nom, qui est celui de Jésus.

Son enfance fut obscure et cachée. Saint Luc se borne à nous
dire d'elle : « L'enfant croissait et se fortifiait, plein de sagesse;
« et la grâce de Dieu était en lui. » (LUC, II, 40.) Il ajoute seulement qu'à l'âge de douze ans « il accompagna ses parents à
« Jérusalem, où l'Enfant Jésus demeura sans qu'ils s'en aper-
« çussent. Mais trois jours après, ils le trouvèrent dans le temple
« assis au milieu des docteurs, les écoutant et les interrogeant. »
Il ajoute que « tous ceux qui l'entendaient étaient étonnés de
« sa sagesse et de ses réponses ». (LUC, II, 42-47.) C'est bien peu
sur une existence qui eut une si grande influence sur les hommes
et sur la société.

La tradition ajoute à peine quelques renseignements à ceux
de saint Luc. Cependant, saint Justin, né au commencement du
deuxième siècle, dit en parlant de lui : « On le croyait fils de
« Joseph, simple artisan; il paraissait sans éclat, pour me servir
« du langage des Écritures. Il passait lui-même pour n'être qu'un
« ouvrier, car il s'occupa d'ouvrages manuels pendant les pre-
« mières années de son passage sur la terre; il faisait des jougs
« et des charrues, enseignant par son exemple quels sont les
« caractères distinctifs de la vraie vertu, et nous apprenant à
« mener une vie laborieuse. » (*Dialogue avec le Juif Tryphon*,
LXXXVIII.)

Autant qu'on peut s'en rapporter à la plus ancienne image
connue de Jésus, qui était peinte dans la chapelle du cimetière
de Calliste au deuxième siècle, son visage était de forme ovale,
sa physionomie grave, douce et mélancolique, avec une barbe
courte et rare terminée en pointe; ses cheveux longs étaient
séparés au milieu du front et retombaient sur ses épaules en
deux longues masses bouclées.

Le vêtement qu'on lui attribue dans les monuments antiques
consiste en une tunique recouverte du *pallium* et ornée de
deux bandes de pourpre sur le devant. Il est probable que ce
vêtement était blanc, couleur fort usitée chez les Juifs. Sa
chaussure était constituée par des sandales, qu'il recommanda à

ses apôtres parce qu'en Palestine elle était en usage chez les gens de basse condition.

Cette première partie de sa vie n'a donc laissé aucun souvenir qui la distingue, pour ainsi dire, de celle du reste des hommes. Et ce qui le témoigne de la manière la plus manifeste, c'est que lorsque Jésus commença à enseigner publiquement, ses parents crurent qu'il avait perdu la raison. « Ce qu'ayant appris, dit « l'Évangile, les siens vinrent pour se saisir de lui, car ils disaient : « Il a perdu l'esprit. » (MARC, III, 21.) Ce fait nous explique pourquoi, en l'écoutant, « les Juifs s'étonnaient, disant : Com-« ment celui-ci sait-il les Écritures, puisqu'il ne les a point « apprises? » (JEAN, VII, 15.)

A l'occasion du début de sa mission, saint Justin dit que « Jean « était sur les bords du Jourdain, prêchant la pénitence, portant « pour tout vêtement une ceinture de cuir et un habit de poil « de chameau, ne vivant que de sauterelles et de miel sauvage ; « plusieurs étaient tentés de croire qu'il était le Christ. Mais il « leur disait : Je ne suis point le Christ, je ne suis que la voix « qui l'annonce ; celui qui est plus fort que moi va paraître ; je « ne suis pas digne de porter sa chaussure. » (*Apologét.*)

« C'est alors que Jésus parut sur les bords du Jourdain, et que « le Saint-Esprit, pour le manifester aux hommes, se reposa « sur lui sous la forme d'une colombe, et qu'on entendit du ciel « la parole prononcée longtemps d'avance par David, lorsque ce « prophète dit au nom du Christ ce que Dieu le Père devait dire « un jour au Christ lui-même : Vous êtes mon fils, c'est moi « qui vous ai engendré aujourd'hui. Cette parole annonçait « aux hommes, lorsque le Christ se manifesta, que c'était pour « eux qu'il était né et qu'il venait d'apparaître. » (SAINT JUSTIN, *Ibid.*)

Le moment arrivé, Jésus vint donc, comme la foule, se faire baptiser par saint Jean-Baptiste sur les bords du Jourdain. Or, ce baptême nous offre une particularité vraiment remarquable, c'est que ce fut le premier qui fut administré au nom de la sainte Trinité. En effet, pendant que saint Jean y procédait, les cieux s'ouvrirent, et ce fut au bruit du tonnerre que la voix du Père se fit entendre et dit : « Celui-ci est mon Fils bien-aimé. » Le Verbe y participait dans la personne du Fils, et le Saint-Esprit y concourut lui-même, en se reposant sur le Fils sous la forme d'une colombe.

C'est à partir de ce jour que le « plus bel enfant des hommes, « sur les lèvres duquel la grâce est répandue, parce que le Sei- « gneur l'a béni de toute éternité » (Ps. XLIV, 2), que Jésus se mit à enseigner les hommes. Il commença par choisir ses disciples parmi les plus humbles et les plus illettrés de la société, et parcourut avec eux « toutes les villes et tous les villages, ensei- « gnant dans les synagogues, prêchant l'Évangile du royaume « et guérissant toute maladie et toute infirmité ». (MATTH., IX, 25.)

Un jour, « il vint à Nazareth où il avait été élevé, et il entra, « suivant sa coutume, le jour du sabbat dans la synagogue, et « il se leva pour lire. On lui donna le livre du prophète Isaïe ; et « l'ayant déroulé, il trouva l'endroit où il est écrit : L'Esprit du « Seigneur est sur moi ; c'est pourquoi il m'a consacré par son « onction, et m'a envoyé pour évangéliser les pauvres, guérir « ceux qui ont le cœur brisé, annoncer aux captifs leur déli- « vrance, aux aveugles le recouvrement de la vue, rendre à la « liberté ceux qu'écrasent leurs fers, publier l'année salutaire « du Seigneur, et le jour de la rétribution. Ayant replié le livre, « il le rendit au ministre, et s'assit. Or, il commença à leur dire : « C'est aujourd'hui que cette écriture que vous venez d'entendre « est accomplie. Et tous lui rendirent témoignage, et admirant « les paroles de grâce qui sortaient de sa bouche, ils disaient : « N'est-ce pas le fils de Joseph? » (LUC, IV, 16-22.)

« Sa manière d'enseigner, dit saint Justin, était courte et pré- cise ; elle n'avait rien d'un sophiste ; sa parole était la force de Dieu même. » (*Apologét.*) Mais cette parole était suave et péné- trante ; dans un mot elle enfermait le ciel et la terre, le temps et l'éternité. Elle s'adressait à tous les hommes avec une onction qui lui gagnait les cœurs. Aussi, du plus loin qu'elle l'apercevait, la foule accourait pour l'entendre.

Assis sur quelque rocher de la montagne, sur les bords du lac de Génézareth ou sur les rives du Jourdain, ses disciples l'en- touraient, et la foule se groupait autour de lui pour recueillir ses paroles, dont chacune réconfortait les cœurs et désaltérait la soif des âmes.

C'est alors qu'ouvrant la bouche, il disait : « Bienheureux ceux « qui sont doux ; bienheureux ceux qui ont faim et soif de la « justice ; bienheureux les miséricordieux ; bienheureux ceux qui « ont le cœur pur ; bienheureux ceux qui souffrent persécution « pour la justice, parce qu'à eux appartient le royaume des

« cieux. » (MATTH., v, 4-10.) Puis il ajoutait : « J'ai pitié de ce
« pauvre peuple, car il ressemble à des brebis qui n'ont pas de
« pasteur; les maîtres ont pris pour eux les clefs de la science,
« et ont fermé l'entrée aux autres; pour moi, je suis venu évan-
« géliser les pauvres. » (MATTH., IX, 33.) Et, ayant semé ses trésors
dans les âmes, levant les yeux au ciel, il s'écriait : « Je vous rends
« grâce, ô mon Père, Seigneur du ciel et de la terre, de ce que
« vous avez caché ces choses aux sages et aux prudents, et que
« vous les avez révélées aux petits. » (MATTH., XI, 25.) Et toutes
ses paroles étaient pleines d'amour et de miséricorde. « Heureux,
« leur disait-il, ceux qui pleurent, parce qu'ils seront consolés. »
(MATTH., v, 5.)

Pour connaître Jésus, commençons par interroger ses œuvres :
celles-ci vont nous le montrer comme un divin modèle. Puis,
nous demanderons ensuite à sa doctrine et à son enseignement
ce qu'ils ont appris de nouveau au monde, et cette doctrine et
cet enseignement nous le révéleront comme un Maître divin.
Adressons-nous donc successivement à sa doctrine et à ses œuvres,
pour connaître ce qu'elles renferment d'extraordinaire pour lui
mériter ces titres divins.

Voyons, en premier lieu, quelles sont les œuvres qui lui ont
valu le titre de divin modèle.

Demandons d'abord aux saints d'où leur vient l'honneur que
leur rend l'Église dans tous les lieux de la terre. La voix de tous
nous répondra en chœur que c'est parce qu'ils l'ont imité, et
qu'il a été leur modèle. Tous ont imité l'obéissance, la soumission, l'humilité, le dénûment, la douceur, le dévouement, la miséricorde, l'amour de Dieu et des hommes de ce divin modèle;
tous ont imité ces perfections chrétiennes, et c'est en les imitant
qu'ils sont devenus saints, sans cependant l'avoir égalé.

Ce qui frappe par-dessus tout dans les œuvres de ce divin
modèle, c'est, en effet, sa suréminente sainteté : sainteté toujours
digne, simple, calme et naturelle; sainteté qui rayonne de toutes
ses paroles et de tous ses actes.

Ainsi, les plus grands miracles qu'il opère, c'est toujours à son
Père qu'il en fait remonter la gloire. « Je ne puis rien faire par
« moi-même », dit-il (JEAN, v, 30); « je suis descendu du ciel, non
« pour faire ma volonté, mais la volonté de Celui qui m'a envoyé »
(JEAN, VI, 38); « je ne fais rien de moi-même, mais je parle comme
« mon Père m'a enseigné » (JEAN, VIII, 28). Ses œuvres elles-

mêmes ne viennent pas de lui, dit-il : « Mes œuvres, mon Père
« me les a données. » (JEAN, V, 36.) Sa soumission aux volontés
e Dieu était donc parfaite.

Son humilité se révèle dès sa naissance : le Roi du ciel et de
la terre veut naître dans une étable; elle se continue pendant
toute son enfance ignorée et pendant sa vie laborieuse et cachée.
Les Juifs eux-mêmes, tout en admirant sa sagesse, ne le dési-
gnaient que sous le nom de « fils du charpentier », et même,
« le charpentier seulement ». (MATTH., XIII, 35. — MARC, VI, 3.)
Son humilité se montre également dans ses paroles et jusque
dans le simple appel qu'il adresse à ses disciples. « Nul ne vient
« à moi, leur dit-il, si le Père ne l'attire. » (JEAN, VI, 36.)

Toujours miséricordieux, sa bonté s'étend à tous les pécheurs.
« Je veux la miséricorde et non le sacrifice », dit-il. (MATTH., XII, 7.)
Elle est si grande, qu'elle le conduit à arracher la femme adultère des mains de ses persécuteurs, en se bornant à lui recommander de ne plus pécher. Une autre fois, s'adressant à une
grande pécheresse, il commence par purifier sa conscience, puis
il la console en disant : « Beaucoup de péchés lui seront remis
« parce qu'elle a beaucoup aimé. » (LUC, VII, 47.) Cette miséricorde
s'étend jusqu'au bon larron, auquel un mot de repentir attire ces
consolantes paroles : « En vérité, je te le dis, aujourd'hui tu
« seras avec moi dans le paradis. » (LUC, XXIII, 43.) Elle s'étend
même jusqu'à ses bourreaux! Au milieu de douleurs inénarrables,
il invoque son Père pour eux : « Mon Père, s'écrie-t-il, par-
« donne-leur, car ils ne savent ce qu'ils font. » (LUC, XXIII, 34.)
Et cette miséricorde est si parfaite, qu'elle s'applique même à
tous les hommes. « Mes bien-aimés, leur dit-il, je viens. Je souf-
« frirai toutes vos douleurs. Je boirai tout votre calice. Je le
« boirai jusqu'à la lie, et je mourrai pour vous! »

Que dire de son obéissance, sinon qu'elle fut poussée jusqu'au
sacrifice? Il a été obéissant jusqu'à la mort, et à la mort de la
croix! « Mon Père, que votre volonté soit faite, s'écrie-t-il dans
« ses derniers instants, et non la mienne. » (LUC, XXII, 42.)

Jésus connut aussi la misère. Enfant, il vécut du travail de son
père nourricier; plus tard, de celui de ses mains. Il fut même
réduit à un état de dénûment qui l'obligea de répondre au
scribe qui lui demandait à le suivre : « Les renards ont des
« tanières, les oiseaux du ciel des nids; le Fils de l'homme n'a
« pas où reposer sa tête. » (MATTH., IX, 19, 20.) « Il est venu chez

« lui, dit en effet saint Jean, et les siens ne l'ont pas reçu. »
(JEAN, I, 11.)

Il fut doux et humble de cœur; il nous le dit lui-même.
« Apprends, dit-il, que je suis doux et humble de cœur. »
(MATTH., XI, 29.)

Mais l'une de ses perfections les plus éminentes fut surtout
son amour pour les hommes. Jésus aima tous les hommes, et il
les aima comme jamais personne n'a aimé. Il a aimé les pauvres,
il a aimé les malades, il a aimé les pécheurs, il a aimé les femmes,
il a aimé les enfants, il a aimé, en un mot, tous ceux qui étaient
faibles, méprisés et dignes de pitié. Sa vie fut une vie d'amour.

Il a aimé d'une bonté compatissante tous ceux qui souffraient.
Il a guéri toutes les plaies du corps, consolé toutes les douleurs
de l'âme et du cœur. Car, ainsi qu'il l'annonçait lui-même, il fut
envoyé de Dieu pour guérir tous les maux et pour consoler
toutes les afflictions des hommes. Plein de tendresse pour les
enfants, il reprenait ceux qui voulaient les écarter de lui. Il les
prenait dans ses bras, les couvrait de son amour et de ses bénédictions; car « c'est à eux, disait-il, qu'appartient le royaume
« du ciel ». (MARC, X, 14.)

Comme son Père, il agissait sans cesse. Tantôt, comme un
bon pasteur, il se fatiguait à la recherche des brebis égarées;
tantôt il poursuivait les pécheurs jusque dans leurs maisons;
car c'est au médecin, disait-il, à soigner les malades; les gens
bien portants n'en ont pas besoin. « Je n'ai été envoyé qu'aux
« brebis perdues de la maison d'Israël », disait-il. (MATTH., XV, 24.)
Il entre chez Zachée le publicain, et après avoir béni sa maison, ce pécheur restitue aussitôt tout ce qu'il a pris injustement
(LUC, XIX, 5); il s'entretient avec la Samaritaine près du puits
de Jacob, et après avoir fait « couler des fleuves d'eaux vives de
son sein » (JEAN, VII, 38), il amène cet esprit déchu « à adorer
Dieu en esprit et en vérité » (JEAN, VII, 23); il plaint la Cana-
néenne, loue sa foi et exauce sa prière. Aussi, tous les pécheurs
et les publicains recherchaient Jésus et aimaient à l'entendre
(LUC, XV, 1), car il les consolait en leur disant : « Il y aura plus
« de joie dans le ciel pour un pécheur faisant pénitence que
« pour quatre-vingt-dix-neuf justes qui n'ont pas besoin de
« pénitence. » (LUC, XV, 7.)

Mais il aimait surtout les pauvres, les infirmes, les malades, et
leur adressait des paroles pleines de tendresse et d'onction :

« Venez à moi, vous tous qui prenez de la peine et qui étes char-
« gés, et je vous soulagerai. Prenez mon joug sur vous..., et
« vous trouverez du repos dans vos âmes. Car mon joug est doux
« et mon fardeau léger. » (MATTH., X, 28-30.) Il pleura la mort
de Lazare, et les Juifs disaient : « Voyez comme il l'aimait. »
(JEAN, X, 37.) Il aima Jean, le disciple bien-aimé qui, pendant la
Cène, reposa sa tête sur son sein, et auquel, au moment de
mourir, il légua sa mère, lui disant : « Voilà ta mère. Et depuis
« cette heure-là le disciple la prit avec lui. » (JEAN, XIX, 27.)
Car, « comme il aima les siens qui sont dans ce monde, il les aima
« jusqu'à la fin ». (JEAN, XIII, 1.) Il aima jusqu'à la tendresse son
ingrate patrie. Ému, un jour, en approchant de Jérusalem, il
s'écria : « Jérusalem, Jérusalem ! qui tues les prophètes et lapides
« ceux qui te sont envoyés, combien de fois ai-je voulu rassem-
« bler tes enfants comme une poule rassemble ses petits sous ses
« ailes, et tu ne l'as pas voulu » (MATTH., XXIII, 37); et à la vue des
malheurs qui la menaçaient, « il pleura sur elle ». (LUC, XIX, 41.)

Tant d'amour pouvait-il être versé dans le cœur des hommes
sans y éveiller quelque retour? Un jour donc, au moment
d'entrer à Jérusalem avec ses disciples, cet amour éclata avec la
plus grande spontanéité. « Comme il approchait de la descente
« du mont des Oliviers, toute la foule des disciples, pleine de
« joie, commence à louer Dieu à haute voix de tous les prodiges
« qu'ils avaient vus, disant : Béni soit celui qui vient au nom du
« Seigneur! Paix dans le ciel et gloire au plus haut des cieux. »
(LUC, XIX, 37, 38.) « La plus grande partie du peuple étendit ses
« vêtements le long de la route, d'autres coupaient des branches
« d'arbres et en jonchaient le chemin. Or la foule qui précédait
« et celle qui suivait criaient, disant : Hosanna au fils de David ;
« béni soit celui qui vient au nom du Seigneur! Hosanna au plus
« haut des cieux. » (MATTH., XXI, 8, 9.) Quelques instants après,
« les enfants criaient dans le temple et disaient : Hosanna au fils
« de David. » (MATTH., XX, 15.) C'est ainsi que s'accomplirent les
paroles du prophète Zacharie : « Tressaille d'allégresse, fille de
« Sion, pousse des cris de joie, fille de Jérusalem, voilà que ton
« roi vient vers toi plein de douceur, sur une ânesse et sur le fils
« d'une ânesse. » (ZACHAR., IX, 9.)

Tel fut ce modèle de sainteté dont les enfants des hommes
ont dit avec vérité : « Il passa en faisant le bien et en soulageant
« tous les malheureux. » (*Act.,* X, 38.) Tel fut ce divin modèle

que tout homme peut imiter, mais non égaler. Car seul il a pu dire : « Qui me reprendra de péché ? » Cependant ses imitateurs ont exercé une telle influence sur le monde, qu'en les voyant, les hommes disaient d'eux : « Les saints ! ce sont des hommes « divins cachés sous une enveloppe de chair ; une vertu toute- « puissante s'échappe d'eux, alors même qu'ils ne disent rien. » Tel fut enfin ce modèle parfait, dont la figure unique et sublime est apparue un jour parmi les hommes pour montrer à tous les siècles un idéal réel, que personne ne pourra égaler sans doute, mais dont chacun devra indéfiniment se rapprocher pour acquérir le plus haut degré de perfection qu'il est donné à l'homme d'atteindre sur la terre.

Cependant Jésus fut non-seulement un divin modèle, mais il fut aussi un Maître divin. C'est surtout dans cette grande mission que sa science et sa dignité se sont manifestées avec toute la majesté du souverain, et avec toute l'autorité du pontife.

Par son enseignement, Dieu reprend aussitôt sa place dans le monde, l'âme comprend sa responsabilité, connaît la vie future et les peines ou les récompenses qui lui sont réservées. Dès qu'il paraît, « le royaume des cieux est prêché » (MATTH., VI, 12), et la bonne nouvelle annoncée aux hommes. Cette sublime mission lui a valu le titre de Maître divin.

Jésus allait donc instruisant partout ses frères, semant ses paroles dans les âmes, comme le laboureur son grain dans la terre, afin de les faire germer et fructifier. Toutefois, parmi les choses qu'il enseignait, il en est plusieurs qui semblent attirer plus particulièrement l'attention, notamment celles où il nous apprend ce qu'il est lui-même, ce qu'est Dieu, la responsabilité de l'âme, les félicités ou les peines éternelles qui lui sont réser- vées, la vraie patrie et le royaume de Dieu. Demandons donc au divin Maître ce que sa doctrine nous a appris de nouveau sur chacun de ces points.

Quel autre enfant des hommes eût pu nous dire en effet ce qu'est le Fils, sinon le Fils lui-même, et Celui « à qui le Fils aura voulu le révéler »? (MATTH., XI, 27.) Qui eût pu nous dire ce qu'il était avant d'habiter le monde, sinon Celui qui a dit : « J'ai pos- « sédé la gloire dans le sein de mon Père avant que le monde fût »? (JEAN, XVII, 5.) Ayant seul assisté aux conseils de Dieu, il pourra donc nous dire ce qu'ils sont. Aussi, « on le voit plein des secrets de Dieu, dit Bossuet ; mais on voit qu'il n'en est pas étonné comme les autres mortels à qui Dieu se communique : il en parle naturellement, comme étant né dans ce secret; et, « ce « qu'il sait sans mesure » (JEAN, III, 34), il le répand avec mesure afin que notre faiblesse puisse le porter. »

Qui eût pu encore nous instruire sur l'éternité, sinon Celui qui a été engendré avant l'aurore? nous dire quelles sont la voie, la vérité et la vie, sinon Celui qui a pu dire : « Je suis la voie, la « vérité et la vie », *Ego sum via, veritas et vita* (JEAN, XIX, 6?) nous montrer la voie du ciel, sinon « Celui qui est descendu du « ciel »? nous dire ce qu'est la vérité, sinon Celui « qui a habité « dans la pensée du Père », et auquel « le Père communique tout « ce qu'il sait »? enfin, nous dire ce qu'est la vie, sinon Celui « qui nous a donné la vie »?

Qui pouvait enfin nous faire connaître Dieu, sinon Celui qui a été engendré par lui, qui ne fait qu'un avec lui et qui a vécu pendant l'éternité dans son sein? « En vérité, en vérité, je te le « dis, ce que nous savons, nous le disons, dit-il à Nicodème, et ce « que nous avons vu, nous l'attestons » (JEAN, III, 11); « nul ne « connait le Père, si ce n'est le Fils » (MATTH., XI, 27), « qui est « descendu du ciel » (JEAN, III, 13). Car « personne n'a jamais « vu Dieu : le Fils unique qui est dans le sein du Père est celui « qui l'a fait connaître ». (JEAN, I, 18.)

Demandons-lui donc ce qu'est Dieu, puisque seul il peut nous l'apprendre. « Dieu est amour », nous dit-il. (JEAN, IV, 8.) Oui, « Dieu est amour; et quiconque demeure dans l'amour demeure « en Dieu, et Dieu en lui ». (JEAN, IV, 16.)

« C'est sous les traits d'un père que, sans métaphysique, il représente Dieu, dit Mgr Dupanloup, et d'un coup il a dit sur Dieu et sur les rapports de Dieu avec l'homme et de l'homme avec Dieu, le dernier mot de la science ; car sous l'image d'un père, c'est le Dieu créateur, le Dieu source de tout bien pour l'homme, le Dieu qui juge et qui pardonne. Voilà le Dieu qu'il révèle, c'est-à-dire le Dieu de la plus pure et de la plus haute philosophie; et il y a une parabole, une scène de l'Évangile, qui ravira à jamais le cœur et la raison de l'homme, par la profondeur et la tendresse de la révélation qu'elle contient; c'est la parabole de l'enfant prodigue. Encore une fois, rien n'est plus ordinaire : c'est la scène du foyer domestique entre un père et son fils, et il se trouve cependant que, par cela seul que c'est de Dieu et de l'homme qu'il s'agit ici, jamais parole n'aura pénétré si avant dans les entrailles de l'homme. » (*Vie de Notre-Seigneur Jésus-Christ,* 2ᵉ édit., p. 87-88.)

« Mes bien-aimés, disait Jésus, aimons-nous les uns les autres, « car l'amour vient de Dieu. » (JEAN, IV, 7.) « Maître, lui dit un « pharisien, un docteur de la loi, quel est le grand commande-« ment de la loi? Jésus lui dit : Tu aimeras le Seigneur ton « Dieu de tout ton cœur, de toute ton âme et de tout ton esprit. « C'est le premier et le plus grand commandement. Le second « lui est semblable : Tu aimeras le prochain comme toi-même. « A ces deux commandements se rattachent toute la loi et les « prophètes. » (MATTH., XXII, 36-40.)

Et Jésus ajoutait : « Comme mon père m'a aimé, moi je vous « aime. Demeurez dans mon amour, comme moi j'ai gardé les « commandements de mon Père et je demeure dans son amour. Je « vous ai dit ces choses afin que ma joie soit en vous et que votre « joie soit complète. Voici mon commandement, c'est que vous « vous aimiez les uns les autres comme je vous ai aimés. Personne « n'a un plus grand amour que celui qui donne sa vie pour ses « amis. Vous êtes mes amis si vous faites ce que je vous commande. « Je ne vous appellerai plus serviteurs, parce que le serviteur « ne sait pas ce que fait son maître. Mais je vous ai appelés mes « amis, parce que tout ce que j'ai entendu de mon Père, je vous « l'ai fait connaître. » (JEAN, XV, 9-15.)

Jésus revient sans cesse sur ce grand commandement de l'amour : « Ce que je vous commande, répète-t-il à chaque instant, « c'est que vous vous aimiez les uns les autres. » (JEAN, XV, 17.) Et cet amour n'est limité ni par les frontières qui séparent les nations, ni par l'inégalité des conditions sociales. (LUC, X, 29.) Il voit un frère dans chaque homme, et dit : « Ce que vous voulez « que les hommes vous fassent, faites-le-leur aussi. » (MATTH., X, 12.) Il va même au delà, puisqu'il semble accorder la première place à l'amour de ses frères : « Si donc tu présentes ton offrande à l'autel, « dit-il, et que tu te souviennes que ton frère a quelque chose « contre toi, laisse là ton don devant l'autel, et va d'abord te « réconcilier avec ton frère, et alors, revenant, tu offriras ton « don. » (MATTH., V, 23, 24.)

Tel est le grand principe sur lequel Jésus, d'après les ordres de Dieu, a voulu fonder la société de l'avenir; « tels sont ces grands préceptes de l'amour qui, dit l'*Imitation,* est un bien au-dessus de tous les biens, rend léger ce qui est pesant, et fait

qu'on supporte avec une âme égale toutes les vicissitudes de la
vie ; qui rend doux ce qu'il y a de plus amer ; car rien n'est plus
doux que l'amour, rien n'est plus fort, plus élevé, plus étendu,
plus délicieux ; il n'est rien de plus parfait ni de meilleur au ciel
et sur la terre, parce que l'amour est né de Dieu, et qu'il ne
peut se reposer qu'en Dieu, au-dessus de toutes les créatures ».
(*Imitat.*, l. III, c. v.)

Dieu est non-seulement amour, mais il est aussi le Père des
hommes, et un Père qui les aime, parce que « Dieu est amour »,
et celui qui « demeure dans l'amour demeure en Dieu et Dieu en
lui ». (JEAN, IV, 6.) C'est pourquoi Jésus nous commande de
l'aimer, de l'adorer, de le prier. Il nous dit même comment :
« Femme, dit-il à la Samaritaine, crois-moi, l'heure est venue où
« l'on n'adorera plus sur cette montagne ni à Jérusalem, mais où
« les vrais adorateurs adoreront le Père en esprit et en vérité. »
(JEAN, IV, 12.) Et ils adresseront cette prière au Père de tous les
hommes : *Pater noster,* « Notre Père », car il est le Père de toute
la famille humaine, « notre Père qui êtes aux cieux » ; les cieux
sont la patrie du Père et celle qu'il a préparée à notre amour.
Ils ajouteront : « Que votre nom soit sanctifié » ; c'est l'adoration
la plus parfaite ; « que votre volonté soit faite sur la terre comme
« au ciel » : c'est la parole de l'obéissance, de la soumission et de
la résignation. « Donnez-nous aujourd'hui notre pain de chaque
« jour », car seul il peut nous donner ce qui nous est nécessaire.
« Pardonnez-nous nos offenses comme nous pardonnons à
« ceux qui nous ont offensés » ; c'est ainsi que la charité peut
insister. « Pardonnez, et on vous pardonnera ; donnez, et on vous
« donnera ; on répandra dans votre sein une mesure pleine,
« pressée, entassée, surabondante ; car on se servira envers vous
« de la même mesure dont vous vous serez servis envers les
« autres. » (LUC, VI, 38.) « Ne nous laissez pas succomber à la
« tentation ; mais délivrez-nous du mal. » (MATTH., VI, 9-13.) Par
votre Père vous obtiendrez tout, vous pourrez tout ; invoquez
donc sans cesse le secours de sa toute-puissance.

Jésus nous a encore révélé ce que sont les dogmes de l'Incarnation et de la Rédemption : c'est parce que « Dieu a tellement
« aimé le monde, qu'il a donné son Fils unique ». (JEAN, III, 6.)
Il nous dit la cause de sa venue dans le monde, qui est la rédemption des hommes. Car, ajoute-t-il, « il est venu pour sauver les
« pécheurs ; quiconque croit en lui sera sauvé, et quiconque n'y

« croit pas sera condamné ». (MARC, XVI, 16.) Si « vous croyez en
« Dieu, dit-il, de même croyez en moi » (JEAN, XIV, 1) ; car « le
« Père est en moi : nous ne sommes qu'un ». (JEAN, X, 30.)

Après nous avoir dit ce qu'est Dieu et ce qu'il est lui-même,
Jésus nous dit encore ce qu'est l'âme, sa responsabilité, et
quelles sont les peines et les récompenses qui lui sont réservées.

« Nous avons vu l'âme au commencement faite par la puissance
de Dieu aussi bien que les autres créatures, dit Bossuet ; mais
avec ce caractère particulier qu'elle était faite à son image et
par son souffle, afin qu'elle entendît à qui elle tient par son
fond, et qu'elle ne se crût jamais de même nature que le corps,
ni formée de leur concours... Dieu en avait répandu quelques
étincelles dans les anciennes Écritures. Salomon a dit que,
« comme le corps retourne à la terre, l'esprit retourne à Dieu
« qui l'a donné. Daniel avait prédit qu'il viendrait un temps où
« ceux qui dorment dans la poussière s'éveilleraient, afin de
« voir toujours. » Mais en même temps que ces choses lui étaient
révélées, il lui était ordonné « de sceller le livre et de le tenir
« fermé jusqu'au temps ordonné de Dieu », afin de nous faire
entendre que la pleine découverte de ces vérités était d'une
autre saison et d'un autre siècle... C'est un des caractères du
peuple nouveau de poser pour fondement de la religion la foi
de la vie future ; et ce devait être le fruit de la venue du Messie. »
(*Disc. sur l'hist. univ.*, c. XIX.)

Bien que Jésus ne nous ait pas dit ce qu'est l'âme en elle-même,
il caractérise en traits vivants, du moins, ce qu'est sa responsabilité, le jugement qui l'attend, et montre clairement quelle est la
vie future qui lui est réservée. « Que sert à l'homme, dit-il, de
« gagner le monde, s'il vient à perdre son âme ? » (MATTH., XVI, 26.)
« Ne craignez pas celui qui peut tuer le corps et qui ne peut
« tuer l'âme ; mais craignez plutôt celui qui peut précipiter le
« corps et l'âme dans l'enfer. » (MATTH., X, 28.) Il insiste sans
cesse pour qu'on sauve son âme à tout prix. Qu'est-ce en effet
qu'une existence passagère comme celle de l'homme sur la
terre, en comparaison de l'éternité ? Occupez-vous donc sans
cesse de celle-ci : et pour l'assurer, « si votre œil droit vous
« scandalise, arrachez votre œil et le rejetez loin de vous. Si
« votre main droite est pour vous une occasion de péché, cou-
« pez-la et rejetez-la loin de vous. Car il vaut mieux pour vous
« qu'un de vos membres périsse et que tout votre corps ne soit

« pas jeté dans la géhenne. » (MATTH., XVIII, 9.) Celui qui combat
ses affections corrompues , et vainc son attachement aux choses
périssables, gagnera la vie éternelle ; mais « celui qui aime sa
« vie la perdra ; celui qui hait sa vie en ce monde la gardera
« pour la vie éternelle ».

Mais avec quelles paroles de tendresse ne le voit-on pas
accueillir les bénis de son Père! « Venez, les bénis de mon Père,
« leur dit-il ; possédez le royaume préparé pour vous depuis la
« fondation du monde. Car j'ai eu faim, et vous m'avez donné à
« manger ; j'ai eu soif, et vous m'avez donné à boire ; j'étais sans
« asile, et vous m'avez recueilli ; nu, et vous m'avez vêtu ; malade,
« et vous m'avez visité ; en prison, et vous êtes venus à moi. »
(MATTH., XXV, 35, 36.)

Quand donc, Seigneur, lui répondent les justes, sommes-nous
venus à vous? « En vérité, en vérité, je vous dis : Chaque fois
« que vous l'avez fait à l'un de ces plus petits d'entre mes frères,
« c'est à moi que vous l'avez fait. » (MATTH., XV, 40.)

Faire connaître le royaume était encore l'un des principaux
objets de son enseignement. « Je suis venu pour annoncer l'Évangile du royaume », dit-il. (LUC, IV, 43.) L'économie de l'Ancien
Testament, en effet, le temps de la loi et des prophètes, avait
duré jusqu'à Jean-Baptiste, mais le temps du royaume commence
avec l'enseignement du Sauveur, et depuis, chacun doit y entrer
par l'énergie de sa foi et par ses œuvres. « Depuis les jours de
« Jean-Baptiste jusqu'à présent, dit le Sauveur, le royaume des
« cieux souffre violence, et ce sont les violents qui le ravissent. »
(MATTH., XI, 12.)

Sous le nom de royaume de Dieu, la plupart de ses auditeurs
entendaient seulement, il est vrai, un royaume terrestre ; cependant Jésus arriva peu à peu à leur faire comprendre qu'il s'agissait du royaume du ciel, mais en le couvrant sous des comparaisons
qui avaient pour but de cacher aux Juifs charnels la vérité qu'ils
auraient méprisée ; il le représenta même d'abord à ses disciples
sous des images sensibles qui voilaient sa véritable signification.
De là, ces paraboles du Champ du père de famille, de l'Enfant
prodigue, du Filet et des poissons, du Festin préparé, du Grand
Repas de noces, des Vierges sages et des Vierges folles, des
Travailleurs envoyés à la vigne, avant de leur parler du Pauvre
Lazare et du Mauvais Riche. C'est à l'aide de ces paraboles qu'il
parvint à les initier graduellement au mystère de sa pensée ;

c'est en mettant sans cesse en scène un père et ses fils, un maître et ses serviteurs, qu'il arriva à leur faire comprendre que c'est de Dieu et de l'homme qu'il s'agit toujours sous ces images voilées.

Toutefois, en nous parlant de ce royaume, il ne touche que légèrement et comme en passant au monde invisible qui l'habite. Il faudrait, en effet, une autre langue que celle des hommes pour le peindre, et une autre vie pour le sentir. D'abord il cherche à le faire comprendre à l'aide d'images sensibles, et dit : « Aussi moi, je vous prépare le royaume, comme mon « Père me l'a préparé, afin que vous buviez et mangiez à ma « table dans le royaume, et que vous siégiez sur des trônes, pour « juger les douze tribus d'Israël » (LUC, XXII, 29, 30); car ce n'était que sous le voile des paraboles qu'il pouvait dire à ses auditeurs ce qu'ils n'auraient pu supporter sans elles. Ensuite, c'est sous une image familière qu'il le représente : « Le royaume « des cieux est semblable à un champ, dit-il, et l'homme qui « en sait le prix, vend tout et l'achète »; ou bien, « c'est une « perle précieuse qu'il faut acheter au prix de tout ». Puis il leur fait comprendre quels sont ceux à qui il est réservé, et dit : « Le royaume des cieux est semblable à un filet qu'un « pêcheur jette à la mer; il prend tout, les mauvais poissons et « les bons; mais en fin de compte, il choisit les bons et rejette « les mauvais. » Enfin, il prévient que d'autres brebis que celles d'Israël y seront appelées, parce que l'Évangile sera annoncé dans le monde entier. « Aussi je vous dis que beaucoup « viendront d'Orient et d'Occident, et auront place dans le « royaume des cieux avec Abraham, Isaac et Jacob. » (MATTH., VIII, 2.)

Cependant Jésus arrive graduellement à donner quelques notions plus claires sur ce royaume. Il l'appelle « la patrie véri- table » et la seule digne de ce nom; il le désigne aussi sous le nom de « maison de mon Père ». C'est dans ce monde à venir que le Père manifestera toute sa splendeur. Là, il y aura plusieurs habitations. « Il y aura beaucoup de demeures dans la maison « de mon Père... Je vais vous préparer un lieu. » (JEAN, XIV, 2.) Dans cette maison il existe « des tentes éternelles » où il ira préparer lui-même une place aux siens. Là, il y aura même des riches, pourvu qu'ils y aient des amis. « Faites-vous des amis, « dit-il à ceux-ci, avec les richesses injustes, afin que, lorsque

« vous viendrez à manquer, ils vous reçoivent dans les taber-
« nacles éternels. » (LUC, XVI, 9.) Enfin, dans ce royaume, tous
les bienheureux participeront à la royauté dont il jouira lui-
même dans son état glorieux. « Car, alors, les justes resplen-
« diront comme le soleil dans le royaume de mon Père. » (MATTH.,
XIII, 43.)

Comment Jésus eût-il pu nous faire mieux comprendre dans
cette vallée de larmes, où toute joie est souffrante, les ravisse-
ments d'amour des justes, et nous traduire les cantiques célestes
qu'ils y font entendre? Comment eût-il pu nous montrer ce
monde invisible que nul œil n'a vu, nous faire entendre ces chants
que nulle oreille n'a entendus, « puisque le cœur de l'homme ne
saurait comprendre ce que Dieu réserve à ceux qui l'aiment »?

Enfin, parmi les grands traits de l'enseignement du Maître
divin, il en est encore un qui doit appeler notre plus sérieuse
attention. S'adressant un jour à la foule, Jésus lui dit ces mémorables paroles : « Soyez parfaits comme votre Père céleste est
« parfait. » *Estote perfecti, sicut Pater vester perfectus est.* (MATTH.,
V, 48.) Or, ce grand commandement n'impose pas seulement le
perfectionnement moral à chacun, il contient encore le programme de tous les progrès de l'avenir que doit accomplir
l'humanité.

C'est par ce commandement mémorable que Jésus réveilla
les esprits de leur assoupissement séculaire; c'est par lui qu'il
sema dans chacun d'eux le premier germe de tous les progrès des siècles futurs. *Estote,* dit-il; il s'agit d'un véritable
commandement du divin Maître : *Estote perfecti, sicut Pater vester
perfectus est!*

Comment méconnaître son immense influence sur l'homme
et sur la société? N'est-il pas manifeste, en effet, que c'est
à partir du jour seulement où Jésus l'a proféré, qu'on a vu
l'homme s'arracher peu à peu à ses imperfections séculaires,
et se livrer à une suite d'efforts soutenus pour améliorer son
état physique et moral; que c'est sous son impulsion que non-
seulement la famille et la société se sont transformées et
régénérées, mais encore que le monde lui-même a inauguré
cette ère de progrès incessants qui ont fini par améliorer l'état
de la terre comme celui des peuples et des nations?

Évidemment, c'est à partir du jour seulement où Jésus a dit
aux hommes : « Soyez parfaits comme votre Père céleste est

parfait », que l'homme a reçu ce premier coup d'aiguillon qui lui impose pour but un progrès sans fin ; car, comme l'a dit Ozanam, ce commandement met le terme de sa perfection dans l'infini ! Ainsi le Père céleste est infiniment intelligent, l'homme devra donc cultiver et développer son intelligence sans fin pour lui ressembler ; il sait tout, le voilà condamné à cultiver la science humaine jusqu'à ce qu'il ait acquis toute la science divine ; il a tout fait avec nombre, poids et mesure, il lui faudra donner à ses œuvres toutes ces perfections ; il a tout fait avec art et industrie, rien ne manque ni n'excède dans ses œuvres, l'homme devra l'imiter dans toutes celles qu'il produit ; car ce commandement l'oblige à lui ressembler, puisque, comme l'a dit saint Paul, « imiter Dieu, c'est se rendre semblable à lui ». Le voilà donc condamné à jusqu'à ce qu'il soit arrivé à réaliser en lui-même et dans ses œuvres toutes ses perfections : dans ses œuvres, jusqu'à ce qu'elles aient acquis la perfection de celles du Père céleste ; en lui, jusqu'à ce que ses pensées, ses paroles et ses actes soient aussi parfaits que les siens. « Si vous parlez, dit « l'Apôtre, qu'il semble que ce soit Dieu qui parle par votre « bouche. »

Cependant tout se touche et se lie dans l'humanité : dès que l'homme progresse, la famille et la société le suivent. Aussi une fois l'homme engagé dans cette voie nouvelle, la famille se régénère et se perfectionne avec lui, la société se reforme avec lui et par lui ; et leur commune action s'étend jusque sur le monde lui-même.

En donnant le domaine de la terre à l'homme, en effet, Dieu ne le lui a pas livré capable de produire de lui-même tout ce qui lui est nécessaire. La terre avait des ronces et des déserts, des plantes et des animaux nuisibles ; elle avait même des marais et des limons méphitiques d'où s'exhalaient des effluves pestilentiels. Dieu avait donc laissé à l'homme le soin de la cultiver pour l'adapter à ses besoins, de la purifier et de la perfectionner, voulant ainsi l'exciter à l'imiter en parachevant une œuvre qu'il lui avait octroyée en partie inachevée. De là, ce puissant attrait réservé à son activité, ce grand moyen de solliciter ses progrès afin d'achever et de perfectionner sa demeure et de mériter le titre que Jésus a donné aux hommes, en leur disant : « Vous êtes « des dieux. » (JEAN, X, 34.)

Telle est l'origine des immenses progrès réalisés depuis ;

tel est le commandement qui les a suscités depuis l'heure bénie où Jésus l'a imposé aux hommes. Un Dieu n'était-il pas nécessaire pour accomplir l'œuvre du divin modèle et du Maître divin, et ce Dieu eût-il pu y réussir s'il ne se fût rendu visible et accessible aux hommes?

DOCTEUR. — Les perfections de Jésus, que vous venez de nous faire connaître, cher abbé, démontrent clairement qu'il possédait tous les attributs de Dieu, et par conséquent qu'il est Dieu lui-même.

X

L'ABBÉ. — Les chrétiens sont plus exigeants que vous, docteur.

DOCTEUR. — Qu'exigent-ils de plus?

L'ABBÉ. — Ils veulent qu'il possède réellement tous les caractères de la divinité.

DOCTEUR. — Qu'exigent-ils donc?

L'ABBÉ. — Vous oubliez que Jésus a dit lui-même : « Sondez « les Écritures; car ce sont elles qui rendent témoignage de « moi. » *Scrutamini Scripturas, illæ sunt quæ testimonium perhibent de me.* (JEAN, V, 39.) Or, que nous apprennent les Écritures? Dès les premiers temps, nous entendons la voix de Dieu dire à Abraham : « En toi seront bénies toutes les familles de la terre... « Toutes les générations seront bénies dans ta race. » (*Genèse,* XII, 1, 3.) Et Dieu répète cette promesse à Isaac (*Genèse,* XXVI, 4), puis à Jacob (*Genèse,* XVIII, 14). Plus tard, il la renouvelle encore à David, en lui disant par la voix du prophète Nathan : « Je te « susciterai un Fils après toi, lequel sortira de tes entrailles... « Moi, je serai son Père, et lui sera mon Fils. » (*II Rois,* VII, 4, 5, 12.) Or, saint Luc nous apprend que Marie mère de Jésus eut pour père Héli ou Héliioachim, beau-père de Joseph, qui fut fils de... David,... qui fut fils d'Abraham. (LUC, III, 23, 24 et 31.)

Isaïe dit aussi : « Écoutez, maison de David... Le Seigneur « lui-même vous donnera un signe. Voilà que la Vierge concevra « et enfantera un fils, et son nom sera appelé Emmanuel (Dieu « avec nous). » (ISAIE, VII, 14, 15.) Or, l'Évangile nous atteste que ce fils est né de la vierge Marie et qu'il a été conçu de l'Esprit-Saint. (MATTHIEU, I, 18.)

A maintes reprises, Dieu a fait annoncer son arrivée parmi les hommes. Moïse nous dit déjà en parlant en son nom : « Je leur « susciterai du milieu de leurs frères un prophète semblable à « toi, et je lui mettrai mes paroles dans la bouche, et il leur dira « tout ce que je lui ordonnerai. » (*Deutér.*, XVII, 15 et suiv.) Isaïe ajoutait, en parlant de la Vierge : Il sortira de son sein virginal un enfant qu'il appelle « Dieu » (ISAIE, IX, 6); il sera « la lumière « des gentils » (ISAIE, XLIX, 6); ce « Juste descendra du ciel », et sera « le Sauveur qui fera régner la justice » (ISAIE, XLV, 8, 23); cet « enfant sera appelé Admirable, Conseiller, Dieu, Fort, Père « du siècle à venir, Prince de la paix ». (ISAIE, IX, 6.) Puis, il ajoute : « Écoute-moi, ô mon peuple, ma nation choisie, entends « ma voix, car la loi sortira de moi, et ma justice éclairera les « peuples et se répandra parmi eux. Mon Juste est proche; mon « Sauveur va paraître, et mon Bras apportera la justice aux « nations. » (ISAIE, LI, 4, 5.) « Cieux, ajoute-t-il, versez votre rosée « d'en haut, et que les nuées pleuvent un Juste; que la terre « s'ouvre et qu'elle germe un Sauveur, et que la justice naisse en « même temps; moi, le Seigneur, je l'ai créé. » (ISAIE, XLV, 8.) Dieu et homme, en effet, Jésus a été créé comme homme; comme Dieu, il a été engendré de toute éternité. « Vous êtes sorti de « mon sein, dit le Psalmiste, avant la création de la lumière et « des astres. » (PS. CIX, 1.)

Cependant, celui dont le commencement remonte avant la date des jours, cet admirable enfant devait naître à Bethléem. « Et « toi, Bethléem Ephrata, dit le prophète, tu es bien petit entre « les villes de Juda; de toi sortira pour moi Celui qui doit être « le dominateur en Israël, et sa génération est du commence- « ment des jours de l'éternité. » (MICHÉE, V, 2.) Or, consultez la statistique officielle de Cyrinus, et vous constaterez, en effet, que Jésus, comme le dit saint Luc, est né dans la ville de David. (LUC, II, 3-7.)

Il naîtra, selon Daniel, soixante-dix semaines d'années (voyez *Lévitique*, XXXV, 8), après la sortie de Babylone : « Soixante-dix « semaines ont été abrégées pour ton peuple et pour ta ville « sainte, afin que soit abolie la prévarication, et que prenne fin « le péché, et que soit effacée l'iniquité, et que vienne la justice « éternelle, et que soient accomplies la vision et la prophétie, « et que soit oint le Saint des saints » (DANIEL, IX, 24); et c'est ce qu'ont également établi les calculs les plus exacts sur sa venue.

Or, bien avant cette époque, les Juifs s'étaient répandus parmi les nations, et leur avaient annoncé eux-mêmes l'arrivée du futur Rédempteur. Aussi voit-on les écrits et les monuments des anciens peuples annoncer eux-mêmes cette venue. En effet, on en rencontre des vestiges manifestes dans les *Védas* de l'Inde, dans le *Zend-Avesta* des Perses, dans les mystères de l'Égypte et de la Grèce, chez Platon(*Phèdre*), dans Cicéron(*De nat. deor.*, l. III), dans les oracles des Sibylles, dans Virgile (*Pollion*), chez les Celtes, dans l'*Edda* des peuples du Nord, etc. Volney le confirme lui-même, pour les peuples de l'Asie : « Les traditions sacrées et « mythologiques des temps antiques, dit-il, avaient répandu « dans toute l'Asie la croyance d'un grand médiateur qui devait « venir, d'un juge final, d'un sauveur futur, roi, Dieu, conqué- « rant et législateur, qui ramènerait l'âge d'or sur la terre et « délivrerait les hommes de l'empire du mal. » (*Méd. sur les révol. des emp.*, p. 222.)

Non-seulement les prophètes avaient annoncé le lieu et la date de la venue du Sauveur, mais ils avaient encore dit quelles seraient sa mission, sa vie, ses œuvres, ses souffrances, sa mort et l'influence de sa doctrine sur les nations. Et toutes ces choses se sont accomplies jusque dans les moindres détails, comme il est facile de s'en assurer en comparant la ressemblance frappante qui se voit entre les faits prédits et ceux qui se sont réalisés d'après le texte de l'Évangile. Aussi est-on peu surpris, en présence de ces nombreux témoignages, d'entendre le grand philosophe saint Justin nous dire : « Comment supposer que sur la parole d'un « homme mort sur une croix, nous l'aurions adoré comme le « premier-né du Dieu incréé? Que nous aurions cru qu'il devait « venir un jour juger les hommes, si nous ne trouvions avant sa « venue une multitude d'oracles qui l'annoncent, et si nous « n'avions sous les yeux les événements qui les accomplissent? » (*Apolog.*, 53.)

Non-seulement les oracles l'ont annoncé comme Dieu à toutes les nations, mais lui-même, lui, qui était envoyé pour nous dire les paroles de Dieu et pour annoncer la vérité aux hommes, s'est proclamé lui-même Fils de Dieu, égal et consubstantiel à Dieu; rien de plus explicite que ses affirmations à cet égard.

Ainsi un jour, pendant la grande fête de la Dédicace, Jésus entra dans le temple, et tandis qu'il se promenait dans la galerie de Salomon, accompagné d'une multitude de témoins, les Juifs

l'entourèrent et lui dirent : « Jusqu'à quand tiendrez-vous notre
« esprit en suspens? Si vous êtes le Messie, le Christ, dites-le-
« nous clairement. » — Jésus leur répondit : « Je vous parle, et
« vous ne me croyez point ; les œuvres que je fais au nom de
« mon Père rendent témoignage de moi... Quant à mon Père,
« ce qu'il m'a donné est plus grand que toutes choses, et personne
« ne peut le ravir de la main de mon Père. Moi et mon Père nous
« sommes une seule chose. » *Ego et Pater unum sumus.* (JEAN, X,
24: 29, 30.)

Or, les Juifs comprirent parfaitement ses paroles ; et voyant
qu'il se faisait égal à Dieu, « prirent des pierres pour le lapider ».
(*Ibid.*, 31.) Alors, « Jésus leur dit : J'ai fait devant vous beaucoup
« d'œuvres excellentes par la vertu de mon Père ; pour laquelle
« de ces œuvres me lapidez-vous? » — Les Juifs lui répondirent :
« Ce n'est pas pour une bonne œuvre que nous vous lapidons,
« mais pour votre blasphème, et parce que vous, étant homme,
« vous vous faites Dieu. » (JEAN, X, 32, 33.)

Jésus réfute leur imputation de blasphème, démontre qu'il a
le droit d'être appelé Fils de Dieu. Si l'Écriture donne ce nom
aux princes et aux juges, dit-il, si elle les appelle dieux, pourquoi accusez-vous de blasphème Celui qui l'est véritablement?
« Vous me dites à moi que le Père a sanctifié, et envoyé dans le
« monde : Vous blasphémez, parce que j'ai dit : Je suis le Fils de
« Dieu. Si je ne fais les œuvres de mon Père, ne me croyez point ;
« mais si je les fais, quand bien même vous ne voudriez pas me
« croire, croyez aux œuvres, afin que vous connaissiez et croyiez
« que mon Père est en moi, et moi dans mon Père. » (JEAN, X,
32, 39.) En conséquence les Juifs cherchaient à le saisir, mais il
s'échappa de leurs mains.

Une autre fois, un jour de sabbat, alors que Jésus venait de
guérir dans le temple un homme qui était malade depuis trente-
huit ans, les Juifs le persécutèrent. « Mais Jésus leur répondit :
« Mon Père agit sans cesse, et moi j'agis aussi. » (JEAN, V, 17.)
Sur quoi les Juifs cherchèrent encore plus à le faire mourir,
« parce que non-seulement il violait le sabbat, mais qu'il disait
« que Dieu était son Père, se faisant ainsi égal à Dieu », *œqua-
lem se faciens Deo.* (JEAN, V, 18.)

Pilate, l'interrogeant, lui dit : « Tu es donc roi? » Jésus répondit : « Tu le dis (*tu dixisti*), je suis roi. » (JEAN, XVIII, 37.) Une
autre fois, Jésus, répondant à la Samaritaine, lui dit : « Je suis

« le Messie, moi qui vous parle. » (JEAN, IV, 24.) Dans maintes occasions, il atteste qu'il possède tous les attributs de la divinité. Une fois, c'est sa toute-puissance : « Tout ce que le Père fait, le « Fils le fait pareillement » (JEAN, V, 19) ; une autre fois, son immensité, en disant « qu'il est descendu du ciel, et toutefois « qu'il vit au ciel » (JEAN, III, 13); sa puissance de ressusciter les morts, « car, comme le Père réveille les morts, ainsi le Fils vivi- « fie ceux qu'il veut ». Il possède aussi la vie : « Comme le Père « a la vie en lui-même, ainsi il a donné au Fils d'avoir la vie en « lui-même »; mais seul il doit juger les hommes : « Le Père ne « juge personne; il a remis tout jugement au Fils. » (JEAN, V, 21- 26). Enfin tout ce qui est au Père est à lui : « Tout ce qu'a mon Père « est à moi », *Omnia quæcumque habet Pater, mea sunt.* (JEAN, XVI, 15.) « Qui me voit, dit-il à Philippe, voit aussi mon Père. » (JEAN, XIV, 6-9.)

Quel peut donc être Celui qui a été annoncé par les patriarches, par Moïse et par les prophètes ; Celui que les nations attendaient ; Celui qui est né dans le temps et dans le lieu prédits ; Celui qui a accompli la vie, les œuvres et la mission du Messie ; qui a subi ses souffrances et sa mort ; Celui enfin dont la doctrine a été annoncée à toutes les nations ? Il s'est dit Fils de Dieu et Dieu lui-même : « La vérité des prophéties n'est-elle pas la preuve, dit Tertullien, de sa divinité ? » (*Apol.,* XX.) C'était aussi la conviction de saint Pierre, qui, après avoir entendu sur le Thabor la voix céleste qui proclamait Jésus Messie et Fils de Dieu, n'hésite pas à affirmer lui-même qu'il y a une preuve plus certaine encore de sa divinité, celle de l'accomplissement des prophéties : « Nous « avons, dit-il, ce discours prophétique qui est encore plus cer- « tain. » (II PIERRE, I, 18, 19.) Enfin, les nombreux disciples et les apôtres eux-mêmes qui l'ont suivi et qui ont vécu plusieurs années avec lui, qui l'ont vu accomplir ses œuvres et tout ce qu'il a fait d'extraordinaire, ont tous attesté sa divinité au péril de leur vie.

Comment méconnaître une divinité adorée au berceau par les rois mages, proclamée dans le temple par Siméon et la prophé-tesse Anne par Jean-Baptiste, qui affirme pendant son baptême qu'il est le Fils de Dieu (JEAN, I, 33, 34); par Simon-Pierre, qui l'appelle « Dieu et Sauveur » (II PIERRE, I); par le disciple bien-aimé, qui atteste qu'il « est le vrai Dieu et la vie éternelle » (I JEAN, V, 20); qu'il « est l'*Alpha* et l'*Oméga,* le commencement « et la fin, le Tout-Puissant » (*Apoc.,* I, 8); par saint Thomas, qui l'appelle « son Dieu » (JEAN, XX, 28); par le grand Apôtre, qui, dans son ravissement, l'a vu « assis à la droite de la Majesté au « plus haut des cieux », et qui atteste que « tous les anges de « Dieu l'adorent » (*Héb.,* I. 1-5); par saint Luc, l'un des soixante-douze disciples, qui dit que « notre Dieu est venu nous visiter, « descendant d'en haut pour éclairer les hommes » (LUC, I, 78, 79); enfin, par cette multitude de disciples, par l'église de Jérusalem, par des villes entières, par les églises d'Antioche, d'Éphèse, de Smyrne, de Corinthe, de Rome, etc., comme par toutes les populations qui ont connu Jésus ou ses apôtres?

DOCTEUR. — N'oublieriez-vous pas quelques voix ennemies, cher abbé, celles des Juifs, par exemple?

L'ABBÉ. — Les Juifs eux-mêmes, ces ennemis si acharnés de Jésus, n'ont jamais hésité à attester que Jésus « s'est donné « comme Fils de Dieu, comme Dieu, et qu'il était regardé comme « tel par beaucoup de monde ». On lit en effet dans leur *Toldos Jessu* ces paroles : « Je suis le Fils de Dieu, et c'est de moi qu'a « parlé Esaïe quand il dit : « Voici qu'une vierge concevra et en- « fantera un fils, qui s'appellera Emmanuel. N'est-ce pas moi qui « me suis formé moi-même, et qui ai fait le ciel, la terre, la mer « et tout ce qu'ils contiennent? » — Les Juifs lui demandent des « preuves, et il ressuscite un mort, guérit un lépreux ; puis ils « ajoutent : « Ce que ces hommes voyant avec étonnement, ils se « prosternèrent et l'adorèrent en disant : « Vous êtes effective- « ment le Fils de Dieu », *Omnino tu filius Dei es.* » Or, cette scène est tirée de l'un de ses plus grands ennemis, de Wagensiel. (*Tela ignea Satanæ,* t. II, p. 11.)

J'ajoute que les Juifs modernes confirment eux-mêmes ces témoignages, tout en niant sa divinité. Ainsi M. Salvador dit : « Mais Jésus, en présentant des idées nouvelles et en donnant « de nouvelles formes à des idées déjà répandues, parle de lui- « même comme d'un Dieu; ses disciples le répètent, et la suite « des événements prouve avec la dernière évidence qu'ils l'en- « tendaient ainsi... » (*Ouvrage cité,* p. 82.)

Parmi les chrétiens, sans doute, il est une voix qui s'est élevée au quatrième siècle pour nier sa divinité; ce fut celle d'Arius. Mais le grand concile œcuménique de Nicée, réuni pour juger cette doctrine, attesta la divinité de Jésus-Christ, à l'unanimité des trois cents évêques réunis de toutes les parties du monde chrétien, et pour proclamer que Jésus-Christ est Dieu, « con-

« substantiel au Père », *consubstantialem Patri* ; et depuis cette date, cette décision a été admise sans contestation par l'Église, par tous les conciles et par tous les catholiques.

Concluons donc avec l'Apôtre « qu'il est manifestement grand, « ce mystère de piété, qui s'est révélé dans la chair, qui a été « justifié par l'esprit, dévoilé aux anges, annoncé aux nations, « cru dans le monde, reçu dans la gloire ». (*Tim.,* III, 16.)

Comme vous le voyez, mes amis, il faut au chrétien quelque chose de plus encore que les perfections de Jésus, pour admettre sa divinité. Il lui faut l'accomplissement de toutes les prédictions réalisées par lui, le témoignage de tous ceux qui l'ont connu et ses propres affirmations elles-mêmes. Or, annoncé par les prophètes, envoyé de Dieu, ayant fait des miracles qui prouvent sa toute-puissance et sa divinité, quand il dit lui-même qu'il est Dieu, tous aussi nous pouvons affirmer sa divinité.

Comment pourrions-nous douter maintenant qu'il ait eu « le pouvoir de remettre les péchés » (LUC, V, 24) ; qu'il ait pu le transmettre aux apôtres (JEAN, XX, 23) ; qu'il dispose en maitre du royaume de Dieu (LUC, XXIII, 43) ; qu'il ait donné à Pierre les clefs de ce royaume (MATTH., XIII, 19) ; qu'il ait pu se déclarer maître de la religion et du sabbat (MATTH., XII, 8) ; qu'il ait le droit d'être aimé plus que nos parents, plus que notre vie, plus que nous-mêmes (MATTH., X, 37-39) ; qu'il ait été adoré par l'aveugle-né, par les saintes femmes, par ses disciples et par Thomas lui-même (JEAN, IX, 38 ; — XX, 28) ; enfin, qu'à la fin de la Cène, il ait pu affirmer, ces prophétiques paroles : « Ayez « confiance, j'ai vaincu le monde. » (JEAN, XVI, 23.)

XI

ARISTE. — Une seule chose me fait encore hésiter à admettre cette divinité, cher abbé : c'est que vous ne nous avez cité aucun fait qui atteste que Jésus ait été créateur lui-même.

L'ABBÉ. — Oui, certes, Jésus a été créateur aussi. Sans revenir sur ses deux sublimes créations, celles de l'Église et des sacrements dont je vous ai parlé, il suffira de vous rappeler les témoignages qui attestent qu'il a coopéré directement lui-même avec son Père à la création de l'homme et de l'univers, pour vous démontrer qu'il est créateur comme lui.

Un simple coup d'œil jeté sur le LIVRE qui nous raconte les premiers jours du monde, dont le langage élève l'esprit à des hauteurs formidables et qui confondent la raison, va suffire pour vous en convaincre. Le savant M. Drach nous dit que le Talmud, en parlant de la création, enseigne qu'il contient le nom de Dieu dans les quarante-deux premières lettres des deux premiers versets de la Genèse; et il ajoute que ces quarante-deux lettres forment en hébreu les mots suivants : « Dieu Père, Dieu Fils, « Dieu Saint-Esprit; trois en un, un en trois. » (*Deuxième Lettre aux Israélites, Annal. de philosophie chrét.*, n° 84, p. 430.)

Le texte de la Bible n'est pas moins prodigieux. Les premiers mots de la Genèse disent : « *Elohim Bara, Dii creavit* », les dieux « créa le ciel et la terre » (*Gen.*, I, 1). A quel dessein Moïse s'est-il servi du mot : *Elohim,* les dieux? se demande l'abbé. Maistre Il n'était nullement forcé d'employer ce terme au pluriel; car dans l'hébreu ce mot a un singulier très-usité; c'est : *El, Eloa,* Dieu ; ou si ce terme ne lui plaisait pas, il avait le nom de *Jehova* et d'autres encore. Si donc il a choisi le pluriel *Elohim,* dieux, c'est sans doute qu'il a eu l'intention d'insinuer un mystère et de désigner diverses personnes en Dieu : le Père qui crée, son Esprit qui féconde, le Verbe qui harmonise la création. (*Christolog.*, t. I, p. 399.)

Dans le texte hébreu, on lit encore mot pour mot : « Et les Dieux dit, *Et dixit Elohim (Dii) : Faciamus hominem ad imaginem nostram, tanquam similitudinem nostram*, c'est-à-dire, faisons l'homme à notre image, comme à notre ressemblance. » (*Gen.*, I, 26.) Ensuite : *Et creavit Elohim (Dii) hominem ad imaginem suam, ad Deorum (Elohim) creavit ipsam,* « Et les Dieux créa l'homme à son image : il le créa à l'image des Dieux. » Telle est la construction grammaticale du texte hébreu! « Les Dieux... faisons « l'homme à notre image, à l'image des Dieux », marquant la pluralité des personnes divines. Ces paroles : « Notre image... faisons », expriment l'identité d'action et de nature; et ces mots : « Il dit, il créa à son image », indiquent l'unité de substance en Dieu. (*Ibid.*, p. 400.)

Peu après, on découvre une allusion à sa coopération plus nettement accentuée encore : « Dieu créa toutes choses par sa Parole ou son Verbe. » « Il dit : Que la lumière soit, et la lumière

« fut » (*Gen.*, I, 3), et tout a été créé par la puissance de cette
Parole. C'est ce qui a fait dire au Prophète : « Dieu a dit, Dieu
« a produit sa Parole, et tout a été fait. » (Ps. XXXII, 6.)

Nous lisons encore : « Et l'Esprit de Dieu était porté sur les
eaux » (*Gen.*, I, 2), pour les rendre fécondes. N'est-il pas évident,
d'après le texte de Moïse, que trois personnes ont également
concouru à la création : Dieu le Père, la Parole ou le Verbe ou
le Fils, et le Saint-Esprit?

Ce précieux témoignage atteste donc déjà clairement que le
Fils a coopéré à la création ; mais il n'est pas unique. Ainsi nous
lisons dans le livre des *Proverbes :* « J'étais, dit la Sagesse ou le
« Verbe, engendrée avant les collines... Quand il préparait les
« cieux, j'étais présente, disposant toutes choses avec lui » (*cum
eo eram cuncta componens*). « Dès l'éternité, j'ai été établie ; dès les
« temps anciens, avant que la terre fût faite. Les abîmes n'étaient
« pas encore, et moi déjà j'avais été conçue... Quand il préparait
« les cieux, j'étais présente... J'étais avec lui disposant toutes
« choses. » (*Prov.*, VIII, 22-30.)

Écoutons maintenant le Roi-Prophète : « Le Verbe de Dieu a
« affermi les cieux, dit-il, et le souffle de sa bouche toute vertu...
« Il a dit, et les choses ont été faites ; il a commandé, et elles ont
« été créées. » (Ps. XXXII, 6-9.) « Les cieux, dit Isaïe, ont été
« créés par le Verbe de Dieu, et l'armée des cieux par le souffle
« de sa bouche. » (Cité par Stolberg, *Vie de Notre-Seigneur
Jésus-Christ.*)

« Toutes choses ont été faites par lui, dit son disciple bien-
« aimé, et rien de ce qui a été fait n'a été fait sans lui. » « Le
« monde a été fait par lui. » (JEAN, I, 3, 10.) « Il n'y a qu'un seul
« Dieu, qui est le Père, dit l'Apôtre, duquel procèdent toutes
« choses, et qui nous a faits pour lui ; il n'y a qu'un seul Seigneur,
« qui est Jésus-Christ, par qui toutes choses ont été faites, comme
« c'est par lui que nous sommes tout ce que nous sommes. »
(*I Cor.*, VIII, 6.) Il dit encore : « C'est par lui que tout a été
« créé dans le ciel et sur la terre, les choses visibles comme les
« invisibles » (*Coloss.*, I, 16) ; il rapporte dans sa belle épître aux
Hébreux les paroles que Dieu prononça lui-même en parlant
à son Fils : « C'est vous, Seigneur, qui, au commencement du
« monde, avez affermi la terre sur ses fondements, et les cieux
« sont l'ouvrage de vos mains. » (*Hébr.*, I, 10.)

Invoquons encore le témoignage de saint Irénée qui, né seulement vingt ans après la mort de saint Jean, a été élevé sur les genoux de saint Polycarpe, continuateur de la tradition du grand apôtre. Il dit, d'après le disciple bien-aimé : « Auprès du Père, « sont le Verbe et la Sagesse, le Fils et l'Esprit, par qui et en qui « il a tout fait librement et spontanément, et à qui il parle « quand il dit : Faisons l'homme à notre image. » (*Adversus hœres.*, iv, 26.)

Citons enfin, à l'occasion de ces mémorables paroles : « Fai- « sons l'homme à notre image et à notre ressemblance », les réflexions de saint Justin lui-même. « Au moment de la création, dit-il, Dieu le Père s'adresse en ces termes à celui que l'Écriture nous fait voir comme Dieu en d'autres circonstances : « Faisons « l'homme à notre ressemblance et à notre image ; qu'il ait l'em- « pire sur les poissons de la mer, sur les oiseaux du ciel, sur « les troupeaux et sur les reptiles qui rampent à sa surface. Et « Dieu fit l'homme ; il le fit à sa ressemblance, il fit l'homme et « la femme, et il les bénit en disant : Croissez et multipliez, rem- « plissez la terre et régnez sur elle. » Ne changez pas le sens des paroles que je viens de citer, continue saint Justin ; ne dites pas, comme vos docteurs, que par ce mot « faisons », Dieu s'est parlé à lui-même, comme il nous arrive souvent de dire au moment d'agir : Faisons cela ; ou bien que l'adressant aux éléments, c'est-à-dire à la terre et aux autres corps dont celui de l'homme est formé, Dieu leur ait dit : « Faisons » ; je vais vous citer un autre passage de Moïse qui lèvera toute équivoque ; vous verrez qu'ici, Dieu s'adresse à une autre intelligence bien distincte de lui-même ; c'est ainsi qu'il s'exprime : « Voici qu'Adam a été fait comme l'un de nous » ; il exprime clairement un nombre de personnes unies étroite- ment entre elles, il fait entendre qu'elles sont au moins deux... La vérité, la voici : c'est que le Fils engendré du Père était avec lui avant toutes choses, et que le Père s'entretenait avec le Fils, ce Fils que Salomon appelle la Sagesse de Dieu, que l'Écriture nous montre par le même Salomon comme le principe de toutes choses et comme engendré de Dieu. » (*Apolog.*)

Comme vous le voyez, mes amis, d'après le texte des Écri- tures, on est invinciblement conduit à admettre que Jésus fut créateur aussi. Quelle autre voix que la sienne, d'ailleurs, aurait proféré ces paroles au sein des ténèbres : « *Sit lux !* Qu'il y ait « de la lumière ! et la lumière fut. » N'est-ce pas la parole du Verbe qui s'est fait entendre de nouveau, pour appeler tous les êtres à l'existence? N'est-ce pas le Verbe qui a prononcé toutes les paroles de Dieu?

En résumé, si nous n'avons pu rigoureusement conclure la divinité de Jésus de la similitude de ses attributs avec ceux de Dieu le Père, nous pouvons l'affirmer maintenant de son égalité, de leur unité et de leur consubstantialité.

Je m'aperçois toutefois que je n'en ai pas fini avec l'enseignement du Maître divin. Comment s'en faire une idée, en effet, en l'isolant de celui de ses disciples auxquels pendant trois ans il a communiqué ses plus secrètes pensées? Examinons donc maintenant quelle fut l'œuvre des apôtres et quels sont les principaux changements qu'ils ont opérés dans les mœurs, dans les lois et dans la religion du monde.

XII

Avant de les quitter, le Fils de l'homme et le Fils de Dieu les a convaincus de sa double nature. Il les a rendus témoins de ses misères, de ses joies et de ses pleurs. Trois d'entre eux ont vu ses traits s'illuminer d'une gloire céleste, et se décolorer par les teintes de la mort. « Tous l'ont vu mourir et ressusciter, dit M. de Broglie, et la main du plus incrédule est entrée dans ses plaies. Philippe, a-t-il dit à l'un d'eux, « celui qui m'a vu a vu « mon père ». (JEAN, XIV, 9.) « Touchez et voyez, dit-il aux « autres, un esprit n'a point de chair et d'os comme vous voyez « que j'en ai. » (LUC, XXIV, 39.) Point de doute pour eux, par conséquent; le même être qu'ils ont connu a été à la fois Dieu et homme, Dieu suprême et homme parfait. Il a été homme par les sens, par le corps, par les larmes, par les affections, par les douleurs; il a été Dieu par la sagesse infinie et la pureté sans tache. Il a été homme par cette mère que, du haut de la croix, il a léguée à son disciple bien-aimé. Il a été Dieu par ce Père invisible qu'il invoquait dans ses prières prolongées, et dont il a dit : « Le Père et moi, nous ne sommes qu'un. » Il a été homme par la mort, terrible sceau de la condition humaine; il a été Dieu par la résurrection, prodige de la puissance divine.

« Pour ces douze hommes, par conséquent, l'idée de Dieu, sans rien perdre de sa grandeur, est devenue tout à coup sensible, touchante et douce... Ils ont vu Dieu lui-même vivre, et, spectacle plus étrange encore, mourir sous leurs yeux... Ne leur demandez pas comment cela se peut; ils ne le savent pas; mais cela est, ils l'ont vu, ils le croient...

« Ce qui est arrivé aux douze apôtres allait se passer dans le monde entier. Par la double nature du Christ, la barrière qui séparait l'humanité de Dieu se trouve tout à coup abaissée, et le polythéisme a perdu sa raison d'être. L'Évangile, sans doute, n'a pas résolu tous les problèmes philosophiques que soulève la notion sublime de la divinité. Mais ne pouvant se faire comprendre de l'homme, Dieu s'en est fait voir, aimer et sentir. Voilà le christianisme tout entier. Il était complet dès le premier jour. C'est par là qu'il a opéré là révolution que n'avait pas même rêvée la philosophie; il a pu établir partout le culte et l'adoration de l'unité divine. » (A. DE BROGLIE, *Église et Empire. Unité de l'Église.*)

Avant de quitter ses disciples, Jésus avait fondé son Église et lui avait donné un chef visible auquel il avait dit : « Je te dis « que tu es Pierre, et sur cette pierre je bâtirai mon Église, et « les portes de l'enfer ne prévaudront pas contre elle. Je te don- « nerai les clefs du royaume des cieux, et tout ce que tu délieras « sur la terre sera délié dans le ciel. » Cette Église avait donc un gardien, ses clefs étaient confiées à des mains humaines, elle était constituée et allait devenir, par son enseignement, la loi vivante des nations. Car « quiconque n'écoute pas l'Église, avait « dit Jésus, regardez-le comme un païen et un publicain ». (MATTH., XVIII, 17.) Pierre et les autres disciples formaient un cénacle auquel il avait encore dit : « Je m'en vais, et je vous « enverrai le consolateur, qui vous fera ressouvenir de tout ce que « je vous aurai dit. » (JEAN, XIV, 16.) Il avait prié son Père pour eux, « afin qu'ils soient un comme nous » ; et « pour ceux qui « croiront en moi par leur parole, afin que tous ensemble ils ne « soient qu'un ». Puis enfin, il avait ajouté au moment de les quitter : « Toute puissance m'a été donnée dans le ciel et sur la « terre; allez donc, instruisez toutes les nations, les baptisant « au nom du Père, du Fils et du Saint-Esprit, et leur apprenant « à observer toutes les choses que je vous ai prescrites. Je suis « avec vous jusqu'à la consommation des siècles. » (MATTH., XXVIII, 18-20.)

C'est sur cette parole que les apôtres, le bâton à la main et les reins ceints, s'en vont parcourir le monde et lui annoncer la bonne nouvelle. Ils n'emportent « ni argent dans leur bourse, « ni sac pour le voyage », mais ils ont des paroles de vie qui vont régénérer le monde. Ils vont partout prêchant l'amour de Dieu et du prochain, le respect de l'autorité, la charité, la fraternité, l'égalité et la liberté. Le Sauveur leur avait dit : « Dieu « est votre père céleste, et vous êtes tous frères » (MATTH., XXIII, 10); « pour vous, ne veuillez pas être appelés maîtres, car un « seul est votre maître, et vous êtes tous frères » (MATTH., XXIII, 8); « si vous restez attachés à ma doctrine, la vérité vous rendra « libres ». (JEAN, VIII, 32.) Et ils allaient parmi les peuples prêchant ces grands principes et commentant.

L'étonnement de cette vieille société fut grand en entendant un langage si nouveau pour elle, et sa curiosité très-vivement excitée! Car ces disciples, en effet, étaient « illettrés, dit saint « Chrysostome, et ce que jamais aucun philosophe n'aurait rêvé, « ils l'annoncent avec une pleine assurance, et le persuadent non- « seulement de leur vivant, mais encore après leur mort, non à « deux ou à vingt personnes, mais à cent, à mille ou à dix mille, « mais à des villes entières, à des nations, à des peuples, à la « terre, à la mer, à la Grèce, aux Barbares, à l'univers habité et « aux déserts, et pourtant ils parlent de choses qui sont bien « au-dessus du génie de l'homme ». (*In Matth. præmium,* t. VII, p. 10, édit. Gaume.)

Alors cependant, Tibère régnait caché et plongé dans les débauches de Caprée; l'orgueil et les cruautés des grands et des riches étaient le seul droit connu, et constituaient l'âme de cette société dépravée, qui n'avait pour moteur que le luxe, les jouissances matérielles et un orgueilleux mépris pour tous ceux qui ne pouvaient se les procurer. Athènes comme Rome n'étaient donc composées que d'un petit nombre de privilégiés et d'une foule immense d'hommes dégradés et méprisés.

Comment en eût-il été autrement, en effet, d'une société où la famille « n'est pas autre chose, dit Troplong, que l'ensemble « des idividus reconnaissant le pouvoir d'un seul chef » (*De l'influence du christian. sur le droit civil,* 3ᵉ édit., p. 20); où la femme était réputée légalement la fille de son mari, les fils assimilés aux esclaves, et, comme eux, pouvaient être vendus ou mis à mort; où, « lorsque le christianisme arriva, le mariage était « le moins solennel des contrats, puisqu'il était parfait par le

« consentement »? (*Alp.*, I, 30. O.—*De reg. juris.*) Aussi, dès que la richesse eut engendré la dissolution, le divorce devint-il journalier, l'adultère et l'inceste se virent dans un grand nombre de ménages, et le célibat licencieux des riches finit même par le remplacer. « Aujourd'hui, dit Tertullien, en s'épousant on fait « vœu de se répudier, et le divorce est comme un fruit du « mariage. » (*Apologét.*, 6.)

Qui ne connait d'ailleurs la licence et la corruption des femmes romaines de cette époque? « La conjuration des Bacchanales, les sourds complots contre la pudeur et la paix publique (Valère-Maxime, empoisonnement des maris dans lequel cent soixante-dix femmes furent condamnées à mort pour ce crime, l. II, v, 3), les divorces indécents, les adultères audacieux (Tacite, *Ann.*, III, 34), tout ce débordement de mauvaises mœurs dépeint par les philosophes, les satiriques... Pline raconte avoir vu Lollia portant à un souper près de 40 millions de sesterces de perles (l. IX, LVIII). Mais qu'est-ce que cela en comparaison des excès rappelés par Tacite? de ces spectacles de gladiateurs où les femmes illustres venaient se donner en représentation (*Ann.*, XV, 32); de ces fêtes infâmes, où les femmes des premières familles imitaient la débauche des prostituées dans des *lupanaria* dressés pour la circonstance (*Ann.*, XV, 37); de ces raffinements d'immoralité que l'historien ne veut raconter qu'une fois pour ne pas se répéter (*Ann.*, XV, 37); de ces femmes qui se livraient aux esclaves avec une si grande fureur, qu'il fut nécessaire de proposer au Sénat des châtiments contre elles (*Ann.*, XII, 53); de ces débordements qui éclataient avec tant de scandale, qu'il fallait des règlements pour les réprimer? (*Ann.*, II, 85.) Répressions toujours vaines! efforts toujours impuissants! » (Troplong, *Ouv. cité*, p. 285.)

Mais prenez patience; voilà que les paroles de vie du Sauveur ont pénétré dans cette société corrompue, et les apôtres finiront par la refaire et la régénérer. Le Sauveur avait dit : « Si votre « main droite vous scandalise, coupez-la; si votre œil vous scan- « dalise, arrachez-le; il vaut mieux pour vous entrer privé d'un « œil dans le royaume de Dieu, que d'être jeté, ayant deux yeux, « dans la géhenne du feu. » (Marc, IX, 42-46.) Or ces matrones, une fois chrétiennes, deviennent aussitôt des modèles de pudeur et de chasteté. Il avait dit encore : « L'homme quittera son père « et sa mère, et s'attachera à sa femme... Ce que Dieu a uni,

« que l'homme ne le sépare point. » (MARC. X, 6-9.) Et cette parole fait bientôt du mariage un lien indissoluble pour les époux, et abolit le divorce.

Qu'étaient devenus les enfants eux-mêmes au sein de cette dépravation générale? Saint Justin, en nous parlant d'eux et de l'affreuse prostitution pour laquelle on les élevait, nous apprend « qu'on les nourrissait par troupeaux comme des boucs, des « chèvres, des brebis, dans des étables humaines » (*Ire Apologét.*, XXVII); et Tertullien ne craint pas de reprocher directement ces crimes aux premiers magistrats de Rome. « Parmi ces juges si « rigoureux envers nous, leur dit-il, y en a-t-il qui n'aient pas « donné la mort à leurs enfants?... qui ne les aient pas noyés, « fait périr de faim, de froid, de misère, jetés en pâture aux « chiens et aux vautours? » (*Apologét.*, IX.) Ces crimes étaient alors si communs et si usités, que les philosophes en parlent avec la plus grande impassibilité. « On punit de mort les scélérats, dit « Sénèque, du même droit qu'on assomme un chien enragé, « qu'on tue un bœuf farouche, qu'on étouffe les monstres et « qu'on noie les enfants quand ils naissent faibles et mal con- « formés. » (*De ira*, l. I, c. XV.) La philosophie n'a pas trouvé un mot de réprobation pour flétrir ces crimes odieux!

Que dis-je, la philosophie! Mais la législation elle-même sem- ble les sanctionner! Et sous ce rapport, elle n'est autre à Sparte et à Athènes qu'à Rome. Ainsi Solon et Lycurgue les approuvent : « A Sparte, dit Plutarque, lorsqu'un enfant vient à naître, il faut « d'abord délibérer de sa vie ou de sa mort ; s'il est d'une com- « plexion vigoureuse, il vivra ; s'il est faible ou difforme, on le « jettera dans le gouffre du mont Taygète. » (*Vie de Lycurgue.*) « A Athènes, les lois de Solon proclament qu'au moment de la « naissance d'un enfant, si le père le relève dans ses bras, il sera « préservé de la mort ; si le père détourne les yeux, on l'expose « ou on le tue. » (DUREAU DE LA MALLE, *Économ. politiq. des Rom.*, t. I, p. 408.)

Enfin, s'écrie Mgr Dupanloup, « il y eut un jour meilleur dans l'histoire de l'humanité! Quelle est tout à coup cette voix qui se fait entendre? « Laissez venir à moi les petits enfants; car « le royaume du ciel leur appartient. » (MATTH., XIX, 14.) Vous les tuez, vous les exposez, vous les prostituez. Laissez-les venir à moi! Je suis leur Père et leur Dieu. *Sinite parvulos venire ad me.* Ne repoussez plus dans la mort ces êtres charmants, ces âmes

immortelles que j'ai faites à mon image et à ma ressemblance :
Sinite parvulos venire ad me, talium enim est regnum cœlorum.
Telles furent, telles sont encore les tendres et sublimes paroles
par lesquelles le monde entier et tout le sens humain renversé de
fond en comble dans sa dépravation la plus abominable, ont été
refaits, rassainis, illuminés! Voilà comment les entrailles et le
cœur de l'homme furent régénérés!... Un mot suffit au Sauveur
du monde : « Laissez venir à moi les petits enfants! car le
« royaume des cieux leur appartient. » (*Ouv. cité,* p. 42.)

Cependant, à l'époque de la prédication des apôtres, la famille
embrassait encore les vieillards et les esclaves. Or, les premiers
étaient méprisés et délaissés quand ils étaient pauvres, ou
exploités et captés quand ils étaient riches. D'un mot, le christianisme replaça le vieillard à sa place, et lui assigna le premier
rang dans la société. Il lui suffit de rappeler aux hommes ce
commandement divin : « Honore ton père et ta mère », et
aussitôt il fut respecté.

Mais alors, la richesse principale de la famille consistait en
esclaves, que la terrible exploitation de l'homme par l'homme,
dit Troplong, plaçait au rang des choses ; car tout était perverti
dans cette malheureuse société, tout était soumis aux abus du
droit et de la force. « Nos esclaves sont nos ennemis », avait
dit Caton ; et ce mot cruel servait d'excuse à tout ce que la
tyrannie domestique peut inventer de plus odieux. Peut-on se
rappeler sans horreur ce Pollion, l'ami d'Auguste, qui entretenait des murènes d'une énorme grosseur dans ses viviers et
« auxquelles il faisait jeter ses esclaves pour pâture »? (SÉNÈQ.,
De ira, III, 40.) Comment douter d'ailleurs des cruautés inouïes
exercées envers ces malheureux, à la simple lecture de la constitution de 312, décrétée par Constantin en leur faveur, et par les
dispositions qu'on y rencontre : « Que chaque maître, dit l'em-
« pereur, use de son droit avec modération, et qu'il soit consi-
« déré comme homicide, s'il tue volontairement son esclave à
« coups de bâton ou de pierres ; s'il lui fait avec un dard une
« blessure mortelle ; s'il le suspend à un lacet ; si, par un ordre
« cruel, il le met à mort ; s'il l'empoisonne ; s'il fait déchirer son
« corps par les ongles des bêtes féroces ; s'il sillonne ses membres
« avec des charbons ardents. » (L. I, C. THEOD. *De emend. servor.*)

C'est à l'occasion de ce décret que, pour la première fois, nous
voyons une loi romaine édictée sous l'influence du christianisme.

Celui-ci avait défendu l'homicide : « Tu ne tueras point », et l'empereur Constantin formula ce précepte divin en loi humaine en faveur de l'esclave. Le Sauveur avait dit encore : « Si vous « restez attachés à ma doctrine, la vérité vous rendra libre. » (JEAN, VIII, 32.) Et « un siècle plus tard, dit Troplong, la religion chrétienne avait marché... Tout change alors dans la jurisprudence sur les rapports de l'esclavage ; le droit de vie et de mort est transféré aux magistrats. (POTHIER, *Pand.*, t. 1, p. 19, n° 3 ; GIBBON, t. I, p. 131.) Le droit de correction laissé aux maîtres est renfermé dans des règles plus humaines (CAIUS, *Instit.*, I, 53) ; un magistrat, le préfet de la ville, est chargé de surveiller ce pouvoir. » (D. *De officio præf. orbis.*) (TROPLONG, *Ouv. cité*, p. 155.)

Enfin, l'esclavage lui-même commence à prendre fin. Constantin établit la manumission dans l'Église, en présence du peuple, avec l'assistance des évêques, qui signaient l'acte. (C. THEOD., *De manumiss. in Eccles.*) L'affranchissement apparaît à Constantin comme le résultat d'un sentiment religieux : *religiosa mente*. Les clercs mêmes reçurent le privilége spécial de donner la liberté pleine et entière à leurs esclaves, par la pure concession verbale, sans solennité, sans acte public (C. THEOD., *De manumiss. in Eccles.*) Bodin a remarqué que les manumissions furent si nombreuses à cette époque, et si irréfléchies quelquefois, que les villes se virent chargées d'un nombre infini d'affranchis qui n'avaient d'autre bien que la liberté. De là, une aggravation du paupérisme, cette plaie du Bas-Empire, qui obligea les empereurs à faire des règlements sur la mendicité. (C. THEOD. et C. JUSTIN., *De mendicant.*), et à créer, à la demande des évêques, des hôpitaux et des établissements de charité que Julien l'Apostat enviait aux chrétiens. (BODIN, l. I, c. v, p. 42, cité par TROPLONG, *Ouv. cité*, p. 157 et suiv.)

Cependant, à côté de la famille ancienne, on rencontrait encore un élément bien important, constitué par un nombre considérable de membres de cette société : c'était le peuple lui-même composé par la classe des artisans et des ouvriers. Leur position n'était guère meilleure que celle des esclaves. Xénophon, si bienveillant en général, les considérait comme « des « hommes méprisables et pleins de méchanceté » ; Aristote déclarait que « leur existence est dépravée, et que la vertu n'a « rien à faire avec ces foules » ; Cicéron, dans son traité *Des devoirs,* dit aussi : « Les artisans sont tous, par leurs professions,

« gens méprisables, et il ne peut y avoir rien de noble dans une
« boutique ou un atelier; » les Juifs eux-mêmes méprisaient
l'artisan à l'égal des pauvres et des malheureux. Aussi, quand
Jésus commença sa prédication, les pharisiens lui reprochaient
dédaigneusement son premier état : *Nonne hic est faber et fabri
filius?* s'écriaient-ils. L'Ouvrier divin, en effet, avait passé les
trente premières années de sa vie dans un atelier, dans une boutique, à manier la scie et le rabot pour gagner sa vie, afin de
démontrer à l'orgueil humain la dignité de l'ouvrier. Or, qu'est-il
arrivé à la suite de cet exemple mémorable? C'est que tous les
travailleurs ont été honorés, et que les plus grands hommes
eux-mêmes ont tenu à honneur de l'imiter!

Mais combien d'autres positions étaient encore tenues alors
pour viles et méprisables, et n'excitaient aux yeux de tous ni
compassion ni pitié! Les pauvres, les malades, les infirmes, les
estropiés étaient repoussés avec le plus profond dédain. On
envoyait mourir les malheureux et les esclaves malades dans
cette ile du Tibre aux pieds d'Esculape, pour se délivrer, dit
Suétone, du soin et de l'ennui de les soigner. Car, disait-on,
pour eux, la vie est un fardeau et la mort un bienfait. Et Platon
loue Esculape « de n'avoir pas voulu, à l'égard des sujets radi-
« calement malsains, se charger de prolonger leur vie et leurs
« souffances; car cela, dit-il, n'est avantageux ni à eux ni à
« l'État ».

Ne fallait-il pas l'amour d'un Dieu pour soulager de telles
misères et pour y remédier? ne fallait-il pas toute la puissance
de ses préceptes et de ses exemples pour réformer une telle
société? Mais prenons patience, nous verrons bientôt ses disciples
à l'œuvre, nous les verrons appliquer ses principes avec un amour
et un zèle que le succès finira par couronner.

Le Sauveur avait dit à ses disciples : « Allez, enseignez toutes
« les nations »; et ils s'étaient dispersés sur cette parole. Il
leur avait encore dit : « Vous serez témoins pour moi en Jéru-
« salem, dans toute la Judée et la Samarie, et jusqu'aux extré-
« mités de la terre » (*Actes,* I, 8); et il étaient partis. Il les avait
prévenus qu'il les envoyait « comme des agneaux au milieu des
« loups » (LUC, x, 13); « qu'ils seraient en haine à tous à cause de
« son nom » (MATTH., x, 22), en ajoutant : « S'ils m'ont persécuté,
« ils vous persécuteront, ils vous feront tous les maux à cause de
« mon nom » (JEAN, xv, 20 et 29), « et l'heure vient où quiconque

« vous fera mourir, croira être agréable à Dieu ». (JEAN, XVI, 2.)
Et cependant tous étaient partis sans hésitation! Assurément,
« jamais rien de semblable ne s'était vu dans Israël ». (MATTH.,
IX, 33.)

Les voilà donc partis isolément ou deux à deux, parcourant la
Judée et la Samarie, Antioche et Corinthe, Athènes et Rome;
annonçant dans toutes les villes, dans tous les bourgs et les
hameaux, la bonne nouvelle; instruisant chacun dans l'amour de
Dieu et du prochain; prêchant l'autorité, la charité, la frater-
tiné, l'égalité et la liberté; commandant à tous d'être unis par
une communauté d'affection (*Rom.*, XV, 5); d'avoir entre eux
une charité fraternelle, de se regarder comme les membres les
uns des autres (*Rom.*, XII, 5); de s'aider par une charité sincère
(*Rom.*, XVI, 8, 9, 13); de ne pas rendre le mal pour le mal (*Rom.*,
XII, 17), mais d'aimer le prochain comme soi-même, et de savoir
que quand un homme souffre, tous souffrent avec lui. (*I Cor.*, XII,
26.) « C'est sur cette base, dit Troplong, que l'apôtre a assis sa
morale affectueuse de charité, d'égalité, et sa pratique infatigable
d'abnégation, de sacrifice et d'assistance désintéressée d'autrui. »
Aussi entendrons-nous bientôt saint Ignace, l'un des premiers
disciples, recommander « la charité pour les pauvres, pour ceux
« qui ont faim et soif, le soin des veuves et des orphelins, l'amour
« pour les opprimés et les captifs ». (*Ire Épît.*)

On s'explique combien un langage si nouveau et si conforme
à la loi naturelle qui sommeillait dans le cœur de tous ces malheureux, adressé avec autorité à la foule des déshérités, devait
éveiller tout à la fois d'étonnement, d'espérance et d'allégresse
dans les esprits. « Qu'il y ait entre vous tous, leur disait l'Apôtre,
« une parfaite union, une bonté compatissante, une amitié de
« frères, une charité indulgente, pleine de douceur et d'humi-
« lité » (*I Éphés.*, III, 85); car tous, vous êtes frères, puisque
vous descendez d'un seul couple primitif créé de Dieu, que
tous avez un père sur la terre et dans le ciel, que tous portez
l'impérissable image de Dieu et êtes les enfants de Dieu et les
frères de Jésus qui est venu annoncer au monde la bonne nouvelle que nous vous prêchons, et qui a fondé l'Église, où tous
vous êtes admis sans distinction, et sur le pied de l'égalité; car
dans l'Église « il n'y a plus ni Juif, ni Grec, ni esclave, ni
« homme libre, ni homme, ni femme » (*Gal.*, III, 28); chez elle,
toutes les divisions sont abolies, toutes les distinctions ramenées

à l'égalité. Cependant le Sauveur nous a commandé « de rendre
« à César ce qui est à César », et le chrétien doit respecter et
observer les divers degrés de la vie civile ; mais devant Dieu,
dans l'Église, tous les droits et tous les devoirs sont égaux, l'inégalité des services doit seule subsister.

Les apôtres leur disaient encore : « Honorez tous les hommes »
(I Pier., ii, 17) : honorez donc non-seulement ceux qui sont
dignes d'un honneur particulier, mais tous, parce que tout
homme « est créé à l'image de Dieu » (Jacq., iii, 9), parce qu'il
est l'objet de l'amour divin, et que Dieu l'a tellement aimé qu'il
a donné son divin Fils pour le racheter, et qu'il est appelé à la
béatitude éternelle. (*I Tim.*, ii, 4.)

Le christianisme que les apôtres enseignaient aux hommes
était non-seulement une loi divine et sociale, mais aussi une loi
politique qui embrassait la charité, la fraternité, l'égalité et la
liberté. « Le christianisme est une loi de liberté », disait saint
Jacques (ii, 12); car, « étant serviteurs de Dieu, vous êtes déli-
« vrés de tout autre servitude », disait saint Pierre. (I Pier., ii,
16.) « Là où est l'esprit du Seigneur, là est la liberté », ajoutait
saint Paul. (*II Cor.*, iii, 17.) Mais « cette liberté ne peut servir
« de manteau à la méchanceté ». (I, Pier., ii, 16.)

Ils disaient encore à ces déshérités : « Vous êtes une race
« choisie; d'étrangers que vous étiez, vous êtes devenus, dans le
« royaume de Dieu, des citoyens, des habitants de la maison »
(I Pier., ii, 9); « vous êtes des enfants de lumière » (*Éphés.*, v,
5, 9); « vos membres sont les membres du Christ; vos corps sont
« les corps du Saint-Esprit » (*I Cor.*, vi, 15, 19); « considérez-
« vous comme une propriété chèrement acquise par Dieu »
(*I Cor.*, vi, 20), « comme des serviteurs de Dieu qui ont été
« rachetés par leur légitime maître. Étant les serviteurs de Dieu,
« vous êtes délivrés de toute autre servitude. » (I Pier., ii, 6.)
Votre unique servitude consiste dans la libre obéissance de
l'amour à tout ce que Dieu a ordonné.

C'est ainsi que les apôtres enseignaient dans chaque lieu et à
tout instant « cette race choisie », « ces enfants de lumière »;
c'est ainsi qu'ils les établissaient dans « un royaume qui n'est pas
« de ce monde », qu'ils proclamaient un roi invisible, « Jésus-
« Christ crucifié », qui seul désormais devait régner et gouverner
les hommes de ce monde et toutes les consciences; et qu'ils
établissaient cette société au sein de tous les empires, de tous

les royaumes, de toutes les républiques, en annonçant sa durée indestructible. Dans ce nouveau royaume, l'esclave mangeait à la même table que le maître; il arrivait parfois qu'il occupait le premier rang, son maître n'étant plus que comme son frère; car là, les pauvres et les petits n'étaient pas moins honorés que les riches et les puissants du monde, puisque tous se regardaient comme des frères. Le plus grand était celui qui servait davantage, et les peines qu'il se donnait dans ce service formaient la seule différence entre les supérieurs et les inférieurs.

Dans ce royaume, on vit pour la première fois la misère, l'épuisement, l'esclavage, la vieillesse et les infirmités considérés et estimés comme autant de moyens d'acquérir des vertus morales (*II Cor.*, xii, 9.) Tous avaient les mêmes droits aux biens de ce royaume, car ces droits ne résultaient que des devoirs qu'on y remplissait. La femme y était aussi élevée que l'homme, la jeune fille n'y était pas moins estimée que l'épouse et la mère, et l'on n'y employait d'autre arme de défense que celle de l'exclusion hors de la société. Mais cette arme était si redoutée, que celui qui en était frappé demandait avec instance d'être réintégré dans cette société au prix même des plus profondes humiliations. On priait sans doute dans ce royaume, on priait même pour celui qui se faisait appeler le maître du genre humain (Tacite, *Hist.*, III, 68); mais on était prêt à mourir plutôt que de lui permettre d'étendre son pouvoir sur l'âme. Ce royaume, dans la foi de ceux qui en faisaient partie, appartenait à la fois au temps et à l'éternité; il dépassait les limites des choses terrestres et s'étendait jusque dans un autre monde. Il réalisait donc la belle pensée de Cicéron sur un état qui serait composé de citoyens à la fois dieux et humains, mais dans un sens tout différent que Cicéron ne pouvait le soupçonner. (*De leg.*, 1, 7.) (Extrait de Dollinger, *le Christianisme et l'Église.*)

Mais combien de temps fallut-il aux apôtres pour instituer ce royaume qui modifiait si profondément la société? Nous le voyons déjà en partie réalisé peu d'années après qu'il eut été annoncé par le divin Maître. Les Actes des apôtres nous en font connaître le premier établissement. Ils attestent, en effet, que « la multitude de ceux qui croyaient n'avaient qu'un cœur et qu'une âme; « nul ne considérait comme à lui rien de ce qu'il possédait, mais « toutes choses leur étaient communes » (*Act.*, iv, 32); et « nul « n'était pauvre parmi eux; car tous ceux qui possédaient des

« champs ou des maisons les vendaient, apportaient le prix de ce
« qui était vendu. Et ils le déposaient aux pieds des apôtres, et
« on le distribuait à chacun selon qu'il en avait besoin. » (*Act.*,
IV, 34, 35.)

Moins d'un siècle après son institution, l'un des témoins et des
acteurs de ce royaume nous en retrace le tableau en ces termes :
« Pour nous, dit saint Justin, depuis l'institution de la divine
Eucharistie, nous ne cessons de nous entretenir d'un si grand
bienfait. Chez nous, les riches se plaisent à secourir les pauvres,
car nous ne faisons qu'un, et chacun de nous, en présentant son
offrande, bénit le Dieu créateur par Jésus-Christ, son Fils, et par
le Saint-Esprit. Le jour qu'on appelle le jour du soleil, tous les
fidèles de la ville et de la campagne se rassemblent en un même
lieu ; on lit les écrits des apôtres et des prophètes, aussi longtemps qu'on en a le loisir ; quand la lecture a fini, celui qui préside adresse quelques mots d'instruction au peuple, et l'exhorte
à reproduire dans sa conduite les grandes leçons qu'il vient
d'entendre. Puis nous nous levons tous ensemble, et nous réci-
tons des prières. Quand elles sont terminées, on offre, comme
je l'ai dit, du pain avec du vin mêlé d'eau ; le chef de l'assemblée
prie et prononce l'action de grâces avec toute la ferveur dont
il est capable. Le peuple répond : *Amen*. On lui distribue l'aliment consacré par les paroles de l'action de grâces, et les diacres
le portent aux absents. Les riches donnent librement ce qu'il
leur plaît de donner ; leur aumône est déposée entre les mains de
celui qui préside l'assemblée ; elle lui sert à soulager les orphelins, les veuves, ceux que la maladie ou quelque autre cause réduit
à l'indigence, les infortunés qui sont dans les fers, les voyageurs
qui arrivent d'une contrée lointaine ; il est chargé de pourvoir,
en un mot, aux besoins de tous ceux qui souffrent. » (SAINT
JUSTIN, *I Apologétiq.*, l. XVII.)

Tel est ce royaume du monde institué par le divin Maître,
et enseigné après lui par les disciples qu'il a instruits pour continuer son œuvre. La grande révolution qu'il a produite dans le
monde, la transformation de l'homme et des sociétés qu'il a
accomplie, tout, jusqu'à sa durée elle-même, témoigne jusqu'à
l'évidence que cette œuvre a été conçue et réalisée par un Maître
divin.

Quelle sublime simplicité ne découvre-t-on pas dans les moyens
employés pour l'accomplir ! Trois lois lui ont suffi ! Et ces trois

lois sont si simples, qu'il suffit de les énoncer pour que chaque homme les comprenne et les applique ; si parfaites, qu'aussitôt appliquées, elles régénèrent l'homme et transforment la société ! Si, aujourd'hui encore, elles étaient comprises et employées, elles assureraient immanquablement et du premier coup, le bonheur des hommes et des sociétés.

Qu'y a-t-il de plus simple et de plus efficace, en effet, que les trois lois enseignées par Jésus ? La première est une loi divine qui règle les rapports de l'homme avec Dieu, et qui se borne à commander son amour ; la seconde est une loi sociale qui assure les rapports de l'homme avec ses semblables, en lui imposant l'amour du prochain ; la troisième et dernière est une loi politique qui établit les rapports de l'homme avec ses semblables, avec les familles et avec les sociétés, en lui prescrivant le respect de l'autorité, la charité, la fraternité, l'égalité et la liberté. Où découvrir, en dehors de ces rapports naturels, d'autres lois qui ne s'y subordonnent où qui n'en dérivent ?

L'homme cependant les a méconnues jusqu'ici, et dans son orgueilleuse ignorance, il a tenté en vain de les remplacer. Qu'en est-il arrivé ? C'est que chaque fois qu'il s'en est écarté, ses tentatives l'ont conduit à d'affreuses catastrophes ; car on ne touche pas en vain à ce qui est sorti parfait de la pensée du divin Maître ; et l'homme et la société ont été jetés dans la misère et dans la confusion. « Je ne trouve de solution à l'avenir que dans le chris-« tianisme », disait Chateaubriand (*Mémoires d'outre-tombe*); et Chateaubriand avait raison. L'humanité, il est vrai, a fait de grands progrès depuis dix-huit siècles, mais ces progrès lui ont-ils procuré une plus grande somme de paix et de bonheur ? Loin de là ! Et pourquoi, si ce n'est parce qu'au lieu de suivre la voie qui lui était tracée par l'Artiste divin, elle n'a fait que s'en écarter ? Un aveugle qui en conduit un autre peut-il l'empêcher de tomber dans le fossé ? « Il est nécessaire, il est vrai, comme le disait saint « François de Lérins, que dans tous les siècles et dans tous les « temps, on augmente en connaissance et en sagesse ; mais il « faut que la même foi, le même sens de la parole de Dieu, la « même doctrine qui produit tous ces bons effets, demeure éter-« nellement la même. » (*Traité sur l'antiquité de la foi catholique.*)

Tandis que fatigué, le bon abbé se reposait, repassant en lui-même ce qu'il venait de dire à ses amis, le docteur s'écria tout

à coup : « Le Fils de Dieu, que nous appelons Jésus-Christ, ne
« fût-il qu'un homme, il serait digne du nom de Fils de Dieu ; sa
« sagesse lui mériterait des autels. » (SAINT JUSTIN.) Puis il ajouta :
« Je félicite de tout mon cœur notre cher abbé ; mais je me féli-
« cite surtout moi-même ; nous triomphons tous deux, j'ai droit
« de le dire pour ma part ; car s'il m'a vaincu, j'ai vaincu l'er-
« reur. Pour le fond de la question, j'admets une Providence, je
« me rends au vrai Dieu, je reconnais avec vous la vérité de votre
« religion qui est désormais la mienne. Il reste bien encore
« quelques difficultés, mais elles ne contredisent pas le fond des
« choses, elles n'exigent qu'un plus ample développement pour
« compléter mon instruction. » (MINUTIUS FÉLIX, *l'Octave.*)

ARISTE. — Mon cher abbé, pour croire, dit-on, il faut commencer par la foi ; vous, vous m'avez prouvé que l'intelligence,
la raison et la science y suffisent. En me démontrant que Jésus-
Christ est créateur, souverainement intelligent, infiniment sage ;
qu'il est prescient, omniscient, omnipuissant et parfait, vous
m'avez convaincu qu'il est semblable à Dieu, et par conséquent
qu'il est Dieu. Or, étant Dieu, toutes les paroles de l'Évangile
qui expriment ses idées, ses volontés et ses révélations, tout
ce que vous appelez, en un mot, les vérités de la foi, sont réellement des vérités au même titre que celles que nous avons
découvertes dans les êtres de la nature, puisqu'elles ont une
même origine et une même essence. J'admets donc que les vérités
et le Dieu de la foi sont les mêmes que les vérités et le Dieu de
la science, et vous affirme que désormais votre foi sera ma foi,
que votre Dieu sera mon Dieu.

J'apprécie, aujourd'hui surtout, la profonde justesse des
paroles de saint Thomas que vous nous avez citées au début de
ces entretiens : « Dieu, comme un excellent maître, dit-il, a pris
« soin de nous laisser deux écrits parfaits, afin que notre édu-
« cation ne laisse rien à désirer : car, dit l'Apôtre, tout ce qui
« est écrit est écrit pour notre enseignement. Ces deux livres
« divins sont la Création et l'Écriture sainte. Le premier ouvrage,
« ajoute-t-il, a autant de chapitres excellents qu'il y a de créa-
« tures, et il nous enseigne la vérité sans mensonge... car les
« choses ne savent pas mentir. » Pour moi, jusqu'ici, je n'avais
cherché la vérité que dans le livre de la Création ; mais en me
démontrant que les vérités de la Révélation sont les mêmes que
celles que j'ai découvertes dans les êtres de la nature, vous m'avez

convaincu que la science et la foi sont deux sœurs nées du même Père, qui parlent la même langue et proclament les mêmes vérités.

L'Abbé. — Convenez cependant, mes amis, que les chemins que nous avons parcourus pour arriver au même but sont bien différents : autant les sentiers de la foi sont faciles et aisés, autant ceux de la science sont ardus et difficiles. Combien, d'ailleurs, sont plus accessibles au grand nombre les vérités et le Dieu de la foi, que les vérités et le Dieu de la science; et combien surtout ils sont plus vivants et plus animés! Leur origine céleste leur vaut sans doute un accès plus direct dans le cœur et dans l'esprit de l'homme, où, dès qu'ils ont pénétré, ils font sentir la présence du Père aimé; d'un Père qui nous inspire, nous réconforte et nous soulage; d'un ami qui, dès ici-bas, nous donne dans un commerce d'amour les joies les plus pures et l'espérance d'un bonheur éternel qu'il a promis à tous ceux qui l'aiment.

FIN.

CHAPITRE V. — LES ÊTRES ORGANISÉS ET LA VIE.

CHAPITRE V. — LES ÊTRES ORGANISÉS ET LA VIE. (*Suite.*)

CHAPITRE V. — LES ÊTRES ORGANISÉS ET LA VIE. (*Suite.*)

CHAPITRE VI. — LA NATURE : **phénomènes, lois et causes.**

Tout a commencé; la science peut-elle en découvrir la cause? — La géologie et la paléontologie attestent que les êtres vivants ont commencé. — Traces qu'ils ont laissées dans les couches de la terre. — Avant eux, il n'existait que la matière et les forces naturelles : il ventait, pleuvait et tonnait. — Sont-ce ces choses qui les ont produits? — Aujourd'hui, tous naissent d'un parent; mais celui-ci a eu un premier parent. — Quelle fut

CHAPITRE VII. — LA CAUSE PREMIÈRE ET LA VÉRITÉ.

CHAPITRE VIII. — Dieu et l'homme.

CHAPITRE IX. — La vérité et le Dieu de la foi.

FIN DE LA TABLE ANALYTIQUE DES MATIÈRES.